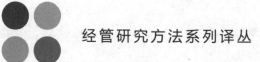

经管研究方法系列译丛

Logistic Regression and

逻辑回归及离散选择模型

Discrete Choice Models in STaTa

应用STaTa统计

张绍勋 著

刘小惠 齐开媚 许晓莹 等 校译

U0370060

东北财经大学出版社 大连
Dongbei University of Finance & Economics Press

辽宁省版权局著作权合同登记号：图字06-2019-227号

张绍勋：逻辑回归及离散选择模型：应用STaTa统计

Copyright © 五南图书出版股份有限公司，2018

本书简体中文版由五南图书出版股份有限公司授权东北财经大学出版社在中国大陆独家出版发行。未经出版者书面许可，不得以任何方式复制或发行本书的任何部分。

版权所有，侵权必究。

图书在版编目（CIP）数据

逻辑回归及离散选择模型：应用STaTa统计 /张绍勋著；刘小惠等校译.一大连：东北财经大学出版社，2024.6
（经管研究方法系列译丛）
ISBN 978-7-5654-5226-0

Ⅰ.逻… Ⅱ.①张… ②刘… Ⅲ.回归分析-应用软件 Ⅳ.0212.1

中国国家版本馆CIP数据核字（2024）第071409号

东北财经大学出版社出版发行
　　大连市黑石礁尖山街217号　邮政编码　116025
　　网　　址：http://www.dufep.cn
　　读者信箱：dufep@dufe.edu.cn
大连图腾彩色印刷有限公司印刷

幅面尺寸：185mm×260mm　字数：892千字　印张：42.5
2024年6月第1版　　　　2024年6月第1次印刷
责任编辑：刘东威　　　　责任校对：何　力
封面设计：原　皓　　　　版式设计：原　皓
定价：149.00元

教学支持　售后服务　联系电话：(0411) 84710309
版权所有　侵权必究　举报电话：(0411) 84710523
如有印装质量问题，请联系营销部：(0411) 84710711

参与本书校译人员

按姓氏音序排列

刘小惠　刘育孜　刘　芸　麻先思

齐开媚　万心玥　许晓莹

自序

  本书主要介绍分析二分类响应变量时，最常使用的统计分析模型中的逻辑回归模型及其扩充模型，包括逻辑回归搭配 ROC 曲线、多项逻辑回归、特定方案多项式概率回归（alternative-specific multinomial probit regression）、特定方案多项（alternative-specific multinomial）逻辑回归、逻辑回归搭配 ROC 曲线做筛查工具之分类准确性、精确逻辑回归、异方差概率模型、有序逻辑回归分析、多元有序逻辑回归、等级定序（rank-ordered）逻辑回归、特定方案等级定序逻辑回归、零膨胀有序概率逻辑回归、配对数据的条件逻辑回归、备择常数条件逻辑模型、离散选择模型、分数多项式（fractional polynomial）回归、多元逻辑回归、嵌套逻辑回归、面板数据（panel-data）逻辑回归……通过例题分析，结合统计软件的使用，详细阐述该模型原理及其应用；同时，还介绍如何将逻辑回归模型扩展到有序逻辑回归模型和多项逻辑模型，以分析有序变量和多分类名义变量作为因变量的数据。

  本书第 1 章介绍如何将 SAS、R 和 SPSS 文件格式转成 STaTa 文件，常见的 41 种软件及大型数据库的文件格式都可转成 STaTa 文件格式来分析。

  在统计学中，逻辑回归分析或逻辑模型是一个回归模型，其中响应变量（DV）是分类的。本书涵盖二进制因变量的情况，即输出值只能取两个值——"0"和"1"，这两个值代表：通过/失败、赢/输、活/死或健康/生病等。响应变量具有两个以上结果类别的情况可以在多项逻辑回归中进行分析。在经济学术语中，逻辑回归是定性反应/离散选择模型的一个例子。

  本书适用的学科范围包括财务金融、会计、公共卫生、生物医学、工业工程、土木工程、医学管理、航运管理、公共行政、人力资源管理、生产管理、营销管理、教育/心理学、风险管理、社会学、法学、经济学等。

  在 Google 学术搜索中，查询"逻辑回归分析"会出现 1 930 000 多篇论文，可见逻辑回归分析是非常热门的统计方法。

  在我们周围，逻辑回归的数据常出现在不同领域中，包括：

  （1）公共卫生领域：某传染病的死亡因素。

  （2）生物医学领域：癌症患者放射线治疗所产生的副作用、肾虚与骨质疏松的相关性、忧郁症的影响因子逻辑分析等。

（3）工程领域：建筑物地震损害程度评估模型、绝缘碍子火花探测系统。

（4）商业领域：客户关系管理、公司企业生存策略。市场研究中消费者购买特定商品的时间、客户忠诚度，或者商业客户数据管理、营销、倒闭、员工离职。

（5）财务金融领域：个人消费性贷款、法人金融预警分析等。

（6）保险统计学及人口统计学中的投保与否。

（7）社会学中的事件历史分析，研究女性婚姻选择因素、高龄人口选择未来养老居住方式等。

（8）法学研究：犯罪的因素分析等。

（9）工业领域：可靠性分析、产品循环。

（10）经济研究：失业的因素，从就业时间到失业时间，到再就业时间等。

（11）教育领域：老师离职、学生休退学等。

（12）财管领域：财务危机与转投资活动关系、贷款授信违约风险评估、银行放款信用评级、应收账款呆账预测等。

（13）营销/企管领域：游客参与观光旅游线的消费形态、汽车保险续保、投资型保险商品购买预测等。

社会科学、生物医学、财政金融等领域，其统计是采用统计学、运筹学、经济学、数学等领域的定量方法。社会科学及自然科学两大领域中的各个学科，它们的研究设计及统计分析方法有许多是相通的，并且本书作者在五南图书出版股份有限公司出版的一系列STaTa书籍中都有涉及，包括：

◆《STaTa与高等统计分析》，该书内容包括描述性统计、样本数的评估、方差分析、相关、回归建模及诊断、重复测量等。

◆《STaTa在结构方程模型及试题反应理论的应用》，该书内容包括路径分析、结构方程模型、测量工具的信效度分析、因素分析等。

◆《生物医学统计：使用STaTa分析》，该书内容包括分类数据分析（非参数统计）、存活分析、流行病学、配对与非配对病例对照研究资料、患病率、发生率、相对危险率比、胜算比（odds ratio）的计算、筛检工具与ROC曲线、工具变量（2SLS）等。

◆《Meta分析实作：使用Excel与CMA程序》，该书内容包括统合分析（meta-analysis）、胜算比、风险比、4种常见的效应量（ES）公式的单位转换等。

◆《Panel-data回归模型：STaTa在广义时间序列的应用》，该书内容包括多元模型、GEE、工具变量、动态模型等。

◆《总体经济与财务金融：STaTa时间序列分析》，该书内容包括误差异方差、动态模型、序列相关、时间序列分析、VAR、协整等。

◆《多层次模型（HLM）及重复测量：使用STaTa》，该书内容包括线性多元模型、离散型多元模型、计数型多元模型、生存分析之多元模型、非线性多元模型等。

◆《模糊多准评估法及统计》，该书内容包括层次分析法（AHP）、网络分析法

（ANP）、优劣势距离法（TOPSIS）、模糊（Fuzzy）理论、模糊层次分析法（Fuzzy AHP）等理论与实践。

◆《逻辑回归及离散选择模型：应用 STaTa 统计》，即本书，内容包括逻辑回归、多元逻辑回归、配对资料的条件逻辑回归分析、多项逻辑回归、特定方案定序逻辑回归、零膨胀有序概率回归、配对数据的条件逻辑回归、特定方案条件逻辑模型、离散选择模型、多元逻辑回归等。

◆《有限混合模型（FMM）：STaTa 分析（以 EM 算法做潜在分类再回归分析）》，该书内容包括有限混合模型：线性回归、有限混合模型：次序回归、有限混合模型：逻辑回归、有限混合模型：多项逻辑回归、有限混合模型：零膨胀回归、有限混合模型：参数型生存回归等理论与实践。

◆《多变量统计：应用 STaTa 分析》，该书内容包括多元方差分析（MANOVA）、因素分析、典型相关、区别分析、多维标度法（MDS）等。

此外，研究者如何选择正确的统计方法，包括适当的估计与检验方法和统计概念等，都是实证研究中很重要的内容，也是本书撰写的目的之一。为了让读者能正确且精准地使用 STaTa 统计分析，本书将理论、方法与统计相结合，希望对学界有抛砖引玉的效果。

最后，特别感谢全杰科技公司（http：//www.softhome.com.tw）提供 STaTa 软件，晚学才有机会撰写 STaTa 一系列书籍，以供学习者使用。[1]

张绍勋　敬上

---

① 本书各章提到的范例在操作 STaTa、SPSS、Excel时需要的数据库及相关资料，以及一些外挂程序的命令，请登录东北财经大学出版社网站（www.dufep.cn）搜索本书进行下载，仅供研究参考——编辑注。

目　录

第1章 二元响应变量：逻辑回归
（旧版 logit、新版 logistic 命令）

在谷歌学术搜索中，查询"logistic regression analysis"（逻辑回归分析）会出现 1 930 000 多篇论文，可见逻辑回归分析是非常热门的统计方法。回归分析的目的是要建立一个统计模型，通过此模型所控制的自变量来预测响应变量的期望值或可能值。本书主要介绍分析二分类响应变量，最常使用的统计分析模型为逻辑回归模型及其扩充模型中的离散选择模型，包括逻辑回归搭配 ROC 曲线、多项逻辑回归、特定方案多项式概率回归、特定方案多项逻辑回归、逻辑回归搭配 ROC 曲线的分类准确性、精确逻辑回归、异方差概率模型、有序逻辑回归分析、多元有序逻辑回归、定序逻辑回归、特定方案定序逻辑回归、零膨胀有序概率逻辑回归、配对数据的条件逻辑回归、特定方案条件逻辑模型、离散选择模型、分数多项式回归、多元逻辑回归、嵌套逻辑回归、面板数据逻辑回归。通过例题分析，结合计算机统计软件的使用，详细阐述该模型原理及其应用；同时，还介绍了如何将逻辑回归模型扩展到有序逻辑回归模型和多项逻辑模型，以分析有序变量和多分类名义变量为响应变量的数据。

本书第 1 章介绍如何将 SAS、R 和 SPSS 文件格式转成 STaTa 可分析文件，目前常见的 41 种"统计软件或大型数据库"的文件格式，都可转至 STaTa 来分析。

当您要使用本书所附文件时，您可以先将文件拷贝到硬盘的任一文件夹中。在 STaTa 界面再设定工作目录，作为刚才复制的文件夹路径，即"File>Chang working directory"。例如，作者自定义"D：\08 mixed logit regression"为工作目录。接着再选"File>Open"，打开任一"*.dta"文件，即可进行文件分析。

1）二元响应变量、有序变量、多项响应变量的概念比较

最小二乘法（OLS）的线性回归，它不适合处理的变量包括：

（1）是否感染艾滋病病毒；

（2）是否罹患癌症；

（3）家庭子女数；

（4）是否寻求民间偏方；

（5）什么人会有宗教信仰；

（6）学校学生打架事件发生次数。

它们有的是二元响应变量，回答是/否两种可能，有的是从0到某个有限整数的次数，有的则是有次序的定性变量，统称为受限的响应变量（limited dependent variable）。

在社会科学中，我们想解释的现象也许是：

（1）二元/二分：胜/败、投/不投票、票投1号/票投2号。当我们的响应变量是二分类，我们通常以1表示我们感兴趣的结果（成功），以0表示另外一个结果（失败）。此二元分布称为二项分布（binomial distribution）。这种逻辑回归的数学公式为：

$$\log \left[\frac{P(Y=1)}{1-P(Y=1)} \right] = \beta_0 + \beta_1 X_1$$

$$\frac{P(Y=1)}{1-P(Y=1)} = e^{\beta_0 + \beta_1 X_1} = e^{\beta_0}(e^{\beta_1})^{X_1}$$

（2）有序多分类（次序）：例如，满意度，从非常不满意到非常满意。此四分类的满意度为：

P（Y≤1）=P（Y=1）

P（Y≤2）=P（Y=1）+P（Y=2）

P（Y≤3）=P（Y=1）+P（Y=2）+P（Y=3）

非常不满意	不太满意	有点满意	非常满意
P（Y=1）	P（Y=2）	P（Y=3）	P（Y=4）

截距一　　　　　　截距二　　　　　　截距三

P（Y≤1）	P（Y>1）		
P（Y≤2）		P（Y>2）	
P（Y≤3）			P（Y>3）

$$odds = \frac{P(Y \leq j)}{P(Y > j)}$$

$$\log it[P(Y \leq 1)] = \log\left[\frac{P(Y=1)}{P(Y>1)}\right] = \log\left[\frac{P(Y=1)}{P(Y=2)+P(Y=3)+P(Y=4)}\right]$$

$$\log it[P(Y \leq 2)] = \log\left[\frac{P(Y \leq 2)}{P(Y>2)}\right] = \log\left[\frac{P(Y=1)+P(Y=2)}{P(Y=3)+P(Y=4)}\right]$$

$$\log it[P(Y \leq 3)] = \log\left[\frac{P(Y \leq 3)}{P(Y>3)}\right] = \log\left[\frac{P(Y=1)+P(Y=2)+P(Y=3)}{P(Y=4)}\right]$$

$$logit[P(Y \leq j)] = \alpha - \beta X, \quad j=1, 2, \cdots, c-1$$

当c有4组时，自变量解释为：

Y≤1、Y≤2、Y≤3时，它们对逻辑的影响会产生c-1个截距，故此模型又称为比例优势（proportional odds）模型。

（3）多项胜算对数（multinomial odds logit）模型：三个候选人。

基本模型：

$$\log \left[\frac{P(Y = j)}{P(Y = c)} \right] = \alpha_j + \beta_j X_1, \ j = 1, \cdots, c - 1$$

例如，三类宗教倾向（以 level=3 作为比较基准点）：道教、佛教、无教派。

$$\log \left[\frac{P(Y = 1)}{P(Y = 3)} \right] = \alpha_1 + \beta_1 X_1$$

$$\log \left[\frac{P(Y = 2)}{P(Y = 3)} \right] = \alpha_2 + \beta_2 X_1$$

2）逻辑模型的概念

逻辑模型（logit model）是离散选择法模型之一，属于多项（multinomial）变量分析方法之一（离散选择模型之一），也是社会学、生物统计学、临床医学、数量心理学、计量经济学、市场营销等统计实证分析的常用方法。

在统计学中，逻辑回归或有序回归或多项模型（见图 1-1）都是一个回归模型，其中，响应变量（DV）是分类的。它们涵盖二元响应变量的情况，即输出只能取两个值"0"和"1"，这两个值代表：通过/失败、赢/输、活/死或健康/生病等。响应变量具有两个以上"结果/分类/方案"时，即可用多项逻辑回归来分析，或者如果多个类别有排名，则用定序逻辑回归来分析。在经济学术语中，逻辑回归是定性反应/离散数据可选择的模型之一。

逻辑回归由统计学家戴维·考克斯（David Cox）于 1958 年开发。二元逻辑模型是用一个或多个预测（自）变量（特征）来估计二元反应的概率（胜算比）。也可以说，风险因素的存在将使结果胜出的概率提高了多少百分比。

3）逻辑回归分析的 STaTa 图表介绍（见图 1-1）

4）离散选择模型

离散选择模型（discrete choice model，DCM），其主要理论模型有很多，包括：二元逻辑（binary logit）、多项逻辑（multi-nominal logit）、嵌套逻辑（nested logit）、有序逻辑/概率（ordered logit /probit）、多元混合逻辑（mixed logit）、配对样本的条件逻辑回归、面板数据逻辑回归等。常见的拟合 DCM 软件也有很多，包括 STaTa、SAS、NLOGIT、Python、R、Matlab 等，本书将以 STaTa 为主要软件来介绍相应的 DCM 拟合方法，希望通过这个分析过程，把 DCM 相关的理论知识和软件应用方法做一个系统性的整理。

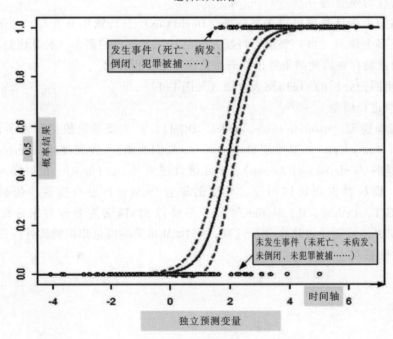

逻辑函数

$$\mathrm{Log}\left[\frac{Y}{(1-Y)}\right] = b_0 + b_1X_1 + b_2X_2 + b_3X_3 + \ldots + b_nX_n$$

对数似然

营养得分 (0-15)　　年龄组 (0/1)　　性别 (0/1)

$$\hat{p} = \frac{\exp(b_0 + b_1X_1 + b_2X_2 + \ldots + b_pX_p)}{1 + \exp(b_0 + b_1X_1 + b_2X_2 + \ldots + b_pX_p)}$$

$$E(Y_i) = \frac{1}{1 + e^{-(\beta_0 + \beta_1 X_{1i} + \beta_2 X_{2i} + \cdots + \beta_k X_{ki})}} = \frac{e^{\beta_0 + \beta_1 X_{1i} + \beta_2 X_{2i} + \cdots + \beta_k X_{ki}}}{1 + e^{\beta_0 + \beta_1 X_{1i} + \beta_2 X_{2i} + \cdots + \beta_k X_{ki}}}$$

逻辑回归拟合

发生事件（死亡、病发、倒闭、犯罪被捕……）

概率结果

未发生事件（未死亡、未病发、未倒闭、未犯罪被捕……）

时间轴

独立预测变量

图 1-1　多项逻辑函数的分布图

因变量

自变量

```
. logit y_bin x1 x2 x3 x4 x5 x6 x7

Iteration 0:   log likelihood = -251.9712
Iteration 1:   log likelihood = -192.3814
Iteration 2:   log likelihood = -165.56847
Iteration 3:   log likelihood = -160.76756
Iteration 4:   log likelihood = -160.44413
Iteration 5:   log likelihood = -160.442

Logistic regression                                Number of obs  =     490
                                                   LR chi2(7)     =  183.06
                                                   Prob > chi2    =  0.0000
Log likelihood = -160.442                          Pseudo R2      =  0.3633
```

y_bin	Coef.	Std. Err.	z	P>|z|	[95% Conf. Interval]	
x1	.2697623	.1759677	1.53	0.125	-.0751281	.6146527
x2	-.25000592	.1459846	-1.71	0.087	-.5361837	.0360653
x3	.1150445	.1486181	0.77	0.439	-.1762417	.4063306
x4	.3649722	.153434	2.38	0.017	.0642472	.6656973
x5	-.3131214	.1467796	-2.13	0.033	-.6008042	-.0254386
x6	-.1361499	.1566993	-0.87	0.385	-.4432749	.1709752
x7	3.206987	.3631481	8.83	0.000	2.495229	3.918744
_cons	1.58614	.39927	3.97	0.000	.803585	2.368695

Note: 1 failure and 1 success completely determined.

它检验模型中所有变量的组合效果是否不等于零。例如，如果有一些相关具有的解释能力，但并不保证它是完全明确的或完全正确的

双边 p 值检验假设"每个系数不等于 0"。若要拒绝此假设，p 值必须小于 0.05（95%，也可以选择 α=0.10）。如果 p<0.05，则表示该自变量对因变量的影响（γ）有显著的影响

检验"每个系数不同于 0"的假设。若要拒绝这个假设（在 95% 的置信区间）。如果 t 值>1.96，则表示这个自变量对因变量的影响（γ）有显著性。z 值越大，该变量与因变量的相关性就越高

logit 系数以 log-odds 为单位，不能当作 OLS 系数。logit 系数是指您需要估计的预测概率 "Y=1"

1.1 STaTa如何读入各种格式的文件

各统计软件：分类响应变量的回归命令如图1-2所示。

	Model	Stata 11	SAS	R	LIMDEP	SPSS
OLS		`.regress`	REG	`lme()`	Regress$	Regression
Binary	Binary logit	`.logit,` `.logistic`	QLIM, LOGISTIC, GENMOD, PROBIT	`glm()`	Logit$	Logistic regression
	Binary probit	`.probit`	QLIM, LOGISTIC, GENMOD, PROBIT	`glm()`	Probit$	Probit
Bivariate	Bivariate probit	`.biprobit`	QLIM	`bprobit()`	Bivariateprobit$	-
Ordinal	Ordinal logit	`.ologit`	QLIM, LOGISTIC, GENMOD, PROBIT	`lrm()`	Ordered$, Logit$	Plum
	Generalized logit	`.gologit2`*	-	`logit()`	-	-
	Ordinal probit	`.oprobit`	QLIM, LOGISTIC, GENMOD, PROBIT	`polr()`	Ordered$	Plum
	Multinomial logit	`.mlogit`	LOGISTIC, CATMOD	`multinom(),` `mlogit()`	Mlogit$, Logit$	Nomreg
	Conditional	`.clogit`	LOGISTIC,	`clogit()`	Clogit$, Logit$	Coxreg

图1-2 各统计软件：分类响应变量的回归命令

> **定义：离散型（分类）数据**
> 离散型数据是指在测量的过程中以名义尺度或有序尺度收集到的资料，如性别、高/低血糖类型，或者以等距（考试成绩）、比率尺度（有绝对原点，如工作收入、年龄、高/低血糖类型）测量得到的连续变量数据，经化简成为分类变量（如父母社会经济地位（SES）分为高、中、低三组）的数据。

1.1.1 文件输入的方法：问卷、Excel文件的读入

接下来，根据文件类型或命令的不同，数据输入的方法可分为以下4种：

1）输入Excel文件："Copy and paste"将Excel的文件输入STaTa的方式还可细分成以下两种：

（1）将Excel的文件输入STaTa之前，必须先将文件存为csv文件，再利用命令

insheet来读取文件（见图1-3）。

范例：

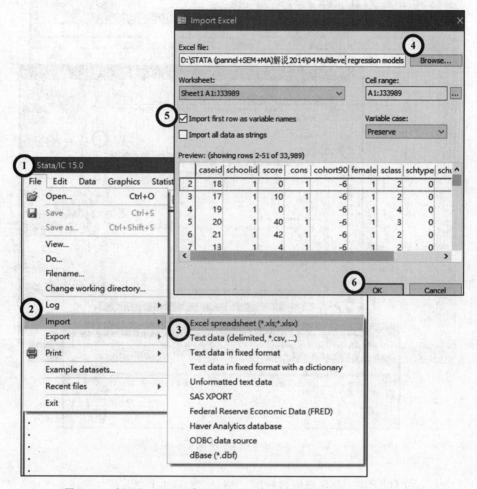

图1-3 "File → import" Excel、SAS、ODBC data-base、dBase

①当csv文件的第一列无变量名称时：请见"sample1-1.csv"（见图1-4）。

*人工方式，在D盘新建"sample"文件夹

.cdd：\sample

. dir

. memory

. set memory 10m

* 这是读取 Excel *.csv 文档最快速的方法。

. insheet using sample1-1.csv

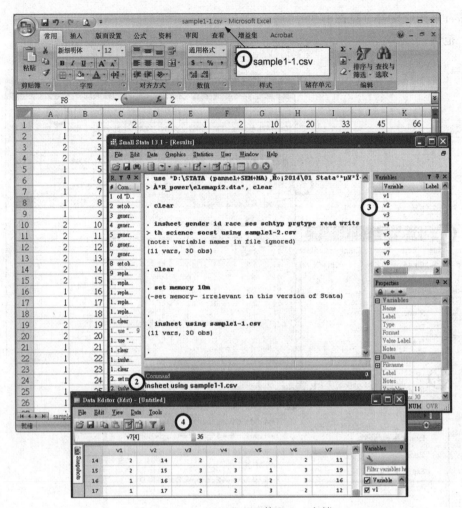

图1-4　sample1-1.csv 的 Excel 文档

②当 csv 文件的第一列有变量名称时：请见"sample1-2.csv"（见图1-5）。

. insheet gender id race ses schtyp prgtype read write math science socst using sample1-2.csv

（2）打开 Excel 数据，直接"Paste"至 STaTa 的 Data Editor 工作表：

选择"打开 Excel 数据"再复制到 STaTa：在 STaTa"Window"下点选"Data> Data Editor（Edit）"，等出现"Data Editor（Edit）"工作表，再到"Edit"下点击"Paste"即可粘贴上数据。

2）输入 ASCII 的文件类型

根据区分，将 ASCII 的文件输入 STaTa 的方式也有以下两种：

（1）文件类型一："sample1-3.txt"（见图1-6）。

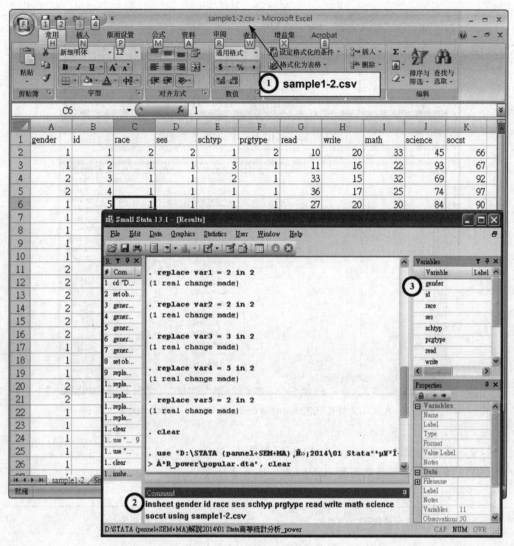

图 1-5　sample1-2.csv 的 Excel 文档

clear

Infile gender id race ses schtyp str12 prgtype read write math science socst using sample1-3.txt

Note：记住文字的设定方式（str# variable name）。

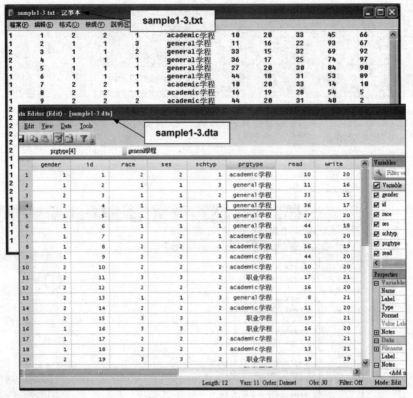

图1-6　ASCII 文件格式的 sample1-3.txt "infile" 转成 dta 格式文件

（2）文件类型二："sample1-4.txt"（见图1-7）。

第二种文件类型通常需要codebook，如下表所示。

变量命名	栏位
id	1-2
eng	3-4
math	5-6
sex	7
micro	8-9
macro	10-11

. infix Gender 1 id 4-5 race 8 ses 11 schtyp 14 prgtype 17 read 20-21 write 24-25 math 28-29 science 32-33 socst 36-37 using sample1-4.txt

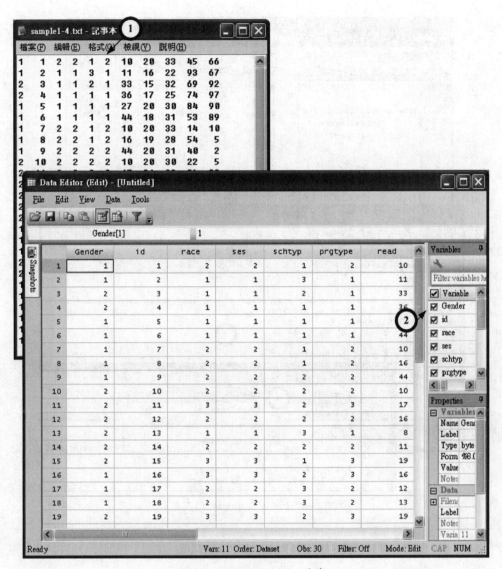

图1-7 sample1-4.txt 内容

3) 利用 "Input end 命令"

方法一 Do-file editor搭配 "Input end 命令" 输入数据。

将数据或命令写入 Do-file editor，再执行即可。例如，将下面数据复制并粘贴在 Do-file editor（选取 "Window" 下的 "Do-file editor"）上，再选择 "tools>Execute（do）" 执行即可。最后 "File>Save as" 变为 "Input_ Example.do" 文件（见图1-8）。

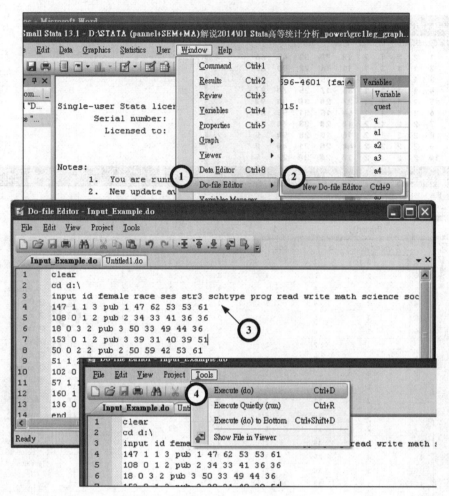

图 1-8 Input_Example.do 页面

```
clear
cd d: \
input id female race ses str3 schtype prog read write math science socst
147 1 1 3 pub 1 47 62 53 53 61
108 0 1 2 pub 2 34 33 41 36 36
18 0 3 2 pub 3 50 33 49 44 36
153 0 1 2 pub 3 39 31 40 39 51
50 0 2 2 pub 2 50 59 42 53 61
51 1 2 1 pub 2 42 36 42 31 39
102 0 1 1 pub 1 52 41 51 53 56
57 1 1 2 pub 1 71 65 72 66 56
160 1 1 2 pub 1 55 65 55 50 61
```

136 0 1 2 pub 1 65 59 70 63 51

end

方法二　先在"记事本"输入下列数据及"Input end命令"，再全部反白，粘贴至"Do-file Editor"来执行，并存到"Input_Example.do"文件，如图1-9所示。

. cd "D：\STATA（pannel+SEM+MA）介绍 2014 \04 Multilevel regression models" D：\STATA（pannel+SEM+MA）介绍 2014\04 Multilevel regression models

* 先清文件

. clear all

* 直接读入6个变量。其中，第2个变量为"字符串长25个字符"。

input quest	str25 q	a1	a2	a3	a4	a5	a6
1	"Question 1"	0	2	37	45	12	4
1	"Benchmark Q1"	2	5	25	47	17	4
2	"Question 2"	1	37	2	40	17	3
2	"Benchmark Q2"	2	5	25	47	4	17
3	"Question 3"	1	2	40	37	17	3
3	"Benchmark Q3"	2	5	25	47	17	4
4	"Question 4"	1	2	37	17	3	40
4	"Benchmark Q4"	2	5	47	25	17	4
end							

* 数据文件"grc1leg_graph.dta"存到"D：\STATA（pannel+SEM+MA）介绍 2014 \04 Multi-level regression models"文件夹

save "d：\", replace

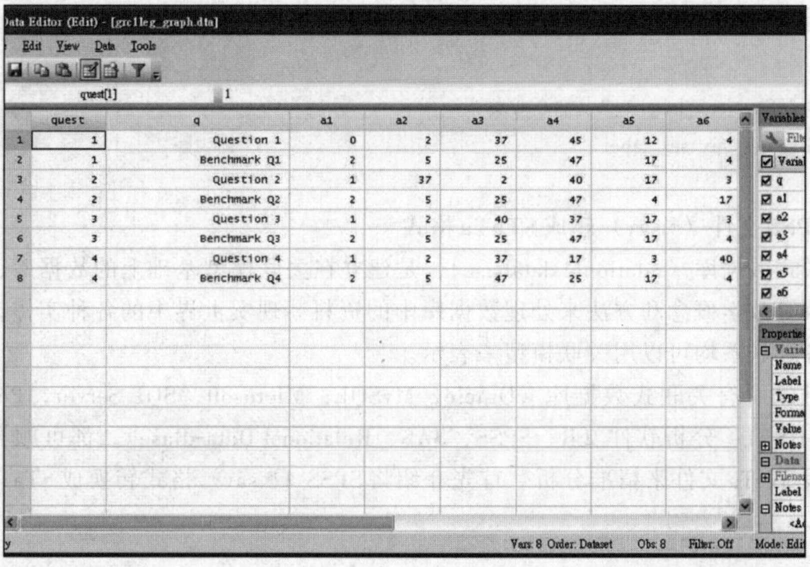

图1-9　用"input end"命令建立文件（存在 grc1leg_graph.dta）

4）编辑/打开STaTa的文件格式

除了以上三种方法之外，还可以打开之前STaTa储存的文件。

use grc1leg_graph.dta

Note：webuse命令则用来读取网络上的数据（webuse http：//www.某网址）。

sysuse命令则用来读取STaTa内附的数据文件。

最后，将数据输入的相关命令整理成下表。

命令	说明
. insheet	read ASCII（text）data created by a spreadsheet
. infile	read unformatted ASCII（text）data
. infix	read ASCII（text）data in fixed format
. input	enter data from keyboard
. use	load a STaTa-format dataset

用STaTa"Data Editor"视窗来新建文件（*.dta）。

Step 1. 选择表"Data>Data Editor>Data Editor（Edit）"

Step 2. 先键入数据"var1、var2、…、varn"，再改成您容易记的变量名称。变量名第一个字，仅限用英文字母，第二个字以后就可用英文字母与阿拉伯数字或"_"字符的组合

Step3. 输入变量"Label"及"Value Label"

例如，性别（sex）编号：1=男，0=女。其构建"Value Label"的步骤如图1-10所示。

. label define sex_label 1 " 男 " 0 " 女 "

. label values sex sex_label

1.1.2　SPSS文件（*.sav）转成STaTa格式

关联式数据库（relational database），是建立在关联模型基础上的数据库，借助于集合代数等数学概念和方法来处理数据库中的资料。现实世界中的各种实体以及实体之间的各种联系均可以用关联模型来表示。

常见的所有关联式数据库（Oracle，MySQL，Microsoft，SQL Server，PostgreSQL and IBM DB2）、分析软件（R、SPSS、SAS、Relationsl Data-Base），都可顺利将其格式转换成STaTa文件来精准分析。首先介绍将SPSS（*.sav）格式转换成STaTa文档的方法。

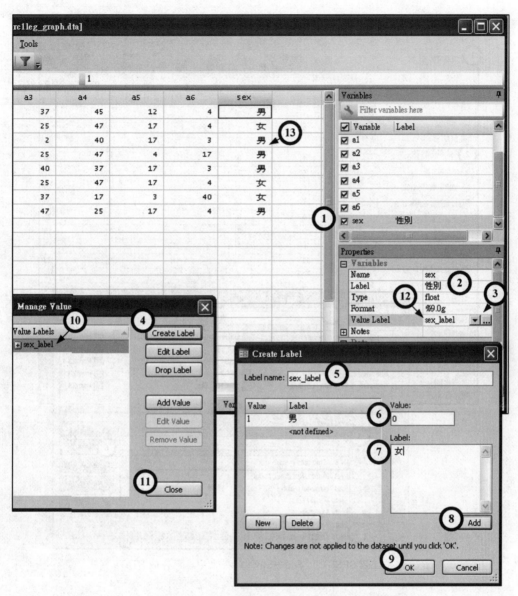

图1-10 性别（1=男，0=女）的构建"Value Label"页面

方法一 进入SPSS软件之后，点击 "File→Save As"，再存成STaTa格式，如图 1-11所示。

图1-11　使用SPSS的"File→Save As"命令，再存成STaTa格式

方法二　使用"save translate"命令，SPSS命令如下：

. save translate outfile='C：\datahsb2.dta'

方法三　使用"usespss"命令

usespss命令语法

. usespss using filename　[，clear saving（filename）iff（condition）

inn（condition）memory（memsize）lowmemory（memsize）]

* 范例语法

*下载SPSS文件数据

. desspss using "myfile.sav"

. usespss using "myfile.sav",

. usespss using "myfile.sav", clear

例如，STaTa 想读入 7_1.sav 文件，其命令为：

* 切换数据路径

. cd "D：\STATA \04 Multilevel regression models\CD"

. search usespss

* 打开 SPSS 7_1.sav 文件

* This command works only in 32-bit STaTa for Windows

. usespss using "7_1.sav", clear

1.1.3　SAS格式转换成STaTa格式

下面以图1-12来进行说明。

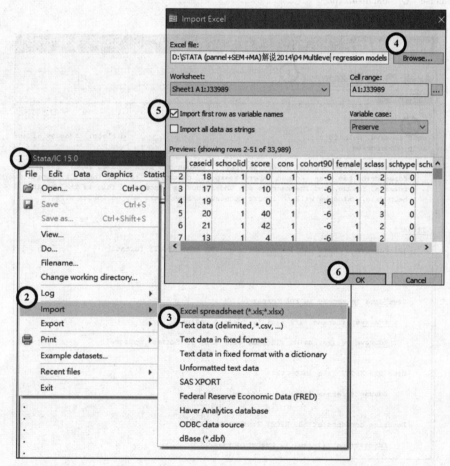

图1-12　"File → import" Excel、SAS、ODBC data-base、dBase

方法一 进入SAS软件。

SAS的proc export 可将 SAS data file 转换成STaTa format，如下例：

libname data 'C：\data\'；

libname library 'C：\Data\Formats'；

proc export data=data.survey

file="C：\data\stata\survey"

dbms=STATA

replace；

fmtlib=library；

run；

方法二 STaTa 读入 SAS XPORT（*.xpt）文件。

STaTa 可读入 SAS XPORT data files（*.xpt）（made with the XPORT engine using the fdause command such as in the example code below）。命令详细说明如图1-13所示。

. fdause "C：\datahsb2.xpt"

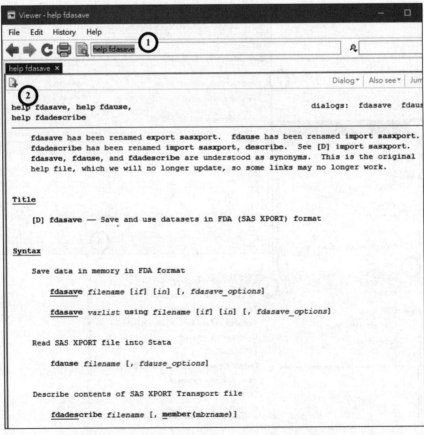

图1-13 "help fdause"查命令语法的页面

方法三 使用"ado-file usesas"命令来读入 SAS data。

注意：使用 sasexe.ado 前，您应先定义 SAS 执行文件（sas.exe）及 savastata SAS macro file（savastata.sas）的路径。

usesas 命令语法：

```
* 先安装 usesas.ado 外挂命令
. search  usesas
* 再读入 hsbdemo.sas7bdat
. usesas  using "D：\data\hsbdemo.sas7bdat"
```

例如，STaTa 想读入 SAS 文件，其命令的范例如下（见图 1-14）：

```
. findit usesas
* 切换文件的路径
. cd "D：\STATA \04 Multilevel  regression models\CD"
*Examples
. usesas using "mySASdata.sas7bdat"
. usesas using "c：\data\mySASdata.ssd01"，check
. usesas using "mySASdata.xpt"，xport
. usesas using "mySASdata.sas7bdat"，formats
. usesas using "mySASdata.sd2"，quotes
. usesas using "mySASdata.sas7bdat"，messy
. usesas using  "mySASdata.sas7bdat"，keep（id--qvm203a）if（1980<year<2000）
in（1/500）
. usesas using "mySASdata.sas7bdat"，describe
. usesas using "mySASdata.sas7bdat"，describe  nolist
* then  submit  the  following actual  invocation of usesas：
. usesas  using  "mySASdata.sas7bdat"，clear keep（`r（sortlist）′`=
trim（name［1］）′--`=name［2047］′）
```

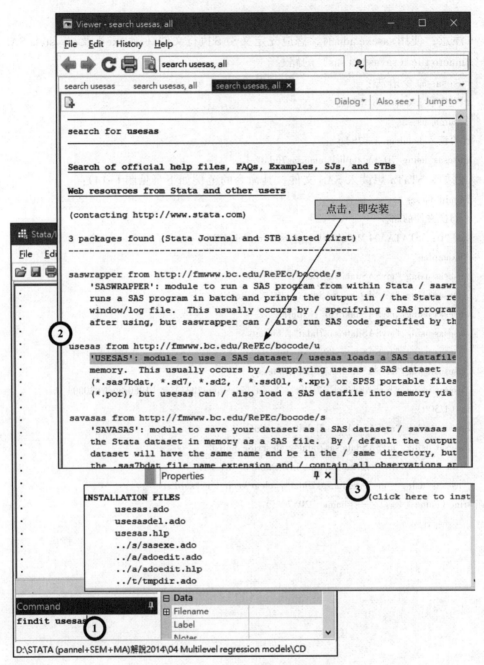

图 1-14 "findit usesas" 页面

1.1.4　R软件的格式转换成STaTa

将R软件的格式转换成STaTa格式，见图1-15。

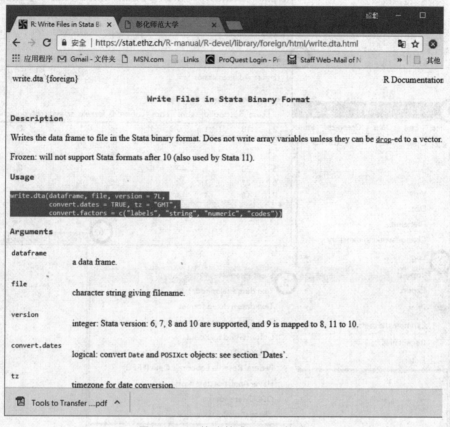

图1-15　R格式转成STaTa格式

小结

统计学是在资料分析的基础上，研究如何检验、搜集、整理、归纳和分析数据的背后含义，从而给出正确决策信息的科学。这门学科自17世纪中叶产生并逐步发展起来，现已广泛地应用于各个学科，从自然科学、社会科学到人文科学，甚至被用于工商业及政府的情报决策。如今，随着大数据时代的来临，统计学的面貌也逐渐改变，与信息、计算（算法）等领域密切结合，是数据科学中的重要主轴之一。由于STaTa可读入的数据库已经无限大，非常适合聚合后大数据的统计分析。此外，有关普通民众所有的关联式数据库（Oracle，MySQL，Microsoft SQL Server，PostgreSQL and IBM DB2）、分析软件（R、SPSS、SAS、其他 Relationsl Data-Base），也可顺利将其格式转换成 STaTa 资料文档来进行精准分析。值得一提的是，Stat/Transfer 可读入的文件格式多达 39 种。下面以图1-16来说明。

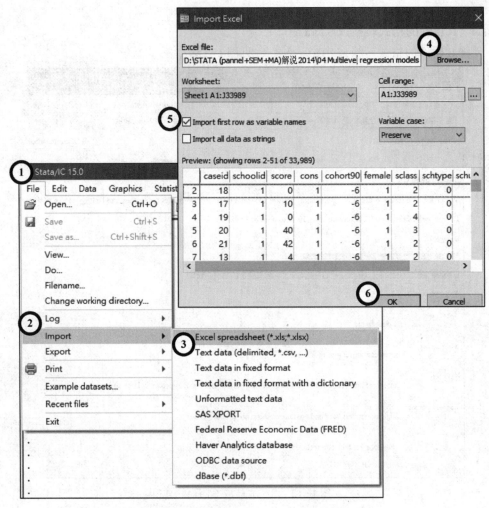

图1-16 "File → import" Excel、SAS、ODBC data-base、dBase

Stat/Transfer可读入的数据库格式（file formats）有下列39种：

1.1-2-4；2. Access（Windows only）；3. ASCII-Delimited；4. ASCII-Fixed Format；5. dBASE and compatible formats；6. Data Documentation Initiative（DDI）Schemas；7. Epi Info；8. EViews；9. Excel；10. FoxPro；11. Gauss；12. Genstat；13. gretl；14. HTML Tables（write only）；15. JMP；16. LIMDEP；17. Matlab；18. Mineset；19. Minitab；20. Mplus（Write Only）；21. NLOGIT；22. ODBC；23. OpenDocument Spreadsheets；24. OSIRIS（read-only）；25. Paradox；26. Quattro Pro；27. R；28. RATS；29. SAS Data Files；30. SAS Value Labels；31. SAS CPORT（read-only）；32. SAS Transport Files；33. S-PLUS；34. SPSS Data Files；35. SPSS Portable；36. STaTa；37. Statistica；38. SYSTAT；39. Triple-S。

1.1.5　逻辑回归的应用领域

下面以图1–17来说明逻辑回归的应用领域。

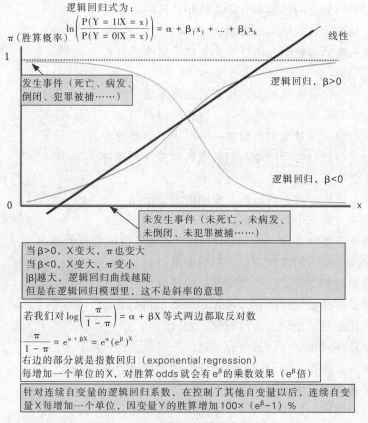

图1–17　逻辑函数的分布图二

在逻辑回归的应用领域，常见的研究问题包括：

工程类

（1）逻辑回归与多元概率回归方法进行山地滑坡潜势评估。

（2）以二元数据回归方法建构建筑物震害危险度最优预测模型。

（3）建筑物震害程度评估模型的研究。

（4）晶圆瑕疵分布的鉴别分析。

（5）应用逻辑回归模型建构绝缘碍子火花探测系统。

（6）运用空间信息技术建立山地滑坡发生概率模型的研究。

社科类

（7）婚姻之路——影响东亚女性婚姻抉择因素的探讨。

（8）影响中高龄人口选择未来养老居住方式的因素之探讨。

生物医学类

（9）人类免疫缺陷病毒的蛋白水解酶抑制剂其活性、分子接合能量与分子凸状壳关系的研究。

（10）停经后妇女的肾虚与骨质疏松相关性的研究。

（11）中高龄人口忧郁症的影响因子探讨。

（12）头颈癌患者放射线治疗对产生口干影响的分析。

财管类

（13）上市公司财务危机与转投资活动关系的研究。

（14）股市绩效预测分析的探讨：以逻辑回归为例。

（15）上市公司财务危机的探讨——以中小企业板为例。

（16）公司绩效、公司治理与财务危机相关性的探讨。

（17）养老市场金融需求的研究。

（18）房贷违约阶段存活时间及影响因素的研究。

（19）信用卡资产组合风险的研究。

（20）修正后奥特洛弗（O'glove）盈余质量与财务危机的探讨。

（21）个人小额信用贷款授信模型的个案研究。

（22）法拍房贷款授信违约风险评估的研究——考虑投资者变量。

（23）财务弹性稳定性对 CEO 薪酬政策影响的研究。

（24）医疗险短期出险因素的研究。

（25）从选择权角度探讨上市公司违约距离与违约风险。

（26）影响公务预算编制适用性认知的因素探讨。

（27）影响房屋贷款逾期因素的实证分析。

（28）应用逻辑回归构建银行放款信用评价模型。

（29）应收账款呆账预测的研究——以某化学公司为例。

营销/企业管理类

（30）投资型保险产品购买预测的研究。

（31）温泉休闲产业未来发展——以礁溪温泉区为例。

（32）汽车保险续保的研究——以汽车第三人责任保险为例。

（33）企业购买选择行为与使用意愿的研究——以网络电话网关为例。

（34）母女影响与消费者购买偏好关系的研究。

商业管理类

（35）寿险保单申诉项目与申诉结果的研究。

（36）绿色能源产业公司的投资潜力评估——以综合鉴定模型为例。

1.1.6　STaTa的二元回归选择表的对应命令

1）回归的目的是预测

当我们想要"预测"一件事情，最常用的统计工具就是"回归"，被预测或被了解的变量叫作响应变量（dependent variable），它可以是名义（nominal）变量、有序（ordinal）变量、等距（interval）变量以及定比（ratio）变量。如果响应变量是属于后两者，我们称作连续（continuous）变量，我们习惯用线性回归去拟合数据。

然而在实际情况下，所搜集回来的数据不见得是连续变量，常常是名义变量或有序变量（我们称为离散变量，discrete variable），如医学统计最常遇到的就是"有无复发""死亡与否""有无生病"等问题。此时响应变量只有两种情况，那么传统的线性回归再也不适用于拟合这样的分类数据，原因有很多，如残差正态性不可能成立、响应变量的预测值可能会超过1等。此时若对响应变量作一个转换，即逻辑转换，则可以解决以上诸多问题（关于详细的转换过程要参见教科书）。

传统线性回归的回归系数（regression coefficient）的解释为"当自变量增加一个单位时，响应变量会增加多少单位"，但是逻辑回归的回归系数解释为"当自变量增加一个单位时，响应变量1相对响应变量0的概率会增加几倍"，也就是说"自变量增加一个单位，响应变量发生状况相对于没有发生状况的比值"，这个比值就是胜算比（odds ratio，OR）。我们可以这样说，除了回归系数的解释方法不太相同之外，基本上可以说传统线性回归同逻辑回归是一样的。

以上我们提到的是当响应变量是二元时的逻辑回归，不过有的时候响应变量的类别会超过3类，如人格心理学就常常把人格分成"五大人格"，而且这五个人格之间是互斥的（没有有序关系），此时"预测"这个人的人格会是哪一种类型的回归方法就是多项逻辑回归模型（multinomial logistic regression model），它是逻辑回归的扩充，解释方法都一样。唯一不同之处在于要将响应变量中的一个类别设为"参照组"（baseline category/reference group），假设响应变量有3类，那么回归系数解读为"当自变量增加一个单位时，响应变量A相对响应变量C的概率会增加几倍"，此时响应变量C为我们选定的参照组（分母，或者说被比较的那一组）可随意设定，因为结果会完全一样。

2）STaTa的二元回归选择表的对应命令（见图1-18）

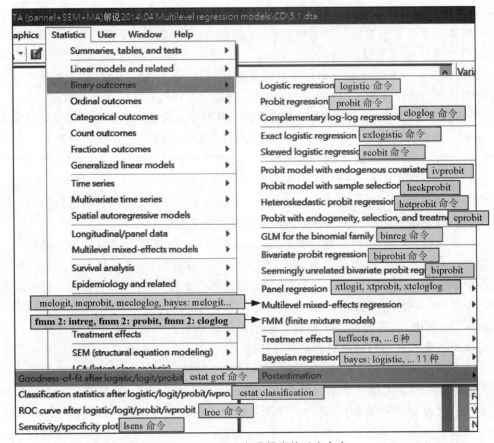

图1-18 二元回归选择表的对应命令

逻辑回归执行之后，才可做下列命令的事后检验：

STaTa命令	说明
.boxtid	进行自变量的幂次转换，并进行非线性检验（performs power transformation of independent variables and performs nonlinearity test）
.contrast	对比（contrasts and ANOVA-style joint tests of estimates）
.estat（svy）	调查法的事后统计（postestimation statistics for survey data）
.estat ic	显示 Akaike's and Schwarz's Bayesian information criteria（AIC and BIC）
.estat summarize	显示样本的描述统计量（summary statistics for the estimation sample）

STaTa 命令	说明
. estat vce	求方差—协方差矩阵 [variance-covariance matrix of the estimators（VCE）]
. estimates	估算结果（cataloging estimation results）
. fitstat	计算各种拟合度的后估计命令（is a post-estimation command that computes a variety of measures of fit）
. forecast *	动态预测及模拟（dynamic forecasts and simulations）
. hausman *	Hausman 的界定检验
. ldfbeta 外挂命令	求出各观测值对系数估计的影响
. lfit	进行拟合度检验
. lincom	点估计、系数线性组合的检验等（point estimates，standard errors，testing，and inference for linear combinations of coefficients）
. linktest	模型设定的连接检验（performs a link test for model specification，in our case to check if logit is the right link function to use. This command is issued after the logit or logistic command）
. listcoef	列出各种回归模型的估计系数（lists the estimated coefficients for a variety of regression models，including logistic regression）
. lroc	绘图并求出 ROC 曲线面积（graphs and calculates the area under the ROC curve based on the model）
. lrtest *	似然比检验（likelihood-ratio test）
. lsens	用图表示灵敏度和特异度与概率临界值（graphs sensitivity and specificity versus probability cutoff）
. lstat	显示汇总统计（displays summary statistics，including the classification table，sensitivity，and specificity）
. margins	求边际平均数等（marginal means，predictive margins，marginal effects，and average marginal effects）
. marginsplot	绘剖面图 [graph the results from margins（profile plots，interaction plots，etc.）]
. nlcom	点估计、系数线性组合的检验等（point estimates，standard errors，testing，and inference for nonlinear combinations of coefficients）
. predict	保存预测值、残差值、影响值（predictions，residuals，influence statistics，and other diagnostic measures）

STaTa 命令	说明
. predict dbeta	求出 DBI 统计量
. predict dd	保存逻辑回归模型的 Hosmer–Lemeshow 拟合优度检验中的偏差变化统计量
. predict deviance	残差的偏差（deviance residual）
. predict dx2	保存 Hosmer–Lemeshow 检验中的卡方统计量
. predict hat	将模型估计中具有较大影响力的观测值保存起来
. predict residual	保存泊松残差（包括对某些协变量模式进行了调整）
. predict rstandard	保存标准化皮尔逊残差（已经对某些协变量模式进行了调整）
. predictnl	求广义预测值等（点估计、标准误差、检验和预测的影响）
. pwcompare	估计配对比较（pairwise comparisons of estimates）
. scatlog	绘制出逻辑回归预测值的散点图
. suest	似不相关估计（seemingly unrelated estimation）
. test	求出线性假设下的 Wald 检验（Wald tests of simple and composite linear hypotheses）
. testnl	求出非线性假设下的 Wald 检验（Wald tests of nonlinear hypotheses）

注：*forecast, hausman 及 lrtest 不适合以"svy:"开头的回归，且 forecast 也不适合在"mi"中估计结果。

1.1.7 有限混合模型（finite mixtures models，FMM）的对应命令（见图 1-19）

有限混合模型（FMMs）旨在对观察值进行分类，调整聚类（clustering），并对不可观察的异质性（unobserved heterogeneity）进行建模。在有限混合建模中，可观察的数据被假设属于几个不可观察的总体（称为 classes），并且使用概率密度或回归模型的混合来对被解释变量建模。在拟合模型之后，也可以对每个观察值的 classes 成员概率做预测（见图 1-20）。

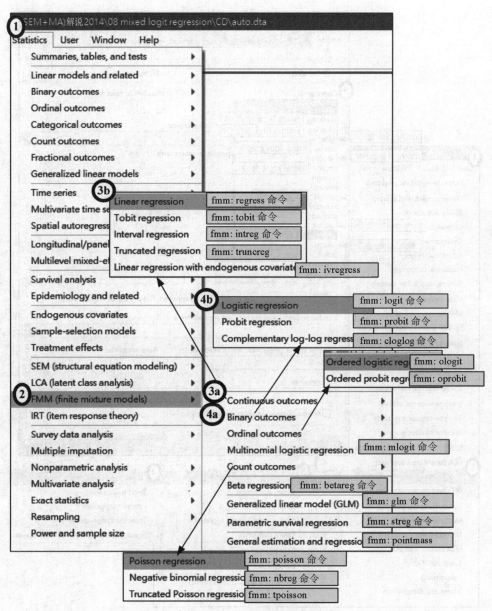

图 1-19 有限混合模型的对应命令

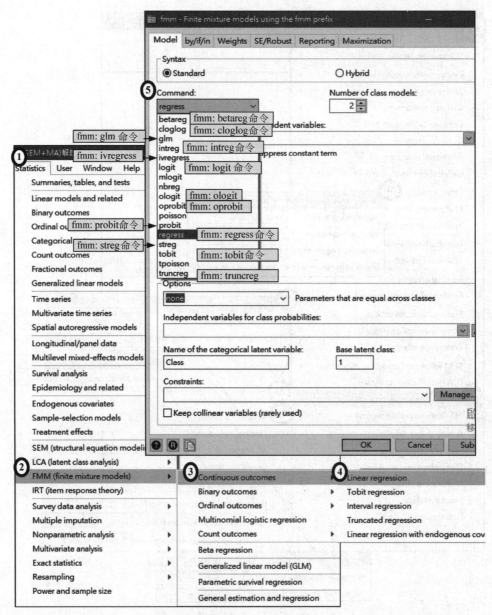

图 1-20　有限混合模型的对应命令二

STaTa v12 的 fmm "mix（density）" 选项，被解释变量可搭配的分布有 7 种：

分布（density）	说明
gamma	Gamma 分布
lognormal	对数正态
negbin1	负二项-1（constant dispersion）
negbin2	负二项-2（mean dispersion）
normal	正态或高斯
poisson	泊松分布
studentt	Student-t 有 df 个自由度

STaTa v15 的"fmm：density"选项，被解释变量可搭配的分布有下列 17 种：

分布（density）	说明
Linear regression models	
fmm：regress	线性回归
fmm：truncreg	截断回归
fmm：intreg	区间回归
fmm：tobit	Tobit 回归
fmm：ivregress	辅助变量回归
Binary-response regression models	
fmm：logit	逻辑回归及其系数
fmm：probit	概率回归
fmm：cloglog	互补 log-log 回归
Ordinal-response regression models	
fmm：ologit	Ordered logistic regression
fmm：oprobit	有序概率回归
分类响应回归模型	
fmm：mlogit	多元逻辑回归
计数响应回归模型	
fmm：poisson	泊松回归
fmm：nbreg	负二项回归
fmm：tpoisson	截断泊松回归
广义线性模型	
fmm：glm	广义线性模型
分数响应回归模型	
fmm：betareg	Beta 回归
生存回归模型	
fmm：streg	参数生存模型

"fmm："可选择 17 种分布之一来匹配响应变量的分布。

1.2 简单逻辑回归的入门

统计中回归分析（regression analysis）最主要的应用是用来做预测，我们通过数据库中的某些已知的信息，便可对未知的变量做预测。我们在考虑解释变量的选取时，必须注意我们所选出来的解释变量和响应变量之间是否存在着因果关系。除此之外，如果解释变量间的关系非常密切，则彼此之间或许存在共线性的关系，显然不适合放在同一个模型中。然而，在模型拟合的过程当中，判定系数（R-square）的值越大，并不一定表示回归模型拟合得越好，因为只要解释变量的个数增加，判定系数相对也会越大，而且对响应变量的解释力也会变得复杂。

1）一般回归分析

在实际工作中往往会发现某一事物或某一现象的变化，而许多事物与现象都是相互联系的。例如，某疾病的发病率与气温、温度的关系，血压下降程度与降压药的剂量和患者年龄的关系等。在这类问题中，响应变量（Y）同时会受到两个或两个以上自变量（X_1，X_2，…）的影响。研究这类多变量之间的关系，常用多元线性回归模型分析方法，在固定 X_i 的条件下，随机抽取 X_i，i=1，2，…，n，则回归模型变为：

$$Y_i = \beta_0 + \beta_1 X_{i,1} + \cdots + \beta_k X_{i,k} + \varepsilon_i$$

通常假定 ε_i 服从正态分布 $N(0, \sigma^2)$ 且彼此独立（iid）。可解释为"除了 X 以外其他会影响到 Y 的因素"（无法观察到的因素），也可解释为"用 X 来解释 Y 所产生的误差"。既然是无法观察到的误差，故误差 ε_i 常称为随机误差项（error term）。

2）泊松回归（Poisson regression）

这种回归模型可称为对数线性模型（log linear model），这种广义的线性模型使用对数连结函数（log link function），主要应用于响应变量为离散型数据的情形。泊松回归主要的应用是根据在某一段时间内已发生的次数，来推估未来的时间发生的行为。以银行的信用卡客户为例，我们可以根据某位顾客在过去一段时间内所刷卡的比例和消费金额，来推算该顾客未来的消费行为和信用卡的使用频率，如此便可预估该顾客对其刷卡银行的价值。

3）逻辑回归（logistic regression）

这种回归模型可称为逻辑模型，这种广义的线性模型使用逻辑连结函数，主要应用于响应变量为二元型的数据，如"成功"或"失败"。逻辑回归与传统的回归分析性质相似，不过它是用来处理离散型数据的问题。由于是离散型数据，因此我们必须将此离散型数据转为介于 0 与 1 之间的连续型数据形式，才可以对转换后的连续型数据作回归，而主要目的是找出类别连结形式的响应变量和一连串解释变量之间的关系。逻辑回归和回归分析最大的差别在于响应变量形式的不同，所以逻辑回归在运用上也需符合传统回归分析的一般假设，即避免解释变量之间的共线性以及服从正态分布和避免残差存在自相关等的统计基本假设。逻辑回归在响应变量为离散型且分类只有两类或少数几类时，便成了一个最标准的分析方法。然而，对于离散型变量有很多分析方法，而考克斯（Cox）根据两个主要的理由选择了逻辑分布：第一个理由是基于数学观点，它是一个极富弹性且容易使用的函数；第二个理由则是它适用于解释生物学上的意义。

逻辑回归模型在统计的运用上已极为普遍，不但在二元离散型数据方面使用率高，而且在医学方面的使用更为广泛。在逻辑分布之下，不但可运用单变量回归模型，也可推广至多变量回归模型。

> **定义：单变量的逻辑模型**
>
> 假设某一个肺癌患者在经过某种特殊治疗（X）后，若生存则记为1，死亡则记为0，响应变量 $\pi(x)$ 代表生存的概率，而 $\pi(x) = P(Y=1 \mid x)$，则此概率 $\pi(x)$ 为伯努利分布（Bernoulli distribution）的参数，因此
>
> $$E[Y|x] = \pi(x) = \frac{\exp(\beta_0 + \beta_1 x)}{1 + \exp(\beta_0 + \beta_1 x)}$$
>
> 为单变量的逻辑模型。

> **定义：多变量的逻辑模型**
>
> 假设有 i 个独立的伯努利随机变量，$Y = (Y_1, Y_2, \cdots, Y_i)$，而 Y_i 皆为二元响应变量，i=1, 2, $\cdots$, I。令 $X = (X_{i0}, X_{i1}, \cdots, X_{ik})$ 为第 i 个自变量的矢量，含有 k 个自变量，其中
>
> $$E[Y|x] = \pi(x) = \frac{\exp\left(\sum_{j=0}^{k} \beta_j x_{ij}\right)}{1 + \exp\left(\sum_{j=0}^{k} \beta_j x_{xj}\right)}, \quad i = 1, 2, ..., I$$
>
> 为多变量的逻辑模型。

当您希望能够根据预测值变量组的数值来预测特性或结果出现或不出现时，逻辑回归分析就很有用。它和线性回归模型很相似，但是适合二元响应变量的模型。逻辑回归系数可以用来估计模型中每一个自变量的胜算比。逻辑回归分析适用于较广范围的研究情况，而不是区别分析。

范例：对于患有冠状动脉心脏疾病（CHD）的人而言，什么样的生活方式是风险因素？

假定以病人样本来测量抽烟状况、饮食、运动、酒精使用情形以及CHD状况，可以利用这四种生活形式变量来构建模型并预测在病人样本中CHD的阳性或阴性。之后可以用这个模型得到每个因素的胜算比的预估。举例来说，告诉您吸烟者比不吸烟者更容易得CHD的可能性。

统计量：对于每一个分析，包括总观察值、选取的观察值、有效观察值。对于每一个分类变量，包括参数编码。对于每一个步骤，包括输入或移除的变量、迭代历

程、2-log 近似、适合度、Hosmer-Lemeshow 拟合优度统计量、卡方分布、改良卡方分布、分类表、相关变量、观察组和预测概率图、残差卡方。对于方程式中的每一个变量：包括系数（B）、B 的标准误差、Wald 统计、预估胜算比（exp（B））、exp（B）的置信区间、若从模型移除项的对数近似。对每一个不在方程式中的每个变量，包括计量评分。对于每一个观察值，包括观察组、预测概率、预测组、残差、标准化残差。

定义：F 检验

（1）若原假设 H_0：$\beta_2=0$，$\beta_3=1$ 成立，则真正的模型应该是

$$Y_t = \beta_1 + X_{3t} + \beta_4 X_{4t} + \cdots + \beta_k X_{kt} + \varepsilon_t$$

我们将其称为受限制的模型（restricted model）。若要估计该模型，应该进行整理如下（以 Y_t-X_{3t} 作为响应变量）

$$Y_t-X_{3t}=\beta_1+\beta_4 X_{4t}+\cdots+\beta_k X_{kt}+\varepsilon_t$$

以 OLS 估计该受限制的模型后，可以计算出其残差平方和 ESS_R。

（2）相对于受限制的模型，假设原假设不成立时的模型称为非受限制的模型（unrestricted model），即原始模型

$$Y_t=\beta_1+\beta_2 X_{2t}+\beta_3 X_{3t}+\cdots+\beta_k X_{kt}+\varepsilon_t$$

以 OLS 估计非受限制的模型后，可以计算出其残差平方和 ESS_U。

（3）检验统计量：F 统计量

$$F = \frac{(ESS_R - ESS_U)/r}{ESS_U/(T - k)} \sim F(r,\ T - k)$$

式中，r 代表限制式的个数，该例中 r=2。

（4）检验的直觉：记住我们得出的结论，解释变量个数越多，残差平方和越小（R^2 越大），因此受限制模型的残差平方和 ESS_R 应该比非受限制模型的残差平方和 ESS_U 大。若原假设是对的，则根据原假设所设定的受限制模型，其残差平方和 ESS_R 应该与 ESS_U 差距不大（因此 F 统计量很小）；但是如果原假设是错误的，ESS_R 应该与 ESS_U 差距很大（F 统计量很大）。所以，如果所计算出的 F 统计量很大，就拒绝原假设；若 F 统计量很小，就接受原假设。

定义：Wald 检验

Wald 系数检验：有时候受限制的模型并不是很容易写出来，因此很难直接估计受限制的模型，这时可用 Wald 系数检验。

（1）改写限制式：通常我们可将限制式（原假设）写为

$$H_0:\ R\beta=q$$

式中，R 为 r×k 矩阵，q 为 r×1 矢量，r 就是我们所说的限制式个数。

例如：在前例的原假设 H_0：$\beta_2=0$，$\beta_3=1$ 中，若我们令

$$R = \begin{pmatrix} 0 & 1 & 0 & 0 & \cdots & 0 \\ 0 & 0 & 1 & 0 & \cdots & 0 \end{pmatrix},\ q = \begin{pmatrix} 0 \\ 1 \end{pmatrix}$$

则可将原假设改写为 H_0：$R\beta=q$。

（2）检验的直觉：若原假设 H_0：$R\beta=q$ 是正确的，则 $R\hat{\beta}-q$ 应该非常接近 0；若 $R\hat{\beta}-q$ 和 0 差距很远，代表原假设 H_0：$R\beta=q$ 是错误的。

（3）检验统计量：由于 $\hat{\beta}\sim N(\beta,\sigma^2)(X'X)^{-1}$，因此

$R\hat{\beta}\sim N(R\beta,\sigma^2R)(X'X)^{-1}R')$

若原假设 H_0：$R\beta=q$ 是正确的，则

$R\hat{\beta}\sim N(q,\sigma^2R(X'X)^{-1}R')$

即 $R\hat{\beta}-q\sim N(0,\sigma^2R(X'X)^{-1}R'$

因此（这就是 r 个标准化后的正态变量的平方和）

$(R\hat{\beta}-q)(\sigma^2R(X'X)^{-1}R')^{-1}(R\hat{\beta}-q)\sim\chi^2(r)$

而我们之前已知（非受限制模型的误差项方差估计）

$\dfrac{(T-k)\hat{\sigma}^2}{\sigma^2}\sim\chi^2(T-k)$

因此

$$\dfrac{[(R\hat{\beta}-q)'(\sigma^2R(X'X)^{-1}R')^{-1}(R\hat{\beta}-q)]/r}{\dfrac{(T-k)\hat{\sigma}^2}{\sigma^2}/(T-k)}\sim F(r,\ T-k)$$

而等式左边即为

$$F=\dfrac{(R\hat{\beta}-q)'(\sigma^2R(X'X)^{-1}R')^{-1}(R\hat{\beta}-q)}{r}\sim F(r,\ T-k)$$

这就是 Wald 检验统计量。

（4）决策准则：设定显著水平 α，并确定临界值 $F_{1-\alpha}$（r，T-k）。

若 $F>F_{1-\alpha}$（r，T-k），就拒绝原假设；若 $F<F_{1-\alpha}$（r，T-k），就接受原假设。

1.2.1 简单逻辑回归的介绍

回归分析可以帮助我们建立因变量（或称响应变量）与自变量（或称共变量）（covariable）间关系的统计模型，并能借由所选取的适当自变量预测因变量，在所有统计分析工具中算是最常被使用的分析方法。例如，想预测身高这个因变量，可以选取与因变量相关性大的自变量，诸如体重、父母身高与国民收入等，进行回归分析。

逻辑回归分析适用于因变量为二元型数据的情形，若自变量只有一个，则称为单变量逻辑回归分析（univariate logistic regression）；若自变量超过一个，则称为多变量逻辑回归分析（multivariate logistic regression），又可称为多元或复逻辑回归分析（见图 1-21）。

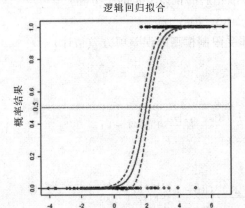

图 1-21　多变量逻辑回归函数的分布图

　　当因变量为二元的分类变量时，若想做回归分析，此时不能再使用一般的线性回归，而应该改用二元逻辑回归分析。

　　二元逻辑回归式如下：

$$\operatorname{logit}[\,\pi(x)\,] = \log\left(\frac{\pi(x)}{1-\pi(x)}\right) = \log\left(\frac{P(x=1)}{1-P(x=1)}\right) = \log\left(\frac{P(x=1)}{P(x=0)}\right) = \alpha + \beta x$$

　　公式经转换变为

$$\frac{P(x=1)}{P(x=0)} = e^{\alpha+\beta x}$$

　　（1）逻辑方程式很像原本的一般线性回归模型，不同点在于现在的因变量变为事件发生概率的胜算比。

　　（2）因此，现在的β需解释为，当x每增加一单位时，事件发生的概率是不发生的exp（β）倍。

　　（3）为了方便对结果的解释与理解，一般我们会将因变量为 0 设为参照组（event free）。

1）逻辑回归的假定

逻辑回归的基本假设与其他多变量分析的假设不同，因为它不需要假定分布类型。在逻辑分布中，自变量对于因变量的影响方式是以指数的方式变动的，即意味着逻辑回归无须具有服从正态分布的假设，但是如果预测变量为正态分布的话，结果会比较可靠。在逻辑回归分析中，自变量可以是分类变量（category variable），也可以是连续变量。

2）多元逻辑回归模型

定义：单变量逻辑回归

假设 $\pi(x) = E(y|x)$，则模型表示如下：

成功率 $\pi(x) = \dfrac{e^{(\beta_0 + \beta_1 x)}}{1 + e^{(\beta_0 + \beta_1 x)}}$

若对 $\pi(x)$ 做逻辑转换，可得下列表示式：

$$g(x) = \log it[\pi(x)] = \ln\left(\dfrac{\pi(x)}{1 - \pi(x)}\right) = \beta_0 + \beta_1 x + e$$

经由此转换，$g(x)$ 便符合线性回归模型的性质，此时 $g(x)$ 就为连续变量。

如果因变量为二分变量，逻辑回归有以下特性：

（1）条件期望值的回归式必须介于 0~1 之间，即

$$0 \leqslant E(y|x) = \pi(x) = \dfrac{\exp(\beta_0 + \beta_1 x)}{1 + \exp(\beta_0 + \beta_1 x)} \leqslant 1$$

（2）其误差 ε 分布服从二项分布而不是服从正态分布。

（3）用来处理线性回归的分析原则也可以用在逻辑回归上。

（1）逻辑回归的特性：受限因变量的问题

线性回归（以下称最小平方法的 OLS）是所有回归分析的入门与基础。可是 OLS 有许多前提与假定，只有当这些前提与假定都存在时，OLS 所估算的线性函数参数值才会准确。其中有一个条件是因变量必须是呈正态分布的连续变量（如某个小学二年级学生第一次月考的数学成绩、某个国家的国民体重、某个地区所有护理之家的居民跌倒率等），可是在很多时候我们研究或分析的因变量并非是这种形式的变量，这时 OLS 便派不上用场。这些不符合 OLS 因变量条件要求的情况很多，计量经济学通称这些为"受限的因变量"（limited dependent variables，LDV），针对不同的 LDV，统计学家与计量经济学家大多已经发展出不同的模型来处理。

在研究上经常遇到的一种 LDV 情况，就是因变量是二元变量，这类变量的数值只有两种可能，常见的例子有：

①公司财务制度健全与破产的预测。

②市民罹患冠心病（CHD）的状态（罹患或者没有罹患）。

③应届毕业大学生应聘工作的结果（被录用或者没被录用）。

二元逻辑回归模型适合使用逻辑回归程序或多元逻辑回归程序。每种程序都有其他程序未提供的选项。理论上很重要的差异是，逻辑回归程序会产生所有的预测值、

残差（residual），影响统计量（influence）以及在个别观察值等级中使用数据的拟合度测试，而不管数据是如何输入的，以及共变量形式的数量是否小于观察值的总数量。但是，多元逻辑回归程序会在内部整合观察值以形成与预测变量相同的协方差形式的总体，从而产生预测、残差以及根据这些总体进行的拟合度测试。如果所有的预测变量都是分类变量或者任何连续预测变量只具有有限的变量值，则

①每个共变量形式中都有数个观察值。

②总体方式可以产生有效的拟合度检验和情报残差，但是个别观察值等级方法则不能。

（2）二元因变量的模型：逻辑模型与多元概率模型

解决受限因变量问题的方法有好几种，最常用的有两种：逻辑回归分析（logistic regression，或称为 logit model），以及多元概率模型（probit model）。这两种方式都是通过非线性的函数去估算我们所感兴趣的参数值，前者使用逻辑函数，后者使用正态分布的累积函数。这两种非线性函数的共同点是它们的数值永远介于 0 与 1 之间，因此我们所得到的回归预测值不会像线性回归所得到的预测值有超过 1 或低于 0 的情况。其实这两种函数值的分布情况很相似，不注意的话还看不出它们的区别。图 1-22 是逻辑函数值的分布图。

逻辑回归拟合

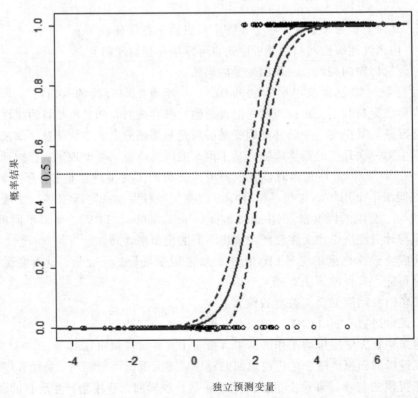

图 1-22　逻辑函数值的分布图

如果因变量的编码是二进制，如违约：Y=1，不违约：Y=0，我们想知道的是预测违约的可能性，这就是典型的逻辑回归，它创造一个潜在变量（latent variable）Y*，令解释变量只有一个X，则二元数据的回归模型如下：

$$y_j^* = \beta_0 + \sum_{i=1}^{N} \beta_i x_{i,j} + \varepsilon_j$$

$$\begin{cases} y_j = 1, & \text{如果} y_j^* \geq \theta \\ y_j = 0, & \text{如果} y_j^* < \theta \end{cases}$$

式中，θ 为临界值。

（3）逻辑函数转换

原始分数代入：

$$P = \frac{1}{1 + e^{-y^*}}$$

所得概率如下：

原始分数 y^*（分数）	概率（默认）
−8	0.03%
−7	0.09%
−6	0.25%
−5	0.67%
−4	1.80%
−3	4.74%
−2	11.92%
−1	26.89%
0	50.00%
1	73.11%
2	88.08%
3	95.26%

逻辑回归就是利用逻辑函数来建立模型，如：

$$E(Y_i) = \frac{1}{1 + e^{-(\beta_0 + \beta_1 X_{1i} + \beta_2 X_{2i} + \cdots + \beta_k X_{ki})}} = \frac{e^{\beta_0 + \beta_1 X_{1i} + \beta_2 X_{2i} + \cdots + \beta_k X_{ki}}}{1 + e^{\beta_0 + \beta_1 X_{1i} + \beta_2 X_{2i} + \cdots + \beta_k X_{ki}}}$$

其对应的函数图形见图1-23，形状类似S形，$E(Y_i)$ 的值介于 0 与 1 之间，为估计 Y_i 的概率值。当 Y 值代表概率时，由上式可以解决一般线性模型 Y 值超过 0 或 1

的问题，使逻辑模型非常适合解决因变量为分类变量的情形。

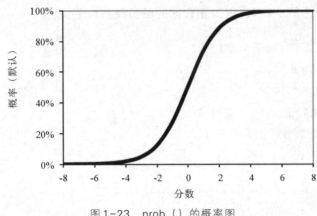

图1-23 prob（）的概率图

（4）简单逻辑回归的介绍

① 令 X 为连续解释变量；Y 为二元响应变量，即 Y～B（1，π（x）），其中 π（x）=P（Y=1|X=x），即当 X=x 时，Y=1 的概率。逻辑回归假设 π 与 x 的关系为：

$$\log\left(\frac{\pi(x)}{1-\pi(x)}\right) = \alpha + \beta x$$

π 先取概率再取 log 的这种转换，就称为 logit 转换。这也是逻辑回归名称的由来。

$$\text{logit}[\pi(x)] = \log\left(\frac{\pi(x)}{1-\pi(x)}\right) = \alpha + \beta x$$

A. π 与 x 的关系也可写成

$$\pi(x) = \frac{\exp(\alpha + \beta x)}{1 + \exp(\alpha + \beta x)}$$

B. 逻辑回归假设 π 与 x 的关系为一个 S 形，如图1-23所示。有时 π 随 x 变大而 S 形变大，有时 π 随 x 变大而 S 形变小，关键在于系数 β。

② 系数 β 的解释一：β 与 S 形的上升或下降速度的关系

A. $\frac{\mathrm{d}\pi(x)}{\mathrm{d}x} = \beta\pi(x)[1-\pi(x)]$：当 X=x 时，切线的斜率，即 X 变化一个单位，π 变化 $\beta\pi(x)[1-\pi(x)]$。

若 β>0，π 随 x 变大而 S 形变大。

若 β<0，π 随 x 变大而 S 形变小。

若 β=0，π 与 x 无关。

S 形曲线的上升或下降速度在 π（x）=0.5 时最快，为 0.25β。此时 $x = -\frac{\alpha}{\beta}$，称为

中位有效水平（median effective level），并记为 $EL_{50} = -\dfrac{\alpha}{\beta}$，代表此时 $Y=1$ 的概率有 50%。

B.系数 β 的解释二：系数 β 与胜算（odds）的关系

$\dfrac{\pi(x)}{1 - \pi(x)} = \exp(\alpha + \beta x) = e^{\alpha}(e^{\beta})^x$：X 变化一单位，胜算变化的倍数为 e^{β}（在 X= x+1 时，胜算为 X=x 时的 e^{β}）。

若 β>0，胜算随 x 变大而变大。

若 β<0，胜算随 x 变大而变小。

若 β=0，胜算与 x 无关。

C.系数 β 的解释三：系数 β 与对数概率（log odds）的关系

$\log\left(\dfrac{\pi(x)}{1 - \pi(x)}\right) = \alpha + \beta x$：X 变化一单位，对数概率变化 β 单位。

（5）逻辑回归模型的统计分析

统计推论：最大近似估计量 $\hat{\beta} \sim N(\beta, *)$。

①效应的区间估计：β 的置信区间为 $\hat{\beta} \pm z_{\alpha/2} ASE$

②显著性检验：H_0：β=0

A.Z 检验：$z = \dfrac{\hat{\beta}}{ASE} \overset{H_0}{\sim} N(0, 1)$

B.Wald 检验：$W = \left(\dfrac{\hat{\beta}}{ASE}\right)^2 \overset{H_0}{\sim} \chi_1$

C. LRT：

$A = \dfrac{\text{当}H_0\text{对时，概率似然函数的最大值}}{\text{无限制时，概率似然函数的最大值}} = \dfrac{l_0}{l_1}$

$-2\log\Lambda = -2(\log l_0 - \log l_1) = -2(L_0 - L_1) \overset{H_0}{\sim} \chi_1$

③当 X=x 时，检验的估计

A.点估计：

$\hat{\pi}(x) = \dfrac{\exp(\hat{\alpha} + \hat{\beta}x)}{1 + \exp(\hat{\alpha} + \hat{\beta}x)}$

B.区间估计：

a.先计算：α+βx 的置信区间。

（Ⅰ）$Var(\hat{\alpha} + \hat{\beta}x) = Var(\hat{\alpha}) + x^2 Var(\hat{\beta}) + 2x COV(\hat{\alpha}, \hat{\beta})$

（Ⅱ）$(\hat{\alpha} + \hat{\beta}) \pm z_{\alpha/2} ASE$

b.再转换成 π（x）的置信区间。

（6）简单逻辑回归的特性

如果用 π（x）代表逻辑函数，其转换公式为：

$$\pi(x) = \frac{1}{1 + e^{-x}}$$

①当 x=0 时，$e^{-x}=e^0=1$，因此 π（0）=1/（1+1）=0.5

②当 x=∞（无限大）时，$e^{-x}=e^{-\infty}=0$，因此 π（∞）=1/（1+0）=1

③当 x=-∞（负无限大）时，$e^{-x}=e^{\infty}=\infty$，因此 π（-∞）=1/（1+∞）=0

相反，

$$1 - \pi(x) = 1 - \frac{1}{1 + e^{-x}} = \frac{e^{-x}}{1 + e^{-x}}$$

再对上面公式，取胜算比的自然对数：$\log\left(\dfrac{\pi}{1 - \pi}\right) = \beta_0 + \beta_1 X + e_i$ 此数学式即是

逻辑回归式，这些参数彼此间的关系如下所示：

$$\ln\left(\frac{P}{1 - P} = a + bX\right)$$

$$\frac{P}{1 - P} = e^{a + bX}$$

$$P = \frac{e^{a + bX}}{1 + e^{a + bX}}$$

注：P 是成功率，（1-P）是失败率，胜算比=P/（1-P）。

①当胜算概率（odds）π 从 0 增加到 1 时，胜算比从 0 增加到∞，而对数 logit 则从-∞增加到∞。

②当 π=1/2 时，odds=1，而 logit=0。

③当 π>1/2 时，logit>0。

④当 π<1/2 时，logit<0。

此外，

① 当 β_1>0 时，X 变大，π 也变大。

② 当 β_1<0 时，X 变大，π 变小。

③$|\beta_1|$越大，逻辑回归曲线越陡。

但是在逻辑回归模型里，这不是斜率的意思。

④ 斜率会随着 X 不同而不同。

如果 π=0.5，则胜算比（odds）为 $\dfrac{\pi}{1 - \pi} = 1$，再取自然对数，可得：

$$\log\left(\frac{\pi}{1 - \pi}\right) = \log(1) = 0$$

即 $0=\beta_0+\beta_1 X$，所以 $X=-\beta_0/\beta_1$。

当 $X=-\beta_0/\beta_1$ 时，π=0.5。

⑤$\beta_1\times\pi$（1-π）是逻辑回归曲线在特定 π 值时的切线斜率。

若自变量 X 预测得知 π=0.5，则在这个 X 值上切线的斜率是 0.25×β_1。

当 π=1/2 时，切线斜率最大，也就是当 $X=-\beta_0/\beta_1$ 时，logit=0。

小结

在定量分析的实际研究中，线性回归模型（linear regression model）是最流行的统计方式。但许多社会科学问题的变量都是分类而非连续的，此时线性回归就不适用了。

对于离散型（分类）变量有很多分析方法，有两个原因使人选择逻辑回归：①基于数学观点，逻辑回归是一个极有弹性且容易使用的函数。②其适用于解释生物/医学上的意义。

利用逻辑回归的目的在于建立一个最精简和最能拟合（fit）的分析结果，而且在实务中合理的模型建立后，可用来预测因变量与一组预测变量之间的关系。

在一般的回归分析中，因变量（DV）是连续变量；如果出现 DV 不是连续变量，而是二分变量（dichotomous variable，如男或女、存活或死亡、通过考试与否）等情况，这时您就必须使用逻辑回归了。

当然，如果您坚持的话，您也可以执行普通最小二乘回归，一样会得到结果的。如果您得到的系数是 0.056 的话，解读就是：当 Ⅳ（independent variable，自变量）增加 1 的时候，DV 发生的概率增加 5.6%。然而，这样做是有缺点的，通常没有办法准确地估计 Ⅳ 对 DV 的影响（通常是低估）。

为了解决这个问题，统计学家将胜算比（odds ratio）用于逻辑回归之中。在说胜算比之前，要先了解什么是胜算比。胜算比指的是：一件事情发生的概率与一件事情没发生的概率的比值。以抛硬币为例，拿到正面与拿到反面的概率都是 0.5，所以胜算比就是 0.5/0.5=1。如果一件事情发生的概率是 0.1，那么胜算比是 0.1/0.9=1/9。如果一件事情发生的概率是 0.9，那么胜算比是 0.9/0.1=9。所以，胜算比介于 0 与无限大之间。

胜算比是两件事情的胜算（odds）作比较。举个例子来说，如果高学历的人拿高薪的胜算是 2.33，低学历的人拿高薪的胜算是 0.67，那与低学历的人比起来，高学历的人拿高薪的胜算是他们的 3.48 倍（2.33/0.67），所以胜算比就是 3.48。

最后要提到的是，当因变量是次序尺度时，如"病患受伤等级"分成 4 级，但是并非等距变量，此时要预测的统计工具可选用比例胜算（优势）模型（odds proportional model）或累积概率模型（cumulative probability model）。此时回归系数的解读为：当自变量 X 增加一个单位时，"因变量 Y_1 相对因变量 Y_2 与 Y_3 的概率"以及"因变量 Y_1 与 Y_2 相对因变量 Y_3"的概率会增加几倍，所以这是一种累积概率的概念，在实务中也很常用。

那如何解读逻辑回归的结果呢？通常您会看到文章里呈现两种结果：一种如果没特别命名的话，就叫回归系数（coefficient），它的 DV 是某件事的胜算比的对数，是胜算比取自然对数；一种是胜算比。这两种值是可以互相转换的，如果您用胜算比的对数得到的系数（coefficient）是 0.405，您可以计算胜算比，在 STaTa 命令列输入"display exp（0.405）"，会得到 1.500。所以在读文章的时候一定要读清楚作者呈现的是胜算比的对数还是胜算比。逻辑回归的结果怎么解读呢？可从胜算比的对数开始，解读是：当Ⅳ增加一单位时，胜算比的对数会增加多少（见图1-24）。其实这个解读与普通最小二乘回归的解读是一样的。如果您看到的是胜算比，解读是：当Ⅳ增加一单位时，胜算比会增加（X-1）×100%。两种解读方式都套上刚才的数字，那么结果会是：

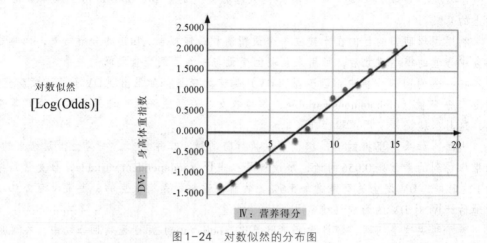

图1-24　对数似然的分布图

1. 对数胜算比：当Ⅳ增加1时，某件事的对数胜算比会增加0.405。

2. 胜算比：当Ⅳ增加1时，某件事的胜算比会增加（1.5-1）×100%=50%。如果本来是2，增加50%的话，会变成2×50%+2=3。换句话说，您也可以直接解读为：当Ⅳ增加1时，某件事的胜算比（或是某件事的概率。注意，这里是概率，不是胜算比）会变成原本的值的1.5倍。

如果您的胜算比系数是0.667，那应该怎么解读呢？当Ⅳ增加1时，某件事的概率会变成原本的值（或概率）的0.667倍。所以原本的胜算比如果是3的话，当Ⅳ增加1时，某件事的概率会变成2。您也可以说：当Ⅳ增加1时，某件事的概率会减少（1-0.667）×100%=33%。

1.2.2a　简单逻辑回归分析：年龄与罹患冠心病的关系（见图1-25）

例如，调查125名病人年龄（age）与罹患冠心病（CHD）的关系，收集数据见图1-26。

倘若采用传统OLS的线性函数：$CHD=\beta_0+\beta_1\times Age$。OLS的分析基础如图1-27的散点图所示，因为数据分散图显示两组群的分布并非正态，故采用普通最小二乘回归分析似乎不太合理。

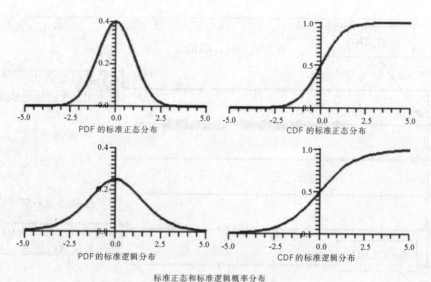

PDF 的标准正态分布   CDF 的标准正态分布

PDF 的标准逻辑分布   CDF的标准逻辑分布

标准正态和标准逻辑概率分布

图1-25　标准正态与标准逻辑分布图

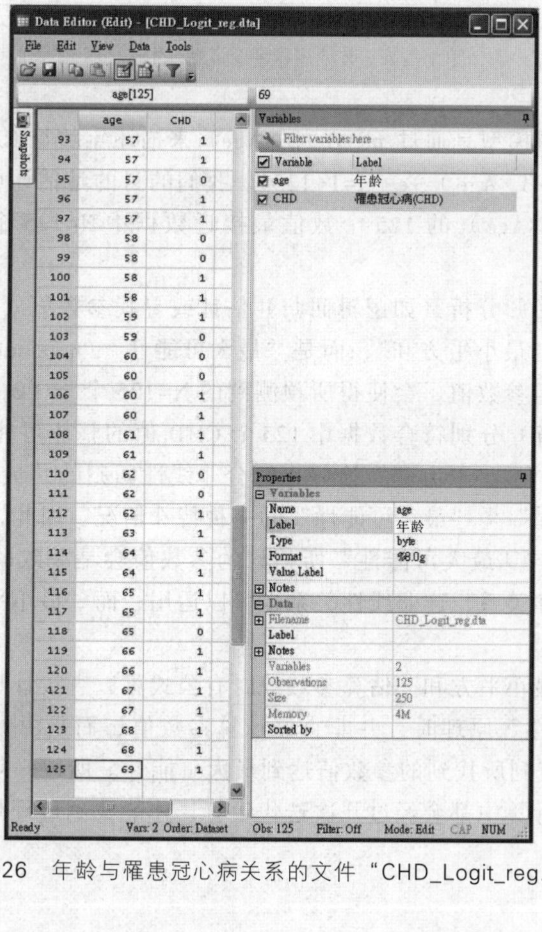

图1-26　年龄与罹患冠心病关系的文件"CHD_Logit_reg.dta"

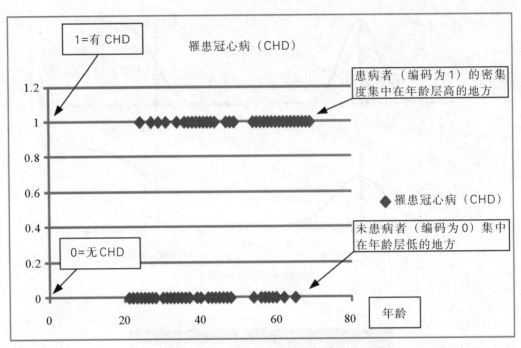

图 1-27 年龄与罹患冠心病的散点图

相对而言，逻辑模型是通过 $\pi(\beta_0+\beta_1\times Age)$ 来描述年龄与 CHD 的关系，分析公式为：$CHD_i=\pi(\beta_0+\beta_1\times Age_i)+e_i$（$i=1\sim125$）。我们的目的是估计或找到 β_0 与 β_1 这两个值，使 $\pi(\beta_0+\beta_1\times Age_i)$ 的 125 个数值最接近数据中 N=125 个 CHD_i 的值（见图 1-28）。

在使用非线性回归分析（如逻辑回归）估计或寻找参数值（β_0 与 β_1）时，所用的数学原理不再是"最小平方和"，而是"最大可能性"（maximum likelihood）。意思是说所找到的这一组参数值，会使得所预测到的 N=125 个 $\pi(\beta_0+\beta_1\times Age_i)$ 数值（因为有 125 个年龄的值）分别符合数据中 125 个 CHD_i 值的整体可能性达到最大。有趣的是，线性回归的"最小平方和"恰好也符合非线性回归的"最大可能性"的原理，事实上"最小平方和"是"最大可能性"的一种特殊情况。因此，在线性关系中，使用"最小平方和"与"最大可能性"所估计的参数值会是一致的。不过"最大可能性"不仅适用于线性关系，连非线性关系也可以运用，而"最小平方和"只适用于线性关系的分析。

OLS 在运用"最小平方和"估算参数值时有公式可以直接计算，但是非线性模型在运用"最大可能性"原理时，并非直接计算参数值，而是由计算机一再尝试迭代（iteration）运算，直到所找到的参数值达到最大可能性。所以一般计算机统计软件在非线性回归模型的计算中都会经过几次迭代运算，才能找到最理想（最具代表性）的参数值。

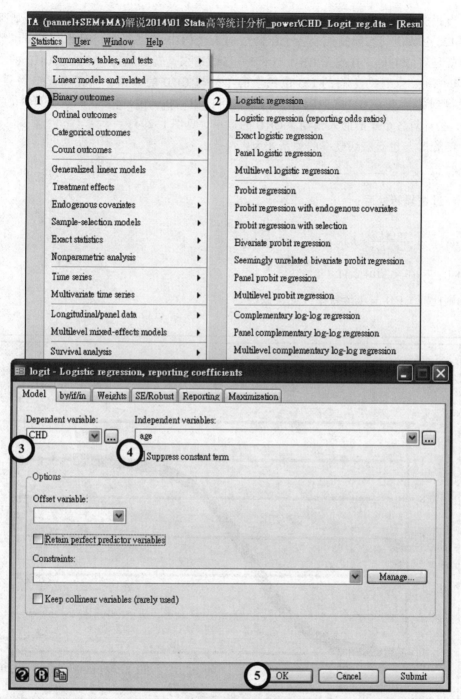

图1-28　年龄与罹患冠心病的逻辑分析图

当我们找到参数值（β₀ 与 β₁）时，便可以去计算 π（β₀+β₁×Ageᵢ）的值，所得到的这 125 个数值其实就是代表各个年龄层的人患 CHD 的可能性。因此，逻辑函数的好处就是将原本是"有或无 CHD（0，1）"的结果，转变成每一个人患 CHD 的"概率" Pr（age）。针对上面的 125 位民众的年龄与 CHD 的数据，用逻辑模型去分析，假设得到的结果是 $\beta_0 = -5.310$，$\beta_1 = 0.111$，将此组（β_0，β_1）代入 π（$-5.310 + 0.111 \times$ Ageᵢ）去计算各个年龄的人预期患 CHD 的概率（见图 1-29）：

年龄 X 与患心脏病概率的关系式为：

$$Pr(age_i) = \pi = \frac{e^{-5.31 + 0.111 \times age_i}}{1 + e^{-5.31 + 0.111 \times age_i}}$$

经过逻辑转换后：

$$g(x) = \ln\frac{\pi(x)}{1 - \pi(x)} = b_0 + b_1 X$$

$$\ln(\frac{\pi}{1 - \pi}) = -5.310 + 0.111（年龄）$$

则此时 CHD 与年龄就呈线性关系。

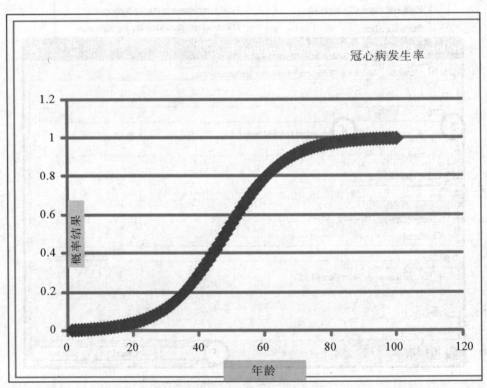

图 1-29　各年龄的人罹患冠心病的概率 Pr（x）

我们可以比较用逻辑模型所预估的各个年龄的人患 CHD 的可能性与前面用年龄分组所得到的结果，将线性回归线画在同一个散点图上，可以看到这两种方式所得到的结果重叠在一起，而用逻辑模型所得到的结果与实际的情况相当吻合（见图 1-30）。

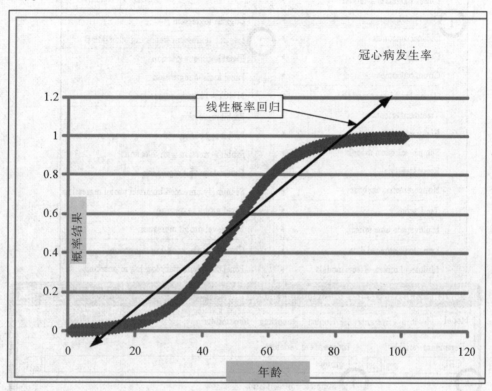

图 1-30　线性概率回归与逻辑回归（当 β>0 时）

逻辑回归的好处

在面对二元因变量的情况时，逻辑模型可能是运用范围最广的。特别是在生物统计、医学与流行病学的研究方面，逻辑模型有明显的优势，因为逻辑模型所得到的自变量的系数值通过简单的换算，就可以得到生物医学中常用到的一个指标值——"胜算比"。在逻辑模型中，如果我们使用的自变量也是二元变量，更能够凸显在结果解读上的便利性（见图 1-31）。

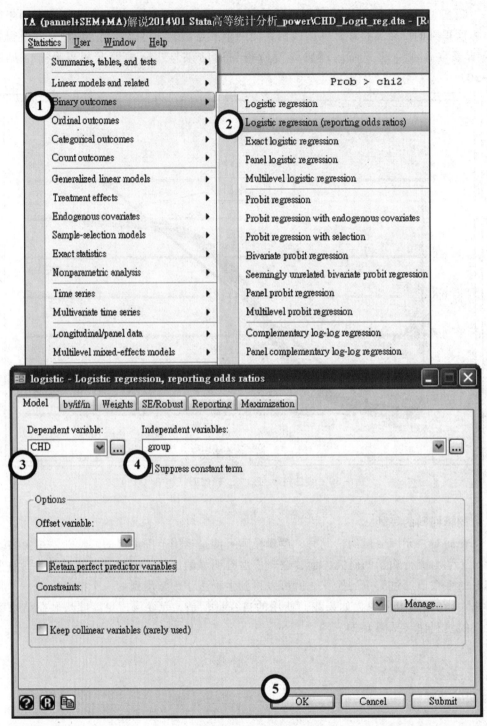

图 1-31 逻辑回归求胜算比的页面

我们再将上述125个数据根据年龄分成两组，一组是年龄大于或等于40岁的人，另一组包含年龄小于40岁的人。用一个新变量（Group）来代表这两组，第一组是Group=1，第二组是Group=0。第一组中有58.7%的人罹患CHD，41.3%的人没有罹患CHD，其罹患CHD的胜算比（odds，也就是这一组的人罹患CHD的机会与没有罹患CHD的机会的相对值）=58.7%/41.3%=1.423。较年轻组中有16.2%的人罹患CHD，83.8%的人没有罹患CHD，其罹患CHD的胜算=16.2%/83.8%=0.194。如果我们将第一组的胜算除以第二组的胜算，便可以算出这两组患CHD的胜算比。此处所得到的结果告诉我们，年长组的人罹患CHD相较于没有罹患CHD的情况，是年轻组的7.353倍。年龄分组如下：

```
----------------Group=1---------------Group=0
----------------Age>=40--------------Age<40
chd="1----------58.7%----------------16.2%"
chd="0----------41.3%----------------83.8%"
Odds------------1.423----------------0.194
Odds ratio-------1.423/0.194=7.353
```

现在我们用逻辑模型去分析CHD与这两组的关系（将自变量由Age改成Group），所得到的Group的参数是1.995049。很有趣的是，当我们去取这个值的指数时，exp（1.995049）=7.35256，刚好等于前面计算出来的胜算比。

需要强调的是，胜算比并不是指这两组人罹患CHD的平均可能性的比值。这两组人罹患CHD的平均可能性分别是58.73%与16.22%，其比值是3.62。

逻辑回归分析结果的解读

至于逻辑回归结果的系数或胜算比要如何解读，这里用一个简例来说明：探讨年龄、性别与罹患冠心病的关系，自变量分别是年龄（1~100，连续变量）与性别（男与女，二元变量，女=1，男=0）。如果年龄与性别的系数分别是0.1与-0.5，若直接从系数值来看，我们应该说冠心病发概率与年龄呈正相关关系，年龄越大，罹患冠心病的概率越大；罹患冠心病的概率与女性呈负相关，女性罹患冠心病的概率要比男性小。

如果将系数转换成胜算比，年龄与性别的胜算比分别为1.105与0.6065（odds ratio=exp（系数值））。解释的方式是：年龄每增长1岁，罹患冠心病的胜算比（发病概率/未发病概率的比值）是未增加前的1.105倍。在变量方面，会更容易解释：女性冠心病发的胜算值（发病概率/未发病概率的比值）只有男性的0.6065倍。

此外，我们也可以说男性罹患冠心病的胜算比为女性的1.648（1/0.6065）倍（$e^{-0.5}$=0.6065）。其实，如果我们将性别变量的男性改设定为1，女性为0，再执行一次逻辑回归，所得到的系数会是0.5（从-0.5变成0.5），而胜算比=$e^{0.5}$=1.648，意义完全一样，只是比较的基础不同而已。

如果要解释逻辑回归中乘积项或交互项（interaction term）的系数或胜算比的意

义，就比较复杂了，不过大体上的相关性说明原则应该是跟前面所说的一样。比如，有一个乘积项是性别×抽烟与否（抽烟=1，未抽烟=0），如果此乘积项的系数是 0.2（正值，$e^{0.2}$=1.22），可以解读为：女性抽烟后罹患冠心病的胜算比为男性的 1.22 倍。此即意味着：与男性相比，抽烟对女性（性别：女=1，男=0）罹患冠心病的影响要比抽烟对男性的影响更大，亦即女性从不抽烟变成抽烟所带来的罹患冠心病的风险，要比男性从不抽烟变成抽烟所带来的风险高，即在女性性别与抽烟有关联的情况下，与罹患冠心病的概率有正相关关系（乘积项的胜算比是女性抽烟罹患冠心病的胜算比/男性抽烟罹患冠心病的胜算比）。

1.2.2b 逻辑回归的练习题：年龄与罹患冠心病（CHD）的关系（见图1-32至图1-35）

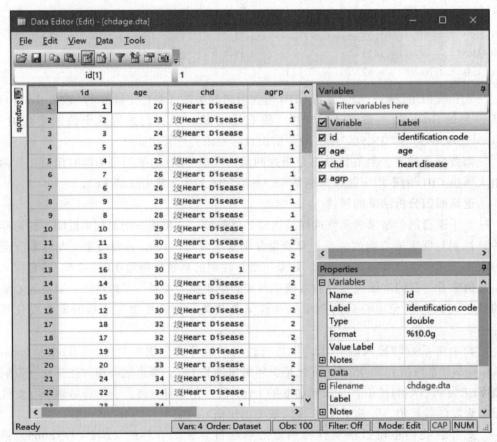

图1-32 "chdage.dta"文件内容（N=100个冠心病患者）

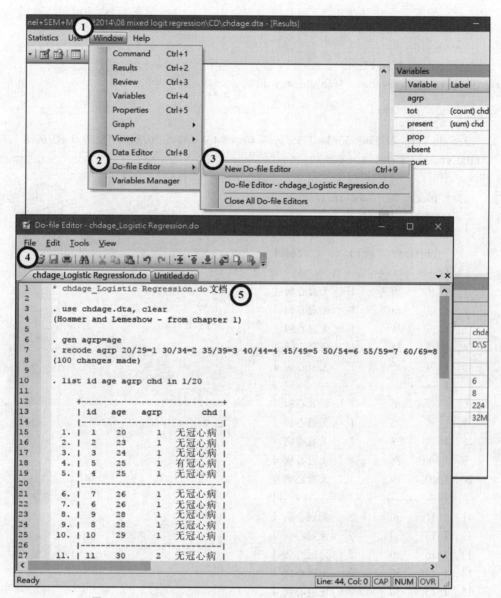

图1-33　"chdage_Logistic Regression.do"命令文档的内容

```
* chdage_Logistic Regression.do 文件

. use chdage.dta, clear
(Hosmer and Lemeshow - from chapter 1)

. gen agrp=age
. recode agrp 20/29=1 30/34=2 35/39=3 40/44=4 45/49=5 50/54=6 55/59=7 60/69=8
(100 changes made)


. list id age agrp chd in 1/20
```

```
      +----------------------------+
      |  id   age   agrp      chd  |
      |----------------------------|
 1.   |  1    20     1     无冠心病 |
 2.   |  2    23     1     无冠心病 |
 3.   |  3    24     1     无冠心病 |
 4.   |  5    25     1     有冠心病 |
 5.   |  4    25     1     无冠心病 |
      |----------------------------|
 6.   |  7    26     1     无冠心病 |
 7.   |  6    26     1     无冠心病 |
 8.   |  9    28     1     无冠心病 |
 9.   |  8    28     1     无冠心病 |
10.   | 10    29     1     无冠心病 |
      |----------------------------|
11.   | 11    30     2     无冠心病 |
12.   | 13    30     2     无冠心病 |
13.   | 16    30     2     有冠心病 |
14.   | 14    30     2     无冠心病 |
15.   | 15    30     2     无冠心病 |
      |----------------------------|
16.   | 12    30     2     无冠心病 |
17.   | 18    32     2     无冠心病 |
18.   | 17    32     2     无冠心病 |
19.   | 19    33     2     无冠心病 |
20.   | 20    33     2     无冠心病 |
      +----------------------------+
```

* 绘制分布图 'chd-age'

. graph twoway scatter chd age, xlabel(20(10)70) ylabel(0(.2)1)

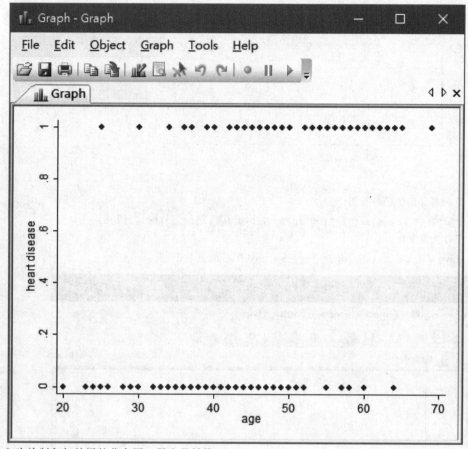

* 为绘制各年龄层的分布图，做变量转换

. use chdage2.dta, clear

. sort agrp

* collapse 求 Make dataset of summary statistics

. collapse(count) tot=chd(sum) present= chd , by(agrp)

. gen prop = present / tot

. gen absent = tot - present

. gen count = present + absent

. list agrp count absent present prop

```
     +------------------------------------------------+
     | agrp   count   absent   present      prop |
     |------------------------------------------------|
```

```
 1. |   1      10         9        1        .1 |
 2. |   2      15        13        2    .1333333 |
 3. |   3      12         9        3       .25 |
 4. |   4      15        10        5    .3333333 |
 5. |   5      13         7        6    .4615385 |
    |------------------------------------------|
 6. |   6       8         3        5       .625 |
 7. |   7      17         4       13    .7647059 |
 8. |   8      10         2        8        .8 |
    +------------------------------------------+
```

* 绘制各年龄层的分布图
. graph twoway scatter prop agrp, ylabel(0(.2)1) xlabel(1(1)8)
* 另存为新文件
. save "D:\08 mixed logit regression\CD\chdage1.dta"

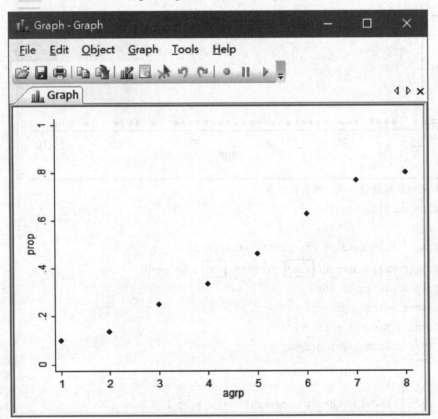

```
* 重新打开文件
. use chdage.dta, clear

. logistic chd age, coef
```

```
Logit estimates                        Number of obs  =        100
                                       LR chi2(1)     =      29.31
                                       Prob > chi2    =     0.0000
Log likelihood = -53.676546            Pseudo R2      =     0.2145

------------------------------------------------------------------------
     chd |      Coef.   Std. Err.      z    P>|z|    [95% Conf. Interval]
---------+--------------------------------------------------------------
     age |   .1109211   .0240598     4.61   0.000    .0637647    .1580776
   _cons |  -5.309453   1.133655    -4.68   0.000   -7.531376   -3.087531
------------------------------------------------------------------------
```

```
* 上式命令亦可简化成：
. logistic chd age
```

```
* 使用"estat vce"计算出各参数估计量的协方差矩阵。
. estat vce
```

```
Covariance matrix of coefficients of logit model

    e(V) |        age       _cons
---------+------------------------
     age |   .00057888
   _cons | -.02667702   1.2851728
```

（1）逻辑回归式为：

$$\log\left(\frac{P(Y = 1|X = x)}{P(Y = 0|X = x)}\right) = \alpha + \beta x = -5.31 + 0.111 \times age$$

（2）使用"estat vce"计算出各参数估计量的协方差矩阵。

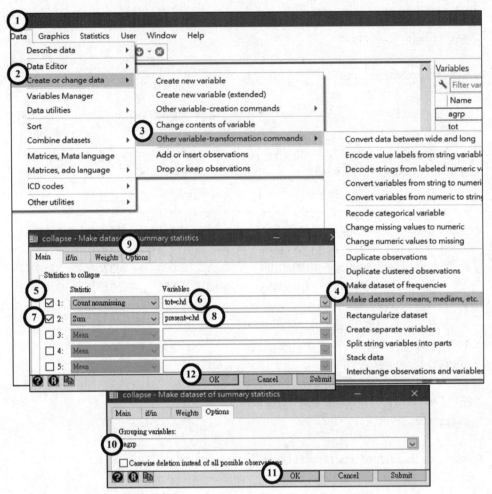

图1-34 "collapse（count）tot=chd（sum）present=chd，by（agrp）"页面

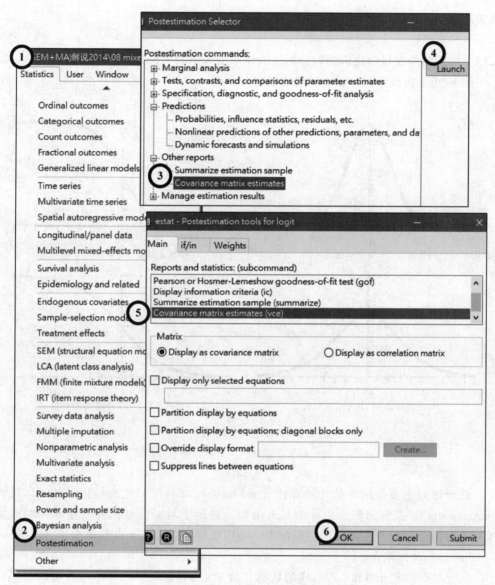

图1-35 "estat vce"事后命令的页面

1.3 逻辑回归分析

逻辑回归（logistic regression 或 logit regression），即逻辑模型（logit model，也翻译为评定模型、分类评定模型）是离散选择模型之一，属于多元变量分析范畴，是社会学、生物统计学、临床医学、数量心理学、计量经济学、市场营销等统计实证分析的常用方法。

1.3.1 二元响应变量的逻辑回归分析：大学申请入学的关键条件？

图1-36是标准正态与标准逻辑的概率分布图。

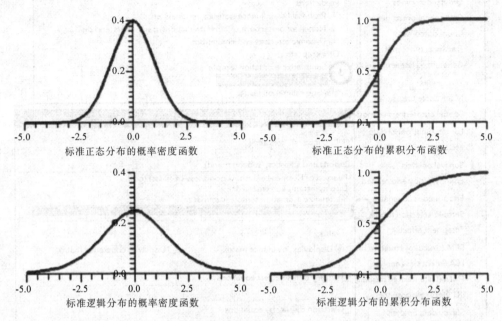

标准正态和标准逻辑的概率分布

图1-36 标准正态与标准逻辑的概率分布图

逻辑回归主要是用来估计胜算比（odds ratio）；Cox回归主要是用来估计风险比（hazard ratio）。逻辑回归，也称为logit模型，适用于对二元被解释变量（即响应变量）进行拟合分析。在逻辑回归模型中，响应变量的对数概率是预测变量（predictor variables）的线性组合。

二元变量是指由0和1所组成的数据，故STaTa的逻辑回归中响应变量的编码只能用0和1，不能用1和2或者其他。

对于有较多变量且每个变量有较多分组的数据，其相应的列联表（contingency table）会出现稀疏性，在用数据拟合逻辑回归模型及对数线性模型（log-linear model）时，空单元格（empty cell）会使参数估计值不相和（此时可改用exlogistic命令中exact logistic regression）。因此使用一些STaTa统计方法做数据分析，要注意筛选出重要的解释变量或将变量level（类组）适当地合并，来降低稀疏性的发生率，使我们得到收敛的结果。

1）逻辑回归分析的重点

（1）逻辑回归模型解释、逻辑回归的推论。

（2）模型检验、定量变量的逻辑模型、多元逻辑回归。

（3）样本大小与检验效力。

2）逻辑回归的原理：胜算比或称为相对风险（relative risk）

以受访者是否（0，1）发生某事件（死亡、病发、倒闭、犯罪被捕……）的二元响应变量为例。逻辑回归假设解释变量（x）与受访者是否发生某事件（y）之间必须服从如下逻辑函数：

$$P(y|x) = \frac{1}{1 + e^{-\sum b_i \times x_i}}$$

其中，b_i 代表对应解释变量的系数，y 是二元变量。若 y=1，表示受访者发生某事件（死亡、病发、倒闭、犯罪被捕……）；反之，若 y=0 则表示该受访者未发生某事件。因此 P（y=1|x）表示当自变量 x 已知时，该受访者发生某事件的概率；P（y=0|x）表示当自变量 x 已知时，该受访者未发生某事件的概率。

逻辑函数的分子分母同时乘以 $e^{\sum b_i \times x_i}$ 后，上式变为：

$$P(y|x) = \frac{1}{1 + e^{-\sum b_i \times x_i}} = \frac{e^{\sum b_i \times x_i}}{1 + e^{\sum b_i \times x_i}}$$

将上式的左右两侧均用 1 去减，可以得到：

$$1 - P(y|x) == \frac{1}{1 + e^{\sum b_i \times x_i}}$$

再将上面二式相除，则可以得到：

$$\frac{P(y|x)}{1 - P(y|x)} == e^{\sum b_i \times x_i}$$

针对上式，两边同时取自然对数，可以得到：

$$\ln\left(\frac{P(y|x)}{1 - P(y|x)}\right) == 1\ln(e^{\sum b_i \times x_i}) = \sum b_i \times x_i$$

由上述公式推导可将原自变量非线性的关系转换成线性关系。其中，$\frac{P(y|x)}{1 - P(y|x)}$ 表示受访者发生某事件（如死亡、病发、倒闭、犯罪被捕……）的胜算比或称为相对风险。

3）Cox 生存模型与逻辑模型的比较

诺赫（Noh）等人（2005）发现，Cox 模型具有较低的犯第一类错误的概率（α）。由于降低犯第一类错误的概率可以减少解释变量对响应变量的预测误差，而且 Cox 生存模型是半参数模型，因此，不必担心是否违反正态/威布尔分布的假定（assumption）。

例如，对于金融放款违约问题，生存分析最主要的好处在于可以预测违约大概的发生时间，虽然逻辑模型也可预测出未来一段时间内的违约概率，但不能预测发生违约的大概时间。

逻辑回归（logistic命令）主要是估计胜算比；Cox回归（stcox、svy：stcox命令）及参数生存模型（streg、svy：streg、stcrreg、xtstreg、mestreg命令）主要是估计风险比。

Cox生存模型的详情，可参考《生物医学统计：使用STaTa分析》一书。

4）逻辑回归的范例（binary_Logistic.dta文件）

binary_Logistic.dta文件是关于400名学生申请入学的数据，见表1-1。在binary_Logistic.dta（dataset）中，响应变量Admit：代表入学的申请是否被同意。解释变量有三个：GRE、GPA和Rank（声望），前两个是连续变量；Rank是分类变量，代表您想就读的学院的学术声望（1代表最高的声望，4代表最低的声望）。共有400名学生的入学申请数据。

表1-1 400名学生申请入学数据

ID	因变量	解释变量		
	Admit（申请入学通过了吗）	GRE 成绩	GPA 成绩	Rank（声望）
1	0	380	3.61	3
2	1	660	3.67	3
3	1	800	4	1
4	1	640	3.19	4
5	0	520	2.93	4
6	1	760	3	2
7	1	560	2.98	1
8	0	400	3.08	2
9	1	540	3.39	3
10	0	700	3.92	2
11	0	800	4	4
12	0	440	3.22	1
13	1	760	4	1
14	0	700	3.08	2
15	1	700	4	1
16	0	480	3.44	3

ID	因变量	解释变量		
	Admit（申请入学通过了吗）	GRE 成绩	GPA 成绩	Rank（声望）
17	0	780	3.87	4
18	0	360	2.56	3
19	0	800	3.75	2
20	1	540	3.81	1
⋮	⋮	⋮	⋮	⋮
392	1	660	3.88	2
393	1	600	3.38	3
394	1	620	3.75	2
395	1	460	3.99	3
396	0	620	4	2
397	0	560	3.04	3
398	0	460	2.63	2
399	0	700	3.65	2
400	0	600	3.89	3

STaTa的分析步骤

先设定工作目录，点击 File>Chang working directory，指定所保存文件夹的路径，接着再点击 File>Open，打开 binary_Logistic.dta 文件。

Step 1. 先分析连续变量的平均数、标准差及分类变量的秩序分布（见图1-37）

command 命令：summarize gre gpa

选择表 Menu：Statistics>Summaries，tables，and tests>Summary and descrip-tive statistics>Summary statistics

并选入：gre gpa

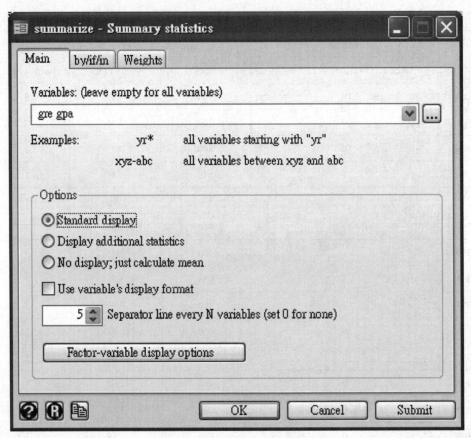

图1-37 连续变量的概述统计

连续变量的"描述性统计"见下表：

. use binary_Logistic.dta ,clear

Variable	Obs	Mean	Std. Dev.	Min	Max
gre	400	587.7	115.5165	220	800
gpa	400	3.3899	.3805668	2.26	4

Step1-1. 分类变量的秩序分布（见图1-38）

command 命令：tabulate rank

选择表 Menu: Statistics > Summaries，tables，and tests > Frequency tables >One-way table

并选入：rank

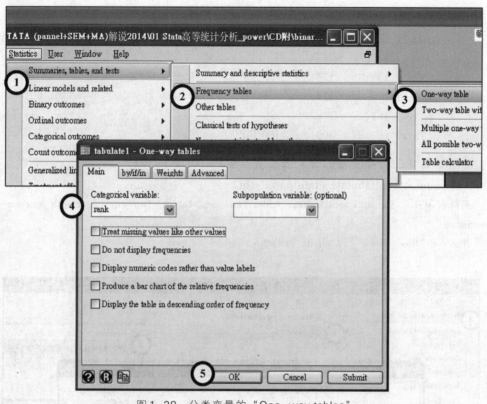

图1-38 分类变量的"One-way tables"

```
. tabulate rank
      rank |      Freq.      Percent        Cum.
-----------+-----------------------------------
         1 |         61        15.25       15.25
         2 |        151        37.75       53.00
         3 |        121        30.25       83.25
         4 |         67        16.75      100.00
-----------+-----------------------------------
     Total |        400       100.00
```

command 命令：tab admit

选择表 Menu：Statistics >Summaries，tables，and tests>Tables >One-way ta-bles

并选入：admit

```
. tab admit
     admit |      Freq.       Percent        Cum.
-----------+-----------------------------------
         0 |        273        68.25        68.25
         1 |        127        31.75       100.00
-----------+-----------------------------------
     Total |        400       100.00
```

Step1-2. 求二分类变量的交叉表及卡方检验（见图 1-39）

command 命令：tabulate admit rank，chi2

选择表 Menu：Statistics >Summaries，tables，and tests>Tables >Two-way tables with measures of association

并选入："Row variable" 为 admit。"Column variable" 为 rank。

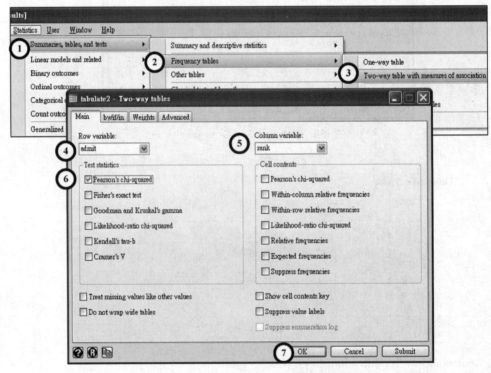

图 1-39　admit 与 rank 变量的交叉表

```
. tabulate admit rank, chi2
           |                    rank
   admit   |     1        2        3        4 |    Total
-----------+--------------------------------------+----------
       0   |    28       97       93       55 |      273
       1   |    33       54       28       12 |      127
-----------+--------------------------------------+----------
   Total   |    61      151      121       67 |      400

          Pearson chi2(3) =   25.2421    Pr = 0.000
```

注：admit 与 rank 两个变量为 0.05，显著正相关。

Step 2. 思考可用的分析方法

（1）逻辑回归：本范例的解说重点。

（2）Probit 回归：Probit 分析结果，类似逻辑回归，这可根据您的个人偏好来选用。

（3）最小二乘（OLS）回归：二元响应变量放在 OLS 回归中就变成由条件概率所构造的线性概率模型。但误差（残差）会违反同方差及正态性的假定，导致结果产生无效的标准方差及假设检验。有关这类疑问，可参考 Long（1997，p.38-40）的研究。

（4）Two-group（两组）的判别（discriminant）分析：也是二元响应变量的分析法。

（5）Hotelling's T2：因变量 0/1 当作分组变量，3 个解释变量当作因变量。此法虽然可行，但是只能求得整体检验的显著性，却无法知道 3 个解释变量单独系数的显著性，而且无法得到每个预测值调整后对其他两个预测值的影响。

Step 3. 逻辑回归分析

command 命令：logit admit gre gpa i.rank

rank 变量前的 i，表示此变量为分类（Indicator（dummies））变量，所以 STaTa 会将 rank 视为逻辑回归模型的一系列 Indicator 虚拟变量。

先选择表 Menu：Statistics >Binary outcomes>Logistic regression

再根据图 1-40，分析规定两个连续变量为自变量；一个分类变量为 factor variable（因子变量）

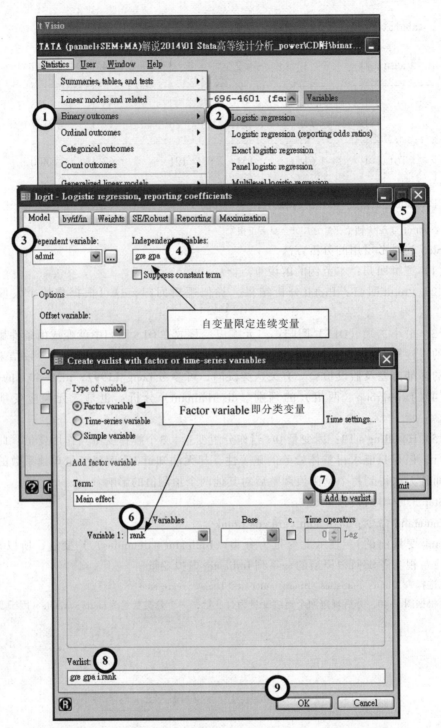

图 1-40　logit 假定，gre 和 gpa 是自变量，rank 是 "factor variable"

. use binary_Logistic.dta，clear

* STaTa 新命令为 logistic；旧命令为 logit

* 符号 "i." 是 一元运算符，用于指定分类（dummies）变量。

* 符号 "i." 表示分类自变量，为指示（Indicator）变量，并以 rank 的 水平 1 当作比较

. logit admit gre gpa i.rank

Logistic regression

Number of obs = 400
LR chi2(5) = 41.46
Prob > chi2 = 0.0000
Log likelihood = -229.25875   Pseudo R2 = 0.0829

admit	Coef.	Std. Err.	z	P>|z|	[95% Conf. Interval]	
gre	.0022644	.001094	2.07	0.038	.0001202	.0044086
gpa	.8040377	.3318193	2.42	0.015	.1536838	1.454392
rank						
2	-.6754429	.3164897	-2.13	0.033	-1.295751	-.0551346
3	-1.340204	.3453064	-3.88	0.000	-2.016992	-.6634158
4	-1.551464	.4178316	-3.71	0.000	-2.370399	-.7325287
_cons	-3.989979	1.139951	-3.50	0.000	-6.224242	-1.755717

* 改求 odds ration(OR)
. logit admit gre gpa i.rank, or

Logistic regression

Number of obs = 400
LR chi2(5) = 41.46
Prob > chi2 = 0.0000
Log likelihood = -229.25875   Pseudo R2 = 0.0829

admit	Odds Ratio	Std. Err.	z	P>|z|	[95% Conf. Interval]	
gre	1.002267	.0010965	2.07	0.038	1.00012	1.004418
gpa	2.234545	.7414652	2.42	0.015	1.166122	4.281877
rank						

```
     2    |    .5089309    .1610714    -2.13    0.033    .2736922    .9463578
     3    |    .2617923    .0903986    -3.88    0.000    .1330551    .5150889
     4    |    .2119375    .0885542    -3.71    0.000    .0934435    .4806919
          |
  _cons   |    .0185001    .0210892    -3.50    0.000    .0019808    .1727834
```

（1）似然比卡方值=41.46，p=0.0001，表示选定此模型，至少有一个解释变量的回归系数不为0。

（2）在报表 z 栏中双边检验下，若 |z|>1.96，则表示该自变量对响应变量有显著影响，且 |z| 值越大，表示该自变量对响应变量的相关性（relevance）越高。

（3）Logit 系数 Coef. 栏中是对数概率，所以不能用 OLS 回归系数的概念来解释。

（4）从上表中 coefficients、standard errors、z-statistic、p-values 及 95%CI，都可看出 gre 和 gpa 均有统计意义上的显著性。

（5）逻辑回归式为：

$$\ln\left(\frac{P(Y = 1|X = x)}{P(Y = 0|X = x)}\right) = \alpha + \beta_1 x_1 + ... + \beta_k x_k$$

$$\ln\left(\frac{P_{admit}}{1 - P_{admit}}\right) = -3.98 + 0.002 gre + 0.80 gpa - 0.67(rank = 2)$$
$$- 1.34(rank = 3) - 1.55(rank = 4)$$

（6）在没有其他解释变量的影响下 gre 每增加一单位，其胜算比就增加 1.002（$\exp^{0.00226}$）倍，且在统计意义上有显著的差异（p=0.038）。在没有其他解释变量的影响下，gpa 每增加一单位，其胜算比就增加 2.2345（=$\exp^{0.804}$）倍，且在统计意义上有显著的差异（p=0.015）。

（7）虚拟变量的 rank（您就读学院的声望），由最高 rank 1 降低一个单位，至 rank 2，录取对数概率就会降低 0.675 单位。

（8）Pseudo R-squared=8.29%，类似于 OLS 回归的 R-squared。

（9）逻辑回归式：

$$E(Y_i) = \frac{1}{1 + e^{-(\beta_0 + \beta_1 X_{1i} + \beta_2 X_{2i} + \cdots + \beta_k X_{ki})}} = \frac{e^{\beta_0 + \beta_1 X_{1i} + \beta_2 X_{2i} + \cdots + \beta_k X_{ki}}}{1 + e^{\beta_0 + \beta_1 X_{1i} + \beta_2 X_{2i} + \cdots + \beta_k X_{ki}}}$$

（10）logit 以最大似然（maximum likelihood）来拟合二元响应变量的 logit 模型。

Step 4. 建模后线性假设的检验：回归系数为 0 的检验

由于 STaTa 会暂时保留 "binary_Logistic.dta" 文件的最近一次回归分析的结果，故 STaTa 做任何回归（最小二乘法、logistic、ARIMA、VAR、EVCM、survival、panels data 等回归），都可建模后再检验 "回归系数是否等于 0"，如图 1-41 所示。

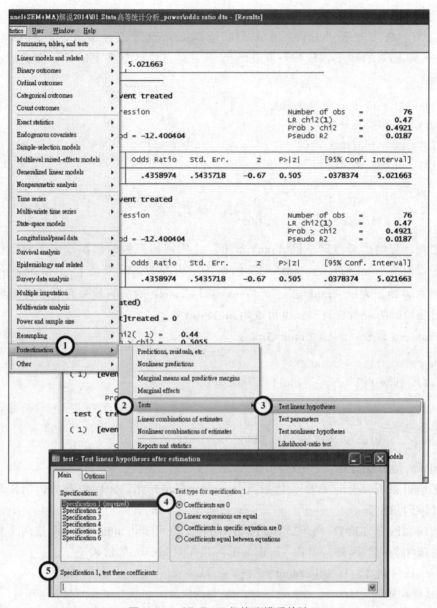

图 1-41　STaTa 回归的建模后检验

　　test 选择表：Statistics>Postestimation>Tests >Test linear hypotheses

　　"回归系数为 0"的检验——test 命令：使用 test 命令来检验四个类组的分类变量的整体效果（overall effect）。下列命令就是变量 rank 整体效果是否显著的统计检验。

　　command 命令：test（2.rank 3.rank 4.rank）

　　rank 变量前的 "2" 表示此变量为分类变量（Indicator 变量），其 "rank 1 vs. rank

2"表示对 admit 变量是否显著。"3.rank"表示"rank 2 vs. rank 3"对 admit 变量是否显著。"4.rank"表示"rank 3 vs. rank 4"对 admit 变量是否显著。检验结果显示"rank → admit"的"整体效果"在 0.05 水平下存在统计意义上的显著性，$\chi^2_{(3)}$=20.9（p=0.001）。

```
. test(2.rank 3.rank 4.rank)
(1) [admit]2.rank = 0
(2) [admit]3.rank = 0
(3) [admit]4.rank = 0

        chi2( 3)  =     20.90
        Prob > chi2 =      0.0001
```

此外，我们也可指定不同"rank 水平"之间回归系数的假设。以下命令就是检验原假设 H_0："rank=2"与"rank=3"的系数是相等的。结果是 $\chi^2_{(1)}$ = 5.51，p<0.05，故拒绝原假设，表示"rank=2"与"rank=3"对 admit 的影响效果存在显著差异。假如我们要检验两者系数的差，也可改用 lincom 命令。

command 命令：test（2.rank=3.rank）

```
. test(2.rank = 3.rank)
(1) [admit]2.rank - [admit]3.rank = 0

        chi2( 1)  =      5.51
        Prob > chi2 =      0.0190
```

Step 5. 胜算比分析

您也可以用 logistic 命令，指数化（exponentiate）此二元回归系数，当作胜算比来解释该回归模型。

从前面的卡方检验（χ^2=25.2421，p=0.05），也可看出 admit 和 rank 这两个分类变量是高度相关的。因此，可将"odds ratio"当作对 logistic 的检验。

command 命令：logistic admit gre gpa i.rank

先选择表 Menu：Statistics > Binary outcomes> Logistic regression（reporting odds ratios）

再根据图 1-42，分析规定两个连续变量为自变量，一个分类变量为因子变量（factor variable）。

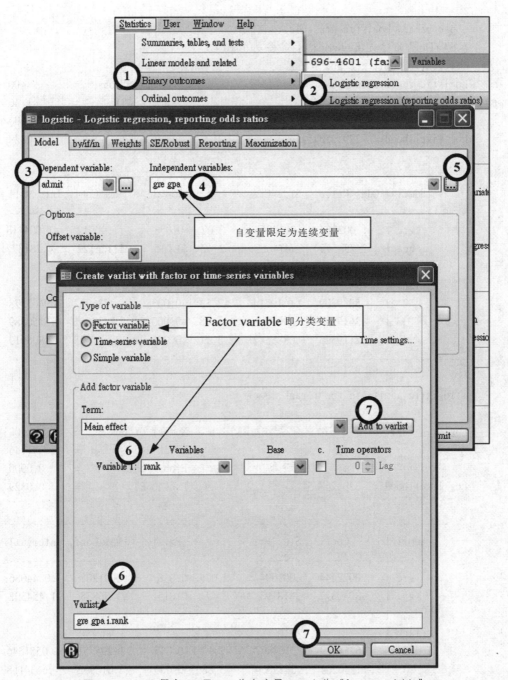

图 1-42　logit 假定 gre 及 gpa 为自变量，rank 为 "factor variable"

```
. use binary_Logistic.dta ,clear
* STaTa 新命令为 Logistic；旧命令为 logit
. logistic admit gre gpa i.rank
Logistic regression                              Number of obs   =        400
                                                 LR chi2(5)      =      41.46
                                                 Prob > chi2     =     0.0000
Log likelihood = -229.25875                      Pseudo R2       =     0.0829

------------------------------------------------------------------------------
       admit | Odds Ratio   Std. Err.      z    P>|z|     [95% Conf. Interval]
-------------+----------------------------------------------------------------
         gre |   1.002267    .0010965     2.07   0.038     1.00012    1.004418
         gpa |   2.234545    .7414652     2.42   0.015    1.166122    4.281877
             |
        rank |
          2  |   .5089309    .1610714    -2.13   0.033    .2736922    .9463578
          3  |   .2617923    .0903986    -3.88   0.000    .1330551    .5150889
          4  |   .2119375    .0885542    -3.71   0.000    .0934435    .4806919
------------------------------------------------------------------------------

. logistic admit gre gpa i.rank, coef

Logistic regression                              Number of obs   =        400
                                                 LR chi2(5)      =      41.46
                                                 Prob > chi2     =     0.0000
Log likelihood = -229.25875                      Pseudo R2       =     0.0829

------------------------------------------------------------------------------
       admit |      Coef.   Std. Err.      z    P>|z|     [95% Conf. Interval]
-------------+----------------------------------------------------------------
         gre |   .0022644     .001094     2.07   0.038    .0001202    .0044086
         gpa |   .8040377    .3318193     2.42   0.015    .1536838    1.454392
             |
        rank |
          2  |  -.6754429    .3164897    -2.13   0.033   -1.295751   -.0551346
          3  |  -1.340204    .3453064    -3.88   0.000   -2.016992   -.6634158
          4  |  -1.551464    .4178316    -3.71   0.000   -2.370399   -.7325287
             |
       _cons |  -3.989979    1.139951    -3.50   0.000   -6.224242   -1.755717
------------------------------------------------------------------------------
```

（1）LR 卡方值=41.46（p<0.05），表示最后选定模型时，至少有一个解释变量的回归系数不为 0。

（2）在报表"z"栏中双边检验下，若 |z|>1.96，则表示该自变量对响应变量有显著影响。|z| 值越大，表示该自变量与响应变量的相关性（relevance）越高。

（3）logit 系数的"Coef."栏中显示的是对数概率，所以不能用 OLS 回归系数的概念来解释。

（4）逻辑回归式为：

$$\ln\left(\frac{P(Y=1|X=x)}{P(Y=0|X=x)}\right) = \alpha + \beta_1 x_1 + \ldots + \beta_k x_k$$

$$\ln\left(\frac{P_{\text{申请入学成功}}}{1 - P_{\text{申请入学成功}}}\right) = -3.99 + 0.0022 \times \text{gre} + 0.804 \times \text{gpa} - 0.675 \times (\text{rank}=2)$$

$$-1.34 \times (\text{rank}=3) - 1.55 \times (\text{rank}=3)$$

（5）从上表中的 coefficients、standard errors、z-statistic、p-values 和 95%CI 可以看出 gre 和 gpa 均存在统计意义上的显著性。

（6）gpa 每增加一个单位，录取对数概率就增加 2.23 个单位。

（7）分类变量 rank（您就读学院的声望），由最高"rank 1"降低一个单位到"rank2"，录取对数概率就会增加 0.5089 个单位。

Step 6. 边际效果

（1）分类自变量的边际效果

使用"margins 命令"主要是求回归模型的边际效果。以下 margins 命令，是在所有变量（2 个连续变量、4 个水平的分类变量）保持在平均数（at means）时，预测"rank 每一 level（类组）对 admission（录取）"的边际效果（见图 1-43）。

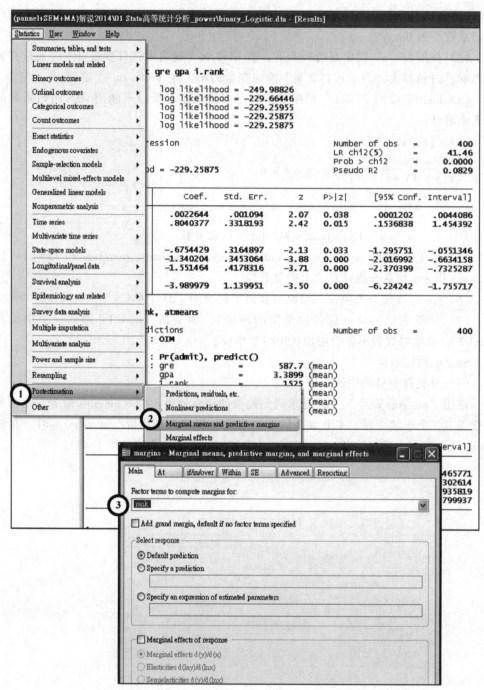

图1-43 "rank 每一 level（类组）对 admission（录取）" 的预测

command 命令：margins rank，atmeans

选择表 Menu:

Statistics > Postestimation > Marginal means and predictive margins

Statistics > Postestimation > Marginal effects

```
. margins rank, atmeans
Adjusted predictions                          Number of obs    =        400
Model VCE    : OIM

Expression   : Pr(admit), predict()
at           : gre       =         587.7(mean)
               gpa       =        3.3899(mean)
               1.rank    =         .1525(mean)
               2.rank    =         .3775(mean)
               3.rank    =         .3025(mean)
               4.rank    =         .1675(mean)
```

		Margin	Std. Err.	z	P>|z|	[95% Conf. Interval]	
			Delta-method				
rank							
1		.5166016	.0663153	7.79	0.000	.3866261	.6465771
2		.3522846	.0397848	8.85	0.000	.2743078	.4302614
3		.218612	.0382506	5.72	0.000	.1436422	.2935819
4		.1846684	.0486362	3.80	0.000	.0893432	.2799937

①边际效果公式如下所示：

$$\frac{\partial P(y = x|x)}{\partial x_c} = \frac{\exp(x\beta)}{[1 + \exp(x\beta)^2]} = \Lambda(x\beta)(1 - \Lambda(x\beta)\beta_c \ (x_c\text{的边际效果})$$

$$\frac{\Delta P(y = x|x)}{\Delta x_b} = P(y = 1|x_{-b}, \ x_b = 1) - P(y = 1|x_{-b}, \ x_b = 0)(x_b\text{的离散变化})$$

②边际效果分析结果显示对于"gre 及 gpa 都在平均水平（at means）"程度的学生，就读学校声望属于最高等级（rank=1），其申请入学（admit）的录取概率最高为0.51。学校声望较差（rank=2），学生的录取概率为0.35。学校声望最差（rank=4），学生的录取概率最低，只有0.18。可见，就读学校是不是名校，确实会影响到研究生的申请录取概率。

（2）连续型自变量的边际效果

假如您想知道，gre 在 200 至 800 分之间的同学，间隔为 100 分，其申请录取的概率为多少，就可以用margins命令。如果对其他变量没有指定"atmeans或at（...）"，STaTa自动内定以"平均数"程度来估计概率值。例如，平均gre=200，则系统会以gre=200来预测"gre对admit"的概率值（见图1-44、图1-45）。

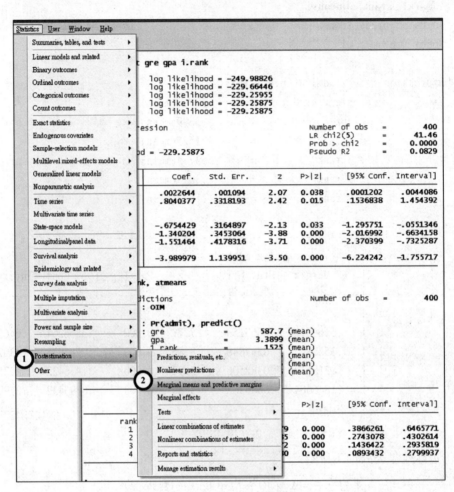

图1-44 选"概率预测"

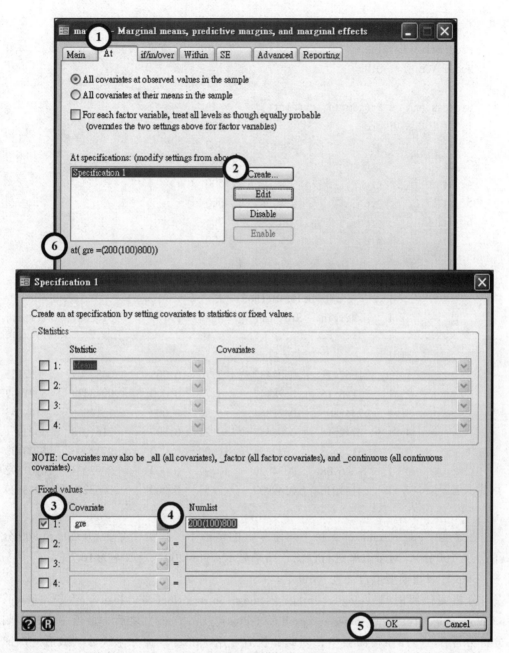

图1-45 连续变量gre在200至800分之间的同学，间隔为100分，其申请的录取概率

command 命令：margins，at（gre=（200（100）800））vsquish

```
. margins , at(gre=(200(100)800))  vsquish
```

Predictive margins   Number of obs   =   400
Model VCE   : OIM

Expression   : Pr(admit), predict()
1._at   : gre   =   200
2._at   : gre   =   300
3._at   : gre   =   400
4._at   : gre   =   500
5._at   : gre   =   600
6._at   : gre   =   700
7._at   : gre   =   800

	Delta-method				
	Margin	Std. Err.	z	P>|z|	[95% Conf. Interval]
_at					
1	.1667471	.0604432	2.76	0.006	.0482807	.2852135
2	.198515	.0528947	3.75	0.000	.0948434	.3021867
3	.2343805	.0421354	5.56	0.000	.1517966	.3169643
4	.2742515	.0296657	9.24	0.000	.2161078	.3323951
5	.3178483	.022704	14.00	0.000	.2733493	.3623473
6	.3646908	.0334029	10.92	0.000	.2992224	.4301592
7	.4141038	.0549909	7.53	0.000	.3063237	.5218839

在学生"gpa 及 rank 都保持平均水平"的情形下，连续变量 gre 从 200 至 800 分（间隔为 100 分），对录取率进行预测，结果显示：gre=200，录取率为 16.7%。

Step 7. 回归模型拟合优度（fit）

分析完任何回归（clogit, cnreg, cloglog, intreg, logistic, logit, mlogit, nbreg, ocratio, ologit, oprobit, poisson, probit, regress, zinb, zip）之后，最近一次的回归分析会暂存在 STaTa 存储器中，因此分析后可用"fitstat"命令来检验"最后一次回归分析"的拟合优度。

如何安装 STaTa 提供的外挂命令"fitstat"呢？其实很简单，只要在 Command 区键入"findit fitstat"（见图 1-46），即可完成外挂"fitstat"命令 ado。执行"fitstat.ado"命令的结果见图 1-47。

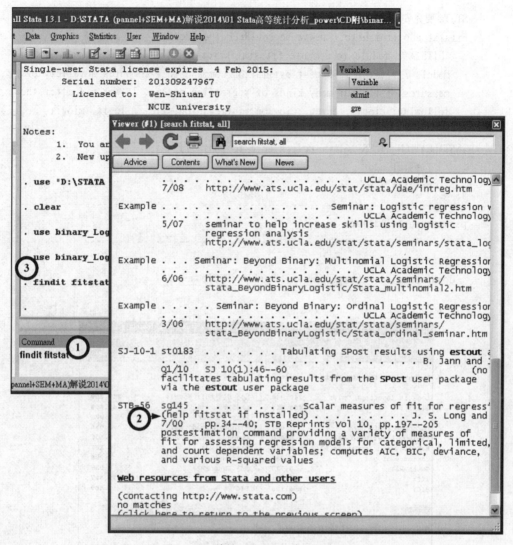

图1-46 外挂"fitstat"命令 ado 图

安装"外挂ado 命令fitstat"的界面如下：

STaTa 要先安装 "fitstat.pkg"，才可执行 fitstat：

Fitstat.ado from http://fmwww.bc.edu/RePEc/bocode/f

'FITSTAT': module to compute fit statistics for single equation regression models / fitstat is a post-estimation command that computes a variety of / measures of fit for many kinds of regression models. It works / after the following: clogit, cnreg, cloglog, intreg, logistic, / logit, mlogit,

----

INSTALLATION FILES   (click here to install)

    fitstat.ado

    fitstat.hlp

----

package installation

----

package name: fitstat.pkg

   download from: http://fmwww.bc.edu/RePEc/bocode/f/

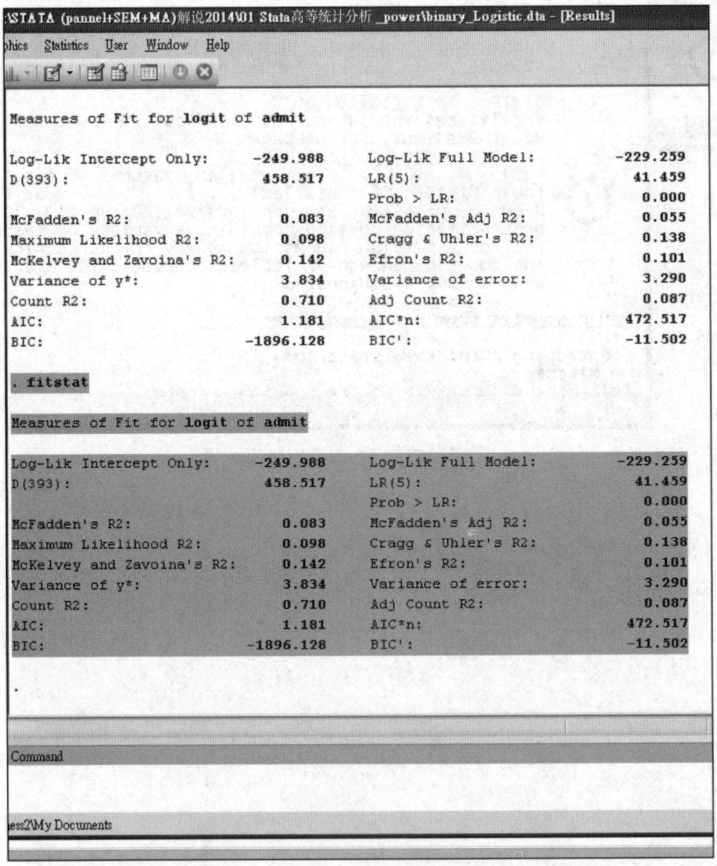

图 1-47　执行 "fitstat.ado" 命令的结果

（1）回归模型的评估常使用判定系数（coefficient of determination）non-pseudo R^2 公式：

$$\text{non-pseudo } R^2 = \frac{SS_R}{SS_T}$$

（2）STaTa中的 pseudo R^2 计算公式尽管与 non-pseudo R^2 不同，但解释意义是相似的。

（3）安装 fitstat 命令之后，直接在 Command 区输入"fitstat"，即可求得 pseudo R^2。R^2 值越大，表示分析的回归解释能力越强。

（4）AIC 信息准则（Akaike information criterion）和 BIC 信息准则（Bayesian information criterion）：也可用来说明模型的解释能力（经常用来作为模型选取的准则，而非单纯描述模型的解释能力）

①AIC

$$AIC = \ln\left(\frac{ESS}{T}\right) + \frac{2k}{T}$$

②BIC 或 SIC（Schwartz information criterion）或 SBC

$$BIC = \ln\left(\frac{ESS}{T}\right) + \frac{k\ln(T)}{T}$$

③AIC 与 BIC 越小，代表模型的解释能力越好（用的变量越少，或者误差平方和越小）

一般而言，当模型复杂度提高（k 增大）时，似然函数 L 也会增大，从而使 AIC 变小，但是 k 过大时，似然函数增速减缓，导致 AIC 增大，模型过于复杂容易造成过度拟合现象。所以，目标是选取 AIC 最小的模型，AIC 不仅要提高模型拟合优度（极大似然），而且引入了惩罚项，使模型参数尽可能少，有助于降低过度拟合的可能性。

（5）判定系数 R^2、AIC 与 BIC 虽然是几种常用的准则，但是却没有统计意义上所要求的"显著性"。

（6）当我们利用判定系数或 AIC 与 BIC 找出一个拟合优度较佳的模型时，我们并不知道这个模型是否"显著地"优于其他模型。

（7）拟合优度：似然比（likelihood ratio，LR）检验。

似然比检验（likelihood ratio test，LRT），是一种用来比较两种模型的统计方法。它的原理是将一个复杂的模型和另一个简单的模型进行比较，判断这个复杂的模型在诠释一组特定的统计数据时是否比另一个模型更合适。这种方法只适用于比较层次嵌套模型（hierarchically nested models），也就是复杂的模型和简单的模型比较，它们的差异仅止于参数的多少。例如，假设我们要检验 AR（2）模型是否比 AR（1）模型好，我们可以分别算出两个模型的最大似然值，分别为 L_U 与 L_R，则 LR 统计量为：

$$LR = -2(L_R - L_U) \text{服从} \chi^2(m) \text{分布}$$

假如 $p<0.05$，则表示显著，从而表明 AR（2）模型优于 AR（1）模型。

以本例的逻辑回归来说，结果是 LR（4）=188.965，$p<0.05$，表示我们选定的解释变量对响应变量的模型，比零模型（null model）明显要好，即目前这个逻辑回归

模型拟合得很好。

1.3.2 如何挑选最佳解释变量：早产儿的危险因子（tabulate，gen、logistic/logit命令）
范例：如何选定最优的逻辑回归模型呢？"tabulate，gen"、logistic/ logit命令

1）问题说明

为了解早产儿的影响因素有哪些（单位：个人），研究者收集数据并整理成下表，此"lowbwt.dta"文件内容的变量如下：

变量名称	说明	编码 Codes/Values
被解释变量/因变量：low	早产儿吗	0，1（二元数据）
解释变量/自变量：lwt	产妇体重	
解释变量/自变量：age	产妇年龄	
解释变量/自变量：race_2	其他种族与黑人白人	0，1（二元数据）
解释变量/自变量：race_3	白人种族与黑人其他种族	0，1（二元数据）
解释变量/自变量：ftv	怀孕早期看医生的次数	

2）数据的内容

"lowbwt.dta"文件内容如图1-48所示。

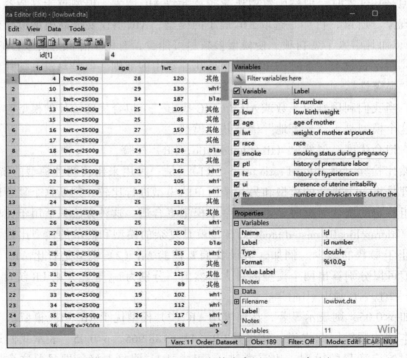

图1-48　"lowbwt.dta"文件内容（N=189个人）

观察数据的特征。

```
* 打开文件
. use lowbwt.dta, clear
(Hosmer and Lemeshow - from appendix 1)
```

* 以分类变量 race 三个类组来产生三个虚拟变量，都以 "race_" 开始：race_1、race_2、race_3

```
. tabulate race, gen(race_)

        race |      Freq.     Percent        Cum.
-------------+-----------------------------------
       white |         96       50.79       50.79
       black |         26       13.76       64.55
       other |         67       35.45      100.00
-------------+-----------------------------------
       Total |        189      100.00


. list race race_2 race_3 in 1/3

          race    race_2    race_3
  1.     black         1         0
  2.     other         0         1
  3.     white         0         0


. des

Contains data from D:\08 mixed logit regression\CD\lowbwt.dta
  obs:           189
 vars:            11
 size:        16,632
-----------------------------------------------------------------
              storage  display      value
variable name   type   format       label     variable label
-----------------------------------------------------------------
id            double  %10.0g                 id number
low           double  %10.0g        low      low birth weight
age           double  %10.0g                 age of mother
lwt           double  %10.0g                 weight of mother at pounds
```

race	double %10.0g	race	race		
smoke	double %10.0g	smoke	smoking status during pregnancy		
ptl	double %10.0g	ptl	history of premature labor		
ht	double %10.0g	ht	history of hypertension		
ui	double %10.0g	ui	presence of uterine irritability		
ftv	double %10.0g	ftv	number of physician visits during the		
first trimester					
bwt	double %10.0g		婴儿出生体重		

> **定义：广义逻辑回归模型**（generalized logistic regression model）
>
> 　　此模型首先指定某一组为参考组，接着其他组一一与此参考组做比较，其数学等式如下：
>
> $$\log\left(\frac{\pi_j}{\pi_1}\right) = \alpha_j + \beta_j x, \ j = 2, \cdots, J$$
>
> 　　若响应变量分为三类，如不重要、中等重要、很重要，则可得如下两个数学等式：
>
> $$\log\left(\frac{\pi_{中等重要}}{\pi_{不重要}}\right) = \alpha_2 + \beta_2 x, \ \log\left(\frac{\pi_{很重要}}{\pi_{不重要}}\right) = \alpha_3 + \beta_3 x$$
>
> 　　以上两个数学等式，可视为两个二元逻辑回归模型。

3）分析结果与讨论

Step 1. 解释变量全部纳入 logit 分析

```
* 打开文件
. use lowbwt.dta, clear

. logit low age lwt race_2 race_3 ftv
Logistic regression                              Number of obs   =       189
                                                 LR chi2(5)      =     12.10
                                                 Prob > chi2     =    0.0335
Log likelihood = -111.28645                      Pseudo R2       =    0.0516

------------------------------------------------------------------------------
         low |      Coef.   Std. Err.      z    P>|z|     [95% Conf. Interval]
-------------+----------------------------------------------------------------
         age |  -.023823    .0337296    -0.71   0.480    -.0899318    .0422859
         lwt |  -.0142446   .0065407    -2.18   0.029    -.0270642    -.001425
      race_2 |   1.003898    .497859     2.02   0.044     .0281121    1.979684
      race_3 |   .4331084   .3622403     1.20   0.232    -.2768694    1.143086
         ftv |  -.0493083   .1672391    -0.29   0.768    -.3770909    .2784743
       _cons |   1.295366   1.071443     1.21   0.227    -.8046244    3.395356
------------------------------------------------------------------------------
```

造成产妇产下早产儿的影响因素，包括 lwt（妈妈体重太轻）、race2（其他种族比白人和黑人更易早产），age、ftv 则不是影响因素。

Step 2. 剩余显著解释变量，纳入 logit 分析

```
* 打开文件

. use lowbwt.dta, clear

. logit low lwt race_2 race_3

Logistic regression                             Number of obs   =       189
                                                LR chi2(3)      =     11.41
                                                Prob > chi2     =    0.0097
Log likelihood = -111.62955                     Pseudo R2       =    0.0486

------------------------------------------------------------------------------
     low |      Coef.   Std. Err.      z    P>|z|     [95% Conf. Interval]
---------+--------------------------------------------------------------------
     lwt | -.0152231   .0064394    -2.36   0.018    -.027844   -.0026022
  race_2 |  1.081066   .4880522     2.22   0.027    .1245015    2.037631
  race_3 |  .4806033   .3566737     1.35   0.178   -.2184644    1.179671
   _cons |  .8057535   .8451667     0.95   0.340   -.8507428     2.46225
------------------------------------------------------------------------------

. logit low lwt race_2 race_3, or

Logistic regression                             Number of obs   =       189
                                                LR chi2(3)      =     11.41
                                                Prob > chi2     =    0.0097
Log likelihood = -111.62955                     Pseudo R2       =    0.0486

------------------------------------------------------------------------------
     low | Odds Ratio  Std. Err.      z    P>|z|     [95% Conf. Interval]
---------+--------------------------------------------------------------------
     lwt |  .9848922   .0063421    -2.36   0.018    .9725401    .9974012
  race_2 |  2.947821   1.43869      2.22   0.027    1.132584    7.672411
  race_3 |  1.61705    .5767591     1.35   0.178    .8037521    3.253303
   _cons |  2.238382   1.891806     0.95   0.340    .4270976    11.73117
------------------------------------------------------------------------------
Note: _cons estimates baseline odds.

. estat vce

Covariance matrix of coefficients of logit model

    e(V) |       lwt      race_2      race_3       _cons
---------+--------------------------------------------------
     lwt |  .00004146
  race_2 | -.00064703   .23819397
  race_3 |  .00035585   .05320001   .12721584
   _cons | -.00521365   .02260223  -.1034968   .71429959
```

（1）LR 卡方值=11.41（p<0.05），表示最后选定模型时，至少有一个解释变量的回归系数不为 0。

（2）在报表"z"栏中双边检验下，若 |z|>1.96，则表示该自变量对因变量有显著影响。|z| 值越大，表示该自变量与响应变量的相关性（relevance）越高。

（3）logit 系数"Coef."栏中是对数概率，所以不能用 OLS 回归系数的概念来解释。

（4）逻辑回归式为：

$$\ln\left(\frac{P(Y=1|X=x)}{P(Y=0|X=x)}\right) = \alpha + \beta_1 x_1 + ... + \beta_k x_k$$

$$\ln\left(\frac{P_{bwt \leq 2500g}}{1-P_{bwt \leq 2500g}}\right) = 0.8057 - 0.0152 \times lwt + 1.081 \times (race = 2) + 0.4806 \times (race = 3)$$

上述回归方程式可解释为，在控制 race 的影响后，妈妈体重（lwt）每增加 1 磅，生出早产儿的胜算比增加 0.9848（$=\exp^{-0.0152}$）倍，且存在统计意义上的显著差异（p=0.018）。

在控制产妇体重（lwt）的影响后，白人产妇生出早产儿的胜算比为黑人产妇的 2.9478（$=\exp^{1.081}$）倍，且有统计意义上的显著差异（p=0.027）。相对而言，白人产妇生出早产儿的胜算为其他种族产妇的 1.617（$=\exp^{0.4806}$）倍，但不存在统计意义上的显著差异（p=0.078）。

1.4 逻辑回归分析（logit、glm 命令）

1.4.1 逻辑回归分析——母蟹 crab：logit、prvalue、glm 命令

本范例命令存在于 crab_Categorical Analysis.do 文件中。

范例：母马蹄蟹有追求者吗？

1）问题说明

为了解影响母马蹄蟹被追求的因素有哪些（分析单位：母马蹄蟹），研究者收集数据并整理成下表，此"crab.dta"文件所包含的变量如下：

变量名称	说明	编码 Codes/Values
被解释变量/响应变量：y	母马蹄蟹有追求者吗	0，1（二元数据）
解释变量/自变量：width	母蟹宽度	21~33.58 厘米
解释变量/自变量：color	母蟹分成 4 种颜色	1~4 种颜色
解释变量/自变量：satell	原先追求者（在洞口守候公蟹）的数目，再分为有无追求者两类（y）	0~15 只公蟹守候

2）文件的内容

"crab.dta" 文件内容如图1-49所示。

图1-49 "crab.dta" 文件内容（N=173只母蟹）

```
* 打开文件
. use crab, clear

. des
```

Contains data from D:\08 mixed logit regression\CD\crab.dta
  obs: 173
  vars: 8   1 Oct 2017 07:45
  size: 2,422

| | storage | display | value | |
variable name	type	format	label	variable label
color	byte	%8.0g		母蟹分4种颜色
spine	byte	%8.0g		母蟹脊椎情况
width	float	%9.0g		母蟹宽度
satell	byte	%8.0g		原先追求者（在洞口守候公蟹）数目，再分割为有及无追求者两类
weight	float	%9.0g		母蟹体重
y	byte	%8.0g	y_fmt	母马蹄蟹有追求者吗
n	byte	%8.0g		
dark	byte	%8.0g	dark_fmt	母蟹4种颜色再分成2种色

3）分析结果与讨论

Step 1. 变量转换

*打开文件
. use crab, clear

*变量转换，产生变数 a（分大小，母蟹共 8 种体形 .ceeil（）函数取上限
. gen a = ceil(width - 23.25) + 1

. replace a = 1 if a<=0
(2 real changes made)

. replace a = 8 if a >8
(5 real changes made)

. sort a
*求组平均
. egen wmean = mean(width), by(a)
. egen ssatell = total(y), by(a)
*求百分比
. egen sn = total(n), by(a)
. gen prop_s = ssatell/sn

Step 2. 绘制散点图（见图 1-50）

* 绘制 3 个散点图，有重叠

. graph twoway（lowess prop_s wmean）（scatter prop_s wmean）（scatter y width）

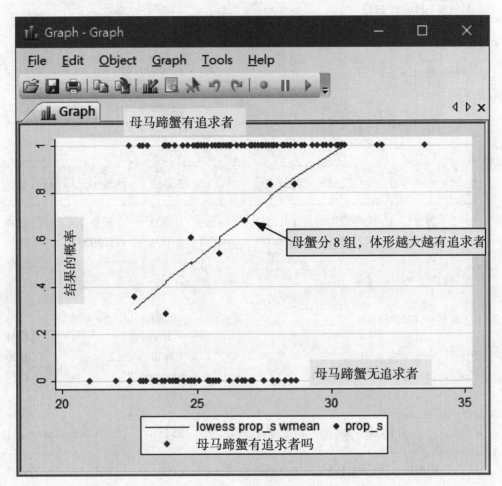

图 1-50 "graph twoway（lowess prop_s wmean）（scatter prop_s wmean）
（scatter y width）"绘图

Step 3. logit 分析

```
. use crab, clear

* 模型一 logit 回归
. logit y width, nolog
```

```
Logistic regression                          Number of obs   =       173
                                             LR chi2(1)      =     31.31
                                             Prob > chi2     =    0.0000
Log likelihood = -97.226331                  Pseudo R2       =    0.1387
```

y	Coef.	Std. Err.	z	P>|z|	[95% Conf. Interval]	
width	.4972306	.1017361	4.89	0.000	.2978316	.6966297
_cons	-12.35082	2.628731	-4.70	0.000	-17.50304	-7.1986

```
. logit y width, or
```

```
Logistic regression                          Number of obs   =       173
                                             LR chi2(1)      =     31.31
                                             Prob > chi2     =    0.0000
Log likelihood = -97.226331                  Pseudo R2       =    0.1387
```

y	Odds Ratio	Std. Err.	z	P>|z|	[95% Conf. Interval]	
width	1.644162	.1672706	4.89	0.000	1.346935	2.006977
_cons	4.33e-06	.0000114	-4.70	0.000	2.50e-08	.0007476

```
. estat ic
```

Model	Obs	ll(null)	ll(model)	df	AIC	BIC
.	173	-112.8793	-97.22633	2	198.4527	204.7592

（1）极大似然估计量 $\beta=0.497$

（2）效应的区间估计

①AES=0.102。

② β 的 95% 置信区间为（0.298，0.697），即 $0.497 \pm 1.96 \times 0.102$。

（3）胜算

①宽度每增加 1cm，母马蹄蟹有追求者的胜算为原先的 $e^{0.497}=1.644$ 倍。

②宽度每增加 1cm，母马蹄蟹有追求者的胜算的 95% 置信区间为（$e^{0.298}$，$e^{0.697}$），即（1.35，2.01）。

③宽度每增加 1cm，母马蹄蟹有追求者的胜算至多为原先的 2 倍。

（4）S 形的上升速度在 $\pi(x)=0.5$ 时最快，为 0.25β

①估计值为 $0.25\hat{\beta}=0.124$。

②95% 置信区间为（0.074，0.174），即 0.25（0.298，0.697）。

（5）中位有效水平（代表此时 Y=1 的概率为 50%）

$EL_{50} = -\hat{\alpha}/\hat{\beta} = 12.351/0.497 = 24.8$。

（6）显著性检验：H_0：$\beta=0$

①Z 检验：$z = \dfrac{0.497}{0.102} = 4.9$，p_value=P（|z|>4.9<0.0001）。

②Wald 检验：$W = (\dfrac{0.497}{0.102})^2 = 4.9^2 = 23.9$，p_value=P（$\chi_1^2$>23.9）<0.0001。

③ LRT：

$-2\log\Lambda = -2(\log l_0 - \log l_1) = -2(L_0 - L_1)$

$\qquad\qquad = (-2L_0) - (-L_1) = 225.759 - 194.453 = 31.306$

$p\_value = P(\chi_1^2 > 31.306) < 0.0001$

（7）当 X=26.5 时，概率的估计

①点估计：

$\hat{\pi}(26.5) = \dfrac{\exp(-12.351 + 0.497 \times 26.5)}{1 + \exp(-12.351 + 0.497 \times 26.5)} = 0.695$

②区间估计：

（a）利用软件得到的结果（0.61，0.77）。

（b）利用协方差矩阵计算结果：

（Ⅰ）$\hat{\alpha} + \hat{\beta}x = -12.351 + 0.497 \times 26.5 = 0.825$。

（Ⅱ）$Var(\hat{\alpha} + \hat{\beta}x) = 6.91 + 26.5^2 \times 0.01035 + 2 \times 26.5 \times (-0.2668) = 0.038$。

（Ⅲ）$\alpha+\beta$ 的 95% 置信区间为 $0.825 \pm 1.96 \times \sqrt{0.038} = (0.44, 1.21)$。

（Ⅳ）π（26.5）的 95% 置信区间为 $\left(\dfrac{e^{0.44}}{1 + e^{0.44}}, \dfrac{e^{1.21}}{1 + e^{1.21}}\right) = (0.44, 1.21)$。

Step 4. 对照组：线性模型方法

* 模型二 最小二乘法（OLS 回归）

```
. reg y width
```

```
    Source |      SS        df       MS              Number of obs =      173
-------------+----------------------------------              F( 1,   171) =    32.85
     Model | 6.40974521      1  6.40974521              Prob > F      =   0.0000
  Residual | 33.3706016    171  .195149717              R-squared     =   0.1611
-------------+----------------------------------              Adj R-squared =   0.1562
     Total | 39.7803468    172  .231281086              Root MSE      =  .44176
```

```
         y |      Coef.   Std. Err.      t    P>|t|     [95% Conf. Interval]
-------------+----------------------------------------------------------------
     width |   .0915308   .0159709     5.73   0.000     .0600052    .1230563
     _cons |  -1.765534   .4213581    -4.19   0.000    -2.597267   -.9338014
```

```
. estat ic
```

```
     Model |      Obs    ll(null)   ll(model)    df         AIC        BIC
-------------+----------------------------------------------------------------
         . |      173   -118.3284   -103.1306     2    210.2611   216.5677
```

（1）此线性回归分析结果，对照 Step3 逻辑回归分析，二者在 Coef.、Std.Err 上都略有差别。故二元响应变量应该采用逻辑回归分析。

（2）使用 "estat ic" 可以计算模型拟合度 IC 指标：AIC、BIC。IC 值越小，模型拟合越好。模型二 OLS 回归 AIC=210.26，其值比模型一逻辑回归 AIC 大。故模型一逻辑回归比 OLS 模型好。这也证明对于二元响应变量而言，使用逻辑回归比 OLS 模型好。

Step 5. 绘制 logit 回归的预测值散点图（见图 1-51、图 1-52）

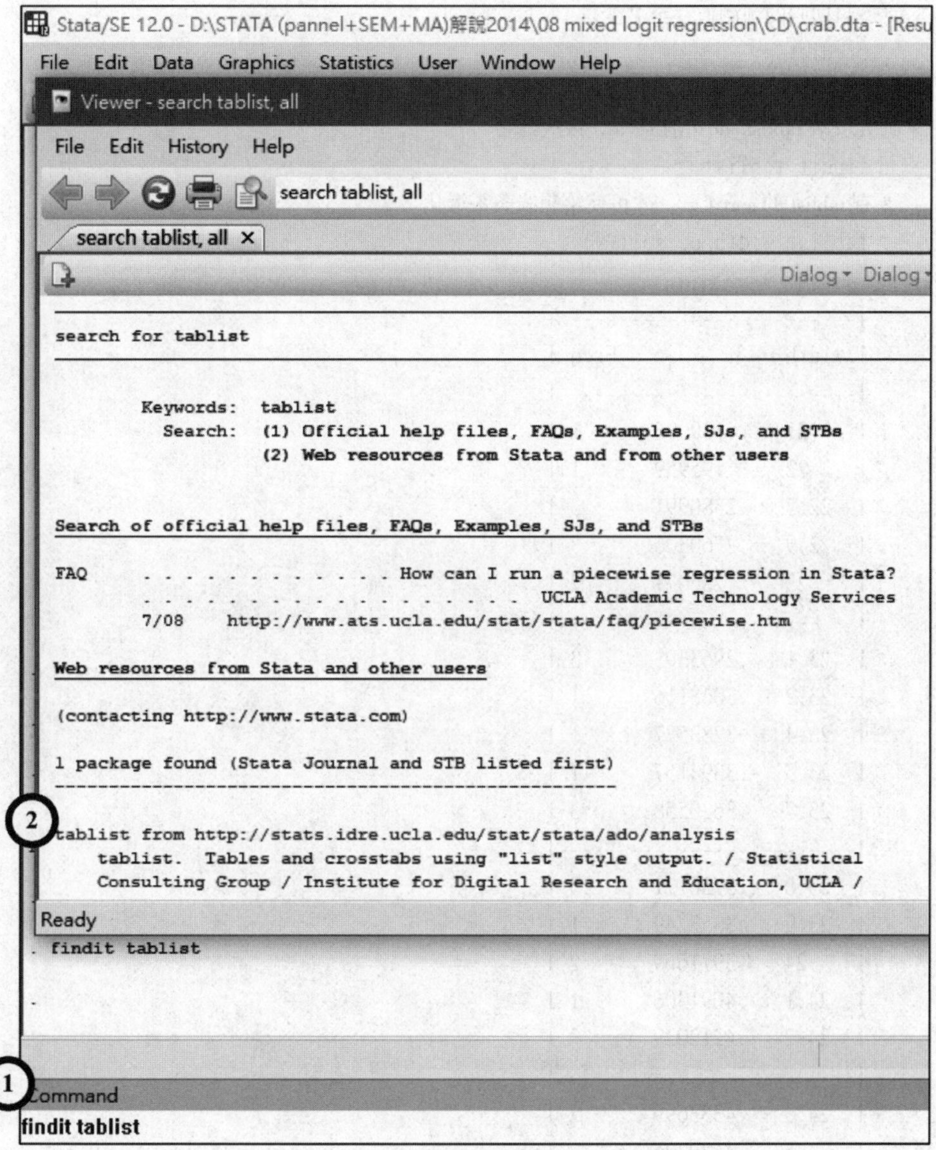

图 1-51　"findit tablist"：安装 tablist.ado 外挂命令

```
. quietly logit y width
```

*逻辑回归的预测值存至 P 变量
```
. predict p
```

*先安装 tablist.ado 外挂命令，再执行它
```
. findit tablist
```
* 有 tablist 的 sort（v），才可使绘制线条平滑化
```
. tablist width p, sort(v)
```

```
+--------------------------+
| width        p  Freq |
|--------------------------|
|    21   .129096      1 |
|    22   .195959      1 |
|  22.5  .2380991      3 |
|  22.9  .2760306      3 |
|    23   .286077      2 |
|--------------------------|
|  23.1  .2963393      3 |
|  23.2  .3068116      1 |
|  23.4  .3283577      1 |
|  23.5  .3394157      1 |
|  23.7  .3620558      3 |
|--------------------------|
|  23.8  .3736171      3 |
|  23.9  .3853249      1 |
|    24  .3971669      2 |
|  24.1  .4091306      1 |
|  24.2  .4212029      2 |
|--------------------------|
|  24.3  .4333699      2 |
|  24.5  .4579326      7 |
|  24.7  .4827014      5 |
|  24.8  .4951253      1 |
|  24.9  .5075554      3 |
|--------------------------|
|    25  .5199761      6 |
|  25.1  .5323722      2 |
```

```
|    25.2    .5447285    2 |
|    25.3    .5570297    1 |
|    25.4    .5692616    3 |
|-------------------------|
|    25.5    .5814095    3 |
|    25.6    .5934595    2 |
|    25.7    .6053981    6 |
|    25.8    .6172119    7 |
|    25.9    .6288891    1 |
|-------------------------|
|    26     .6404177    6 |
|    26.1    .6517864    2 |
|    26.2    .6629848    8 |
|    26.3    .674003     1 |
|    26.5    .6954646    6 |
|-------------------------|
|    26.7    .7161084    3 |
|    26.8    .7261074    3 |
|    27     .7454343    5 |
|    27.1    .7547542    2 |
|    27.2    .763841     2 |
|-------------------------|
|    27.3    .7726924    1 |
|    27.4    .7813072    3 |
|    27.5    .7896843    6 |
|    27.6    .7978235    1 |
|    27.7    .8057253    2 |
|-------------------------|
|    27.8    .8133904    2 |
|    27.9    .8208204    2 |
|    28     .8280171    3 |
|    28.2    .8417205    4 |
|    28.3    .8482328    3 |
|-------------------------|
|    28.4    .8545237    2 |
|    28.5    .8605966    4 |
|    28.7    .8721051    2 |
|    28.9    .8827927    1 |
|    29     .8878404    6 |
```

```
|-------------------------|
|  29.3    .9018577    2  |
|  29.5    .9103148    1  |
|  29.7    .9181093    1  |
|  29.8    .9217708    1  |
|   30     .9286477    3  |
|-------------------------|
|  30.2    .9349627    1  |
|  30.3    .9379216    1  |
|  30.5    .9434658    1  |
|  31.7    .9680587    1  |
|  31.9    .9709946    1  |
|-------------------------|
|  33.5    .9866974    1  |
+-------------------------+
```

* 逻辑回归的预测值 P 变量，其描述性统计
. sum p

```
    Variable |      Obs       Mean    Std. Dev.      Min        Max
-------------+--------------------------------------------------------
           p |      173    .6416185   .1980444   .129096   .9866974
```

* 有 tablist 的 sort（v），才可使绘制线条平滑化
. graph twoway line p width, ytitle(" 概率 ") xlabel(20(2)34) sort

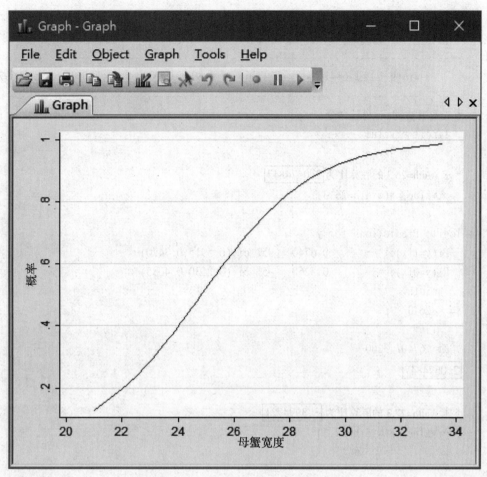

图 1-52 "graph twoway line p width，ytitle（"概率"）xlabel（20（2）34）sort"绘图

Step 6. logit 回归改求胜算比（OR）

. logit y width, or nolog

Logit estimates

Number of obs =   173
LR chi2(1)   =   31.31
Prob > chi2   =   0.0000
Log likelihood = -97.226331
Pseudo R2   =   0.1387

```
--------------------------------------------------------------------------
        y | Odds Ratio   Std. Err.      z    P>|z|    [95% Conf. Interval]
----------+---------------------------------------------------------------
    width |  1.644162    .1672706     4.89   0.000    1.346935    2.006977
--------------------------------------------------------------------------
```

* 先安装 prvaluen 外挂命令
. findit prvalue

* 求 width=26.3 的胜算比为 2.0674847
. prvalue, x(width=26.3)

```
logit: Predictions for y
  Pr(y=1|x):          0.6740    95% ci:(0.5915,0.7470)
  Pr(y=0|x):          0.3260    95% ci:(0.2530,0.4085)
    width
x=    26.3
```

. di .6740/.3260
2.0674847

* 求 width=27.3 的胜算比为 3.3994721
. prvalue, x(width=27.3)

```
logit: Predictions for y
  Pr(y=1|x):          0.7727    95% ci:(0.6830,0.8428)
  Pr(y=0|x):          0.2273    95% ci:(0.1572,0.3170)
    width
x=    27.3
```

. di .7727/.2273
3.3994721

. di 3.3994721/2.0674847

（1）母蟹宽度（width）每增加 1 个单位，其胜算比提高 1.66 个单位。
（2）宽度每增加 1 个单位，"被追求的胜算（y）"就增加 1.644 个单位。

Step 7. 求每个效果的信赖区间（confidence intervals for effects）

```
. logit y width, nolog
```

Logit estimates					Number of obs	=	173
					LR chi2(1)	=	31.31
					Prob > chi2	=	0.0000
Log likelihood = -97.226331					Pseudo R2	=	0.1387

y	Coef.	Std. Err.	z	P>|z|	[95% Conf. Interval]	
width	.4972306	.1017361	4.89	0.000	.2978316	.6966297
_cons	-12.35082	2.628731	-4.70	0.000	-17.50304	-7.1986

```
. logit y width, or nolog
```

Logit estimates					Number of obs	=	173
					LR chi2(1)	=	31.31
					Prob > chi2	=	0.0000
Log likelihood = -97.226331					Pseudo R2	=	0.1387

y	Odds Ratio	Std. Err.	z	P>|z|	[95% Conf. Interval]	
width	1.644162	.1672706	4.89	0.000	1.346935	2.006977

（1）逻辑回归式为：

$$\log\left(\frac{P(Y=1|X=x)}{P(Y=0|X=x)}\right) = \alpha + \beta x = -12.35 + 0.497 \times width$$

（2）width 每增加 1 个单位，"被追求的胜算（y）"就增加 1.644 个单位。

Step 8. logit 模型诊断（model checking）

```
. gen a = ceil(width - 23.25) + 1
. replace a = 1 if a<=0
(2 real changes made)
```

```
. replace a = 8 if a >8
(5 real changes made)

. sort a
. logit satell width, nolog

Logit estimates                          Number of obs  =        173
                                         LR chi2(1)     =      31.31
                                         Prob > chi2    =     0.0000
Log likelihood = -97.226331              Pseudo R2      =     0.1387
--------------------------------------------------------------------------
     satell |     Coef.   Std. Err.      z    P>|z|   [95% Conf. Interval]
------------+-------------------------------------------------------------
      width |  .4972306   .1017361     4.89   0.000    .2978316   .6966297
      _cons | -12.35082   2.628731    -4.70   0.000   -17.50304    -7.1986
--------------------------------------------------------------------------

. predict p
(option p assumed; Pr(satell))

. gen no=1-y
. gen nop = 1-p
. collapse(sum) yes=y no p nop, by(a)
. list

     +---------------------------------------+
     | a   yes    no         p          nop  |
     |---------------------------------------|
 1.  | 1     5     9   3.635427     10.36457  |
 2.  | 2     4    10   5.305987     8.694013  |
 3.  | 3    17    11   13.77762     14.22238  |
 4.  | 4    21    18   24.22768     14.77232  |
 5.  | 5    15     7    15.9378      6.0622    |
     |---------------------------------------|
 6.  | 6    20     4   19.38335     4.616651  |
 7.  | 7    15     3   15.65018     2.349822  |
 8.  | 8    14     0   13.08195     .9180457  |
     +---------------------------------------+
```

```
. gen x2 =(yes-p)^2/p +(no-nop)^2/nop

. egen x2sum = total(x2)


. gen g2 = 2*yes*log(yes/p) + 2*no*log(no/nop)
(1 missing value generated)


. replace g2 = 2 if yes==0 | no==0
(1 real change made)


. egen g2sum=total(g2)
. list

     +----------------------------------------------------------------------------+
     | a    yes   no        p        nop        x2     x2sum        g2       g2sum |
     |----------------------------------------------------------------------------|
  1. | 1     5     9   3.635427   10.36457  .6918539   5.3201   .6460713   6.280302 |
  2. | 2     4    10   5.305987   8.694013  .5176301    5.320   .5386781   6.280302 |
  3. | 3    17    11   13.77762   14.22238  1.483761   5.3201   1.493428   6.280302 |
  4. | 4    21    18   24.22768   14.77232  1.135233   5.3201   1.109317   6.280302 |
  5. | 5    15     7    15.9378     6.0622  .2002557   5.3201   .1944201   6.280302 |
     |----------------------------------------------------------------------------|
  6. | 6    20     4   19.38335   4.616651  .1019846   5.3201   .1057136   6.280302 |
  7. | 7    15     3   15.65018   2.349822  .2069104   5.3201   .1926733   6.280302 |
  8. | 8    14     0   13.08195   .9180457  .9824709   5.3201          2   6.280302 |
     +----------------------------------------------------------------------------+
```

Step 9. 以分组平均值来求 logit 模型、整体拟合度 gof

```
. use crab, clear


. gen a = ceil(width - 23.25) + 1
. replace a = 1 if a<=0
. replace a = 8 if a >8
. sort a
```
* 母蟹宽度（width）的组平均值，存至 mwidth 变量
```
. egen mwidth = mean(width), by(a)
```

* 当实验组 以分组平均值来求 logit 模型

```
. logit y mwidth, nolog

Logit estimates                              Number of obs   =        173
                                             LR chi2(1)      =      28.08
                                             Prob > chi2     =     0.0000
Log likelihood =  -98.84003                  Pseudo R2       =     0.1244
------------------------------------------------------------------------------
         y |      Coef.   Std. Err.      z    P>|z|     [95% Conf. Interval]
-----------+------------------------------------------------------------------
    mwidth |   .4654004   .0986921     4.72   0.000     .2719674    .6588334
     _cons |  -11.53299   2.552684    -4.52   0.000    -16.53616   -6.529821
------------------------------------------------------------------------------
```

* 整体拟合度 gof
. estat gof

```
Logistic model for y,  goodness-of-fit test
      number of observations =        173
number of covariate patterns =          8
           Pearson chi2(6) =         5.02
                Prob > chi2 =       0.5417
```

* 当对照组 以未分组平均值求 logit 模型
. logit y width, nolog

```
Logistic regression                          Number of obs   =        173
                                             LR chi2(1)      =      31.31
                                             Prob > chi2     =     0.0000
Log likelihood = -97.226331                  Pseudo R2       =     0.1387
------------------------------------------------------------------------------
         y |      Coef.   Std. Err.      z    P>|z|     [95% Conf. Interval]
-----------+------------------------------------------------------------------
     width |   .4972306   .1017361     4.89   0.000     .2978316    .6966297
     _cons |  -12.35082   2.628731    -4.70   0.000    -17.50304     -7.1986
------------------------------------------------------------------------------
```

. estat gof

```
Logistic model for y, goodness-of-fit test
```

```
        number of observations =          173
 number of covariate patterns =           66
             Pearson chi2(64) =         55.18
                 Prob > chi2 =         0.7761
```

（1）以母蟹宽度（width）的组平均值作为解释变量，求得逻辑模型，母蟹宽度越大，被成功追求的概率越高。

（2）以组平均值来求逻辑模型、整体拟合优度（gof）：$\chi^2_{(6)}$=5.02（p>0.05），接受"H_0：模型合适"。

（3）以未分组平均值求逻辑模型、整体拟合优度（gof）：$\chi^2_{(6)}$=55.18（p>0.05），接受"H_0：模型合适"。

（4）未分组平均值与分组平均值相比，整体拟合优度（gof）的卡方值较小，表示用未分组平均值所求出的逻辑模型较好。

Step 10. 未分组的 logit 建模（model on ungrouped data）

```
. logit y width, nolog


Logit estimates                              Number of obs   =        173
                                             LR chi2(1)      =      31.31
                                             Prob > chi2     =     0.0000
Log likelihood = -97.226331                  Pseudo R2       =     0.1387
-----------------------------------------------------------------------------
         y |      Coef.   Std. Err.       z    P>|z|     [95% Conf. Interval]
-----------+-----------------------------------------------------------------
     width |   .4972306   .1017361     4.89    0.000     .2978316    .6966297
     _cons |  -12.35082   2.628731    -4.70    0.000    -17.50304     -7.1986
-----------------------------------------------------------------------------

. estat gof, group(10) table


Logistic model for y, goodness-of-fit test
(Table collapsed on quantiles of estimated probabilities)
  +--------------------------------------------------------+
  | Group |  Prob | Obs_1 | Exp_1 | Obs_0 | Exp_0 | Total |
  |-------+-------+-------+-------+-------+-------+-------|
  |     1 | 0.3621 |    5 |   5.4 |    14 |  13.6 |    19 |
  |     2 | 0.4579 |    8 |   7.6 |    10 |  10.4 |    18 |
```

```
|   3 | 0.5200 |  10 |  7.6 |   5 |  7.4 |  15 |
|   4 | 0.6054 |   9 | 11.0 |  10 |  8.0 |  19 |
|   5 | 0.6518 |  11 | 10.1 |   5 |  5.9 |  16 |
|-------+--------+-------+-------+-------+-------+-------|
|   6 | 0.7161 |  11 | 12.3 |   7 |  5.7 |  18 |
|   7 | 0.7897 |  16 | 16.8 |   6 |  5.2 |  22 |
|   8 | 0.8417 |  12 | 11.5 |   2 |  2.5 |  14 |
|   9 | 0.8878 |  15 | 15.7 |   3 |  2.3 |  18 |
|  10 | 0.9867 |  14 | 13.1 |   0 |  0.9 |  14 |
+-----------------------------------------------------+

        number of observations =        173
           number of groups =            10
      Hosmer-Lemeshow chi2(8) =          4.63
              Prob > chi2 =              0.7963
```

Hosmer-Lemeshow 拟合优度检验（卡方=0.46，p>0.05），表示至少有1个自变量可以有效地解释响应变量。

Step 11. 分组平均值与未分组平均值的拟合度比较（goodness of fit and likelihoodratio model comparison tests）

* 未分组平均值的拟合度 R^2 、AIC

. quietly logit y width, nolog

* 先安装 fitstat.ado 外挂命令
. findit fitstat
. fitstat
Measures of Fit for logit of y

Log-Lik Intercept Only:	-112.879	Log-Lik Full Model:	-97.226
D(171):	194.453	LR(1):	31.306
		Prob > LR:	0.000
McFadden's R2:	0.139	McFadden's Adj R2:	0.121
ML(Cox-Snell) R2:	0.166	Cragg-Uhler(Nagelkerke) R2:	0.227
McKelvey & Zavoina's R2:	0.251	Efron's R2:	0.161
Variance of y*:	4.390	Variance of error:	3.290

Count R2:	0.705	Adj Count R2:	0.177
AIC:	1.147	AIC*n:	198.453
BIC:	-686.760	BIC':	-26.153
BIC used by STaTa:	204.759	AIC used by STaTa:	198.453

* 分组平均值的拟合度 R^2、AIC
* 母蟹宽度（width）的平均值，存至 mwidth 变量
. egen mwidth = mean(width), by(a)
. quietly logit y mwidth, nolog

. fitstat
Measures of Fit for logit of y

Log-Lik Intercept Only:	-112.879	Log-Lik Full Model:	-98.840
D(171):	197.680	LR(1):	28.078
		Prob > LR:	0.000
McFadden's R2:	0.124	McFadden's Adj R2:	0.107
ML(Cox-Snell) R2:	0.150	Cragg-Uhler(Nagelkerke) R2:	0.206
McKelvey & Zavoina's R2:	0.219	Efron's R2:	0.145
Variance of y*:	4.212	Variance of error:	3.290
Count R2:	0.665	Adj Count R2:	0.065
AIC:	1.166	AIC*n:	201.680
BIC:	-683.533	BIC':	-22.925
BIC used by STaTa:	207.987	AIC used by STaTa:	201.680

（1）拟合优度 R^2 越大，模型越好；AIC 值越小，模型越好。

（2）"未分组平均值"的拟合优度 AIC=1.147，小于"分组平均值"的拟合优度 AIC=1.166，故"未分组平均值"逻辑模型更好。

（3）AIC（Akaike 1974）、BIC（Schwarz 1978）公式：

信息准则（information criterion）：也可用来说明模型的解释能力（经常用来作为模型选取的准则，而非单纯描述模型的解释能力）。

① AIC

$$AIC = \ln\left(\frac{ESS}{T}\right) + \frac{2k}{T}$$

② BIC 或 SIC 或 SBC

$$BIC = \ln\left(\frac{ESS}{T}\right) + \frac{k\ln(T)}{T}$$

③ AIC 与 BIC 越小，代表模型的解释能力越好（用的变量越少或误差平方和

越小）。

Step 12. 逻辑模型的残差

```
. use crab, clear

. gen a = ceil(width - 23.25) + 1
. replace a = 1 if a<=0
. replace a = 8 if a >8
. sort a

* 求 null model（即没有任何自变量）的 Pr（y），并存至 pind 变量
. logit y
. predict pind
* 求分组平均值，并存至 mwidth 变量
. egen mwidth = mean(width), by(a)

. logit y mwidth, nolog
* 求分组平均值 logit 模型的 Pr（y），并存至 p 变量
. predict p

* 求分组平均值 logit 模型的残差，并存至 r 变量
. predict r, residuals
* 求分组平均值 logit 模型的预测值，并存至 h 变量
. predict h, hat
. gen aresid = r/sqrt(1-h)
. collapse (mean) mwidth r aresid pi=pind (sum) y p pind (count) n, by(a)
. gen rr=(y-pi*n)/sqrt(n*pi*(1-pi))
. list mwidth n y pind rr p r aresid

     +---------------------------------------------------------------------+
     |   mwidth    n    y      pind          rr          p         r    aresid |
     |---------------------------------------------------------------------|
  1. | 22.69286   14    5   8.982659   -2.219718   3.843518   .6925753   .8564039 |
  2. | 23.84286   14    4   8.982659   -2.777064   5.496007  -.8187712  -.9297187 |
  3. |   24.775   28   17  17.96532   -.3804346   13.98114   1.141024   1.344962 |
  4. | 25.83846   39   21  25.02312   -1.343444   24.20473  -1.057578  -1.240055 |
  5. | 26.79091   22   15  14.11561    .3932084   15.80022  -.3792292  -.4173211 |
```

```
     |---------------------------------------------------------------------------|
 6.  | 27.7375     24   20   15.39884      1.95862   19.16056     .4270666    .4948038 |
 7.  | 28.66667    18   15   11.54913     1.696214   15.46522    -.3152464   -.3611885 |
 8.  | 30.40714    14   14   8.982659     2.796394    13.0486     1.010328    1.136103 |
     +---------------------------------------------------------------------------+
```

Step 13. 绘制"分组平均值"概率图（见图1-53）

```
. gen a = ceil(width - 23.25) + 1
. replace a = 1 if a<=0
. replace a = 8 if a >8
. sort a
```

* 依 a 来求分组平均值，并存至 midth 变量
```
. egen mwidth = mean(width), by(a)
```

```
. logit y mwidth, nolog
```

* 求分组平均值 logit 模型的 Pr（y），并存至 p 变量
```
. predict p
. collapse(mean) mwidth  phat=p(sum) y p(count) n, by(a)
. gen obp=y/n
```
* 两个散点图，重叠
```
. graph twoway(scatter obp mwidth)(scatter phat mwidth,
connect(1)),ylabel(0(.2)1) xlabel(22(2)32) ytitle("proportion")
```

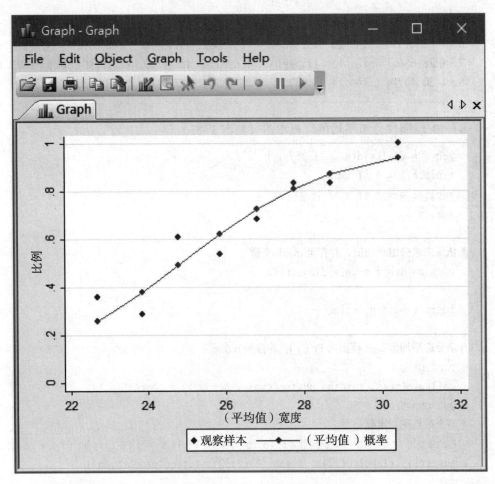

图1-53　绘制"分组平均值"概率图

Step 14. 影响的诊断措施

```
. use crab0, clear
* 求分组平均值, 并存至 mwidth 变量
. egen mwidth = mean(width), by(a)
. logit y mwidth, nolog
* 新变量 d 为 (mean) db
. predict db, db
* 新变量 dx 为 (mean) dx
```

```
. predict dx, dx
* 新变量dd 为 (mean) dd
. predict dd, dd
. collapse(mean) width db dd dx (sum) y n , by(a)
```

* For the model with the variable **width** as a predictor, we will use ungrouped
data because it is easier to generate all the diagnostic statistics using the
logit command. For the model with no predictors, we will have to group the
data and use the glm command. Some further calculation is needed for creating
the diagnostic statistics. The details are shown below.
* 执行Generalized linear models, family(binomial), link(negative binomial)
*glm 执行 null model.

```
. glm y, fam(bin n)
```

Generalized linear models		No. of obs	=	8
Optimization : ML		Residual df	=	7
		Scale parameter	=	1
Deviance = 34.03404409		(1/df) Deviance	=	4.862006
Pearson = 29.27657443		(1/df) Pearson	=	4.182368

Variance function: V(u) = u*(1-u/n)   [Binomial]
Link function   : g(u) = ln(u/(n-u))   [Logit]

```
                                               AIC        =   7.401961
Log likelihood  = -28.60784483                 BIC        =   19.47795
```

```
-----------------------------------------------------------------------
             |                OIM
          y  |    Coef.    Std. Err.      z    P>|z|    [95% Conf. Interval]
-------------+---------------------------------------------------------
       _cons |  .5823958   .1585498    3.67   0.000    .2716439   .8931477
-----------------------------------------------------------------------
```
-

* 存至新变量 din
```
. predict din, d
```

*glm 的预测值，存至 h2 变量
```
. predict h2, h
```

*gml 的残差，存至 res 变量
```
. predict res, p
. gen x2=res^2/(1-h2)
. gen din2=din^2/(1-h2)
. drop din h2 res
. list width db dx dd x2 din2
```

```
    +------------------------------------------------------------------+
    |   width         db          dx          dd          x2      din2 |
    |------------------------------------------------------------------|
 1. | 22.69286   .3880239   .7334276   .6949906   5.360987   5.06951  |
 2. | 23.84286   .2501259   .8643769   .9014844   8.391136   7.966363 |
 3. |   24.775   .7044131   1.808922   1.822847   .1726785   .1704266 |
 4. | 25.83846   .5764279   1.537736   1.503042   2.330132   2.253074 |
 5. | 26.79091   .0367436   .1741569   .1699482   .1771392   .1803587 |
    |------------------------------------------------------------------|
 6. |  27.7375   .0838247   .2448309   .2565225   4.454101   5.030672 |
 7. | 28.66667   .0407948   .1304572   .1243544   3.211263   3.626952 |
 8. | 30.40714   .3413671    1.29073   2.491689   8.508358   13.51937 |
    +------------------------------------------------------------------+
```

1.4.2 定性自变量的逻辑回归（AZT 处理对 AIDS 效果）（logit命令）

数据（data）分为两种：数值型（numerical）与分类型（categorical）。数值型是有计量单位的，而分类型则没有。例如，性别、宗教信仰、血型都是分类型变量；分数（体重、血压）和测量（高度、EQ、满意度）都是数值型变量。

在统计学中，分类变量是一个变量，可以采取有限且通常是固定（fixed）数量的值，将每个个体或其他观察单位根据某些定性属性分配给特定组或名义类别（nominal category）。在计算机科学和数学分支中，分类变量被称为枚举或枚举类型（enumerations or enumerated types）。通常，分类变量的每个可能的值被称为级别/水平（level）。与随机分类变量相关联的概率分布（probability distribution）称为类别分布（categorical distribution）。

分类数据（categorical data），又称定性变量（qualitative variable）。它是一种数据类型，数据中不同的观察值代表着不同的种类。

分类标准则可依据过往研究或研究者所定的规则进行有限的分类。此种变量称为定性变量。通常，纯粹的分类数据以列联表（contingency table）的形式来总结数据。

一个有可能值的分类变量称为二元变量或二分变量（binary variable）；一个重要

的特殊情况是伯努利（Bernoulli）变量。具有两个以上可能值的分类变量称为多分类（polytomous）变量；除非另有说明，否则分类变量通常被认为是多余的。离散化（discretization）可将连续数据分类，如血压（分为高血压病人和低血压病人）。二分法是将连续数据或多元变量视为二元变量。回归分析通常用一个或多个定量虚拟变量（quantitative dummy variables）来处理类别成员（category membership）。

（1）STaTa命令reg利用普通最小二乘（ordinary least squares）来做多元回归，这是社会学研究中最常用的统计分析方法。利用此法的基本条件是响应变量为一个分数型的变量（以等距尺度测量的变量），而自变量的测量尺度无特别的限制。当自变量为分类变量时，我们可根据类别数目（k）建构k-1个数值为0与1的虚拟变量（dummy variable）来代表不同的类别。因此，如果能适当使用的话，多元回归分析也是一个相当有力的工具。

（2）多元回归分析主要有三个步骤。

Step 1.利用单变量和双变量分析来检验各个将纳入复回归分析的变量是否符合普通最小二乘线性回归分析的基本假定。

Step 2.构建回归模型并评估所得到的参数估计和拟合优度检验（goodness of fit）。

Step 3.在我们认真考虑所得到的回归分析结果前，应做残差（residuals）的诊断分析（diagnosis）。但通常我们是先确定回归模型的设定（specification）是否恰当，然后才会做深入的残差分析。

（3）逻辑回归分析。二元逻辑回归与线性回归的差别，仅在于响应变量/outcome尺度的不同，当响应变量为二元变量（通常编号为1和0）时，会采用二元逻辑回归进行分析；而当响应变量为连续尺度的变量时，则使用线性回归（当响应变量的水平为三个以上，则采用多项逻辑回归）。二元逻辑回归结果的解释并不困难，只要拆成两个部分分别解释，最后再合在一起即可。

首先，是自变量的部分，在线性回归、逻辑回归、广义估计方程（GEE）、多元线性模型（HLM）、一般线性模型（GLM）的情形下，自变量只分为连续变量与分类变量两种。

①连续变量比较简单，即数字越大越会怎么样（后者则要配合响应变量的结果，所以要与响应变量结果搭配来完成描述）。例如，年龄与血压都是连续变量，所以解释即为年龄越大越怎样、血压越高人越怎样。

②而当自变量为分类变量时，大家可能听过必须做虚拟编码（dummy code），没听过也没关系，只要记住此时分类变量里会指定某一类为参照组（又称被比较组，可由研究者自行决定），参照组一旦指定，所有的分类变量都会被解释成与参照组做比较。例如，性别与运动前热身为分类变量，这里指定性别部分以女性为参照组，运动前热身以无热身为参照组，所以解释为男性相较女性还要怎么样、进行了热身相较没有进行热身还要怎么样。

范例一：定性自变量的逻辑回归（logit models for qualitative predictors）：AZT（齐夫多定）处方药对治疗 AIDS（艾滋病）的效果

1）问题说明

研究者收集数据并整理成下表，此"azt.dta"文件内容的变量如下：

变量名称	说明	编码 Code / Values
被解释变量/响应变量：symp	有 AIDS 症状吗	0，1（二元数据）
解释变量/自变量：azt	使用 AZT 吗（X）	
解释变量/自变量：color	种族	0，1（二元数据）
权重：count	人数	11~93

2）文件的内容

"azt.dta"文件内容如图 1-54 图所示。

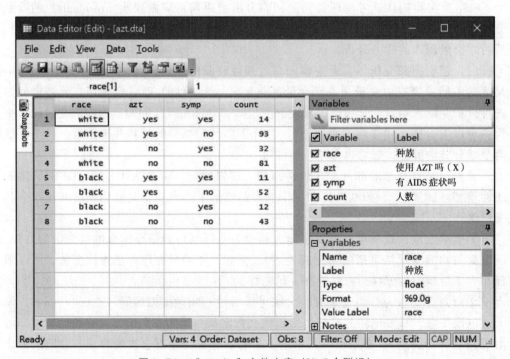

图 1-54   "azt.dta"文件内容（N=8 个群组）

观察数据的特征

```
* 打开文件
. use azt, clear
. list

    +-------------------------------+
    | race    azt    symp    count |
    |-------------------------------|
1.  | white   yes    yes       14 |
2.  | white   yes    no        93 |
3.  | white   no     yes       32 |
4.  | white   no     no        81 |
5.  | black   yes    yes       11 |
    |-------------------------------|
6.  | black   yes    no        52 |
7.  | black   no     yes       12 |
8.  | black   no     no        43 |
    +-------------------------------+
```

3）分析结果与讨论

加权后的逻辑回归如图1-55所示。

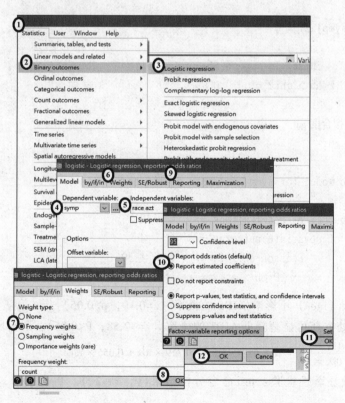

图1-55   "logit symp race azt'fw=count', coef"页面

```
. use azt, clear
. logistic symp race azt [fweight = count], coef
```

```
Logistic regression                                Number of obs   =        338
                                                   LR chi2(2)      =       6.97
                                                   Prob > chi2     =     0.0307
Log likelihood = -167.57559                        Pseudo R2       =     0.0204
```

```
------------------------------------------------------------------------------
       symp |      Coef.   Std. Err.      z    P>|z|     [95% Conf. Interval]
------------+-----------------------------------------------------------------
       race |   .0554845   .2886132     0.19   0.848    -.510187     .621156
        azt |  -.7194597   .2789791    -2.58   0.010    -1.266249   -.1726707
      _cons |  -1.073574   .2629407    -4.08   0.000    -1.588928   -.5582193
------------------------------------------------------------------------------
```

* 某系数显著性检验：test 命令分析
```
. test azt
```

```
 [symp]azt = 0
```

```
       chi2(  1) =      6.65
     Prob > chi2 =    0.0099
```

* 求模型拟合度 gof
```
. estat gof
```

```
Logistic model for symp, goodness-of-fit test
```

```
       number of observations =        338
  number of covariate patterns =          4
            Pearson chi2(1) =       1.39
              Prob > chi2 =     0.2382
```

（1）种族（race）不影响 AIDS 的概率（z=0.19，p>0.05）

（2）azt 处方药可显著降低 AIDS 的概率（z=−2.58，P<0.05）。逻辑回归式为：

$$\log\left(\frac{P(Y=1|X=x)}{P(Y=0|X=x)}\right) = \alpha + \beta x = -1.07 - 0.719 \times azt + 0.055 \times race$$

（3）系数显著性检验：test 命令分析结果（$\chi^2_{(1)} = -2.58$，P < 0.05），表示 azt 对被

解释变量（symp）有显著影响力（危险因子）

（4）模型拟合度gof结果（$\chi^2_{(1)}$ = 1.39，P > 0.05，故接受原假设"H_0：模型中至少有1个解释变量是适合逻辑模型"

范例二：定性自变量的逻辑回归：使用颜色和宽度作为预测因素的马蹄蟹示例

```
. use crab, clear
*  Define characteristics
. char color[omit] 4
```

```
*符号"i."为unary operator to specify indicators(dummies)
. logit y i.color width
```

```
Logistic regression                         Number of obs    =         17
                                            LR chi2(4)       =      38.30
                                            Prob > chi2      =     0.0000
Log likelihood = -93.728515                 Pseudo R2        =     0.1697
```

y	Coef.	Std. Err.	z	P>|z|	[95% Conf. Interval]	
color						
2	.0724169	.7398966	0.10	0.922	-1.377754	1.522588
3	-.2237977	.7770832	-0.29	0.773	-1.746853	1.299257
4	-1.329919	.8525264	-1.56	0.119	-3.00084	.3410018
width	.467956	.1055464	4.43	0.000	.2610889	.6748231
_cons	-11.38519	2.873502	-3.96	0.000	-17.01715	-5.753232

```
* STaTa 新命令 logistic；旧命令为 logit
. logistic y i.color width
Logistic regression                         Number of obs    =        173
                                            LR chi2(4)       =      38.30
                                            Prob > chi2      =     0.0000
```

```
Log likelihood = -93.728515                    Pseudo R2        =      0.1697

------------------------------------------------------------------------------
        y |  Odds Ratio   Std. Err.      z    P>|z|     [95% Conf. Interval]
----------+-------------------------------------------------------------------
    color |
        2 |   1.075104    .7954654     0.10   0.922     .2521443    4.584072
        3 |   .7994769    .62126      -0.29   0.773     .1743217    3.666573
        4 |   .2644986    .2254921    -1.56   0.119     .0497453    1.406356
          |
    width |   1.596727    .1685288     4.43   0.000     1.298343    1.963686
    _cons |   .0000114    .0000327    -3.96   0.000     4.07e-08    .0031725
------------------------------------------------------------------------------
```

（1）母蟹分为4种颜色（color）：level-2与level-1、level-3与level-1、level-4与level-1，三者系数都未达到显著水平，故母蟹颜色深浅并不影响它是否被追求的概率。

（2）母蟹宽度（width）系数为正且为显著水平，表示母蟹宽度越大，越容易被公蟹追求。

（3）逻辑回归式为：

$$\log\left(\frac{P(Y=1|X=x)}{P(Y=0|X=x)}\right) = \alpha + \beta x + \cdots$$

$$\ln\left(\frac{P_{母蟹有追求者}}{1-P_{母蟹有追求者}}\right) = -11.39 - 0.46 \times width + 0.055 \times race + 0.072 \times race2$$

$$-0.22 \times race3 - 1.33 \times race4$$

1.5 逻辑回归的建模法（logit、lrtest、tab1、lowess、fp/fracpoly命令）

1.5.1 评比对抗模型，拟合指标有7种

关于两个对抗模型孰优孰劣的问题，STaTa评价方法如下：

（1）专家的配对比较量表（scale of paired comparison）：AHP法（层次分析法）。

（2）SEM拟合优度的准则（criteria for goodness-of-fit），见下表：

①整体模型拟合（Overall model fit）

–卡方检验（建议值 p–value>0.05）

②增量拟合指标（Incremental fit indices）

–可比较性拟合指标（Comparative Fit Index）（建议值 CFI >=0.90）

–（Non–Normed Fit Index）（建议值 NNFI >=0.90）

③基于残差的指标（Residual–based Indices）

–近似均方根误差（建议值 RMSEA=0.05）

–标准化均方根残差（建议值 SRMR≤0.05）

–均方根残差（建议值 RMR≤0.05）

–拟合优度指数（建议值 GFI≥0.95）

–调整后的拟合优度指数（建议值 AGFI ≥0.90）

④比较两个模型的指标（Model Comparison Indices）

–卡方差分检验

–Akaike 信息准则（两个竞争模型的 AIC 较小者，拟合佳）

–Bayesian 信息准则（两个竞争模型的 BIC 较小者，拟合佳）

（3）信息准则（information criteria，IC）：STaTa 提供"estat ic"事后命令。

信息量准则：也可用来说明模型的解释能力（较常用来作为模型选取的准则，而非单纯描述模型的解释能力）。

①AIC

$$AIC = \ln\left(\frac{ESS}{T}\right) + \frac{2k}{T}$$

②BIC、SIC 或 SBC

$$BIC = \ln\left(\frac{ESS}{T}\right) + \frac{k\ln(T)}{T}$$

③AIC 与 BIC 越小，代表模型的解释能力越好（用的变量越少，或者误差平方和越小）

式中，K 是参数的数量，L 是似然函数。

假设条件是模型的误差服从独立正态分布。

设 n 为观察数，RSS 为残差平方和，那么 AIC 变为：

$AIC=2k+n\ln(RSS/n)$

增加自由参数的数量，提高了模型拟合性，AIC 增加数据拟合的优良性而且尽量避免了出现过度拟合（overfitting）的情况。

所以优先考虑的模型应是 AIC 值最小的那一个。赤池信息量准则的方法是寻找可以最好地解释数据但包含最少自由参数的模型。

（4）误差越小者越佳。

通常，执行样本外预测的程序为：

Step 1. 以样本内 $\{y_1, y_2, \cdots, y_N\}$ 来估计时间序列模型。

Step 2. 构建预测：$\hat{y}_{(N+1)\leftarrow N}$，$\hat{y}_{(N+2)\leftarrow(N+1)}$，$\cdots$，$\hat{y}_{(T)\leftarrow(T-1)}$。

Step 3. 以 "e=ŷ−y" 公式来构建预测误差：$\hat{e}_{(N+1)\leftarrow N}$，$\hat{e}_{(N+2)\leftarrow(N+1)}$，$\cdots$，$\hat{e}_{(T)\leftarrow(T-1)}$。

Step 4. 计算 MSE 的估计式：

$$\widehat{MSE} = \frac{1}{P}\sum_{j=T-P}^{T-1}\hat{e}_{j+1, j}^2$$

Step 5. 如果有两个时间序列模型 A 与 B，我们可以分别求得：误差均方 MSE_A 与 MSE_B，若 $MSE_A < MSE_B$，则称模型 A 的预测表现比 B 好。

（5）LR（似然检验）法：常用在 ARIMA（p, d, q）、VAR、SVAR（结构式矢量自我回归）、两阶段回归模型、似不相关回归、多元混合模型、逻辑回归、有序回归……

（6）判定系数 R^2：线性复回归，其 R^2 值越大，表示模型拟合越好；相对地，非线性复回归（如概率回归、逻辑回归等）的 R^2 值越大，则表示模型拟合越好。

（7）绘制逻辑回归式的 ROC 曲线。

```
* 绘出 ROC 曲线下的面积(area under ROC curve)
. lroc

Logistic model for admit

number of observations =        400
area under ROC curve   =     0.6928
```

AUC 数值一般的判别准则如下，若模型 AUC=0.692 ≈ 0.7，则落入 "可接受的判别力" 区。

AUC=0.5	几乎没有判别力（no discrimination）
0.5≤AUC<0.7	较低的判别力（准确性）
0.7≤AUC<0.8	可接受的判别力（acceptable discrimination）
0.8≤AUC<0.9	好的判别力（excellent discrimination）
AUC≥0.9	非常好的判别力（outstanding discrimination）

1.5.2a 逻辑回归的共变量系数调整法（分数多项式回归）（fp 或 fracpoly 命令）

范例：分数多项式回归的建模方法（model-building strategies and methods for fractional polynomial regression）

1）问题说明

为了解响应变量 dfree 的危险因子有哪些（分析单位：个人），研究者收集数据并整理成下表，此 "hosmeruis.dta" 数据文件中的变量如下：

变量名称 age	说明	编码 Code / Values
被解释变量/响应变量：dfree	保持 12 个月不用药（remained drug free for 12 months）	0，1（二元数据）
解释变量/自变量：age	入院年龄（age at enrollment-years）	20~56 岁
解释变量/自变量：beck	入院时贝克抑郁评分（beck depression score at admission）	0~54 分
解释变量/自变量：ivhx	入院时静脉注射药物（iv drug use history at admission）	1~3 次数
解释变量/自变量：ndrugtx	既往药物治疗次数（number of prior drug）treatments	0~40 次数
解释变量/自变量：race	种族	0，1（二元数据）
解释变量/自变量：treat	治疗随机分配（treatment randomization assignment）	0，1（二元数据）
解释变量/自变量：site	治疗地点（treatment site）	0，1（二元数据）

2）数据文件的内容

"hosmeruis.dta" 数据文件的内容如图 1-56 所示。

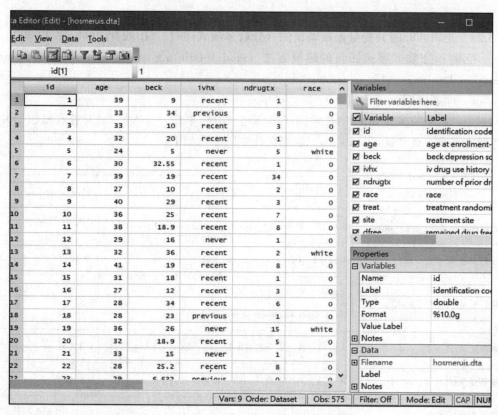

图 1-56　"hosmeruis.dta" 文件内容（N = 575 个人）

观察数据的特征。

＊打开文件
. use hosmeruis, clear

. des

Contains data from D:\08 mixed logit regression\CD\hosmeruis.dta
  obs: 575
  vars: 9   29 Sep 2017 16:00
  size: 41,400

```
-----------------------------------------------------------------------
              storage  display   value
variable name type     format    label      variable label
-----------------------------------------------------------------------
id            double   %10.0g                identification code
age           double   %10.0g                age at enrollment-years
beck          double   %10.0g                beck depression score at admission
ivhx          double   %10.0g     ivhx       iv drug use history at admission
ndrugtx       double   %10.0g                number of prior drug treatments
race          double   %10.0g     race       race
treat         double   %10.0g     treat      treatment randomization assignment
site          double   %10.0g     site       treatment site
dfree         double   %10.0g     dfree      remained drug free for 12 months
-----------------------------------------------------------------------
```

3）分析结果与讨论

Step 1. 绘制散点图（见图 1-57）

*打开文件
. use hosmeruis, clear

*绘制散点图'dfree -age'
. graph twoway scatter dfree age

$$\hat{p} = \frac{\exp(b_0 + b_1 X_1 + b_2 X_2 + ... + b_p X_p)}{1 + \exp(b_0 + b_1 X_1 + b_2 X_2 + ... + b_p X_p)}$$

$$E(Y_i) = \frac{1}{1 + e^{-(\beta_0 + \beta_1 X_{1i} + \beta_2 X_{2i} + ... + \beta_k X_{ki})}} = \frac{e^{\beta_0 + \beta_1 X_{1i} + \beta_2 X_{2i} + ... + \beta_k X_{ki}}}{1 + e^{\beta_0 + \beta_1 X_{1i} + \beta_2 X_{2i} + ... + \beta_k X_{ki}}}$$

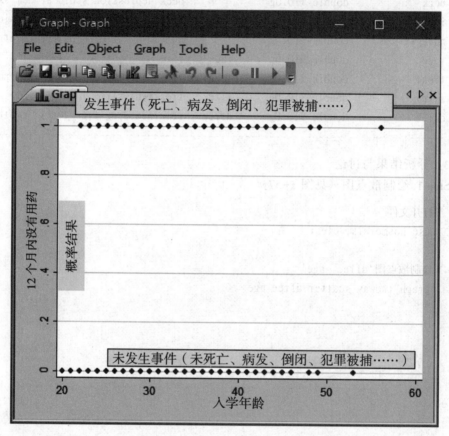

图1-57 "graph twoway scatter dfree age" 绘制散点图´dfree −age´

Step 2. 模型一与零模型做似然比

* 模型一
```
. use hosmeruis, clear
. logit dfree age
```

```
Logistic regression                          Number of obs   =       575
                                             LR chi2(1)      =      1.40
                                             Prob > chi2     =    0.2371
Log likelihood = -326.16544                  Pseudo R2       =    0.0021

------------------------------------------------------------------------------
      dfree |      Coef.    Std. Err.      z    P>|z|     [95% Conf. Interval]
------------+-----------------------------------------------------------------
        age |   .0181723     .015344     1.18   0.236    -.0119015     .048246
      _cons |  -1.660226    .5110847    -3.25   0.001    -2.661934   -.6585188
------------------------------------------------------------------------------
```

```
. logit dfree age, or
Logistic regression                          Number of obs   =       575
                                             LR chi2(1)      =      1.40
                                             Prob > chi2     =    0.2371
Log likelihood = -326.16544                  Pseudo R2       =    0.0021

------------------------------------------------------------------------------
      dfree | Odds Ratio   Std. Err.      z    P>|z|     [95% Conf. Interval]
------------+-----------------------------------------------------------------
        age |   1.018338    .0156254     1.18   0.236     .9881691    1.049429
      _cons |   .1900959    .0971551    -3.25   0.001     .0698131    .5176174
------------------------------------------------------------------------------
```

* 似然比 (Likelihood-ratio test)，预留至系统变量 A
```
. estimates store A
```

* 求 null model (即没有任何自变量)
```
. logit dfree
```

```
Logistic regression                          Number of obs   =      575
                                             LR chi2(0)      =    -0.00
                                             Prob > chi2     =       .
Log likelihood = -326.86446                  Pseudo R2       =  -0.0000

------------------------------------------------------------------------
     dfree |    Coef.   Std. Err.      z    P>|z|   [95% Conf. Interval]
-----------+------------------------------------------------------------
     _cons | -1.068691   .095599   -11.18   0.000   -1.256061    -.88132
------------------------------------------------------------------------
. estimates store B
```

* 最近一次回归分析与系统变量 A，做似然比检验
```
. lrtest A B

Logit:  likelihood-ratio test              chi2(1)     =      1.40
                                           Prob > chi2 =    0.2371
```

（1）解释变量 age 对响应变量（dfree）的回归系数为 0.018（Z=1.18），未达到 0.05 的显著性水平。

（2）模型一与零模型做似然比，得到 $\chi^2_{(1)}$=1.40（p>0.05）。似然比的值越大，该模型越佳。

（3）评比两个对抗模型时，似然比的值更大者效果更佳。

Step 3. 模型二与零模型做似然比（likelihood-ratio test，lrtest 指令）

* 模型二
```
. logit dfree beck

Logit estimates                              Number of obs   =      575
                                             LR chi2(1)      =     0.64
                                             Prob > chi2     =   0.4250
Log likelihood = -326.54621                  Pseudo R2       =   0.0010

------------------------------------------------------------------------
     dfree |    Coef.   Std. Err.      z    P>|z|   [95% Conf. Interval]
-----------+------------------------------------------------------------
```

```
     beck |    -.008225    .0103428    -0.80   0.426     -.0284965     .0120464
     _cons |   -.9272829   .2003166    -4.63   0.000     -1.319896    -.5346696
```

----

* 似然比（Likelihood-ratio test），预留至系统变量 C
. estimates store C

*求 null model（即没有任何解释变量）
. logit dfree

```
Iteration 0:    log likelihood = -326.86446
```

```
Logit estimates                          Number of obs    =       575
                                         LR chi2(0)       =      -0.00
                                         Prob > chi2      =          .
Log likelihood = -326.86446              Pseudo R2        =    -0.0000
```

```
     dfree |     Coef.    Std. Err.      z    P>|z|     [95% Conf. Interval]
-----------+------------------------------------------------------------
     _cons |  -1.068691   .095599    -11.18   0.000    -1.256061      -.88132
```

. estimates store D
*最近一次回归分析与系统变量 C，做似然比检验
. lrtest C D

```
Logit: likelihood-ratio test               chi2(1)     =       0.64
                                           Prob > chi2 =     0.4250
```

（1）解释变量 beck 对响应变量（dfree）的回归系数为–0.008（Z=–0.80），未达到0.05 的显著性水平。

（2）模型二与零模型做似然比，得到 $\chi^2_{(1)}=0.64$（p>0.05）。

（3）两个对抗模型中，似然比的值更大者效果更佳。

Step 4. 模型三与零模型做似然比

* 模型三
. logit dfree ndrugtx

```
Logit estimates                               Number of obs  =      575
                                              LR chi2(1)     =    11.84
                                              Prob > chi2    =   0.0006
Log likelihood = -320.94485                   Pseudo R2      =   0.0181


------------------------------------------------------------------------
    dfree |     Coef.   Std. Err.      z    P>|z|    [95% Conf. Interval]
----------+-------------------------------------------------------------
  ndrugtx | -.0749582    .024681    -3.04   0.002    -.123332   -.0265844
    _cons | -.7677805    .130326    -5.89   0.000   -1.023215   -.5123462
------------------------------------------------------------------------
```

* 似然比 (Likelihood-ratio test)，预留至系统变量 A
. estimates store A

* 求 null model（即没有任何解释变量）
. logit dfree

```
Logit estimates                               Number of obs  =      575
                                              LR chi2(0)     =    -0.00
                                              Prob > chi2    =        .
Log likelihood = -326.86446                   Pseudo R2      =  -0.0000


------------------------------------------------------------------------
    dfree |     Coef.   Std. Err.      z    P>|z|    [95% Conf. Interval]
----------+-------------------------------------------------------------
    _cons | -1.068691    .095599   -11.18   0.000   -1.256061    -.88132
------------------------------------------------------------------------
```
. estimates store B

* 最近一次回归分析与系统变量 A 做似然比检验
. lrtest A B

```
Logit:  likelihood-ratio test                    chi2(1)    =     11.8
                                                 Prob > chi2 =   0.0006
```

（1）解释变量 ndrugtx 对响应变量（dfree）的回归系数为-0.074（Z=-3.04），达到
0.05 的显著性水平。

（2）模型三与零模型做似然比，得到 $\chi^2_{(1)}=11.84$（p<0.05），也达到了 0.05 的显著
性水平，故解释变量 ndrugtx 可保留下来。

（3）两个对抗模型中，似然比的值更大者表示该模型效果更佳。

Step 5. 模型四与零模型做似然比（如图1-58所示）

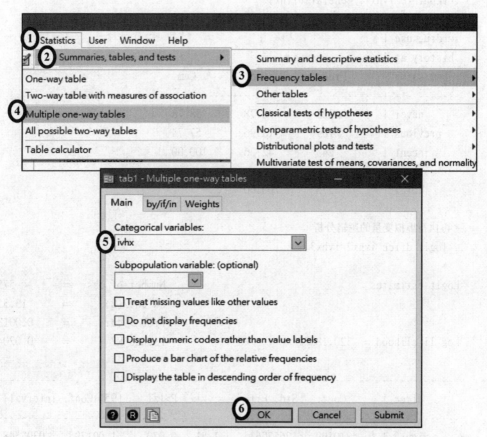

图1-58　"tabulate ivhx，generate（ivhx）"将categorical variable 转换成dummy variable

* 先将 categorical variable 转成 dummy variable
* 新版 STaTa V15 命令简化为："`. tab1 ivhx`"
. tabulate ivhx , generate(ivhx)

```
iv drug use |
history at  |
 admission |      Freq.      Percent        Cum.
------------+-----------------------------------
      never |        223        38.78       38.78
   previous |        109        18.96       57.74
     recent |        243        42.26      100.00
------------+-----------------------------------
      Total |        575       100.00
```

* 再执行虚拟变量的逻辑分析
. logit dfree ivhx2 ivhx3

```
Logit estimates                           Number of obs   =       575
                                          LR chi2(2)      =     13.35
                                          Prob > chi2     =    0.0013
Log likelihood = -320.18821               Pseudo R2       =    0.0204
```

dfree	Coef.	Std. Err.	z	P>|z|	[95% Conf. Interval]
ivhx2	-.4810199	.2657063	-1.81	0.070	-1.001795 .0397548
ivhx3	-.7748382	.2165765	-3.58	0.000	-1.19932 -.3503561
_cons	-.6797242	.1417395	-4.80	0.000	-.9575285 -.4019198

. estimates store A
. logit dfree

```
Logit estimates                           Number of obs   =       575
                                          LR chi2(0)      =     -0.00
                                          Prob > chi2     =        .
Log likelihood = -326.86446               Pseudo R2       =    0.0000
```

dfree	Coef.	Std. Err.	z	P>|z|	[95% Conf. Interval]

```
          _cons |   -1.068691     .095599   -11.18   0.000    -1.256061     -.88132
------------------------------------------------------------------------------

. estimates store B

. lrtest A B

Logit:  likelihood-ratio test                      chi2(2)     =      13.35
                                                    Prob > chi2 =     0.0013
```

（1）解释变量"ivhx2、ivhx3"对响应变量（dfree）的回归系数分别为-0.48（Z=-1.81，p>0.05）、-0.77（Z=-3.58，p<0.05）。故 ivhx3 适合作为解释变量。

（2）模型四与零模型做似然比，得到 $\chi^2_{(1)}$=13.35（p<0.05），表示至少有 1 个以上解释变量适合于此逻辑模型。

Step 6. 模型五与零模型做似然比

. use hosmeruis, clear

* 模型五

. logit dfree race

```
Logit estimates                         Number of obs   =       575
                                        LR chi2(1)      =      4.62
                                        Prob > chi2     =    0.0315
Log likelihood = -324.55269             Pseudo R2       =    0.0071


------------------------------------------------------------------------------
       dfree |    Coef.    Std. Err.      z    P>|z|     [95% Conf. Interval]
-------------+----------------------------------------------------------------
        race |   .4591026   .2109763    2.18   0.030     .0455967     .8726085
       _cons |  -1.193922   .1141504  -10.46   0.000    -1.417653    -.9701919
------------------------------------------------------------------------------
```

* 似然比 (Likelihood-ratio test)，预留至系统变量 A

. estimates store A

* 求 null model(即没有任何自变量)

. logit dfree

```
Iteration 0:   log likelihood = -326.86446
```

```
Logit estimates                              Number of obs   =        575
                                             LR chi2(0)      =      -0.00
                                             Prob > chi2     =          .
Log likelihood = -326.86446                  Pseudo R2       =    -0.0000


------------------------------------------------------------------------------
      dfree |      Coef.   Std. Err.      z    P>|z|     [95% Conf. Interval]
-------------+----------------------------------------------------------------
      _cons | -1.068691    .095599   -11.18   0.000    -1.256061    -.88132
------------------------------------------------------------------------------
. estimates store B
```

* 最近一次回归分析与系统变量 A，做似然比检验
```
. lrtest A B

Logit:  likelihood-ratio test                chi2(1)     =       4.62
                                             Prob > chi2 =     0.0315
```

（1）解释变量 race 对响应变量（dfree）的回归系数为 0.45（Z=2.18），达到 0.05 的显著性水平，故可保留 race 当作解释变量。

（2）模型五与零模型做似然比，得到 $\chi^2_{(1)}=4.62$（p<0.05），达到 0.05 的显著性水平，故可保留 race 当作解释变量。

Step 7. 模型六与零模型做似然比

```
. use hosmeruis, clear
```
* 模型六
```
. logit dfree treat

Logit estimates                              Number of obs   =        575
                                             LR chi2(1)      =       5.18
                                             Prob > chi2     =     0.0229
Log likelihood = -324.27534                  Pseudo R2       =     0.0079


------------------------------------------------------------------------------
      dfree |      Coef.   Std. Err.      z    P>|z|     [95% Conf. Interval]
-------------+----------------------------------------------------------------
```

```
    treat |    .437162    .1930633      2.26   0.024      .0587649    .8155591
    _cons |  -1.297816     .143296     -9.06   0.000     -1.578671   -1.016961
------------------------------------------------------------------------------

. estimates store A

. logit dfree

Iteration 0:   log likelihood = -326.86446

Logit estimates                               Number of obs   =        575
                                              LR chi2(0)      =      -0.00
                                              Prob > chi2     =          .
Log likelihood = -326.86446                   Pseudo R2       =    -0.0000


------------------------------------------------------------------------------
    dfree |      Coef.   Std. Err.      z    P>|z|     [95% Conf. Interval]
----------+-------------------------------------------------------------------
    _cons |  -1.068691    .095599    -11.18   0.000     -1.256061     -.88132
------------------------------------------------------------------------------

. estimates store B

. lrtest A B
Logit:  likelihood-ratio test                 chi2(1)      =        5.18
                                              Prob > chi2 =      0.0229
```

（1）解释变量 treat 对响应变量（dfree）的回归系数为 0.437（Z=2.26），达到 0.05 的显著性水平，故可保留 treat 作为解释变量。

（2）模型六与零模型做似然比，得到 $\chi^2_{(1)}$=5.18（p<0.05），达到了 0.05 的显著性水平，表示至少有 1 个可保留的解释变量。

Step 8. 模型七与零模型做似然比

*模型七
```
. use hosmeruis, clear
. logit dfree site
```

```
Logit estimates                              Number of obs   =      575
                                             LR chi2(1)      =     1.67
                                             Prob > chi2     =   0.1968
Log likelihood =  -326.0315                  Pseudo R2       =   0.0025

-----------------------------------------------------------------------------
      dfree |    Coef.    Std. Err.      z     P>|z|    [95% Conf. Interval]
------------+----------------------------------------------------------------
       site |  .2642236   .2034167    1.30    0.194    -.1344658    .662913
       _cons|  -1.15268   .1170732   -9.85    0.000    -1.382139   -.9232202
-----------------------------------------------------------------------------
```

* 似然比 (Likelihood-ratio test)，预留至系统变量 **A**
. estimates store A

* 求 null model（即没有任何解释变量）
. logit dfree

Iteration 0:   log likelihood = -326.86446

```
Logit estimates                              Number of obs   =      575
                                             LR chi2(0)      =    -0.00
                                             Prob > chi2     =        .
Log likelihood = -326.86446                  Pseudo R2       =  -0.0000

-----------------------------------------------------------------------------
      dfree |    Coef.    Std. Err.      z     P>|z|    [95% Conf. Interval]
------------+----------------------------------------------------------------
       _cons|  -1.068691  .095599   -11.18    0.000    -1.256061    -.88132
-----------------------------------------------------------------------------
```

. estimates store B

* 最近一次回归分析与系统变量（**A**），做似然比检验
. lrtest A B

```
Logit:  likelihood-ratio test                chi2(1)     =       1.67
                                             Prob > chi2 =     0.1968
```

（1）解释变量 site 对响应变量（dfree）的回归系数为 0.26（Z=1.30），未达到 0.05 的显著性水平，故不保留。

（2）模型七与零模型做似然比，得到 $\chi^2_{(1)}$=1.67（p>0.05）。故可不保留任何解释变量。

（3）上述 7 个模型中共有 8 个解释变量（age、beck、ndrugtx、ivhx2、ivhx3、race、treat、site）。其中，回归系数显著性 p 值"最大者"为 beck（z=-0.08，p=0.426），且用似然比检验，卡方值"最小者"也为 beck（χ^2=0.64，p=0.05）。故下一步要结合"所有 8 个解释变量"（所有危险因子）时，先舍弃 beck 变量，只剩 7 个解释变量：age、ndrugtx、ivhx2、ivhx3、race、treat、site。

Step 9. 统合模型：将上述 7 个模型所有解释变量纳入此多元 logit 回归

```
. use hosmeruis, clear
* 先将分类变量转成虚拟变量
* 新版 STaTa V15 命令简化为：". tab1 ivhx"
. tabulate ivhx , generate(ivhx)


iv drug use |
history at |
admission |      Freq.      Percent        Cum.
------------+-----------------------------------
    never |        223        38.78       38.78
 previous |        109        18.96       57.74
   recent |        243        42.26      100.00
------------+-----------------------------------
    Total |        575       100.00
```

* 再执行虚拟变量的回归分析

* 统合模型

```
. logit dfree age ndrugtx ivhx2 ivhx3 race treat site

Logit estimates                        Number of obs  =        575
                                       LR chi2(7)     =      34.48
                                       Prob > chi2    =     0.0000
Log likelihood = -309.62413            Pseudo R2      =     0.0527
```

```
 ------------------------------------------------------------------------------
      dfree |      Coef.   Std. Err.      z    P>|z|     [95% Conf. Interval]
-------------+----------------------------------------------------------------
        age |   .0503708   .0173224     2.91   0.004     .0164196    .084322
    ndrugtx |  -.0615121   .0256311    -2.40   0.016    -.1117481   -.0112761
      ivhx2 |  -.6033296   .2872511    -2.10   0.036    -1.166331   -.0403278
      ivhx3 |   -.732722    .252329    -2.90   0.004    -1.227278   -.2381662
       race |   .2261295   .2233399     1.01   0.311    -.2116087    .6638677
      treat |   .4425031   .1992909     2.22   0.026     .0519002    .8331061
       site |   .1485845   .2172121     0.68   0.494    -.2771434    .5743125
      _cons |  -2.405405   .5548058    -4.34   0.000    -3.492805   -1.318006
 ------------------------------------------------------------------------------
```

（1）在模型一的简单逻辑回归分析中，解释变量age对响应变量（dfree）的回归系数未达到0.05的显著性水平，可考虑舍弃，但在多项逻辑回归中，其系数为0.05（p<0.05）却可保留，当作解释变量。

（2）逻辑回归式为：

$$\log\left(\frac{P(Y = 1|X = x)}{P(Y = 0|X = x)}\right) = \alpha + \beta x$$

$$=-2.41+0.05\times age-0.06\times ndrugtx-0.6\times ivhx2-0.73\times ivhx3+$$

$$0.23\times race+0.44\times treat+0.14\times site$$

（3）尽管race、site两个解释变量的回归系数显著性P>0.05，但这两个危险因子P值都很接近第一类错误临界值（α=0.05），即健康组误判为生病者的概率为0.05，此时仍可依据经验或文献探讨来决定这两个解释变量的去留，并复验一次。

（4）在生物医学领域，病人年龄一直被视为"重要"的危险因子。在模型一的简单逻辑回归中，年龄（age）对dfree是显著的解释因子，但Step 9多项逻辑回归（共7个解释变量）却发现年龄（age）对dfree不是显著的解释因子，故再进行Step 11"逻辑回归模型主要共变量系数调整方法：分数多项式回归"之前，先绘制"dfree-age"逻辑线形图来了解是什么原因造成的。

Step 10.绘制平滑的"dfree-age"线形图（见图1-59）

. use hosmeruis, clear
* lowess 命令用于 Lowess 平滑
* 选择表 :Statistics > Nonparametric analysis > Lowess smoothing
* lowess 功能：lowess 对 xvar，执行 yvar 的局部加权回归，显示图形，并可选择保存平滑的变量。
. lowess dfree age, gen(var3) logit nodraw
. graph twoway line var3 age, sort xlabel(20(10)50 56)

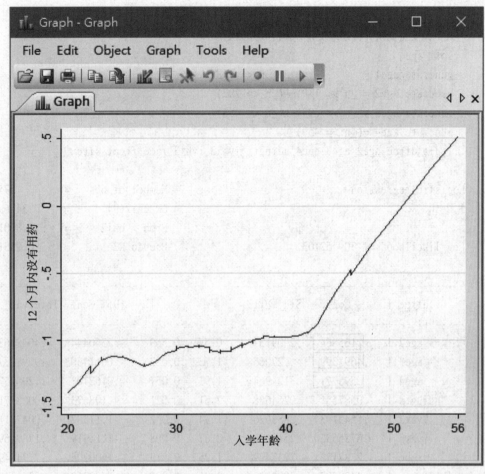

图 1-59　根据 "graph twoway line var3 age，sort xlabel（20（10）50 56）" 绘制平滑的 logit 线
形图

　　（1）根据 "dfree-age" 线形图，可看出 "dfree-age" 二者并不符合 "标准的" 逻
辑回归函数，故需在细部再绘制 "dfree-age" 关系图（见图 1-61）。

```
. use hosmeruis, clear
```
* 人工做变量变换：将连续变量 age 转成分类变量
```
. sort age
. generate age1 =                 (_n <= 148)
. generate age2 =(_n >= 149) &(_n <= 292)
. generate age3 =(_n >= 293) &(_n <= 458)
. generate age4 =(_n >= 459)
. logit dfree age2 age3 age4 ndrugtx ivhx2 ivhx3 race treat site
```

```
Logistic regression                              Number of obs  =      575
                                                 LR chi2(9)     =    34.69
                                                 Prob > chi2    =   0.0001
Log likelihood = -309.52103                      Pseudo R2      =   0.0531
```

dfree	Coef.	Std. Err.	z	P>|z|	[95% Conf. Interval]	
age2	-.165864	.2909137	-0.57	0.569	-.7360444	.4043163
age3	.4693399	.27066	1.73	0.083	-.0611439	.9998237
age4	.595771	.3124964	1.91	0.057	-.0167108	1.208253
ndrugtx	-.0587551	.0254688	-2.31	0.021	-.108673	-.0088371
ivhx2	-.5545193	.2853626	-1.94	0.052	-1.11382	.0047811
ivhx3	-.6725536	.2518601	-2.67	0.008	-1.16619	-.1789169
race	.2787172	.2238499	1.25	0.213	-.1600205	.7174549
treat	.4430577	.2000427	2.21	0.027	.0509812	.8351343
site	.1582001	.2188293	0.72	0.470	-.2706974	.5870976
_cons	-1.054837	.2705875	-3.90	0.000	-1.585179	-.5244956

*`preserve` 命令用于保存数据，以保证程序终止时数据可以恢复。

```
. preserve
```

（2）上述多项逻辑回归纳入9个解释变量，其中有5个解释变量具有显著解释力。

（3）由于"age2与age1、age3与age1、age4与age1"回归系数忽正忽负，故可看出age对dfree的关系不正常，于是再绘制age系数的线形图（见图1-60）。

* 先清空数据，再直接输入 age 系数
. clear
. input age coef
24 0
30.5 -.165864
35.5 .4693399
47.5 .595771
end

. graph twoway scatter coef age, connect(1) ylabel(-.25(.25).75) xla-
bel(20(10)50) yline(0)

age 系数的折线图，显示"age 对 dfree"关系非递增（直线）关系，故用
"逻辑斯回归模型主要共变量系数调整方法：分数多项式回归"

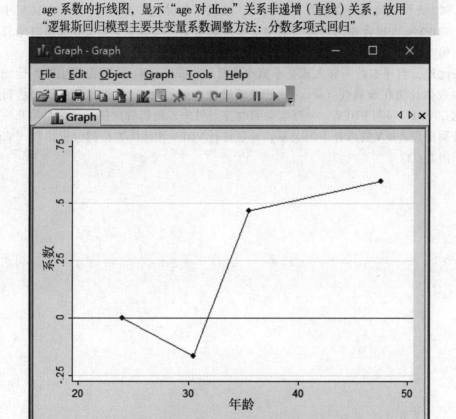

图1-60   "graph twoway scatter coef age，connect（l）ylabel（-.25（.25）.75）xlabel（20
（10）50）yline（0）"页面

Step 11.逻辑回归模型主要共变量系数调整方法：分数多项式回归（age 为解释变量）

在二元模型中，自变量（X）与响应变量（Y）的相关性可能会受到 Z 变量额外效果的影响，此 Z 变量可能只和 X 有相关性，也可能同时和 X 与 Y 有相关性，我们称此 Z 变量为无关变量（extraneous variable）。学者提出的 VDFV（values deviated from fitted values）可以降低参数估计的偏差（bias），尤其是当 X 与 Z 两个自变量间呈现非线性关系时效果更为明显。

VDFV 法包含了两个分析步骤，在第一步骤中需要先构建 X 和 Z 的关系以求得拟合值 E（X|Z）（fitted value），这一步骤所用到的模型是分数多项式模型（fractional polynomial model）。拟合值的构建可以只使用非疾病组的数据或是将疾病组与非疾病组的数据（pooled data，混合数据）混合并一同考量，其间的取舍取决于 Z 变量是否和 Y 有关。我们从模拟研究结果中发现，VDFV-p（拟合值的计算使用了 pooled data）在 Z 和 Y 无关系时能提供较可信的结果，也就是偏误和均方误（MSE）都比较小。同时，VDFV-c（拟合值的计算只使用了非疾病组的资料）在 Z 和 Y 有关系时能提供较小的偏差。

此外，当样本数不够大或是小概率事件（sparse data）的情况发生时，传统模型的参数估计值在准确性（accuracy）及精确性（precision）上表现均不佳，然而这些问题在 VDFV-p 与 VDFV-c 中都能得到改善。另外，我们分别使用了两组胎儿成长资料分别呈现 Z 和 Y 的两种不同关系，并且进行 VDFV 和传统方法的分析比较（见图 1-61、图 1-62）。

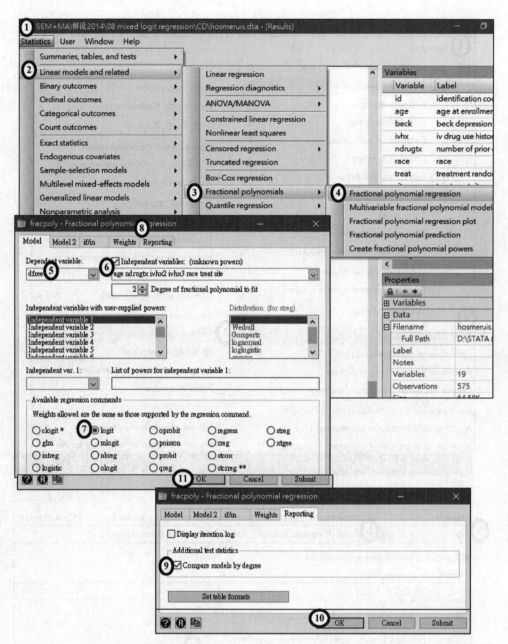

图 1-61   "fracpoly logit dfree age ndrugtx ivhx2 ivhx3 race treat site，degree（2）compare"

注：Statistics > Linear models and related > Fractional polynomials > Fractional polynomial regression

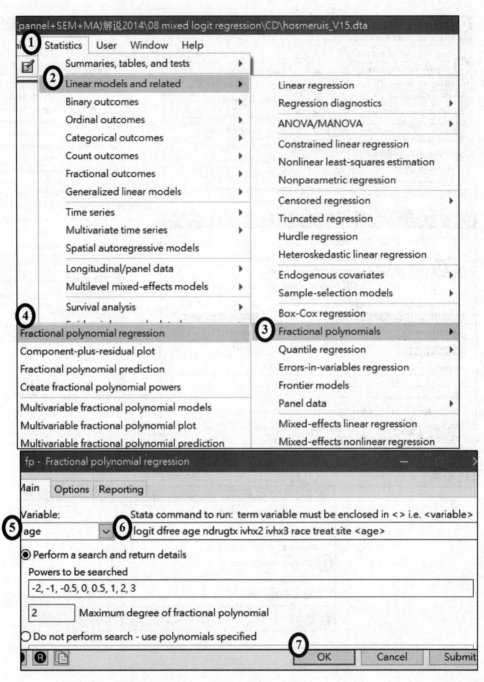

图1-62　STaTa v15 用 "fp〈age〉，：logit dfree ndrugtx ivhx2 ivhx3 race treat site〈age〉" 页面

```
. use hosmeruis, clear
```
* 先将分类变量转换成虚拟变量
* 新版 STaTa V15 命令简化为："`. tab1 ivhx`"
```
. tabulate ivhx , generate(ivhx)
```
* 再执行虚拟变量的回归分析

* 将先前 preserve 的回归参数再回存至存储器
```
. restore
```


* 执行分数多项式回归分析
* 新版 STaTa v15 用下列命令语法
```
. fp <age>, : logit dfree  ndrugtx ivhx2 ivhx3 race treat site <age>
```

* 旧版 STaTa v12 用下列命令语法
```
. fracpoly logit dfree age ndrugtx ivhx2 ivhx3 race treat site, degree(2)
  compare
```

```
-> gen double Indru__1 = ndrugtx-4.542608696  if e(sample)
........
-> gen double Iage__1  = X^-2-.0953622163  if e(sample)
-> gen double I age__2 = X^3-33.95748331  if e(sample)
  (where: X = age/10 )
```

Logistic regression	Number of obs =	575
	LR chi2(8) =	34.96
	Prob > chi2 =	0.0000
Log likelihood = -309.38436	Pseudo R2 =	0.0535

dfree	Coef.	Std. Err.	z	P>|z|	[95% Conf. Interval]	
Iage__1	-1.538626	4.575934	-0.34	0.737	-10.50729	7.43004
Iage__2	.0116581	.0080977	1.44	0.150	-.0042132	.0275293
Indru__1	-.0620596	.0257223	-2.41	0.016	-.1124744	-.0116447
ivhx2	-.6057376	.2881578	-2.10	0.036	-1.170517	-.0409587
ivhx3	-.7263554	.2525832	-2.88	0.004	-1.221409	-.2313014
race	.2282107	.224089	1.02	0.308	-.2109957	.6674171
treat	.4392589	.1996983	2.20	0.028	.0478573	.8306604
site	.1459101	.217491	0.67	0.502	-.2803644	.5721846

```
     _cons  |  -1.082342    .2416317    -4.48    0.000    -1.555931    -.6087524
```

Deviance: 618.77. Best powers of age among 44 models fit: -2 3.

* 自由度比较（compare 选项）

Fractional polynomial model comparisons:

----

age	df	Deviance	Dev. dif.	P(*)	Powers
Not in model	0	627.801	9.032	0.060	
Linear	1	619.248	0.480	0.923	1
m = 1	2	618.882	0.114	0.945	3
m = 2	4	618.769	--	--	-2 3

(*) P-value from deviance difference comparing reported model with m = 2 model

（1）本例舍弃传统"逻辑回归分析"，改用逻辑回归模型主要共变量系数调整方法：分数多项式回归。共变量系数调整后，8个解释变量有4个系数达到0.05的显著性水平。

（2）分数多项式模型的自由度比较（compare 选项）显示：只要 age 接近 not in model（不在模型），但没有1个自由度达到显著，则 age 仍可纳入多项逻辑分析。

Step 12. 逻辑回归模型主要共变量系数调整方法：分数多项式回归（ndrugtx 解释变量）（见图 1-63）

```
. use hosmeruis, clear
. lowess dfree ndrugtx, logit gen(low)
. sort ndrugtx
. twoway line low ndrugtx, ylabel(-1.9305 -.7306) xlabel(0 1 2 5(5)40
```

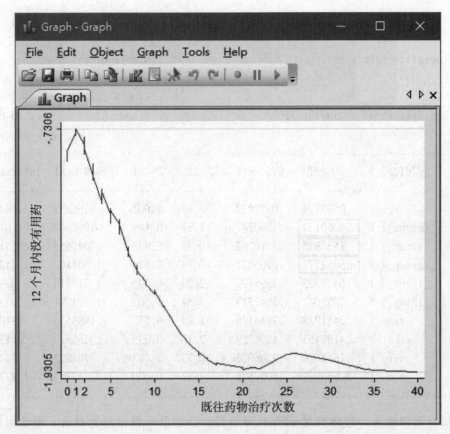

图 1-63 "twoway line low ndrugtx，ylabel（-1.9305 -.7306）xlabel（0 1 2 5（5）40"页面

```
. gen group = .
. replace group = 1 if ndrugtx==0
. replace group = 2 if ndrugtx==1 | ndrugtx==2
. replace group = 3 if ndrugtx>=3 & ndrugtx<=15
. replace group = 4 if ndrugtx>15
```

* 因分类解释变量 level 超过 3 个，为搭配虚拟变量"i.group i.ivhx"，故多加"xi："
前置命令
```
. xi: logit dfree age i.group i.ivhx race treat site
i.group            _Igroup_1-4      (naturally coded; _Igroup_1 omitted)
```

```
i.ivhx              _Iivhx_1-3        (naturally coded; _Iivhx_1 omitted)

Logistic regression                              Number of obs   =       575
                                                 LR chi2(9)      =     35.09
                                                 Prob > chi2     =    0.0001
Log likelihood = -309.31915                      Pseudo R2       =    0.0537

-------------------------------------------------------------------------------
     dfree |      Coef.   Std. Err.      z    P>|z|     [95% Conf. Interval]
-----------+-------------------------------------------------------------------
       age |   .0505779   .0172932     2.92   0.003     .0166838    .084472
 _Igroup_2 |   .4060124   .3090247     1.31   0.189    -.1996649    1.01169
 _Igroup_3 |  -.1536915   .3116762    -0.49   0.622    -.7645655    .4571825
 _Igroup_4 |  -.5852777   .6205672    -0.94   0.346    -1.801567    .6310117
  _Iivhx_2 |  -.6477825   .2898193    -2.24   0.025    -1.215818   -.079747
  _Iivhx_3 |  -.7955052   .2542323    -3.13   0.002    -1.293791   -.2972191
      race |   .2411928   .2244176     1.07   0.282    -.1986576    .6810432
     treat |   .4199453   .1996789     2.10   0.035     .0285818    .8113087
      site |   .1618909   .2206026     0.73   0.463    -.2704822    .594264
     _cons |  -2.660089   .6059571    -4.39   0.000    -3.847743   -1.472435
-------------------------------------------------------------------------------
```

（1）可以看出，连续变量 ndrugtx 分组后，系数几乎都未达到显著，事实可能不是这样，因为您的分组标准可能出现问题了（分太多组）。故需进行下列步骤的更正。

（2）当分类解释变量的组数超过 3 个，为搭配虚拟变量"i.某变量名"，要多加"xi:"前置命令，报表才会在该变量前增加"_I"符号。

（3）将连续变量 ndrugtx 转换成虚拟变量 group 的系数值，再绘成线形图（见图 1-64、图 1-65）。

```
. preserve
. clear
. input midpt coeff
0 0
1.5 .406
9 -.154
28 -.585
end

. graph twoway scatter coeff midpt, yline(0) connect(1) xlabel(0 1 2 5(5)20 28)
```

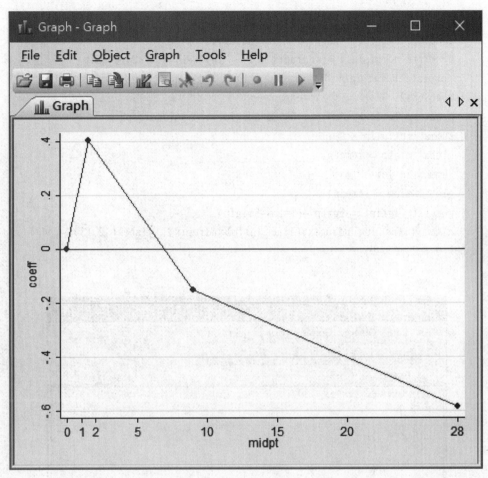

图1-64 "graph twoway scatter coeff midpt，yline（0）connect（l）
xlabel（0 1 2 5（5）20 28）"页面

. restore

* although the book describes generating ndrgfp1 and ndrgfp2 as below, it appears that for the tables, they were also centered as in ndrgfp1alt and ndrgfp2alt.

. generate ndrgfp1 =((ndrugtx + 1) / 10)^(-1)

. generate ndrgfp2 = ndrgfp1 * ln((ndrugtx + 1) / 10)

. generate ndrgfp1alt =((ndrugtx + 1) / 10)^(-1) - 1.804204581

. generate ndrgfp2alt =((ndrugtx + 1) / 10)^(-1) * ln((ndrugtx + 1) / 10) + 1.064696882

. generate lgtfp = -4.314 + 0.981*ndrgfp1 + 0.361*ndrgfp2

. summarize lgtfp

. global mlgfp = r(mean)

. summarize low

. global mlow = r(mean)

. generate lgtfp1 = lgtfp +($mlow-$mlgfp)

. twoway(line low ndrugtx)(line lgtfp1 ndrugtx), ylabel(-2.184 -.547) xlabel(0 1 2 5(5)40)

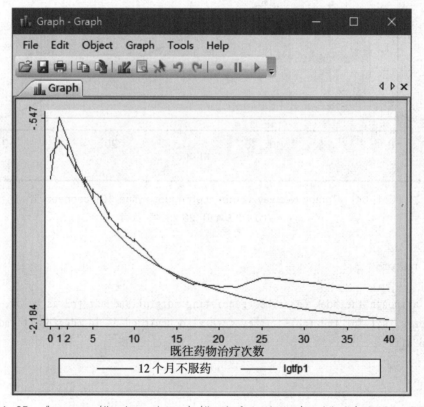

图 1-65 "twoway（line low ndrugtx）（line lgtfp1 ndrugtx），ylabel（-2.184 -.547）xlabel（0 1 2 5 （5）40）" 页面

```
* Matching the transformations
. logit dfree age ndrgfp1 ndrgfp2 ivhx2 ivhx3 race treat site
```

```
Logistic regression                             Number of obs   =        575
                                                LR chi2(8)      =      40.28
                                                Prob > chi2     =     0.0000
Log likelihood = -306.72558                     Pseudo R2       =     0.0616
```

dfree	Coef.	Std. Err.	z	P>|z|	[95% Conf. Interval]	
age	.0544455	.0174877	3.11	0.002	.0201702	.0887208
ndrgfp1	.9814532	.2888488	3.40	0.001	.41532	1.547586
ndrgfp2	.3611252	.1098594	3.29	0.001	.1458047	.5764456
ivhx2	-.6088269	.2911069	-2.09	0.036	-1.179386	-.0382679
ivhx3	-.7238122	.2555649	-2.83	0.005	-1.22471	-.2229142
race	.2477026	.2242156	1.10	0.269	-.1917519	.6871571
treat	.4223666	.2003655	2.11	0.035	.0296574	.8150759
site	.1732142	.2209763	0.78	0.433	-.2598915	.6063198
_cons	-4.313812	.7924561	-5.44	0.000	-5.866997	-2.760627

（1）正确的变量变换后，ndrgfp1 及 ndrgfp2 的回归系数才达到显著性水平。二者也是代表"ndrugtx"变量的最佳分类变量。故在后面的章节中，ndrgfp1 及 ndrgfp2 二者在"1.7.2 逻辑模型搭配 ROC 曲线来找最佳临界点"小节会被再次引用。

（2）改换 ndrgfp1alt、ndrgfp2alt 进行逻辑分析，如下所示。

```
. logit dfree age ndrgfp1alt ndrgfp2alt ivhx2 ivhx3 race treat site
```

```
Logistic regression                             Number of obs   =        575
                                                LR chi2(8)      =      40.28
                                                Prob > chi2     =     0.0000
Log likelihood = -306.72558                     Pseudo R2       =     0.0616
```

dfree	Coef.	Std. Err.	z	P>|z|	[95% Conf. Interval]	
age	.0544455	.0174877	3.11	0.002	.0201702	.0887208

```
  ndrgfp1alt |   .9814526    .2888486     3.40   0.001     .4153197    1.547585
  ndrgfp2alt |   .3611249    .1098593     3.29   0.001     .1458046    .5764451
       ivhx2 |  -.6088269    .2911069    -2.09   0.036    -1.179386   -.0382679
       ivhx3 |  -.7238122    .2555649    -2.83   0.005     -1.22471   -.2229142
        race |   .2477026    .2242156     1.10   0.269    -.1917519    .6871572
       treat |   .4223666    .2003655     2.11   0.035     .0296574    .8150759
        site |   .1732142    .2209763     0.78   0.433    -.2598915    .6063198
       _cons |  -2.927559    .5866548    -4.99   0.000    -4.077381   -1.777736
-------------------------------------------------------------------------------
```

（3）改换 ndrgfp1alt、ndrgfp2alt 进行逻辑分析，两者的回归系数都达到显著性水平。

Step 13. 两个解释变量的交互作用项（本例共 2 项）都纳入模型

*产生交互作用项
. gen agendrgfp1 = age*ndrgfp1
. gen racesite = race*site
. logit dfree age ndrgfp1 ndrgfp2 ivhx2 ivhx3 race treat site agendrgfp1 racesite

```
Logit estimates                                Number of obs   =        575
                                               LR chi2(10)     =      55.77
                                               Prob > chi2     =     0.0000
Log likelihood = -298.98146                    Pseudo R2       =     0.0853


-------------------------------------------------------------------------------
       dfree |     Coef.    Std. Err.     z     P>|z|    [95% Conf. Interval]
-------------+-----------------------------------------------------------------
         age |   .1166385    .0288749     4.04   0.000     .0600446    .1732323
     ndrgfp1 |   1.669035     .407152     4.10   0.000      .871032    2.467038
     ndrgfp2 |   .4336886    .1169052     3.71   0.000     .2045586    .6628185
       ivhx2 |  -.6346307    .2987192    -2.12   0.034    -1.220109   -.0491518
       ivhx3 |  -.7049475    .2615805    -2.69   0.007    -1.217636   -.1922591
        race |   .6841068    .2641355     2.59   0.010     .1664107    1.201803
       treat |   .4349255    .2037596     2.13   0.033      .035564     .834287
        site |    .516201    .2548881     2.03   0.043     .0166295    1.015773
  agendrgfp1 |  -.0152697    .0060268    -2.53   0.011    -.0270819   -.0034575
    racesite |  -1.429457    .5297806    -2.70   0.007    -2.467808   -.3911062
       _cons |  -6.843864    1.219316    -5.61   0.000     -9.23368   -4.454048
-------------------------------------------------------------------------------
```

（1）agendrgfp1及racesite两个交互作用项，其回归系数都达到显著性水平。

（2）以上10个解释变量，其回归系数都达到显著性水平，这是所找到的最终模型，再将这10个"Coef."代入下式即可。

（3）逻辑回归式为：

$$\log\left(\frac{P(Y=1)|X=x}{P(Y=0|X=x)}\right)=\alpha+\beta_1x_1+\ldots+\beta_kx_k$$

Step 14. 对抗模型拟合优度总评比

```
* 六个模型 (model 0~model 5) 拟合优度总评比
* model 0
. quietly logit dfree age beck ivhx2 ivhx3 ndrugtx race treat site
. estimates store A0
* model 1
. quietly logit dfree age ivhx2 ivhx3 ndrugtx treat
. estimates store A1
* model 2
. quietly logit dfree age ivhx2 ivhx3 ndrugtx race treat
. estimates store A2
* model 3
. logit dfree age ivhx2 ivhx3 ndrugtx treat site
. estimates store A3
* model 4
. quietly logit dfree age beck ivhx2 ivhx3 ndrugtx treat
. estimates store A4
* model 5
. quietly logit dfree age ivhx3 ndrugtx treat
. estimates store A5


. lrtest A0 A1
Logit: likelihood-ratio test                    chi2(3)    =       1.34
                                                Prob > chi2 =     0.7198

. lrtest A0 A2
Logit: likelihood-ratio test                    chi2(2)    =       0.47
                                                Prob > chi2 =     0.7922

. lrtest A0 A3
```

```
Logit:  likelihood-ratio test                    chi2(2)    =        1.01
                                                  Prob > chi2 =       0.6021

. lrtest A0 A4
Logit:  likelihood-ratio test                    chi2(2)    =        1.34
                                                  Prob > chi2 =       0.5119

. lrtest A0 A5
Logit:  likelihood-ratio test                    chi2(4)    =        6.34
                                                  Prob > chi2 =       0.1751
```

（1）以上5个似然比检验，都以model 0为比较基准点，5个卡方检验P值都大于0.05，都接受原假设：前模型优于后模型。故model 0是最优的模型。

（2）更详细的模型拟合优度评比，请见本书"1.7 Logit+ROC曲线来评比对抗逻辑模型，哪个好"的介绍。

1.5.2b 分数多项式回归：练习题（fp或fracpoly命令）

```
* 分数多项式回归
. webuse igg

*Fit a second-degree fractional polynomial regression model
. fracpoly: regress sqrtigg age

........
-> gen double Iage__1 = age^-2-.1299486216 if e(sample)
-> gen double Iage__2 = age^2-7.695349038 if e(sample)

      Source |      SS       df       MS              Number of obs =     298
-------------+------------------------------          F(  2,   295) =   64.4
       Model | 22.2846976      2  11.1423488          Prob > F      = 0.0000
    Residual | 50.9676492    295  .172771692          R-squared     = 0.3042
-------------+------------------------------          Adj R-squared = 0.2995
       Total | 73.2523469    297  .246640898          Root MSE      = .41566
```

```
----------------------------------------------------------------------
   sqrtigg |     Coef.   Std. Err.      t     P>|t|   [95% Conf. Interval]
-----------+----------------------------------------------------------
   Iage__1 |  -.1562156   .027416    -5.70    0.000   -.2101713    -.10226
   Iage__2 |   .0148405   .0027767    5.34    0.000    .0093757   .0203052
     _cons |   2.283145   .0305739   74.68    0.000    2.222974   2.343315
----------------------------------------------------------------------
```

Deviance: 319.45. Best powers of age among 44 models fit: -2 2.

*Fit a fourth-degree fractional polynomial regression model and compare to models of lower degrees
. fracpoly, degree(4) compare: regress sqrtigg age

-> gen double Iage__1 = ln(age)-1.020308063 if e(sample)
-> gen double Iage__2 = age^3-21.34727694 if e(sample)
-> gen double Iage__3 = age^3*ln(age)-21.78079878 if e(sample)
-> gen double Iage__4 = age^3*ln(age)^2-22.22312461 if e(sample)

```
      Source |       SS       df       MS              Number of obs =     298
-------------+------------------------------           F(  4,   293) =   32.63
       Model |  22.5754541     4   5.64386353          Prob > F      =  0.0000
    Residual |  50.6768927   293   .172958678          R-squared     =  0.3082
-------------+------------------------------           Adj R-squared =  0.2987
       Total |  73.2523469   297   .246640898          Root MSE      =  .41588
```

```
----------------------------------------------------------------------
   sqrtigg |     Coef.   Std. Err.      t     P>|t|   [95% Conf. Interval]
-----------+----------------------------------------------------------
   Iage__1 |   .8761824   .1898721    4.61    0.000    .5024962   1.249869
   Iage__2 |  -.1922029   .0684934   -2.81    0.005   -.3270044  -.0574015
   Iage__3 |   .2043794   .074947     2.73    0.007    .0568767   .3518821
   Iage__4 |  -.0560067   .0212969   -2.63    0.009   -.097921   -.0140924
     _cons |   2.238735   .0482705   46.38    0.000    2.143734   2.333736
----------------------------------------------------------------------
```

Deviance: 317.74. Best powers of age among 494 models fit: 0 3 3 3.

Fractional polynomial model comparisons:

```
----------------------------------------------------------------------
age               df     Deviance    Res. SD  Dev. dif.  P(*)   Powers
```

```
------------------------------------------------------------------------
Not in model       0      427.539    .49663    109.795   0.000
Linear             1      337.561    .42776     19.818   0.006  1
m = 1              2      327.436    .420554     9.692   0.140  0
m = 2              4      319.448    .415658     1.705   0.794  -2 2
m = 3              6      319.275    .416243     1.532   0.473  -2 1 1
m = 4              8      317.744    .415883       --      --   0 3 3 3
------------------------------------------------------------------------
```

(*) P-value from deviance difference comparing reported model with m = 4 model

*Fit a fractional polynomial regression model using powers -2 and 2
. fracpoly: regress sqrtigg age -2 2

-> gen double Iage__1 = age^-2-.1299486216 if e(sample)
-> gen double Iage__2 = age^2-7.695349038 if e(sample)

```
      Source |       SS       df       MS              Number of obs =     298
-------------+------------------------------           F(  2,   295) =    4.49
       Model | 22.2846976        2  11.1423488         Prob > F      = 0.0000
    Residual | 50.9676492      295  .172771692         R-squared     = 0.3042
-------------+------------------------------           Adj R-squared = 0.2995
       Total | 73.2523469      297  .246640898         Root MSE      = .41566
```

```
------------------------------------------------------------------------
     sqrtigg |    Coef.   Std. Err.     t    P>|t|    [95% Conf. Interval]
-------------+----------------------------------------------------------
     Iage__1 | -.1562156    .027416   -5.70  0.000   -.2101713    -.10226
     Iage__2 |  .0148405   .0027767    5.34  0.000    .0093757   .0203052
       _cons |  2.283145   .0305739   74.68  0.000    2.222974   2.343315
------------------------------------------------------------------------
```

Deviance: 319.45.

1.6 逻辑回归搭配ROC曲线来做筛查工具的分类准确性

图1-66是多元逻辑函数的示意图。

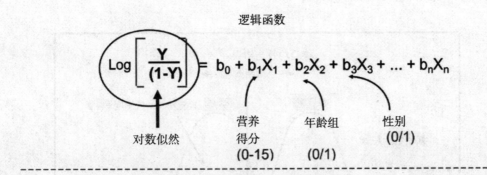

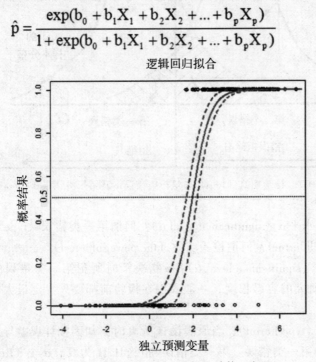

图1-66 多元逻辑函数的示意图

1.6.1 第一类错误 α 及第二类错误 β：ROC图截断点的由来

1）检验功效（1-β）与第一类错误 α 及第二类错误 β

进行统计检验时，除了观察结果的显著性，还相对存在一定的风险，即可能发生错误（error）的概率。

假设检验的目的就是利用统计的方式，推测原假设 H_0 是否成立。若原假设事实上成立，但统计检验的结果不支持原假设（拒绝原假设），这种错误称为第一类错误 α。若原假设事实上不成立，但统计检验的结果支持原假设（接受原假设），这种错误称为第二类错误 β（见图1-67）。

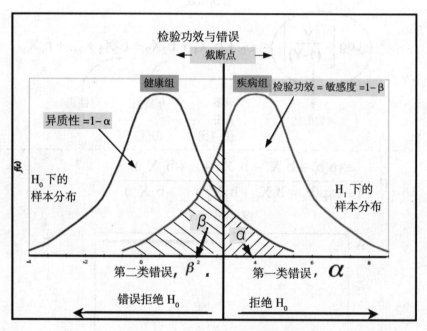

图 1-67　检验功效（1-β）与第一类错误 α 及第二类错误 β

（1）何谓显著性水平 α（significance level α）？何谓第一类错误（type I error）？何谓第二类错误（type Ⅱ error）？何谓检验功效（the power of a test）？

①显著性水平 α（significance level α）：α 指决策时所犯第一类错误的"最大概率"，所以依据统计研究的容忍程度，一般我们在检验前都要先界定最大的第一类错误，再进行检验。

②第一类错误 α（type I error）：当原假设 H_0 为真时，却因抽样误差导致决策为拒绝 H_0，此种误差称为第一类错误。第一类错误=拒绝 $H_0|H_0$ 为真，$\alpha=P$（Reject $H_0|H_0$ is true）

③第二类错误β（type Ⅱ error）：当原假设 H_0 为假时，却因抽样误差导致决策不拒绝 H_0，此种误差称为第二类错误。第二类错误=不拒绝 H_0|H_0 为假，$\beta=P$（Non-Reject H_0|H_0 is false）

④当原假设 H_0 为假时，经检验后拒绝 H_0 的概率称为检验功效（power）（也就是正确拒绝 H_0 的概率）。power=P（Reject H_0|H_0 is false）

（2）显著性水平即是第一类错误的最大概率，当 α 越大则 β 越小时，检验功效越大。

（3）当 α 为零时，根本无法拒绝 H_0，则根本不会有检验功效。

（4）样本数 n 越大，则 α、β 越小，检验功效越大。

当我们在进行统计检验时，基本上是根据有限的样本数量对样本的实际分布作推估，必然会有犯错误的风险。

第一类错误（α）、第二类错误（β）与 ROC 分类的关系如下：

决定 （decision）	真实情况／工具检验结果	
	H_1 为真（结果阳性），即 H_0 为假	H_0 为真（工具检验结果为阳性）
拒绝 H_0 （判定为有病）	疾病组正确检验结果为有病（阳性） 概率 p=1-β 敏感度（真阳性（true positive，TP）：a	第一类错误：健康组误诊为阳性 概率 p=α 假阳性（false positive，FP）：b
接受 H_0 （判定为没病）	第二类错误：疾病组误诊为无病 概率 p=β 假阴性（true positive，FN）：c	健康组正确检验结果为无病（阴性） 概率 p=1-α 特异度（真阴性（true negative，TN））：d

根据检验的前提与结果正确与否，可产生两种不同的错误情况，分别为第一类错误 α 及第二类错误 β。以利用验孕棒验孕为例。若一位孕妇用验孕棒验孕，测出没有怀孕，这是第一类错误。若用验孕棒为一位未怀孕的女士验孕，测出已怀孕，这是第二类错误。

决定（decision）	真实情况	
	H_1 为真（即 H_0 为假）：嫌疑犯真的有作案	H_0 为真：嫌疑犯真的未作案
嫌疑犯有罪	正确决定（敏感度） 概率 p=1-β 检验功效=敏感度=1-β	第一类错误（假阳性） 概率 p=α
嫌疑犯无罪	第二类错误（假阴性） 概率 p=β	正确决定（特异度） 概率 p=1-α 特异度=1-α

2）截断点（cut-off point）移动对第一类错误（α）与第二类错误（β）的影响

临床上对于糖尿病初期诊断最常使用的是空腹血糖值测定，正常人空腹血糖值平均是100mg/dl，标准差为8.5mg/dl，而糖尿病患者空腹血糖值平均值为126mg/dl，标准差为15.0mg/dl，假设两族群体的空腹血糖值皆为正态分布。现在想利用空腹血糖值来建立一个简单的诊断是否有糖尿病的工具。假如空腹血糖值大于截断点C则判定有糖尿病；反之，小于截断点C则无糖尿病。图1-68是在C=115为截断点时，第一类错误（α）及第二类错误（β）的关系。

由图1-68可以看出：当我们把截断点C值提高（往右移）时，第一类错误（α）概率降低，但同时提高了第二类错误（β）的概率，根据检验功效公式：power=1-β，第二类误差β越大，则检验功效（power）也随之越小。

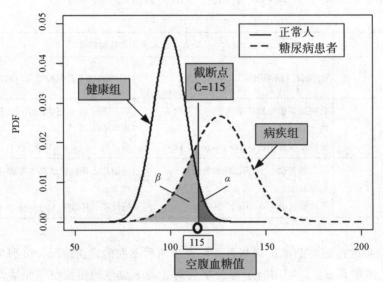

图1-68　当我们把截断点提高时，第一类错误（α）概率降低，
但同时第二类错误的概率（β）却升高了

以验孕棒验孕为例，若调高验孕棒敏感度（分界点往左移），虽可降低α错误，但β错误却提高了。对于如何求得风险评级最佳截断点，STaTa提供rocfit、roctab两个命令。详情请见《生物医学统计：使用STaTa分析》一书的"6-3-3"节及"6-3-4"节。

3）P值（P-values）的计算：通常以第一类错误（通常取α=0.05）为P值比较临界值

（1）P值是计算在原假设H_0成立时，比观测的检验统计值（如χ^2，z，t，HR...）更极端（与原假设不一致）的概率。

（2）当P值很小时（通常取P<0.05），有两种可能：①原假设H_0是正确的，但我

们观测到1件发生概率很低的事件（这显然不太可能发生）；②原假设H_0是错的，事件不是来自原假设，这个可能性比较大，所以有充分的证据来拒绝（reject）原假设。

（3）P值可视为当原假设H_0成立时，根据样本会拒绝原假设的"风险"（risk），当风险很小时（通常取$P<0.05$），我们当然倾向拒绝原假设。所以当这个风险小于我们设定的显著性水平α时，我们就有充分证据来拒绝原假设。

1.6.2 ROC曲线、敏感度/特异度：不同筛检工具的分类准确性比较

1）样本数据

ROC曲线旨在评估不同筛检工具的分类准确性（accuracy）。有关ROC的理论介绍，请见作者《生物医学统计：使用STaTa分析》一书第6章。

承接《生物医学统计：使用STaTa分析》一书"1-7-3c二元响应变量的模型：逻辑回归的实例"。

范例（"binary_Logistic.dta"文件）

在此只介绍ROC曲线面积、敏感度/特异度如何分析。

400名学生的申请入学资料见表1-2。在这个"binary_Logistic.dta"数据集（dataset）中，响应变量Admit代表入学申请是否被录取。预测变量有三个：GRE、GPA和Rank（排名），前两个是连续变量；Rank是分类变量，代表您想就读学院的学术声望（1代表最高的声望，4代表最低的声望）。

表1-2   400名学生申请入学资料

ID	因变量	预测变量		
	Admit（被录取）	GRE成绩	GPA成绩	Rank（声望）
1	0	380	3.61	3
2	1	660	3.67	3
3	1	800	4	1
4	1	640	3.19	4
5	0	520	2.93	4
6	1	760	3	2
7	1	560	2.98	1
8	0	400	3.08	2
9	1	540	3.39	3
10	0	700	3.92	2
11	0	800	4	4

ID	因变量	预测变量		
	Admit（被录取）	GRE 成绩	GPA 成绩	Rank（声望）
12	0	440	3.22	1
13	1	760	4	1
14	0	700	3.08	2
15	1	700	4	1
16	0	480	3.44	3
17	0	780	3.87	4
18	0	360	2.56	3
19	0	800	3.75	2
20	1	540	3.81	1
⋮	⋮	⋮	⋮	⋮
392	1	660	3.88	2
393	1	600	3.38	3
394	1	620	3.75	2
395	1	460	3.99	3
396	0	620	4	2
397	0	560	3.04	3
398	0	460	2.63	2
399	0	700	3.65	2
400	0	600	3.89	3

2）STaTa分析步骤

Step 1. 求逻辑回归式

. logit admit gre gpa i.rank

Logistic regression

Number of obs = 400
LR chi2(5) = 41.46
Prob > chi2 = 0.0000
Pseudo R2 = 0.0829

Log likelihood = -229.25875

```
----------------------------------------------------------------------------
     admit |     Coef.    Std. Err.      z     P>|z|     [95% Conf. Interval]
-----------+----------------------------------------------------------------
       gre |   .0022644    .001094     2.07    0.038     .0001202    .0044086
       gpa |   .8040377   .3318193     2.42    0.015     .1536838    1.454392
           |
      rank |
         2 |  -.6754429   .3164897    -2.13    0.033    -1.295751   -.0551346
         3 |  -1.340204   .3453064    -3.88    0.000    -2.016992   -.6634158
         4 |  -1.551464   .4178316    -3.71    0.000    -2.370399   -.7325287
           |
     _cons |  -3.989979   1.139951    -3.50    0.000    -6.224242   -1.755717
----------------------------------------------------------------------------
```

（1）似然比（likelihood ratios，LR）是敏感度与特异度的比值，旨在评估检验工具的效能。似然比值越大，表示模型越佳。当LR>10代表此工具具有很强的临床实证判断意义，LR介于2~5之间则代表此工具临床实证判断的意义较弱。本例对数似然（log likelihood）值 =−229.25，表示界定的解释变量的回归系数对响应变量的预测仍有显著意义。

（2）本例求得申请入学是否被录取的逻辑回归式为：

$$Pr(admit = 1) = F(0.0026 \times gre + 0.804 \times gpa - 0.675 \times 2.rank - 1.34 \times 3.rank - 1.55 \times 4.rank - 3.989)$$

式中，F（·）为累积逻辑概率分布。

Step 2. 绘制逻辑回归式的 ROC 曲线

```
 *绘制 ROC 曲线下的面积(area under ROC curve)
 . lroc

Logistic model for admit

number of observations =       400
area under ROC curve   =    0.6928
```

AUC 数值一般的判别准则如下，本例模型 AUC=0.692≈0.7，落入"可接受的判别力（acceptable discrimination）"区域（见图1-69）。

AUC = 0.5	几乎没有判别力（no discrimination）
0.5 ≤ AUC < 0.7	较低判别力（准确性）
0.7 ≤AUC < 0.8	可接受的判别力（acceptable discrimination）
0.8 ≤AUC < 0.9	好的判别力（excellent discrimination）
AUC≤ 0.9	非常好的判别力（outstanding discrimination）

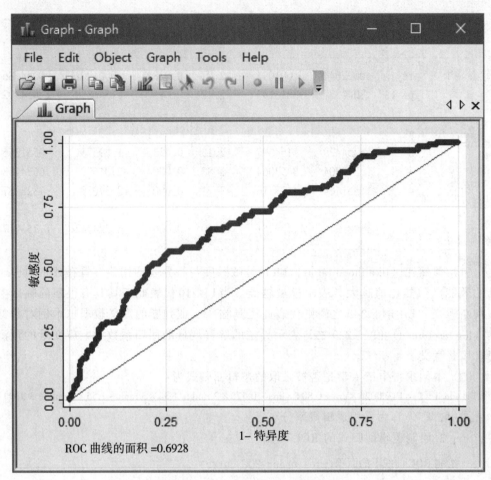

图 1-69　ROC 曲线面积之结果

Step 3-1. 绘制逻辑回归模型的 ROC（见图 1-70、图 1-71）

本例求得逻辑回归式为：

$$Pr(admit = 1) = F(0.0026 \times gre + 0.804 \times gpa - 0.675 \times 2.rank - 1.34 \times 3.rank - 1.55 \times 4.rank - 3.989)$$

式中，F（·）为累积逻辑概率分布。

```
* 根据上式的逻辑回归来设定矩阵 b 的元素
. matrix input b =(0.0026, 0.804, -0.675, -1.34, -1.55 , -3.989)
. matrix colnames b = gre gpa 2.rank 3.rank 4.rank _cons


* 用 admit 因变量来绘制矩阵 b 的 ROC 图
. lroc admit，beta(b)
```

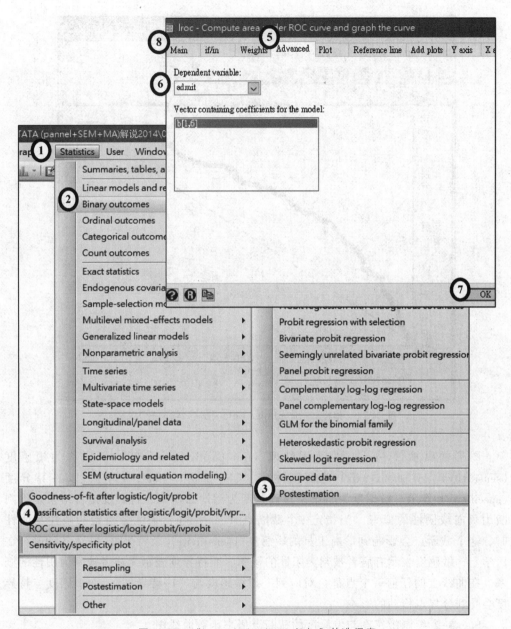

图1-70　"lroc admit，beta（b）"的选择表

注：Statistics > Binary outcomes > Postestimation > ROC curve after logistic/logit/probit/ivprobit.

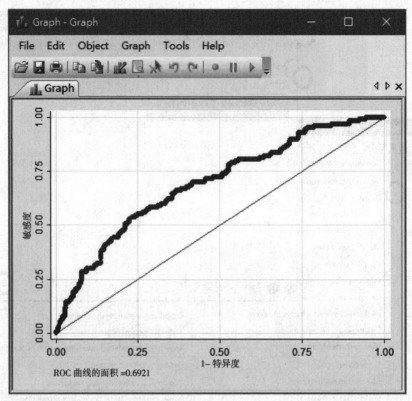

图 1-71　根据"lroc admit，beta（b）"绘制 ROC 图

　　图形的纵轴（y-axis）为真阳性率（true positive rate，TPR），又称为敏感度（sensitivity）。横轴（x-axis）为假阳性率（false posiitive rate，FPR），以 1-特异度（specificity）表示。敏感度为将结果正确判断为阳性的概率，特异度是将结果正确判断为负向或阴性的概率。当指定 1 个截断点（cut-point）来区分检验的阳性与阴性时，这个截断点会影响到诊断工具的敏感度（sensitivity）及特异度（specificity）。在医学上，敏感度表示有病者被判为阳性的概率，而特异度表示无病者被判为阴性的概率。在曲线上的任何一个点都会对应到一组敏感度与"1-特异度"，而敏感度与特异度会受到分界点移动的影响。

Step 3-2. 绘制敏感度与特异度的截断点概率函数曲线图

　　ROC 曲线线下面积越大，表示该模型的预测力越强。接着，再绘制敏感度和特异度的截断点概率函数的曲线图。此逻辑回归的事后命令 lsens 如图 1-72 所示。

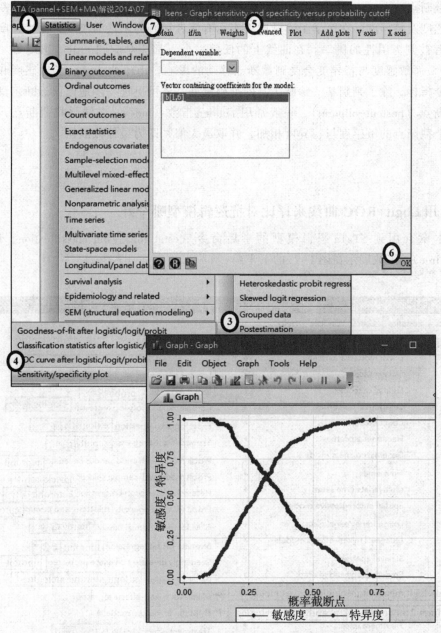

图1-72　"lsens"绘logit模型之敏感度、特异度与截断点概率

注：Statistics > Binary outcomes > Postestimation > Sensitivity/specificity plot

图1-72中的纵轴（y-axis）为真阳性率（true positive rate，TPR），又称为敏感度（sensitivity）除以特异度的比值；横轴（x-axis）为截断点概率。其中，敏感度为将结果正确判断为阳性的概率，特异度是将结果正确判断为负向或阴性的概率。当指定

一个截断点（cut-point）来区分检验的阳性与阴性时，这个截断点会影响到诊断工具的敏感度及特异度。在医学上，敏感度表示有病者被判为阳性的概率，而特异度表示无病者被判为阴性的概率。在曲线上的任何一个点都会对应到一组敏感度与"1-特异度"，而敏感度与特异度会受到截断点移动的影响。ROC曲线结合了敏感度和特异度两个指标，除了判别某一诊断工具的准确度外，还可更进一步地建议诊断工具的最佳截断点（bestcut-offpoint）。一般常用Youden指数（index）方法寻找截断点，即将每一个截断点的敏感度与特异度相加，并取最大值，即为最佳截断点。

1.7　用Logit+ROC曲线来评比对抗逻辑模型哪个好

本章会用到 STaTa 逻辑模型的事后命令（estat gof，estat classification，lsens，lroc，lroc），多数展示在图1-73的下半部。

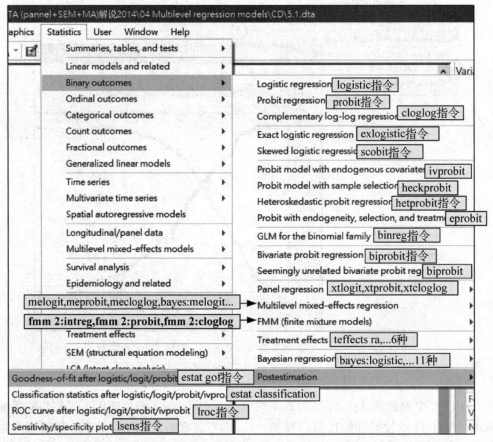

图1-73　"binary regression"选择表的对应命令

1.7.1 ROC 曲线、截断点

1）ROC 曲线的重点整理

在疾病筛检诊断工具正确性评估研究上，一般会以同一组实验对象接受多种不同的筛检或诊断工具。对于此种施测工具分类的正确性评估，此 2×2 ROC 分类表源自下表的第一类错误（α）及第二类错误（β）。

第一类错误（α）、第二类错误（β）与 ROC 分类的对应关系如下：

	真实情况/工具检验结果	
决定 （decision）	H_1 为真（结果阳性），即 H_0 为假	H_0 为真（工具检验结果为阴性）
拒绝 H_0 （判断为患病）	疾病组正确检验结果为患病（阳性） 概率 p=1-β 敏感度（true positive，TP）：a	第一类错误：健康组误诊为阳性 概率 p=α false positive（FP）：b
接受 H_0 （判断为没病）	第二类错误：疾病组误诊为没病 概率 p=β false negative（FN）：c	健康组正确检验结果为没病（阴性） 概率 p=1-α 特异度（true negative，TN）：d

以发展障碍的筛检工具为例，其结果见下面的 2×2 分类表，它有 4 个（交叉单元格）测验准确度绩效（performance），分别为敏感度（sensitivity）、精确度（specificity）、阳性预测值（positive predictive value，PPV）、阴性预测值（negative predictive value，NPV），见图 1-74。

发展筛检测验的结果	决策 发展状态		总计
	判断为难以延缓	判断为发展正常	
阳性（positive）	a （true-positive）	b （false-positive）	a+b
阴性（negative）	c （false-positive）	d （true-positive））	c+d
总计			a+b+c+d

sensitivity=a /（a+b）

specificity=d /（b+d）

positive predictive value=a /（a+b）

negative predicitive value=d /（c+d）

overall accuracy=（a+d）/（a+b+c+d）

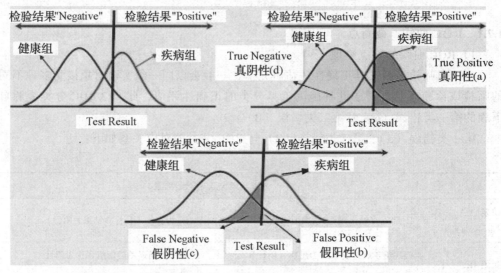

图1-74 将真阳性、假阳性、假阴性、真阴性的单元格人数分别以 a，b，c，d 来表示

单元格人数	生病（+）	健康（-）	
检验结果（+）阳性	a 真阳性	b 假阳性	a+b
检验结果（-）阴性	c 假阴性	d 真阴性	c+d
	a+c	b+d	

（1）敏感度（即统计功效=敏感度=1-β）：为患病者诊断结果为阳性的比率=真阳性率=真阳性/生病=a/a+c

当高敏感度诊断试验的结果为阴性，这个是未罹患这种疾病相当可靠的指标。

（2）特异度（即 1-α）：是无病者诊断结果为阴性的比率=真阴性率=真阴性/健康=d/b+d

在特异度高的诊断试验中，结果阳性即表示有病，罕见伪阳性。

（3）阳性预测值：诊断试验结果呈现阳性且确实有病者的比率=真阳性/阳性试验结果=a/a+b

（4）阴性预测值：诊断试验结果呈阴性且确实未患病者的比率=真阳性/阴性试验结果=d/c+d

（5）似然比是指两个概率的比值，即在患者中一个特定检验结果的概率与没患病者中一个特定检验结果的概率比值，似然比可以表示为：

$$LR(t) = \frac{P(T = t|D = 1)}{P(T = t|D = 0)}$$

式中，t 可以是一个单一检验值，一个检验区间，一个决策门槛的一端。当检验结果和一个门槛值的一端相关时，我们有正的和负的似然比，分别可以表示为：

$$LR(+) = \frac{P(T = 1|D = 1)}{P(T = 1|D = 0)}$$

$$LR(-) = \frac{P(T = 0|D = 1)}{P(T = 0|D = 0)}$$

式中，LR（+）为敏感度和假阳性率的比值，而 LR（-）为假阳性率和特异度的比值。

分子：患病者中诊断检验（阳性或阴性）比率。

分母：没患病者中诊断检验（阳性或阴性）比率。似然比反映一个特定的检验结果在判断有病和没病之间的证据充分性。似然比的值等于 1 代表检验结果为检验对象有病和没病的测验结果是相等的；而似然比的值大于 1 代表有较大的可能性为检验对象有病；反之，似然比的值小于 1 则代表检验结果有较大的可能性为检验对象没病。

似然比（LR）公式也可改写成：

$$LR(+) = \frac{Pr\{T + /D_+\}}{Pr\{T + /D_-\}} = \frac{真阳性率}{假阳性率} = \frac{Sensitivity}{(1 - Specificity)} = \frac{(a/a + c)}{(b/b + d)}$$

$$LR(-) = \frac{Pr\{T - /D_+\}}{Pr\{\{T - /D_-\}} = \frac{真阴性率}{假阴性率} = \frac{1 - Sensitivity}{Specificity} = \frac{(c/a + c)}{(d/b + d)}$$

（6）似然比（likelihood ratios，LR）数值所代表的临床意义

准确度绩效的诊断（diagnosis）：假阳性，是指健康的人诊断试验结果为不正常，如同无辜的人。假阴性，是指有病的人诊断试验结果为正常，如同逍遥法外的歹徒。

似然比（LR）	诠释（Interpretation）
LR >10	强有力的证据，有疾病（Strong evidence to rule in disease）
5~10	中度的证据，有疾病（Moderate evidence to rule in disease）
2~5	弱的证据，有疾病（Weak evidence to rule in disease）
0.5~2.0	可能性没有显著变化
0.2~0.5	弱的证据，无疾病（Weak evidence to rule out disease）
0.1~0.2	中度的证据，无疾病（Moderate evidence to rule out disease）
LR <0.1	强有力的证据，无疾病（Strong evidence to rule out disease）

2）截断点（cut-off point）移动对第一类错误（α）与 第二类错误（β）的影响

临床上对于糖尿病初期诊断最常使用的是空腹血糖值，正常人空腹血糖值平均是 100 mg/dl，标准差为 8.5 mg/dl，而糖尿病患者空腹血糖值平均为 126 mg/dl，标准差为 15.0 mg/dl，假设两个族群的空腹血糖值皆为正态分布。现在想利用空腹血糖值来建立一个诊断是否有糖尿病的简单工具，假设空腹血糖值大于截断点 C 则判定有糖尿

病；反之，小于截断点 C 则无糖尿病。图 1-75 是以 C=115 为截断点时，第一类错误（α）及第二类错误（β）的关系。

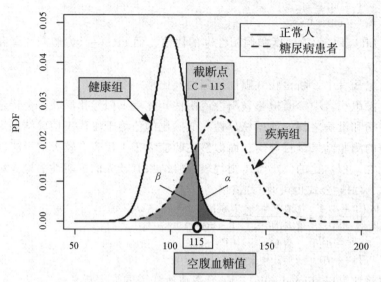

图 1-75　当我们把临界值提高时，第一类错误（α）概率降低，
但同时第二类错误（β）的概率却升高了

由图 1-75 可以看出，当我们把截断点 C 值提高（往右移）时，第一类错误（α）概率降低，但第二类错误（β）的概率却升高了，根据检验功效的公式：power=1-β，第二类错误 β 越大，则检验功效（power）也随之越小。

以验孕棒验孕为例。若调高验孕棒敏感度（临界点往左移），虽可降低 α 误差，但却提高 β 误差。有关如何求得风险评级最好的截断点，STaTa 提供 rocfit、roctab 两个命令。详情请见《生物医学统计：使用 STaTa 分析》一书 "6-3-3" 节及 "6-3-4" 节。

3）P 值计算：通常以第一类错误（通常取 α=0.05）为 P 值比较临界值

（1）P 值是计算在原假设 H_0 成立时，比观测的检验统计值（如 χ^2，z，t，HR…）更极端（与原假设不一致）的概率。

（2）当 P 值很小时（通常取 P<0.05），有两种可能：（1）原假设 H_0 是正确的，但我们观测到一组发生概率很低的数据（这显然不太可能发生）；（2）原假设 H_0 是错的，数据不是来自原假设，这个可能性比较大，所以有充分的证据来拒绝（reject）原假设。

（3）P 值可视为当原假设 H_0 成立时，依据数据会拒绝原假设的 "风险"（risk），当风险很小时（通常取 P<0.05），我们当然倾向拒绝原假设。所以当风险小于我们设定的显著性水平 α 时，我们就有充分的证据来拒绝原假设。

1.7.2 逻辑模型搭配 ROC 曲线来找最佳截断点（logit、estat classification、lsens、lroc、graph 命令）

本节将基于本书"1.5.2 逻辑回归的共变量系数调整法"的例子，使用同样的样本数据，同为"hosmeruis.dta"或"uis.dat"文件。之前逻辑回归的建模法就用到"logit、lrtest、tab1、lowess、fp/fracpoly 命令"，这里加入 ROC 曲线的分类法。

有关 ROC 曲线，详情请见作者《生物医学统计：使用 STaTa 分析》一书。

范例：众多逻辑模型，该挑哪一个呢？（估计模型的拟合度）

1）问题说明

为了解 dfree 的危险因子有哪些（分析单位：个人），研究者收集数据并整理成下表，此"hosmeruis.dta"文件内容的变量如下：

变量名称 age	说明	编码（Codes/Values）
被解释变量/因变量：dfree	12个月内没有用药	0，1（二元数据）
解释变量/自变量：age	入学年龄	20~56 岁
解释变量/自变量：beck	入院时贝克（Beck）抑郁评分	0~54 分
解释变量/自变量：ivhx	入院时静脉注射药物历史	1~3 次
解释变量/自变量：ndrugtx	既往药物治疗次数	0~40 次
解释变量/自变量：race	种族	0，1（二元数据）
解释变量/自变量：treat	治疗随机化分配	0，1（二元数据）
解释变量/自变量：site	治疗地点	0，1（二元数据）

2）文件的内容

"hosmeruis.dta"文件内容见图 1-76。

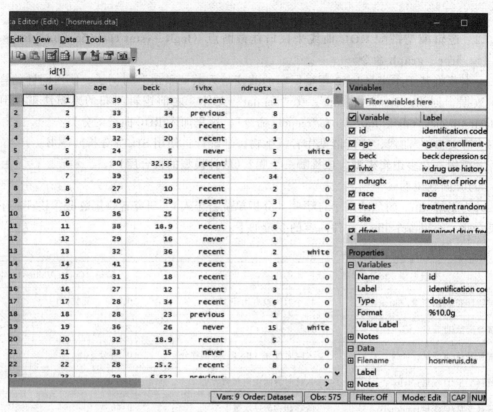

图 1-76   "hosmeruis.dta" 文件内容（N=575 个人）

观察文件的特征。

* 打开文件

. use uis.dta, clear

* 或打开

. use hosmeruis, clear

. des

Contains data from D:\08 mixed logit regression\CD\hosmeruis.dta
  obs: 575
  vars: 9   29 Sep 2017 16:00
  size: 41,400

```
                storage  display     value
variable name   type     format      label       variable label
--------------------------------------------------------------------------------
id              double   %10.0g                   identification code
age             double   %10.0g                   age at enrollment-years
beck            double   %10.0g                   beck depression score at admission
ivhx            double   %10.0g      ivhx         iv drug use history at admission
ndrugtx         double   %10.0g                   number of prior drug treatments
race            double   %10.0g      race         race
treat           double   %10.0g      treat        treatment randomization assignment
site            double   %10.0g      site         treatment site
dfree           double   %10.0g      dfree        remained drug free for 12 months
--------------------------------------------------------------------------------
```

3）分析结果与讨论

Step 1.先进行逻辑分析，再求 ROC 分类的正确率

之前，"1.5.2 逻辑回归的共变量系数调整法"的例子已找出较好的 10 个解释变量，如下所示：

```
* 打开文件
. use hosmeruis, clear
* 或打开
. use uis.dta, clear

. gen ndrgfp1 =((ndrugtx+1)/10)^(-1)
. gen ndrgfp2 = ndrgfp1*log((ndrugtx+1)/10)
. gen agendrgfp1 = age*ndrgfp1
. gen racesite = race*site
. quietly logit dfree age ndrgfp1 ndrgfp2 ivhx2 ivhx3 race treat site agen
          drgfp1 racesite
```

Step 2. ROC 分类的正确率，会随着临界值移动而变动，故要用 ROC 曲线再次评比：未指定临界值

　　* 未指定临界值
　　. estat classification

```
Logistic model for dfree

              -------- True --------
Classified |       D         ~D |       Total
-----------+--------------------------+-----------
     +     |       16         11 |         27
     -     |      131        417 |        548
-----------+--------------------------+-----------
   Total   |      147        428 |        575

Classified + if predicted Pr(D) >= .5
True D defined as dfree != 0
--------------------------------------------------
Sensitivity                  Pr( +| D)    10.88%
Specificity                  Pr( -|~D)    97.43%
Positive predictive value    Pr( D| +)    59.26%
Negative predictive value    Pr(~D| -)    76.09%
--------------------------------------------------
False + rate for true ~D     Pr( +|~D)     2.57%
False - rate for true D      Pr( -| D)    89.12%
False + rate for classified +  Pr(~D| +)    40.74%
False - rate for classified -  Pr( D| -)    23.91%
--------------------------------------------------
Correctly classified                      75.30%
--------------------------------------------------
```

Step 3. 截断点（cutoff）（.6）

. estat classification, cutoff(.6)

Logistic model for dfree

```
              -------- True --------
Classified |       D          ~D  |      Total
-----------+------------------------+-----------
     +     |       5           0  |        5
     -     |     142         428  |      570
-----------+------------------------+-----------
   Total   |     147         428  |      575
```

Classified + if predicted Pr(D) >= .6
True D defined as dfree != 0

Sensitivity   Pr(+| D)   3.40%
Specificity   Pr(-|~D)   100.00%
Positive predictive value   Pr(D| +)   100.00%
Negative predictive value   Pr(~D| -)   75.09%

False + rate for true ~D   Pr(+|~D)   0.00%
False - rate for true D   Pr(-| D)   96.60%
False + rate for classified + Pr(~D| +)   0.00%
False - rate for classified - Pr(D| -)   24.91%

Correctly classified   75.30%

Step 4. cutoff（.05）

. quietly logit dfree age ndrgfp1 ndrgfp2 ivhx2 ivhx3 race treat site agen-drgfp1 racesite

. estat classification, cutoff(.05)

Logistic model for dfree

```
                -------- True --------
Classified |        D        ~D  |    Total
-----------+-------------------------+-----------
    +      |       146       417 |      563
    -      |         1        11 |       12
-----------+-------------------------+-----------
  Total    |       147       428 |      575
```

Classified + if predicted Pr(D) >= .05
True D defined as dfree != 0

Sensitivity   Pr(+| D)   99.32%
Specificity   Pr(-|~D)   2.57%
Positive predictive value   Pr(D| +)   25.93%
Negative predictive value   Pr(~D| -)   91.67%

False + rate for true ~D   Pr(+|~D)   97.43%
False - rate for true D   Pr(-| D)   0.68%
False + rate for classified + Pr(~D| +) 74.07%
False - rate for classified - Pr(D| -)   8.33%

Correctly classified   27.30%

Step 5. cutoff（.1）

. estat classification, cutoff(.1)

Logistic model for dfree

```
                -------- True --------
Classified |      D        ~D  |    Total
-----------+--------------------------+-----------
    +      |     141       363  |     504
    -      |       6        65  |      71
-----------+--------------------------+-----------
  Total    |     147       428  |     575
```

Classified + if predicted Pr(D) >= .1
True D defined as dfree ~= 0

Sensitivity   Pr(+| D)   95.92%
Specificity   Pr(-|~D)   15.19%
Positive predictive value   Pr(D| +)   27.98%
Negative predictive value   Pr(~D| -)   91.55%

False + rate for true ~D   Pr(+|~D)   84.81%
False - rate for true D   Pr(-| D)   4.08%
False + rate for classified + Pr(~D| +)   72.02%
False - rate for classified - Pr(D| -)   8.45%

Correctly classified   35.83%

Step 6. cutoff（.15）

. estat classification, cutoff(.15)

Logistic model for dfree

```
                 -------- True --------
Classified |      D        ~D  |    Total
-----------+--------------------+----------
     +     |    133       292  |     425
     -     |     14       136  |     150
-----------+--------------------+----------
   Total   |    147       428  |     575
```

Classified + if predicted Pr(D) >= .15
True D defined as dfree ~= 0

```
-----------------------------------------------------
Sensitivity                   Pr( +| D)    90.48%
Specificity                   Pr( -|~D)    31.78%
Positive predictive value     Pr( D| +)    31.29%
Negative predictive value     Pr(~D| -)    90.67%
-----------------------------------------------------
False + rate for true ~D      Pr( +|~D)    68.22%
False - rate for true D       Pr( -| D)     9.52%
False + rate for classified + Pr(~D| +)    68.71%
False - rate for classified - Pr( D| -)     9.33%
-----------------------------------------------------
Correctly classified                       46.78%
-----------------------------------------------------
```

Step 7. cutoff（.2）

. estat classification, cutoff(.2)

Logistic model for dfree

```
                -------- True --------
Classified |       D        ~D  |    Total
-----------+--------------------+-----------
    +      |     120       230  |     350
    -      |      27       198  |     225
-----------+--------------------+-----------
  Total    |     147       428  |     575
```

Classified + if predicted Pr(D) >= .2
True D defined as dfree ~= 0

Sensitivity   Pr(+| D)   81.63%
Specificity   Pr(-|~D)   46.26%
Positive predictive value   Pr(D| +)   34.29%
Negative predictive value   Pr(~D| -)   88.00%

False + rate for true ~D   Pr(+|~D)   53.74%
False - rate for true D   Pr(-| D)   18.37%
False + rate for classified + Pr(~D| +)   65.71%
False - rate for classified - Pr(D| -)   12.00%

Correctly classified   55.30%

Step 8. cutoff（.25）

. estat classification, cutoff(.25)

Logistic model for dfree

```
                -------- True --------
Classified |      D        ~D  |     Total
-----------+------------------------+-----------
    +      |      97      166  |     263
    -      |      50      262  |     312
-----------+------------------------+-----------
  Total    |     147      428  |     575
```

Classified + if predicted Pr(D) >= .25
True D defined as dfree ~= 0

```
--------------------------------------------------
Sensitivity                  Pr( +| D)    65.99%
Specificity                  Pr( -|~D)    61.21%
Positive predictive value    Pr( D| +)    36.88%
Negative predictive value    Pr(~D| -)    83.97%
--------------------------------------------------
False + rate for true ~D     Pr( +|~D)    38.79%
False - rate for true D      Pr( -| D)    34.01%
False + rate for classified + Pr(~D| +)   63.12%
False - rate for classified - Pr( D| -)   16.03%
--------------------------------------------------
Correctly classified                      62.43%
--------------------------------------------------
```

lsens 命令找出最好临界值在 dfree，为 0.255，如下所示：

```
. estat classification, cutoff(.255)

Logistic model for dfree


                -------- True --------
Classified |        D           ~D    |      Total
-----------+--------------------------+-----------
    +      |        96          159   |       255
    -      |        51          269   |       320
-----------+--------------------------+-----------
  Total    |       147          428   |       575

Classified + if predicted Pr(D) >= .255
True D defined as dfree != 0
--------------------------------------------------
Sensitivity                 Pr( +| D)     65.31%
Specificity                 Pr( -|~D)     62.85%
Positive predictive value   Pr( D| +)     37.65%
Negative predictive value   Pr(~D| -)     84.06%
--------------------------------------------------
False + rate for true ~D    Pr( +|~D)     37.15%
False - rate for true D     Pr( -| D)     34.69%
False + rate for classified +  Pr(~D| +)  62.35%
False - rate for classified -  Pr( D| -)  15.94%
--------------------------------------------------
Correctly classified                      63.48%
--------------------------------------------------
```

（1）lsens命令找出最佳的临界值在dfree，为0.255，即"Sensitivity+Specificity"
达到极大化。

（2）Sensitivity 为 65.31%；Specificity 为 62.85%。

Step 9. cutoff（.3）

. estat classification, cutoff(.3)

Logistic model for dfree

```
            -------- True --------
Classified |      D        ~D    |    Total
-----------+---------------------+-----------
    +      |     84        119   |     203
    -      |     63        309   |     372
-----------+---------------------+-----------
  Total    |    147        428   |     575
```

Classified + if predicted Pr(D) >= .3
True D defined as dfree ~= 0

Sensitivity   Pr(+| D)   57.14%
Specificity   Pr(-|~D)   72.20%
Positive predictive value   Pr(D| +)   41.38%
Negative predictive value   Pr(~D| -)   83.06%

False + rate for true ~D   Pr(+|~D)   27.80%
False - rate for true D   Pr(-| D)   42.86%
False + rate for classified + Pr(~D| +)   58.62%
False - rate for classified - Pr(D| -)   16.94%

Correctly classified   68.35%

Step 10. cutoff（.5）

. estat classification, cutoff(.5)

Logistic model for dfree

```
             -------- True --------
Classified |      D           ~D   |     Total
-----------+--------------------------+-----------
     +     |      16          11   |      27
     -     |     131         417   |     548
-----------+--------------------------+-----------
   Total   |     147         428   |     575
```

Classified + if predicted Pr(D) >= .5
True D defined as dfree ~= 0

```
--------------------------------------------------
Sensitivity                   Pr( +| D)    10.88%
Specificity                   Pr( -|~D)    97.43%
Positive predictive value     Pr( D| +)    59.26%
Negative predictive value     Pr(~D| -)    76.09%
--------------------------------------------------
False + rate for true ~D      Pr( +|~D)     2.57%
False - rate for true D       Pr( -| D)    89.12%
False + rate for classified + Pr(~D| +)    40.74%
False - rate for classified - Pr( D| -)    23.91%
--------------------------------------------------
Correctly classified                       75.30%
--------------------------------------------------
```

Step 11. lsens 命令旨在用图形表示敏感度和特异度以及概率临界值（见图 1-77）

. quietly logit dfree age ndrgfp1 ndrgfp2 ivhx2 ivhx3 race treat site agendrgfp1 racesite
. lsens

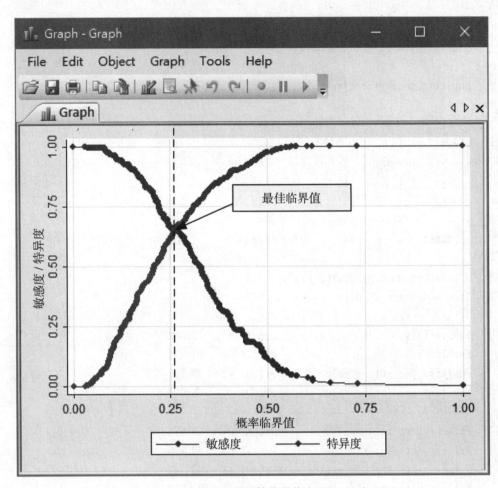

图 1-77　lsens 命令找出最佳的临界值在 dfree，为 0.255

Step 12. lroc 命令旨在计算 ROC 曲线下的面积并绘制曲线（见图 1-78）

```
. quietly logit dfree age ndrgfp1 ndrgfp2 ivhx2 ivhx3 race treat site agen-
drgfp1 racesite
. lroc

Logistic model for dfree

number of observations =      575
area under ROC curve   =   0.6989
```

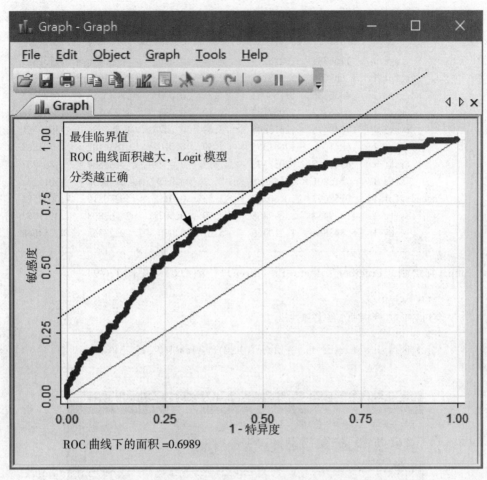

图1-78 lroc 命令找出最佳的临界值（ROC曲线最大面积为0.6989）

Step 13.

. logit dfree age ndrgfp1 ndrgfp2 ivhx2 ivhx3 race treat site agendrgfp1 rac-esite

Logistic regression

Number of obs	=	575
LR chi2(10)	=	55.77
Prob > chi2	=	0.0000

Log likelihood = -298.98146

Pseudo R2 = 0.0853

dfree	Coef.	Std. Err.	z	P>|z|	[95% Conf. Interval]
age	.1166385	.0288749	4.04	0.000	.0600446	.1732323
ndrgfp1	1.669035	.407152	4.10	0.000	.871032	2.467038
ndrgfp2	.4336886	.1169052	3.71	0.000	.2045586	.6628185
ivhx2	-.6346307	.2987192	-2.12	0.034	-1.220109	-.0491518
ivhx3	-.7049475	.2615805	-2.69	0.007	-1.217636	-.1922591
race	.6841068	.2641355	2.59	0.010	.1664107	1.201803
treat	.4349255	.2037596	2.13	0.033	.035564	.834287
site	.516201	.2548881	2.03	0.043	.0166295	1.015773
agendrgfp1	-.0152697	.0060268	-2.53	0.011	-.0270819	-.0034575
racesite	-1.429457	.5297806	-2.70	0.007	-2.467808	-.3911062
_cons	-6.843864	1.219316	-5.61	0.000	-9.23368	-4.454048

Step 14. 绘制 "Pregibon's dbeta-Pr（dfree）" 散点图（见图1-79）

. predict p
(option pr assumed; Pr(dfree))
. predict db, db
. graph twoway scatter db p, xlabel(0(.2)1) ylabel(0 .15 .3)

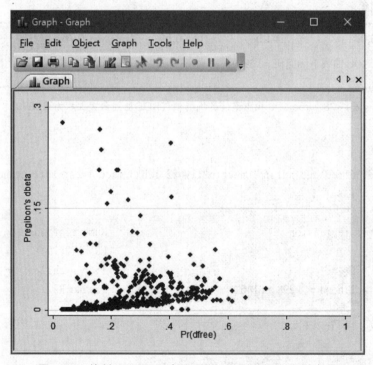

图1-79 绘制 "Pregibon's dbeta-Pr（dfree）" 散点图

Step 15. 绘制"H-L dX^2-Pr（dfree）"散点图（见图1-80）

. predict dx, dx2

. graph twoway scatter dx p [weight=db], xlabel(0(.2)1) ylabel(0 15 30)
msymbol(oh)

(analytic weights assumed)

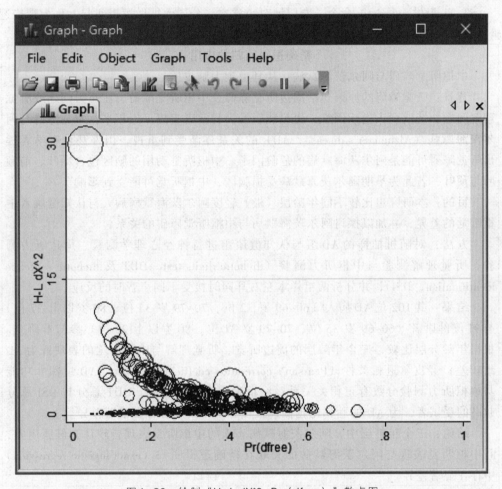

图1-80　绘制"H-L dX^2-Pr（dfree）"散点图

1.8 小数据：精确逻辑回归（是否感染艾滋病毒的两种血清检测值）（exlogistic 命令）

https://stats.idre.ucla.edu/sas/dae/exact-logistic-regression/

STaTa 提供 exlogistic 命令，专门针对小样本、分层数据做逻辑回归，称为精确逻辑回归（exact logistic regression）。

精确逻辑回归的应用

中枢听觉障碍与阿尔茨海默病：从耳道到大脑皮质

背景：听觉障碍的原因包括周边听觉障碍、中枢听觉障碍、注意力问题或听觉理解问题，造成病人生活困难，更可能引发失智症者妄想。近年来，听觉障碍与阿尔茨海默病（Alzheimer's disease，AD）的关系逐渐受到重视，国外甚至有学者提出听觉障碍可能是阿尔茨海默病的危险因子。中枢听觉动用的脑区包含颞叶、前额叶与顶叶，若此为早期阿尔茨海默病受损脑区，中枢听觉可能受到影响。

目的：本研究想比较不同年龄层（极）轻度阿尔茨海默病病人与认知健康者中枢听觉的差异，并加以探讨阿尔茨海默病与中枢听觉障碍的关系。

方法：对随机抽样的 AD 组与认知健康组进行神经心理学测验、周边听力测验、听觉理解测验与中枢听力测验（dichotic digits test，DDT 及 dichotic sentence identification，DSI），并分析两组样本左右耳同时接受不同声音时的反应。

结果：共 102 位 AD 病人（60~69 岁 32 位、70~79 岁 33 位、80 岁以上 37 位）与 91 位健康者（60~69 岁 35 位、70~79 岁 31 位、80 岁以上 25 位）参与本研究。根据年龄分层比较，三个年龄层的周边听觉、听觉理解与中枢听觉的表现皆为 AD 组较差；经皮尔逊相关性（Pearson's correlation coefficient）分析，AD 组额叶功能与中枢听力测验分数有正相关关系；经精确逻辑回归分析，DDT 总分与 DSI 总分越高的受试者，为 AD 的胜算比越低，且在三个年龄层皆存在显著差异。

结论：三个年龄层中，阿尔茨海默病病人的中枢听觉表现皆较认知健康组差，且中枢听觉表现与阿尔茨海默病的关联在精确逻辑回归（exact logistic regression）中存在显著差异。

范例：是否感染艾滋病毒的两种血清检测值

STaTa 提供 exlogistic 命令，专门针对小样本、分层数据做逻辑回归，称为精确逻辑回归。

1）问题说明

为了解是否感染艾滋病毒（HIV）的两种血清（cd4、cd8）检测值（分析单位：抽血人），研究者收集数据并整理成下表，此"hiv1.dta"数据内容的变量如下：

变量名称	说明	编码 Codes / Values
被解释变量/响应变量：hiv	1=positive HIV；0=negative HIV	0，1（二元数据）
解释变量/自变量：cd4	血清 CD4 值	有序的 0，1，2
解释变量/自变量：cd8	血清 CD8 值	有序的 0，1，2

2）文件的内容

"hiv1.dta" 数据内容如图 1-81 所示。

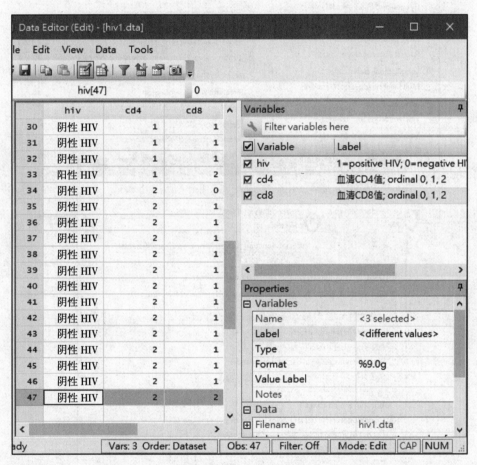

图 1-81　"hiv1.dta" 文件内容（N=47个抽血人）

3）分析结果与讨论（见图1-82）

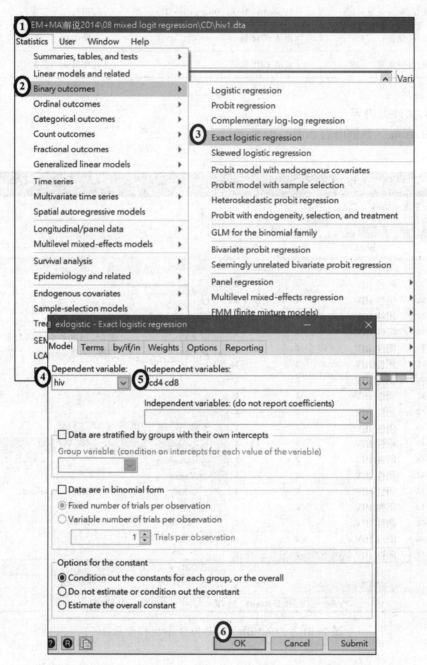

图1-82　"exlogistic hiv cd4 cd8"页面

```
* 打开文件
. webuse hiv1
(prospective study of perinatal infection of HIV-1)

* Perform exact logistic regression of hiv on cd4 and cd8
. exlogistic hiv cd4 cd8


Exact logistic regression                    Number of obs  =         47
                                              Model score    =   13.34655
                                              Pr >= score    =     0.0006
------------------------------------------------------------------------------
         hiv | Odds Ratio      Suff.  2*Pr(Suff.)    [95% Conf. Interval]
-------------+----------------------------------------------------------------
         cd4 |   .0918469        10      0.0004      .0090986     .4394722
         cd8 |   4.915363        12      0.0528      .9863042      49.7931
------------------------------------------------------------------------------


* Replay results, but report estimated coefficients rather than odds ratios
. exlogistic, coef

Exact logistic regression                    Number of obs  =         47
                                              Model score    =   13.34655
                                              Pr >= score    =     0.0006
------------------------------------------------------------------------------
         hiv |      Coef.       Suff.  2*Pr(Suff.)    [95% Conf. Interval]
-------------+----------------------------------------------------------------
         cd4 |  -2.387632        10      0.0004     -4.699633    -.8221807
         cd8 |   1.592366        12      0.0528     -.0137905     3.907876
*Replay results and report conditional scores test
. exlogistic, test(score)

Exact logistic regression                    Number of obs  =         47
                                              Model score    =   13.34655
                                              Pr >= score    =     0.0006
------------------------------------------------------------------------------
         hiv | Odds Ratio     Score    Pr>=Score     [95% Conf. Interval]
-------------+----------------------------------------------------------------
         cd4 |   .0918469    12.88022    0.0003      .0090986     .4394722
         cd8 |   4.915363     4.604816   0.0410      .9863042      49.7931
------------------------------------------------------------------------------
```

（1）逻辑回归式为：

$$\ln\left(\frac{P(Y=1|X=x)}{P(Y=0|X=x)}\right) = \alpha + \beta_1 x_1 + ... + \beta_k x_k$$

$$\ln\left(\frac{P_{\text{有HIV}}}{1 - P_{\text{有HIV}}}\right) = -2.387 \times cd4 + 1.592 \times cd8$$

（2）上述回归方程式可解释为在控制 cd8 的影响后，血清 cd4 每增加 1 个单位有 HIV 的概率增加 0.0918（$=\exp^{-2.3876}$）倍，且达到统计意义上的显著差异（p=0.0004）。

（3）控制 cd4 的影响后，血清 cd8 每增加 1 个单位，HIV 的概率增加 4.915（$\exp^{1.5923}$）倍，且达到统计意义上的显著性差异（p=0.0528）。

1.9 偏态（skewed）逻辑回归：进口车与美国本土车的差异（scobit 命令）（见图1-83）

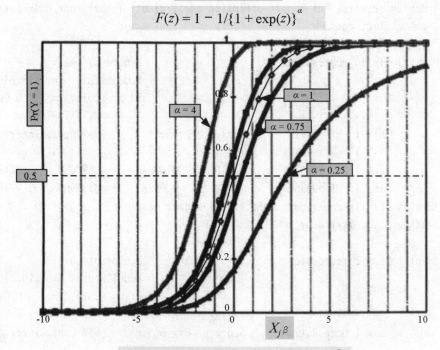

图 1-83　偏态逻辑回归的示意图

范例：偏态逻辑回归，scobit 命令

1）问题说明

在美国，为比较进口车与美国自产车的性能差异有哪些（分析单位：汽车），研究者收集数据并整理成下表，此"auto.dta"文件内容的变量如下：

变量名称	说明	编码 Codes / Values
被解释变量/因变量：foreign	是进口车吗？22 辆进口车/52 辆美国自产车	0，1（二元数据）
解释变量/自变量：make	品牌和型号	
解释变量/自变量：mpg	耗油率（mpg，每加仑几英里）	12~41 mpg
解释变量/自变量：weight	车重量（lbs.）	1760~ 4840 lbs

2）文件的内容

"auto.dta"文件内容如图 1-84 所示。

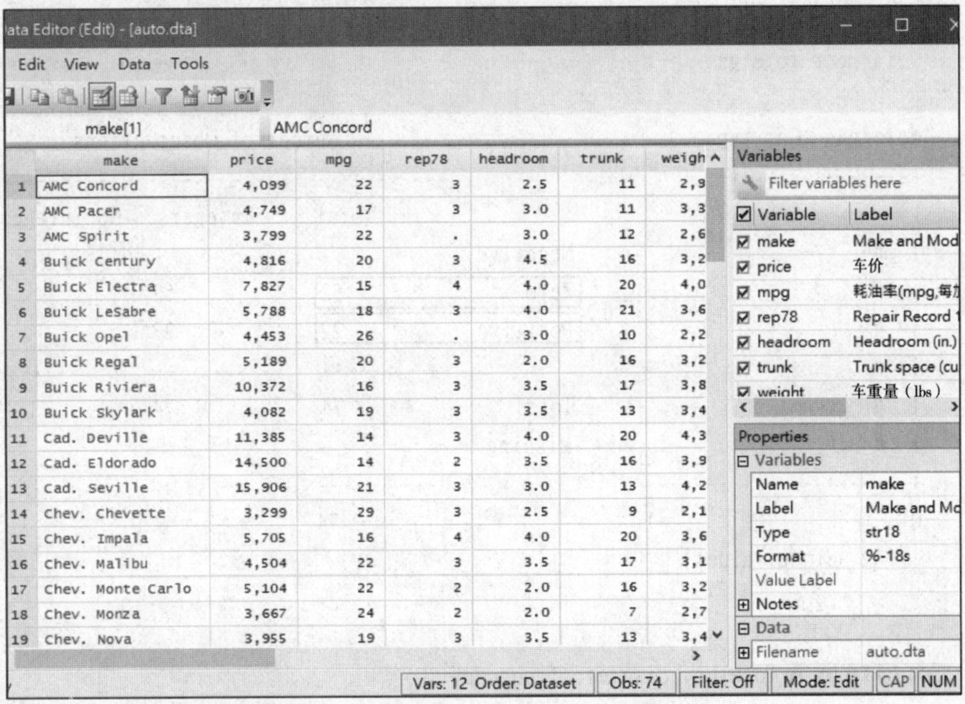

图 1-84　"auto.dta"文件内容（N=74 辆汽车）

观察数据的特征（见图 1-85）。

```
* 打开文件
. sysuse auto
. keep make mpg weight foreign
. describe


 obs:             74                          1978 Automobile Data
 vars:             4                          22 Oct 2017 16:05
 size:          1,702                          (_dta has notes)
--------------------------------------------------------------------------------
              storage   display    value
variable name   type    format     label      variable label
--------------------------------------------------------------------------------
make           str18    %-18s                  Make and Model
mpg            int      %8.0g                  耗油率（mpg，每加仑几英里）
weight         int      %8.0gc                 车重量（1bs.）
foreign        byte     %8.0g       origin     进口车吗
--------------------------------------------------------------------------------

. inspect foreign


foreign: Car type                                    Number of Observations
-----------------------                  ---------------------------------------

                                         Total      Integers   Nonintegers
 |  #                     Negative         -            -            -
 |  #                     Zero            52           52            -
 |  #                     Positive        22           22            -
 |  #                                  -----------  -----------  -----------
 |  #    #                Total          74           74            -
 |  #    #                Missing         -
 +-----------------------               -----------
0                       1                 74
   (2 unique values)



. histogram foreign, discrete frequency
```

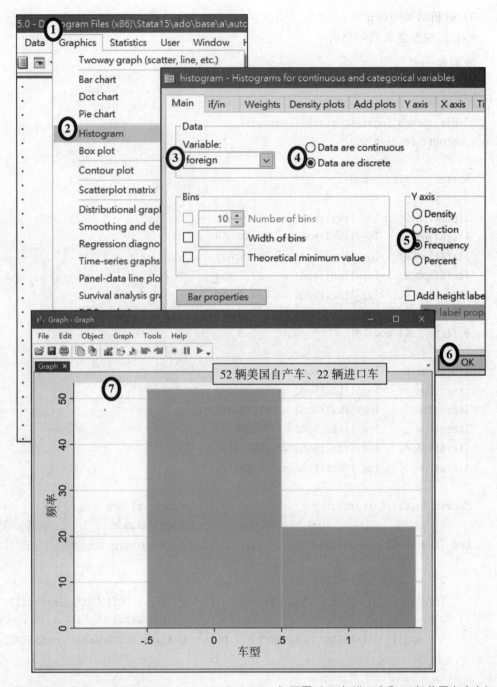

图1-85 "histogram foreign，discrete frequency" 页面（22 辆进口车和52 辆美国自产车）

由于 22 辆进口车（foreign=1）和 52 辆美国自产车（foreign=0）的比例悬殊，故改用偏态逻辑回归分析。

3）分析结果与讨论

Step 1. 偏态逻辑回归分析

* 打开文件
. sysuse auto

* Fit skewed logistic regression model
. scobit foreign mpg

Fitting logistic model:

```
Iteration 0:    log likelihood =  -45.03321
Iteration 1:    log likelihood = -39.380959
Iteration 2:    log likelihood = -39.288802
Iteration 3:    log likelihood =  -39.28864
Iteration 4:    log likelihood =  -39.28864
```

Fitting full model:

```
Iteration 0:    log likelihood =  -39.28864
Iteration 1:    log likelihood = -39.286393
Iteration 2:    log likelihood = -39.284415
Iteration 3:    log likelihood = -39.284234
Iteration 4:    log likelihood = -39.284197
Iteration 5:    log likelihood = -39.284196
```

```
Skewed logistic regression                  Number of obs    =        74
                                            Zero outcomes    =        52
Log likelihood =  -39.2842                  Nonzero outcomes =        22
```

```
------------------------------------------------------------------------
   foreign |    Coef.   Std. Err.     z    P>|z|   [95% Conf. Interval]
-----------+------------------------------------------------------------
       mpg | .1813879  .2407362    0.75   0.451   -.2904463    .6532222
```

```
    _cons |   -4.274883    1.399305    -3.06   0.002    -7.017471   -1.532295
----------+----------------------------------------------------------------------
 /lnalpha |   -.4450405    3.879885    -0.11   0.909    -8.049476    7.159395
----------+----------------------------------------------------------------------
    alpha |    .6407983    2.486224                      .0003193    1286.133
----------+----------------------------------------------------------------------
```

LR test of alpha=1: chi2(1) = 0.01   Prob > chi2 = 0.9249

Note: Likelihood-ratio tests are recommended for inference with scobit models.

（1）". scobit y x"命令对应的模型为：

$Pr(y_j \neq 0 | x_j) = 1-1/\{x+\exp(x_j\beta)\}^\alpha$

（2）本逻辑模型为：

$Pr(foreign=1) = F(\beta_0+\beta_1 mpg)$

式中，F（z）为累积正态分布：

$F(z) = 1-1/\{1+\exp(z)\}^\alpha$

（3）由于近似比检验，alpha 的 LR 检验=1：chi2（1）=0.01（p>0.05），故接受 H_0：本模型适合做偏态逻辑回归分析。

Step 2. 具有稳健标准误的偏态逻辑回归分析（见图1-86）

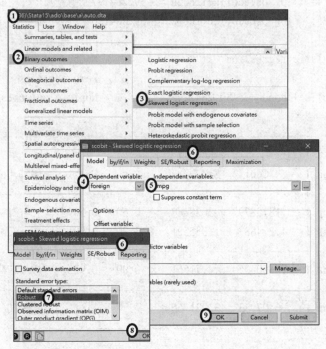

图 1-86　"scobit foreign mpg，vce（robust）"页面

注：Statistics>Binary outcomes>Skewed logistic regression

*打开文件
. sysuse auto

* Same as above, but specify robust standard errors

. scobit foreign mpg, vce(robust)
Fitting logistic model:

Iteration 0:   log pseudolikelihood = -45.03321
Iteration 1:   log pseudolikelihood = -39.380959
Iteration 2:   log pseudolikelihood = -39.288802
Iteration 3:   log pseudolikelihood = -39.28864
Iteration 4:   log pseudolikelihood = -39.28864

Fitting full model:

Iteration 0:   log pseudolikelihood = -39.28864
Iteration 1:   log pseudolikelihood = -39.286393
Iteration 2:   log pseudolikelihood = -39.284415
Iteration 3:   log pseudolikelihood = -39.284234
Iteration 4:   log pseudolikelihood = -39.284197
Iteration 5:   log pseudolikelihood = -39.284196

Skewed logistic regression   Number of obs   =   74
                                                 Zero outcomes   =   52
Log pseudolikelihood = -39.2842   Nonzero outcomes =   22

foreign	Coef.	Robust Std. Err.	z	P>|z|	[95% Conf. Interval]	
mpg	.1813879	.3028487	0.60	0.549	-.4121847	.7749606
_cons	-4.274883	1.335521	-3.20	0.001	-6.892455	-1.657311
/lnalpha	-.4450405	4.71561	-0.09	0.925	-9.687466	8.797385
alpha	.6407983	3.021755			.0000621	6616.919

有 vce（稳健）时，标准误差为 0.3028。可见稳健回归分析会增加自变量 mpg 约 25% 的标准误差（standard error）。没有 vce（稳健）时，标准误差为 0.241，其置信区间为 [−0.29，0.65]。

第2章 逻辑回归的诊断

  逻辑分析主要是建立统计模型，通过此模型根据所选择的自变量来预测因变量的期望值或可能值。回归诊断（diagnostics）是检验回归模型是否符合该回归的假定（assumptions）。不符合回归假定的分析则会产生有偏（bias）的估计。

  逻辑回归（logistic regression 或 logit regression）（logit model 也译作"评定模型""分类评定模型"）是离散选择模型之一，属于多元变量分析范畴，是社会学、生物统计学、临床医学、数量心理学、计量经济学、市场营销学等统计实证分析的常用方法（见图2-1）。

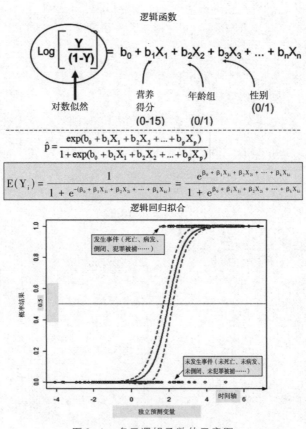

图2-1　多元逻辑函数的示意图

2.1 逻辑回归的假定

2.1.1 逻辑回归的变量独立不相关假定

1）逻辑分布的公式

$$P(Y = 1|X = x) = \frac{e^{x'\beta}}{1 + e_x'\beta}$$

其中，回归系数 β 用极大似然来估计。

2）变量独立不相关假定

自变量彼此独立的假定，指逻辑回归模型中的各个解释变量是独立不相关的。例如，一个新产品 D 被引入市场，有能力占有 20% 的市场。

Case 1. 如果满足变量独立不相关的假定，各个产品相互独立，互不关联。

新产品 D 占有 20% 的市场份额，剩下的 80% 在 A、B、C 之间按照 6∶3∶1 的比例分配，分别为 48%、24% 和 8%。

Case 2. 如果不满足变量独立不相关的假定，比如新产品 D 跟产品 B 几乎相同，则新产品 D 和产品 B 完全相关：新产品 D 夺去产品 B 的部分市场，占有总份额的 20%，产品 B 占有剩余的 10%，而产品 A 和 C 的市场份额保持 60% 和 10% 不变。这个推论是不正确的。

（1）满足变量独立不相关假定的优点

①可以获得每个未知系数的一致性参数估计。

②各个类别子集的一般化估计。

③节省计算机算法的计算时间。

④即使自变量数目很多的时候满足以上优点。

（2）变量独立不相关假定的检验

STaTa 有关变量独立不相关检验的命令包含：

asroprobit 命令：alternative-specific rank-ordered probit regression。

clogit 命令：conditional（fixed-effects）logistic regression。

hausman 命令：Hausman specification test。

nlogit 命令：nested logit regression。

suest 命令：seemingly unrelated estimation。

bayes：clogit 命令：Bayesian conditional logistic regression。

其中，Hausman 和 McFadden 提出的 Hausman 检验法，其范例见本书"2.1.2 横截面 Hausman 检验：OLS 与 2SLS 谁优？（hausman 命令）"。

（3）变量独立不相关问题的解决方法

①多项 probit 模型（mlogit、mprobit、asmprobit 命令）

②一般化极值模型的三种模型

A.嵌套逻辑模型（nestreg、nlogit、bayes：mecloglog、bayes：meglm、bayes：menbreg、bayes：meologit、bayes：mepoisson、bayes：meprobit、bayes：mixed 命令）

B.条件（固定效应）逻辑模型（clogit、asclogit、nlogit、rologit、slogit、bayes：menbreg、menbreg 命令）

C.广义分类逻辑模型（glm、binreg、gllamm、gmm、ivpoisson、nbreg 命令）

③混合效应逻辑模型（gllamm、bayes：mecloglog、bayes：meglm、bayes：meintreg、bayes：melogit 等命令）

3）二元因变量的选择模型有三类

因变量/被解释变量	统计量	组别比较	回归模型
1.连续变量 numerical	平均数 mean	t-test/ANOVA	线性回归
2.分类变量 categorical	百分比 percentage	chi-square test	逻辑回归
3.存活时间 persontime	KM 估计（survival curves）	log-rank test	Cox 回归

注：Cox 比例风险回归模型请见《生物医学统计：使用 STaTa 分析》一书。线性回归分析请见作者《STaT a 与高等统计分析》一书。

2.1.2　横截面豪斯曼（Hausman）检验：OLS 与 2SLS 谁优（hausman 命令）

为了验证考虑工具变量后的回归系数，是否为无偏的一致性估计量，对纳入工具变量前后的回归结果进行 Hausman 检验。检验结果可得到 Wald 卡方（Wald chi-square）值，若它显著大于零，则拒绝原假设 H_0，也即表明未纳入工具变量的回归系数虽然显著但却是有偏的估计量。因此，纳入工具变量后，才可得到无偏的一致性估计量。

STaTa 提供 Hausman 检验，有两个命令：

（1）hausman 命令：它是"reg、mlogit、probit…"回归的命令。

（2）xthtaylor 命令：它是"xtreg"panel 回归的命令。

xthtaylor 命令，主要是做误差成分模型的 Hausman-Taylor 估计。

若要证明两阶段回归比一阶段回归谁优，则要分两次做 Hausman 检验（见图 2-2）：

第 1 步：回归方程与 Hausman 选择"两阶段回归"检验，来证明两阶段回归确实更好。

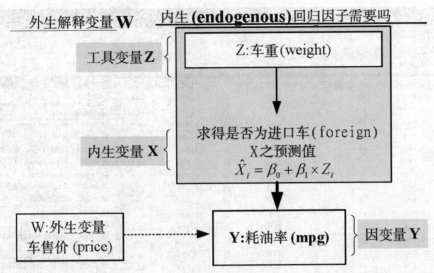

图2-2 预测进口车的 OLS 与 2SLS 哪个更优（hausman 命令）

第2步：选择方程与 Hausman 选择"两阶段回归"检验，也证明两阶段回归确实更好。

以上两者都获得证实之后，则可放心执行 ivgression、ivprobit、xtivreg、xtlogit 等命令的两阶段回归。

范例：预测汽车耗油率（mpg）因素，OLS 与 2SLS 哪个更优（hausman 命令）

Step 1. 预测线性回归（OLS）与 两阶段回归哪个更好的 Hausman 检验

Hausman 检验的范例（"hausman 某回归名称"命令）：先进行 OLS 回归，再进行 "heckman…，select" 回归，最后进行 Hausman 检验。

观察变量的特征（见图2-3）

本例是以车价（price）来预测该车的耗油率（mpg），试问此模型是否需要工具变量？

Step 1-1. 先做 OLS 回归当作对照组

命令为：regress mpg price

Step 1-2. 再做 "heckman …，select" 回归，将 select 纳入工具变量（见图2-4）

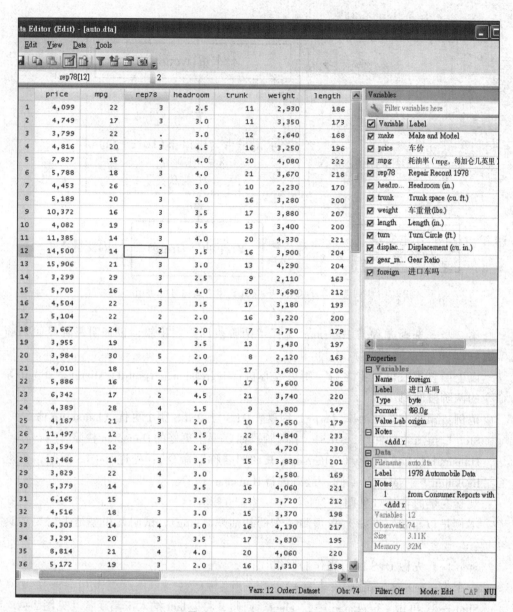

图2-3　"auto.dta"文件

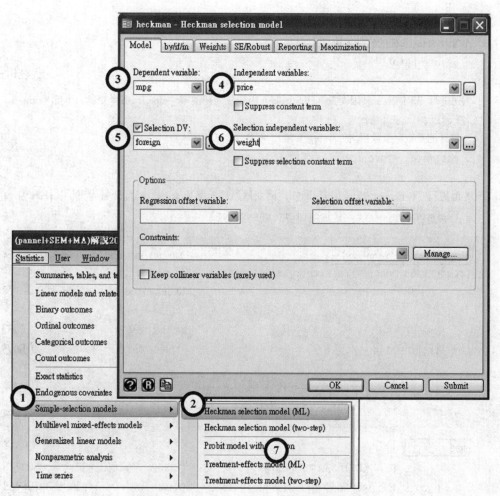

图 2-4 "heckman mpg price，select（foreign=weight）"页面

范例一：OLS 回归之后的 Hausman 检验

* 打开 stata 系统的文件 auto.dta

. sysuse auto

* 先进行"未纳入工具因变量" OLS 回归。因变量为耗油率（mpg）；解释变量为车价（price）。

. regress mpg price

* 估计的系数存至数据文件中 reg 变量

. estimates store reg

* 再进行"heckman…, select"回归。因变量为耗油率（mpg）；解释变量为车价（price）。

. heckman mpg price, select(foreign=weight)

```
Heckman selection model                       Number of obs    =        74
(regression model with sample selection)       Censored obs     =        52
                                               Uncensored obs   =        22

                                               Wald chi2(1)     =      3.33
Log likelihood = -94.94709                     Prob > chi2      =    0.0679

------------------------------------------------------------------------------
             |      Coef.   Std. Err.      z    P>|z|     [95% Conf. Interval]
-------------+----------------------------------------------------------------
mpg          |
       price |   -.001053    .0005769    -1.83   0.068    -.0021837    .0000776
       _cons |   34.05654    3.015942    11.29   0.000      28.1454    39.96768
-------------+----------------------------------------------------------------
foreign      |
      weight |   -.001544    .0003295    -4.69   0.000    -.0021898   -.0008983
       _cons |   3.747496    .8814804     4.25   0.000     2.019826    5.475166
-------------+----------------------------------------------------------------
     /athrho |  -.7340315    .5612249    -1.31   0.191    -1.834012    .3659491
     /lnsigma |  1.733092    .2358148     7.35   0.000     1.270904    2.195281
-------------+----------------------------------------------------------------
         rho |  -.6255256    .3416276                     -.9502171    .3504433
       sigma |   5.658124    1.334269                      3.564072    8.982524
      lambda |  -3.539301    2.633223                     -8.700324    1.621722
------------------------------------------------------------------------------
LR test of indep. eqns.  (rho = 0):   chi2(1) =       1.25   Prob > chi2 = 0.2629
```

1）在本例中，先进行"未纳入工具变量"OLS 回归，当作对照组

2）再执行"heckman…，select"回归，分析结果如下

（1）Step 1-1 回归方程的结果：mpg$_i$=34.06-0.001price$_i$+u$_1$。车价（price）对耗油率（mpg）的边际影响（marginal effect）为系数 −0.001，即车价（price）每增加 1 个单位，耗油率就下降 0.001 个单位。边际效果公式为：

$$\frac{\partial P(y = x|x)}{\partial x_c} = \frac{\exp(x\beta)}{[1 + \exp(x\beta)^2]} = \Lambda(x\beta)(1 - \Lambda(x\beta))\beta_c \text{（}x_c\text{的边际影响）}$$

$$\frac{\Delta P(y = x|x)}{\Delta x_b} = P(y = 1|x_{-b}, \ x_b = 1) - P(y = 1|x_{-b}, \ x_b = 0)\text{（}x_b\text{的离散变化）}$$

（2）Step 1-2 选择方程的结果：foreign$_i$=3.74-0.0015weight$_i$+u$_2$

（3）两个回归式残差"u$_1$ 与 u$_2$"的相关系数 ρ=−0.625。

（4）athrho 为 $\tan^{-1}(\rho) = \frac{1}{2}\ln\left(\frac{1 + \rho}{1 - \rho}\right) = -0.734$。

（5）此回归残差的标准误 σ=5.65。

（6）经济学家常以 lambda 值来判定"选择性效应"，本例选择性效应 λ=ρσ=−3.539。

（7）"LR test of indep. eqns."似然比，得到卡方值=1.25（p>0.05），故接受"Cov（u$_1$, u$_2$）= 0"即两个残差是独立的假定，也即回归方程残差 u$_1$ 与选择方程残差 u$_2$ 不相关。故选择方程"foreign$_i$=3.74 −0.0015weight$_i$+u$_2$"，其中 weight$_i$ 适合当作回归方程"mpg$_i$=34.06− 0.001price$_i$+u$_1$"的工具变量。

定义：F 检验

1）若原假设 H$_0$：β$_2$=0，β$_3$=1 成立，则真正的模型应该是

Y$_t$=β$_1$+X$_{3t}$+β$_4$X$_{4t}$+⋯+β$_k$X$_{kt}$+ε$_t$

我们将其称为限制性模型。我们如果要估计该模型，应该将其整理如下（以 Y$_t$−X$_{3t}$ 作为被解释变量）

Y$_t$−X$_{3t}$=β$_1$+β$_4$X$_{4t}$+⋯+β$_k$X$_{kt}$+ε$_t$

以 OLS 估计该限制性模型后，可以计算出其残差平方和 ESS$_R$。

2）相对于限制性模型，若原假设不成立时的模型称为未受限制的模型，亦即原始模型

Y$_t$=β$_1$+β$_2$X$_{2t}$+β$_3$X$_{3t}$+⋯+β$_k$X$_{kt}$+ε$_t$

以 OLS 估计未受限制的模型后，可以计算出其残差平方和 ESS$_U$。

3）检验统计量：F 统计量

$$F = \frac{(\text{ESS}_R - \text{ESS}_U)/r}{\text{ESS}_U/(T - k)} \sim F(r, \ T - k)$$

式中，r 代表限制式的个数，该例中 r=2。

4）检验的直觉

解释变量个数越多，残差平方和越小（R^2 越大）；因此受限制模型的残差平方和 ESS$_R$ 应该比未受限制模型的残差平方和 ESS$_U$ 大。若原假设是对的，则根据原假

设所设定的限制性模型，其残差平方和 ESS_R 应该与 ESS_U 差距不大（因此 F 统计量很小）；但是如果原假设是错误的，ESS_R 应该与 ESS_U 差距很大（F 统计量很大）。所以，如果所计算出的 F 统计量很大，就拒绝原假设；但若 F 统计量很小，就接受原假设。

定义：Wald 检验

Wald 系数检验：有时候限制性模型并不是很容易写出来，因此估计限制性模型较不容易，这时可用 Wald 系数检验。

1）改写限制式：通常我们可将限制式（原假设）写为

H_0: $R\beta=q$

式中，R 为 r×k 矩阵，q 为 r×1 向量，r 就是我们所说的限制条件个数。

例如：前例的原假设为 H_0: $\beta_2=0$，$\beta_3=1$，若我们令

$$R = \begin{pmatrix} 0 & 1 & 0 & 0 & \cdots & 0 \\ 0 & 0 & 1 & 0 & \cdots & 0 \end{pmatrix}, \quad q = \begin{pmatrix} 0 \\ 1 \end{pmatrix}$$

则可将原假设改写为 H_0: $R\beta=q$。

2）检验的直觉：若原假设 H_0: $R\beta=q$ 是正确的，则 $R\hat{\beta}-q$ 应该非常接近 0；若 $R\hat{\beta}-q$ 与 0 差距很大，代表原假设 H_0: $R\beta=q$ 是错误的。

3）检验统计量：由于 $\hat{\beta}\sim N(\beta, \sigma^2(X'X)^{-1})$，因此

$R\hat{\beta}\sim N(R\beta, \sigma^2 R(X'X)^{-1}R')$

若原假设 H_0: $R\beta=q$ 是正确的，则

$R\hat{\beta}\sim N(q, \sigma^2 R(X'X)^{-1}R')$

也即 $R\hat{\beta}-q\sim N(0, \sigma^2 R(X'X)^{-1}R')$

因此（这就是 r 个标准化后的正态变量的平方和）

$(R\hat{\beta}-q)(\sigma^2 R(X'X)^{-1}R')^{-1}(R\hat{\beta}-q)\sim\chi^2(r)$

而我们之前已经知道（未受限制模型的误差项方差估计）

$$\frac{(T-k)\hat{\sigma}^2}{\sigma^2}\sim\chi^2(T-k)$$

因此

$$\frac{[(R\hat{\beta}-q)'(\sigma^2 R(X'X)^{-1}R')^{-1}(R\hat{\beta}-q)]/r}{\dfrac{(T-k)\hat{\sigma}^2}{\sigma^2}/(T-k)}\sim F(r, T-k)$$

而等式左边即为

$$F = \frac{(R\hat{\beta}-q)'(\sigma^2 R(X'X)^{-1}R')^{-1}(R\hat{\beta}-q)}{r}\sim F(r, T-k)$$

这就是 Wald 检验统计量。

4）决策准则：设定显著性水平为 α，并确定临界值 $F_{1-\alpha}$（r，T-k）。

若 $F>F_{1-\alpha}$（r，T-k）就拒绝原假设，若 $F<F_{1-\alpha}$（r，T-k）就接受原假设。

Step 1-3. Hausman 检验，比较回归方程与工具变量 heckman 回归哪个回归更好（见图 2-5）

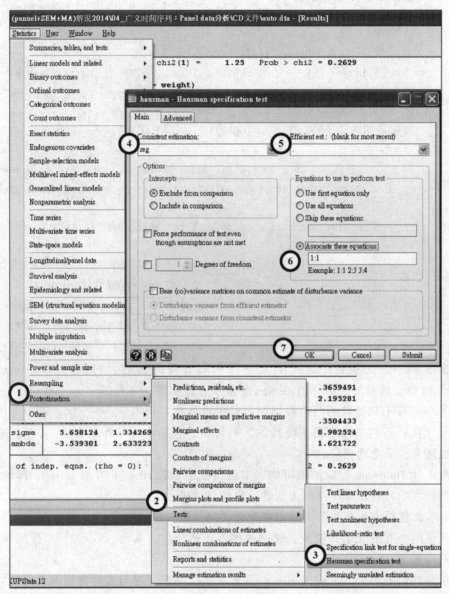

图 2-5　"hausman reg ., equation（1：1）"页面

* 设定"equations()"选项:to force comparison when one estimator uses equation names and the other does not

```
. hausman reg ., equation(1:1)
```

```
                 ---- Coefficients ----
            |      (b)           (B)            (b-B)      sqrt(diag(V_b-V_B))
            |      reg            .           Difference          S.E.
------------+------------------------------------------------------------------
      price |   -.0009192      -.001053        .0001339             .
------------------------------------------------------------------------------
```

                        b = consistent under Ho and Ha; obtained from regress
           B = inconsistent under Ha, efficient under Ho; obtained from heckman

    Test: Ho: difference in coefficients not systematic

              chi2(1) = (b-B)'[(V_b-V_B)^(-1)](b-B)
                      =   -0.06   chi2<0 ==> model fitted on these
                                     data fails to meet the asymptotic
                                     assumptions of the Hausman test;
                                     see suest for a generalized test

在本例中，先执行"无工具变量"回归方程的回归，再执行"heckman…，select"回归，接着对二者做 Hausman 检验以进行比较，来判断"无工具变量的回归方程"与"有工具变量的两阶段回归"哪个更适合，得出 $\chi^2_{(1)} = -0.06$，若卡方值<0，就接受"H_0：系数差异不是系统性的"的假设，表示本例采用后者："有工具变量"模型更适合；反之则相反。

由上述 Hausman 检验结果可知，本例接受原假设 H_0 且卡方值小于 0，即纳入工具变量的回归方程，才可得到无偏的一致性估计量。

Step 2. 选择方程与两阶段回归哪个更优呢：Hausman 检验

再试问，有或无工具变量，哪一种模型较适合用"车重（weight）来预测该车是否为进口车（foreign）"？

接着前面的例子，之前 Hausman 检验证实，回归方程与选择方程两者是独立的。之后，还要再单独检验选择方程的拟合优度。由于本例中选择方程的因变量 foreign 是二元变量，故先执行 probit 回归（概率单元回归），来当作 Hausman 检验的对照组。

Step 2-1. 先做 probit 回归当作 Hausman 检验的对照组（见图 2-6）

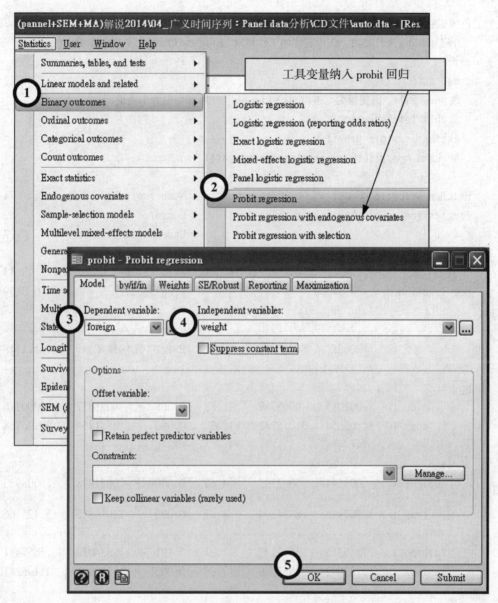

图 2-6   "probit foreign weight" 页面

Step 2-2. 再做 "heckman …，select" 回归，将 select 纳入工具变量

Step 2-3. 用 Hausman 检验比较选择方程的 probit 回归与工具变量 heckman 两阶段回归，看哪一个回归更好。

试问用车重（weight）当作进口车（foreign）的工具变量，此模型会比传统probit模型好吗？

范例二：Probit 回归之后的 Hausman 检验

* 开启 auto.dta 文件之前，先设定你的工作目录"File > Change Working Dictionary"

. use auto

* 做 probit 回归。因变量为"进口车吗（foreign）"；解释变量为车重量（weight）。

. probit foreign weight
. estimates store probit_y
. heckman mpg price, select(foreign=weight)

```
Heckman selection model                      Number of obs    =       74
(regression model with sample selection)     Censored obs     =       52
                                             Uncensored obs   =       22

                                             Wald chi2(1)     =     3.33
Log likelihood = -94.94709                   Prob > chi2      =   0.0679

------------------------------------------------------------------------------
            |     Coef.   Std. Err.      z    P>|z|    [95% Conf. Interval]
------------+-----------------------------------------------------------------
mpg         |
      price |  -.001053   .0005769    -1.83   0.068   -.0021837    .0000776
      _cons |  34.05654   3.015942    11.29   0.000    28.1454    39.96768
------------+-----------------------------------------------------------------
foreign     |
     weight |  -.001544   .0003295    -4.69   0.000   -.0021898   -.0008983
      _cons |  3.747496   .8814804     4.25   0.000    2.019826    5.475166
------------+-----------------------------------------------------------------
    /athrho |  -.7340315  .5612249    -1.31   0.191   -1.834012    .3659491
    /lnsigma |  1.733092   .2358148     7.35   0.000    1.270904    2.195281
------------+-----------------------------------------------------------------
        rho |  -.6255256  .3416276                     -.9502171    .3504433
      sigma |  5.658124   1.334269                      3.564072    8.982524
     lambda |  -3.539301  2.633223                     -8.700324    1.621722
------------------------------------------------------------------------------
LR test of indep. eqns. (rho = 0):   chi2(1) =      1.25   Prob > chi2 = 0.2629
```

（1）在本例中，先将"无工具变量"选择方程的概率回归当作对照组。

（2）再执行"heckman…，select"两阶段回归，分析结果为：

① Step 2-1. 做回归方程的逻辑回归模型为：

Pr（mpg）=F（34.06-0.001×price+u_1）

式中，F（·）为标准正态分布的累积分布函数。

在第一类错误 α=5% 的水平下，车辆价格（price）与耗油率（lfp）的概率呈负相关，即车子越贵，耗油率越低，车子价格每贵一个单位，耗油率就降0.001个单位。

② Step 2-2. 选择方程的结果：

Pr（foreign）=F（3.75-0.0015×weight+u_2）

③ 两个回归式残差"u_1 与 u_2"的相关性 ρ=-0.625。

④ athrho 为 $\tan^{-1}(\rho) = \frac{1}{2}\ln(\frac{1+\rho}{1-\rho}) = -0.734$。

⑤ 此回归残差的标准误 σ=5.65。

⑥ 经济学家常以 lambda 值来判定"选择效应"，本例中选择效应 $\lambda=\rho\sigma=-3.539$。

⑦ "LR test of indep. eqns." 似然比，得到卡方 =1.25（p>0.05），故接受"Cov（u_1，u_2）=0"即两个残差是独立的假定。

由上述 Hausman 检验结果可知，本例接受原假设 H_0 且卡方值<0，即考虑工具变量的选择方程的回归，才可得到无偏的一致性估计量。

```
*比较 :probit model and selection equation of heckman model
. hausman probit_y ., equation(1:2)


                ---- Coefficients ----
            |     (b)          (B)          (b-B)       sqrt(diag(V_b-V_B))
            |   probit_y        .          Difference        S.E.
------------+------------------------------------------------------------
   weight   |  -.0015049    -.001544       .0000391             .
------------------------------------------------------------------------

                b = consistent under Ho and Ha; obtained from probit
      B = inconsistent under Ha, efficient under Ho; obtained from heckman


  Test:  Ho:  difference in coefficients not systematic

           chi2(1) = (b-B)'[(V_b-V_B)^(-1)](b-B)
                   =    -0.78   chi2<0 ==> model fitted on these
                                data fails to meet the asymptotic
                                assumptions of the Hausman test;
                                see suest for a generalized test
```

Step 3. 正式进入：工具变量的两阶段回归（ivregress 2sls 命令）

等 Hausman 检验确定了两阶段回归比一阶段回归更好之后，再正式进行如下的 ivregress 命令。此 2SLS 模型为：

（1）因变量：汽车的耗油率（mpg）。

（2）外生解释变量（exogenous regressors）：车价（price）。

（3）工具变量：车重量（weight）。

（4）内生解释变量（endogenous regressors）：进口车（foreign）。两阶段回归分析命令如图 2-7 所示。

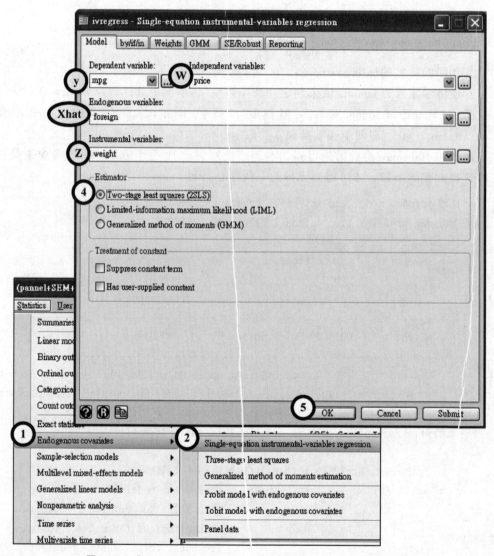

图 2-7　"ivregress 2sls mpg price（foreign=weight）" 页面

```
. use auto, clear

. ivregress 2sls mpg price (foreign = weight)
```

Instrumental variables (2SLS) regression

Number of obs   =   74
Wald chi2(2)   =   57.84
Prob > chi2   =   0.0000
R-squared   =   0.1644
Root MSE   =   5.2527

mpg	Coef.	Std. Err.	z	P>|z|	[95% Conf. Interval]	
foreign	11.26649	1.818216	6.20	0.000	7.702849	14.83012
price	-.0010048	.0002089	-4.81	0.000	-.0014142	-.0005954
_cons	24.14267	1.493853	16.16	0.000	21.21478	27.07057

Instrumented: foreign
Instruments: price weight

含工具变量的2SLS分析结果：

$mpg_i = 24.14_i + 11.27foreign_i - 0.001price_i + \varepsilon_i$

耗油率$_i$ = 24.14$_i$ + 11.27进口车吗$_i$ − 0.001车价$_i$ + ε_i

2.2　误差假定

模型的假定（model specification）是指该模型对自变量的选择是否最优。（应纳入模型的变量有遗漏吗？不相关变量已排除了吗？）

2.2.1　多元（复）线性回归诊断的重点整理

（1）利用OLS（ordinary least squares，最小二乘估计法）来做多元回归是社会学研究中最常用的统计分析方法。利用此法的基本条件是因变量是一个分类变量（等距尺度测量的变量），而自变量的类型则无特别的限制。当自变量为分类变量时，您可根据类别数目（k）建构k−1个数值为0与1的虚拟变量（dummy variable）来代表不同的类别。因此，如果能适当地使用，多元回归分析是一个相当有力的工具。

（2）多元回归分析主要有三个步骤：

Step 1. 利用单变量和双变量分析来检验各个准备纳入回归分析的变量是否符合

OLS 线性回归分析的基本假设。

Step 2. 选定回归模型，并评估所得到的参数估计和拟合优度检验（goodness of fit）

Step 3. 在考虑所得到的回归分析结果前，应做残差（residuals）的诊断分析。但通常您要先确定回归模型的假设（specification）是否恰当，然后再做深入的残差值分析

（3）回归分析的第一步是——检验每个即将纳入回归分析模型的变量。首先，您必须确定因变量有足够的可变性（variability），而且接近正态分布（回归系数的估计并不要求因变量是正态分布，但对此估计做假设检验时，则要求残差值为正态分布。而因变量离正态分布的状态很远时，残差值不是正态分布的可能性增大）。其次，各自变量也应该有适当的可变性，并且要了解其分布的形状和异常值（outlying cases; outliers）。

此时可用直方图（histogram）和正态的 P-P（probability plot，概率图）等来检验因变量是否拒绝其为正态分布的假设，以及是否有异常值。同样，您可用直方图和其他单变量的统计来检验各个自变量的分布形状以及异常值等。

（4）做双变量相关的分析，其主要目的是检验变量之间的关系是否为线性（linearity）和是否为共线性（collinearity）。最基本的做法是看双变量相关矩阵。如果因变量与自变量之间的关系很弱或比自变量之间的相关性弱的话，就应质疑所设定的多元回归模型是否合适。检验自变量与因变量之间是否为线性的基本做法是看双变量之间的散点图（scatter plot）。目前比较好的做法是在控制其他自变量后，再看某一自变量与因变量之间的部分线性关系（partial linearity）。线性关系是回归分析重要的假定（assumption），而且指的是自变量与因变量之间的部分线性关系。不用太关心自变量之间是否为线性关系，但如果对自变量之间关系的假定有误，也会导致对虚假关系不适当的控制和解释上的错误。探索自变量与因变量间部分线性关系的方式是在控制其他自变量后，逐一检验某一自变量并进一步加入此自变量的平方，看看两个回归模型是否有显著的差异。如果有的话，则此自变量与因变量间的关系并不是线性关系。

分析自变量与因变量间是否为线性关系时，除了可以将该自变量的平方加入回归分析外，也可将该自变量做对数转换（log transformation），如将个人的收入做对数转换处理。但究竟如何处理是适当的，要以理论为基础。

（5）在决定回归分析的模型后，应进一步检验自变量间是否有多元共线性（multicollinearity）的问题，也就是自变量间是否有高度相关的问题。如果自变量间高度相关的话，会影响到对回归系数的假设检验。其中，可以用因素分析来检查自变量间是否有多元共线性，或者逐一对某一自变量（当成因变量）和所有其他自变量做多元回归分析。

STaTa 所提供的共线性的统计量包括 tolerance、VIF（variance inflation factor）和 condition index 等。这些统计是有关联性的。例如，tolerance 与 VIF 就是互为倒数，

tolerance 越小，表示该自变量与其他自变量间的共线性越高或几乎是其他自变量的线性组合。STaTa 共线性诊断的命令如下，包括：

orthog 命令：计算正交变量（Orthogonalize variables and compute orthogonal polynomials）。

_rmcoll 命令：去除共线性变量（Remove collinear variables）。

_check_omit 命令：检查共线性（Programmer's utility for checking collinearity behavior）。

_rmcoll2list 命令：检查两个变量列表的共线性（Check collinearity in union of two lists of variables）。

_rmcollright 命令：从回归式右边删除共线变量（Remove collinear variables from the right）。

（6）如果自变量是分类变量，您可以将这些类别一一建构成为虚拟变量。根据类别数目（k），建构 k-1 个虚拟变量即可。例如，性别有两类，因此需建构一个虚拟变量。如果受访者为男性，则其"男性"变量为1；如为女性，则该变量为0。同理，如果一个分类变量有四类，如血型分成 A、B、O、AB 四个区，则可将此分类变量建构成 "B"、"O" 及 "AB" 等三个虚拟变量。当受访者在 A 区时，其他三个虚拟变量的值都是0。至于将哪个类别作为参考类别（reference category），也就是不建构为虚拟变量的类别，通常选择次数最多的类别。当然也可依理论或研究假设的需要，来考虑将哪个类别作为参考类别。当将这些虚拟变量纳入回归模型后，个别虚拟变量的回归系数（如果统计显著的话）就是此虚拟变量所代表的类别与参考类别在截距上的差距。如果假设此分类变量对因变量的影响，不只是在截距上不同，且会有不同的斜率，也就是与另一个自变量间有交互作用（interaction），则需要进一步将虚拟变量与另一个自变量相乘而形成一个新变量（如"男性×受教育年数）。然后将原来的两个自变量及此新变量一起纳入回归分析中。如果此新变量的回归系数显著的话，则其意义是与虚拟变量相乘的自变量（如受教育年数）对因变量的影响会因虚拟变量所代表的类别不同（如性别）而有不同的斜率（影响力）。例如，当受教育年数对收入的影响在男性中比在女性中大时，则回归分析结果可能一方面表现在"男性"这一虚拟变量的正向系数显著，表示在受同样年数教育的条件下，男性的起薪比女性高；另一方面也表现在"男性×受教育年数"的正向系数显著，表示男性每年受教育所获得的收入回报大过女性。

此外，当假设自变量与因变量的关系为 U 形时，或因变量会随自变量的数值增大而变化趋缓时，可建构一个自变量的平方，将此自变量及其平方一起纳入模型，如果此平方的变量显著，则可认为此自变量对因变量的影响不是线性的。

（7）如果回归分析是建立在一个因果模型上，那么可进行多元回归分析。可逐一将自变量加入回归模型中，然后观察不同阶段的回归模型的整体解释力和各个自变量解释力的变化。

（8）严谨的回归分析是要进一步对残差做检验后才报告分析所得到的结果。残差值是将其自变量的数值代入回归模型中计算因变量的预测值，然后将实际观察到的值与此预测值相减后得到残差值。对残差值的诊断主要有两项。

①影响诊断：此诊断要看的是有无一些异常的样本可能对回归模型的估计造成不当的影响，并放大标准误差。特别是当样本数较小时。在 STaTa 的回归分析 Save 的选项中，可将标准化处理后的残差值（standardized residuals）储存起来。STaTa 也会将标准化的残差值大于 3 的样本 ID 报告出来。如果此类样本数目不多的话（根据概率，每 100 个标准化的残差值中会有 5 个残差值的 z 值大于 2），那就可以说是没有异常样本影响回归模型估计的问题。

②正态性与异方差性：OLS 回归分析假定预测函数（prediction function）的不同水平的残差值是正态分布，而且方差是相同的。因此，可利用单变量的分析来检验预测值和残差值是否为正态分布，两者间是否存在相关性（根据假定回归模型的残差项应和自变量间没有相关性），以及残差值在预测函数的各水平下是否有相同的方差。

2.2.2 线性回归的诊断（见图2-8）

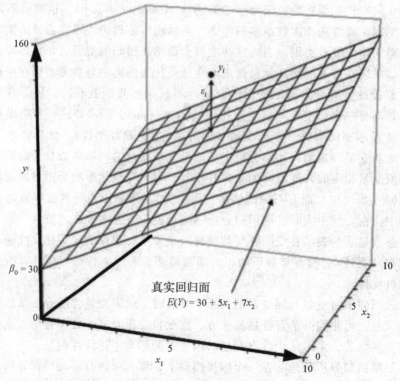

图 2-8　多元回归的示意图

多元回归，又称复回归（multiple regression model），其模型为：

$$y = \beta_0 + \beta_1 X_1 + \beta_2 X_2 + \cdots + \beta_k X_k + e$$

①模型的参数 β_k 对每个观察值而言都是相同的。

② β_k：当 X_k 增加1个单位时，其他所有变量均保持不变时的 E（y）变动。

多元回归分析的假定（assumptions）包括：

（1）回归系数是线性的（linearity）：预测变量和因变量之间是线性关系，即回归系数 β_k 是一次方（见图2-9）。

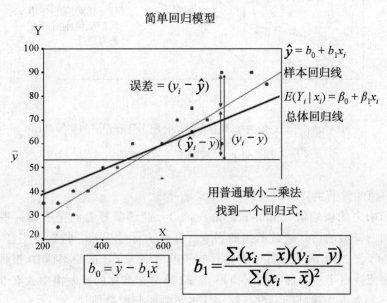

图2-9　预测变量和因变量之间是线性关系

（2）正态性（normality）：OLS 是假定（assume）e_i 为正态分布，$e_i \sim N（0，\sigma^2）$ 或 $y_i \sim$ 正态分布，平均值为0，方差为 σ^2。

（3）同方差（homogeneity of variance（homoscedasticity））：残差 $e_i = Y_i - \hat{Y}_i$ 是观测值 Y_i 与预测值之间的差。回归分析的先决条件就是，方差应该是常数（恒定的）。

Var（e_i）$=\sigma^2$ 同方差。

每组残差项的方差均相等，而每一组的方差实际上是指在 "$X=x_i$" 条件下 Y 的方差，因此 σ^2 也可以表示为 $\sigma^2_{Y|X}$。

（4）误差独立性（independence）：每一个观察值的误差，应与其他观察值的误差不相关。e_i 彼此不相关，即 Cov（e_i，e_j）$=0$。

图2-10为方差同质性的示意图。

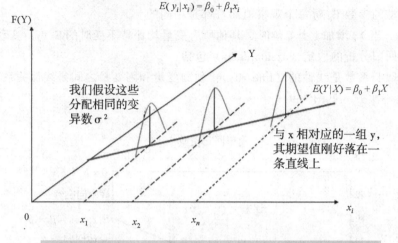

假设在总体中，对于每一个 x_i 值而言，其相对应的 y_i 值遵循某种概率分布，且期望值为

$$E(y_i|x_i) = \beta_0 + \beta_1 x_i$$

每一个对应于 x_i 值的 y_i 不但为常态分配，且有相同的变异数 σ^2

图2-10　方差同质性的示意图

对残差值的诊断主要有两项：

①有影响力的极端值（influence diagnosis）：此诊断要看的是有无一些异常的样本可能对回归模型的估计造成不当的影响，并放大标准误差，特别是当样本较小时。STaTa 列表命令"if"选项可将标准化后的残差值中大于 3 的观察值 ID 报告出来。如果此类观察值数目不多的话（根据概率，每 100 个标准化的残差值中会有 5 个残差值的 z 值大于 2），那么就可以说没有异常样本影响回归模型估计。

②正态性与异方差性：可利用单变量的分析来检验预测值和残差值是否为正态分布两者间是否存在相关性（根据假定，回归模型的残差项应和自变量之间没有相关性），以及残差值在预测函数的各水平下是否有相同的方差。在 STaTa 的回归分析中也是利用 predictive 命令将 predicted values（预测值）和 residuals（残差值）储存后做进一步的分析，或者也可直接利用 Plots 内的选项来做这些检验的工作。

（5）model specification（模型假定）：该模型应当进行假定。（应纳入模型的变量有遗漏吗？不相关变量已经排除了吗？）

（6）collinearity（线性相关）：预测变量之间若存在高度共线性，回归系数将是有偏估计。

STaTa 线性回归的诊断法已提供许多图形法和统计检验法。关于"OLS线性回归的诊断"，STaTa 提供的命令如下：

（1）检验线性回归是否有异常观察值

命令	统计功能
predict	用于创建预测值、残差和影响度量
rvpplot	绘制残差与预测变量的图
rvfplot	绘制残差与拟合值的图
lvr2plot	绘制杠杆值与残差平方的图
dfbeta	计算线性模型中所有自变量的DFBETAs
avplot	绘制添加变量图，又称为偏回归图

（2）残差正态性（normality of residuals）的检验

kdensity	生成有正态分布曲线叠加的核密度图
pnorm	绘制标准正态概率图（P-P）
qnorm	绘制QQplot
iqr	正态性检验和异常值识别
swilk	执行Shapiro-Wilk正态分布检验

（3）异方差性（heteroskedasticity）的检验

rvfplot	绘制残差与拟合值的图
hettest	执行Cook和Weisberg异方差性检验
whitetst	计算White广义异方差性检验

（4）共线性（multicollinearity）的检验

vif	计算线性模型中自变量的方差膨胀因子（VIF）
collin	计算方差膨胀因子和其他多重共线性诊断指标

（5）非线性（non-linearity）的检验

acprplot	绘制残差图
cprplot	绘制成分残差图

（6）模型假定的检验

linktest	执行用于模型假定的联合检验
ovtest	执行用于遗漏变量的回归假定误差测试（RESET）

STaTa 提供逻辑回归诊断的后续命令，其语法如下：

```
    predict [type] newvar [if] [in] [, statistic nooffset rules asif]

    statistic              Description

    Main
      pr                   probability of a positive outcome; the default
      xb                   linear prediction
      stdp                 standard error of the prediction
    * dbeta                Pregibon (1981) Delta-Beta influence statistic
    * deviance             deviance residual
    * dx2                  Hosmer, Lemeshow, and Sturdivant (2013) Delta chi-squared
                             influence statistic
    * ddeviance            Hosmer, Lemeshow, and Sturdivant (2013) Delta-D influence
                             statistic
    * hat                  Pregibon (1981) leverage
    * number               sequential number of the covariate pattern
    * residuals            Pearson residuals; adjusted for number sharing covariate
                             pattern
    * rstandard            standardized Pearson residuals; adjusted for number sharing
                             covariate pattern
      score                first derivative of the log likelihood with respect to xb

    Unstarred statistics are available both in and out of sample; type predict ... if
    e(sample) ... if wanted only for the estimation sample.  Starred statistics are
    calculated only for the estimation sample, even when if e(sample) is not
    specified.
    pr, xb, stdp, and score are the only options allowed with svy estimation results.
```

2.2.3 逻辑回归的假定适当吗？优质办校的因素（logit、boxtid、linktest 命令）

模型假定（model specification）是指该模型应有适当的假定。（应纳入模型的变量有遗漏吗？不相关变量已经排除了吗？）

为了使逻辑回归的分析有效，模型必须满足逻辑回归的假定（assumption）。当逻辑回归分析的假定不能满足时，可能会遇到诸如系数估计有偏或逻辑回归系数有非常大的标准误差等问题，这些问题可能导致无效的统计推断。

因此，在使用模型进行统计推断之前，就需要检查一下模型是否足够好，并检查影响系数估计值的因素。在本章中，将重点介绍如何评估模型的拟合优度，如何诊断模型中的潜在问题，以及如何识别对模型拟合优度或参数估计有显著影响的观察值。

先来回顾一下逻辑回归假定。

（1）真实条件概率是自变量的逻辑函数（The true conditional probabilities are a logistic function of the independent variables）。

（2）没有重要的变量被忽略（No important variables are omitted）。

（3）没有纳入不该有的额外变量（No extraneous variables are included）。

（4）自变量的测量没有误差（The independent variables are measured without error）。

（5）观察值彼此互相独立（The observations are independent）。

（6）自变量不是其他变量的线性组合：共线性（The independent variables are not linear combinations of each other）。

范例：逻辑模型假定适当吗？（logit、linktest 命令）

当建立逻辑回归模型时，假设因变量的对数是自变量的线性组合（linear combination）。这涉及两个方面，即逻辑回归等式的左右双方。首先，考虑方程左侧是因变量的连接函数。假设逻辑函数（逻辑回归）的标准误差（se）是正确的。其次，在方程的右边，假设已经包括了所有相关变量，且没有包括不应该纳入模型中的任何变量，逻辑函数是预测变量的线性组合。但可能发生的是，逻辑函数作为连接函数不是正确的选择，或者因变量与自变量之间的关系不是线性关系。在这两种情况下，都有一个误差假定（specification error）。与使用其他替代连接功能选项（如概率（基于正态分布）相比，连接函数的错误通常不会太严重。在实际中，更关键的是模型是否具有所有相关的预测因子，并且它们的线性组合是否足够。

STaTa linktest 命令可用于检验模型的误差假定（specification error），它是 logit 或 logistic 命令的后续命令。其背后的想法是，如果模型的假定正确，那么不能找到其他统计意义上显著的预测因子。本例执行 logit 或 logistic 命令之后，linktest 再使用线性预测值及线性预测值的平方当作预测因子来重建模型。

预测值在统计意义上应当是显著的预测因子，否则您假定的模型是错误的。同时，假如您的模型被正确地假定，预测值的平方不应该有很多预测能力。因此，如果预测值的平方是显著的（p<0.05），那么 linktest 也会是显著的，这意味着您已经省略了相关的自变量，或者您的连接函数没有被正确地假定。

1）问题说明

本例主要是了解优质办校的影响因素有哪些（分析单位：学校），研究者收集数据并整理成下表，此 "apilog.dta" 文件内容的变量如下所示。

变量名称	说明	编码 Codes/Values
被解释变量/因变量：hiqual	优质学校吗	0，1（二元数据）
解释变量/自变量：yr_rnd	全年制学校吗（Year Round School）	0，1（二元数据）
解释变量/自变量：meals	免费餐的学生比例（pct free meals）	0~100%
解释变量/自变量：cred_ml	合格教师比例（Med vs Lo）	0，1（二元数据）
解释变量/自变量：awards	有资格获得奖励吗（eligible for awards）	0，1（二元数据）

2）文件的内容

"apilog.dta"文件内容如图2-11所示。

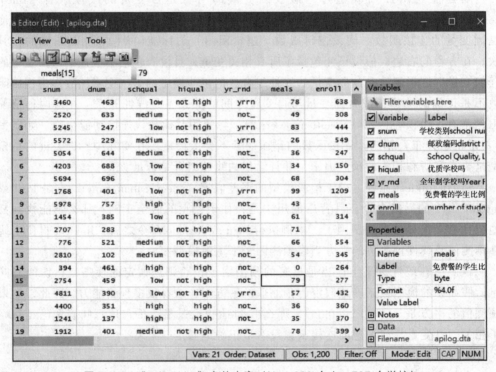

图2-11 "apilog.dta"文件内容（N=1 200个人，707个学校）

3）观察数据的特征

* 打开文件

. use apilog.dta, clear

. des hiqual yr_rnd meals cred_ml awards

```
              storage  display    value
variable name  type    format     label      variable label
--------------------------------------------------------------------
hiqual         byte    %9.0g      high       优质学校吗
yr_rnd         byte    %4.0f      yr_rnd     全年制学校吗 Year Round School
meals          byte    %4.0f                 免费餐的学生比例 pct free meals
cred_ml        byte    %9.0g      ml         合格教师比例, Med vs Lo
awards         byte    %7.0g      awards     有资格获得奖励吗 eligible for awards
```

3）分析结果与讨论

Step 1. 在 "apilog.dta" 文件中，cred_ml 自变量是 707 所学校合格教师等级是中或低的百分比

对于这个学校的人群，变量 yr_rnd、meals 和 cred_ml 是 api 分数（api 连测二年，再分成因变量 hiqual，其中可分成 high、not_high 两类）的预测因素。故采用 logit 命令及后续命令 linktest（见图 2-12）。

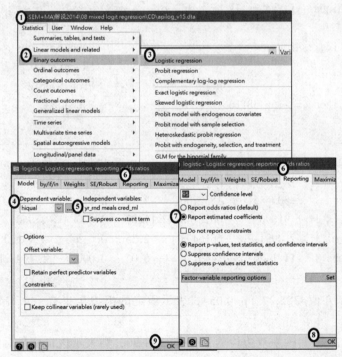

图 2-12　"logistic hiqual yr_rnd meals cred_ml，coef" 页面

```
* 打开文件
. use apilog.dta, clear
* STaTa 新命令为 logistic；旧命令为 logit
* model 1
. logistic hiqual yr_rnd meals cred_ml, coef

Logistic regression                              Number of obs   =      707
                                                 LR chi2(3)      =   385.27
                                                 Prob > chi2     =   0.0000
Log likelihood = -156.38516                      Pseudo R2       =   0.5519

------------------------------------------------------------------------------
      hiqual |     Coef.    Std. Err.      z     P>|z|    [95% Conf. Interval]
-------------+----------------------------------------------------------------
      yr_rnd | -1.185658    .5016301    -2.36    0.018    -2.168835   -.2024809
       meals | -.0932877    .0084252   -11.07    0.000    -.1098008   -.0767746
     cred_ml |  .7415144    .3152037     2.35    0.019     .1237266    1.359302
       _cons |  2.411226    .3987573     6.05    0.000     1.629676    3.192776
------------------------------------------------------------------------------

* 改印 OR 值
. logit hiqual yr_rnd meals cred_ml, or

Logistic regression                              Number of obs   =      707
                                                 LR chi2(3)      =   385.27
                                                 Prob > chi2     =   0.0000
Log likelihood = -156.38516                      Pseudo R2       =   0.5519

------------------------------------------------------------------------------
      hiqual | Odds Ratio  Std. Err.      z     P>|z|    [95% Conf. Interval]
-------------+----------------------------------------------------------------
      yr_rnd |  .3055451    .1532706    -2.36    0.018     .1143107    .8167021
       meals |  .9109314    .0076748   -11.07    0.000     .8960126    .9260986
     cred_ml |  2.099112    .6616478     2.35    0.019     1.131706    3.893475
       _cons |  11.14762    4.445194     6.05    0.000     5.102221    24.35594
------------------------------------------------------------------------------
```

（1）LR 卡方值=385.27（p<0.05），表示假定的模型至少有一个解释变量的回归系数不为 0。

（2）在报表"z"栏中双边检验下，若 |z|>1.96，则表示该自变量对因变量有显著

影响。|z| 值越大，表示该自变量与因变量的相关性（relevance）越高。

（3）Logit 系数 "Coef." 栏中是 log-odds（对数概率）单位，所以不能用 OLS 回归系数的概念来解释。

（4）逻辑回归式为：

$$\ln\left(\frac{P(Y = 1|X = x)}{P(Y = 0|X = x)}\right) = \alpha + \beta_1 x_1 + ... + \beta_k x_k$$

$$\ln\left(\frac{P_{high\_qulity}}{1 - P_{high\_qulity}}\right) = 2.41 - 1.185 \times yr\_rnd - 0.093 \times meals + 0.742 \times cred\_m1$$

三个预测因子都是具有统计上显著差异的预测因子。上述回归方程式可解释为，在控制其他自变量的影响后，全年制学校 "yr_rnd=1" 成为高质量 api 的胜算比是非全年制学校 "yr_rnd=0" 的 0.3055（$=\exp^{-1.185}$）倍，且有统计上显著的差异（p=0.018）。

在控制其他自变量的影响后，吃免费餐的学生比例（meals）每增加 1 个单位，成为高质量 api 的胜算比降为原来 0.910（$=\exp^{-0.0930}$）倍，且达到统计上的显著差异（p=0.000）。

"中度" 合格教师比例的学校（cred_ml=0）其学生 api 质量的胜算比是 "低度" 合格教师比例（cred_ml=1）的 2.099（$=\exp^{0.7415}$）倍，且有统计上的显著差异（p=0.019）。

（5）logit 以最大似然（maximum likelihood）来估计二元因变量的逻辑模型。

Step 2. linktest 命令主要是 specification link test for single-equation models

```
. linktest, nolog
```

```
Logistic regression                              Number of obs   =        707
                                                 LR chi2(2)      =     391.76
                                                 Prob > chi2     =     0.0000
Log likelihood = -153.13783                      Pseudo R2       =     0.5612

------------------------------------------------------------------------------
    hiqual |      Coef.   Std. Err.      z    P>|z|     [95% Conf. Interval]
-----------+------------------------------------------------------------------
      _hat |   1.209837   .1280198     9.45   0.000     .9589229    1.460751
    _hatsq |   .0735317   .0265482     2.77   0.006     .0214983    .1255651
     _cons |  -.1381412   .1636432    -0.84   0.399    -.4588759    .1825935
------------------------------------------------------------------------------
```

（1）预测值理应是具有统计学上显著差异的预测因子，否则假定的模型就是错误的。同时，假如模型被正确地假定，预测值平方不应该有很多预测能力。因此，如果预测值平方是显著的（p<0.05），那么 linktest 也会是显著的，这意味着已经省略了

相关的自变量，或者连接函数没有被正确地假定。

（2）在本例中，三个预测因子都是具有统计上显著差异的预测因子。预测值平方的 z 值（=0.0735）也是显著的（p<0.05），表示可能省略了相关的自变量，或者连接函数没有被正确地假定。纠正这种情况的第一步就是检查是否包含了所有相关的变量。通常我们会认为模型已经包含了所有的变量，但是却忽略了一些预测变量之间可能的交互作用（interactions）。

Step 3. 所以我们试图在模型中添加一个交互项，建立一个交互变量 "ym=yr_rnd *meals"，并将其添加到模型中，然后再次尝试 linktest

* model 2 添加交互项「ym = yr_rnd * meals」
. gen ym=yr_rnd*meals

. logit hiqual yr_rnd meals cred_ml ym , nolog

```
Logistic regression                             Number of obs   =        707
                                                LR chi2(4)      =     390.13
                                                Prob > chi2     =     0.0000
Log likelihood = -153.95333                     Pseudo R2       =     0.5589
```

hiqual	Coef.	Std. Err.	z	P>|z|	[95% Conf. Interval]
yr_rnd	-2.816989	.8625013	-3.27	0.001	-4.50746 -1.126517
meals	-.1014958	.0098204	-10.34	0.000	-.1207434 -.0822483
cred_ml	.7795475	.3205748	2.43	0.015	.1512325 1.407863
ym	.0459029	.0188068	2.44	0.015	.0090422 .0827635
_cons	2.668048	.429688	6.21	0.000	1.825875 3.510221

. linktest

```
Logistic regression                              Number of obs    =        707
                                                 LR chi2(2)       =     390.87
                                                 Prob > chi2      =     0.0000
Log likelihood = -153.58393                      Pseudo R2        =     0.5600

--------------------------------------------------------------------------
    hiqual |     Coef.    Std. Err.      z     P>|z|    [95% Conf. Interval]
-----------+--------------------------------------------------------------
      _hat |   1.063142   .1154731     9.21    0.000    .8368188    1.289465
    _hatsq |   .0279257   .031847      0.88    0.381   -.0344934    .0903447
     _cons |  -.0605556   .1684181    -0.36    0.719   -.390649     .2695379
--------------------------------------------------------------------------
```

（1）本模型添加交互项"ym=yr_rnd * meals"之后，预测值是显著的，预测值平方不显著，且 4 个自变量的系数都是显著的，表示假定模型是正确的。

（2）比较 model 1 和 model 2。

model 1 为：

logit（hiqual）=2.4112-1.1856*yr_rnd -.09328* meals+0.74151*cred_ml

logit（api 高分吗）=2.4112-1.1856* 全年制学校比例-0.09328* 免费餐的学生比例+0.74151* 合格教师比例

model 2 为：

logit（hiqual）=2.6680-2.8169*yr_rnd-0.10149 * meals+0.77954*cred_ml+0.04590 * ym

logit（api 高分吗）=2.6680-2.8169* 全年制学校比例-0.10149* 免费餐的学生比例+0.77954* 合格教师比例+0.04590*ym 交互作用项

（3）交互作用项 ym 的系数（z=2.44，p<0.05）表示吃免费餐的学生比例（meals）会影响 api 高分的效果，受到学校是否为全年制（yr_rnd）的影响。更确切地说，如果该学校不是全年制学校，meals 对因变量 hiqual 的逻辑影响是-0.10149；相反，如果该学校是全年制学校，meals 对因变量 hiqual 的影响是-0.10149+0.04590=-0.05559。这个现象是合理的，因为全年制学校的免费或低价餐的比例（meals）通常会高于非全年制学校。因此，在全年制学校里，meals 不再像普通学校那么有影响力。这表示，如果没有正确地选择模型，meals 自变量的参数估计是有偏的（bias）。

Step 4. linktest 命令有时不是很好的工具，须以理论为基础来建模

我们需要记住，linkest 只是辅助检验模型的工具，它仍有局限性。如果我们用一个理论来指导我们的建模，则我们要根据理论来检验我们的模型，有理论支持的模型会更好。

我们来看另一个例子，linktest 命令就不是很好的工具。我们将 yr_rnd 和 awards 当作预测因子，建立一个模型来预测因变量 hiqual。

. logit hiqual yr_rnd awards

```
Logistic regression                          Number of obs   =     1,200
                                             LR chi2(2)      =    115.15
                                             Prob > chi2     =    0.0000
Log likelihood = -699.85289                  Pseudo R2       =    0.0760
```

hiqual	Coef.	Std. Err.	z	P>|z|	[95% Conf. Interval]
yr_rnd	-1.75562	.2454361	-7.15	0.000	-2.236666	-1.274574
awards	.9673149	.1664374	5.81	0.000	.6411036	1.293526
_cons	-1.260832	.1513874	-8.33	0.000	-1.557546	-.9641186

. linktest

```
Logistic regression                          Number of obs   =     1,200
                                             LR chi2(2)      =    115.16
                                             Prob > chi2     =    0.0000
Log likelihood = -699.84626                  Pseudo R2       =    0.0760
```

hiqual	Coef.	Std. Err.	z	P>|z|	[95% Conf. Interval]
_hat	.9588803	.3737363	2.57	0.010	.2263706	1.69139
_hatsq	-.0177018	.1542421	-0.11	0.909	-.3200106	.2846071
_cons	-.0121639	.1400388	-0.09	0.931	-.2866349	.2623071

Model 3 的 pseudo R^2 是 0.076,"yr_rnd awards"自变量对因变量的解释力非常低。虽然 linktest 求得的_hatsq 也非常不显著(p=0.909),但 linktest 判断力仍不够好。事实证明,_hatsq 与_hat 的相关性为 -0.9617,即使求得的_hatsq 非常不显著,但它仍无法提供超过_hat 的判断信息。

Step 5. 由 Model 2 可知,meals 对结果变量非常有预测力

Model 4 再纳入它。这一次,linktest 证明 Model 4 是显著的。Model 3 与 Model 4 哪一个模型更好?由于 pseudo R^2 从 0.076 上升到 0.5966,故 Model 4 比 Model 3 好。这告诉我们,linktest 是一个有局限的工具,它像其他工具一样可检验模型误差假定

（specification errors）。

* model 4
. logit hiqual yr_rnd awards meals

```
Logistic regression                         Number of obs   =      1,200
                                            LR chi2(3)      =     903.82
                                            Prob > chi2     =     0.0000
Log likelihood = -305.51798                 Pseudo R2       =     0.5966

------------------------------------------------------------------------
    hiqual |     Coef.    Std. Err.      z     P>|z|    [95% Conf. Interval]
-----------+------------------------------------------------------------
    yr_rnd | -1.022169    .3559296    -2.87    0.004   -1.719778   -.3245592
    awards |  .5640354    .2415158     2.34    0.020    .0906733    1.037398
     meals | -.1060895    .0064777   -16.38    0.000   -.1187855   -.0933934
     _cons |  3.150059    .3072509    10.25    0.000    2.547858    3.752259
------------------------------------------------------------------------
```

. linktest

```
Logistic regression                         Number of obs   =      1,200
                                            LR chi2(2)      =     914.71
                                            Prob > chi2     =     0.0000
Log likelihood = -300.07286                 Pseudo R2       =     0.6038

------------------------------------------------------------------------
    hiqual |     Coef.    Std. Err.      z     P>|z|    [95% Conf. Interval]
-----------+------------------------------------------------------------
      _hat |  1.10886     .0726224    15.27    0.000    .9665228    1.251197
    _hatsq |  .062955     .0173623     3.63    0.000    .0289255    .0969846
     _cons | -.1864183    .1190091    -1.57    0.117   -.4196718    .0468352
------------------------------------------------------------------------
```

（1）尽管 linktest 可辅助我们检验模型，但我们仍需主观判断。

（2）预测值理应达到显著，但预测值平方也达到显著，可能是因为线性自变量对因变量的变化量不是线性，故用 boxtid 外挂命令来解决。

Step 6. 用boxtid外挂命令来解决因变量在预测变量上的变化量可能不是线性的问题

Assumption：线性（linearity）

简单地说，回归分析法都假定自变量与因变量呈线性关系。画个图就可以看出来了（见图2-13）。

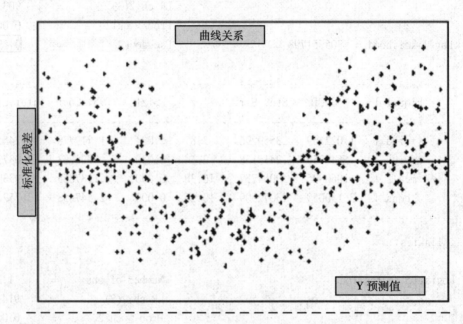

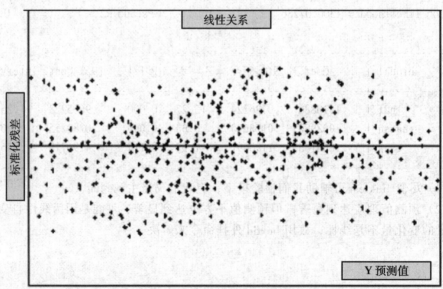

图2-13 残差与Y预测值关系：呈线性、曲线关系

之前，证明 model 2 添加交互项"ym=yr_rnd * meals"可化解设定错误问题。同样，若某些预测变量没有被正确转换，我们也会有设定错误问题。例如，因变量在预测变量上的变化量可能不是线性的，可是线性的预测变量却被纳入模型中。为了解决这个问题，STaTa 提供 boxtid 外挂命令。boxtid 命令主要是求 Box-Tidwell 和指数回归模型。

```
. logistic hiqual yr_rnd meals, coef
```

Logistic regression

Number of obs	= 1,200
LR chi2(2)	= 898.30
Prob > chi2	= 0.0000
Pseudo R2	= 0.5930

Log likelihood = -308.27755

hiqual	Coef.	Std. Err.	z	P>|z|	[95% Conf. Interval]
yr_rnd	-.9908117	.3545668	-2.79	0.005	-1.68575 -.2958736
meals	-.1074156	.0064857	-16.56	0.000	-.1201273 -.0947039
_cons	3.61557	.2418968	14.95	0.000	3.141461 4.089679

```
. linktest, nolog
```

Logistic regression

Number of obs	= 1,200
LR chi2(2)	= 908.87
Prob > chi2	= 0.0000
Pseudo R2	= 0.6000

Log likelihood = -302.99327

hiqual	Coef.	Std. Err.	z	P>|z|	[95% Conf. Interval]
_hat	1.10755	.0724056	15.30	0.000	.9656381 1.249463
_hatsq	.0622644	.0174387	3.57	0.000	.0280852 .0964436
_cons	-.1841694	.1185286	-1.55	0.120	-.4164812 .0481423

* 先安装 boxtid 外挂命令
. findit boxtid
. boxtid logit hiqual yr_rnd meals
Iteration 0: Deviance = 608.6424
Iteration 1: Deviance = 608.6373 (change = -.0050887)
Iteration 2: Deviance = 608.6373 (change = -.0000592)
-> gen double Imeal__1 = X^0.5535-.7047873475 if e(sample)
-> gen double Imeal__2 = X^0.5535*ln(X)+.4454623098 if e(sample)
   (where: X = (meals+1)/100)
[Total iterations: 2]

Box-Tidwell regression model

Logistic regression

				Number of obs	=	1200
				LR chi2(3)	=	906.22
				Prob > chi2	=	0.0000
Log likelihood = -304.31863				Pseudo R2	=	0.5982

hiqual	Coef.	Std. Err.	z	P>|z|	[95% Conf. Interval]	
Imeal__1	-12.13661	1.60761	-7.55	0.000	-15.28747	-8.985755
Imeal_p1	.0016505	1.961413	0.00	0.999	-3.842647	3.845948
yr_rnd	-.998601	.3598947	-2.77	0.006	-1.703982	-.2932205
_cons	-1.9892	.1502115	-13.24	0.000	-2.283609	-1.694791

meals	-.1074156	.0064857	-16.562	Nonlin. dev. 7.918	(P = 0.005)
p1	.5535294	.1622327	3.412		

Deviance: 608.637.

meals 变量对因变量进行线性检验（nonlinearity），结果 z=-7.55（p<0.05）。故拒绝 H_0：线性的（p1=1）。但本例求得 p1=0.55，表示 meals 变量最好"开平方根（square-root transformation）"，如下所示。

```
. gen m2=meals^.5
```

```
. logit hiqual yr_rnd m2, nolog
```

```
Logistic regression                          Number of obs   =      1,200
                                             LR chi2(2)      =     905.87
                                             Prob > chi2     =     0.0000
Log likelihood = -304.48899                  Pseudo R2       =     0.5980
```

hiqual	Coef.	Std. Err.	z	P>|z|	[95% Conf. Interval]	
yr_rnd	-1.000602	.3601437	-2.78	0.005	-1.706471	-.2947332
m2	-1.245371	.0742987	-16.76	0.000	-1.390994	-1.099749
_cons	7.008795	.4495493	15.59	0.000	6.127694	7.889895

```
. linktest, nolog
```

```
Logistic regression                          Number of obs   =      1,200
                                             LR chi2(2)      =     905.91
                                             Prob > chi2     =     0.0000
Log likelihood = -304.47104                  Pseudo R2       =     0.5980
```

hiqual	Coef.	Std. Err.	z	P>|z|	[95% Conf. Interval]	
_hat	.9957904	.0629543	15.82	0.000	.8724021	1.119179
_hatsq	-.0042551	.0224321	-0.19	0.850	-.0482212	.039711
_cons	.0120893	.1237232	0.10	0.922	-.2304037	.2545824

meals 变量"开平方"之后，linktest 分析结果显示 model 4 的选择非常好。因线性预测值显著，且线性预测值_hat 的平方_hatsq 不显著。

2.3 逻辑回归的诊断：拟合优度（logit、lfit、fitstat命令）

2.3.1 逻辑回归诊断的STaTa命令

STaTa命令	说明
.boxtid	进行自变量的幂次变换，并进行非线性检验
.contrast	对估计值进行对比和ANOVA联合检验
.estat（svy）	调查数据的后估计统计量
.estat ic	查看AIC和BIC信息
.estat summarize	样本的描述统计量
.estat vce	求方差—协方差矩阵
.estimates	分类估算结果
.fitstat	计算各种拟合优度的后估计命令
.forecast*	动态预测及仿真
.hausman*	Hausman假定检验
.ldfbeta 外挂命令	每个个体观测值对系数估计的影响（未校正协变量模式）
.lfit	进行拟合优度检验
.lincom	点估计、系数线性组合的检验等
.linktest	模型假定的连接检验
.listcoef	列出各种回归模型的估计系数
.lroc	绘图并求出ROC曲线面积
..lrtest*	似然比检验
.lsens	绘制灵敏度和特异性与概率截止值的图
.lstat	显示汇总统计
.margins	求边际平均数等
.marginsplot	绘制剖面图

STaTa命令	说明
.nlcom	点估计、系数线性组合的检验等
.predict	求预测值、残差值、影响值
.predict dbeta	求出 Pregibon delta beta 影响统计量
.predict dd	储存 Hosmer 和 Lemeshow 偏差变化统计量
.predict deviance	残差的偏差
.predict dx2	储存 Hosmer 和 Lemeshow 卡方值变化影响统计量
.predict hat	储存 Pregibon 杠杆值
.predict residual	储存 Pearson 残差；校正协变量模式
.predict rstandard	储存标准化的 Pearson 残差；校正协变量模式
.predictnl	求广义预测值等
.pwcompare	估计配对比较
.scatlog	生成逻辑回归的散点图
.suest	似不相关估计
.test	求出线性 Wald 检验
.testnl	求出非线性 Wald 检验

注：*forecast，hausman 及 lrtest 不适合以"svy:"开头的回归，且 forecast 也不适合在"mi"估计结果。

2.3.2 逻辑模型拟合优度有3个方法？优质办校的因素（logit、lfit、fitstat命令）

逻辑回归分析，会列示 loglikelihoodchi-square 对数似然卡方值及 pseudoR^2 来表示模型的拟合优度（goodness-of-fit）。

范例：逻辑模型假定推进适当吗？（logit、linktest命令）

使用之前的文件"apilog.dta"。

1）问题说明

本例主要了解影响办优质学校的因素有哪些（分析单位：学校），研究者收集数据并整理成下表，此"apilog.dta"文件中的变量如下：

变量名称	说明	编码 Codes/Values
被解释变量/因变量：hiqual	优质学校吗	0，1（二元数据）
解释变量/自变量：yr_rnd	全年制学校吗（Year Round School）	0，1（二元数据）
解释变量/自变量：meals	免费餐的学生比例（pct free meals）	0~100%
解释变量/自变量：cred_ml	合格教师比例（Med vs.Lo）	0，1（二元数据）
解释变量/自变量：awards	有资格获得奖励吗（eligible for awads）	0，1（二元数据）

2）数据的内容

"apilog.dta"文件内容如图2-14所示。

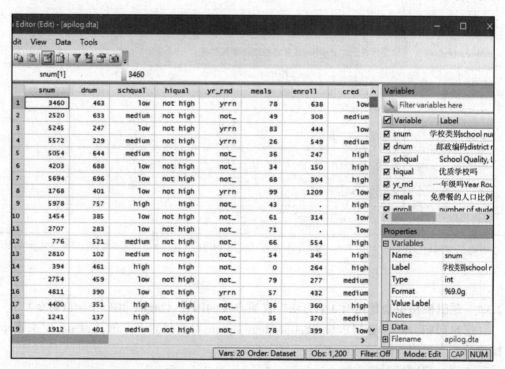

图2-14 "apilog.dta"文件内容（N=1200个人，707个学校）

3）分析结果与讨论

在"apilog.dta"文件中，cred_ml自变量是707所学校中取得合格证书的教师等级是中或低的百分比。对于这个学校的人群，变量 yr_rnd、meals 和 cred_ml 是学校 api 分数（api 是连测两年再分成因变量 hiqual 的 high、not_high 两类）的预测因素。

定义：极大似然估计

　　讲极大似然估计（maximum likelihood estimation）之前，首先定义似然函数（likelihood function）。

　　在日常生活中，很多时候我们知道某些数据是来自某个分布，但却不知道其相关参数是什么。

　　比如，已知某个学校有好几千名学生，其身高分布符合高斯分布（Gaussian distribution）。如今我们抽取其中100名学生来量身高，想通过这些数据知道高斯分布的参数（μ和σ）是什么，这就是极大似然估计要做的事情。

　　也就是说，已知我们有N个样本 {X_1, X_2, X_3, ..., X_N} 来自某分布（如上例的100名学生来自高斯分布），目的是要寻找该分布的分布参数 θ，"如上例，高斯分布的分布参数 θ=（μ，σ）"，因此我们在所有 θ 的可能值里面选一个使这个样本发生的可能性最大。

　　为什么要说"使这个样本发生的可能性最大"（极大似然）呢？

　　例如，假设吃槟榔的人患口腔癌的概率是不吃槟榔的人的28倍。已知某人患了口腔癌，试问某人是否吃槟榔呢？

　　在正常情况下，我们会去猜某人吃槟榔。

　　因为通过"某人吃槟榔"这件事情会得出"某人患口腔癌"的发生概率会是最大的，所以我们认为某人吃槟榔，虽然这个结果并不是百分之百的正确。因为吃槟榔不能百分之百分地保证就会得口腔癌。有口腔癌也不能百分之百地保证就是吃槟榔引起的。但是我们用这样的方法来使这个模型"最合理"。

　　定义：似然函数

　　已知有一组样本 X，要求出分布参数 θ。故似然函数通常都被写作 L（θ|X）。但事实上似然函数可看成条件概率的逆反，L（θ|X）的值会等于 P（X|θ）。P（X|θ）是什么呢？就是在已知 θ 的情况下得到样本 X 的概率。

　　以100个学生为例，这100个学生的似然函数就是每个学生样本概率的乘积（学生互相独立），即 P（X|θ）=P（X_1|θ）×P（X_2|θ）×P（X_3|θ）×···×P（X_{100}|θ）。

　　又比如，已知抛硬币出现正面及反面的概率各是0.5。如今做试验，假设出现正面的概率是 p，出现反面的概率是 1-p。若抛四次得到的结果是 E= {正正正反}，试问 p 是什么？我们可以写下似然函数 L（p|E）=p×p×p×（1-p）=p^3×（1-p），求导得出 p=0.75 时 L（p|E）最大。

　　因此，根据此实验结果，我们认为"P（正）=0.75"是最合理的。

　　但事实上 P（正）应该等于0.5。故极大似然估计并不能保证估计的正确性，它只能找出一个最适合的分布参数来合理说明目前得到的样本信息。

　　另外，在大部分情况下，似然函数并不像上面的例子中那样简单，通常是个很复杂的式子。由于似然函数一般都是以乘积的形式呈现，求导时会非常不方便，因此写出似然函数的下一步通常都是先取对数，变成对数似然函数（log-likelihood function）。

　　这样做的好处是原本的乘积就会变成"对数的和"，在求导时会容易且方便许多。

　　Step 1. 用似然比及 Pseudo R^2 来判定模型拟合度

```
* 打开文件
. use apilog.dta, clear
* 新变量为交互作用项
. gen ym=yr_rnd*meals

. logit hiqual yr_rnd meals cred_ml ym

Iteration 0:    log likelihood = -349.01971
Iteration 1:    log likelihood = -192.43886
Iteration 2:    log likelihood = -157.59484
Iteration 3:    log likelihood = -153.98173
Iteration 4:    log likelihood = -153.95333
Iteration 5:    log likelihood = -153.95333
```

Logistic regression

Log likelihood = -153.95333

Number of obs	=	707
LR chi2(4)	=	390.13
Prob > chi2	=	0.0000
Pseudo R2	=	0.5589

```
------------------------------------------------------------------
    hiqual |    Coef.   Std. Err.      z    P>|z|    [95% Conf. Interval]
-----------+------------------------------------------------------
```

```
     yr_rnd |  -2.816989    .8625013    -3.27   0.001    -4.50746   -1.126517
      meals |  -.1014958    .0098204   -10.34   0.000    -.1207434   -.0822483
    cred_ml |   .7795475    .3205748     2.43   0.015     .1512325   1.407863
         ym |   .0459029    .0188068     2.44   0.015     .0090422   .0827635
      _cons |   2.668048     .429688     6.21   0.000     1.825875   3.510221
------------------------------------------------------------------------------
```

* 手动求卡方值
. di 2*(349.01917-153.95333)
390.13168

* 手动求 pseudo R-square
* A pseudo R-square is in slightly different flavor, but captures more or
less the same thing in that it is the proportion of change in terms of like-
lihood.
. di (349.01971-153.95333)/349.01971
0.55889789

（1）对数似然的卡方值考查整体模型是否具有统计意义。它是假定模型与仅仅考虑截距项模型两者对数似然的差的2倍，即2*（349.01917–153.95333）。

（2）STaTa用迭代法求仅仅考虑截距项的模型时，"log likelihood at Iteration 0= –349.0197"就是空模型的对数似然（log likelihood of the empty model）。

（3）通常，似然比越大，表示假定的模型越佳。本例求得 $LR\chi^2_{(4)}$=390.13（p< 0.05），达到显著性，表示假定的模型中至少有一个自变量可有效预测二元因变量。在本例中，卡方检验的自由度df=4，代表假定的逻辑模型有4个自变量。

Step2. 用 Hosmer-Lemeshow 检验来判断模型的拟合优度（goodness-of-fit）

Hosmer-Lemeshow 拟合优度检验主要看预测次数和观察次数，二者越紧密匹配则表示模型越佳。Hosmer-Lemeshow 拟合优度检验是根据观测次数和预期次数的列联表（contingency table）来计算 Pearson 卡方值。通常，Hosmer-Lemeshow 的做法是将预测变量组合成10组，以形成2×10的列联表。

* 打开文件
. use apilog.dta, clear
* model 5 无交互作用项 ym
. quietly logit hiqual yr_rnd meals cred_ml

. lfit, group(10) table

Logistic model for hiqual, goodness-of-fit test

(Table collapsed on quantiles of estimated probabilities)
+--+
| Group | Prob | Obs_1 | Exp_1 | Obs_0 | Exp_0 | Total |
|-------+--------+-------+-------+-------+-------+-------|
1	0.0008	1	0.0	71	72.0	72
2	0.0019	1	0.1	71	71.9	72
3	0.0037	0	0.2	71	70.8	71
4	0.0079	0	0.4	68	67.6	68
5	0.0210	1	0.9	71	71.1	72
-------+--------+-------+-------+-------+-------+-------
6	0.0564	2	2.5	68	67.5	70
7	0.1553	4	7.4	68	64.6	72
8	0.4952	23	21.9	47	48.1	70
9	0.7512	44	43.4	26	26.6	70
10	0.9590	62	61.1	8	8.9	70
+--+

```
         number of observations =       707
               number of groups =        10
          Hosmer-Lemeshow chi2(8) =     39.70
                    Prob > chi2 =    0.0000
```

* 新版 STaTa 用 "estat gof" 来取代 lfit
. estat gof

Logistic model for hiqual, goodness-of-fit test

```
         number of observations =       707
    number of covariate patterns =       256
              Pearson chi2(252) =   1187.35
                    Prob > chi2 =    0.0000
```

* model 6 有交互作用项 ym
. quietly logit hiqual yr_rnd meals cred_ml ym

```
. lfit, group(10) table
```

Logistic model for hiqual, goodness-of-fit test

(Table collapsed on quantiles of estimated probabilities)

Group	Prob	Obs_1	Exp_1	Obs_0	Exp_0	Total
1	0.0016	0	0.1	71	70.9	71
2	0.0033	1	0.2	73	73.8	74
3	0.0054	0	0.3	74	73.7	74
4	0.0096	1	0.5	64	64.5	65
5	0.0206	1	1.0	69	69.0	70
6	0.0623	4	2.5	69	70.5	73
7	0.1421	2	6.6	66	61.4	68
8	0.4738	24	22.0	50	52.0	74
9	0.7711	44	43.3	25	25.7	69
10	0.9692	61	61.6	8	7.4	69

```
            number of observations =       707
                  number of groups =        10
          Hosmer-Lemeshow chi2(8) =       9.15
                      Prob > chi2 =     0.3296
```

* 新版 STaTa 用 "estat gof" 来取代 lfit
```
. estat gof
```

Logistic model for hiqual, goodness-of-fit test

```
            number of observations =       707
       number of covariate patterns =       256
            Pearson chi2(251) =            308.51
                  Prob > chi2 =            0.0077
```

（1）model 5 无交互项 ym，Hosmer-Lemeshow$\chi^2_{(8)}$=39.70，p=0.0000，表示假定的逻辑模型拟合优度不好。

（2）model 6 有交互项 ym，Hosmer-Lemeshow$\chi^2_{(8)}$=9.15，p=0.329，表示假定的逻

辑模型拟合优度很好。

（3）可见，Hosmer-Lemeshow$\chi^2_{(df)}$值越小（p值越大），表示假定的模型拟合优度越佳。

（4）model 6有交互项ym的拟合优度检验：若改用"estat gof"，求得Pearson chi2（1146）=308.51（p<0.05），表示本模型拟合仍不够好。

Step3.用AIC及BIC来判断模型的拟合优度

STaTa提供fitstat命令，可得假定的逻辑模型的拟合优度。其中，AIC或BIC值越小，表示模型拟合优度越好。

信息准则：也可用来说明模型的解释能力（较常用来作为模型选取的准则，而非单纯描述模型的解释能力）。

（1）AIC

$$AIC = \ln\left(\frac{ESS}{T}\right) + \frac{2k}{T}$$

（2）BIC、SIC或SBC

$$BIC = \ln\left(\frac{ESS}{T}\right) + \frac{k\ln(T)}{T}$$

（3）AIC与BIC越小，代表模型的解释能力越强（用的变量越少，或者误差平方和越小）。

```
* 打开文件
. use apilog.dta, clear
* model 7  无交互作用项 ym
. quietly logit hiqual yr_rnd meals cred_ml
. fitstat
```

Measures of Fit for logit of hiqual

Log-Lik Intercept Only:	-349.020	Log-Lik Full Model:	-156.385
D(703):	312.770	LR(3):	385.269
		Prob > LR:	0.000
McFadden's R2:	0.552	McFadden's Adj R2:	0.540
ML (Cox-Snell) R2:	0.420	Cragg-Uhler(Nagelkerke) R2:	0.670
McKelvey & Zavoina's R2:	0.742	Efron's R2:	0.587

Variance of y*:	12.753	Variance of error:	3.290
Count R2:	0.909	Adj Count R2:	0.536
AIC:	0.454	AIC*n:	320.770
BIC:	-4299.634	BIC':	-365.586
BIC used by STaTa:	339.014	AIC used by STaTa:	320.770

* `model 8` 有交互作用项 ym
. `quietly logit hiqual yr_rnd meals cred_ml ym`

. `fitstat`

Measures of Fit for logit of hiqual

Log-Lik Intercept Only:	-349.020	Log-Lik Full Model:	-153.953
D(702):	307.907	LR(4):	390.133
		Prob > LR:	0.000
McFadden's R2:	0.559	McFadden's Adj R2:	0.545
ML (Cox-Snell) R2:	0.424	Cragg-Uhler(Nagelkerke) R2:	0.676
McKelvey & Zavoina's R2:	0.715	Efron's R2:	0.585
Variance of y*:	11.546	Variance of error:	3.290
Count R2:	0.904	Adj Count R2:	0.507
AIC:	0.450	AIC*n:	317.907
BIC:	-4297.937	BIC':	-363.889
BIC used by STaTa:	340.712	AIC used by STaTa:	317.907

无交互作项的 model 7 的 AIC=0.454。有交互作项的 model 8 的 AIC=0.450。由于 model 8 的 AIC 比 model 7 小，故有交互项的 model 8 较优。

2.4 共线性（collinearity）诊断：优质办校的因素（logit、lfit、estat gof、collin命令）（见图2-15）

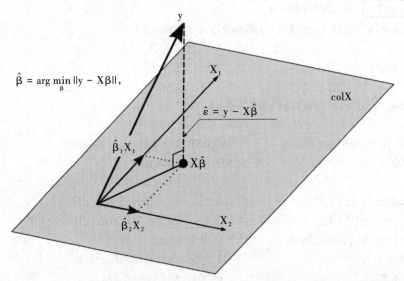

$$\hat{\beta} = \arg\min_{\beta} \|y - X\beta\|,$$

其中，$\|.\|$是n维欧几里得空间R^n中的标准L^2范数。预测量$X\beta$是回归向量的某种线性组合。因此，当y被投影到X展开的空间时，残差量$y-X\beta$将具有最小的值。在这种情况下，OLS估计量可以被解释为将向量$\hat{y} = Py$沿着以X为基的向量进行分解的系数

图2-15 X_1，X_2对Y预测的共线性示意图

线性回归分析：共线性问题

许多研究者在做回归分析的时候，常常没有对自变量之间的相关性作审慎的评估，就贸然地将多个自变量同时放入回归方程式：

Y~Gaussian（Normal）

Variance（Y）=1，whereE［Y］=μ

Y=β₀+β₁X₁+β₂X₂+...+βₚXₚ+Error

例如以上方程，同时将X_1，$X_2\cdots X_p$放到线性回归方程里，因此研究者可得到p个未标准化回归系数（在本例β指的是未标准化回归系数）。每一个回归系数的意义是"在排除了其他所有自变量对因变量的预测效果之后，这个自变量与因变量的关系"，因此许多人都忽略了这同时也是"考虑其他自变量与这个自变量的关系，这个自变量与因变量的关系"。由此可见，当自变量之间的相关性太高的时候，会导致多元共线性（multi-collinearity）的产生。

1）共线性的变量

（1）许多变量可能会以某种规律性的方式一起变动，这种变量被称为共线性。

（2）当有数个变量牵涉在模型内时，这样的问题归类为共线性或多元共线性。

（3）当模型出现共线性的问题时，要从数据中衡量个别效果（边际产量）将是非常困难的。

（4）当解释变量几乎没有任何变化时，要分离其影响是很困难的，这个问题也属于共线性的情况。

（5）共线性所造成的后果：

①只要解释变量之间有一个或一个以上的完全共线性关系，则完全共线性或完全线性重合的情况就会存在，从而完全不满足最小二乘估计法的假定。例如，若 r_{23}（correlation coefficient）$=\pm1$，则 Var（b_2）是没有意义的，因为零出现在分母中。

②当解释变量之间存在近似的完全线性关系时，最小二乘估计的方差、标准误差和协变量中有一些可能会很大，则表示：样本数据所提供的有关于未知参数的信息相当不精确。

③最小二乘估计的标准误差很大时，则检验结果不显著。问题在于共线性变量未能提供足够的信息来估计它们的个别效果，即使理论可能指出它们在该关系中的重要性。

④共线性关系对于一些观察值的加入或删除，或者删除一个明确的不显著变量是非常敏感的。

⑤如果未来的样本观察值共线性关系仍然相同，正确的预测仍然是可能的。

2）如何分辨与降低共线性？

（1）相关系数 X_1，X_2，若 Cov（X_1，X_2）>0.9，则表示有强烈的线性关系。例如，如何判断 X_1，X_2，X_3 有相关性呢？请见范例的 STaTa 分析。

（2）估计"辅助回归"（auxiliary regressions）。

$X_2=a_1x_1+a_3x_3+\cdots+a_kx_k+e$

若 R^2 大于 0.8，其含义为 X_2 的方差中，有很大的比例可以用其他解释变量的方差来解释。

（3）STaTa 所提供的共线性的统计包括 tolerance、VIF（variance inflation factor）和 collin 等命令。

3）共线性对回归的冲击

多元共线性是指多元回归分析中自变量之间存在相关性，是一种程度的问题（degree of matters），而不是全有或全无（all or none）的状态。多元共线性若是达到严重的程度，则会对多元回归分析造成下列不良影响：

（1）放大最小二乘（least squares）估计参数值的方差和协变量，使得回归系数的估计值变得很不精确。

（2）放大回归系数估计值的相关系数。

（3）放大预测值的方差，但不影响预测能力。

（4）造成解释回归系数及其置信区间估计的困难。

（5）造成整体模型的检验显著，但个别回归系数的检验不显著。

（6）回归系数的正负号与所期望者相反的冲突现象，是由自变量间的抑制效应（suppress effect）造成的。

4）共线性的诊断方法

一个比较简单的诊断方法是观察自变量间的相关系数矩阵，看看该矩阵中是否有值（即自变量两两之间的相关系数值）大于0.90，若有，即表示这两个变量互为多元共线性变量，并认为该回归分析中有严重的多元共线性问题。另一个比较正式、客观的诊断法是使用第j个自变量的"方差膨胀因子"（variance inflation factor）作为判断的指标，若方差膨胀因子大于10，即表示第j个自变量是一个多元共线性变量。在一般的回归分析中，针对这种多元共线性问题，有些统计学家会建议将多元共线性变量予以删除，不纳入回归方程式中。但避免多元共线性问题所造成的困扰的最佳解决方法，不是删除该多元共线性变量，而是使用所谓的"有偏回归分析"（biased regression analysis，BRA）。其中，"岭回归"（ridge regression）最受学者们的重视，因而被使用；除此以外，还有"主成分回归"（principal component regression）、"特征根回归"（latent root regression）、"贝叶斯回归"（Baysean regression）以及"收缩回归"（shrinkage regression）等方法。不过这些有偏回归分析所获得的回归系数值都是"有偏差的"（biased），也即这些回归系数的期望值不等于总体的回归系数值，所以称作有偏回归系数估计值，而解决多元共线性问题的方法正是进行偏回归分析。

5）范例：共线性的诊断方法（logit、collin）命令

（1）问题说明

本例主要了解优质办校的影响因素有哪些（分析单位：学校），研究者收集数据并整理成下表，此"apilog.dta"文件内容的变量如下：

变量名称	说明	编码 Codes / Values
被解释变量/因变量：hiqual	优质学校吗	0，1（二元数据）
解释变量/自变量：yr_rnd	全年制学校吗（Year Round School）	0，1（二元数据）
解释变量/自变量：meals	免费餐的学生比例（pct free meals）	0~100%
解释变量/自变量：cred_ml	合格教师比例（Med vs. Lo）	0，1（二元数据）
解释变量/自变量：awards	有资格获得奖励吗（eligible for awards）	0，1（二元数据）

（2）数据的内容

文件"apilog.dta"内容如图2-16所示。

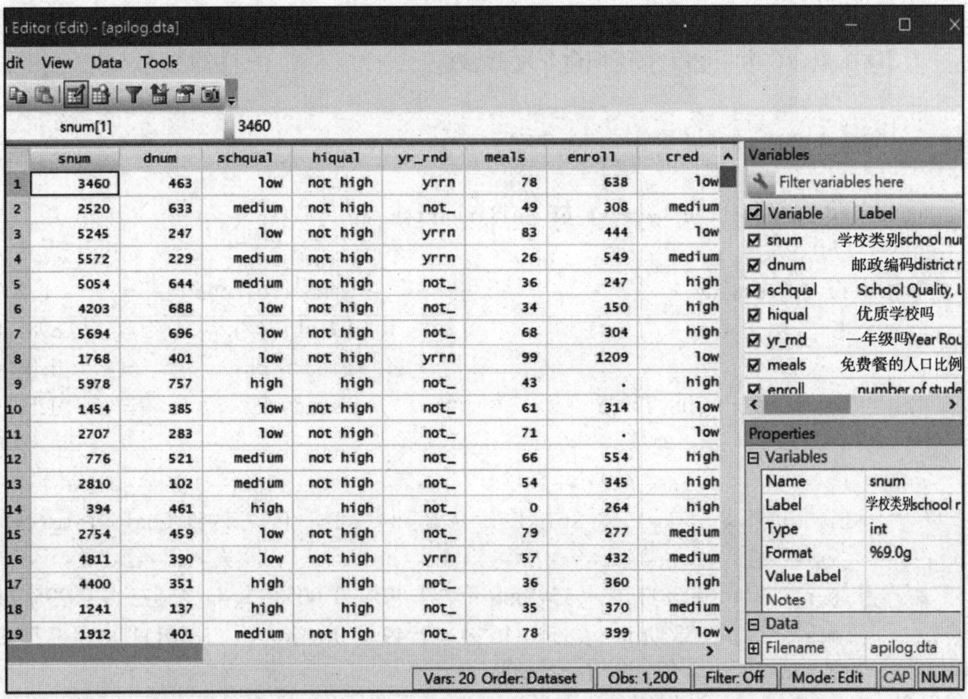

图2-16　"apilog.dta"文件内容（N=1 200个人，707个学校）

在"apilog.dta"文件中，cred_ml自变量是707所学校取得合格证书的教师所占比例是中或低。对于这个学校的人群，变量yr_rnd、meals和cred_ml是学校api分数（api是连测两年再分成因变量hiqual的high、not_high两个类别）的预测因素。

（3）分析结果与讨论

假设用人工方式故意新建perli变量为"yr_rnd、meals"，人工合成perli变量与"yr_rnd、meals"两者有高度共线性。接着再将高度共线性的三个自变量纳入logit分析。

STaTa提供logit、logistic命令会将高度共线性的自变量自动删除。请看本例的示范。

Step 1. logit 命令会自动删除高相关的自变量吗?

* 打开文件
. use apilog.dta, clear
. gen perli=yr_rnd+meals
* STaTa 新命令为 logistic；旧命令为 logit

. logit hiqual perli meals yr_rnd

note: yr_rnd omitted because of collinearity


```
Logistic regression                        Number of obs    =      1,200
                                           LR chi2(2)       =     898.30
                                           Prob > chi2      =     0.0000
Log likelihood = -308.27755                Pseudo R2        =     0.5930


------------------------------------------------------------------------------
     hiqual |     Coef.    Std. Err.      z     P>|z|    [95% Conf. Interval]
------------+-----------------------------------------------------------------
      perli | -.9908117   .3545668    -2.79    0.005    -1.68575   -.2958736
      meals |  .8833961   .3542846     2.49    0.013    .1890111    1.577781
     yr_rnd |         0   (omitted)
      _cons |   3.61557   .2418968    14.95    0,000    3.141461    4.089679
------------------------------------------------------------------------------
```

* 求积差相关
. corr perli meals yr_rnd
(obs=1,200)


```
             |    perli     meals    yr_rnd
-------------+---------------------------------
       perli |   1.0000
       meals |   0.9999    1.0000
      yr_rnd |   0.3205    0.3094    1.0000
```

①由于 perli 变量与"yr_rnd、meals"两者有高度共线性，故用 logit 分析时，yr_rnd 变量将自动被删除。

②用 corr 命令求相关系数矩阵，也可看出 perli、yr_rnd、meals 三者高度相关。

Pearson 的相关系数：

样本相关系数 $r = \dfrac{SS_{xy}}{\sqrt{SS_{xx}SS_{yy}}} = b_1\dfrac{S_x}{S_y}$

$$总体相关系数\ \rho = \frac{Cov(X,\ Y)}{\sigma_X \sigma_Y} = \frac{E[(X - \mu_X)(Y - \mu_Y)]}{\sigma_X \sigma_Y}$$

Step2.调节多重共线性

调节多重共线性是常见的事，当发生严重的多重共线性时，系数的标准误差趋于非常大，有时估计的逻辑回归系数可能非常不可靠。以本例来说，logit分析的因变量为 hiqual、预测变量为"avg_ed，yr_rnd，meals"及"yr_rnd、full"交互项。在进行 logit 分析之后，再进行拟合优度检验，拟合优度检验结果显示模型拟合得很好。

* 打开文件
. use apilog.dta, clear

. gen yxfull= yr_rnd*full
* Model 9 未中心化交互项 yxfull，纳入自变量
. logit hiqual avg_ed yr_rnd meals full yxfull, nolog or

```
Logistic regression                    Number of obs   =      1,158
                                       LR chi2(5)      =     933.71
                                       Prob > chi2     =     0.0000
Log likelihood = -263.83452            Pseudo R2       =     0.6389
```

hiqual	Odds Ratio	Std. Err.	z	P>|z|	[95% Conf. Interval]	
avg_ed	7.163137	2.041598	6.91	0.000	4.097306	12.52299
yr_rnd	70719.26	208021.8	3.80	0.000	221.674	2.26e+07
meals	.9240607	.0073503	-9.93	0.000	.9097661	.93858
full	1.051269	.0152645	3.44	0.001	1.021773	1.081617
yxfull	.8755202	.0284635	-4.09	0.000	.821473	.9331234
_cons	.0003155	.0005553	-4.58	0.000	.00001	.0099316

Note: _cons estimates baseline odds.

. lfit, group(10)
Logistic model for hiqual, goodness-of-fit test

(Table collapsed on quantiles of estimated probabilities)

number of observations = 1158
number of groups = 10
Hosmer-Lemeshow chi2(8) = 5.50
Prob > chi2 = 0.7034

* 新版 STaTa 用 "estat gof" 来取代 lfit

. estat gof

Logistic model for hiqual, goodness-of-fit test

number of observations = 1158
number of covariate patterns = 1152
Pearson chi2(1146) = 965.79
Prob > chi2 = 1.0000

①拟合优度检验：用 Hosmer-Lemeshow chi2（8）=5.50（p>0.05）表示本模型拟合得很好。

②拟合优度检验：用 gof，Pearson chi2（1146）=965.79（p>0.05）表示本模型拟合得很好。

③然而，请注意变量 yr_rnd 的胜算比和标准误差是非常高的，即自变量之间的多重共线性导致非常大的胜算比和标准误差。故我们再用 collin 命令来检测多重共线性。

Step 3. 用 collin 命令来检测共线性

* Model 9 未中心化交互项 yxfull，纳入自变量，求 collin
. collin avg_ed yr_rnd meals full yxfull
(obs=1,158)

```
Collinearity Diagnostics


                          SQRT                        R-
    Variable     VIF      VIF       Tolerance        Squared
    ------------------------------------------------------------
      avg_ed     3.28     1.81       0.3050          0.6950
      yr_rnd    35.53     5.96       0.0281          0.9719
      meals      3.80     1.95       0.2629          0.7371
      full       1.72     1.31       0.5819          0.4181
      yxfull    34.34     5.86       0.0291          0.9709
    ------------------------------------------------------------

    Mean VIF    15.73


                               Cond
         Eigenval             Index
    ------------------------------------------------------------
      1    4.2438             1.0000
      2    1.4280             1.7239
      3    0.2897             3.8275
      4    0.0239            13.3373
      5    0.0110            19.6021
      6    0.0037            33.8829
    ------------------------------------------------------------

    Condition Number         33.8829
    Eigenvalues & Cond Index computed from scaled raw sscp (w/ intercept)
    Det(correlation matrix)     0.0058
```

①共线性的两个诊断指标：Tolerance（容忍度，用于指示回归分析可以容忍多少共线性）及 VIF（方差膨胀因子，用于指示标准误差膨胀多少可能是由共线性引起的）。

② "Tolerance" 和 "VIF" 都是检验 "共线性" 的指标，后者为前者的倒数。

"容忍度" 和 "VIF" 的定义并不难理解，但由于统计术语翻译的问题，导致许多中文文献谈到此都不知所云；许多文献又直接给出结果，不问原因过程，导致相当部分的解释并不正确。

"Tolerance" 和 "VIF" 的定义如下：

$$\text{Tolerance} = 1 - R_j^2$$

$$\text{VIF} = \frac{1}{\text{Tolerance}}$$

定义 R_j^2：在多个自变量 $(X_i, \cdots, X_j)$ 中，以 X_j 为因变量，再以其余自变量

（X_i，…，X_{j-1}）对 X_j 做多元回归分析，得到 R^2。

R_j^2 越大，X_j 与其他自变量共线性越大。

③有文献提出，若 Tolerance 小于 0.1，就有"共线性"现象。因为该自变量与其他自变量重合达到 80%，甚至 90% 以上，独立性弱，当然不适合作为独立变量。文献中提出，若 VIF 大于 10，就可能有"共线性"现象。但因为这是人为指标，所以是相对主观的判断，要视案例中自变量的数量、自变量数据的类型等综合分析。原则上，VIF 越大该 X_j 变量的独立程度越弱。

④Model 9 将未中心化的交互项 yxfull 纳入自变量。求得 yxfull 变量的 Tolerance=0.0291，VIF=34.34，表示 yxfull 自变量有严重共线性问题。

Step4.求 R_j^2

由于本例中人为故意地将两个自变量"yr_rnd，full"乘积当作交互项，保存为因变量 yxfull，故此回归式肯定存在严重共线性。这种以两个自变量"A，B"的乘积当作交互项"A*B"的情况，却常常见到。

```
. gen yxfull= yr_rnd*full
. regress  yxfull full meals yr_rnd avg_ed
```

Source	SS	df	MS			
				Number of obs	=	1,158
				F(4, 1153)	=	9609.80
Model	1128915.43	4	282228.856	Prob > F	=	0.0000
Residual	33862.2808	1,153	29.3688472	R-squared	=	0.9709
				Adj R-squared	=	0.9708
Total	1162777.71	1,157	1004.9937	Root MSE	=	5.4193

yxfull	Coef.	Std. Err.	t	P>|t|	[95% Conf. Interval]	
full	.2313279	.0140312	16.49	0.000	.2037983	.2588574

```
    meals |    -.00088    .0099863    -0.09   0.930    -.0204733    .0187134
    yr_rnd |    83.10644    .4408941   188.50   0.000     82.2414     83.97149
    avg_ed |   -.4611434    .3744277    -1.23   0.218    -1.195779    .2734925
     _cons |   -19.38205    2.100101    -9.23   0.000     -23.5025    -15.2616
------------------------------------------------------------------------------

. corr yxfull yr_rnd full
(obs=1,200)


             |   yxfull    yr_rnd      full
-------------+---------------------------------
      yxfull |   1.0000
      yr_rnd |   0.9810    1.0000
        full |  -0.1449   -0.2387    1.0000
```

①求得 R_j^2=0.9709，故 Tolerance=1−0.9709=0.0291。VIF=1/.0291=34.36。

②根据经验，Tolerance（容忍度）应为0.1或更小（VIF≥10），故本模型有严重的共线性问题。

③通过 corr 求得相关值，显示 yxfull 与连续变量 yr_rnd 高度相关，故需要进行中心化。

Step 5. 用总中心化处理（grand centering）来消除：两个自变量"A，B"乘积当作交互作用项"A*B"的共线性

* Model 10 中心化交互项 yxfc，再纳入模型当作自变量
* 中心化（centering）程序：先求总平均（full_M），再相减
. egen full_M = mean(full)
* 连续变量中心化（centering）后，再与类别变量相乘，乘积项再当作交互作用项，即可降低共线性。
. gen fullc=full-full_M
. gen yxfc=yr_rnd*fullc

. corr yxfc yr_rnd fullc
(obs=1,200)

             | yxfc   yr_rnd   fullc
```
```

```
-------------+---------------------------
       yxfc |   1.0000
     yr_rnd |  -0.3910    1.0000
      fullc |   0.5174   -0.2387    1.0000
```

. logit hiqual avg_ed yr_rnd meals fullc yxfc, nolog or

```
Logistic regression                          Number of obs    =      1,158
                                             LR chi2(5)       =     933.71
                                             Prob > chi2      =     0.0000
Log likelihood = -263.83452                  Pseudo R2        =     0.6389

------------------------------------------------------------------------------
      hiqual |  Odds Ratio   Std. Err.      z    P>|z|     [95% Conf. Interval]
-------------+----------------------------------------------------------------
      avg_ed |   7.163137    2.041598     6.91   0.000     4.097306    12.52299
      yr_rnd |   .5778192    .2126559    -1.49   0.136     .2808811     1.18867
       meals |   .9240607    .0073503    -9.93   0.000     .9097661      .93858
       fullc |   1.051269    .0152645     3.44   0.001     1.021773    1.081617
        yxfc |   .8755202    .0284635    -4.09   0.000      .821473    .9331234
       _cons |   .0258573    .0262962    -3.59   0.000     .0035232    .1897725
------------------------------------------------------------------------------
```

Note: _cons estimates baseline odds.

* 以上，先进行 logit 回归分析，再进行共线性诊断
. collin hiqual avg_ed yr_rnd meals fullc yxfc
(obs=1,158)

Collinearity Diagnostics

Variable	VIF	SQRT VIF	Tolerance	R-Squared
hiqual	2.40	1.55	0.4173	0.5827
avg_ed	3.46	1.86	0.2892	0.7108
yr_rnd	1.24	1.12	0.8032	0.1968
meals	4.46	2.11	0.2241	0.7759
fullc	1.72	1.31	0.5816	0.4184
yxfc	1.54	1.24	0.6488	0.3512

```
--------------------------------------------------------

  Mean VIF       2.47


                          Cond
           Eigenval      Index
--------------------------------------------------------

    1      3.3446       1.0000
    2      1.8551       1.3427
    3      0.7122       2.1671
    4      0.6507       2.2672
    5      0.3505       3.0892
    6      0.0798       6.4738
    7      0.0071      21.7708

--------------------------------------------------------

Condition Number       21.7708
Eigenvalues & Cond Index computed from scaled raw sscp (w/ intercept)
Det(correlation matrix)     0.0551
```

①Model 10先中心化交互项yxfc，再将其作为自变量纳入模型。求得yxfc变量的Tolerance=1.54、VIF=0.6488，表示yxfc自变量已消除之前交互项存在的严重共线性问题。

②对照之前Model 9未中心化交互项yxfull，求得yxfull变量的Tolerance=0.0291、VIF=34.34，表示yxfull自变量有严重共线性问题。

③自变量yr_rnd不再是显著预测因子，但yr_rnd、fullc是新纳入模型的显著预测因子。

Step 6. 两个对抗模型中哪个拟合优度更好呢？哪个AIC更小

```
* Model 10 先中心化交互作用项yxfc，再纳入模型当作自变量
. quietly logit  hiqual avg_ed yr_rnd meals fullc yxfc, nolog or
. estat ic
Akaike's information criterion and Bayesian information criterion


--------------------------------------------------------------------------
   Model |     Obs   ll(null)  ll(model)     df       AIC        BIC
---------+----------------------------------------------------------------
```

```
    . |      1,158  -730.6871  -263.8345       6    539.669   569.9957
------------------------------------------------------------------------------
```

* Model 11 无总平减之交互作用项 yxfc：当作对照组

. quietly logit hiqual avg_ed yr_rnd meals fullc , nolog or

. estat ic

Akaike's information criterion and Bayesian information criterion

```
------------------------------------------------------------------------------
   Model |     Obs   ll(null)  ll(model)      df       AIC        BIC
---------+--------------------------------------------------------------------
    . |      1,158  -730.6871  -270.3403       5   550.6806   575.9528
------------------------------------------------------------------------------
```

Note: N=Obs used in calculating BIC; see [R] BIC note.

①Model 10 中心化的交互项 yxfc，其 AIC=539.669。

②Model 11 无中心化的交互项 yxfc，其 AIC=550.6806。

③由于 Model 10 的 AIC 小于 Model 11，故纳入"中心化的交互项 yxfc"比没有纳入"中心化的交互项 yxfc"好。

2.5 检测有影响力的观察值：优质办校的因素（scatter、clist命令）

某一观测值，与其他观测值差距很大，就叫异常值（outlier），它会严重影响整个回归系数的估计。检验异常的观测值有以下三个方法：

（1）异常值：在回归中，有很大的残差就是异常值。造成异常值的原因可能是取样特性，也有可能是输入错误。

（2）杠杆值：如果预测变量有极端值的观测值，叫作高杠杆（leverage）值。杠杆值就是偏离平均值的距离。每个观测值的杠杆值都会影响回归系数的估计。

（3）影响值：若某一观测值被去掉后，对整个模型的拟合或参数的估计有很大影响，则此观测值称为影响值。故影响值可想象为杠杆值和异常值的组合。影响值的衡量有多种指标，一般均与帽子矩阵（Hat matrix）有关：

①Dfbeta（differenceof beta，β差分）：当去掉某一观测值后，参数估计的变化情况。

②c（change in joint confidence interval，联合置信区间的变化）：当去掉某一观测值后，参数联合置信区间的变化情况。

③ΔX² 或 ΔG²：当去掉某一观测值后，ΔX² 或 ΔG² 的变化情况。

范例：检验异常且有影响力的观测值（influential observations）（scatter、clist命令）

见文件"apilog.dta"。

1）问题说明

本例主要了解优质办校的影响因素有哪些（分析单位：学校），研究者收集数据并整理成下表，此"apilog.dta"文件内容的变量如下：

变量名称	说明	编码 Codes / Values
被解释变量/因变量：hiqual	优质学校吗	0，1（二元数据）
解释变量/自变量：yr_rnd	全年制学校吗（Year Round School）	0，1（二元数据）
解释变量/自变量：meals	免费餐的学生比例（pct free meals）	0~100%
解释变量/自变量：cred_ml	合格教师比例（Med vs. Lo）	0，1（二元数据）
解释变量/自变量：awards	有资格获得奖励吗（eligible for awards）	0，1（二元数据）

2）文件内容

"apilog.dta"文件内容如图2-17所示。

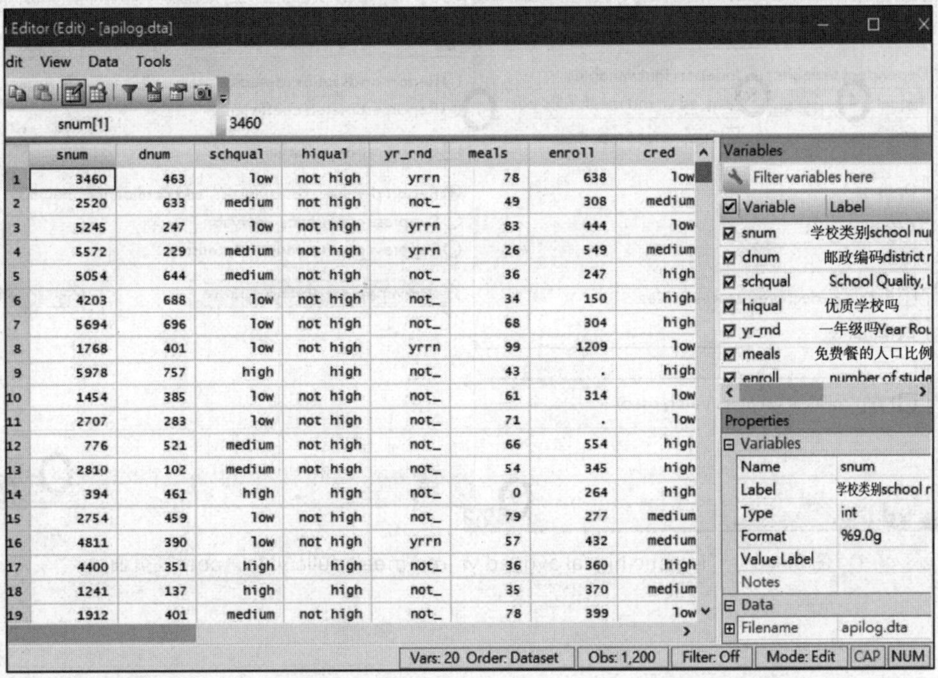

图2-17　"apilog.dta"资料档内容（N=1,200个人，707个学校）

3）分析结果与讨论

在"apilog.dta"文件中，cred_ml自变量是707所学校中取得合格证书的教师所占百分比是中还是低。对于这个学校的人群，变量yr_rnd、meals和cred_ml是学校api分数（api连测两年再分成因变量hiqual的high、not_high两个类别）的预测因素，故采用logit命令以及绘图命令（scatter、clist）。

Step 1. 连续变量进行总中心化处理（grand centering）后，再与分类变量相乘，乘积项再当作交互作用项，再用模型预测值绘出其散点图（见图2-18至图2-23）

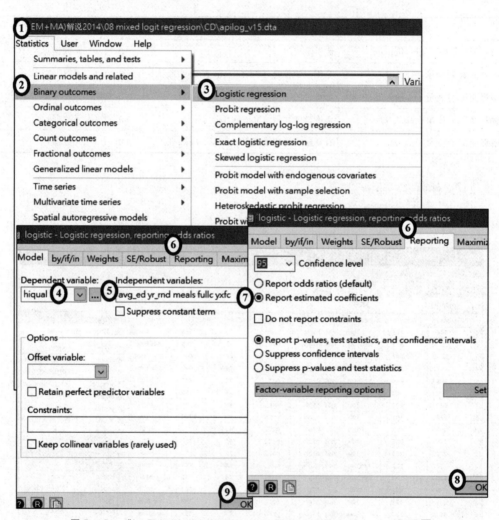

图2-18　"logistic hiqual avg_ed yr_rnd meals fullc yxfc，coef"页面

```
* 打开文件
. use apilog.dta, clear
* 总中心化（centering）程序：先求总平均值（full_M），再相减
. egen full_M = mean(full)
* 连续变量总中心化（centering）后，再与类别变量相乘，乘积再当作交互作用项，即可
  降低共线性。
. gen fullc=full-full_M
. gen yxfc=yr_rnd*fullc
* Model 10 总中心化的交互作用项 yxfc，再纳入模型当作自变量

. logistic hiqual avg_ed yr_rnd meals fullc yxfc, coef
```

Logistic regression

Number of obs	= 1,158
LR chi2(5)	= 933.71
Prob > chi2	= 0.0000

Log likelihood = -263.83452

Pseudo R2 = 0.6389

hiqual	Coef.	Std. Err.	z	P>|z|	[95% Conf. Interval]	
avg_ed	1.968948	.2850145	6.91	0.000	1.41033	2.527566
yr_rnd	-.5484943	.368032	-1.49	0.136	-1.269824	.1728351
meals	-.0789775	.0079544	-9.93	0.000	-.0945678	-.0633872
fullc	.0499983	.01452	3.44	0.001	.0215396	.078457
yxfc	-.1329371	.0325104	-4.09	0.000	-.1966563	-.0692179
_cons	-3.655163	1.016975	-3.59	0.000	-5.648396	-1.661929

Step 2. 绘制"标准化残差——预测值"的各种散点图

* 预测值$\hat{y}$存至 p
```
. predict p
(option pr assumed; Pr(hiqual))
(42 missing values generated)
```

* 标准化残差存至 stdres
```
. predict stdres, rstand
(42 missing values generated)
```
* 绘制"标准化残差——预测值$\hat{y}$"的散点图
```
. scatter stdres p, mlabel(snum) ylab(-4(2) 16) yline(0)
```

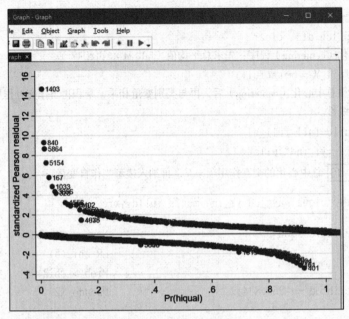

图2-19 "scatter stdres p, mlabel（snum）ylab（-4（2）16）yline（0）"的结果

```
. gen id=_n
. scatter stdres id, mlab(snum) ylab(-4(2) 16) yline(0)
```

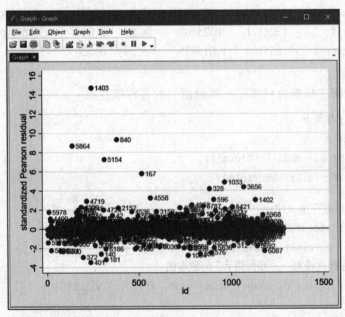

图2-20 "scatter stdres id, mlab（snum）ylab（-4（2）16）yline（0）"的结果

```
. predict dv, dev
(42 missing values generated)
. scatter dv p, mlab(snum) yline(0)
```

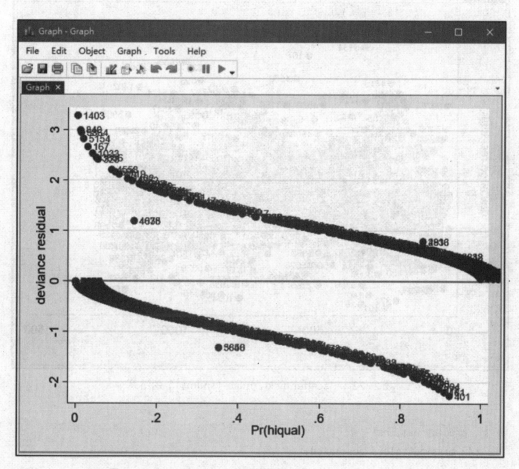

图2-21 "scatter dv p, mlab（snum）yline（0）"的结果

```
. scatter dv id, mlab(snum)
```

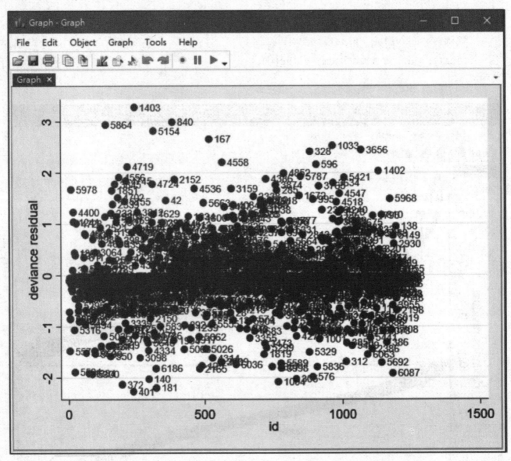

图 2-22 "scatter dv id, mlab（snum）"的结果

```
. predict hat, hat
(42 missing values generated)

. scatter hat p, mlab(snum)  yline(0)
```

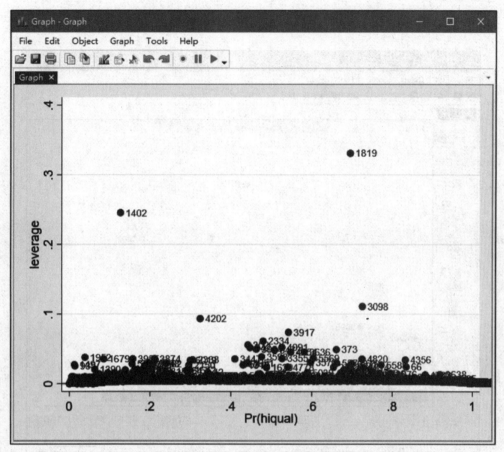

图 2-23　"scatter hat p，mlab（snum）yline（0）"的结果

Step 3. 找出异常值（见图 2-24）

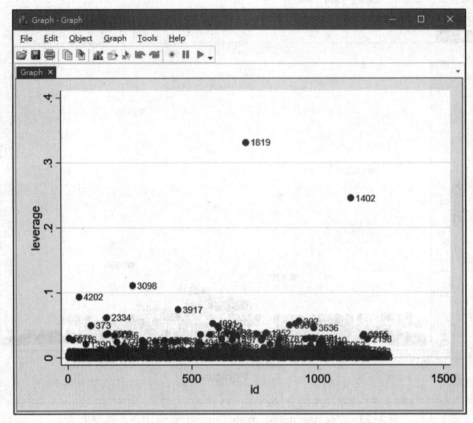

图 2-24　"scatter hat id，mlab（snum）"的结果

上面各散点图旨在呈现异常值的位置，这些图共使用两种类型的统计量：
①统计量与预测值的图示。
②统计量与索引 ID 的图示。

这两种类型的散点图基本上传达了相同的信息。数据点（data points）似乎在索引 ID 图上更加分散，使得您更容易看到极端值的索引。我们从这些散点图可以看到什么呢？我们看到一些观测值远离其他大多数观测值，这些数据点是需要特别注意的。例如，1403 号学校的观测值结果具有非常高的皮尔逊（Pearson）相关性和残差。此观测值对应的被解释变量 hiqual=1，但预测的概率却非常低，导致它的残差大。可是观测值 1403 的杠杆值却不差。也就是说，不纳入这个特别的观测值的逻辑回归估计与纳入这个特别的观测值的模型，两者不会有太大的不同（回归具有稳健性）。让我们根据图表列出最突出的观察结果，下面的命令只关心散点图中最突出的观测值。

```
. scatter hat id, mlab(snum)
* clist 旨在List values of variables
. clist if snum==1819 | snum==1402 | snum==1403
```

Observation 243

snum	1403	dnum	315	schqual	high
hiqual	high	yr_rnd	yrrnd	meals	100
enroll	497	cred	low	cred_ml	low
cred_hl	low	pared	medium	pared_ml	medium
pared_hl	.	api00	808	api99	824
full	59	some_col	28	awards	No
ell	27	avg_ed	2.19	ym	100
perli	101	yxfull	59	full_M	88.12417
fullc	-29.12417	yxfc	-29.12417	p	.0046147
stdres	14.71426	id	243	dv	3.27979
hat	.0037409				

Observation 715

snum	1819	dnum	401	schqual	low
hiqual	not high	yr_rnd	yrrnd	meals	100
enroll	872	cred	low	cred_ml	low
cred_hl	low	pared	low	pared_ml	low
pared_hl	low	api00	406	api99	372
full	51	some_col	0	awards	Yes
ell	74	avg_ed	5	ym	100
perli	101	yxfull	51	full_M	88.12417
fullc	-37.12417	yxfc	-37.12417	p	.6947385
stdres	-1.844302	id	715	dv	-1.540511
hat	.330909				

Observation 1131

snum	1402	dnum	315	schqual	high
hiqual	high	yr_rnd	yrrnd	meals	85
enroll	654	cred	low	cred_ml	low
cred_hl	low	pared	medium	pared_ml	medium
pared_hl	.	api00	761	api99	717
full	36	some_col	23	awards	Yes
ell	30	avg_ed	2.37	ym	85
perli	86	yxfull	36	full_M	88.12417
fullc	-52.12417	yxfc	-52.12417	p	.1270583
stdres	3.017843	id	1131	dv	2.03131
hat	.2456215				

（1）最有影响力的异常值依次为：Observation243、Observation 715、Observation 1131。

（2）在以上的每个观测值中您可以找到什么？是什么使它们特别突出呢？Observation with snum=1402有大的杠杆值，其合格教师的百分比=36。但从更具体的选项来看full的分配时，我们发现36%是非常低的，因为full的5%分割点是61分（不是36分）。另外，其api分数却非高（api00=761）。这个结果与我们的直觉有所不同，即合格教师的比例较低，该校应该是一个绩效不佳的学校。

Step 4. 排除异常值，再进行逻辑回归分析，新旧模型若有显著差异，表示异常值敏感度高；相反，表示您假定的模型具有稳健性。

现在我们来比较逻辑回归，"有与无"排除此 Observation with snum=1402，看它对回归系数估计有多大的影响。

```
* STaTa 新命令为 logistic；旧命令为 logit
* 对照组：未排除异常值 "snum=1402"
. logistic hiqual avg_ed yr_rnd meals fullc yxfc, coef

Logistic regression                      Number of obs    =      1,158
                                         LR chi2(5)       =     933.71
                                         Prob > chi2      =     0.0000
Log likelihood = -263.83452              Pseudo R2        =     0.6389

------------------------------------------------------------------------------
     hiqual |      Coef.   Std. Err.      z    P>|z|     [95% Conf. Interval]
------------+-----------------------------------------------------------------
     avg_ed |   1.968948   .2850145     6.91   0.000     1.41033    2.527566
     yr_rnd |  -.5484943    .368032    -1.49   0.136    -1.269824   .1728351
      meals |  -.0789775   .0079544    -9.93   0.000    -.0945678   -.0633872
      fullc |   .0499983     .01452     3.44   0.001     .0215396    .078457
       yxfc |  -.1329371   .0325104    -4.09   0.000    -.1966563   -.0692179
      _cons |  -3.655163   1.016975    -3.59   0.000    -5.648396   -1.661929
------------------------------------------------------------------------------

* 实验组：排除异常值 "snum=1402"
. logit  hiqual avg_ed yr_rnd meals fullc yxfc if snum!=1402, nolog

Logistic regression                      Number of obs    =      1,157
                                         LR chi2(5)       =     938.13
                                         Prob > chi2      =     0.0000
Log likelihood = -260.49819              Pseudo R2        =     0.6429

------------------------------------------------------------------------------
     hiqual |      Coef.   Std. Err.      z    P>|z|     [95% Conf. Interval]
------------+-----------------------------------------------------------------
     avg_ed |   2.067168    .29705     6.96   0.000      1.48496    2.649375
     yr_rnd |  -.7849496   .404428    -1.94   0.052    -1.577614    .0077148
      meals |  -.0767859    .008003    -9.59   0.000    -.0924716   -.0611002
      fullc |   .0504302   .0145186    3.47   0.001     .0219742    .0788861
       yxfc |  -.0765267   .0421418    -1.82   0.069    -.1591231    .0060697
      _cons |  -4.032019   1.056265    -3.82   0.000    -6.102261   -1.961777
------------------------------------------------------------------------------
```

（1）"有与无"排除此 Observation with snum=1402，逻辑回归系数估计，yxfc 系数由显著变为不显著。

（2）对于"snum=1819""snum=1403"这两个异常值，您可仿照以上"snum=1402"的做法，比较有无排除它，对本模型的敏感度变化。

. clist if avg_ed==5

Observation 262

snum	3098	dnum	556	schqual	low
hiqual	not high	yr_rnd	not_yrrnd	meals	73
enroll	963	cred	high	cred_ml	.
cred_hl	high	pared	low	pared_ml	low
pared_hl	low	api00	523	api99	509
full	99	some_col	0	awards	No
ell	60	avg_ed	5	ym	0
perli	73	yxfull	0	full_M	88.12417
fullc	10.87583	yxfc	0	p	.7247195
stdres	-1.720836	id	262	dv	-1.606216
hat	.1109719				

Observation 715

snum	1819	dnum	401	schqual	low
hiqual	not high	yr_rnd	yrrnd	meals	100
enroll	872	cred	low	cred_ml	low
cred_hl	low	pared	low	pared_ml	low
pared_hl	low	api00	406	api99	372
full	51	some_col	0	awards	Yes
ell	74	avg_ed	5	ym	100
perli	101	yxfull	51	full_M	88.12417
fullc	-37.12417	yxfc	-37.12417	p	.6947385
stdres	-1.844302	id	715	dv	-1.540511
hat	.330909				

Observation 1081

snum	4330	dnum	173	schqual	high

hiqual	high	yr_rnd	not_yrrnd	meals	1
enroll	402	cred	high	cred_ml	.
cred_hl	high	pared	low	pared_ml	low
pared_hl	low	api00	903	api99	873
full	100	some_col	0	awards	Yes
ell	2	avg_ed	5	ym	0
perli	1	yxfull	0	full_M	88.12417
fullc	11.87583	yxfc	0	p	.998776
stdres	.0350143	id	1081	dv	.0494933
hat	.0003725				

以上分析显示，snum=1819，其 avg_ed=5。这意味着此学校每个学生家长都是研究生学历。这听起来太好了，但不为真。因为这个数据从一开始就是我们的输入错误。

第3章 离散选择模型（asmprobit、mlogit、fmlogit、bayes：mlogit、mprobit、clogit、asclogit、ologit、logit、xtologit、zip等命令）

　　逻辑模型（logit model）也是离散选择模型之一，属于多项变量分析范畴，是社会学、生物统计学、临床医学、数量心理学、计量经济学、市场营销学等统计实证分析的常用方法。

　　个体的离散选择模型（discrete choice model，DCM）广泛应用于交通运输及营销领域，长期用于分析个体的交通工具选择行为，而在营销领域，因较难取得消费者的商品品牌购买记录，而鲜少应用个体选择模型分析消费者的选择行为，因此值得大家来关注它。

　　例如，以问卷收集消费者对三个洗发水品牌的选择行为，以个体选择模型中的多项逻辑模型（multinomial logit model）、嵌套多项逻辑模型（nested multinomial logit model）、混合逻辑模型（mixed logit model）进行分析，检验促销活动、消费者特性对洗发水选择行为的影响。可以发现：洗发水的原价格及促销折扣、赠品容量、加量不加价等促销活动，皆对消费者的选择行为有显著的影响力。其中，促销折扣与赠品容量影响的程度较大，是较有效果的促销活动；而消费者的性别、年龄、职业及品牌更换的频率，皆影响洗发水的选择行为。消费者若固定选择自己最常购买的洗发水，此类型的消费者与其他人的品牌选择行为也有显著的不同。此外，调查也发现海飞丝与潘婷间的替代、互补性较强。

3.1　离散选择模型

　　离散选择（discrete choices）是由 McFadden（1974）发展出的理论和实证方法。在20世纪70年代以前，经济理论和计量经济学的分析都局限于数值连续的经济变量

（像消费、所得、价格等）。类别选择的问题虽然无所不在，但传统上并没有一个严谨的分析架构，McFadden填补了这个空白，他对类别选择问题的研究在很短的时间内就使其发展成为新的研究领域。

McFadden关于类别选择问题的分析，认为不论要选的类别是什么，对每一个进行类别选择的经济个体来说，或多或少都会考虑效用（没有效用的类别当然不会被考虑），某一个类别的脱颖而出，必然是因为该类别能产生最高的效用（utility）。McFadden将每一个类别的效用分解为两部分：

（1）受"类别本身的特性"以及"做选择的经济个体的特性"所影响的可衡量效用（V_{rj}^i）；

（2）一个随机变量 ε_{rj}^i，它代表所有其他不可观测的效用。

备选方案的效用（U_{rj}^i）可分成两部分：

①可衡量的固定效用（V_{rj}^i）：备选方案可以被观测的效用。

②不可衡量的随机效用（ε_{rj}^i）：不可观测的效用（误差）。

也因为效用包含一个误差的随机变量 ε_{rj}^i，所以每一个类别效用本身也都是随机的。影响各个类别的可衡量效用值（V_{rj}^i）不是固定不变的，而是随机变动的。换句话说，经济个体不会固定不变地只选择某一类别，我们最多只能说某个经济个体选择某个类别的概率是多少，McFadden将这种想法称为"随机效用模型"（random utility model，RUM）。通过分类，McFadden大大扩展了效用理论的适用范围。

McFadden接着对随机效用（ε_{rj}^i）做出一些巧妙的分布假定，使得选择各类别的概率（乃至整个似然函数）都可以用很简单的公式表示出来，我们因此可用标准的统计方法（极大似然估计法）将"类别特性"以及"经济个体特性"对类别选择的影响估计出来。McFadden将这种计量模型取名为"条件逻辑模型"（conditional logit model，clogit命令），由于这种模型的理论坚实且计算简单，几乎没有一本计量经济学的教科书不介绍这种模型以及类似的"多项逻辑模型"（multinomial logit model；mlogit、nlogit、ologit、rlogit…命令）。

多项逻辑模型虽然好用，但和所有其他的计量模型一样都有某些限制，多项逻辑模型最大的限制在于各个类别必须是独立互斥且不相互隶属，因此在可供选择的类别中，不能有主类别和次类别混杂在一起的情形。例如，在选择旅游交通工具时，主类别可粗分为航空、火车、公共汽车、私人汽车四大类，但若将航空类别再按三家航空公司细分出三个次类别而得到总共六个类别，则多项逻辑模型就不适用，因为航空、火车、公共汽车、私人汽车均属同一等级的主类别，而航空公司的区别则是较次要的类别，不应该混杂在一起。在这个例子中，主类别和次类别很容易分辨，但在其他研究领域中就可能不是那么容易分辨，若不慎将不同层级的类别混在一起，则由多项逻辑模型所得到的实证结果就会有偏误（bias）。为解决这个问题，McFadden除了设计出多个检验法（如 LR test for IIA（tau=1））来检查"主从隶属"问题是否存在外，还发展出一个较为一般化的"嵌套多项逻辑模型"（nested multinoimal logit model， nlogit 命令），不仅可同时处理主类别和次类别，而且可保持多项逻辑模型的优点：理论完整而计算简单。

McFadden 更进一步地发展出可同时处理类别和连续型经济变量的混合模型，并将之应用于家庭对电器类别以及用电量（连续型变量）需求的研究上。一般来说：

（1）当响应变量（response variable/dependent variable）是二分类变量，且相应的个体协变量（covariate variable/independent variable）有 1 个以上时，对应的逻辑回归称为"多变量逻辑模型"；

（2）当响应变量是多分类变量时，对应的逻辑模型称为"多项逻辑模型"，这里的多项逻辑模型是指响应变量是多类别的，不只是（0，1）这么简单。

3.1.1 离散选择模型（DCM）的概念

1）什么是离散选择模型

离散选择模型（DCM），也叫作基于选择的联合分析（choice-based conjoint analysis，CBC）模型。例如，等级定序逻辑回归（rank-ordered logistic regression）可使用 rologit 命令。DCM 是一种非常有效且实用的市场研究技术（Amemiya 和 Takeshi，1981）。该模型是在实验设计的基础上，通过仿真所要研究产品/服务的市场竞争环境来测量消费者的购买行为，从而获知消费者如何在不同产品/服务属性水准和价格条件下进行选择。这种技术可广泛应用于新产品开发、市场占有率分析、品牌竞争分析、市场区隔和定价策略等市场营销领域问题。同时，离散选择模型也是处理离散的、非线性定性且复杂度高的数据统计分析技术，它采用多项逻辑模型（mlogit、clogit、asclogit 等命令）进行统计分析。这项技术最初是由生物学家发明的，生物学家利用这种方法研究不同剂量（dose）的杀虫剂对昆虫是否死亡的影响（存活分析命令有：stcox、xtstreg、mestreg 等）。离散选择模型使得经济学家能够对那些理论上是连续的，但在实际中只能观察到离散值的概率比（例如，如果一个事件发生则取 1，如果不发生则取 0）建立模型（逻辑回归分析有：logit、asmixlogit、asclogit、clogit、cloglog exlogistic、fracreg、glm、mlogit、nlogit、ologit、scobit、slogit 等命令）。在研究对提供交通服务需求的模型中，人们只能观察到消费者是否拥有一辆汽车（间断）。但是这辆汽车所提供的服务量（连续）却是不可观察的。

离散选择模型的应用领域如下：

（1）接受介入案例组（case group）病人，与一组吃安慰剂治疗的对照组病人（control group）进行对比，看某治疗法是否成功。STaTa 提供的命令为：配对数据的条件逻辑回归（clogit 命令）、特定方案条件逻辑回归（Alternative-specific conditional logit，McFadden's choice）（asclogit 命令）。

（2）解释妇女的工作选择行为。

（3）选择某一专业学习。

（4）在一篮子商品中做出购买某一商品的决策。

（5）在情境条件下（如饥饿营销），市场占有率的建模。

（6）根据"回忆者"（表现出来）的特征衡量广告活动的成败。

（7）解释顾客价值概念（分类模型）。

（8）顾客满意度研究（分类模型）。

2）离散选择模型的基础

（1）一般原理

离散选择模型的一般原理为随机效用理论（random utility theory）：假设选择者有 J 个备选方案，分别对应一定的效用 U，该效用由固定效用与随机效用两部分构成，固定效用（V_{rj}^i）能够被观测要素 x 所解释，而随机效用 ε 代表了未被观测的效用及误差的影响。选择者的策略是选择效用最大的备选方案，那么每个备选方案被选中的概率可以表示为固定效用的函数：$P = f(V_{rj}^i)$，函数的具体形式取决于随机效用的分布。在大多数模型设定中，可见效用 V 被表述为解释要素 X 的线性组合形式，其回归式为 $V=\beta X$，β 为系数（coef.）的向量，式中的 β 值和显著性水平（z 检验）决定解释变量的影响力。

（2）应用价值

离散选择模型的应用领域非常广，市场与交通是最主要的两大领域。

①市场研究中经典的效用理论和联合分析方法，二者都和离散选择模型有直接的渊源。通过分析消费者对不同商品、服务的选择偏好，用 LR 检验来预测市场需求。

②在交通领域中，利用离散选择模型分析个体层面对目的地、交通方式、路径的选择行为，进而预测交通需求的方法，比传统的将对象地区或群体划分为若干个小区的集计方法更具有显著的优势，已成为研究的主流。

此外，这种研究方法在生物医学、社会科学、环境、社会、空间、经济、教育、心理、营销广告等领域也经常见到。

离散选择模型的主要贡献有三个方面：

①揭示行为规律。通过对回归系数 β 估计值的（正负）符号、大小、显著性的分析，可以判断哪些要素真正影响了行为，其方向和重要程度如何。对于不同类型的人群，还可以比较群组间的差异。

②估计支付意愿。一般通过计算其他要素与价格的系数（coef.）之比得到该要素的货币化价值，该方法也可推广到两个非价格要素上。值得注意的是，有一类研究通过直接向受访者抛出价格进而征询其是否接受的方式，估计个体对物品、设施、政策的支付意愿，这种方法被称为意愿价值评估方法（contingent valuation method，CVM），已广泛应用于对无法市场化的资源、环境、历史文化等的评价。应用案例有：Breffle 等（1998）对未开发用地、Treiman 等（2006）对小区森林、Báez-Montenegro 等（2012）对文化遗址价值的研究。

③展开模拟分析。一般以"what-if"的方式考察诸如要素改变、政策实施、备

选方案增减等造成的前后差异，或者对方案、情景的效果进行前瞻。例如，Yang 等（2010）模拟了高铁出现后对原有交通方式选择的影响。Müller 等（2014）模拟了两种不同的连锁店布局方案的经济效益。以上模拟都是在集合层面上进行的，相比之下，个体层面的模拟更加复杂。有的研究基于个体的最大可能选择，如 Zhou 等（2008）对各地用地功能变更的推演模拟；更多的研究是借助蒙特卡洛（Monte Carlo）方法进行随机抽样（bayesmh，simulate，permute，bayestest interval 命令），如 Borgers 等（2005，2006）分别在宏观、微观尺度下对行人在商业空间中连续空间选择行为进行模拟。

（3）基础模型形式：多项逻辑模型（asclogit、nlogit、mi impute mlogit、discrim logistic 等命令）

多项逻辑模型（multinomial logit model，MNL；mlogit 命令）是最简单的离散选择模型形式，它设定随机效用服从独立的极值分布。有关 mlogit 命令的详情请见第 5 章。

多项逻辑模型是整个离散选择模型体系的基础，在实际中也最为常用，一方面是由于其技术门槛低、易于实现。另一方面也与其简洁性、稳健性、通用性、样本数低、技术成熟、出错率小等分不开（Ye 等，2014）。虽然 MNL 模型存在固有的理论缺陷（如假定随机效用有独立性），但在一些复杂问题上采用更加精细化的模型却很适宜。根据 Hensher 等（2005）的看法：前期以 MNL 模型为框架投入 50% 以上的时间，将有助于模型的整体优化，包括发现更多的解释变量、要素水平更为合理等。可见，MNL 模型尽管较为简单，但其基础地位在任何情况下都是举足轻重的，应当引起研究者的高度重视。

3）离散选择模型的主要应用（mlogit 命令为基础）

离散选择模型主要用于测量消费者在实际或模拟的市场竞争环境下，如何在不同产品/服务中进行选择。通常是在正交实验设计的基础上，构造一定数量的产品/服务选择集（choice set），每个选择集包括多个产品/服务的轮廓（profile），每个轮廓都是由能够描述产品/服务重要特征的属性（attributes）以及赋予每个属性不同水平（level）的组合构成。例如，消费者购买手机的重要属性和水平可能包括：品牌（A、B、C）、价格（2 100 元、19 880 元、3 660 元）、功能（短信、语音信息、图片信息）等。离散选择模型是测量消费者在给出不同的产品价格、功能条件下是选择购买品牌 A，还是品牌 B 或者品牌 C，或者什么都不买。离散选择模型的两个重要的假设是：

（1）消费者是根据构成产品/服务的多个属性来进行理解和选择判断的；

（2）消费者的选择行为要比偏好行为更接近现实情况。

离散选择模型与传统的全轮廓联合分析（full profiles conjoint analysis）都是在全轮廓的基础上，采用分解的方法测量消费者对某一轮廓（产品）的选择与偏好，对构成该轮廓的多个属性和水平的选择与偏好，都用效用值（utilities）来描述。

> **定义：联合分析**
>
> 　　联合分析法又称多属性组合模型，或状态优先分析，是一种多元的统计分析方法，它产生于 1964 年。虽然最初不是为市场营销研究而设计的，但这种分析法在提出不久就被引入市场营销领域，用来分析产品的多个特性如何影响消费者购买决策的问题。
>
> 　　联合分析是用于评估不同属性对消费者的相对重要性，以及不同属性水平给消费者带来的效用的统计分析方法。
>
> 　　联合分析始于消费者对产品或服务（刺激物）的总体偏好判断（渴望程度评分、购买意向、偏好排序等），根据消费者对不同属性及其水平组成的产品的总体评价（权衡），可以得到联合分析所需要的信息。
>
> 　　在研究的产品或服务中，具有哪些特征的产品最受消费者的欢迎？一件产品通常拥有许多特征，如价格、颜色、款式以及产品的特有功能等，那么在这些特征之中，每个特征对消费者的重要程度如何？在同样的（机会）成本下，产品具有哪些特征最能赢得消费者的青睐？要解决这类问题，传统的市场研究方法往往只能作定性研究，而难以做出定量的回答。联合分析（也译为交互分析）就是针对这些需要而产生的一种市场分析方法。
>
> 　　联合分析目前已经广泛应用于消费品、工业品、金融以及其他服务等领域。在现代市场研究的各个方面，如新产品的概念筛选、开发、竞争分析、产品定价、市场细分、广告、分销、品牌等领域，都可见到联合分析的应用。

　　但是，离散选择模型与传统的联合分析的最大区别在于：离散选择模型不是测量消费者的偏好（现今有 rologit 命令），而是获知消费者如何在不同竞争产品选择集中进行选择。因此，离散选择模型在定价研究中是一种更为实际、更有效，也更复杂的技术。具体表现在：

　　（1）将消费者的选择置于模拟的竞争市场环境中，"选择"更接近消费者的实际购买行为（消费者的选择）。

　　（2）行为要比偏好态度更能反映产品不同属性和水平的价值，也更具有针对性。

　　（3）消费者只需做出"买"或"不买"的回答，数据获得更容易，也更准确。

　　（4）消费者可以做出"任何产品都不购买"的决策，这与现实是一致的。

　　（5）实验设计可以排除不合理的产品组合，同时可以分析产品属性水平存在交互作用的情况。

　　（6）离散选择集能够较好地处理产品属性水平个数（大于4）较多的情况。

　　（7）统计分析模型和数据结构更为复杂，但可以模拟更广泛的市场竞争环境。

　　（8）模型分析是在消费者群体层面，而非个体层面。离散选择模型主要采用离散的、非线性的多项逻辑统计分析技术，其响应变量是消费者在多个可选产品中选择购买哪一种产品；而自变量是构成选择集的不同产品属性。

　　目前统计分析软件主要有 STaTa 及 SAS，两者均另外提供比例风险回归

（proportional hazards regression）分析。此外，Sawtooth 软件公司开发了专用的 CBC 市场研究分析软件（choice-based conjoint analysis），该软件集成了从选择集实验设计、问卷生成、数据收集到统计分析、市场模拟等离散选择模型的市场研究全过程。

4）离散选择模型的其他应用

难以相信，至今在经济学的某些领域中，离散选择模型尚未完全被应用。最早的应用是对交通方式/市场的选择。在选择交通方式的模型中，要求被调查者对每天的外出情况进行记录。记录的数据包括出发地点和终点、距离、乘车时间、外出支出、被调查者的收入以及乘车之前和下车之后的步行时间。这些数据用来理解交通方式的不同选择：私家车、公交车、火车或其他方式。这些交通方式选择的统计模型经常被交通规划部门采用。例如，这些数据可以用来规划两座城市之间新修高速公路的运载能力。

离散选择模型应用最广泛，且在计量经济学领域获得重大突破的是劳动经济学。研究问题包括：就业、对职业的选择、是否参加工会、是否工作、是否寻找工作、是否接受一个职位、是否要加入工会……这些都是二元选择问题，都可以用离散选择模型建模。在劳动经济学中，一个多元选择的例子是：就业、上大学、参军之间的选择问题。例如，部队通过职业路径选择模型来评估提供军事服务的经济回报。部队可以通过提高退伍军人的收入等市场机制来鼓励参军。

离散选择模型还应用于信贷发放（银行应该向谁提供贷款）、立法和投票记录、出生和人口动态变化、企业破产和犯罪行为等。

5）离散选择模型的相关内容

离散选择模型最初是由生物统计学家在研究流行病、病毒以及发病率时发展起来的（Ben-Akiva, Moshe, 1985）。这种生存分析（stcox 命令）是用来为实验结果建模的，实验结果通常是以比值的形式衡量的（例如，在施用给定剂量的杀虫剂后，害虫死亡的比例）。这些技术为经济学所采用，原因有二：

（1）经济学家研究的许多变量是离散的或是以离散形式度量的。一个人要么就业，要么失业。一家企业即使不知道涨价的具体幅度，也可以声称下个月将要涨价。

（2）由于调查问卷题目越来越多，造成被调查者的疲惫。调查问卷上的问题若只是定性反应类型的问题，只提出定性问题，才可提高有效样本的比例，以及提高受访者回答问题的准确性。

离散选择采用极大似然（maximum likelihood）法来估计，加上计算机统计技术的快速发展、储存和处理大量数据的能力增强，才可对这些数据的随机过程进行更精确的统计分析。

离散选择模型的另一重要影响在于计划评估领域，例如：

（1）扩建一座机场将会产生多少新的交通流量？

（2）对抚养未成年儿童的家庭实行税收减免，是否能使教育投资提高？

（3）地方政府未能平衡一项新的预算，是否会影响其在信贷市场的借贷能力？

（4）顾客喜欢蓝色还是红色的衣服/包装？

以上规划技术问题，无论是公共部门还是私人部门都可应用离散选择模型来解答。

3.1.2 离散选择模型（DCM）的数学公式：以住宅选择为例

1）离散选择行为的逻辑延伸模型

由于过去有关住宅选择的相关文献（如 McFadden，1973）均指出购房消费的选择行为是属于个体的离散选择行为。住户及住宅供给者必须从某些特定的备选方案中选取有最大效用或利益的住宅。因此，近年来利用离散选择理论中的逻辑模型来建立住宅消费选择模型的相关文献越来越多，原因是传统的消费者决策行为研究的文献大都使用多属性效用模型，而且效果较佳。其最基本的假设在于决策者可将其偏好直接以效用函数来表现，但对于效用函数是否能真正地反映出消费者对住宅这一特殊产品属性的偏好，实际上有相当的争议。

离散选择理论的基础主要来自经济学的消费者行为及心理学的选择行为两个领域，但一般经由消费者行为所导出的理论应用较为广泛。

逻辑模型则属于个体选择理论中的一种应用模型。其通常有两种用途：

（1）解释行为与现象。

（2）预测行为与现象。

其他逻辑模型的延伸变化模型包括：

（1）多项逻辑模型（multinomial logit model，mlogit 命令），使用最为广泛。因为其具有简单的数学架构及容易估计的优势，但也因为模型有基本假定，即方案间的独立性（independence of irrelevant alternatives，IIA），而限制了它的应用。

（2）最常被使用的嵌套多项逻辑模型（nested multinomial logit model，nlogit、melogit meologit、meoprobit、mepoisson 等命令），是多项逻辑模型的变形。此模型是由 McFadden 的广义极值模型（generalized extreme value model，GEV）所导出，模型中允许同一群组内的方案的效用是不独立的，但是却仍受限于同一群组中的方案间具有同等相关性的假定，这点可能与现实的状况不符。

（3）有序广义极值（ordered generalized extreme value）模型。STaTa 提供 ologit、oprobit、rologit、zioprobit，bayes：heckoprobit、bayes：meologit 等命令。

（4）成对组合逻辑（paired combinatorial logit）模型。STaTa 提供 asclogit、clogit、nlogit、rologit、slogit、bayes：clogit 命令。

（5）交叉嵌套逻辑（cross-nested logit）模型。STaTa 提供 bayes：melogit、bayes：meologit 命令。

（6）异质性广义极值（heteroskedastic extreme value）模型。STaTa 提供 fracreg、binreg、glm、gmm、hetprobit、ivregress、nl、bayes：glm 等命令。

定义：广义极值分布（generalized extreme value distribution）

生活中的一些自然现象，像洪水、暴雨、强台风、空气污染等，在平常很少能观察到，但一发生却又会造成重大灾害。那么要如何计算其发生的概率呢？极值分布就是用来估算这些现象发生的概率的。以下是广义极值分布的数学公式：

极值分布有三个参数，分别为位置参数（location）μ、尺度参数（scale）σ、形状参数（shape）k。

令 X 为一个连续随机变量，若 X 符合极值分布，其概率密度分布函数（P.D.F）为：

$$f(x) = \begin{cases} \dfrac{1}{\sigma} \exp\left(-\exp\left(-\dfrac{x-\mu}{\sigma}\right) - \dfrac{x-\mu}{\sigma}\right), & \text{如果 } k = 0 \\[3mm] \dfrac{1}{\sigma} \exp\left[-\left(1 + k\dfrac{x-\mu}{\sigma}\right)^{\frac{-1}{k}}\right]\left(1 + k\dfrac{x-\mu}{\sigma}\right)^{-1-\frac{1}{k}}, & 1 + k\dfrac{x-\mu}{\sigma} > 0, \text{如果 } k \neq 0 \end{cases}$$

例如，有一份记录英国约克郡（Yorkshire）Nidd 河 35 年来每年最高水位的资料（见图3-1）。

65.08	65.60	75.06	76.22	78.55	81.27	86.93
87.76	88.89	90.28	91.80	91.80	92.82	95.47
100.40	111.54	111.74	115.52	131.82	138.72	148.63
149.30	151.79	153.04	158.01	162.99	172.92	179.12
181.59	189.04	213.70	226.48	251.96	261.82	305.75

从直方图3-1我们可以看出，35 年来最高水位的分布情况集中在 75 至 100 之间，但是却有少数几年的水位突然高涨两三倍。在这种情况之下，如果用一般的分布去推估水位突然暴涨的概率一定会非常低，因为我们不希望只是因为没有观察到就低估它发生的概率。如果套用极端值分布去估计的话，可以推得分布中三个参数的数值分别是位置参数 μ=36.15、尺度参数 σ=103.12、形状参数 k=0.32。我们就能利用这些估计参数来预测下一年的最高水位，其水位小于 100 的概率是 0.566，介于 100 到 200 之间的概率是 0.192，超过 200 的概率是 0.242。

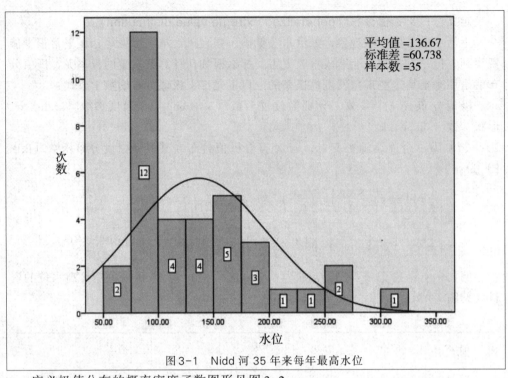

图3-1 Nidd河35年来每年最高水位

广义极值分布的概率密度函数图形见图3-2。

广义极值分布

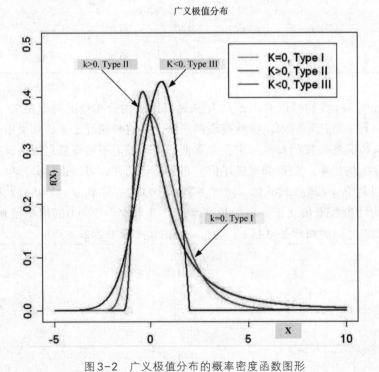

图3-2 广义极值分布的概率密度函数图形

有序广义极值模型（OGEV）是指我们在选择时会有序地进行抉择，可是在唯一的文献（Small，1987）中所得出的结果不如嵌套逻辑模型（NL），且与多项逻辑模型无显著差异。成对组合逻辑模型（PCL）允许方案间具有不同的相关程度，可是在方案较多时有不易估计的问题存在。交叉嵌套逻辑模型（CNL）及异质性广义极值模型（HEV）同样具有估计困难的问题。

上述几种逻辑模型的多数范例会在本书中介绍。

2）逻辑模型的一般化

这里将介绍住宅租购与位置方案联合选择模型，以说明离散选择行为模型的基本理论及一般式。离散选择理论来源于随机效用的概念，认为在理性的经济选择行为下，选择者（如住户 i）必然选择效用最大化的备选方案（如住宅位置 j）。假设有消费者选择住宅，有 j=1，2，…，J 个住宅位置可供其选择，每个住宅位置方案又可提供消费者 r=1，2（即租屋或购屋）两种选择，此消费者选择某一住宅位置 j 及住宅租购 r 方案的组合（以下称为备选方案）的效用可用 U_{rj}^i 表示；U_{rj}^i 为备选方案 rj 的属性 Z_{rj}^i 与消费者 i 的社会经济特性 S^i 的函数。备选方案的效用可分成两部分：

（1）可衡量效用（V_{rj}^i）代表备选方案可以被观测的效用。

（2）随机效用（ε_{rj}^i）代表不可观测的效用。

另外，为了方便起见，备选方案的效用（U_{rj}^i）一般都假设效用函数为线性，以数学公式表示为下式：

$$U_{rj}^i(Z_{rj}^i, S^i) = V_{rj}^i(Z_{rj}^i, S^i) + \varepsilon_{rj}^i(Z_{rj}^i, S^i)$$

式中，随机效用 ε_{rj}^i 除了代表不可观测的效用之外，还包括了许多误差来源，例如对可衡量效用的误差、函数指定误差、抽样误差以及变量选定误差等。对随机效用作不同的概率分布假设，可以得到不同的选择模型，在离散选择理论中一般常用的概率分布假设为正态分布（normal distribution）及 Gumbel（耿贝尔）分布。若假设 ε_{rj}^i 呈正态分布，则可以推导出 Probit 模型；若假设 ε_{rj}^i 呈相同且独立的第一种类型极值分布（IID，Type I extreme-value distribution）即 Gumbel 分布，则可以推导出逻辑模型（Mcfadden，1973）。由于概率模型无法推导出简化的计算式，因此不易计算其选择概率，也因此使得概率模型在实证应用上受到限制。

McFadden（1978）对极值分布有明确的定义。其第一种类型极值分布的累积分布函数（CDF）为：

$$F(\varepsilon) = \exp\{-\exp[-\delta(\varepsilon-\eta)]\}$$

其平均数为 $\{\eta+r/\delta\}$，而方差为（$\sigma^2=\pi^2/6\delta^2$）。式中，r 为尤拉（Euler）系数，其值约为 0.577；π 为圆周率，值约为 3.14；而 η 为众数（mode）；δ 为离散参数（dispersion parameter）或称为异质系数（heterogeneity coefficient），其数值大小恰好与方差 σ^2 的大小相反。当 δ 值趋近极大值时，σ^2 趋近 0；反之，当 δ 值趋近 0 时，σ^2 趋近极大值。离散参数在嵌套式逻辑模型中可用于检验包容值的系数是否合理，并可据以验证模型的嵌套层结构。

综上所述，假设住户 i 选择住宅位置 j 的概率 P^i_{rj} 取决于该住宅给家庭带来的效用 U^i_{rj} 的大小。住宅位置的效用越大，则该住宅位置被住户选择的概率就越大。其数学公式表示如下式：

$$P^i_{rj} = P_{rob}(U^i_{rj} > U^i_{mn}), \quad \forall rj \neq mn$$
$$= P_{rob}(V^i_{rj} + \varepsilon^i_{rj} > V^i_{mn} + \varepsilon^i_{mn}), \quad \forall rj \neq mn$$
$$= P_{rob}(\varepsilon^i_{rj} + V^i_{rj} - V^i_{mn} > \varepsilon^i_{mn}), \quad \forall rj \neq mn$$

式中，P^i_{rj} 代表消费者 i 选择备选方案 r_j 的概率。为了简洁起见，上标 i 已省略。令 ε 表示向量，F（ε）表示 ε 的累积概率密度函数，将上式微分后可表示为下式：

$$P^i_{rj} = \int_{-\infty}^{\infty} F_{rj}(\varepsilon_{rj} + V_{rj} - V_{mn})d\varepsilon_{rj}$$

式中，F_{rj}（ ）表示函数 F 对 ε^i_{rj} 微分的一次导数，$\varepsilon_{rj}+V_{rj}-V_{mn}$ 为向量形式，其中，mn 项等于 $\varepsilon_{rj}+V_{rj}-V_{mn}$。对函数的分布作不同假设，即可得出不同的离散选择模型。以下所要探讨的多项逻辑模型（MNL）与嵌套多项逻辑模型（NMNL）皆可由上面的离散选择模型一般式导出，如图 3-3 所示。

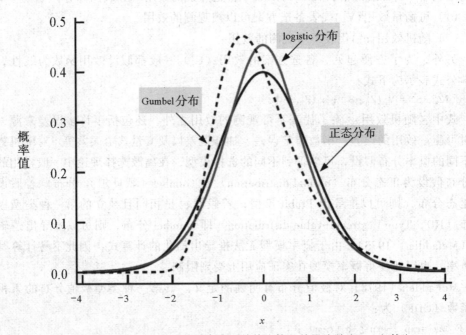

图3-3　Gumbel、正态、逻辑密度函数的比较，其平均数为 1，方差为 1

3）单层次：多项逻辑模型

若在上式中假定 ε_{rj} 独立且具有相同的极值分布（即 Gumbel 分布或第一种类型极值），则其数学公式如下：

$$P_{rob}(\varepsilon_{rj} \leq \varepsilon) = \exp[-\exp t(-\varepsilon_{rj})]$$

由上式可导出离散选择模型中使用最广的 MNL 模型。因此，选择第 rj 个方案的概率值 P_{rj} 如下式所示：

$$P_{rj} = \frac{\exp(\delta V_{rj})}{\sum_{rj \in RJ} \exp(\delta V_{mn})}$$

上式为多项逻辑模型（MNL），如图 3-4 所示。如果只有两个备选方案，则称为二元逻辑（binary logit）回归模型。

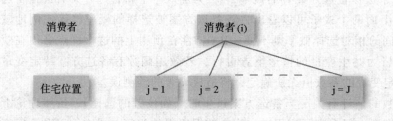

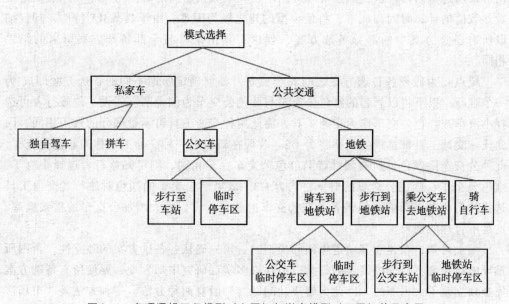

图 3-4　多项逻辑回归模型（上图）与嵌套模型（下图）的示意图

由上式可进一步导出 MNL 模型的一个重要特性，以数学公式表示此特性如下：

$$\frac{P_{rj}}{P_{mn}} = \frac{\exp(\delta V_{rj})}{\exp(\delta V_{mn})} = \exp[(\delta(V_{rj} - V_{mn})]$$

上式即所谓的不相关方案独立性（简称 IIA 特性）。IIA 特性说明选择两个备选方案概率的相对比值（P_{rj} / P_{mn}）仅与该两个备选方案效用的差（V_{rj}-V_{mn}）有关，而与其他备选方案是否存在无关。多项逻辑回归模型的 IIA 特性的优缺点如下：

优点一：当消费者有新的备选方案时，仅需将此新备选方案的效用代入公式便可，无须重新估计效用函数的参数值。我们可用下面两个公式表示：

$$P_{rj} = \frac{\exp(\delta V_{rj})}{\sum_{mn=1}^{MN} \exp(\delta V_{mn})}$$

$$P'_{rj} = \frac{\exp(\delta V_{rj})}{\sum_{mn=1}^{MN+1} \exp(\delta V_{rj})}$$

式中，P_{rj} 为原来选择备选方案 rj 的概率，P'_{rj} 为加入一个新备选方案后选择备选方案 rj 的概率，由上面两个式子可以看出，各备选方案被选择的概率将等比例地减少，但各备选方案间的相对选择概率则不变。IIA 特性在预测上的这个优点必须在效用函数的所有变量皆为共生变量的情形下方可行，若效用函数有备选方案特定变量时，因为新方案特定变量的系数值无法确定，将造成显著的预测误差。

优点二：与参数的估计有关。当备选方案过多时（如位置的选择），虽然理论上仍可采用逻辑回归模型，但在实际应用中，收集数据所需的时间与成本，以及测定变量参数值的计算时间与成本，将使模型的建立极为困难。由于具备 IIA 特性，却仅抽取所有备选方案中的部分备选方案，理论上其结果将与全部备选方案所求的结果相同。

缺点：为假设各备选方案之间完全独立，如何确定所谓不同的备选方案即成为一个难题。以下将以著名的红色公交车与蓝色公交车为例说明。假设一位旅行者可选择小汽车或红色公交车作为交通工具，而此两种交通工具可衡量部分的效用相同，因此任一交通工具被选择的概率将为 1/2。若现在新引进一种交通工具称为蓝色公交车，此种公交车除颜色外所有属性皆与红色公交车完全相同，则可知旅行者选择小汽车、红色公交车、蓝色公交车的概率将均为 1/3。故虽然公交车的颜色对旅行者交通工具选择的行为并无影响，但借着改变公交车的颜色却可以大大增加公交车的搭乘概率，这是不合理的现象。

由上可知，在建立多项逻辑回归模型时，须先确认各备选方案的独立性，否则所推导的结果会不符合决策者的行为。但在许多实证研究中却发现，要使所有备选方案完全独立是不大可能的，因此为解决此问题，一般有两种方法。一种方法是"市场区隔法"（market segmentation），即将选择者按照社会经济条件先进行分类，但一般仅能部分解决各备选方案间非彼此独立的问题。另一种方法是用"嵌套逻辑回归模型"，此方法不但最常被使用，也可以彻底解决 IIA 的问题。以下将介绍嵌套多项逻辑回归模型的构建过程。

4）嵌套/多元：多项逻辑模型

McFadden（1973）所推导的嵌套逻辑回归模型是最常被用来克服不相关备选方案独立特性（IIA 特性）的模型，而多项逻辑模型与嵌套多项逻辑回归模型的差异主要在于选择备选方案的概率。用前者估算备选方案概率时，各备选方案是同时存在的，而后者是估算连续的概率。另外，嵌套逻辑回归模型假设选择决策是有先后顺序的过程，并且是将相似的方案置于同一嵌套层，可考虑嵌套层内方案间的相关性。这里以双层嵌套模型为例说明，两层以上的情况亦类似，因此将其模型结构分别说明如下。假设消费者（i）选择住宅的决策程序是先决定租购行为（k），再决定住宅位置（j）。其结构如图3-5所示，此时，其消费者选择之效用函数如下式所示：

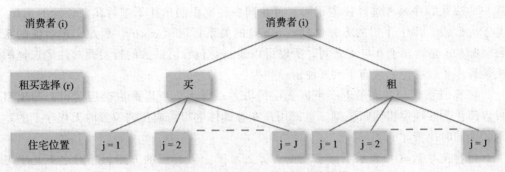

图3-5　双层嵌套住宅选择决策结构

式中，

V_r^i代表上嵌套层各方案的效用，用以衡量房屋租购给消费者（i）带来的可衡量效用。

V_j^i及V_{jr}^i表示下嵌套层各住宅位置给消费者（i）带来的可衡量效用。

ε_j^i及ε_{jr}^i分别表示上下嵌套层的随机效用。

若假设σ_j^i和σ_{jr}^i均为相同且独立的第一种类型极值分配，而上嵌套层的离散参数为δ_1，下嵌套层的离散参数为δ_2，则住宅租购及住宅位置的联合选择概率（P_{jr}^i）如下：

$$P_{jr}^i = P_r^i \times P_{jlr}^i$$

式中，P_r^i为选择住宅租购的边际概率，而P_{jr}^i为住宅位置的条件概率（conditional probability）。两项概率的计算分别见下列两个公式：

$$P_{jlr}^i = \frac{\exp[\delta_2(V_j^i + V_{jr}^i)]}{\exp(I_r^i)}$$

$$I_r^i = \ln\left[\sum_{n \in A_r} \exp(\delta_2(V_n^i + V_{nr}^i))\right]$$

而

$$P_r^i = \frac{\exp[\delta_2 V_r^i + (\delta_1/\delta_2)I_r^i]}{\sum_m \exp[\delta_1 V_m^i + (\delta_1/\delta_2)I_m^i]}$$

上式所计算的I_r^i即为第 r 种租购类型的包容值（inclusive value）。式中，A_r代表第 r 种租购类型的住宅位置备选方案的集合。

将上式的I_r^i代入P_{jlr}^i式中，即可看出下嵌套层的住宅区皆为多项逻辑模型。其中，包容值的系数为（δ_1/δ_2），而δ_1与δ_2分别表示上嵌套层（或称第一嵌套层）及下嵌套层（或称第二嵌套层）的离散参数（dispersion parameter）。由 Gumbel 分布的方差计算公式可以得知离散参数又恰与该嵌套层的效用函数中不可衡量部分（P_i^l 及 P_{jlr}^i）的方差呈反向变动关系。

一般合理的嵌套层结构假设是，上嵌套层的变异大于下嵌套层的变异。换言之，若假设住宅租购选择的内部变异相对较大，而住宅位置选择的内部变异相对较小，则住户的决策程序是先选择住宅租购，再在同一住宅租购选择下进行住宅位置的选择。基于此假设，则上下层的方差必然有 $\sigma_1 > \sigma_2$ 的关系，因而 $\sigma_1 < \sigma_2$。因此，包容值的系数（δ_1/δ_2）必然介于 0 与 1 之间，所以可以通过对包容值系数的检验而对住宅选择的决策程序予以推论，故有下列 4 种情形产生：

包容值系数=1：表示上、下嵌套层的方差一样大，所以此嵌套层逻辑回归模型可以简化为多项逻辑回归模型，也即用户在选择住宅租购或住宅位置时无程序上的差别，为同时决策。

包容值系数=0：表示下嵌套层的方差远小于上嵌套层的方差，相对之下几乎可以忽略下嵌套层的内部差异。也就是说，下嵌套层的住宅位置方案彼此间具有高度相似性。

包容值系数>1：表示下嵌套层的方差大于上嵌套层的方差，因此可以推论上、下嵌套层的结构可能需要调换。

0<包容值系数<1：表示该所有备选方案集合内的备选方案的确是存在相关性的，此时则应用嵌套式多项逻辑模型解决相关备选方案的非独立性问题。

5）Logit 模型估计与检验

多项及嵌套式方差模型参数的估计方法一般是采用全部信息极大似然法（full information maximum likelihood method，FIML 法），这种方法是对所有可供选择的集合中的每个元素加以组合，将每种组合视为一种备选方案，然后找出使对数似然函数值（log likelihood function）为极大值的参数值。这两种模型的检验可分为模型参数检验、逻辑模型结构检验、渐进 t 检验、预测成功率与弹性值检验五种方法。

（1）模型参数检验

有关多项及嵌套式逻辑模型参数值的估计方法有很多，目前使用最多的是极大似然估计法（maximum likelihood method）与两步骤估计法（two step estimation）估计。由极大似然估计法估计出来的系数值称为"极大似然估计值"，其具有一致性（consistency）、有效性（efficiency）及充分性（sufficiency），但不一定具有无偏性（unbiasedness）。不过此偏误一般会随着样本数的增加而迅速减少，因此当样本数趋于无限大时，极大似然估计值将趋近为正态分布。

在参数的估计上，利用极大似然估计法直接求出使对数似然函数为极大值的参数值 α、β 与 σ，如下式所示：

$$\ln L(\alpha, \ \beta, \ \sigma) = \sum \sum_{ij \, = \, 1}^{J} f_{ij} \times \ln P_{ij}(\alpha, \ \beta, \ \sigma, \ X, \ Y)$$

式中，

i 表示样本个体；

P_{ij} 为样本 i 选择备选方案 j 的概率。

当 $f_{ij}=1$ 时，指所观测的样本 i 选择该备选方案 j，否则 $f_{ij}=0$。此为一步骤估计法，又称为"充分信息极大似然估计法（FIML）"。理论上利用此方法即可求出极大的参数值 α、β 与 σ，但实际上当效用函数不为线性时，将使得估计式极为复杂，因此一般估计上多采用较无效率但估计式较简易的部分信息的两步骤估计法以估计参数。

所谓两阶段估计法，是指先估计下嵌套层的参数，再估计上嵌套层的参数。因此，根据上式的对数似然函数，依估计的顺序可写成边际对数似然函数与条件对数似然函数之和，如下列三式所示：

$$\ln L = \ln L_{边际} + \ln L_{条件}$$
$$\ln L_{条件}(\alpha) = \sum_i \sum_{l \in k} f_{llk} \times \ln L_{llk}(\alpha, X)$$
$$\ln L_{边际}(\beta, \alpha) = \sum_i \sum_{l \in kl} f_1 \times \ln P_1(\alpha, \beta, \sigma, X, Y)$$

式中，

l 为次级市场之下的各备选方案；

k 为各次级市场；

向量 X 表示次级市场之下的各备选方案的属性向量；

向量 Y 表示各次级市场之下的各备选方案的属性向量；

α、β 与 σ 则为待估计的参数向量。

同样，当 $f_{llk}=1$ 时，表示所观测的样本选择该备选方案 l，否则 $f_{llk}=0$；P_{llk} 为该样本选择备选方案 l 的概率。采用两阶段估计参数的优点在于各步骤的效用函数均为线性，可较容易地估计出各似然函数的极大参数值。故在多项与嵌套式逻辑模型中，一般采用两步骤估计法估计所需的参数值。另外，评估 logit 模型是否能反映真实选择行为的统计量主要有"似然比统计量"与"参数检验"。其中，似然比统计量仍以似然比检验为基础，一般最常被用来检验 logit 模型是否为等占有率模型或市场占有率模型，亦可用来检验各模型间是否有显著的不同，以找出最佳模型或者检验模型所有参数的显著性等。参数检验则针对整个模型所有变量的各参数值作检验，包含检验参数的正负号是否符合先验知识的逻辑，并检验在某种置信水平下是否拒绝参数值为 0 的 t 检验。

（2）逻辑回归模型结构检验

在模型参数估计完成后，必须通过一些统计上的检验方法来判断模型的好坏。以极大似然估计法估计的参数模型，常用的统计检验包括"似然比指标检验""似然比统计量检验""渐进 t 检验"等。各项说明如下：

①似然比指标检验（likelihood-ratio index，ρ^2）

在最小二乘估计法中，是以判定系数（R^2）来衡量模型的拟合程度，但在逻辑模型中观测的选择概率仅有选择（$Y_{ij}=1$）或未选择（$Y_{ij}=0$）两种情形，而没有消费者真正的概率，故一般以 ρ^2 来检验模型的优劣，如下式所示：

$$\rho^2 = 1 - \frac{\ln L(\hat{\alpha}_k)}{\ln L(0)}$$

式中，

$\ln L(\hat{\alpha}_k)$：参数推估值为 $\hat{\alpha}_k$ 时的对数似然函数值；

$\ln L(0)$：等市场占有（equal share）率模型，即所有参数皆为 0 时的对数似然函数值。

由于 $\ln L(0)$ 的绝对值较 $\ln L(\hat{\alpha}_k)$ 大，故 ρ^2 永远介于 0 与 1 之间，而越接近 1，表示模型与数据间的适配程度越高。

②似然比统计量

似然比统计量最常被用来检验等占有率模型与市场占有率模型，也就是以似然比检验为基础来检验模型所有参数是否均为 零的原假设。似然比统计量的定义如下：

$$\lambda = \frac{L(0)}{L\hat{\alpha}_k}$$

式中，

$L(0)$：等占有率的似然函数；

$L(\hat{\alpha}_k)$：假定模型的似然函数；

k：变量个数。

λ 经过运算，得到统计量如下式：

$$-2\ln\lambda = -2[\ln L(0) - \ln L(\hat{\alpha}_k)]$$

当样本数很大时，统计量（$-2\ln\lambda$）的数值将会趋近于自由度为 k 的卡方分布（chi-square distribution），此值称为似然比统计量。经查卡方分布表后可以判断假定模型是否显著优于等占有率模型，亦即检验是否所有参数均显著不为零的原假设。

（3）渐进 t 检验（asymptotic t test）

似然比检验是针对整个模型的所有参数是否全部为零作检验，而渐进 t 检验则是对每一个参数是否等于零作个别的检验。对似然函数的二次导数乘上（-1）的反函数，即为各参数的方差—协方差矩阵（variance-covariance matrix），其对角线数值开根号即为各参数值的标准差（SE_k）。各参数（$\hat{\alpha}_k$）的显著性即由下式的 t 统计量加以检验：

$$t_{\hat{\alpha}_k} = \frac{\hat{\alpha}_k - 0}{SE_k}$$

（4）预测成功率（predicted probabilities）

评估我们所测定的模型是否能反映选择行为的一个很简单的方法便是看此模型能准确地预测多少的选择行为。以下分别定义并加以说明：

定义

N_{jm}：实际观测备选方案 j，但模型预测为备选方案 m 的选择者总数。

N_j：选择备选方案 j 的选择者的实际观测总数。

$\hat{N}_j$：模型所预测的选择备选方案 j 的选择者总数。

> N：选择者 i 的总数，即 $N = \sum i$。
>
> N_{jj}：模型预测选择备选方案 j，而实际选择备选方案 j 的选择者总数。

①单位加权（unit weight）

各备选方案中被选择概率最大者的概率为 1，而将选择者选择其他方案的概率设定为零，然后再将加权过的概率相加得出单位加权。

②概率和（probability sum）

将各个选择所选的各备选方案的概率直接相加得出概率和。

a. 实际观测的市场占有率

选择者 i 选择备选方案 j 的属性（X_{jk}^i）平均值如下式所示：

$$\frac{1}{N} \sum_{i=1}^{N} \sum_{j \in C_i} P_j^i \times X_{jk}^i$$

式中，X_{jk}^i 指定为方案 j 的特定虚拟变量，即若选择者选择方案 j 的概率为 1，其余则为零。当模型设定为饱和模型时，X_{jk}^i 的属性平均值可以称为"方案 j 的市场占有率"；若方案有 j 个，最多可指定（j-1）个方案特定虚拟变量。

b. 模型预测的市场占有率

选择者 i 选择备选方案 j 的属性（X_{jk}^i）期望值为：

$$\frac{1}{N} \sum_{i=1}^{N} \sum_{j \in C_i} P_j^i \times X_{jk}^i$$

③预测成功率（即判中率）

预测成功率 $= \frac{N_{jj}}{\hat{N}_j}$。对所有方案预测成功比率 $= \sum_j \frac{N_{jj}}{\hat{N}_j}$，又称正确预测百分比（%，correctly predicted）。

（5）弹性值检验

有关多项与嵌套式逻辑回归模型弹性的公式如下所示（Ben-Akiva 和 Lerman，1985），直接弹性（direct elasticity）为：

$$E_{X_{jk}^i}^{P_j^i} = \left(\frac{\partial P_j^i}{\partial X_{jk}^i} \right) \left(\frac{X_{jk}^i}{P_j^i} \right)$$

上式表示，对任何一位选择者 i 而言，某特定备选方案（j）的效用函数中的某一个变量（X_{jk}^i）改变一个百分比时，对于该选择者（i）选择该特定方案（j）的选择概率（P_j^i）改变的百分比。

3.2 多项概率回归分析：三种保险的选择（mprobit 命令）

mprobit 命令的似然函数假定（assmuption）：所有决策单位面临相同的选择集

（choice set），即数据中观察的所有结果。如果您的模型不考虑要符合此假定，那么您可以使用 asmprobit 命令。

范例：多项概率回归（multinomial probit regression）（mprobit 命令）

1）问题说明

为了解三种保险计划的影响因素有哪些（分析单位：个人），研究者收集数据并整理成下表，此"sysdsn1.dta"文件内容的变量如下：

变量名称	说明	编码 Codes/Values
结果变量/响应变量：insure	3 种保险选择	1~3
解释变量/自变量：age	NEMC（ISCNRD–IBIRTHD）/365.25	18.11~86.07 岁
解释变量/自变量：male	男性吗	0，1（二元数据）
解释变量/自变量：nonwhite	白人吗	0，1（二元数据）
解释变量/自变量：site	地区	1~3

有效样本为美国 616 个心理抑郁症患者（Tarlov 等，1989；Wells 等，1989）。患者可能有赔偿（服务费用）计划或预付费计划，如 HMO，或病人可能没有保险。人口统计变量包括：age、gender、race 及 site。赔偿（indemnity）保险是最受欢迎的替代方案，故本例中的 mprobit 命令内定它作为比较基准点。

2）文件的内容（见图 3-6）

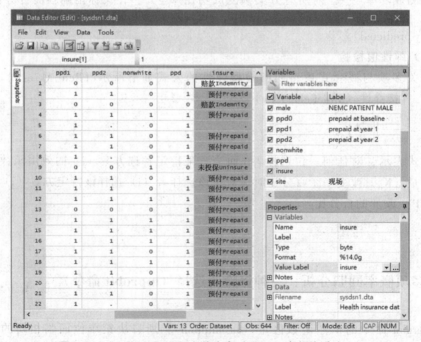

图 3-6　"sysdsn1.dta"文件内容（N=644 个保险受访人）

观察文件的特征

* 打开文件
. webuse sysdsn1

. des insure age male nonwhite site

variable name	storage type	display format	value label	variable label
insure	byte	%14.0g	insure	
age	float	%10.0g		NEMC(ISCNRD-IBIRTHD)/365.25
male	byte	%8.0g		NEMC PATIENT MALE
nonwhite	float	%9.0g		
site	byte	%9.0g		现场

3）分析结果与讨论

. webuse sysdsn1

* 符号"i."宣告为 Indications(dummies)
* 拟合 multinomial probit model
. mprobit insure age male nonwhite i.site

Multinomial probit regression

Number of obs   =   615
Wald chi2(10)   =   40.18

Log likelihood = -534.52833

Prob > chi2   =   0.0000

insure	Coef.	Std. Err.	z	P>|z|	[95% Conf. Interval]	
赔款 Indemnity	(base outcome)(level=1) 当作比较基准点					
预付 Prepaid						
age	-.0098536	.0052688	-1.87	0.061	-.0201802	.000473
male	.4774678	.1718316	2.78	0.005	.1406841	.8142515
nonwhite	.8245003	.1977582	4.17	0.000	.4369013	1.212099

```
              |
         site |
            2 |   .0973956    .1794546     0.54    0.587     -.2543289     .4491201
            3 |   -.495892    .1904984    -2.60    0.009      -.869262    -.1225221
              |
         _cons |     .22315    .2792424     0.80    0.424      -.324155     .7704549
 -------------+----------------------------------------------------------------
 未投保Uninsure |
          age |  -.0050814    .0075327    -0.67    0.500     -.0198452     .0096823
         male |   .3332637    .2432986     1.37    0.171     -.1435929     .8101203
     nonwhite |   .2485859    .2767734     0.90    0.369       -.29388     .7910518
              |
         site |
            2 |  -.6899485    .2804497    -2.46    0.014      -1.23962    -.1402771
            3 |  -.1788447    .2479898    -0.72    0.471     -.6648957     .3072063
              |
         _cons |  -.9855917    .3891873    -2.53    0.011     -1.748385    -.2227986
 ----------------------------------------------------------------------------
```

* Same as above, but use outcome 2 to normalize the location of the latent variable
. mprobit insure age male nonwhite i.site, baseoutcome(2)

```
Multinomial probit regression                 Number of obs   =        615
                                               Wald chi2(10)   =      40.18
Log likelihood = -534.52833                    Prob > chi2     =     0.0000


 -----------------------------------------------------------------------------
       insure |     Coef.   Std. Err.      z    P>|z|     [95% Conf. Interval]
 -------------+---------------------------------------------------------------
 赔款 Indemnity |
          age |   .0098536    .0052688     1.87    0.061      -.000473     .0201802
         male |  -.4774678    .1718316    -2.78    0.005     -.8142515    -.1406841
     nonwhite |  -.8245003    .1977582    -4.17    0.000     -1.212099    -.4369013
              |
         site |
            2 |  -.0973956    .1794546    -0.54    0.587     -.4491201     .2543289
            3 |    .495892    .1904984     2.60    0.009      .1225221      .869262
```

```
            |
      _cons |     -.22315     .2792424     -0.80     0.424     -.7704549      .324155
------------+----------------------------------------------------------------------
```

预付 Prepaid | (base outcome)(level=2) 当作比较基准点

```
------------+----------------------------------------------------------------------
```

未投保Uninsure |

```
        age |    .0047722     .0075831      0.63     0.529     -.0100905     .0196348
       male |   -.1442041     .2421424     -0.60     0.551     -.6187944     .3303863
   nonwhite |   -.5759144     .2742247     -2.10     0.036     -1.113385    -.0384439
            |
       site |
          2 |   -.7873441      .279943     -2.81     0.005     -1.336022    -.2386658
          3 |    .3170473     .2518598      1.26     0.208     -.1765889     .8106836
            |
      _cons |   -1.208742     .391901      -3.08     0.002     -1.976854    -.4406299
------------------------------------------------------------------------------------
```

上述这些自变量所建立的多项逻辑回归如下:

$$\ln\left(\frac{P_2}{P_1}\right) = \beta_0 + \beta_1 X1_i + \beta_2 X2_i + \beta_3 X3_i + \beta_4 X4_i + \beta_5 X5_i + \ldots$$

$$\ln\left(\frac{P_{预付}}{P_{赔款}}\right)=0.22-0.009\times age+0.477\times male+0.82\times nonwhite+0.087\times（site=2）-0.49\times（site=3）$$

$$\ln\left(\frac{P_{未投保}}{P_{赔款}}\right)=-0.98+0.005\times age+0.33\times male+0.248\times nonwhite+0.087\times（site=2）-0.49\times（site=3）$$

3.3 以多项概率模型进行离散选择建模（asmprobit 命令）

3.3.1 特定方案多项概率回归：三种保险计划的选择（asmprobit 命令）

替代方案（alternative）是指二者之一、多选一、交替、可采用方法、替换物。mprobit 命令的似然函数假定（assmuption）：所有决策单位面临相同的选择集（choice set），即数据中观察的所有结果。如果您的模型不考虑要符合此假定，那么您可以使用 asmprobit 命令。

1）问题说明

为了解三种保险计划的影响因素有哪些（分析单位：个人），研究者收集数据并整理成下表，此"sysdsn1.dta"文件内容的变量如下：

变量名称	说明	编码 Codes / Values
结果变量/响应变量：insure	3 种保险选择	1~3
解释变量/自变量：age	NEMC（ISCNRD-IBIRTHD）/365.25	18.11~86.07 岁
解释变量/自变量：male	男性吗	0，1（二元数据）
解释变量/自变量：nonwhite	白人吗	0，1（二元数据）
解释变量/自变量：site	地区	1~3

有效样本为美国 616 个心理抑郁症患者（Tarlov 等，1989；Wells 等，1989）。患者可能有赔偿（服务费用）计划或预付费计划，如 HMO，或病人可能没有保险。人口统计变量包括：age、gender、race 及 site。赔偿（indemnity）保险是最受欢迎的替代方案，故本例中的 mprobit 命令内定它作为比较基本点。

2）文件的内容

"sysdsn1.dta" 文件内容如图 3-7 所示。

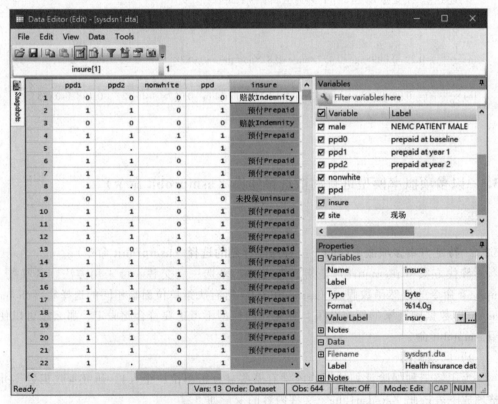

图 3-7　"sysdsn1.dta" 文件内容（N=644 个保险受访人）

观察文件的特征。

```
. use sysdsn1.dta

. des
Contains data from D:\08 mixed logit regression\CD\sysdsn1.dta
  obs:           644                         Health insurance data
  vars:           13                         9 Oct 2017 15:54
-----------------------------------------------------------------------------
              storage  display    value
variable name  type   format     label     variable label
-----------------------------------------------------------------------------
patid         float   %9.0g                 保险人编号
noinsur0      byte    %8.0g                 没有保险（比较基准点）
noinsur1      byte    %8.0g                 第1年没有保险
noinsur2      byte    %8.0g                 第2年没有保险
age           float   %10.0g                NEMC(ISCNRD-IBIRTHD)/365.25
male          byte    %8.0g                 NEMC PATIENT MALE
ppd0          byte    %8.0g                 prepaid at baseline
ppd1          byte    %8.0g                 prepaid at year 1
ppd2          byte    %8.0g                 prepaid at year 2
nonwhite      float   %9.0g
ppd           byte    %8.0g
insure        byte    %9.0g      insure
site          byte    %9.0g
```

3）分析结果与讨论（见图3-8）

进行特定方案多项概率回归（asmprobit命令）。

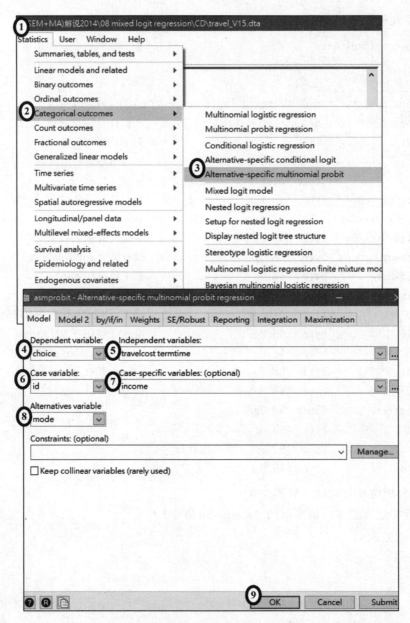

图 3-8　"asmprobit choice travelcost termtime，case（id）alternatives（mode）casevars（income）"页面

```
* 打开文件
. use sysdsnl.dta

* Fit alternative-specific multinomial probit model by using the default dif-
ferenced
covariance parameterization
. asmprobit choice travelcost termtime, case(id) alternatives(mode)
casevars(income)


Alternative-specific multinomial probit      Number of obs    =      840
Case variable: id                            Number of cases  =      210

Alternative variable: mode                   Alts per case: min =       4
                                                            avg =     4.0
                                                            max =       4

Integration sequence:     Hammersley
Integration points:            200           Wald chi2(5)     =    32.05
Log simulated-likelihood = -190.09418        Prob > chi2      =   0.0000

------------------------------------------------------------------------------
      choice |      Coef.   Std. Err.      z    P>|z|     [95% Conf. Interval]
-------------+----------------------------------------------------------------
mode         |
   travelcost |   -.00977   .0027834    -3.51   0.000    -.0152253   -.0043146
     termtime |  -.0377095   .0094088    -4.01   0.000    -.0561504   -.0192686
-------------+----------------------------------------------------------------
air          | (base alternative) 当作比较基准点
-------------+----------------------------------------------------------------
train        |
       income |  -.0291971   .0089246    -3.27   0.001     -.046689   -.0117052
        _cons |   .5616376   .3946551     1.42   0.155    -.2118721    1.335147
-------------+----------------------------------------------------------------
bus          |
       income |  -.0127503   .0079267    -1.61   0.108    -.0282863    .0027857
        _cons |  -.0571364   .4791861    -0.12   0.905    -.9963239     .882051
-------------+----------------------------------------------------------------
car          |
       income |  -.0049086   .0077486    -0.63   0.526    -.0200957    .0102784
        _cons |  -1.833393   .8186156    -2.24   0.025     -3.43785   -.2289357
------------------------------------------------------------------------------
```

```
-------------+------------------------------------------------------------
    /ln12_2  |  -.5502039   .3905204    -1.41   0.159    -1.31561    .2152021
    /ln13_3  |  -.6005552   .3353292    -1.79   0.073   -1.257788   .0566779
-------------+------------------------------------------------------------
     /12_1   |   1.131518   .2124817     5.33   0.000    .7150612   1.547974
     /13_1   |   .9720669   .2352116     4.13   0.000    .5110606   1.433073
     /13_2   |   .5197214   .2861552     1.82   0.069   -.0411325   1.080575
-------------+------------------------------------------------------------
```

(mode=air is the alternative normalizing location)
(mode=train is the alternative normalizing scale)

* Same as above, but use the structural covariance parameterization
. asmprobit choice travelcost termtime, case(id) alternatives(mode)
casevars(income) structural

* Same as above, but specify an exchangeable correlation matrix
. asmprobit choice travelcost termtime, case(id) alternatives(mode)
casevars(income) correlation(exchangeable)

上述这些自变量所建立的多项逻辑回归公式如下：

$$\ln\left(\frac{P_2}{P_1}\right) = \beta_0 + \beta_1 X1_i + \beta_2 X2_i + \beta_3 X3_i + \beta_4 X4_i + \beta_5 X5_i + ...$$

$$\ln\left(\frac{P_{train}}{P_{air}}\right)=0.5616-0.029\times income$$

$$\ln\left(\frac{P_{bus}}{P_{air}}\right)=-0.057-0.0127\times income$$

$$\ln\left(\frac{P_{car}}{P_{air}}\right)=-1.833-0.0049\times income$$

3.3.2　使用多项概率模型进行离散选择建模：四种旅行方式的选择（asmprobit 命令）

1）问题说明

为了解四种选择旅行方式的影响因素有哪些（分析单位：个人），研究者收集数据并整理成下表，此 "travel.dta" 文件内容的变量如下：

变量名称	说明	编码 Codes / Values
结果变量/响应变量：choice	选择旅行方式	0，1（二元数据）
解释变量/自变量：travelcost	旅行成本	30~269（千美元）
解释变量/自变量：termtime	终点时间（0为汽车）	0~99
case（id）	案例编号	1~210
alternatives（mode）	旅行方式的选择	1~4
casevars（income）	家庭收入	2~72

2）数据文件的内容（见图3-9）

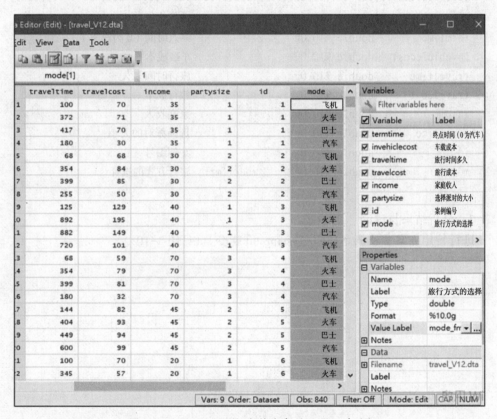

图3-9　"travel.dta"文件内容（N=840个人）

观察文件的特征。

```
. use travel.dta

. des
```

Contains data from D:\STATA(pannel+SEM+MA)解说 2014\08 mixed logit regres-
sion\CD\travel_V12.dta

```
  obs:           840
  vars:            9                          9 Oct 2017 15:31
  size:        60,480
```
----

variable name	storage type	display format	value label	variable label
choice	double	%10.0g		选择旅行方式
termtime	double	%10.0g		终点时间（0 为汽车）
invehiclecost	double	%10.0g		车载成本
traveltime	double	%10.0g		旅行时间多久
travelcost	double	%10.0g		旅行成本
income	double	%10.0g		家庭收入
partysize	double	%10.0g		选择派对的大小
id	double	%10.0g		案例编号
mode	double	%10.0g	mode_fmt	旅行方式的选择

3）分析结果与讨论

进行特定方案多项概率回归（asmprobit 指令）（见图 3-10）。

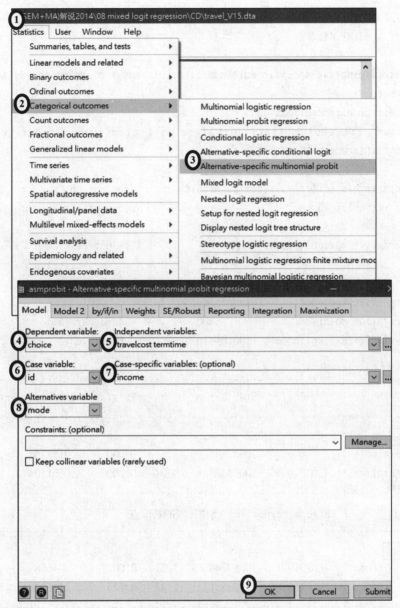

图3-10　"asmprobit choice travelcost termtime，case（id）alternatives（mode）

casevars（income）"页面

* 打开文件
. use sysdsn1.dta

* Fit alternative-specific multinomial probit model by using the default dif-
ferenced
covariance parameterization
. asmprobit choice travelcost termtime, case(id) alternatives(mode)
casevars(income)

```
Alternative-specific multinomial probit      Number of obs     =      840
Case variable: id                            Number of cases   =      210

Alternative variable: mode                   Alts per case: min =       4
                                                            avg =     4.0
                                                            max =       4
Integration sequence:     Hammersley
Integration points:            200           Wald chi2(5)      =     2.05
Log simulated-likelihood = -190.09418        Prob > chi2       =   0.0000
```

```
-------------------------------------------------------------------------------
      choice |    Coef.    Std. Err.      z     P>|z|    [95% Conf. Interval]
-------------+-----------------------------------------------------------------
mode         |
   travelcost |  -.00977    .0027834    -3.51    0.000    -.0152253   -.0043146
     termtime | -.0377095    .0094088   -4.01    0.000    -.0561504   -.0192686
-------------+-----------------------------------------------------------------
air          | (base alternative) 当作比较的基准点
-------------+-----------------------------------------------------------------
train        |
       income | -.0291971    .0089246   -3.27    0.001     -.046689   -.0117052
        _cons |  .5616376    .3946551    1.42    0.155    -.2118721    1.335147
-------------+-----------------------------------------------------------------
bus          |
       income | -.0127503    .0079267   -1.61    0.108    -.0282863    .0027857
        _cons | -.0571364    .4791861   -0.12    0.905    -.9963239     .882051
-------------+-----------------------------------------------------------------
car          |
       income | -1.833086    .0077486   -0.63    0.526    -.0200957    .0102784
        _cons | -1.833393    .8186156   -2.24    0.025     -3.43785   -.2289357
-------------------------------------------------------------------------------
```

```
-----------+-------------------------------------------------------------------
 /ln12_2 |  -.5502039    .3905204   -1.41   0.159    -1.31561    .2152021
 /ln13_3 |  -.6005552    .3353292   -1.79   0.073   -1.257788    .0566779
-----------+-------------------------------------------------------------------
   /l2_1 |   1.131518    .2124817    5.33   0.000    .7150612   1.547974
   /l3_1 |   .9720669    .2352116    4.13   0.000    .5110606   1.433073
   /l3_2 |   .5197214    .2861552    1.82   0.069   -.0411325   1.080575
-----------------------------------------------------------------------------
```

(mode=air is the alternative normalizing location)
(mode=train is the alternative normalizing scale)

* Same as above, but use the structural covariance parameterization
. asmprobit choice travelcost termtime, case(id) alternatives(mode) casevars(income) structural

* Same as above, but specify an exchangeable correlation matrix
. asmprobit choice travelcost termtime, case(id) alternatives(mode) casevars(income) correlation(exchangeable)

上述这些自变量所建立的多项逻辑回归公式如下:

$$\ln(\frac{P_2}{P_1}) = \beta_0 + \beta_1 X1_i + \beta_2 X2_i + \beta_3 X3_i + \beta_4 X4_i + \beta_5 X5_i + \cdots$$

$$\ln(\frac{P_{train}}{P_{air}}) = -0.029 + 0.5616 \times income$$

$$\ln(\frac{P_{bus}}{P_{air}}) = -0.057 - 0.0127 \times income$$

$$\ln(\frac{P_{car}}{P_{air}}) = -1.833 - 1.833 \times income$$

第4章　逻辑回归、线性概率、概率、Cox回归的比较

回归分析（regression analysis）可以检验多个自变量与响应变量的关系；当响应变量为连续变量时适合用线性回归分析；当响应变量为二元分类变量时则适合用逻辑回归分析；当响应变量为计数变量（count data）时则适合用泊松回归（Poisson regression）来分析，或者应用结合二元分类及截尾数据（censored data）的比例风险回归模型（Cox回归），或其他种类的回归分析。

在统计学中，逻辑回归、逻辑模型是一个回归模型，其中响应变量（DV）是分类的。本书包含二元因变量的情况，即输出只能取两个值"0"和"1"，这些值代表：通过/失败、赢/输、活/死或健康/生病。响应变量具有两个以上结果类别的情况应在多项逻辑回归中进行分析，如果是多个排序类别时，则使用有序逻辑回归。在经济学术语中，逻辑回归是定性响应/离散选择模型的一个例子。

逻辑回归由统计学家大卫·考克斯（David Cox）于1958年发现。二元逻辑模型用于基于一个或多个预测（或独立）变量（特征）来估计二元响应变量的概率。

图4-1是多项逻辑函数分布图。

逻辑回归（logistic regression）即逻辑模型（也译作"评价模型""分类评价模型"）是离散模型的一种，属于多重变量分析范畴，是社会学、生物统计学、临床医学、数量心理学、计量经济学、市场营销学等统计实证分析的常用方法（见图4-2）。

逻辑函数

$$\text{Log}\left[\frac{Y}{(1-Y)}\right] = b_0 + b_1X_1 + b_2X_2 + b_3X_3 + \ldots + b_nX_n$$

对数似然

营养
得分
(0-15)

年龄组
group
(0/1)

性别
(0/1)

$$\hat{p} = \frac{\exp(b_0 + b_1X_1 + b_2X_2 + \ldots + b_pX_p)}{1 + \exp(b_0 + b_1X_1 + b_2X_2 + \ldots + b_pX_p)}$$

$$E(Y_i) = \frac{1}{1 + e^{-(\beta_0 + \beta_1 X_{1i} + \beta_2 X_{2i} + \cdots + \beta_k X_{ki})}} = \frac{e^{\beta_0 + \beta_1 X_{1i} + \beta_2 X_{2i} + \cdots + \beta_k X_{ki}}}{1 + e^{\beta_0 + \beta_1 X_{1i} + \beta_2 X_{2i} + \cdots + \beta_k X_{ki}}}$$

逻辑回归拟合

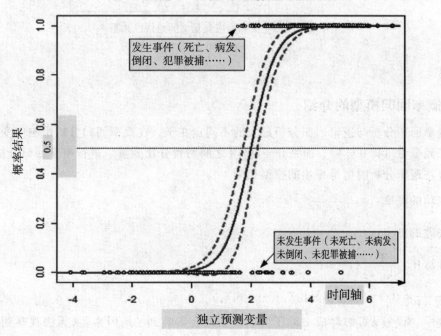

图 4-1 多项逻辑函数的分布图

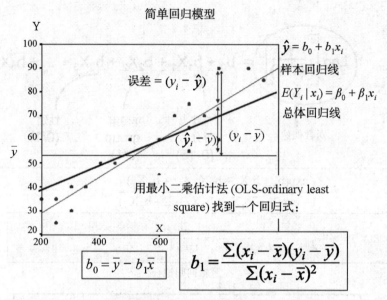

简单回归模型

图 4-2　预测变量和响应变量之间是线性关系

4.1　概率回归模型的介绍

概率回归分析与逻辑回归分析最大的不同点在于，在概率回归分析中响应变量不再是二元变量（即 0 与 1），而是介于 0 与 1 之间的百分比变量。进行概率回归分析时，与前节在逻辑分析时所推导出的模型相同。

成功的概率：$P = \dfrac{e^{f(x)}}{1 + e^{f(x)}}$

失败的概率：$1 - P = \dfrac{1}{1 + e^{f(x)}}$

胜算比：$\dfrac{P}{1 - P} = e^{f(x)}$

$\ln \dfrac{P}{1 - P} = f(x) = \beta_0 + \beta_1 X + \beta_2 X_2 + \cdots + \beta_k X_k$

式中，误差 ε 可解释成"除了 X 以外其他会影响到 Y 的因素"（无法观察到的因素），也可解释为"用 X 来解释 Y 所产生的误差"。既然是无法观察到的误差，故误差 ε 常被称为随机误差项（error term）。

1）概率模型的假设

H_0：概率模型拟合度好

H_1：概率模型拟合度不好

2）概率模型的例子介绍

研究者想了解400名学生申请入学被接收的概率（admit，0=未被接收，1=被接收），是否受到学生的GRE、GPA成绩及推荐学校声望的影响。文件内容如下（见图4-3、图4-4）。

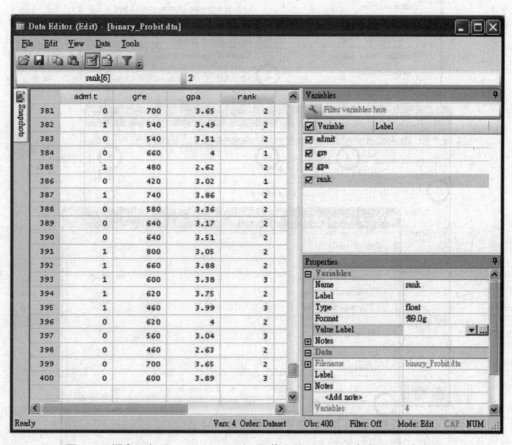

图4-3 概率回归"binary_Probit.dta"的文件（N=400名学生，4个变量）

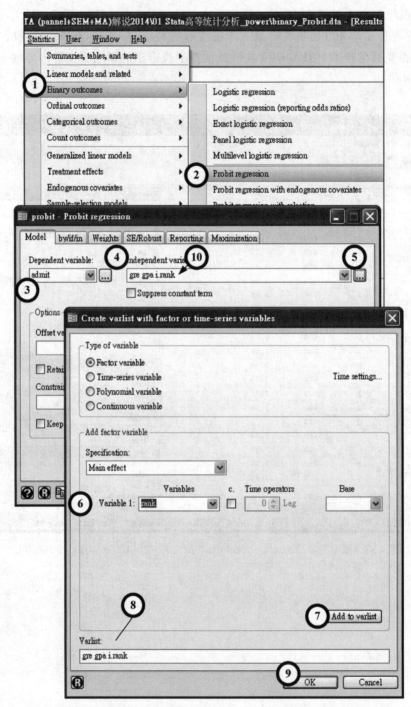

图4-4 概率回归的分析图（显示分类变量 rank 为指示变量）

```
.  use binary_Probit.dta, clear

.  summarize gre gpa

    Variable |       Obs        Mean    Std. Dev.       Min        Max
-------------+--------------------------------------------------------
         gre |       400       587.7    115.5165        220        800
         gpa |       400      3.3899   .3805668        2.26          4

.  tab rank

       rank |      Freq.     Percent        Cum.
------------+-----------------------------------
          1 |         61       15.25       15.25
          2 |        151       37.75       53.00
          3 |        121       30.25       83.25
          4 |         67       16.75      100.00
------------+-----------------------------------
      Total |        400      100.00

.  tab admit rank
* 高中学校声望 Rank=1，入学率最高 =(33/61 人 )，Rank=4，入学率最低 =(12/67)
            |                     rank
      admit |         1          2          3          4 |     Total
------------+--------------------------------------------+----------
          0 |        28         97         93         55 |       273
          1 |        33         54         28         12 |       127
------------+--------------------------------------------+----------
      Total |        61        151        121         67 |       400


.  probit admit gre gpa i.rank
* 因为 rank 为次数变量，在前面加 "i." 表示是 "Factorial Variable"

Probit regression                               Number of obs   =        400
                                                LR chi2(5)      =      41.56
                                                Prob > chi2     =     0.0000
```

```
Log likelihood = -229.20658                    Pseudo R2      =      0.0831

------------------------------------------------------------------------------
    admit |     Coef.    Std. Err.      z     P>|z|    [95% Conf. Interval]
----------+-------------------------------------------------------------------
      gre |   .0013756   .0006489     2.12    0.034    .0001038    .0026473
      gpa |   .4777302   .1954625     2.44    0.015    .0946308    .8608297
          |
     rank |
        2 |  -.4153992   .1953769    -2.13    0.033   -.7983308   -.0324675
        3 |   -.812138   .2085956    -3.89    0.000   -1.220978   -.4032981
        4 |  -.935899    .2456339    -3.81    0.000   -1.417333   -.4544654
          |
    _cons |  -2.386838   .6740879    -3.54    0.000   -3.708026   -1.065649
------------------------------------------------------------------------------
```

（1）整个回归模型显著性水平 $\chi^2_{(5)}$ = 41.56，p < 0.05。

（2）整个回归模型拟合优度 R^2 为 8.31%。

（3）两个连续的自变量 GRE、GPA 成绩都会影响学生申请大学的成功率。

（4）GRE 每增加1个单位，Z 值就增加 0.001。

（5）GPA 每增加1个单位，Z 值就增加 0.478。

（6）分类变量 Rank 代表就读高中学校的声望。由"1级到2级"，Z 值就减少 0.415（z=-2.13，P=0.033，小于0.05）；"2级到3级"时，z=-3.89，P≤0.05）；"3级到4级"时，z=-3.81，P≤0.05。Rank 每降一级，都会显著降低大学入学申请的成功率。

. test 2.rank 3.rank 4.rank

（1） [admit]2.rank = 0

（2） [admit]3.rank = 0

（3） [admit]4.rank = 0

```
          chi2(3) =    21.32
        Prob > chi2 =     0.0001
```

离散变量 Rank 的整体效果显著，$\chi^2_{(3)}$=21.32（p<0.05）。

```
. test 2.rank = 3.rank
```

```
( 1)  [admit]2.rank - [admit]3.rank = 0
             chi2( 1) =    5.60
           Prob > chi2 =    0.0179
```

P<0.05，故拒绝"H_0：rank=2的系数与rank=3的系数相等"。

```
. margins rank, atmeans
```
* 计算 Rank 每一等级平均入学申请成功率

```
Adjusted predictions                          Number of obs  =      400
Model VCE    : OIM

Expression  : Pr(admit), predict()
at          : gre          =      587.7(mean)
              gpa          =    3.3899(mean)
              1.rank       =     .1525(mean)
              2.rank       =     .3775(mean)
              3.rank       =     .3025(mean)
              4.rank       =     .1675(mean)
```

	Margin	Delta-method Std. Err.	z	P>|z|	[95% Conf. Interval]	
rank						
1	.5163741	.0656201	7.87	0.000	.3877611	.6449871
2	.3540742	.0394725	8.97	0.000	.2767096	.4314388
3	.2203289	.0383674	5.74	0.000	.1451302	.2955277
4	.1854353	.0487112	3.81	0.000	.0899631	.2809075

当 GRE、GPA 都维持在平均数时，学生若就读于声望等级最高（rank=1）的学校，其入学成功率最高，概率为 0.25。相反，学生若就读于声望最低等级（rank=4）的学校，其入学成功率最低，只有 0.19。

```
. fitstat
```
* 先用 "findit fitstat" 命令，找到 fitstat 软件包，再执行该 ADO 命令文件
Measures of Fit for probit of admit

Log-Lik Intercept Only:	-249.988	Log-Lik Full Model:	-229.207
D(393):	458.413	LR(5):	41.563
		Prob > LR:	0.000
McFadden's R2:	0.083	McFadden's Adj R2:	0.055
Maximum Likelihood R2:	0.099	Cragg & Uhler's R2:	0.138
McKelvey and Zavoina's R2:	0.165	Efron's R2:	0.101
Variance of y*:	1.197	Variance of error:	1.000
Count R2:	0.710	Adj Count R2:	0.087
AIC:	1.181	AIC*n:	472.413
BIC:	-1896.232	BIC':	-11.606

（1）整个概率回归模型的拟合度显著，LR（5）即似然比检验，自由度为5（因为自变量个数为2+3），p=0.000，小于0.05。这表示本例假定的模型明显比原模型效果好，因此可以说，本例概率回归模型拟合良好。

（2）6个判定系数 R^2 的值在 0.099 到 0.165 之间，因此3个自变量的整体解释度不算高。

（3）AIC（Akaike信息准则）是一种判断任何回归（如时间序列模型）是否恰当的信息准则。一般来说，其数值越小，时间序列模型拟合得越好。AIC=1.18不算高。

（4）BIC（贝叶斯信息准则）也是一种判断任何回归是否恰当的信息准则。一般来说，其数值越小，时间序列模型拟合越好，但较少有研究者使用它。BIC=-1896.232，非常小，因此模型拟合得很好。

信息准则：也可用来说明模型的解释能力（常用作模型选取的准则，而非单纯描述模型的解释能力）。

①AIC。

$$AIC = \ln\left(\frac{ESS}{T}\right) + \frac{2k}{T}$$

②BIC、SIC或SBC。

$$BIC = \ln\left(\frac{ESS}{T}\right) + \frac{k\ln(T)}{T}$$

③AIC与BIC越小，代表模型的解释能力越好（用的变量越少，或是误差平方和越小）。

4.2 二元响应变量：线性概率、概率回归及逻辑回归分析的比较

响应变量为离散型变量的多元回归，采用STaTa的线性回归、逻辑模型及概率模型，所得结果都是非常接近的。请看本例这三种不同的多元回归的比较。

范例：线性概率、概率回归及逻辑回归三种回归模型

1）问题说明

例子：研究者调查了753名公民，问卷题目包括：

响应变量为离散型 lfp（有偿劳动力）：1=yes，0=no。

预测变量有下列7个，有些是离散变量，有些是连续自变量。

（1）连续型自变量 k5：# kids<6。

（2）连续型自变量 k618：# kids 7-18。

（3）连续型自变量 age：妻子年龄。

（4）离散型自变量 wc：妻子学历为大学吗：1=yes 0=no。

（5）离散型自变量 hc：丈夫学历为大学吗：1=yes 0=no。

（6）连续型自变量 lwg：log（妻子工资）。因为工资不符合正态分布，故取自然对数，才符合正态分布。

（7）连续型自变量 inc：家庭收入（不含妻子的工资）。

2）文件的内容

"binlfp2_reg_ logit_probit.dta"文件内容如图4-5所示。

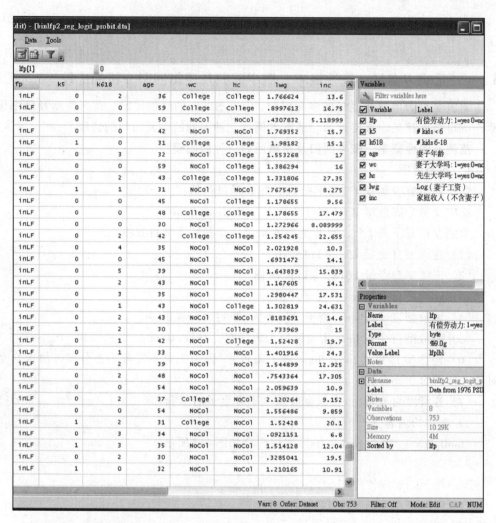

图4-5 "binlfp2_reg_ logit_probit.dta" 文件内容（N=753名公民，8个变量）

. use binlfp2_reg_logit_probit.dta
(Data from 1976 PSID-T Mroz)
. label variable lfp "有偿劳动力：1=yes 0=no"
. label variable k5 "# kids < 6"
. label variable k618 "# kids 7-18"
. label variable age "妻子年龄"
. label variable wc "妻子学历为大学吗：1=yes 0=no"
. label variable hc "先生学历为大学吗：1=yes 0=no"
. label variable lwg "Log(妻子工资)因工资不符合正态分布取自然对数"
. label variable inc "家庭收入（不含妻子的工资）"

3）多元回归的选择表操作

在回归分析前，先对各变量的特征进行了解。命令有"describe"和"sum"。

```
. use binlfp2_reg_logit_probit.dta
(Data from 1976 PSID-T Mroz)


. describe
Contains data from binlfp2_reg_logit_probit.dta
 obs:           753                    Data from 1976 PSID-T Mroz
 vars:            8                    11 Feb 2014 20:37
 size:        10,542                   (_dta has notes)
-----------------------------------------------------------------------
              storage   display   value
variable name   type    format    label    variable label
-----------------------------------------------------------------------
```

variable name	storage type	display format	value label	variable label
lfp	byte	%9.0g	lfplbl	有偿劳动力：1=yes 0=no
k5	byte	%9.0g		# kids < 6
k618	byte	%9.0g		# kids 7-18
age	byte	%9.0g		妻子年龄
wc	byte	%9.0g	collbl	妻子学历为大学吗：1=yes 0=no
hc	byte	%9.0g	collbl	先生学历为大学吗：1=yes 0=no
lwg	float	%9.0g		Log(妻子工资)
inc	float	%9.0g		家庭收入（不含妻子）

```
-----------------------------------------------------------------------
Sorted by: lfp
. sum
```

Variable	Obs	Mean	Std. Dev.	Min	Max
lfp	753	.5683931	.4956295	0	1
k5	753	.2377158	.523959	0	3
k618	753	1.353254	1.319874	0	8
age	753	42.53785	8.072574	30	60
wc	753	.2815405	.4500494	0	1
hc	753	.3917663	.4884694	0	1
lwg	753	1.097115	.5875564	-2.054124	3.218876
inc	753	20.12897	11.6348	-.0290001	96

Step 1. 线性多元回归（OLS）当作对照组

选择表操作（见图4-6）。

Statistics > Linear models and related > Linear regression

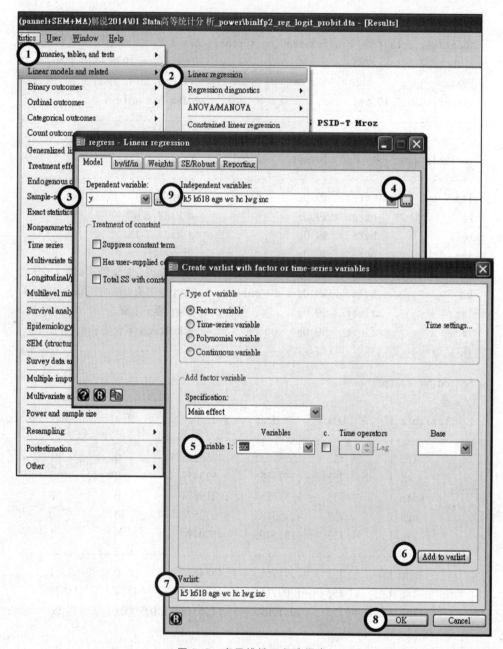

图4-6 多元线性回归选择表

```
. regress lfp k5 k618 age wc hc lwg inc, tsscons
```

Source	SS	df	MS		
Model	27.7657494	7	3.96653564		
Residual	156.962006	745	.210687257		
Total	184.727756	752	.245648611		

Number of obs = 753
F(7, 745) = 18.83
Prob > F = 0.0000
R-squared = 0.1503
Adj R-squared = 0.1423
Root MSE = .45901

lfp	Coef.	Std. Err.	t	P>|t|	[95% Conf. Interval]	
k5	-.294836	.0359027	-8.21	0.000	-.3653185	-.2243534
k618	-.011215	.0139627	-0.80	0.422	-.038626	.016196
age	-.0127411	.0025377	-5.02	0.000	-.017723	-.0077591
wc	.163679	.0458284	3.57	0.000	.0737109	.2536471
hc	.018951	.042533	0.45	0.656	-.0645477	.1024498
lwg	.1227402	.0301915	4.07	0.000	.0634697	.1820107
inc	-.0067603	.0015708	-4.30	0.000	-.009844	-.0036767
_cons	1.143548	.1270527	9.00	0.000	.894124	1.392972

STaTa命令reg具有自动识别功能，它遇到离散响应变量时，会舍弃OLS统计法而自动采用回归模型来分析。本例中的reg命令分析结果如下：

线性回归模型为：

Lfp=1.143−0.294×k5−0.011×k618−0.0127×age+0.163×wc+0.0189×hc−0.006×inc

7个解释变量中，共有5个达到0.05显著性水平的预测能力，包括：k5、age、hc、lwg、inc。此结果与下列"逻辑回归、概率回归（probit命令）"的分析结果非常相似。

Step 2. 逻辑回归

当响应变量为二元离散变量时，若想进行回归分析，此时不能再使用一般的线性回归，而应该改用二元逻辑回归分析。

二元逻辑回归式如下：

$$\text{logit}[\pi(x)] = \log\left(\frac{\pi(x)}{1-\pi(x)}\right) = \log\left(\frac{P(x=1)}{1-P(x=1)}\right) = \log\left(\frac{P(x=1)}{P(x=0)}\right) = \alpha + \beta x$$

公式经转换为：

$$\frac{P(x=1)}{P(x=0)} = e^{\alpha+\beta x}$$

（1）逻辑方程式很像原本的一般回归线性模型，不同点在于现在的响应变量变为事件发生概率的比，即胜算比。

（2）因此现在的β需解释为，当x每增加1个单位时，事件发生的概率是不发生的exp（β）倍。

（3）为了方便对结果进行解释与理解，一般来说我们会将响应变量为0设为参照组（event free）。

选择表操作（见图4-7）。

Statistics > Binary outcomes > Logistic regression

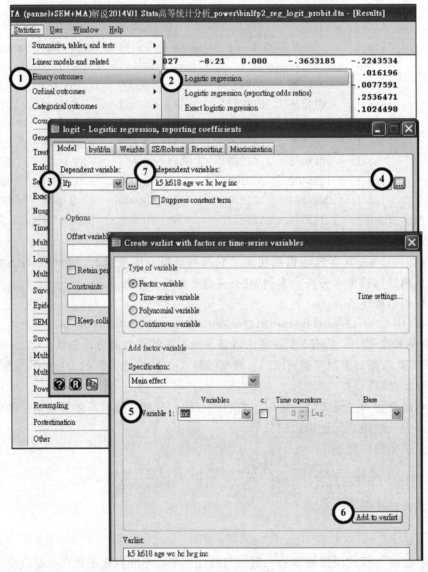

图4-7　逻辑回归选择表

注：STaTa新命令为logit，旧命令为logistic

*STaTa 旧版用 logit 命令；新版用 logistic 命令
. logit lfp k5 k618 age wc hc lwg inc

Logistic regression

	Number of obs	=	753
	LR chi2(7)	=	124.48
	Prob > chi2	=	0.0000
Log likelihood = -452.63296	Pseudo R2	=	0.1209

lfp	Coef.	Std. Err.	z	P>|z|	[95% Conf. Interval]	
k5	-1.462913	.1970006	-7.43	0.000	-1.849027	-1.076799
k618	-.0645707	.0680008	-0.95	0.342	-.1978499	.0687085
age	-.0628706	.0127831	-4.92	0.000	-.0879249	-.0378162
wc	.8072738	.2299799	3.51	0.000	.3565215	1.258026
hc	.1117336	.2060397	0.54	0.588	-.2920969	.515564
lwg	.6046931	.1508176	4.01	0.000	.3090961	.9002901
inc	-.0344464	.0082084	-4.20	0.000	-.0505346	-.0183583
_cons	3.18214	.6443751	4.94	0.000	1.919188	4.445092

. logistic lfp k5 k618 age wc hc lwg inc
或
. logit lfp k5 k618 age wc hc lwg inc, or

Logistic regression

	Number of obs	=	753
	LR chi2(7)	=	124.48
	Prob > chi2	=	0.0000
Log likelihood = -452.63296	Pseudo R2	=	0.1209

lfp	Odds Ratio	Std. Err.	z	P>|z|	[95% Conf. Interval]	
k5	.2315607	.0456176	-7.43	0.000	.1573902	.3406843
k618	.9374698	.0637487	-0.95	0.342	.820493	1.071124
age	.939065	.0120042	-4.92	0.000	.9158296	.9628899
wc	2.241788	.5155662	3.51	0.000	1.428352	3.518469
hc	1.118215	.2303967	0.54	0.588	.7466962	1.674583
lwg	1.83069	.2761003	4.01	0.000	1.362193	2.460317
inc	.9661401	.0079304	-4.20	0.000	.9507211	.9818092

```
    _cons |    24.09828    15.52833      4.94   0.000      6.815425     85.20776
------------------------------------------------------------------------------
```
Note: _cons estimates baseline odds.

（1）LR卡方值=124.48（p<0.05），表示假定的模型至少有一个解释变量的回归系数不为0。

（2）在报表"z"栏中双边检验下，若|z|>1.96，则表示该自变量对响应变量有显著影响。|z|值越大，表示该自变量与响应变量的相关性（relevance）越强。

（3）逻辑系数"Coef."栏中，是对数概率（log-odds）单位，故不能用OLS回归系数的概念来解释。

（4）上述这些自变量所建立的逻辑回归式如下：

$$\ln\left(\frac{P_2}{P_1}\right) = \beta_0 + \beta_1 X1_i + \beta_2 X2_i + \beta_3 X3_i + \beta_4 X4_i + \beta_5 X5_i + \cdots$$

$$\ln\left(\frac{P_{带薪劳动力}}{P_{无薪者}}\right) = 4.94 - 7.43 \times k5 - 0.95 \times k618 - 4.92 \times age + 3.51 \times wc + 0.54 \times hc + 4.01 \times lwg - 4.20 \times inc$$

上述回归方程可解释为，在控制其他变量的影响后，"k5=1"带薪劳动力的概率为"k5=0"的0.23156（$\exp^{-7.43}$）倍，在统计上有显著的差异（p=0.000）。

在控制其他变量的影响后，"wife college=1"带薪劳动力的概率为"wife college=0"的2.242（$\exp^{0.8073}$）倍，在统计上有显著差异（p=0.000）。

在控制其他变量的影响后，"husband college=1"带薪劳动力的概率为"husband college=0"的1.118（$\exp^{0.1117}$）倍，但在统计上无显著差异（p=0.588）。

在控制其他变量的影响后，年龄每增加1岁，带有薪劳动力的概率为0.939（$\exp^{-0.0628}$）倍，且在统计上有显著的差异（p=0.000）。

在控制其他变量的影响后，丈夫个人收入每增加1个单位，带薪劳动力的概率为0.966（$\exp^{-0.0344}$）倍，在统计上有显著的差异（p=0.000）。

```
. quietly logit lfp k5 k618 age wc hc lwg inc

. fitstat, sav(r2_1)
* 上次回归的参数等拟合度，暂存到 r2_1

. quietly logit lfp k5 age wc  lwg inc

. fitstat, using(r2_1)
* 最近回归的拟合度，与上次回归 r2_1 做比较
```

Measures of Fit for logit of lfp

*	上次回归	本次回归	两次回归拟合度的差距
	Current	Saved	Difference
Model:	logit	logit	
N:	753	753	0
Log-Lik Intercept Only:	-514.873	-514.873	0.000
Log-Lik Full Model:	-453.228	-452.633	-0.595
D:	906.455(747)	905.266(745)	1.190(2)
LR:	123.291(5)	124.480(7)	1.190(2)
Prob > LR:	0.000	0.000	0.552
McFadden's R2:	0.120	0.121	-0.001
McFadden's Adj R2:	0.108	0.105	0.003
Maximum Likelihood R2:	0.151	0.152	-0.001
Cragg & Uhler's R2:	0.203	0.204	-0.002
McKelvey and Zavoina's R2:	0.214	0.217	-0.004
Efron's R2:	0.153	0.155	-0.002
Variance of y*:	4.183	4.203	-0.019
Variance of error:	3.290	3.290	0.000
Count R2:	0.681	0.693	-0.012
Adj Count R2:	0.262	0.289	-0.028
AIC:	1.220	1.223	-0.004
AIC*n:	918.455	921.266	-2.810
BIC:	-4041.721	-4029.663	-12.059
BIC':	-90.171	-78.112	-12.059

Difference of   12.059 in BIC' provides very strong support for current model.

Note: p-value for difference in LR is only valid if models are nested.

（1）AIC，BIC 两项信息准则。AIC 与 BIC 所计算出来的值越小，表示模型的拟合度越好。

AIC=T×Ln（SS_E）+2k

BIC=T×Ln（SS_E）+2k×Ln（T）

（2）拟合优度 R^2、AIC 与 BIC 虽然是几种常用的准则，但是没有统计上所要求的"显著性"。

（3）当利用判断系数或 AIC 与 BIC 找出一个拟合度较好的模型时，我们不知道这个模型是否"显著地"优于其他模型。

（4）拟合度检验：近似比（似然比 LR）检验。

例如，假设要检验 AR（2）模型是否比 AR（1）模型效果好，可以分别算出两个模型的极大近似值（分别为 L_U 与 L_R），LR 统计量为：

$$LR = -2(L_R - L_U) \sim \chi^2_{(m)}$$

假如，P<0.05 表示显著，则 AR（2）模型优于 AR（1）模型。

以本例中的逻辑回归来说，结果为 LR（2）=1.190，P>0.05，表示"最近一次"假定的逻辑回归模型并没有比"上次"假定的逻辑模型效果好。

（5）若将 P 值不显著的预测变量（k618、wc、hc）三者舍弃之后，再进行第二次回归，并比较两次回归拟合度，分析解释如下：

上次逻辑回归为：

$$\ln(\frac{P_{带薪劳动力}}{P_{无薪者}})4.94-7.43×k5-0.95×k618-4.92×age+3.51×wc+0.54×hc+4.01×lwg-4.20× inc$$

其与最近一次的逻辑回归的拟合度的准则并无显著的差异（似然比=1.19，P>0.05），故用较简洁的最近一次回归：

$$\ln(\frac{P_{有薪劳动力}}{P_{无薪者}})2.901-1.43×k5-0.0585×age+0.54×wc+0.6156×lwg-0.0336×inc$$

前后两次回归的 AIC 差为-0.004，显示 AIC 值前次回归比后一次回归大。因此可以说，后一次逻辑回归模型是精简且预测效果好的。

Step 3. 概率回归

选择表操作（见图4-8）。

Statistics > Binary outcomes > Probit regression

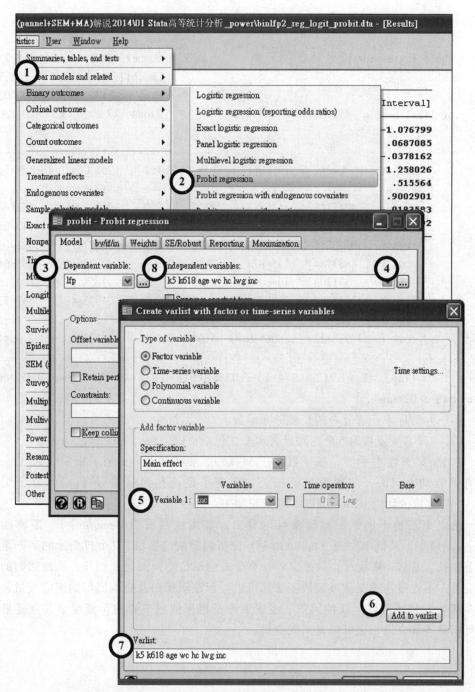

图4-8 概率回归的选择

```
. probit lfp k5 k618 age wc hc lwg inc

Probit regression                                    Number of obs   =       753
                                                     LR chi2(7)      =    124.36
                                                     Prob > chi2     =    0.0000
Log likelihood = -452.69496                          Pseudo R2       =    0.1208

------------------------------------------------------------------------------
       lfp |      Coef.   Std. Err.      z    P>|z|     [95% Conf. Interval]
-----------+------------------------------------------------------------------
        k5 |  -.8747111   .1135584    -7.70   0.000    -1.097281   -.6521408
      k618 |  -.0385945   .0404893    -0.95   0.340    -.1179521    .0407631
       age |  -.0378235   .0076093    -4.97   0.000    -.0527375   -.0229095
        wc |   .4883144   .1354873     3.60   0.000     .2227641    .7538647
        hc |   .0571703   .1240053     0.46   0.645    -.1858755    .3002162
       lwg |   .3656287   .0877792     4.17   0.000     .1935846    .5376727
       inc |   -.020525   .0047769    -4.30   0.000    -.0298875   -.0111625
     _cons |   1.918422   .3806539     5.04   0.000     1.172354     2.66449
------------------------------------------------------------------------------
```

（1）Pr（Lfp）=F（1.918−0.874×k5−0.0385×k618−0.038×age+0.488×wc+0.057×hc+0.366×lwg−0.02×inc）

F（·）为标准正态分布的经验分布函数。

（2）7个自变量中有5个达到显著水平，包括：k5、age、hc、lwg、inc

在5%显著性水平下，孩子数小于5（k5）、妻子年龄（age）、家庭收入（inc），与有偿劳动力（lfp）的概率呈负相关，而妻子是否有大学学历（wc）、妻子工资（lwg）与有偿劳动力（lfp）的概率则呈正相关。

从以上三种不同的回归模型可以看出：使用线性回归（reg命令）、逻辑回归（logistic命令）及概率回归（probit命令）分析离散响应变量，7个自变量的回归系数显著性及p值都非常接近，只是三者计算公式的单位不同而已。此外，线性回归的响应变量，不论是连续变量或离散变量都可以。但逻辑回归及概率回归的响应变量，只能是离散变量才可以。线性回归、逻辑回归及概率回归三者的预测变量（自变量），既可以是连续变量，也可以是离散变量。

4.3 逻辑模型、Cox回归、概率模型的概念比较

1）生存分析如何应用于财务金融业

生存分析法在财务金融研究中也有实际应用的价值。以往对信用卡使用者的违约风险评估的研究，大多是在固定时间判定未来一段特定期间内是否会发生违约（如判别分析）或发生违约的概率（如逻辑模型以及概率模型），无法提供持卡人在未来不同时间的违约概率（或生存率）。在医学及精算领域广为应用的生存分析，通过收集与信用卡使用者违约相关的可能因素来建立预警模型或生存率表，银行就能以更长期客观的方式来预估客户在未来不同时间发生违约的概率，进而降低后续处理违约的成本。

判别分析法必须假定（assumption）自变量为正态分布。对银行业而言，其结果看不出程度上的差别（只有违约或不违约）；而逻辑模型以及概率模型的信用评分方法就改进了判别分析法对于处理自变量和分布假定的缺点，但仍无法向金融监察主管部门提供在未来不同时间的违约概率（或生存率）。若能用医学领域的生存分析法来建立一套完整的银行客户危机模型、生存率表（survival table），生存分析法就能应用于金融监察与风险的预测。

因此，在银行业，若能用医学、财务金融、会计及营销领域使用的生存分析法（survival analysis），通过违约相关的可能因素建立预警模型及生存率表，就能使银行以更客观的方式来预估客户未来各时间发生违约的概率，即可降低处理违约的后续成本。

2）二元响应变量（二元变量）的统计法

对二元响应变量而言，其常用统计法的优缺点如下所示：

研究方法	基本假定（assumption）	优点	缺点
多变量区别分析	（1）自变量符合正态性 （2）响应变量与自变量间具有线性关系 （3）自变量不能有共线性存在 （4）方差同质性	（1）同时考虑多元变量，对整体绩效衡量较单变量具有客观性 （2）可了解哪些财务变量最具区别能力	（1）无法满足假定 （2）无法有效处理虚拟变量 （3）模型设立无法处理非线性情形 （4）样本选择偏差，对模型区别能力影响很大 （5）使用该模型时，变量须标准化，而标准化使用的平均数和方差是建立模型时根据原始样本求得的，使用上麻烦且不合理

研究方法	基本假定（assumption）	优点	缺点
生存分析：比例危险模型（PHM）	（1）假定时间分布函数与影响变量之间没有关系 （2）假定各数据间相互独立	（1）模型估计无须假定样本数据的分布形态 （2）同时提供危险概率与存续时间预测	模型中的基准危险函数由样本估计得出，样本数据须具有代表性
概率模型	（1）残差项须为正态分布 （2）累积概率分布函数为标准正态分布 （3）自变量间无共线性问题 （4）样本个数必须大于回归参数个数 （5）各群体预测变量的协变量矩阵为对角化矩阵	（1）可解决判别分析中自变量非正态的分类问题 （2）求得的概率值介于 0 与 1 之间，符合概率论的基本假定 （3）模型适用于非线性情形 （4）可解决判别分析中非正态自变量的分类问题 （5）概率值介于 0 与 1 之间，符合概率假定的前提模型，适用于非线性情况	（1）模型使用时，必须通过转换步骤才能求得概率 （2）计算程序较复杂
逻辑模型	（1）残差项须为威布尔分布 （2）累积概率分布函数为逻辑分布 （3）自变量间无共线性问题 （4）样本数必须大于回归参数个数 （5）各群体预测变量的协变量矩阵为对角化矩阵	同概率模型	同概率模型
类神经网络	无	（1）具有平行处理的能力，处理大量数据时的速度较快 （2）具有自学与归纳判断能力 （3）无须任何概率分析的假定 （4）可用于多元判断问题	（1）尚无完整理论架构假定其运作 （2）其处理过程如黑箱，无法明确了解其运作过程 （3）可能产生模型不易收敛的问题
CUSUM 模型	不同群体间其协变量矩阵假定为相同	（1）考虑前后期的相关性 （2）采用累积概念，增加模型的敏感度 （3）不用作不同时间外在条件仍相同的不合理假定	计算上较复杂

注：作者在《生物医学统计：使用 STaTa 分析》一书中介绍了"Cox 比例风险回归模型"

3）线性回归的局限性

（1）无法处理截尾数据。

例如：研究不同医院护理下的生存情形，若病人转诊或无法追踪，就会把这条数据当作缺失（missing）值。

（2）无法处理和时间相关的协变量（个人/家族的危险因子、环境的危险因子）。

（3）因为事件发生的时间多数是非正态分布情形，如威布尔/伽马/对数正态，或脆弱模型、加速失败时间模型，所以并不适合以下线性模型：OLS、线性概率回归、广义线性模型、限制式线性回归、矩估计广义法、多变量回归、Zellner半相依回归、线性动态追踪估计等。

4）逻辑回归的原理

（1）逻辑回归的局限性

①忽略事件发生时间的信息。例如，研究在不同诊所护理下生存或死亡，无法看到存活时间有多长。

②无法处理"与时间相关的协变量"。逻辑回归都是假设变量不随时间变动，如研究心脏病移植生存情形，等待心脏移植时间（χ_1变量）是心脏病患者移植生存情形的协变量，若要考虑等待心脏移植的时间（χ_1变量）来看心脏病患者移植生存（截尾数据）情形，逻辑回归无法处理与时间相关的协变量。

（2）逻辑回归的原理：胜算比或称为相关风险（见图4-9）

以二元响应变量"受访者是否（0，1）使用公交车信息服务"为例。

逻辑回归假设解释变量（χ_1）与乘客是否使用公交车信息服务（y）之间必须符合下列逻辑函数：

$$P(y|x) = \frac{1}{1 + e^{-\sum b_i \times x_i}}$$

式中，b_i 代表对应解释变量的参数，y是二元变量。若y=1，表示该乘客使用公交车信息服务；反之，若y=0，则表示该乘客未使用公交车信息服务。因此，P（y=1|x）表示当自变量x已知时，该乘客使用公交车信息服务的概率；P（y=0|x）表示当自变量x已知时，该乘客不使用公交车信息服务的概率。

逻辑函数的分子分母同时乘以 $e^{\sum b_i \times x_i}$，等式变为

$$P(y|x) = \frac{1}{1 + e^{-\sum b_i \times x_i}} = \frac{e^{\sum b_i \times x_i}}{1 + e^{\sum b_i \times x_i}}$$

将上式的左右两侧均以1减去，可以得到

$$1 - P(y|x) = \frac{1}{1 + e^{\sum b_i \times x_i}}$$

再将上面二式相除，则可以得到

$$\frac{P(y|x)}{1 - P(y|x)} = e^{\sum b_i \times x_i}$$

针对上式，两边同时取自然对数，可以得到

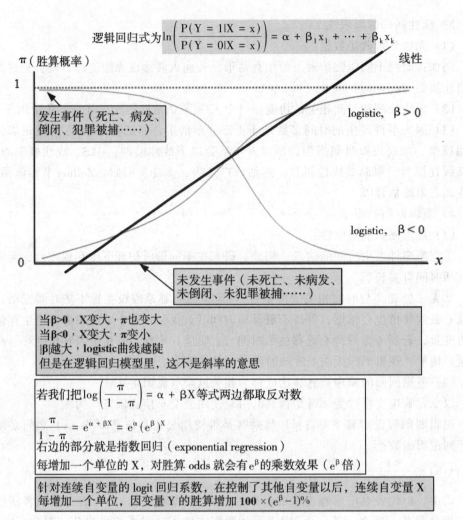

图 4-9 逻辑函数的分布图

$$\ln\left(\frac{P(y|x)}{1 - P(y|x)}\right) = \ln(e^{\sum b_i \times x_i}) = \sum b_i \times x_i$$

经由上述公式推导可将原自变量非线性的关系转换成以线性关系来表示。其中，$\dfrac{P(y|x)}{1 - P(y|x)}$ 可代表乘客使用公交车信息服务的胜算比，或称为相对风险。

（3）医学期刊常见的风险测量（risk measure in medical journal）

在医学领域里常常将响应变量（dependent variable / outcome）定义为二元变量，有一些是天生的二元变量，如病人死亡与否、病人洗肾与否；有些则是人为定义为二元变量，如心脏科常将病人的左心室射血分数（left ventricular ejection fraction，LVEF）小于40%（or 35%）记为异常。

医学领域之所以会使用二分类的结果，主要原因是可以简化结果的解释，例如可直接得到以下结论：糖尿病病人比较容易有eGFR（肾小球滤过率）异常，其相对危险度为3.7倍，或者饭前血糖每高1个单位，则病人的eGFR异常的胜算比会低1.5%，因此可针对其他可能的影响因子作探讨，并得到一个"风险测量值"。

| 定义：相对危险度又称相对危险性 |

在流行病统计学中，相对危险度是指暴露在某条件下，一个（产生疾病的）事件的发生风险。相对危险度概念是指暴露群体与未暴露群体发生某事件的概率。

相对危险度，其计算方式如下，简单来说一开始就先把受试者分成暴露组（exposed group）与非暴露组（unexposed group），然后向前追踪一段时间，直到人数达到原先规定的条件。

	患病	未患病	
暴露组	A	B	N1
非暴露组	C	D	N2
	N3	N4	总样本数 N

$$RR = \frac{事件_{暴露}}{事件_{非暴露}} = \frac{A/N_1}{C/N_2}$$

此时暴露组发生事件的比例为A/N_1，非暴露组发生事件的比例为C/N_2，两者相除即为相对危险度（RR）。假如相对危险度显著地大于1，就代表暴露组的风险显著地比非暴露组更高，如之前列举的抽烟与肺癌的研究例子，抽烟组患肺癌的比例为3%，而不抽烟组患肺癌比例为1%，此时相对危险度即为3（3%/1%），代表抽烟者患肺癌的风险是不抽烟者的3倍以上，也可以说抽烟者患肺癌的风险相较于不抽烟者多出2倍（3-1）。

| 定义：胜算比（odds ratio，OR） |

胜算比计算方式见下面。首先要先了解何谓"胜算"（odds），胜算的定义是"两个概率相除的值"。以下面的疾病组（disease group）为例，A/N_3表示疾病组中暴露的概率，C/N_3指的是健康组中暴露的概率，因此两者相除即为疾病组中暴露的概率（A/C）。同样，B/D为健康组中暴露的概率，此时将A/C再除以B/D即为"疾病组相对于健康组，其暴露的胜算比"，也就是说两个概率相除就叫作胜算比。

	患病	未患病	
暴露组	A	B	N_1
非暴露组	C	D	N_2
	N_3	N_4	总样本数 N

$$OR = \frac{(A/N_3)/(C/N_3)}{[(B/N_4)/(D/N_4)]} = \frac{A/C}{B/D} = \frac{A \times D}{B \times C}$$

很多人在解释胜算比的时候都会犯错误，最常见的错误就是把胜算比当成相对危险度来解释。以之前的抽烟和肺癌的病例对照研究为例，肺癌组中的50人中有70%曾经抽烟，而健康组中（即对照组）的150人中仅有40%曾经抽过烟，此时胜算比即为1.75。这个1.75的意义其实不是很容易解释，它并非表示抽烟组患肺癌的风险是未抽烟组的1.75倍，而是肺癌组有抽烟的胜算（但它不是概率）是健康组的1.75倍，而这个概率指的又是"抽烟的概率除以没有抽烟的概率"。总而言之，我们还是可以说肺癌跟抽烟具有相关性，也可以说抽烟的人比较容易有患肺癌的风险，但是无法说明多出多少倍的风险或概率。

一般而言，在医学期刊胜算比出现的次数比相对危险度多，一个原因是大家较少采用耗时又耗力的前瞻性研究（只能用相对危险度），另外一个原因是胜算比可用于前瞻性研究，也可用于回溯性研究，而且它的统计性质（property）比较好，因此统计学家喜欢用胜算比来作为统计方法。

小结

胜算比是试验组的概率除以对照组的概率。各组的概率为研究过程中各组发生某一事件）的人数除以没有发生某一事件的人数，通常被用于病例对照研究之中。当发生此事件的可能性极低时，则相对危险度接近于胜算比。

4.4　异方差概率模型：模拟数据（hetprobit命令）

若响应变量y的标准差并非像正态分布假设一样维持不变，而会随着平均数的增大而增大，可根据图形或怀特检验来发现异方差的问题（见图4-10）。

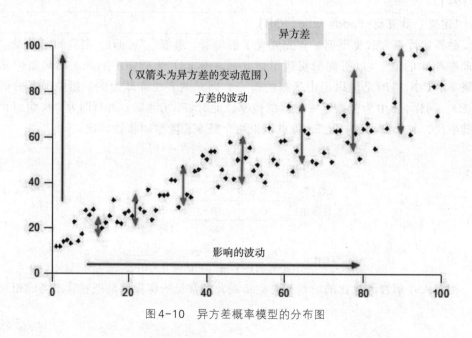

图4-10　异方差概率模型的分布图

hetprobit命令语句如下：

范例：异方差概率模型（hetprobit命令）

1）文件的内容

用模拟来产生 1 000 条数据，并存至"hetprobxmpl.dta"文件，其模拟命令如下：

```
. set obs 1000
obs was 0, now 1000
. set seed 1234567
. gen x = 1-2*runiform()
* runiform()产生 uniform 分布之 0~1 随机值。
. gen xhet = runiform()
. gen sigma = exp(1.5*xhet)
* normal(z)产生 0~1 之 cumulative standard normal distribution.
. gen p = normal((0.3+2*x)/sigma)
. gen y = cond(runiform()<=p,1,0)
. hetprob y x, het(xhet)
```

"hetprobxmpl.dta"文件内容如图 4-11 所示。

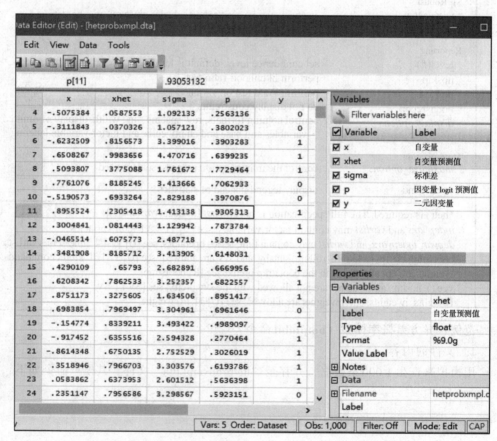

图 4-11 "hetprobxmpl.dta"文件内容（N=1000 个数据）

观察数据的特征（见图 4-12、图 4-13）。

* 打开文件
. webuse hetprobxmpl

*两个离散图重叠
. twoway(scatter y x, sort)(scatter p x)

*绘制 xhet-x 散点图
. twoway(scatter xhet x)

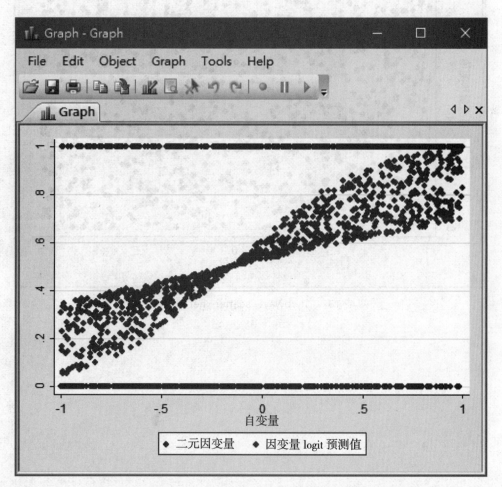

图4-12　"twoway（scatter y x，sort）（scatter p x）"结果

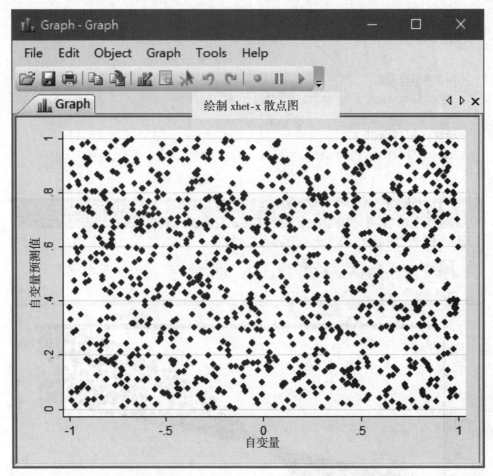

图4-13 "twoway（scatter xhet x）"结果

2）分析结果与讨论（见图4-14）

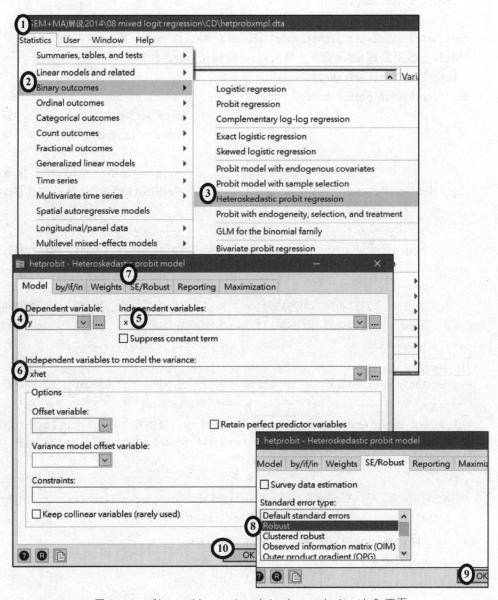

图4-14　"hetprobit y x，het（xhet）vce（robust）"页面

```
* 打开文件
. webuse hetprobxmpl

*Fit heteroskedastic probit model and use xhet to model the variance
*STaTa v15 用 hetprobit 命令，但 STaTa v12 用 hetprob 命令
. hetprobit y x, het(xhet)
Heteroskedastic probit model                Number of obs    =        1000
                                            Zero outcomes    =         452
                                            Nonzero outcomes =         548

                                            Wald chi2(1)     =       78.66
Log likelihood = -569.4783                  Prob > chi2      =      0.0000


------------------------------------------------------------------------------
           y |      Coef.   Std. Err.      z    P>|z|     [95% Conf. Interval]
-------------+----------------------------------------------------------------
y            |
           x |   2.228031   .2512073     8.87   0.000     1.735673    2.720388
       _cons |   .2493822   .0862833     2.89   0.004       .08027    .4184943
-------------+----------------------------------------------------------------
lnsigma2     |
        xhet |   1.602537   .2640131     6.07   0.000     1.085081    2.119993
------------------------------------------------------------------------------
Likelihood-ratio test of lnsigma2=0 : chi2(1) =     44.06   Prob > chi2 = 0.0000
```
*Fit heteroskedastic probit model and request robust standard errors
. hetprobit y x, het(xhet) vce(robust)
（略）

* The vce(robust) standard errors for two of the three parameters are larger than the previously reported conventional standard errors.

（1）整个回归模型的显著水平 $\chi^2_{(1)}$=78.66，p<0.05。

（2）概率回归式为：

$$Pr（y=1）=F\{（\beta_0+\beta_1 x）/\exp（\gamma_1 xhet）\}$$

$$Pr(y = 1) = F\{\frac{0.249 + 2.228 \times X}{e^{1.60xhet}}\}$$

F｛·｝为累积正态分布函数。

（3）Wald 检验的是完整模型与常量模型，是指 $\frac{\beta_0 + \beta_1 x}{\beta_0}$ 的指数比结果具有显著性（$\chi^2_{(1)} = 44.06$，$p < 0.05$），即似然比的异方差检验，它"包含异方差的完整模型相对

不包含异方差的完整模型"来说是显著的（significant），故本例拒绝"H_0：误差不存在异方差性"，表示本例不可忽视自变量xhet的修正值。

4.5 双变量概率回归与两个似乎无相关响应变量"private, vote"模型，哪个好（biprobit 命令）（见图4-15）

双变量概率条件均值

$$Prob[y_{i1}=1, y_{i2}=1] = \Phi_2(\beta'_1 x_{i1}, \beta'_2 x_{i2}, \rho)$$

这不是一个条件均值，对于任意的 x，它可能出现在任意一个索引函数中

$$\frac{\partial Prob[y_{i1}=1, y_{i2}=1]}{\partial x_i} = g_{i1}\beta_1 + g_{i2}\beta_2$$

$$g_{i1} = \varphi(\beta'_1 x_{i1})\Phi\left(\frac{\beta'_2 x_{i2} - \rho\beta'_1 x_{i1}}{\sqrt{1-\rho^2}}\right), g_{i2} = \varphi(\beta'_2 x_{i2})\Phi\left(\frac{\beta'_1 x_{i1} - \rho\beta'_2 x_{i2}}{\sqrt{1-\rho^2}}\right)$$

当 x_i 没有出现在 x_{it} 时，β_1 为 0，对于 β_2 也适用

$$E[y_{i1} | x_{i1}, x_{i2}, y_{i2}=1] = Prob[y_{i1}=1 | x_{i1}, x_{i2}, y_{i2}=1] = \frac{\Phi_2(\beta'_1 x_{i1}, \beta'_2 x_{i2}, \rho)}{\Phi(\beta'_2 x_{i2})}$$

$$\frac{\partial E[y_{i1} | x_{i1}, x_{i2}, y_{i2}=1]}{\partial x_i} = \frac{1}{\Phi(\beta'_2 x_{i2})}(g_{i1}\beta_1 + g_{i2}\beta_2) - \frac{\Phi_2(\beta'_1 x_{i1}, \beta'_2 x_{i2}, \rho)\varphi(\beta'_2 x_{i2})}{[\Phi(\beta'_2 x_{i2})]^2}\beta_2$$

$$= \left[\frac{g_{i1}}{\Phi(\beta'_2 x_{i2})}\right]\beta_1 + \left[\frac{g_{i2}}{\Phi(\beta'_2 x_{i2})} - \frac{\Phi_2(\beta'_1 x_{i1}, \beta'_2 x_{i2}, \rho)\varphi(\beta'_2 x_{i2})}{[\Phi(\beta'_2 x_{i2})]^2}\right]\beta_2$$

图4-15　双变量概率回归的示意图

有关双变量回归模型的介绍，可参阅文献：格林（Greene, 2012, 738-752）、平代克（Pindyck）和鲁宾菲尔德（Rubinfeld）（1998）、普瓦里耶（Poirier, 1980）介绍的部分可观测性模型，范德文（Van de Ven）和范普拉格（Van Pragg）（1981）介绍的"样本选择的概率模型"。

范例：双变量概率回归模型与两个似不相关响应变量"private, vote"模型，哪个更好？（同一个 biprobit 命令）

本例文件取自平代克和鲁宾菲尔德（1998, 332）。变量包括：

（1）private：孩子是否上私立学校。

（2）years：家庭一直在现址居住的年数。

（3）logptax：财产登记税额。

（4）loginc：收入记录

（5）vote：家长是否投票赞同增加财产税

本例希望了解两个变量：①private：儿童是否上私立学校；②vote：家长是否投票赞同增加财产税。这两个不相干的响应变量是否受其他协变量的影响？

1）问题说明

为了解两个似不相关响应变量"private，vote"的影响因素有哪些（分析单位：家长），研究者收集数据并整理成下表，此"school.dta"文件内容的变量如下：

变量名称	说明	编码 Codes / Values
被解释变量/响应变量：private	小孩就读于私立学校吗	0，1（二元数据）
被解释变量/响应变量：vote	投票赞成加财产税吗	0，1（二元数据）
解释变量/自变量：logptax	log（财产税）	5.9915~7.4955美元
解释变量/自变量：loginc	log（收入）	8.294~10.82美元
解释变量/自变量：years	家庭一直在现址居住的年数	1~49年

2）文件的内容

"school.dta"文件内容如图4-16所示。

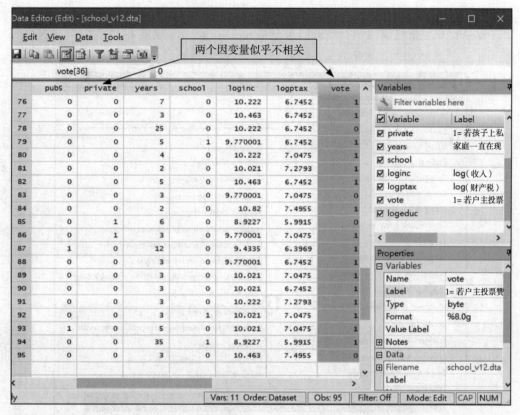

图4-16 "school.dta"文件内容（N=95个家长）

观察数据的特征。

```
* 打开文件
. webuse school

. des private vote logptax loginc years

                storage   display    value
variable name   type      format     label        variable label
-------------------------------------------------------------------------
private         byte      %8.0g                    1=若孩子上私立学校
vote            byte      %8.0g                    1=若户主投票赞成增加财产税
logptax         float     %9.0g                    log（财产税）
loginc          float     %9.0g                    log（收入）
years           byte      %8.0g                    家庭一直在现址居住的年数
```

3）分析结果与讨论

Step 1. 双变量概率回归：当对照组也是 biprobit 命令（见图 4-17）

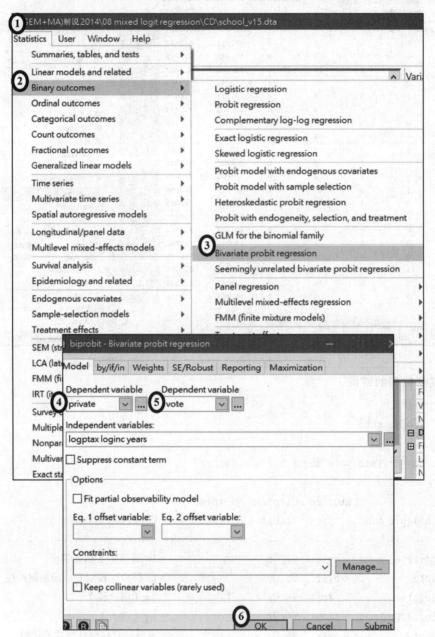

图 4-17　"bi probit private vote logptax loginc years" 页面

* 打开文件
. webuse school

* 模型一：Bivariate probit regression
. biprobit private vote logptax loginc years

Fitting comparison equation 1 :
Iteration 0:   log likelihood = -31.967097
Iteration 1:   log likelihood = -31.452424
Iteration 2:   log likelihood = -31.448958
Iteration 3:   log likelihood = -31.448958

Fitting comparison equation 2 :

Iteration 0:   log likelihood = -63.036914
Iteration 1:   log likelihood = -58.534843
Iteration 2:   log likelihood = -58.497292
Iteration 3:   log likelihood = -58.497288

Comparison: log likelihood = -89.946246

Fitting full model :

Iteration 0:   log likelihood = -89.946246
Iteration 1:   log likelihood = -89.258897
Iteration 2:   log likelihood = -89.254028
Iteration 3:   log likelihood = -89.254028

Bivariate probit regression   Number of obs   =   95
                                          Wald chi2(6)   =   9.59
Log likelihood = -89.254028   Prob > chi2   =   0.1431

           | Coef.   Std. Err.   z   P>|z| [95% Conf. Interval]
-----------+--
private |
   logptax | -.1066962   .6669782   -0.16   0.873   -1.413949   1.200557

```
  loginc |    .3762037    .5306484     0.71   0.478    -.663848    1.416255
   years |   -.0118884    .0256778    -0.46   0.643   -.0622159    .0384391
   _cons |   -4.184694    4.837817    -0.86   0.387   -13.66664    5.297253
---------+--------------------------------------------------------------
vote     |
 logptax |   -1.288707    .5752266    -2.24   0.025   -2.416131   -.1612839
  loginc |     .998286    .4403565     2.27   0.023    .1352031    1.861369
   years |   -.0168561    .0147834    -1.14   0.254   -.0458309    .0121188
   _cons |   -.5360573    4.068509    -0.13   0.895   -8.510188    7.438073
---------+--------------------------------------------------------------
 /athrho |   -.2764525    .2412099    -1.15   0.252   -.7492153    .1963102
---------+--------------------------------------------------------------
     rho |   -.2696186    .2236753                    -.6346806    .1938267
--------------------------------------------------------------------------
LR test of rho=0 :  chi2(1) = 1.38444                  Prob > chi2 = 0.2393

. estat ic

Akaike's information criterion  and Bayesian information criterion

-----------------------------------------------------------------------
   Model |       Obs   ll(null)  ll(model)      df        AIC         BIC
---------+-------------------------------------------------------------
       . |        95          .  -89.25403       9    196.5081    219.4929
-----------------------------------------------------------------------
```

（1）此报表记录了三个迭代（iteration）。第 1 个迭代记录着第 1 个方程式；第 2 个迭代记录着第 2 个方程式。若 ρ=0，代表这两个模型的对数似然的总和，等于双变量概率模型的对数似然。最后一个迭代记录是所有的对数似然概率模型的对数似然。

（2）本例中，ρ=−0.2696，不等于 0，且 LR test of rho=0，求得卡方值 = 1.38（P> 0.05），表示比较模型一、模型二与原模型拟合度胜算无差异，故本样本设计适合双变量概率回归。

（3）模型一：双变量概率回归，样本拟合此模型，求得 AIC=196.508。

（4）另外，模型一与模型二相比：至少其（vote=logptax loginc years）回归系数有两个达到显著，故模型一至少比模型二好。

补充公式：

公式和方法

对数似然 lnL由以下方程给出：

$$\xi_j^\beta = x_j\beta + \text{offset}_j^\beta$$

$$\xi_j^\gamma = z_j\gamma + \text{offset}_j^\gamma$$

$$q_{1j} = \begin{cases} 1 & \text{如果}\, y_{1j} \neq 0 \\ -1 & \text{否则} \end{cases}$$

$$q_{2j} = \begin{cases} 1 & \text{如果}\, y_{2j} \neq 0 \\ -1 & \text{否则} \end{cases}$$

$$\rho_j^* = q_{1j}q_{2j}\rho$$

$$\ln L = \sum_{j=1}^{n} w_j \ln \Phi_2\left(q_{1j}\xi_j^\beta,\ q_{2j}\xi_j^\gamma,\ \rho_j^*\right)$$

式中，$\Phi_2()$ 是累积二元正态分布函数（平均值为 $[0,0]'$），w_j是观测j的可选权重。该推导假设

$$y_{1j}^* = x_j\beta + \epsilon_{1j} + \text{offset}_j^\beta$$

$$y_{2j}^* = z_j\gamma + \epsilon_{2j} + \text{offset}_j^\gamma$$

$$E(\epsilon_1) = E(\epsilon_2) = 0$$

$$\text{Var}(\epsilon_1) = V(\epsilon_2) = 1$$

$$\text{COV}(\epsilon_1,\ \epsilon_2) = \rho$$

式中，y_{1j}^*和y_{2j}^*是未被观察到的延迟变量；相反，我们只观察到 如果$y_{ij}^*>0$，则 $y_{ij}=1$；否则 $y_{ij}=0$（i=1，2）。在极大似然估计中，ρ不是直接估计的，但 atanh ρ 是

$$a\tanh\rho = \frac{1}{2}\ln\left(\frac{1+\rho}{1-\rho}\right)$$

从似然性的形式来看，如果$\rho=0$，则双变量的对数似然性概率模型等于两个单变量的对数似然之和的概率模型。因此，可以通过将双变量模型的似然性与单变量的对数似然性之和作比较来进行似然比检验。

Step2.两个响应变量不相关的概率回归（也是 biprobit 命令）（见图 4–18）

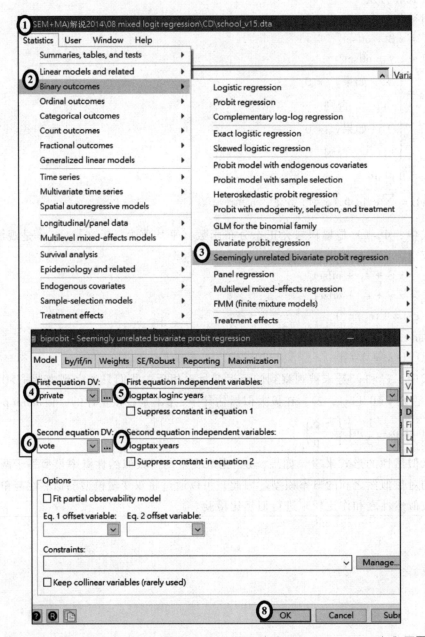

图 4–18　"biprobit（private=logptax loginc years）（vote=logptax years）" 页 面

* 打开文件
. webuse school

模型二：Seemingly unrelated bivariate probit regression

. biprobit(private = logptax loginc years)(vote = logptax years)
Seemingly unrelated bivariate probit   Number of obs   =   95
                                                  Wald chi2(5)   =   4.77
Log likelihood = -92.215278   Prob > chi2   =   0.4440

             | Coef.   Std. Err.   z   P>|z| [95% Conf. Interval]
-------------+--
private |
     logptax | -.194247   .6677031   -0.29   0.771   -1.502921   1.114427
      loginc | .5289522   .5339413   0.99   0.322   -.5175536   1.575458
       years | -.0107319   .0255361   -0.42   0.674   -.0607818   .039318
       _cons | -5.108515   4.83203   -1.06   0.290   -14.57912   4.362089
-------------+--
vote |
     logptax | -.6138309   .4585021   -1.34   0.181   -1.512478   .2848167
       years | -.0230864   .0143602   -1.61   0.108   -.0512319   .0050591
       _cons | 4.773266   3.235681   1.48   0.140   -1.568552   11.11508
-------------+--
     /athrho | -.2801136   .2453392   -1.14   0.254   -.7609696   .2007424
-------------+--
         rho | -.2730102   .2270529   -.6416477   .1980887

LR test of rho=0: chi2(1) = 1.37223   Prob > chi2 = 0.2414

. estat ic

Akaike's information criterion and Bayesian information criterion

----
    Model | Obs   ll(null) ll(model)   df   AIC   BIC
----------+---

| . | 95 | . | -92.21528 | 8 | 200.4306 | 220.8616 |

----

* Seemingly unrelated bivariate probit regression with robust standard errors
. biprobit(private = logptax loginc years)(vote = logptax years), vce(robust)

（略）

模型二：两个似乎不相关的响应变量模型，用样本拟合此模型可以求得AIC=200.4306。由于模型一：双变量概率回归模型，拟合度AIC=196.508，小于模型二，故模型一比模型二好。

第5章 多分类响应变量：多项逻辑回归分析（mlogit、asmprobimprobit、bayes：mlogit命令）

在回归分析中若响应变量是二元分类变量，如手术的两个结果（存活或死亡），若以这个为响应变量，则会经常用二元逻辑回归模型来分析。若响应变量为超过二元的分类变量，如研究者想要探讨不同年龄层对睡眠质量重要性的看法，以三分法的李可特量表（3-point Likert scale：1.不重要、2.中等重要、3.很重要）测量个人对睡眠质量重要性的看法，它就是多项逻辑回归。

多项逻辑回归模型是整个离散选择模型体系的基础，在实际中也是最为常用的模型，原因之一便是它的技术门槛低、易于实现。

二元响应变量、有序、多项响应变量的概念比较

在社会科学中，我们想解释的现象也许是：

（1）二元/二分：胜/败、（投/不投）票、票投1号/票投2号。当我们的响应变量是二分类变量时，我们通常以1表示我们感兴趣的结果（成功），以0表示另外一个结果（失败）。此二元分布称为二项分布（binomial distribution）。此逻辑回归的数学式为：

$$\log \left[\frac{P(Y=1)}{1-P(Y=1)} \right] = \beta_0 + \beta_1 X_1$$

$$\frac{P(Y=1)}{1-P(Y=1)} = e^{\beta_0 + \beta_1 X_1} = e^{\beta_0}(e^{\beta_1})^{X_1}$$

（2）有序多分（等级）：例如，满意度，从非常不满意到非常满意。此四分类的满意度为：

P（Y≤1）=P（Y=1）

P（Y≤2）=P（Y=1）+P（Y=2）

P（Y≤3）=P（Y=1）+P（Y=2）+P（Y=3）

非常不满意	不太满意	有点满意	非常满意
P（Y=1）	P（Y=2）	P（Y=3）	P（Y=4）

截距一 　　　　　　　　截距二 　　　　　　截距三

P（Y≤1）		P（Y>1）	
P（Y≤2）		P（Y>2）	
P（Y≤3）			P（Y>3）

$$odds = \frac{P(Y \leq j)}{P(Y > j)}$$

$$logit\,[\,P(Y \leq 1)\,] = \log\left[\frac{P(Y = 1)}{P(Y > 1)}\right] = \log\left[\frac{P(Y = 1)}{P(Y = 2) + P(Y = 3) + P(Y = 4)}\right]$$

$$logit\,[\,P(Y \leq 2)\,] = \log\left[\frac{P(Y \leq 2)}{P(Y > 2)}\right] = \log\left[\frac{P(Y = 1) + P(Y = 2)}{P(Y = 3) + P(Y = 4)}\right]$$

$$log\,it\,[\,P(Y \leq 3)\,] = \log\left[\frac{P(Y \leq 3)}{P(Y > 3)}\right] = \log\left[\frac{P(Y = 1) + P(Y = 2) + P(Y = 3)}{P(Y = 4)}\right]$$

$$log\,it\,[\,P(Y \leq j)\,] = \alpha - \beta X, \ j = 1,\ 2,\ \cdots,\ c - 1$$

当 c 有 4 组时，自变量的解释：

Y ≤ 1、Y ≤ 2、Y ≤ 3 时，它们对逻辑回归模型的影响会产生 c-1 个截距，故此模型又称为比例优势（proportional odds）模型。

（3）多项概率对数（multinomial logit）模型：三个候选人、政党派别。

基本模型：

$$\log\left[\frac{P(Y = j)}{P(Y = c)}\right] = \alpha_j + \beta_j X_1, \ j = 1,\ ...,\ c - 1$$

例如，三分类宗教倾向（level=3 类当比较基准点）：道教、佛教、无。

$$\log\left[\frac{P(Y = 1)}{P(Y = 3)}\right] = \alpha_1 + \beta_1 X_1$$

$$\log\left[\frac{P(Y = 2)}{P(Y = 3)}\right] = \alpha_2 + \beta_2 X_1$$

5.1　多项逻辑模型

当响应变量为二元分类变量时，若想作回归分析，此时不能再使用一般的线性回归，而应该要改用二元逻辑回归分析。

二元逻辑回归式如下：

$$log\,it\,[\,\pi(x)\,] = \log\left(\frac{\pi(x)}{1 - \pi(x)}\right) = \log\left(\frac{P(x = 1)}{1 - P(x = 1)}\right) = \log\left(\frac{P(x = 1)}{P(x = 0)}\right) = \alpha + \beta x$$

公式经转换为：

$$\frac{P(x=1)}{P(x=0)} = e^{\alpha + \beta x}$$

（1）逻辑方程式很像原本的一般回归线性模型，不同点在于现在的响应变量变为事件发生概率的概率比。

（2）因此现在的β应该解释为，当x每增加1个单位时，事件发生的概率是不发生的exp（β）倍。

（3）为了方便对结果的解释与理解，一般来说我们会将响应变量为0设为参照组。

1）多项逻辑模型概述

多项逻辑模型（multinominal logit model，MNL）是逻辑回归类模型的基本形式，其效用随机项 $\varepsilon_{i,q}$ 相互独立且服从同一 Gumble 极值分布。基于概率理论，J 个选择项 MNL 模型可以表示成：

$$P_{i,q} = \frac{\exp(bV_{i,q})}{\sum_{J=i}^{J} \exp(bV_{j,q})} = \frac{1}{1 + \sum_{J \neq i} \exp(b(V_{J,q} - V_{i,q}))}, \quad i = 1, 2, \cdots, J \tag{5-1}$$

式中，$P_{i,q}$ 是出行者 q 对选择项 i 的概率，b 是参数。

MNL 模型通过效用函数确定项的计算就可以获得个体选择不同交通方式的概率。通过模型检验，其效用函数的随机项因素影响已经被表达在参数 b 中。

由于模型概念明确、计算方便，因此在经济、交通等多个方面得到广泛应用。

MNL 模型在应用中也受到某些制约，最大制约在于各种交通方式在逻辑上必须是对等的（IIA 特性）。如果主要方式和次要方式混杂在一起，所得到的结果就会有误差。MNL 模型应用中表现出的另一点不足是计算概率仅与交通方式效用项差值有关，而与效用值自身大小无关，缺乏方式之间的相对合理性。

产生限制或不足的根本原因是逻辑回归模型在推导中假定了效用随机项是独立同分布的（independent and identical distribution，IID），但在现实中存在着影响各选择项效用的共同因素，当组成效用项的某个因素发生变化时，会引发多种交通方式市场份额的变化，其影响大小可以引用经济学中的交叉弹性系数来表达。

2）多项逻辑回归模型发展出几个重要模型

现有 MNL 模型的改进中常用的有 BCL（Box-Cox logit）模型、NL（嵌套）（nested logit）模型、Dogit 模型和 BCD（Box-Cox dogit）模型。

BCL 模型对效用项计算进行转换，方式选择的概率计算与效用项的大小相关，也改善了方式之间的合理可比性。

NL 模型是对 MNL 的直接改进，它由交通方式的逻辑划分、结构系数与 MNL 子模型共同构成。由于各种方式之间明确了逻辑关系，嵌套内交通方式的选择概率由结构系数控制，因此它缓解了 IIA 问题，是目前应用最为广泛的模型之一。但嵌套层次结构的构建没有一定的规律可循，不同的方式划分带来的计算结果也不尽相同。

Dogit将交通方式选择划分为"自由选择"与"被迫选择"两部分，"被迫选择"方式是交通的基本必要消费（如上下班、上下学），"自由选择"相对为非基本消费，且服从MNL模型。Dogit模型与MNL模型相比少了交叉弹性系数，改变子选择项数量对其他选择项的概率影响相应减小。此外，每个选择项的交叉弹性系数可以不同，使得选择项之间的柔性增加。

BCD模型是BCL模型的效用确定项计算变换和Dogit模型的组合，它同时完成了BCL和Dogit两个模型IIA和交叉弹性两个方面的改进。

3）多项逻辑模型的新延伸模型

（1）CNL模型（cross-nested logit）

CNL模型（Voshva，1998）是MNL模型的又一改进模型，为了体现各选择项之间的相关性和部分可替代性，它设有m个选择子层，允许各选择项按不同的比例分布到各个结构参数相同的选择子层中，其单一选择项概率可表达为所有被选中的包含该选择项的子层概率和子层内选择该选择项概率的乘积和：

$$P_i = \sum_m P_{i/m} \cdot P_m = \sum_m \left[\frac{(\alpha_{im} e^{V_i})^{1/\theta}}{\sum_{j \in N_m} (\alpha_{jm} e_j^v)^{1/\theta}} \cdot \frac{\sum_{j \in N_m} (\alpha_{jm} e_j^v)^{1/\theta}}{\sum_m (\sum_{j \in N_m} (\alpha_{jm} e_j^v)^{1/\theta})^{\theta}} \right] \tag{5-2}$$

式中，V_i是i选择项可观测到的效用值，N是选择层m中的选择项数目，$\theta \in （0，1）$是各层之间的结构系数，$\alpha_{im}=1$是选择项i分布到第m层的份额，对所有i和m，它满足：

$$\sum_m \alpha_{im} = 1$$

$$P_i = \sum_{j \neq 1} P_{i/ij} \cdot P_{ij} = \sum_{j \neq 1} \left\{ \frac{(\alpha e^{V_i})^{1/\theta_{ij}}}{(\alpha e^{V_i})^{1/\theta_{ij}} + (\alpha e^{V_j})^{1/\theta_{ij}}} \cdot \frac{[(\alpha e^{V_i})^{1/\theta_{ij}} + (\alpha e_j^V)^{1/\theta_{ij}}]_{ij}^{\theta}}{\sum_{k=1}^{J-1} \sum_{m=k+1}^{J} [(\alpha e^{V_k})^{1/\theta_{km}} + (\alpha e_m^V)^{1/\theta_{km}}]_{km}^{\theta}} \right\} \tag{5-3}$$

式中，J为选择项总数，$\theta \in （0，1）$为每个选择对的结构参数，$\alpha = \dfrac{1}{j-1}$为分布份额参数，表示i分布到(i，j)对的概率。由于模型子层是选择对，两个选择项之间不同的交叉弹性、部分可替代性可以充分表达，从而进一步缓解了IIA特性。但相同的分布参数值（这与CNL模型可任意比例分布不同），限制了交叉弹性系数的最大值，也限制了最大相关。

如果该PCL结构参数0可变，结合CNL可变的选择项分布份额参数值，便组成具有充分"柔性"的GNL模型（Wen和Koppel man，2000），PCL和CNL模型是GNL模型的特例。

（2）误差异质多项逻辑（heteroskedastic mutinomial logit，HMNL）模型和协方差异质嵌套逻辑（covariance heterogeneous nested logit，COVNL）模型

HMNL模型（Swait和Adamowicz，1996）从另一个角度来说是由MNL模型发展而来，它保留MNL模型的形式、IIA特性和同一交叉弹性，但它允许效用随机项之间具有不同的方差，它认为不同外出者对效用的感受能力和应对方法是不同的，这种不同

可以通过随机效用项不同的方差表达在模型中。不同于MNL，HMNL认为不同的出行者感受到的选择项集合与选择分类方式是不完全相同的，因此效用可观测项定义为与选择项i和整个被选择的交通系统划分方式q（方式选择的树形结构）有关的函数。

E_q为个人特性（如收入）与被选择系统（如选择项数量、选择项之间的相似程度）的函数。尺度因子μ（E_q）是表达交通系统组成（树形结构）复杂程度的函数。由于计算概率值受到尺度因子的控制，各选择项之间就具有了不同相关关系与部分可替代的"柔性"：

$$P_{i,q} = \frac{e^{\mu(E_q)V_{j,q}}}{\sum_{j=1}^{J} e^{\mu(E_q)V_{j,q}}} \tag{5-4}$$

HMNL模型定义的尺度因子可以确保不同外出者所感受到的不同交通系统的选择项之间有不同的交叉弹性和相关性。

COVNL模型（Bhat，1997）是一种扩展的嵌套模型，它允许选择层之间有不同的方差，通过结构系数函数化以达到选择层之间的相关性和部分可替代性的目的：

$$\theta_{m,q} = F(\alpha + \gamma' \cdot X_q) \tag{5-5}$$

式中，结构系数$\theta \in (0, 1)$，F是传递函数，X_q是个人和交通相关的特性矢量，α和γ'是需要估计的参数，可根据经验给定。从模型各选择项可变的交叉弹性系数（$\eta_{X,k}^{P} = -\mu(E_q)\beta_k$，$X_{i,k}$，$P_j$，$E_q$可变，交叉弹性可变）可以看出，选择项之间可以存在不同相关关系与柔性的部分可替代性。如果$\gamma'=0$，COVNL模型则会退化为NL模型。

4）MNL模型的发展脉络与方法

一般认为，MNL模型隐含了三个假定：第一，效用随机项独立且服从同一分布（IID）；第二，各选择项之间具有相同的交叉响应特性；第三，效用随机项间存在同方差。这三项假定均不符合交通方式选择的实际情况，并引发一些谬误。MNL模型正是通过改善模型使其相对比较合理，来缓解或解除一个或多个隐含假定而发展起来的，其改进方法主要包括：

（1）对效用可观测项计算进行非线性变换，改善单个因素对可观测效用的边际影响，提高各选择项计算概率的相对比较合理性，BCL模型就属于此类型。另一种途径是采用"市场竞争"的思想对选择项进行分类与份额分配，从而达到缓解IIA特性的目的，此类型包括Dogit和BCD模型等。

（2）建立"柔性模型结构"，它通过建立树型嵌套结构、常数或非常数的结构参数以及各选择项分配到各子层的份额参数，使效用随机项服从同一分布且具有相互独立性，同时也使得各选择项交叉响应特性按分配差异产生变化。此类模型有NL、CNL、PCL和GNL模型以及其他的改进模型，包括：

①Gen MNL（generalized MNL；Swait，2000）模型（分配参数不可变的GNL模型）。

②模糊嵌套逻辑（fuzzy nest logit，FNL，Voshva，1999）模型（允许多子层嵌套的 GNL 模型）。

③OGEV（有序广义极值，Small，1987）模型：将部分替代性好的选择项分配到同一子层中，通过改变同一个子层中选择项的数目、每个子层中各选择项分配份额和每个子层的结构参数，达到各选择项之间不同水平相关、部分可替代的目的。

④微分原理（principles of differentiation，PD；Bresnahan 等，1997）模型：认为同一类相近性质选择项之间的竞争远大于不同类选择项之间的竞争，模型依循多种因素定义子类（子层），并依循每种因素定义了多级水平。它不同于 NL 模型的有序树形结构，而是从一个有别于其他模型的角度建立树形层结构，允许不同因素的交叉弹性。

（3）用各选择项和效用随机项之间或选择子层之间的协方差来改善 IIA 引发的问题，HMNL 和 COVNL 模型属于此类型。

5.2 多项逻辑回归的多项选择

一般在研究回归分析时，常遇到响应变量为二选一的问题，如高中毕业后，是否继续读大学？或是公司成长至某阶段时，是否选择上市？此种问题一般可使用二元逻辑回归或二项逻辑回归来分析。然而在某些情况下，回归分析所面临的选择不止是 2 选 1 的问题，如某个通勤者可能面临自己开车、搭公交车或乘地铁去上班的 3 选 1 问题；或者公司面临是否初次发行公司债，若选择发行，是选择普通公司债，还是可转换公司债？此时决策者面临多个选择方案，一个较好的解决方案便是使用多项逻辑回归，此回归可解决多个方案的选择问题。

多项逻辑回归是指"响应变量种类超过两项"的多项选择回归。例如，美国总统大选选民民意调查想要了解选民的性别、年龄层及学历如何影响当时 3 位候选人的投票行为。

STaTa 多项选择回归（multinomial choice）又分多项概率回归、多项（多类别）逻辑回归这两大类。

举例来说，财务危机研究方法众多，且持续不断地推陈出新，包括逐步多项判别分析（step wise multiple discriminant analysis，MDA）、逻辑回归分析（logit model）、概率回归（probit model）、递归分割演算回归（recursive partitioning model）、类神经网络（artificial neural netwoks）、比较决策树（classification and regression trees，CART）等数据挖掘技术（见表 5-1）以及粗糙集理论（rough sets theory）、存活分析（survival analysis）等方法。

表 5-1   "多项逻辑"回归的统计方法比较表

方法	假定条件	优点	缺点
单变量 （odds ratio）	1.分析性变量 2.数据分布服从正态分布	适合单一响应变量不同组别的比较	比较总体若超过两个以上则较不适合
判别分析	1.响应变量为分类变量，而解释变量为定性变量 2.数据分布服从正态分布	1.可同时考虑多项指标，对整体绩效衡量比单变量分析客观 2.可了解哪些财务比率最具区别能力	1.不适合处理分类解释变量 2.财务数据一般难以符合正态假设 3.回归使用前，数据须先经过标准化
逻辑回归	1.响应变量为分类变量	1.解释变量可以是连续变量或分类变量 2.可解决判别分析中自变量数据非正态的问题 3.回归适用于非线性 4.数据处理容易、成本低廉	加入分类解释变量，参数估计受到样本数量影响
概率回归	1.残差项须为正态分布 2.各总体的协方差为对角化矩阵	1.可解决判别分析中自变量数据非正态的问题 2.概率值介于0与1之间 3.回归适用非线性状况	1.回归使用前必须经由数据转换 2.计算程序较复杂（这两个问题 STaTa 都可以很容易解决）

正如 Zmijewski（1984）所说，财务比率数据一般不符合正态分布，有些"因变量（Y）为定类变量，且 Levels 个数大于 2"，而逻辑回归、多项逻辑回归恰好可以解决自变量非正态、回归非线性与响应变量（Y）非连续变量的问题，且 STaTa 处理数据很容易。因此，本章节特别介绍多项逻辑回归（MNLM）。

5.3   多项逻辑回归的介绍（mlogit 命令）

多项逻辑回归的应用领域（见图 5-1）包括：

（1）预期财富向下移转对子女教育的影响——实证分析。

（2）以多项逻辑回归模型分析青少年 BMI 与身体活动量的相关性。

（3）法拍房拍定拍次、竞标人数与竞得标价的决定因素。

（4）企业杠杆与研发技术杠杆的研发策略选择的研究。

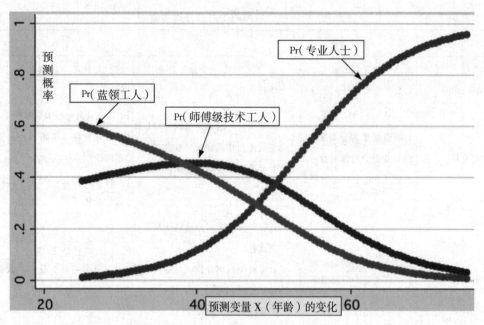

图5-1　多项逻辑回归的分布图（响应变量为职业类别，自变量为年龄）

（5）董事会结构、操作衍生性金融商品交易对信息透明度的影响。

（6）信用卡业务的审核过程、还款变化与违约的研究。

（7）商业银行如何衡量住房贷款的违约概率与违约损失率——内部模型法的应用。

例如，下列6个响应变量为影响我国上市公司初次公开发行公司债的因素，其逻辑回归的表达式为：

$$\ln(IPO_{it}) = F(\beta_0 + \beta_1 Sales_i + \beta_2 Growth_i + \beta_3 Capex_i + \beta_4 MTB_i + \beta_5 R\&D_i + \beta_6 Inteship_i)$$

式中，IPO_{it} 为定类变量，若公司在 t 年度决定发行公司债，则其值为 1，否则为 0。

$F(\cdot)$ 为标准正态分布的累积分布函数。

（1）使用销售额（$Sales_{it-1}$）作为公司规模的代理变量，以发行债券前一会计年度（t-1）年末的值取自然对数。由于规模越大的公司越有可能借由首次公开发行公司债来获取外部资金，因此预期 $Sales_{it-1}$ 的系数将是正值。

（2）销售额成长率（$Growth_{it}$）是指销售额的变动程度，定义为公司发行债券前一年与发行当年销售额的变化率，而 $Growth_{it}$ 是指发行前一年度该公司的资本支出占总资产账面价值的比例。

（3）$Growth_{it}$ 与 $Growth_{it-1}$ 是用以衡量每家公司对于融资需求的程度，我们预期这两个变量与初次发行公司债的概率之间是正相关关系。

（4）MTB_{it-1} 是市值对账面值比，也就是（权益市值+负债总额账面值）/资产总额账面值的比例，我们使用 MTB_{it-1} 作为预期公司未来成长机会的代理变量。

（5）R&D$_{it-1}$是研发费用率，是指每家公司的研究开发费用占销售额的比例。

（6）Inership$_{it-1}$代表内部人持股比例，以董（监）事与经理人的持股比例来衡量。本章预期MTB$_{it-1}$与Inership$_{it-1}$这两个变量与初次发行公司债的概率之间是负相关关系，而R&D$_{it-1}$与初次发行公司债的概率之间是正相关关系。

多项逻辑回归的推导

令N个方案的概率分别为P$_1$，P$_2$，…，P$_N$。故多项逻辑回归可以下列式子表示：

$$\log\left(\frac{P_{jt}}{P_{1t}}\right) = X_t\beta_j, \quad j = 2, 3, \cdots, N; \quad t = 1, 2, 3, \cdots, T$$

式中，

t：表示第t个观察值。

T：表示观察值的个数。

X$_t$：表示解释变量的1×K个向量中的第t个观察值。

β$_j$：表示未知参数的K×1个向量。

上式中，N-1个方程式的必要条件为P$_{1t}$+P$_{2t}$+…+P$_{Nt}$=1，且各概率值皆不相等。故各概率值可以用下列式子表示：

$$P_{1t} = \frac{1}{1 + \sum_{j=2}^{N} e^{X_t\beta_i}}$$

$$P_{1t} = \frac{e^{X_t\beta_i}}{1 + \sum_{j=2}^{N} e^{X_t\beta_i}}, \quad i = 2, 3, \cdots, N$$

此回归可用极大似然法观察其极大似然函数来估计：

$$L = \prod_{t \in \theta_1} P_{1t} \times \prod_{t \in \theta_2} P_{2t} \times \cdots \times \prod_{t \in \theta_n} P_{Nt}$$

θ$_j$= {t|第j个观测值}

∏是概率p连乘的积。

因此

$$L = \prod_{t \in \theta_1} \frac{1}{1 + \sum_{j=2}^{N} e^{X_t\beta_i}} \times \prod_{i=2}^{N}\prod_{t \in \theta_i} \frac{e^{X_t\beta_i}}{1 + \sum_{j=2}^{N} e^{X_t\beta_i}} = \prod_{t=1}^{T}\left(\frac{1}{\sum_{j=2}^{N} e^{X_t\beta_j}}\right) \times \prod_{i=2}^{N}\prod_{t \in \theta_i} e^{X_t\beta_i}$$

此似然函数的最大值可由非线性的最大化方式求得。为获取β$_1$，β$_2$，…，β$_N$的有效估计量，必须建构一个信息矩阵（information matrix），可以用下式表示：

$$F = \begin{bmatrix} F_{22} & F_{23} & F_{24} & \cdots & F_{2N} \\ F_{32} & F_{33} & \cdots & & F_{3N} \\ \vdots & \vdots & \ddots & & \vdots \\ F_{N2} & F_{N3} & \cdots & & F_{NN} \end{bmatrix}$$

式中，

$$F_{rr} = \sum_{t=1}^{T} P_{rt}(1 - P_{rt})X'_t X_t, \quad r = 2, 3, \cdots, N$$

$$F_{rs} = -\sum_{t=1}^{T}(P_{rt}P_{st})X_t'X_t, \quad r = 2, 3, \cdots, N$$

F 的逆矩阵即为 $\hat{\beta}$ 的渐进协方差矩阵（asymptotic covariance matrix），其中，$\hat{\beta} = [\hat{\beta}_2, \hat{\beta}_3, \cdots, \hat{\beta}_N]$。多项逻辑回归需要选择某一方案当作"基底"方案，而将其他方案与此"基底"进行比较，因此我们在上述的三个方案当中，选择不发行公司债作为基底方案。其中，逻辑回归方程的响应变量为第 i 个方案相对于基底方案的"对数概率"。

假设多项逻辑回归的自变量有 6 个，包括公司规模（Sales）、融资需求（Growth）、资本支出/总资产（Capex）、预期未来成长机会（MTB）、研究开发费用率（R&D）、内部人持股率（Inteship）。上述这些自变量所建立的多项逻辑回归如下：

$$\ln\left(\frac{P_{si}}{P_{ni}}\right) = \beta_0 + \beta_1 Sales_i + \beta_2 Growth_i + \beta_3 Capex_i + \beta_4 MTB_i + \beta_5 R\&D_i + \beta_6 Inteship_i$$

$$\ln\left(\frac{P_{ci}}{P_{ni}}\right) = \beta_0 + \beta_1 Sales_i + \beta_2 Growth_i + \beta_3 Capex_i + \beta_4 MTB_i + \beta_5 R\&D_i + \beta_6 Inteship_i$$

式中，

（1）P_{ni} 代表第 i 家公司选择"不发行"公司债的概率。

（2）P_{si} 与 P_{ci} 分别表示第 i 家公司选择"发行"有担保公司债及可转换公司债的概率。

经多项逻辑回归分析，结果见表 5-2。

表 5-2 多项逻辑回归模型预测初次发行公司债

自变量	$\ln\left(\dfrac{P_{si}}{P_{ni}}\right)$ (P-value)	$\ln\left(\dfrac{P_{ci}}{P_{ni}}\right)$ (P-value)
销售额	1.084^{a2} (0.209)	0.769^{a} (0.160)
销售额增长率	0.012^{b} (0.005)	0.012^{b} (0.005)
资本支出 / 总资产	0.028 (0.021)	0.043^{a} (0.016)
市值对账面值比	-0.902^{a} (0.277)	-0.061 (0.136)
研发费用率	0.179^{b} (0.074)	0.119^{b} (0.058)
内部人持股比例	-0.024^{c} (0.013)	-0.012 (0.010)

注：（1）P_{ni}、P_{si}、P_{ci} 分别代表第 i 家公司选择"不发行"公司债、有担保公司债、可转换公司债的概率。

（2）a、b、c 分别表示达到 1%、5%、10% 的显著性水平，括号中的数值为标准误差。

结果显示：销售额（Sales）在1%的显著性水平下，分别与"选择发行有担保公司债相对于不发行公司债的概率"和"选择发行可转换公司债相对于不发行公司债的概率"呈显著正相关。

另外，衡量公司融资需求的两个代理变量——销售额增长率（Growth）与资本支出占总资产比例（Capex）——的研究结果显示，Growth在5%的水平下，分别与发行有担保公司债和可转换公司债的概率呈显著正相关。虽然Capex是在1%的显著性水平下，仅与发行可转换公司债的概率呈正相关，但是Capex对于全体样本发行有担保公司债仍存在正面的影响。

5.4 多项逻辑回归分析：职业选择种类（mlogit命令）

本例中的"职业（occ.）"属于定类变量，其编码为：1=Menial（卑微工作人员），2=Blue Col（蓝领），3=Craft（师傅级技术工人），4=White Col（白领），5=Prof（专业人士）。这5种职业分类的编码意义并不是"1分<2分<3分<4分<5分"。因此这种定类响应变量，采用二元逻辑与OLS回归都不太恰当，故STaTa提供"多项逻辑回归"，来分析"多个自变量"与多项响应变量中各个分类两两对比的概率比。

1）范例：多项逻辑回归

（1）问题说明

研究者的文献探讨并归纳出影响职业类别的原因，并整理成下表，此"nomocc2_Multinomial_Logit.dta"文件的变量如下所示：

变量名称	影响职业选择种类的原因	编码 Codes / Values
occ	职业选择的种类	①Menial；②Blue Col；③Craft；④White Col；⑤Prof
white	白种人吗？（种族优势）	1=white，0=not white
ed	受教育程度（学历）	
exper	从业年限（工作资历）	

（2）文件的内容

"nom occ 2_Multinomial_Logit.dta"文件内容如图5-2所示。

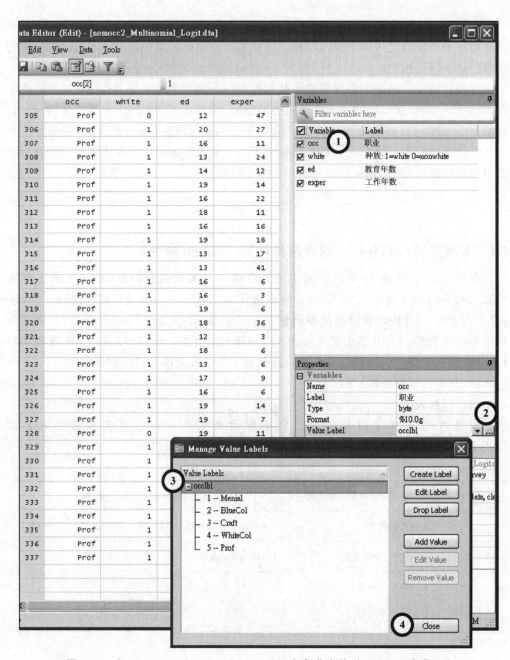

图5-2 "nomocc 2_Multinomial_Logit.dta" 部分文件（N=337，变量=4）

（3）多项逻辑回归选择表的操作

Statistics > Categorical outcomes > Multinomial logistic regression

Setp1. 多项逻辑回归，看3个自变量的预测效果

. use nomocc2_Multinomial_Logit.dta
* 职业类别（第1个类别为比较基准）的多项逻辑回归
. mlogit occ white ed exper, baseoutcome(1)

Multinomial logistic regression

```
Number of obs   =      337
LR chi2(12)     =   166.09
Prob > chi2     =   0.0000
Pseudo R2       =   0.1629
```

Log likelihood = -426.80048

```
------------------------------------------------------------------------------
       occ |     Coef.   Std. Err.      z    P>|z|     [95% Conf. Interval]
-----------+------------------------------------------------------------------
Menial     |  (base outcome)
-----------+------------------------------------------------------------------
BlueCol    |
     white |  1.236504   .7244352     1.71   0.088    -.1833631    2.656371
        ed | -.0994247   .1022812    -0.97   0.331    -.2998922    .1010428
     exper |  .0047212   .0173984     0.27   0.786    -.0293789    .0388214
     _cons |  .7412336   1.51954      0.49   0.626     -2.23701    3.719477
-----------+------------------------------------------------------------------
Craft      |
     white |  .4723436   .6043097     0.78   0.434    -.7120817    1.656769
        ed |  .0938154   .097555      0.96   0.336    -.0973888    .2850197
     exper |  .0276838   .0166737     1.66   0.097     -.004996    .0603636
     _cons | -1.091353   1.450218    -0.75   0.452    -3.933728    1.751022
-----------+------------------------------------------------------------------
WhiteCol   |
     white |  1.571385   .9027216     1.74   0.082    -.1979166    3.340687
        ed |  .3531577   .1172786     3.01   0.003     .1232959    .5830194
     exper |  .0345959   .0188294     1.84   0.066     -.002309    .0715007
     _cons | -6.238608   1.899094    -3.29   0.001    -9.960764   -2.516453
------------------------------------------------------------------------------
```

------------+---						
Prof							
white		1.774306	.7550543	2.35	0.019	.2944273	3.254186
ed		.7788519	.1146293	6.79	0.000	.5541826	1.003521
exper		.0356509	.018037	1.98	0.048	.000299	.0710028
_cons		-11.51833	1.849356	-6.23	0.000	-15.143	-7.893659

注："Z栏"的z值，是指标准正态分布的标准分数。

①上述这些自变量所建立的多项逻辑回归式如下：

$$\ln\left(\frac{P_2}{P_1}\right) = \beta_0 + \beta_1 X1_i + \beta_2 X2_i + \beta_3 X3_i + \beta_4 X4_i + \beta_5 X5_i + \ldots$$

$$\ln\left(\frac{P_{BlueCol}}{P_{Menial}}\right) = 0.74 + 1.24 \times white - 0.099 \times ed + 0.004 \times exper$$

⋮

$$\ln\left(\frac{P_{Prof}}{P_{Menial}}\right) = -11.5 + 1.77 \times white + 0.778 \times ed + 0.0356 \times exper$$

以 occ=1（Menial）为比较基准，它与"其他4种"职业是否会受"种族（white）、学历（ed）、工作资历（exper）"变量的影响呢？多项逻辑回归的分析结果如下：

② "Menial与BlueCol"职业比较：种族、学历、工作资历，三者并未显著影响受访者是否担任"卑微、蓝领"工作的概率。

③ "Menial与Craft"职业比较："种族、学历、工作资历"，三者并未显著影响受访者是否担任"卑微、师傅级"工作的概率。

④ "Menial与WhiteCol"职业比较：学历（z=+3.01，P<0.05），表示低学历者多担任卑微工作，高学历者多担任白领工作的概率是很高的。可见，学历是成为白领的必要条件。

⑤ "Menial与BlueCol"职业比较：种族、学历、工作资历，三者会显著影响受访者是否担任"卑微、专业"工作的概率。可见，在美国求职要找专业工作（金融分析师、律师、教师、CEO），除了学历要高、工作资历要深外，白人种族优势也是关键因素。

Setp2. 以响应变量某分类为比较基准，做三个自变量的似然比（LR）检验

再以职业类别 occ=5（"专业人士"）作为比较基准，本例所进行的似然比（LR）检验、Wald检验结果如下：

```
* 以 "occ=5" 为职业类别为比较基准,
. quietly mlogit occ white ed exp, baseoutcome(5)
```

```
* 三个自变量的似然比检验
. mlogtest, lr
```

Likelihood-ratio tests for independent variables (N=337)

Ho: All coefficients associated with given variable(s) are 0.

	chi2	df	P>chi2
white	8.095	4	0.088
ed	156.937	4	0.000
exper	8.561	4	0.073

```
* 三个自变量的 Wald 检验
. mlogtest, wald
```

```
* Wald tests for independent variables (N=337)
```

Ho: All coefficients associated with given variable(s) are 0.

	chi2	df	P>chi2
white	8.149	4	0.086
ed	84.968	4	0.000
exper	7.995	4	0.092

①以 "专业人士" 职业身份为职业类别的比较基准, 再与 "其他4种" 职业做概率比较。似然比检验结果显示, "专业人士与其他4种职业" 在学历方面有显著的概率差别。$\chi^2_{(4)} = 156.937(p < 0.05)$, 拒绝 "$H_0$: 响应变量所有回归系数都是0", 接受 "$H_1$: 自变量的回归系数至少有一个不为0" 的假设。成为 "专业人士" 的概率与学历呈正相关。学历越高, 成为 "专业人士" 的概率就越高。

②Wald检验, 在学历方面, $\chi^2_{(4)} = 84.968(p < 0.05)$, 也拒绝 "$H_0$: 与给定变量相关联的所有系数均为0" 的假说, 故要成为 "专业人士", 高学历可显著提升其成功

的概率，学历是必要条件之一。

③mlogit 回归的事后检验，"似然比检验法"及"Wald检验"两者都可测出响应变量的预测效果是否显著。

Setp3.以响应变量某分类为比较基准，与"其他分类"作线性假设的检验

test语法：旨在估计后检验线性假设

```
test coeflist                              (Syntax 1)
test exp = exp [= ...]                     (Syntax 2)
test [eqno]
```

test选择表：

```
Statistics > Postestimation > Tests > Test linear hypotheses
```

* 以职业类别"5=专业人士"为比较基准。进行 Multinomial Logit 回归，但不列出
```
. quietly mlogit occ white ed exp, baseoutcome(5)
```

*"occ=4"白领阶级与其他4种职业进行系数检验
```
. test [4]
 ( 1)   [WhiteCol]white = 0
 ( 2)   [WhiteCol]ed = 0
 ( 3)   [WhiteCol]exper = 0
```

$$
\begin{aligned}
\text{chi2(3)} &= 22.20 \\
\text{Prob > chi2} &= 0.0001
\end{aligned}
$$

对"occ=4"层与其他4种职业作事后比较，$\chi^2_{(3)} = 22.2(p < 0.05)$，拒绝"$H_0$：种族、学历、工作资历三者的回归系数为0"的假设，故种族、学历、工作资历三者可有效区别"专业人士与其他4种职业类别"的概率。

Setp4. 自变量每变化一个单位所造成的边际（margin）效应

* 限制以 occ=5（专业人士）为基准，进行 Multinomial Logit 回归，quietly 报表不列示

.quietly mlogit occ white ed exp, basecategory(5)

* 职业类别边际（margin）效果的概率变化
. prchange

mlogit: Changes in Probabilities for occ

* 由"非白人转为白人"，担任专业人士的概率平均增加 11.6%
white

	Avg|Chg|	Menial	BlueCol	Craft	WhiteCol	Prof
0->1	.11623582	-.13085523	.04981799	-.15973434	.07971004	.1610615

*"学历每增加一年"，担任专业人士的概率平均增加 5.895%
ed

	Avg|Chg|	Menial	BlueCol	Craft	WhiteCol	Prof
Min->Max	.39242268	-.13017954	-.70077323	-.15010394	.02425591	.95680079
-+1/2	.05855425	-.02559762	-.0683161	-.05247185	.01250795	.13387768
-+sd/2	.1640657	-.07129153	-.19310513	-.14576758	.03064777	.37951647
MargEfct	.05894859	-.02579097	-.06870635	-.05287415	.01282041	.13455107

*"工作经历每增加一年"，担任专业人士的概率平均增加 0.233%
exper

	Avg|Chg|	Menial	BlueCol	Craft	WhiteCol	Prof
Min->Max	.12193559	-.11536534	-.18947365	.03115708	.09478889	.17889298
-+1/2	.00233425	-.00226997	-.00356567	.00105992	.0016944	.00308132
-+sd/2	.03253578	-.03167491	-.04966453	.01479983	.02360725	.04293236
MargEfct	.00233427	-.00226997	-.00356571	.00105992	.00169442	.00308134

	Menial	BlueCol	Craft	WhiteCol	Prof
Pr(y|x)	.09426806	.18419114	.29411051	.16112968	.26630062

	white	ed	exper
x=	.916914	13.095	20.5015
sd_x=	.276423	2.94643	13.9594

Setp5.绘制各响应变量变动一个单位时，进入各职业类别的概率变化图（见图5-3）

. mlogplot white ed exper, std(Oss) p(.1) min(-.25) max(.5) dc ntics(4)

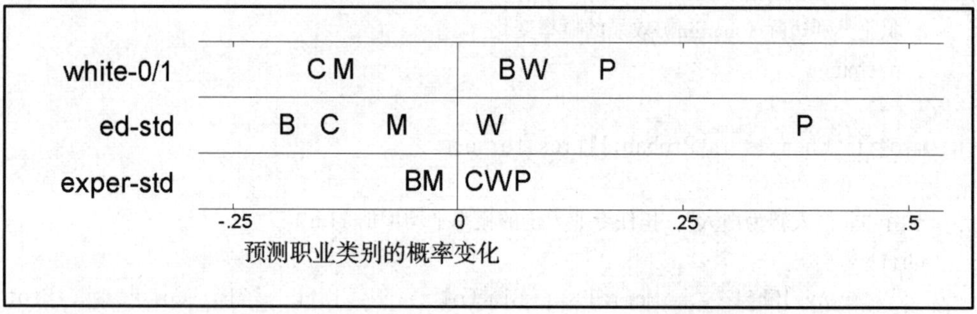

图5-3　种族、学历、工作资历三者变动1个单位时，进入各职业类别的概率变化图

注：B为BlueCol（蓝领），C为Craft（技工），M为Menial（卑微工作人员），P为Prof（专业人士），W为WhiteCol（白领）

①White=0，非白人多数从事C、M。White=1，白人多数从事B、M、P。

②学历在平均数以下者，多数从事B、C、M。学历在平均数以上者，多数从事W、P。尤其是担任Prof（专业人士）职务的高学历人数比例远远超过其他职业人数。

③工作资历在平均数以下者，多数从事B、M。工作资历在平均数以上者，多数从事C、W、P，但差距并不大。

Setp6.以"专业人士"人口比例最高的白人来说，试比较他们在各个行业的概率

. quietly mlogit occ white ed exp, baseoutcome(5)

*仅以白人来看，列出因变量5个群组之间两两系数比较（3个自变量occ的胜算概率）

listcoef white

mlogit (N=337): Factor Change in the Odds of occ

Variable: white (sd=.27642268)

```
Odds comparing        |
Alternative 1         |
to Alternative 2      |     b        z      P>|z|     e^b     e^bStdX
----------------------+--------------------------------------------------
Menial  -BlueCol  |  -1.23650   -1.707   0.088   0.2904   0.7105
Menial  -Craft    |  -0.47234   -0.782   0.434   0.6235   0.8776
Menial  -WhiteCol |  -1.57139   -1.741   0.082   0.2078   0.6477
Menial  -Prof     |  -1.77431   -2.350   0.019   0.1696   0.6123
BlueCol -Menial   |   1.23650    1.707   0.088   3.4436   1.4075
BlueCol -Craft    |   0.76416    1.208   0.227   2.1472   1.2352
BlueCol -WhiteCol |  -0.33488   -0.359   0.720   0.7154   0.9116
BlueCol -Prof     |  -0.53780   -0.673   0.501   0.5840   0.8619
Craft   -Menial   |   0.47234    0.782   0.434   1.6037   1.1395
Craft   -BlueCol  |  -0.76416   -1.208   0.227   0.4657   0.8096
Craft   -WhiteCol |  -1.09904   -1.343   0.179   0.3332   0.7380
Craft   -Prof     |  -1.30196   -2.011   0.044   0.2720   0.6978
WhiteCol-Menial   |   1.57139    1.741   0.082   4.8133   1.5440
WhiteCol-BlueCol  |   0.33488    0.359   0.720   1.3978   1.0970
WhiteCol-Craft    |   1.09904    1.343   0.179   3.0013   1.3550
WhiteCol-Prof     |  -0.20292   -0.233   0.815   0.8163   0.9455
Prof    -Menial   |   1.77431    2.350   0.019   5.8962   1.6331
Prof    -BlueCol  |   0.53780    0.673   0.501   1.7122   1.1603
Prof    -Craft    |   1.30196    2.011   0.044   3.6765   1.4332
Prof    -WhiteCol |   0.20292    0.233   0.815   1.2250   1.0577
------------------------------------------------------------------------
```

　　仅从白人占各类职业的比例来看，白人在"Menial-Prof""Craft-Prof"职业类别的人口比例有显著差异，即白人多担任 Prof 工作，非白人多担任 Menia、Craft 工作。

5.5　多项逻辑回归分析：乳房拍片经验的影响因素（mlogit 命令）

范例：三种乳房拍片（mammograph）经验的影响因素（mlogit 命令）

1）问题说明

　　为了解 3 种乳房拍片经验的影响因素有哪些（分析单位：个人），研究者收集数据并整理成下表，此"mammog.dta"文件内容的变量如下：

变量名称	说明	编码 Codes / Values
被解释变量/因变量: me	乳房拍片经验	0~2共三种选择
解释变量/自变量: sympt	除非出现症状, 否则不需要进行乳房拍片	5~17
解释变量/自变量: pb	对乳房拍片益处的认知	0, 1 (二元数据)
解释变量/自变量: hist	有乳腺癌史的母亲或姐妹	0, 1 (二元数据)
解释变量/自变量: bse	有人教您如何检查自己的乳房	1~3
解释变量/自变量: detc	乳房拍片可能会发现一例新的乳腺癌患者	1~3

2）文件的内容

"mammog.dta" 文件内容如图5-4所示。

图5-4 "mammog.dta" 文件内容 (N=412个人)

观察数据的特征。

* 打开文件
. use mammog.dta, clear
. des

. des

Contains data from D:\STaTa (pannel+SEM+MA) 解说 2014\08 mixed logit regres-
sion\CD\mammog_V12.dta
  obs: 412
  vars: 7   9 Oct 2017 18:07
  size: 23,072

----
                storage display   value
variable name   type   format   label   variable label
----
obs   double   %10.0g   ID 编号
me   double   %10.0g   me   mammograph 乳房拍片经验
sympt   double   %10.0g   sympt   除非出现症状，否则不需要乳房拍片
pb   double   %10.0g   对乳房拍片益处的认知
hist   double   %10.0g   有乳腺癌史的母亲或姐妹
bse   double   %10.0g   有人教你如何检查自己的乳房：那是 bse
detc   double   %10.0g   detc   乳房拍片发现一例新的乳腺癌患者的可能性
----

* 卡方检验得：卡方 =13.05(p<0.05)
. tab2 me hist , chi2

-> tabulation of me by hist

                 | 有乳腺癌史的母亲或姐妹
mammograph 乳房拍 | f
        片经验 | 0   1 | Total
------------------+----------------------+----------
          never | 220   14 | 234
within one year | 85   19 | 104
over one year ago | 63   11 | 74
------------------+----------------------+----------
          Total | 368   44 | 412

    Pearson chi2(2) = 13.0502   Pr = 0.001

3）分析结果与讨论

Step1.简单多项（多分类）逻辑回归

求"hist→me"影响概率。

```
. use mammog.dta, clear

. mlogit me hist

Multinomial logistic regression              Number of obs   =       412
                                             LR chi2(2)      =     12.86
                                             Prob > chi2     =    0.0016
Log likelihood = -396.16997                  Pseudo R2       =    0.0160
```

```
----------------------------------------------------------------------------
            me |      Coef.   Std. Err.      z    P>|z|     [95% Conf. Interval]
---------------+------------------------------------------------------------
never          |  (base outcome)（当作比较基准）
---------------+------------------------------------------------------------
within_one_year|
          hist |   1.256357   .3746603     3.35   0.001     .5220368    1.990678
         _cons |  -.9509763   .1277112    -7.45   0.000    -1.201286   -.7006669
---------------+------------------------------------------------------------
over_one_year_ago|
          hist |   1.009332   .4274998     2.36   0.018     .1714478    1.847216
         _cons |  -1.250493   .1428932    -8.75   0.000    -1.530558   -.9704273
----------------------------------------------------------------------------

. estat vce
```

Covariance matrix of coefficients of mlogit model

```
            | 1                        | 2
     e(V)   |     hist       _cons     |     hist       _cons
------------+--------------------------+------------------------
1           |                          |
       hist |  .14037035               |
      _cons | -.01631016   .01631016   |
------------+--------------------------+------------------------
2           |                          |
       hist |  .07597403  -.00454545   |  .18275604
      _cons | -.00454545   .00454545   | -.02041847    .02041847
```

上述这些自变量所建立的多项逻辑回归方程如下：

$$\ln\left(\frac{P_2}{P_1}\right) = \beta_0 + \beta_1 X1_i + \beta_2 X2_i + \beta_3 X3_i + \beta_4 X4_i + \beta_5 X5_i + \cdots$$

$$\ln\left(\frac{P_{within\_one\_year}}{P_{never}}\right) = -0.95 + 1.256 \times hist$$

$$\ln\left(\frac{P_{over\_one\_ago}}{P_{never}}\right) = -1.25 + 1.009 \times hist$$

Step2. 简单多项（多分类）逻辑回归

求 "detc→me" 影响概率。

```
. tab2 me detc, chi2

-> tabulation of me by detc
```

mammograph乳房拍 片经验	乳房拍片发现一例新的乳腺癌患者 的可能性			Total
	not likel	somewhat	very like	
never	13	77	144	234
within one year	1	12	91	104
over one year ago	4	16	54	74
Total	18	105	289	412

Pearson chi2(4) = 24.1481   Pr = 0.000

```
. mlogit me i.detc
```

Multinomial logistic regression

```
                                    Number of obs   =        412
                                    LR chi2(4)      =      26.80
                                    Prob > chi2     =     0.0000
Log likelihood = -389.20054         Pseudo R2       =     0.0333
```

me	Coef.	Std. Err.	z	P>|z|	[95% Conf. Interval]	
never	(base outcome) 当作比较基准					
within_one_year						
detc						
2	.7060494	1.083163	0.65	0.515	-1.416911	2.82901
3	2.105994	1.046353	2.01	0.044	.0551794	4.156809
_cons	-2.564948	1.037749	-2.47	0.013	-4.598898	-.5309985
over_one_year_ago						
detc						
2	-.3925617	.634358	-0.62	0.536	-1.635881	.8507572

```
      3  |   .1978257   .5936211     0.33   0.739    -.9656503    1.361302
         |
   _cons |  -1.178655   .5717719    -2.06   0.039    -2.299307   -.0580027
------------------------------------------------------------------------------

. mlogit me i.detc, rrr

Multinomial logistic regression                 Number of obs    =       412
                                                 LR chi2(4)       =     26.80
                                                 Prob > chi2      =    0.0000
Log likelihood = -389.20054                      Pseudo R2        =    0.0333


------------------------------------------------------------------------------
        me |      RRR   Std. Err.      z    P>|z|     [95% Conf. Interval]
-----------+------------------------------------------------------------------
never      | (base outcome)
-----------+------------------------------------------------------------------
within_one_year |
      detc |
        2  |  2.025972   2.194458     0.65   0.515     .2424618    16.92869
        3  |  8.215268   8.596073     2.01   0.044      1.05673    63.86742
           |
     _cons |  .0769232   .0798269    -2.47   0.013     .0100629    .5880176
-----------+------------------------------------------------------------------
over_one_year_ago |
      detc |
        2  |  .6753247   .4283976    -0.62   0.536     .1947808    2.341419
        3  |   1.21875   .7234758     0.33   0.739     .3807355    3.901269
           |
     _cons |  .3076923   .1759298    -2.06   0.039     .1003283    .9436474
------------------------------------------------------------------------------
```

（1）卡方检验结果：$\chi^2_{(4)} = 4.148 (p < 0.05)$，表示"detc→me"有显著相关性。

（2）上述这些自变量所建立的多项逻辑回归方程如下：

$$\ln\left(\frac{P_2}{P_1}\right) = \beta_0 + \beta_1 X1_i + \beta_2 X2_i + \beta_3 X3_i + \beta_4 X4_i + \beta_5 X5_i + \cdots$$

$$\ln\left(\frac{P_{within\_one\_year}}{P_{never}}\right) = -2.56 + 0.706 \times (detc = 2) + 2.106 \times (detc = 3)$$

$$\ln\left(\frac{P_{over\_one\_ago}}{P_{never}}\right) = -1.178 - 0.39 \times (detc = 2) + 0.198 \times (detc = 3)$$

（3）上述这些自变量所建立的相对风险比（RRR）为：

上述回归方程可解释为在"没有其他解释变量"的影响下，

①乳房拍片经验"within_one_year"对"never"：

乳房拍片频率的相对风险中，（detc=2）是（detc=1）的 0.675（$=\exp^{0.706}$）倍，但统计上没有显著的差异（p=0.515）。

乳房拍片频率的相对风险中，（detc=3）是（detc=1）的 1.219（$=\exp^{2.106}$）倍，且统计上有显著的差异（p=0.044）。

②乳房拍片经验" over_one_year_ago 对 never"：

乳房拍片频率的相对风险中，（detc=2）是（detc=1）的 2.025（$=\exp^{-0.392}$）倍，但统计上没有显著的差异（p=0.536）。

乳房拍片频率的相对风险中，（detc=3）是（detc=1）的 8.215（$=\exp^{0.198}$）倍，但统计上没有显著的差异（p=0.739）。

Step3. 多项（多分类）逻辑回归（见图 5-5）

求"i.sympt pb hist bse i.detc→me"影响的概率。

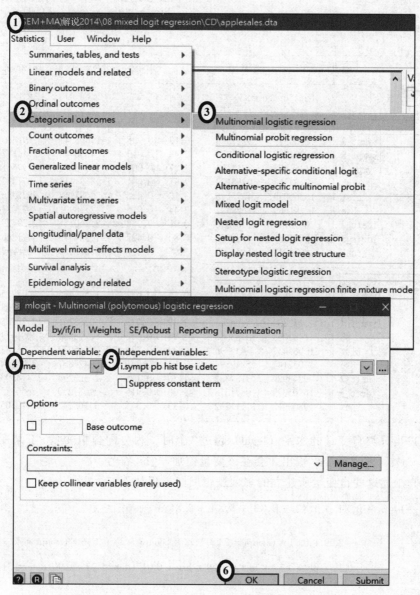

图 5-5 "mlogit me i.sympt pb hist bse i.detc" 页面

*符号 "i." 宣告为 indicators（dummy variable）
*因类别自变量 level 超过 3 个，为搭配虚拟变量 "i.sympt i.detc"，故多加 "xi：" 前置命令

```
. xi: mlogit me i.sympt pb hist bse i.detc

i.sympt           _Isympt_1-4       (naturally coded; _Isympt_1 omitted)
i.detc            _Idetc_1-3        (naturally coded; _Idetc_1 omitted)

Multinomial logistic regression          Number of obs    =        412
                                         LR chi2(16)      =     111.30
                                         Prob > chi2      =     0.0000
Log likelihood = -346.95096              Pseudo R2        =     0.1382


------------------------------------------------------------------------------
          me |     Coef.    Std. Err.       z     P>|z|    [95% Conf. Interval]
-------------+----------------------------------------------------------------
never        |  (base outcome)
-------------+----------------------------------------------------------------
within_one_year |
   _Isympt_2 |  .1100371    .9227608      0.12    0.905    -1.698541    1.918615
   _Isympt_3 |  1.924708    .7775975      2.48    0.013     .4006448    3.448771
   _Isympt_4 |  2.456993    .7753323      3.17    0.002     .9373692    3.976616
          pb | -.2194368    .0755139     -2.91    0.004    -.3674413   -.0714323
        hist |  1.366239    .4375196      3.12    0.002     .5087162    2.223762
         bse |  1.291666    .529891       2.44    0.015     .2530991    2.330234
    _Idetc_2 |  .0170196    1.161896      0.01    0.988    -2.260255    2.294294
    _Idetc_3 |  .9041367    1.126822      0.80    0.422    -1.304393    3.112666
       _cons | -2.998748    1.53922      -1.95    0.051    -6.015564    .0180672
-------------+----------------------------------------------------------------
over_one_year_ago |
   _Isympt_2 | -.2900834    .6440636     -0.45    0.652    -1.552425    .972258
   _Isympt_3 |  .8173135    .5397921      1.51    0.130    -.2406597    1.875287
   _Isympt_4 |  1.132239    .5476704      2.07    0.039     .0588251    2.205654
          pb | -.1482068    .0763686     -1.94    0.052    -.2978866    .0014729
        hist |  1.065437    .459396       2.32    0.020     .165037     1.965836
         bse |  1.052144    .5149894      2.04    0.041     .0427837    2.061505
    _Idetc_2 | -.9243929    .7137382     -1.30    0.195    -2.323294    .4745083
    _Idetc_3 | -.6905329    .6871078     -1.00    0.315    -2.037239    .6561736
       _cons | -.9860912    1.111832     -0.89    0.375    -3.165242    1.193059
------------------------------------------------------------------------------
```

（1）当分类自变量的水平（level）超过 3 个时，为分配虚拟变量 "i.某变量名"，要多加 "xi：" 前置命令，输出才会在该变量前加 "_I" 符号。

（2）上述这些自变量所建立的多项逻辑回归方程如下：

$$\ln\left(\frac{P_2}{P_1}\right) = \beta_0 + \beta_1 X1_i + \beta_2 X2_i + \beta_3 X3_i + \beta_4 X4_i + \beta_5 X5_i + \cdots$$

$$\ln\left(\frac{P_{within\_one\_year}}{P_{never}}\right) = -2.99 + 0.11 \times (sympt = 2) + 1.92 \times (sympt = 3) + 2.46 \times (sympt = 4) -$$

$$0.22 \times pb + 1.37 \times hist + 1.29 \times bse + 0.017(detc = 2) + 0.90(detc = 3)$$

$$\ln\left(\frac{P_{over\_one\_ago}}{P_{never}}\right) = -0.98 - 0.29 \times (sympt = 2) + 0.82 \times (sympt = 3) + 1.13 \times (sympt = 4) -$$

$$0.14 \times pb + 1.06 \times hist + 1.05 \times bse - 0.92(detc = 2) - 0.69(detc = 3)$$

（3）over_one_year_ago对 never乳房拍片经验，_Isympt有半数系数未达到显著水平，可能是sympt有四个分类，级别太多，故再把它简化成两个分类（存至symptd）。

Step4. sympt四个分类简化成两个分类（存至symptd）

求"symptd pb hist bse i.detc→me"的影响概率。

```
. gen symptd = .
(412 missing values generated)

. replace symptd = 0 if sympt == 1 | sympt == 2
(113 real changes made)
. replace symptd = 1 if sympt == 3| sympt == 4
```

*因类别自变量 level 超过 3 个，为搭配虚拟变量"i.detc"，故多加"xi："前置命令
```
. xi: mlogit me symptd pb hist bse i.detc
i.detc           _Idetc_1-3          (naturally coded; _Idetc_1 omitted)
```

```
Multinomial logistic regression                Number of obs   =       412
                                               LR chi2(12)     =    107.70
                                               Prob > chi2     =    0.0000
Log likelihood = -348.74797                    Pseudo R2       =    0.1338
```

me	Coef.	Std. Err.	z	P>|z|	[95% Conf. Interval]	
never	(base outcome)					
within_one_year						
symptd	2.09534	.4573975	4.58	0.000	1.198857	2.991822
pb	-.2510121	.0729327	-3.44	0.001	-.3939575	-.1080667
hist	1.293281	.4335351	2.98	0.003	.4435674	2.142994
bse	1.243974	.5263056	2.36	0.018	.2124338	2.275514
_Idetc_2	.0902703	1.161023	0.08	0.938	-2.185293	2.365834
_Idetc_3	.9728095	1.126269	0.86	0.388	-1.234638	3.180257
_cons	-2.703744	1.434412	-1.88	0.059	-5.515141	.1076526
over_one_year_ago						
symptd	1.121365	.3571979	3.14	0.002	.4212696	1.82146
pb	-.1681062	.0741724	-2.27	0.023	-.3134815	-.0227309
hist	1.014055	.4538042	2.23	0.025	.1246152	1.903495
bse	1.02859	.5139737	2.00	0.045	.0212204	2.03596
_Idetc_2	-.9021328	.7146177	-1.26	0.207	-2.302758	.4984923
_Idetc_3	-.6698223	.687579	-0.97	0.330	-2.017452	.6778078
_cons	-.9987677	1.071963	-0.93	0.351	-3.099777	1.102242

（1）sympt四个分类简化成两个分类（存至symptd），再预测me响应变量，其回归系数都显著，效果不错。

（2）由于detc的系数都不显著，因此下一步就删除它，而"symp td pb hist bse i.

detc"这五个自变量就简化成"symptd pb hist bse"四个自变量，如下所示。

Step5. 多项（多分类）逻辑回归：逼近最终模型

求四个自变量"symp td pb hist bse→me"的影响概率，直到所有解释变量的回归系数都达到显著为止。

```
. mlogit me symptd pb hist bse

Multinomial logistic regression              Number of obs   =      412
                                             LR chi2(8)      =    99.16
                                             Prob > chi2     =   0.0000
Log likelihood = -353.01904                  Pseudo R2       =   0.1231
```

me	Coef.	Std. Err.	z	P>|z|	[95% Conf. Interval]	
never	(base outcome)					
within_one_year						
symptd	2.230428	.4519582	4.94	0.000	1.344606	3.11625
pb	-.2825439	.071349	-3.96	0.000	-.4223855	-.1427024
hist	1.29663	.4293032	3.02	0.003	.4552112	2.138049
bse	1.22096	.5210419	2.34	0.019	.1997363	2.242183
_cons	-1.788764	.8470717	-2.11	0.035	-3.448994	-.1285338
over_one_year_ago						
symptd	1.153122	.3513753	3.28	0.001	.464439	1.841805
pb	-.1577922	.0711783	-2.22	0.027	-.297299	-.0182853
hist	1.061324	.4526774	2.34	0.019	.1740928	1.948556
bse	.9603821	.5072023	1.89	0.058	-.0337162	1.95448
_cons	-1.74214	.8086823	-2.15	0.031	-3.327128	-.157152

Step6. 多项（多分类）逻辑回归的最终模型

自变量再加一个_Idetc_3，并求五个自变量"symp td pb hist bsed etcd→me"的影响概率，直到所有解释变量的回归系数都显著为止。

```
. rename _Idetc_3 detcd

. mlogit me symptd pb hist bse detcd

Multinomial logistic regression              Number of obs   =        412
                                             LR chi2(10)     =     106.07
                                             Prob > chi2     =     0.0000
Log likelihood = -349.5663                   Pseudo R2       =     0.1317

---------------------------------------------------------------------------
          me |    Coef.    Std. Err.      z     P>|z|    [95% Conf. Interval]
-------------+-------------------------------------------------------------
never        |  (base outcome)
-------------+-------------------------------------------------------------
within_one_year |
      symptd |  2.094749   .4574301     4.58   0.000    1.198203    2.991296
          pb | -.2494746   .072579     -3.44   0.001   -.3917268   -.1072223
        hist |  1.309864   .4336022     3.02   0.003    .4600194    2.159709
         bse |  1.237011   .525424      2.35   0.019    .2071989    2.266823
       detcd |  .8851838   .3562378     2.48   0.013    .1869705    1.583397
       _cons | -2.623758   .9263963    -2.83   0.005   -4.439461   -.8080544
-------------+-------------------------------------------------------------
over_one_year_ago |
      symptd |  1.127417   .3563621     3.16   0.002    .4289601    1.825874
          pb | -.1543182   .0726206    -2.12   0.034   -.296652    -.0119845
        hist |  1.063179   .4528412     2.35   0.019    .1756262    1.950731
         bse |  .9560103   .5073366     1.88   0.060   -.0383512    1.950372
       detcd |  .1141572   .3182122     0.36   0.720   -.5095273    .7378416
       _cons | -1.823882   .8550928    -2.13   0.033   -3.499833   -.1479305
---------------------------------------------------------------------------
```

最终模型：上述五个自变量所建立的多项逻辑回归方程如下：

$$\ln\left(\frac{P_2}{P_1}\right) = \beta_0 + \beta_1 X1_i + \beta_2 X2_i + \beta_3 X3_i + \beta_4 X4_i + \beta_5 X5_i + \cdots$$

$$\ln\left(\frac{P_{within\_one\_year}}{P_{never}}\right) = -2.62 + 2.09 \times (symptd) - 0.25 \times pb + 1.31 \times hist + 1.24 \times bse + 0.89 \times detcd$$

$$\ln\left(\frac{P_{over\_one\_ago}}{P_{never}}\right) = 1.82 + 1.13 \times (symptd) - 0.15 \times pb + 1.06 \times hist + 0.96 \times bse + 0.11 \times detcd$$

5.6 逻辑回归的协变量系数调整法（分数多项逻辑模型）：6种行政预算编列比例的因素（fmlogit 外挂命令）

逻辑回归的协变量系数调整法：分数多项逻辑回归模型（fractional multinomial logit model）。

fmlogit 外挂命令如下：

```
Fitting a fractional multinomial logit model by quasi maximum likelihood

    fmlogit depvars [weight] [if] [in] [, etavar(varlist) cluster(clustervar)
            constraints (numlist|matname)} level(#) nolog maximize_options]
```

fmlogit的事后命令如下：

```
Description

post estimation tool specifically for fmlogit:

    dfmlogit displays discrete changes and marginal effects after fmlogit.

The following standard postestimation commands are also available:

    command          description

INCLUDE help post_estat
    estimates        cataloging estimation results
    lincom           point estimates, standard errors, testing, and inference for
                        linear combinations of coefficients
    lrtest           likelihood-ratio test
    mfx              marginal effects or elasticities
    nlcom            point estimates, standard errors, testing, and inference for
                        nonlinear combinations of coefficients
    predict          predictions
    predictnl        point estimates, standard errors, testing, and inference for
                        generalized predictions
    suest            seemingly unrelated estimation
    test             wald tests of simple and composite linear hypotheses
    testnl           wald tests of nonlinear hypotheses
```

范例：逻辑回归的协变量系数调整法：分数多项逻辑回归（fmlogit外挂命令）

1）问题说明

为了解行政预算编列的影响因素有哪些（分析单位：德国429个地区），研究者收集数据并整理成下表，此"citybudget.dta"文件内容的变量如下：

变量名称	说明	编号 Codes / Values
被解释变量/因变量：governing	用于行政治理的预算比例	0.0275954~0.3264249
被解释变量/因变量：safety	用于安全的预算比例	0.0589247~0.328855
被解释变量/因变量：education	用于教育的预算比例	0.0284012~0.5837153
被解释变量/因变量：recreation	用于娱乐的预算比例	0.0314276~0.2405437
被解释变量/因变量：social	用于社会工作的预算比例	0.0405695~0.5422478
被解释变量/因变量：urbanplanning	用于城市规划的预算比例	0.0809614~0.7852967
解释变量/自变量：minorityleft	左派是市政府的少数吗	0，1（二元数据）
解释变量/自变量：noleft	市政府没有左派吗	0，1（二元数据）
解释变量/自变量：houseval	一间房子的平均价值在10万欧元	0.72~3.63
解释变量/自变量：popdens	人口密度在（1000平方公里内）	0.025~5.711

共6个响应变量，4个解释变量。

2）文件的内容

"citybudget.dta" 文件内容如图5-6所示。

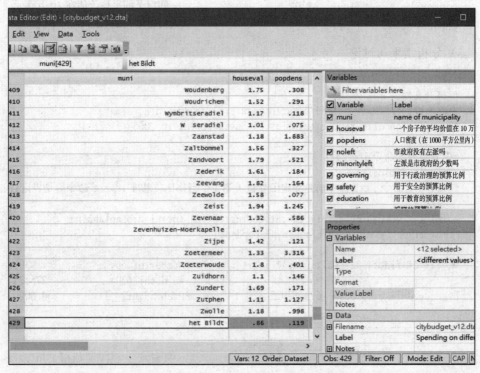

图5-6 "citybudget.dta" 文件内容（德国N=429个地区）

观察数据的特征。

. use http://fmwww.bc.edu/repec/bocode/c/citybudget.dta, clear
(Spending on different categories by Dutch cities in 2005)
. des governing safety education recreation social urbanplanning minority
noleft houseval popdens

                  storage   display   value
variable name   type   format   label   variable label
----
governing   float   %9.0g   用于行政治理的预算比例

safety   float   %9.0g   安全的预算比例

education   float   %9.0g   教育的预算比例

recreation   float   %9.0g   娱乐的预算比例

social	float	%9.0g	社会工作的预算比例
urbanplanning	float	%9.0g	肜于城市规划的比例预算
minorityleft	float	%9.0g	左派是市政府的少数吗
noleft	float	%9.0g	市政府没有左派吗
houseval	float	%8.0g	一间房子的平均价值在 10 万欧元
popdens	float	%8.0g	人口密度在 1000 平方公里内

3) 分析结果与讨论

Step1.

* 打开文件
```
. use http://fmwww.bc.edu/repec/bocode/c/citybudget.dta, clear
(Spending on different categories by Dutch cities in 2005)
```

*先安装外挂命令dfmlogit
```
. findit dfmlogit
```
* fmlogit 命令，eta 命令前是界定因变量（第 1 个当作比较基准），eta 命令后是界定自变量
```
. fmlogit governing safety education recreation social urbanplanning,
  eta(minorityleft noleft houseval popdens)
```

```
ML fit of fractional multinomial logit        Number of obs    =        392
                                               Wald chi2(20)    =     275.23
Log pseudolikelihood = -673.12025              Prob > chi2      =     0.0000
```

	Coef.	Robust Std. Err.	z	P>|z|	[95% Conf. Interval]
eta_safety						
minorityleft	.1893638	.0596067	3.18	0.001	.0725368	.3061908
noleft	.082542	.0616854	1.34	0.181	-.0383592	.2034432
houseval	-.1400078	.0558587	-2.51	0.012	-.2494889	-.0305266
popdens	.0115814	.0212536	0.54	0.586	-.0300748	.0532377
_cons	.74898	.092535	8.09	0.000	.5676147	.9303453
eta_education						
minorityleft	.0387367	.1181969	0.33	0.743	-.1929249	.2703983
noleft	-.3648018	.1185739	-3.08	0.002	-.5972024	-.1324013
houseval	-.6371485	.1248264	-5.10	0.000	-.8818037	-.3924933
popdens	.0927616	.0374607	2.48	0.013	.0193399	.1661832
_cons	1.215266	.1979107	6.14	0.000	.8273682	1.603164

```
eta_recreation |
   minorityleft |   .2226632    .071707     3.11    0.002    .0821201    .3632062
         noleft |   .0138519   .0757628     0.18    0.855   -.1346405    .1623443
       houseval |  -.2308754   .0705698    -3.27    0.001   -.3691897   -.0925611
        popdens |   .0720411   .0256728     2.81    0.005    .0217234    .1223588
          _cons |   .4208606   .1160496     3.63    0.000    .1934076    .6483136
---------------+----------------------------------------------------------------
eta_social     |
   minorityleft |    .136064   .0895568     1.52    0.129   -.0394641     .311592
         noleft |  -.1467066   .0928848    -1.58    0.114   -.3287575    .0353442
       houseval |  -.6208166   .0934095    -6.65    0.000   -.8038958   -.4377373
        popdens |    .198176   .0273592     7.24    0.000    .1445529     .251799
          _cons |   1.706708   .1595395    10.70    0.000    1.394016      2.0194
---------------+----------------------------------------------------------------
eta_urbanplan~g |
   minorityleft |   .2344396   .1064104     2.20    0.028    .0258791    .4430001
         noleft |   .0302175   .1141221     0.26    0.791   -.1934578    .2538928
       houseval |  -.1785858   .0862281    -2.07    0.038   -.3475897   -.0095819
        popdens |   .1604767   .0417837     3.84    0.000    .0785822    .2423713
          _cons |   .9818296   .1534122     6.40    0.000    .6811473    1.282512
--------------------------------------------------------------------------------
```

（1）本例样本取自德国429个地方政府，共6个响应变量，4个解释变量。

（2）fmlogit命令、eta命令前是界定响应变量（第1个governing当作比较基准），eta命令后是界定自变量。

（3）逻辑回归式为：

$$\ln\left(\frac{P(Y=1|X=x)}{P(Y=0|X=x)}\right) = \alpha + \beta_1 x_1 + \cdots + \beta_k x_k$$

$$\ln\left(\frac{P_{safety}}{P_{governing}}\right) = \alpha + \beta_1 x_1 + \cdots + \beta_k x_k$$

$$= 0.75 + 0.19 \times minorityleft + 0.08 \times noleft - 0.14 \times houseval + 0.01 \times popdens$$

$\vdots$

$$\ln\left(\frac{P_{urbanplanning}}{P_{governing}}\right) = \alpha + \beta_1 x_1 + \cdots + \beta_k x_k$$

$$= 0.98 + 0.23 \times minorityleft + 0.03 \times noleft - 0.178 \times houseval + 0.16 \times popdens$$

（4）由于"minorityleft、noleft"两者对6个地方政府预算"safety（用于安全的预算比例）、education（用于教育的预算比例）、recreation（用于娱乐的预算比例）、social（用于社会工作的预算比例）、urbanplanning（用于城市规划的比例预算）"有的有显著影响力，有的没有显著影响力，故有下列边际效应。

Step2. 求边际效应

```
. margins, at(minorityleft=0 noleft=0 )

Predictive margins                          Number of obs    =        392
Model VCE     : Robust

Expression    : predicted proportion for outcome governing, predict()
at            : minorityleft     =            0
                noleft           =            0

------------------------------------------------------------------------
             |            Delta-method
             |    Margin   Std. Err.      z    P>|z|    [95% Conf. Interval]
-------------+----------------------------------------------------------
       _cons |  .0995698   .0063502    15.68   0.000     .0871236   .112016
------------------------------------------------------------------------
```

整体而言，德国有429个地方政府，有没有"左派政党"会影响地方政府的6种政府预算编列比例。

5.7   多项逻辑回归分析：12个地区宗教信仰3种选择的因素（mlogit命令）

https：//stats. idre. ucla. edu/Stata/examples/icda/an-introduction-to-categorical-analysis-by-alan-agrestichapter-8-multicategory-logit-models/

范例：宗教信仰三种选择的多项逻辑回归分析

1）问题说明

为了解12个地区宗教信仰有哪些影响因素（分析单位：12个地区宗教信仰的个人），研究者收集数据并整理成下表，此"belief.dta"文件内容的变量如下：

变量名称	说明	编码 Codes / Values
被解释变量/响应变量：belief	宗教信仰的3种选择	1~3
解释变量/自变量：race	白人吗	0，1（分类数据）
解释变量/自变量：female	女性吗	0，1（分类数据）
解释变量/自变量：count	当地调查的人数	5~371人

2）文件的内容

"belief.dta" 的文件内容如图 5-7 所示。

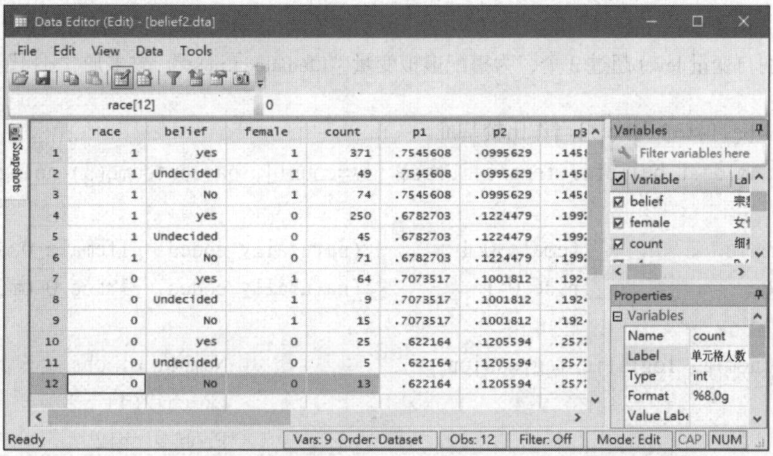

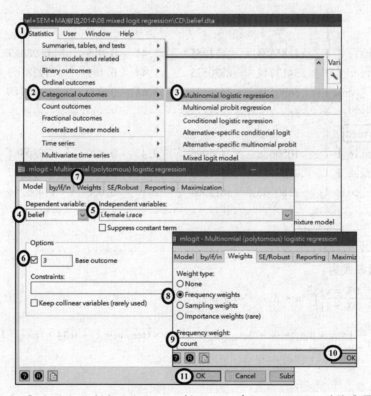

图 5-7 "belief.dta" 文件内容（N=12 个地区的宗教信仰）

3）分析结果与讨论（见图 5-8）

Step 1.

图 5-8 "mlogit belief i.female i.race 'fw=count' baseoutcome（3）" 页面

. use http://stats.idre.ucla.edu/stat/stata/examples/icda/belief, clear
*xi 前置命令旨在：expands terms containing categorical variables into indicator（即 dummy）。新版 STaTa 已舍弃它。

* 类别自变量 level 超过 3 个，为搭配虚拟变量 "i.femalee i.race"，故多加 "xi：" 前置命令

* 以 "belief=3" No 组当作比较基准
. xi: mlogit belief i.female i.race [fw=count], baseoutcome(3) nolog

i.female   _Ifemale_0-1   (naturally coded; _Ifemale_0 omitted)
i.race   _Irace_0-1   (naturally coded; _Irace_0 omitted)

Multinomial logistic regression   Number of obs   =   991
                                                 LR chi2(4)   =   8.74
                                                 Prob > chi2   =   0.0678
Log likelihood = -773.72651   Pseudo R2   =   0.0056

belief	Coef.	Std. Err.	z	P>|z|	[95% Conf. Interval]	
yes						
_Ifemale_1	.4185504	.171255	2.44	0.015	.0828967	.7542041
_Irace_1	.3417744	.2370375	1.44	0.149	-.1228107	.8063594
_cons	.8830521	.2426433	3.64	0.000	.40748	1.358624
Undecided						
_Ifemale_1	.1050638	.2465096	0.43	0.670	-.3780861	.5882137
_Irace_1	.2709753	.3541269	0.77	0.444	-.4231007	.9650512
_cons	-.7580088	.3613564	-2.10	0.036	-1.466254	-.0497634
No	(base outcome)					

逻辑回归式为：

$$\ln\left(\frac{P(Y=1|X=x)}{P(Y=0|X=x)}\right) = \alpha + \beta_1 x_1 + \cdots + \beta_k x_k$$

信仰$\ln\left(\frac{P_{yes}}{P_{No}}\right) = \alpha + \beta_1 x_1 + \cdots + \beta_k x_k = 0.88 + 0.41 \times (female = 1) + 0.34 \times (race = 1)$

信仰$\ln\left(\dfrac{P_{\text{Undecided}}}{P_{\text{No}}}\right) = \alpha + \beta_1 x_1 + \cdots + \beta_k x_k = -0.76 + 0.11 \times (\text{female} = 1) + 0.27 \times (\text{race} = 1)$

Step2. 检验系数都为 0

. test _Ifemale_1

　(1) [yes]_Ifemale_1 = 0
　(2) [Undecided]_Ifemale_1 = 0
　(3) [No]o._Ifemale_1 = 0
　　　Constraint 3 dropped

$$\begin{aligned}\text{chi2(2)} &= \quad 7.21 \\ \text{Prob > chi2} &= \quad 0.0272\end{aligned}$$

卡方检验结果是接受原假设 H_0:"coefficients are 0",故 female 不能有效解释个人是否有宗教信仰。故下一步改求"femal,race"4 个交叉单元格的信仰概率。

Step3. 求"femal,race"4 个交叉单元格的信仰概率

```
*先存三种信仰选择的预期概率值
. predict p1, o(1)
(option p assumed; predicted probability)
. predict p2, o(2)
(option p assumed; predicted probability)
. predict p3, o(3)
(option p assumed; predicted probability)

*再对自变量进行转换
. gen c1=count*p1
. gen c2=count*p2
. gen c3=count*p3

*求 2*2 交叉单元格人数（下图）
. egen t1=total(c1), by(race female)
. egen t2=total(c2), by(race female)
. egen t3=total(c3), by(race female)
```

*存档
```
. save "D:\08 mixed logit regression\CD\belief3.dta"

. gen t = (belief==1)*t1 + (belief==2)*t2 + (belief==3)*t3
```

*求三联表之平均数、人数、
```
. table race belief female, c(mean count mean t)
```

白人吗	女性吗 and 宗教信仰					
	0			1		
	yes	Undecided	No	yes	Undecided	No
0	25	5	13	64	9	15
	26.75305	5.184056	11.06289	62.24695	8.815945	16.93711
1	250	45	71	371	49	74
	248.2469	44.81594	72.93711	372.7531	49.18406	72.0629

*求 2*2 交叉单元格的信仰概率
```
. tablist race female p1 p2 p3
```

race	female	p1	p2	p3	_Freq_	_Perc_	_CFreq_	_CPerc_
0	0	.622164	.1205594	.2572766	3	25.00	3	25.00
0	1	.7073517	.1001812	.1924671	3	25.00	6	50.00
1	0	.6782703	.1224479	.1992817	3	25.00	9	75.00
1	1	.7545608	.0995629	.1458763	3	25.00	12	100.00

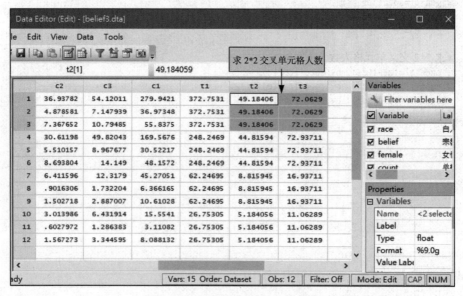

图 5-9 "belief 3.dta" 文件内容

第6章　单层与多层次：有序逻辑回归及其扩充模型（ologit、oprobit、rologit meoprobit、asmprobit、asroprobit、heckoprobit命令）

普通最小二乘和分类响应变量模型

	模型	因变量（LHS）	估计法	自变量（RHS）
OLS	普通最小二乘	定距或定比	基于矩	定距/定比或二值响应变量的线性函数 $\beta_0 + \beta_0 X_1 + \beta_2 X_2 \cdots$
分类响应变量模型	二值响应 有序响应 定类响应 计数数据	Binary（0或1） Ordinal（1st, 2nd, 3rd …） Nominal （A, B, C） Count（0, 1, 2, 3…）	极大似然估计	

定义：广义逻辑回归模型

此模型首先指定某一组为参考组，接着其他组一一与此参考组做比较，其数学公式如下：

$$\log\left(\frac{\pi_j}{\pi_1}\right) = \alpha_j + \beta_j x, \ j = 2, \cdots, J$$

若响应变量分为三类，如不重要、中等重要、很重要，则可得两个数学公式如下：

$$\log\left(\frac{\pi_{中等重要}}{\pi_{不重要}}\right) = \alpha_2 + \beta_2 x, \ \log\left(\frac{\pi_{很重要}}{\pi_{不重要}}\right) = \alpha_3 + \beta_3 x$$

上面两个数学公式可视为两个二元逻辑回归模型。

1）二元响应变量与有序响应变量的概念比较

在社会科学中，我们想解释的现象也许是：

（1）二元/二分。胜/败、（投/不投票、票投1号/票投2号。当我们的响应变量是二分变量时，我们通常以1表示我们感兴趣的结果（成功），以0表示另外一个结果（失败）。此二元分布称为二项分布（binomial distribution）。此种逻辑回归的数学公式为：

$$\log\left[\frac{P(Y=1)}{1-P(Y=1)}\right] = \beta_0 + \beta_1 X_1$$

$$\frac{P(Y=1)}{1-P(Y=1)} = e^{\beta_0 + \beta_1 X_1} = e^{\beta_0}(e^{\beta_1})^{X_1}$$

（2）有序多分类（等级）。例如，满意度，从非常不满意到非常满意。此四分类的满意度为：

$P(Y \le 1) = P(Y = 1)$

$P(Y \le 2) = P(Y = 1) + P(Y = 2)$

$P(Y \le 3) = P(Y = 1) + P(Y = 2) + P(Y = 3)$

非常不满意	不太满意	有点满意	非常满意
$P(Y = 1)$	$P(Y = 2)$	$P(Y = 3)$	$P(Y = 4)$

截距一　　　　　　截距二　　　　　　截距三

$P(Y \le 1)$		$P(Y > 1)$	
$P(Y \le 2)$			$P(Y > 2)$
$P(Y \le 3)$			$P(Y > 3)$

$$\text{odds} = \frac{P(Y \le j)}{P(Y > j)}$$

$$\log \text{it}[P(Y \le 1)] = \log\left[\frac{P(Y = 1)}{P(Y > 1)}\right] = \log\left[\frac{P(Y = 1)}{P(Y = 2) + P(Y = 3) + P(Y = 4)}\right]$$

$$\log \text{it}[P(Y \le 2)] = \log\left[\frac{P(Y \le 2)}{P(Y > 2)}\right] = \log\left[\frac{P(Y = 1) + P(Y = 2)}{P(Y = 3) + P(Y = 4)}\right]$$

$$\log \text{it}[P(Y \le 3)] = \log\left[\frac{P(Y \le 3)}{P(Y > 3)}\right] = \log\left[\frac{P(Y = 1) + P(Y = 2) + P(Y = 3)}{P(Y = 4)}\right]$$

$$\log \text{it}[P(Y \le j)] = \alpha - \beta X, \quad j = 1, 2, \cdots, c - 1$$

当c有4组时，自变量的解释是：

$Y \le 1$、$Y \le 2$、$Y \le 3$时，它们对logit的影响会产生c-1个截距，故此模型又称为比例优势（proportional odds）模型。

（3）无序多分类：三个候选人、政党派别。

图6-1为累积逻辑回归模型。

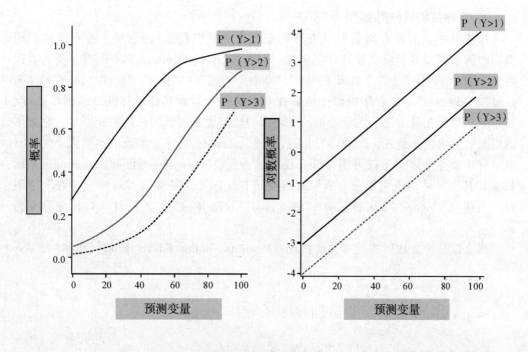

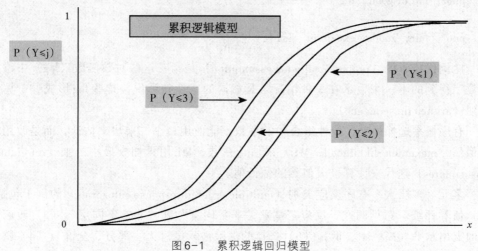

图6-1　累积逻辑回归模型

2）比例优势模型的推论概念

（1）个别系数：Wald 检验统计量

（2）模型拟合优度（例如零模型与假定模型）：似然比检验（likelihood-ratio test）

$$-2\log\left(\frac{l_0}{l_1}\right) = \left(-2\log l_0\right) - \left(-2\log l_1\right) = LR\chi^2 = G^2$$

3）有序逻辑回归的概念

在统计中，有序逻辑回归（有序回归或比例优势模型），它是一种有序回归模型，即回归模型的响应变量是有序变量。例如，Peter McCullagh 调查问卷，受访者回答的选择次序为"差""尚可""好""很好""优"（"poor""fair""good""very good""excellent"），有序逻辑分析旨在看到响应变量被其他解释变量预测的强度，其中一些解释变量可能是定量变量。有序回归模型也是逻辑回归的扩充模型，它除了适用于二元响应变量外，亦允许有超过两个（ordered，有序）的反应类别。

有序概率选择模型仅可用在符合比例优势假设（proportional odds assumption）的数据，其含义举例说明如下。假设问卷受访者的回答是"差"、"尚可"、"好"、"很好""优"（"poor""fair""good""very good""excellent"）的统计人口比例分别为 p_1、p_2、p_3、p_4、p_5。

那么以某种方式回答的对数优势比（logarithms of the odds）（非 log（概率））是：

poor，$\log \dfrac{p_1}{p_2 + p_3 + p_4 + p_5}$，0

poor or fair，$\log \dfrac{p_1 + p_2}{p_3 + p_4 + p_5}$，1

poor，fair or good，$\log \dfrac{p_1 + p_2 + p_3}{p_4 + p_5}$，2

poor，fair，good or excellent，$\log \dfrac{p_1 + p_2 + p_3 + p_4}{p_5}$，3

比例优势假设（proportional odds assumption）是指：这些对数函数（log）中添加的数字得到的下一个数字在每种情况下是相同的。换句话说，这些 log 形成一个算术序列（arithmetic sequence）。

有序概率选择模型，线性组合中的系数不能使用最小二乘法来估计，而是改用极大似然（maximum-likelihood，ML）来估计系数，ML 用再加权最小二乘（reweighted least squares）迭代来计算极大似然的估计值。

多元（多层次）有序反应类别（multiple ordered response categories）的例子包括：（1）债券评级、意见调查，反应范围从"非常同意"到"非常不同意"。（2）政府计划的支出水平（高、中、低）。（3）选择的保险涉入度（无、部分、全部）。（4）就业状况（未就业、兼职、充分就业）。

假设要拟合的基本过程是：

$$y^* = x^T \beta + \varepsilon$$

式中，y^* 是不可观察的响应变量（调查员可提出问卷回答的同意水平（exact level of agreement））。x 是自变量向量。ε 是误差项。β 是待估的回归系数向量。我们只能观察反应的类别：

$$y = \begin{cases} 0 & \text{如果} y^* \leqslant \mu_1, \\ 1 & \text{如果} \mu_1 < y^* \leqslant \mu_2, \\ 2 & \text{如果} \mu_2 < y^* \leqslant \mu_3, \\ \vdots & \vdots \\ N & \text{如果} \mu_N < y^* \end{cases}$$

式中，参数 μ_i 是可观察类别之外强加的端点。

然后，有序的逻辑回归技术将使用 y 上的观察结果，y 是 y^* 一种形式的截断数据（censored data），以它来拟合参数向量 β。

4）累积逻辑回归模型

累积逻辑回归模型（cumulative logit model）又称为有序逻辑回归模型（ordered logit model），适用于响应变量为定序尺度、自变量为分类尺度的情形。例如，政党派别（共和党、民主党）与意识形态（自由、中立、保守）、报纸（自由、中时、联合、苹果）与新闻信任度（非常信任、信任、普通、不信任、非常不信任）。

累积逻辑回归模型的数学公式如下：

$\log it\left[P\left(Y \leqslant j \right) \right] = \alpha_j - \beta_x$ 其中，j = 1, …, J − 1

5）有序逻辑回归分析的 STaTa 报表说明（见下图）

6）有序概率选择回归的应用领域

（1）中国某中部地区居住环境满意度（ordered）的区域分析。

（2）节庆活动游客满意度（ordered）与消费行为关系的探讨。

（3）公司信用评级（ordered）与董监事股权质押的关联性。

（4）不动产从业人员收入的决定因素：有序概率回归模型的应用。

本章的目的是除了了解影响不动产产业从业人员收入的因素外，更进一步探讨不同不动产产业从业人员收入的差异。从业人员专业背景的不同，对其从事不动产相关工作的收入是否有所差异。此外，探讨取得执照者的收入是否较高。就实证方面而言，由于收入为响应变量，且多以有序尺度（ordinal scales）来衡量，故以往文献在估计所得时，均将各组或各层次（levels）所得取组中点为代表来处理，即将次序尺度的数据经由组中点的处理后视为连续性数据，然后再取对数做估计。如此，在回归分析中，将有序响应变量转为连续变量的做法将产生具有误导性的结果。Winship 和 Mare（1984）建议改采用有序概率回归模型来分析"从业人员所得（ordered）"。从实证结果得知，10 个自变量中有 7 个自变量的 Wald 卡方值达到 5% 的显著性水平，分别是性别、年龄、年龄平方、受教育程度、服务年数、服务年数平方及中介业 7 个变量；代销业变量则达到 10% 的显著性水平，两个自变量未达到显著性水平，其分别为专业背景和有否执照两个自变量。

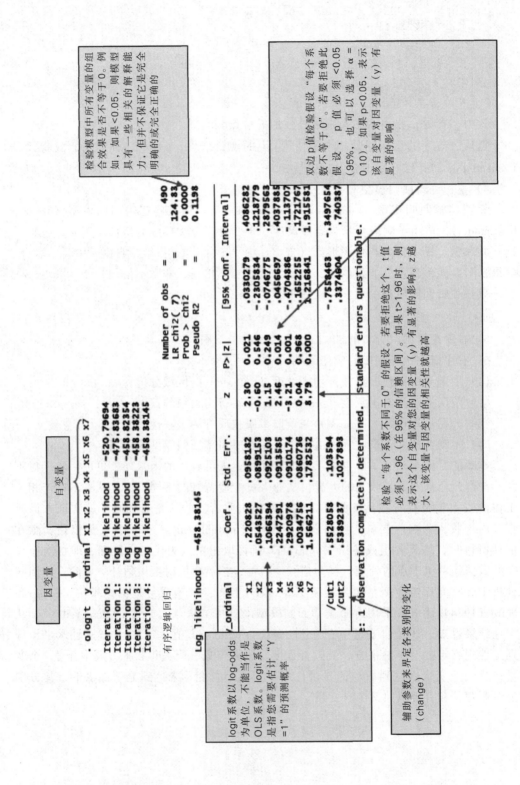

6.1　有序逻辑回归模型以及有序概率选择模型的概念

有序逻辑回归模型是属于有序型因变量回归模型，其假设有 $g+1$ 个有序总体，从第 1 个总体到第 i 个总体发生的累积概率为逻辑分布，到第 $g+1$ 个总体的累积发生概率为 1。对有 k 个解释变量的样本向量 X，X=（X_1，X_2，…，X_k）。

若 p_0 为组别 0 的概率，p_1 为组别 1 的概率，p_2 为组别 2 的概率，p_3 为组别 3 的概率，……，p_{g+1} 为组别 $g+1$ 的概率。

定义：有序逻辑回归模型

$$Y_i=\beta'X_i+\varepsilon_i$$

$u_0<Y_i \leqslant u_1$，则 $R_i=1$

$u_1<Y_i \leqslant u_2$，则 $R_i=2$

$$\vdots \qquad \vdots$$

$u_{g-1}<Y_i \leqslant u_g$，则 $R_i=g$

$u_g<Y_i$，则 $R_i=g+1$

式中，

Y_i=理论值

X_i=财务比率和非财务比率的自变量向量

β'=自变量的系数向量

u_g=等级（order）分界值

残差项 ε 为标准逻辑分布。

假设 x 属于某个总体的发生概率为逻辑分布，则对 x 向量来说：

$$
\begin{aligned}
P(R_i=g|x)=p_g &= P(u_{g-1}<Y_i \leqslant u_g)\\
&= P(u_{g-1}-\beta'x_i<\varepsilon_i \leqslant u_g-\beta'x_i)\\
&= \frac{1}{1+e^{-(u_g-\beta'x_i)}}-\frac{1}{1+e^{-(u_{g-1}-\beta'x_i)}}
\end{aligned}
$$

$$
\begin{aligned}
P(R_i=0|x)=p_0 &= x属于总体0的概率\\
&= F(u_0-\beta'x_i)=\frac{1}{1+e^{-(u_0-\beta'x_i)}}\\[4pt]
P(R_i=1|x)=p_1 &= x属于总体1的概率\\
&= F(u_1-\beta'x_i)-F(u_0-\beta'x_i)\\
&= \frac{1}{1+e^{-(u_1-\beta'x_i)}}-\frac{1}{1+e^{-(u_0-\beta'x_i)}}\\[4pt]
&\ \ \vdots\\[4pt]
P(R_i=g|x)=p_g &= x属于总体g的概率\\
&= F(u_g-\beta'x_i)-F(u_{g-1}-\beta'x_i)\\
&= \frac{1}{1+e^{-(u_g-\beta'x_i)}}-\frac{1}{1+e^{-(u_g-\beta'x_i)}}
\end{aligned}
$$

$$\begin{aligned}
P\big(R_i = g+1|x\big) &= p_{g+1} = x \text{属于总体} g+1 \text{的概率} \\
&= 1 - F(u_g - \beta' x_i) \\
&= 1 - \frac{1}{1 + e^{-(u_g - \beta' x_i)}}
\end{aligned}$$

故

$$
\text{总体} R_i = \begin{cases}
0, \ \text{若} Y_i \leqslant u_0, \ P(R_{i=0}|x_i) = F(u_0 - x_i'\beta) = \dfrac{1}{1 + e^{-(u_g - \beta' x_i)}} = p_0 \\[2mm]
1, \ \text{若} u_0 < Y_i \leqslant u_1, \ P(R_i = 1|x_i) = F(u_1 - x_i'\beta) - F(u_0 - x_i'\beta) \\
\qquad\qquad = \dfrac{1}{1 + e^{-(u_g - \beta' x_i)}} - \dfrac{1}{1 + e^{-(u_g - \beta' x_i)}}) = (p_0 + p_1) - p_0 \\[2mm]
\vdots \qquad\qquad \vdots \qquad\qquad\qquad \vdots \\[1mm]
g, \ \text{若} u_{g-1} < Y_i \leqslant u_g, \ P(R_i = g|x_i) = F(u_g - x_i'\beta) - F(u_{g-1} - x_i'\beta) \\
\qquad\qquad = \dfrac{1}{1 + e^{-(u_g - \beta' x_i)}} - \dfrac{1}{1 + e^{-(u_{g-1} - \beta' x_i)}}) \\
\qquad\qquad = (p_0 + p_1 + \cdots + p_g) - (p_0 + p_1 + \cdots + p_{g-1}) \\[2mm]
g+1, \ \text{若} u_g < Y_i, \ P(R_i = g+1|x_i) = 1 - F(u_g - x_i'\beta) \\
\qquad\qquad = 1 - \dfrac{1}{1 + e^{-(u_g - \beta' x_i)}}) \\
\qquad\qquad = 1 - (p_1 + p_2 + \cdots + p_g)
\end{cases}
$$

上表的公式需经累积对数概率分布转换后求概率，以下就是转换公式：

$$\log it(p_0) \equiv \ln\left(\frac{p_0}{1 - p_0}\right) = u_0 - \beta|x$$

$$\log it(p_0 + p_1) \equiv \ln\left(\frac{p_0 + p_1}{1 - p_0 - p_1}\right) = u_1 - \beta|x$$

$$\log it(p_0 + p_1 + p_2) \equiv \ln\left(\frac{p_0 + p_1 + p_2}{1 - p_0 - p_1 - p_2}\right) = u_2 - \beta|x$$

$$\vdots \qquad\qquad \vdots$$

$$\log it(p_0 + p_1 + p_2 + \cdots + p_g) \equiv \ln\left(\frac{p_0 + p_1 + p_2 + \cdots + p_g}{1 - p_0 - p_1 - p_2 - \cdots - p_g}\right) = u_g - \beta|x$$

$F(u_g - x_i'\beta)$ 的值从 0 到 1，当 $u_g - x_i'\beta$ 值与事件发生累积概率 p 为正向关系时，经过逻辑函数转换后，可确保 p 值落于 0 与 1 之间，代表属于某个总体及次序上小于此总体的累积概率。

6.2 有序逻辑回归以及有序概率选择模型回归分析：影响亲子关系的因素（reg、listcoef、prgen、ologit、logit）

像本例的"亲子关系密切程度"属于有序变量，其编码为"1、2、3、4"，编码的意义是"1分<2分<3分<4分",但不全是" $\dfrac{4分}{2分} = \dfrac{2分}{1分}$ "。因此，若相应变量是介于二元变量与连续变量之间，这种有序响应变量，采用二元逻辑与OLS回归都不太对，故STaTa提供"有序逻辑及有序概率回归"。

范例：有序逻辑回归

1）问题说明

为了解影响亲子关系的因素有哪些，研究者的文献探讨并归纳出影响早产儿亲子关系的原因，并整理成下表，此"ordwarm2_Oridinal_reg.dta"文件的变量如下：

变量名称	亲子关系密切程度的原因	编码 Codes / Values
warm	妈妈可以和孩子亲近的关系	依程度分为：SD、D、A、SA四个程度： Strongly Disapprove（1），Disapprove（2），Approve（3）， Strongly Approve（4）
yr89	1.yr89Survey吗？（老一代与新一代）	1=1989 0=1977
male	2.男性吗？	1=male 0=female
white	3.白人吗？	1=white 0=not white
age	4.年龄	
ed	5.受教育程度	
prst	6.职业声望（prestige）	
warmlt2	Dummy variable	1=SD；0=D，A，SA
warmlt3	Dummy variable	1=SD，D；0=A，SA
warmlt4	Dummy variable	1=SD，D，A；0=SA

2）文件的内容

"ordwarm2_Oridinal_reg.dta"文件内容如图6-2所示。

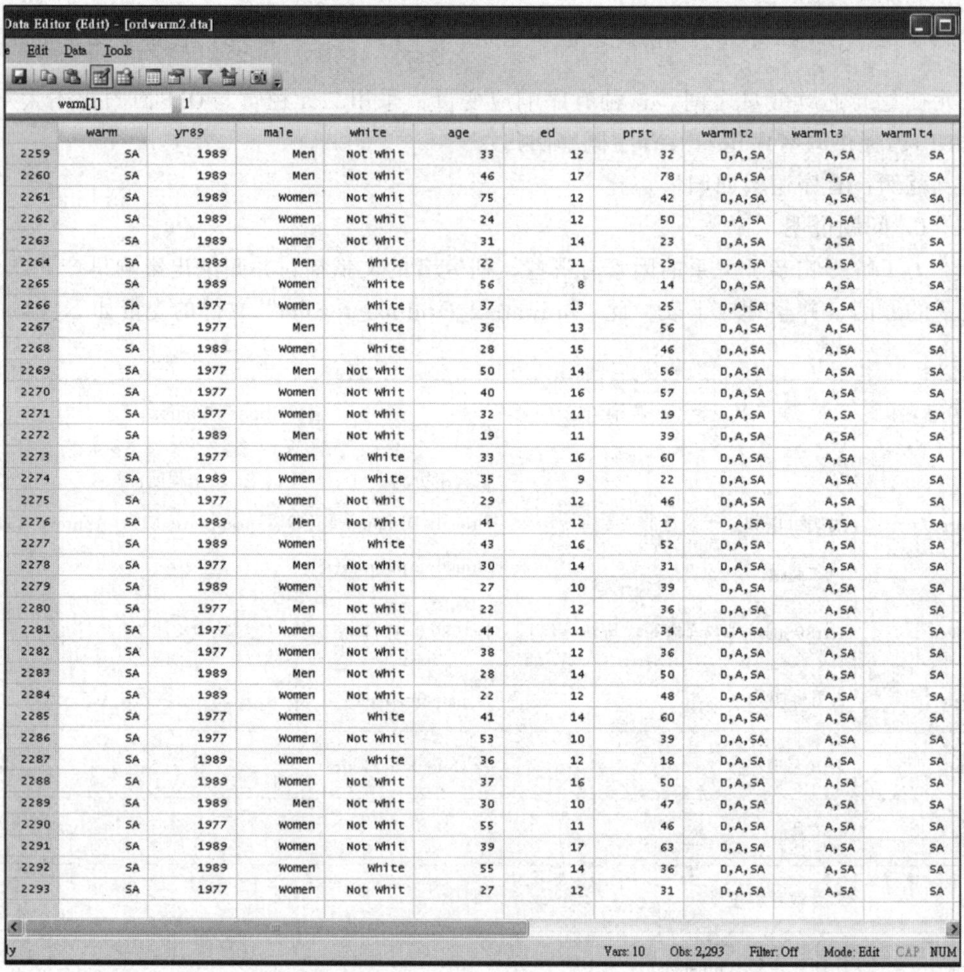

Edit Data Tools

warm[1] 1

	warm	yr89	male	white	age	ed	prst	warmlt2	warmlt3	warmlt4
2259	SA	1989	Men	Not Whit	33	12	32	D,A,SA	A,SA	SA
2260	SA	1989	Men	Not Whit	46	17	78	D,A,SA	A,SA	SA
2261	SA	1989	Women	Not Whit	75	12	42	D,A,SA	A,SA	SA
2262	SA	1989	Women	Not Whit	24	12	50	D,A,SA	A,SA	SA
2263	SA	1989	Women	Not Whit	31	14	23	D,A,SA	A,SA	SA
2264	SA	1989	Men	White	22	11	29	D,A,SA	A,SA	SA
2265	SA	1989	Women	White	56	8	14	D,A,SA	A,SA	SA
2266	SA	1977	Women	White	37	13	25	D,A,SA	A,SA	SA
2267	SA	1977	Men	White	36	13	56	D,A,SA	A,SA	SA
2268	SA	1989	Women	White	28	15	46	D,A,SA	A,SA	SA
2269	SA	1977	Men	Not Whit	50	14	56	D,A,SA	A,SA	SA
2270	SA	1977	Women	Not Whit	40	16	57	D,A,SA	A,SA	SA
2271	SA	1977	Women	Not Whit	32	11	19	D,A,SA	A,SA	SA
2272	SA	1989	Men	Not Whit	19	11	39	D,A,SA	A,SA	SA
2273	SA	1977	Women	White	33	16	60	D,A,SA	A,SA	SA
2274	SA	1989	Women	White	35	9	22	D,A,SA	A,SA	SA
2275	SA	1977	Women	Not Whit	29	12	46	D,A,SA	A,SA	SA
2276	SA	1989	Men	Not Whit	41	12	17	D,A,SA	A,SA	SA
2277	SA	1989	Women	White	43	16	52	D,A,SA	A,SA	SA
2278	SA	1977	Men	Not Whit	30	14	31	D,A,SA	A,SA	SA
2279	SA	1989	Women	Not Whit	27	10	39	D,A,SA	A,SA	SA
2280	SA	1977	Men	Not Whit	22	12	36	D,A,SA	A,SA	SA
2281	SA	1977	Women	Not Whit	44	11	34	D,A,SA	A,SA	SA
2282	SA	1977	Women	Not Whit	38	12	36	D,A,SA	A,SA	SA
2283	SA	1989	Men	Not Whit	28	14	50	D,A,SA	A,SA	SA
2284	SA	1989	Women	Not Whit	22	12	48	D,A,SA	A,SA	SA
2285	SA	1977	Women	White	41	14	60	D,A,SA	A,SA	SA
2286	SA	1977	Women	Not Whit	53	10	39	D,A,SA	A,SA	SA
2287	SA	1989	Women	White	36	12	18	D,A,SA	A,SA	SA
2288	SA	1989	Women	Not Whit	37	16	50	D,A,SA	A,SA	SA
2289	SA	1989	Men	Not Whit	30	10	47	D,A,SA	A,SA	SA
2290	SA	1977	Women	Not Whit	55	11	46	D,A,SA	A,SA	SA
2291	SA	1989	Women	Not Whit	39	17	63	D,A,SA	A,SA	SA
2292	SA	1989	Women	White	55	14	36	D,A,SA	A,SA	SA
2293	SA	1977	Women	Not Whit	27	12	31	D,A,SA	A,SA	SA

Vars: 10 Obs: 2,293 Filter: Off Mode: Edit CAP NUM

图6-2 "ordwarm2_Oridinal_reg.dta"文件（N=2 293个样本，10个变量）

了解各变量的特性。

```
. use ordwarm2_Oridinal_reg.dta
(77 & 89 General Social Survey)

. describe

Contains data from D:\STATA(pannel+SEM+MA) 解说 2014\01 STaTa 高等统计分析
_power\ordwarm2_Oridinal_reg.dta
  obs:          2,293                     77 & 89 General Social Survey
  vars:            10                     12 Feb 2014 16:32
  size:     32,102(99.7% of memory free)  (_dta has notes)
---------------------------------------------------------------------------
            storage  display    value
variable name  type   format    label        variable label
---------------------------------------------------------------------------
warm          byte   %10.0g    SD2SA        Mom can have warm relations with child
yr89          byte   %10.0g    yrlbl        Survey year: 1=1989 0=1977
male          byte   %10.0g    sexlbl       Gender: 1=male 0=female
white         byte   %10.0g    racelbl      Race: 1=white 0=not white
age           byte   %10.0g                 Age in years
ed            byte   %10.0g                 Years of education
prst          byte   %10.0g                 Occupational prestige
warmlt2       byte   %10.0g    SD           1=SD; 0=D,A,SA
warmlt3       byte   %10.0g    SDD          1=SD,D; 0=A,SA
warmlt4       byte   %10.0g    SDDA         1=SD,D,A; 0=SA
---------------------------------------------------------------------------
Sorted by: warm
. sum warm yr89 male white age ed prst

    Variable |     Obs       Mean    Std. Dev.      Min        Max
-------------+--------------------------------------------------------
        warm |    2293    2.607501   .9282156        1          4
        yr89 |    2293    .3986044   .4897178        0          1
        male |    2293    .4648932   .4988748        0          1
       white |    2293    .8765809   .3289894        0          1
         age |    2293    44.93546   16.77903       18         89
-------------+--------------------------------------------------------
          ed |    2293    12.21805   3.160827        0         20
        prst |    2293    39.58526   14.49226       12         82
```

3）分析结果与讨论

Step 1. 线性概率回归分析：作为对照组（见图6-3）

Statistics > Linear models and related > Linear regression

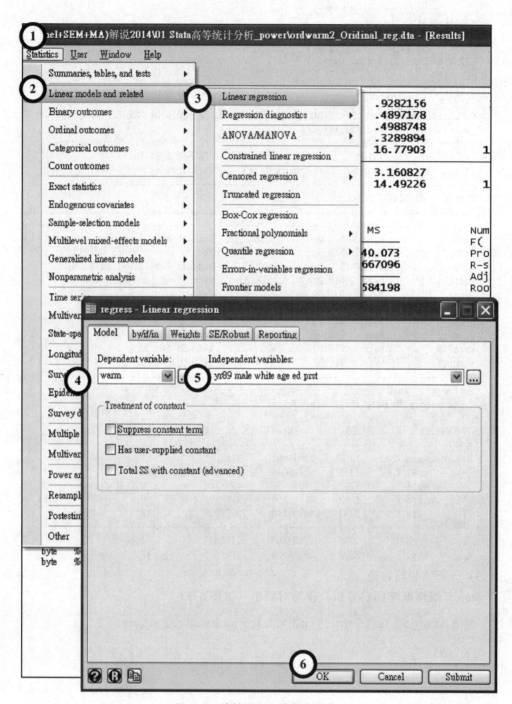

图6-3 线性回归之选择表操作

```
. regress warm yr89 male white age ed prst

      Source |       SS        df       MS              Number of obs =    2293
-------------+------------------------------            F(  6,  2286) =   52.82
       Model |   240.438         6     40.073           Prob > F      =  0.0000
    Residual | 1734.31298      2286  .758667096         R-squared     =  0.1218
-------------+------------------------------            Adj R-squared =  0.1195
       Total | 1974.75098      2292  .861584198         Root MSE      =  .87101


------------------------------------------------------------------------------
        warm |      Coef.   Std. Err.      t    P>|t|     [95% Conf. Interval]
-------------+----------------------------------------------------------------
        yr89 |   .2624768   .0377971     6.94   0.000     .1883566    .3365969
        male |  -.3357608   .0366127    -9.17   0.000    -.4075583   -.2639632
       white |  -.1770232   .0559223    -3.17   0.002    -.2866869   -.0673596
         age |  -.0101114   .0011623    -8.70   0.000    -.0123907    -.007832
          ed |   .0312009   .0075313     4.14   0.000     .016432    .0459698
        prst |   .0026999   .0015574     1.73   0.083    -.0003542    .0057541
       _cons |   2.780412   .1100734    25.26   0.000     2.564558    2.996266
------------------------------------------------------------------------------
```

　　对亲子关系的预测,除了职业声望(prst)未达到显著性水平外,其余五个预测变量都达到显著性水平,包括老一代与新一代(yr89Survey)、性别、种族、年龄、受教育程度。

　　由于本例响应变量"亲子关系密切程度"是李克特四点计分量表,故用线性回归并不恰当,因此使用有序概率选择回归、有序逻辑回归。三种回归做比较,即可知道STaTa这三种回归是否有相同的分析结果。

Step 2.有序概率选择回归分析:正确处理法(见图6-4)

Statistics > Ordinal outcomes > Ordered probit regression

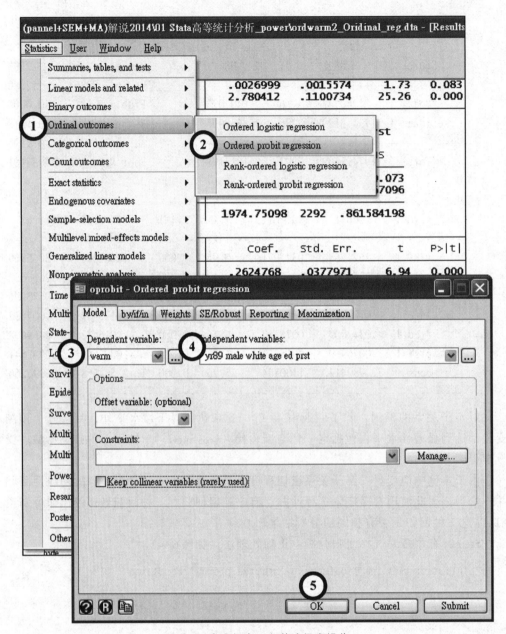

图6-4 有序概率回归的选择表操作

```
. oprobit warm yr89 male white age ed prst

Ordered probit regression                        Number of obs   =      2293
                                                 LR chi2(6)      =     294.32
                                                 Prob > chi2     =     0.0000
Log likelihood = -2848.611                       Pseudo R2       =     0.0491

------------------------------------------------------------------------------
      warm |      Coef.   Std. Err.      z    P>|z|     [95% Conf. Interval]
-------------+----------------------------------------------------------------
      yr89 |   .3188147   .0468521     6.80   0.000     .2269863    .4106431
      male |  -.4170287   .0455461    -9.16   0.000    -.5062974     -.32776
     white |  -.2265002   .0694776    -3.26   0.001    -.3626738   -.0903267
       age |  -.0122213   .0014427    -8.47   0.000    -.0150489   -.0093937
        ed |   .0387234   .0093241     4.15   0.000     .0204485    .0569983
      prst |    .003283    .001925     1.71   0.088    -.0004899    .0070559
-------------+----------------------------------------------------------------
     /cut1 |  -1.428578   .1387749                     -1.700572   -1.156585
     /cut2 |  -.3605589   .1369224                     -.6289219   -.0921959
     /cut3 |   .7681637   .1370569                      .4995371    1.03679
------------------------------------------------------------------------------
```

（1）有序概率选择回归分析结果，与线性概率回归相似。

（2）对亲子关系密切程度的预测，除了职业声望（prst）未达到显著性水平外，其余5个预测变量都达到显著性水平，包括老一代与新一代、性别、种族、年龄、受教育程度。

（3）因为响应变量"warm"有4个次序，故有序逻辑回归会产生（4-1）个截断点（cut），来区别"warm"4个次序。因此我们在3（4-1）个截断点（cut）之间进行两两效果的比较。

（4）三个截断点95CI%均未含"0"，表示："warm"四个级别之间，有显著的差异。

（5）整个有序逻辑回归模型为：

Pr（warm）=F（1.71+6.80×yr89-9.16×male-3.26×white-8.47×age+4.15×ed+1.71×prst）

F（·）为标准正态分布的累积分布函数。

在5%水平下，男性（male）、年龄（age）、白人（white），分别与亲子关系密切程度（warm）的概率呈显著负相关关系；而新一代（yr89）、学历（ed）分别与亲子关系密切程度的概率则呈显著正相关关系。

Step 3. 有序逻辑回归分析，并与有序概率选择回归做比较（见图6-5）

Statistics > Ordinal outcomes > Ordered logistic regression

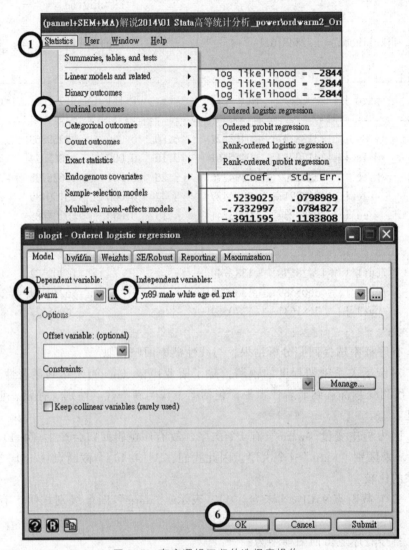

图6-5　有序逻辑回归的选择表操作

```
. ologit warm yr89 male white age ed prst

Ordered logistic regression                          Number of obs  =      2293
                                                     LR chi2(6)     =    301.72
                                                     Prob > chi2    =    0.0000
Log likelihood = -2844.9123                          Pseudo R2      =    0.0504


------------------------------------------------------------------------------
      warm |     Coef.    Std. Err.       z    P>|z|    [95% Conf. Interval]
-----------+------------------------------------------------------------------
      yr89 |  .5239025    .0798989     6.56   0.000    .3673036    .6805014
      male | -.7332997    .0784827    -9.34   0.000   -.887123    -.5794765
     white | -.3911595    .1183808    -3.30   0.001   -.6231816   -.1591373
       age | -.0216655    .0024683    -8.78   0.000   -.0265032   -.0168278
        ed |  .0671728    .015975      4.20   0.000    .0358624    .0984831
      prst |  .0060727    .0032929     1.84   0.065   -.0003813    .0125267
-----------+------------------------------------------------------------------
     /cut1 | -2.465362    .2389128                    -2.933622   -1.997102
     /cut2 | -.630904     .2333156                    -1.088194   -.1736138
     /cut3 |  1.261854    .234018                      .8031871    1.720521
------------------------------------------------------------------------------
```

（1）LR卡方值=301.72（p<0.05），表示假定模型至少有一个解释变量的回归系数不为0。

（2）在报表"z"栏中双边检验下，若|z|>1.96，则表示该自变量对响应变量有显著影响。|z|值越大，表示该自变量与响应变量的关联性（relevance）越高。

（3）逻辑系数"Coef."栏中，是对数概率（log-odds）单位，故不能用OLS回归系数的概念来解释。

（4）用ologit估计S分数，它是各自变量X的线性组合：

$S = \alpha + \beta_1 \times X_1 + \beta_2 \times X_2 + \beta_3 \times X_3 + \cdots + \beta_k \times X_k$

$S = 0.52yr89 - 0.73mal - 0.39white - 0.02age + 0.06ed + 0.006prst$

预测概率值为：

$P(y = 1) = P(S + u \leq \_cut1) = P(S + u \leq -2.465)$

$P(y = 2) = P(\_cut1 < S + u \leq \_cut2) = P(-2.465 < S + u \leq -0.631)$

$P(y = 3) = P(\_cut2 < S + u \leq \_cut3) = P(-0.631 < S + u \leq 1.262)$

$P(y = 4) = P(\_cut3 < S + u = P(1.262 < S + u)$

（5）在ologit命令之后，直接执行"predict level-1 level-2 level-3 …"事后命令，即可储存响应变量各级别的概率值（新增变量）如下（见图6-6）：

. predict SD D A SA
* 结果：在文件中会新增4个变量"SD、D、A、SA"

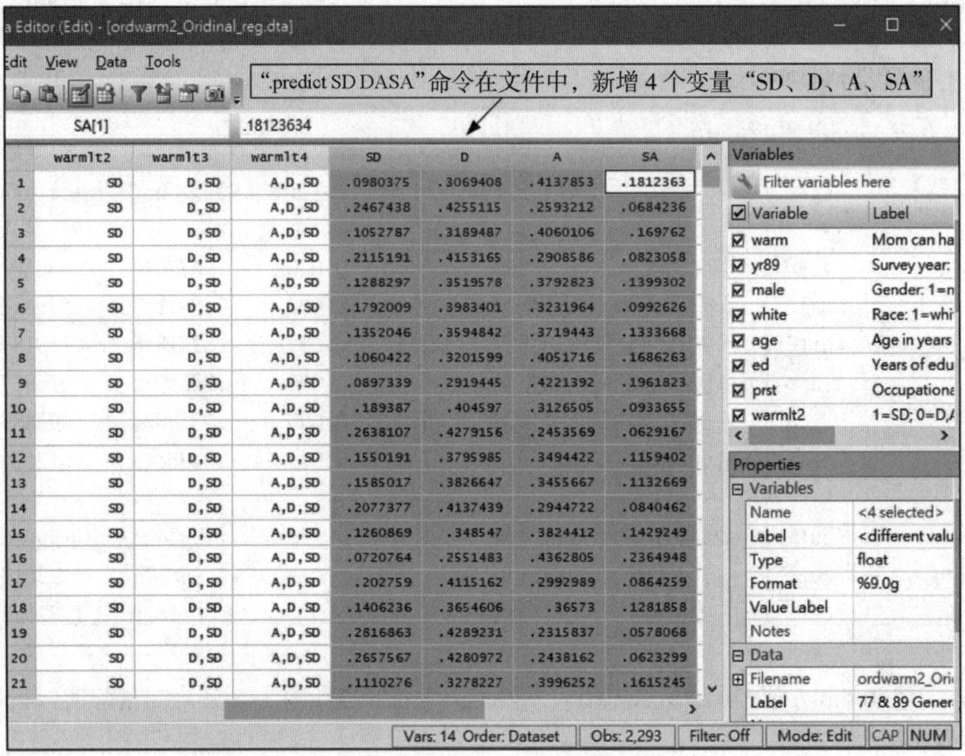

图6-6 "predict SD D A SA"命令会在文件中新增4个变量"SD、D、A、SA"

Step 4. 列示次序逻辑回归预测的SD、D、A、SA

用"findit listcoef"找到此软件包，在安装它之后，即可执行"listcoef，std"
命令。

. listcoef, std

ologit(N=2293): Unstandardized and Standardized Estimates

Observed SD: .9282156
   Latent SD: 1.9410634

warm	b	z	P>|z|	bStdX	bStdY	bStdXY	SDofX
yr89	0.52390	6.557	0.000	0.2566	0.2699	0.1322	0.4897
male	-0.73330	-9.343	0.000	-0.3658	-0.3778	-0.1885	0.4989
white	-0.39116	-3.304	0.001	-0.1287	-0.2015	-0.0663	0.3290
age	-0.02167	-8.778	0.000	-0.3635	-0.0112	-0.1873	16.7790
ed	0.06717	4.205	0.000	0.2123	0.0346	0.1094	3.1608
prst	0.00607	1.844	0.065	0.0880	0.0031	0.0453	14.4923

（1）"Standardized estimates"可提供一个"标准化"比较基准，以针对不同"测量单位"自变量做预测效果的比较。

（2）"bStdX"字段，从Beta系数的正负值可看出，该自变量与响应变量是"正相关还是负相关"。例如，age的bStdX=-0.36，表示年龄越大，越没有亲密的亲子关系。人越老越孤单。

（3）"bStdX"字段取绝对值之后，可以看到6个预测变量对"亲子关系密切程度"的预测效果，由高至低依序为：性别（male）、年龄（age）、年轻一代（yr89）>老一代、受教育程度（越高亲子关系越好）、种族（white），最后是职业声望（prst）。

Step 5. 用逻辑回归求出各级别的概率值、概率交互作用图（见图6-7）

用"prgen"软件包命令前，先用"findit prgen"安装此ado文档之后，即可用它来列示回归的预测值及置信区间。"prgen"语法如下：

```
prgen varname, [if] [in] generate(prefix) [from(#) to(#) ncases(#) gap(#)
    x(variables_and_values) rest(stat) maxcnt(#) brief all noisily marginal
    ci prvalueci_options]
```

* 找 prgen.ado 命令文件，download/ 安装它，再人工复制到你的工作目录
. findit prgen

. prgen age, x(male = 0 yr89 = 1) generate(w89) from(20) to(80) ncases(7)

oprobit: Predicted values as age varies from 20 to 80.

	yr89	male	white	age	ed	prst
x=	1	0	.88939567	46.713797	11.875713	38.920182

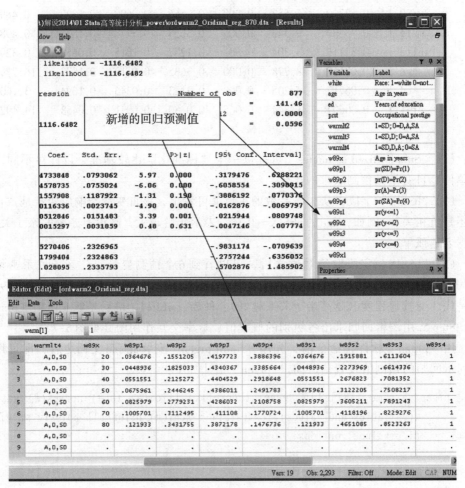

图6-7　命令新增的回归预测值会存在您目前使用的文件中

Step 6. 列示有序逻辑回归的比例优势值并绘出交互作用图（见图 6-8）

```
* quietly 是指，只做回归分析，但不列示结果
. quietly ologit warm yr89 male white age ed prst

*样本只筛选女性（male = 0）且为新一代（yr89 = 1）
. prgen age, from(20) to(80) x(male = 0 yr89 = 1) ncases(7) generate(w89)

ologit: Predicted values as age varies from 20 to 80.

          yr89       male      white       age         ed       prst
x=           1          0   .8765809  44.935456  12.218055  39.585259

. label var w89p1 "SD"
. label var w89p2 "D"
. label var w89p3 "A"
. label var w89p4 "SA"
. label var w89s1 "SD"
. label var w89s2 "SD & D"
. label var w89s3 "SD, D & A"

. graph twoway(scatter  w89p1 w89p2 w89p3 w89p4 w89x, msymbol(Oh Dh Sh Th)
c(1 1 1 1) xtitle("年龄") ytitle("Predicted Pr> obability") xlabel(20(20)80)
ylabel(0 .25 .50 ) )
```

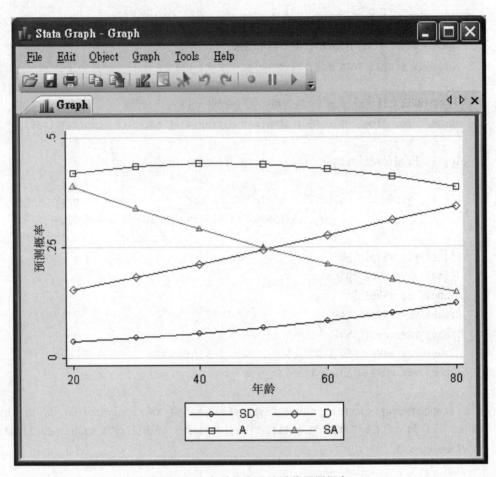

图6-8　各年龄层亲子关系的预测概率

. quietly ologit warm yr89 male white age ed prst

* 用"findir pttab"安装此命令文件"pttab.ado"

* 全部样本。男女两性的亲子关系密切程度的交叉概率表

. prtab yr89 male, novarlbl

ologit: Predicted probabilities for warm
* 亲子关系 (warm), 1=SD.
Predicted probability of outcome 1(SD)

```
------------------------
        |      male
  yr89  |  Women    Men
--------+---------------
  1977  |  0.0989  0.1859
  1989  |  0.0610  0.1191
------------------------
```

Predicted probability of outcome 2(D)

```
------------------------
        |      male
  yr89  |  Women    Men
--------+---------------
  1977  |  0.3083  0.4026
  1989  |  0.2282  0.3394
------------------------
```

* 亲子关系 (warm), 3=A.
Predicted probability of outcome 3(A)

```
------------------------
        |      male
  yr89  |  Women    Men
--------+---------------
  1977  |  0.4129  0.3162
  1989  |  0.4406  0.3904
------------------------
```

Predicted probability of outcome 4(SA)

```
------------------------
        |      male
  yr89  |  Women    Men
--------+---------------
  1977  |  0.1799  0.0953
  1989  |  0.2703  0.1510
------------------------
```

```
          yr89       male      white        age         ed        prst
x=   .39860445  .46489315   .8765809  44.935456  12.218055  39.585259
```

男女两性的亲子关系密切程度的交叉概率表，显示"男女两性×新老一代"在亲子关系密切程度上有交互作用效果。

* 用"findit prchange"找此 ado 命令文件，download/ 安装它，再人工复制到你的工作目录
* 样本只筛选女性（male = 0）且为新一代者（yr89 = 1）
* 年龄（age）、受教育程度（ed）、职业声望（prst）三者的概率的 margin 效果
. prchange age ed prst , x(male = 0 yr89 = 1) rest(mean)

ologit: Changes in Probabilities for warm

age
*		非常不同意	不同意	同意	非常同意
	Avg|Chg|	SD	D	A	SA
Min->Max	.16441458	.10941909	.21941006	-.05462247	-.27420671
-+1/2	.00222661	.00124099	.00321223	-.0001803	-.00427291
-+sd/2	.0373125	.0208976	.05372739	-.00300205	-.07162295
MargEfct	.00222662	.00124098	.00321226	-.00018032	-.00427292

* 女性新一代者，age 每增长一岁，亲子关系密切程度就增加 0.222% 单位的概率。

ed
*		非常不同意	不同意	同意	非常同意
	Avg|Chg|	SD	D	A	SA
Min->Max	.14300264	-.09153163	-.19447364	.04167268	.2443326
-+1/2	.0069032	-.00384806	-.00995836	.00055891	.01324749
-+sd/2	.02181124	-.01217654	-.03144595	.00176239	.04186009
MargEfct	.00690351	-.00384759	-.00995944	.00055906	.01324796

* 女性新一代者，接受教育多一年，亲子关系密切程度就增加 0.69% 单位的概率。

prst
*		非常不同意	不同意	同意	非常同意
	Avg|Chg|	SD	D	A	SA
Min->Max	.04278038	-.02352008	-.06204067	.00013945	.08542132
-+1/2	.00062411	-.00034784	-.00090037	.00005054	.00119767
-+sd/2	.00904405	-.00504204	-.01304607	.00073212	.01735598
MargEfct	.00062411	-.00034784	-.00090038	.00005054	.00119767

* 女性新一代者，最低级（Min）职业声望升到最高级（MAX），亲子程度就增加 4.278% 单位的概率。

```
*            非常不同意       不同意         同意    非常同意
                   SD            D            A          SA
Pr(y|x)   .06099996    .22815652    .44057754    .27026597

              yr89      male     white       age        ed      prst
    x=           1         0   .876581   44.9355   12.2181   39.5853
 sd_x=     .489718   .498875   .328989    16.779   3.16083   14.4923
```

Step 7. 用逻辑回归，再复验有序逻辑回归（按级别分组执行逻辑回归）（见图6-9）

```
.* 新增三个Dummy变量：mle1、mle2、mle3
  gen mle1 =(warm>1)
. gen mle2 =(warm>2)
. gen mle3 =(warm>3)
```

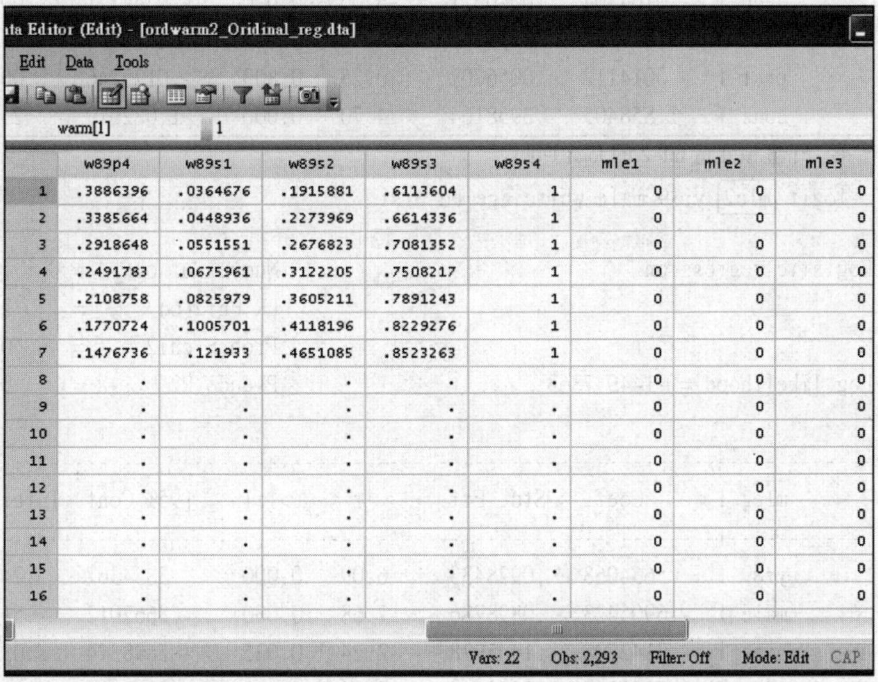

	w89p4	w89s1	w89s2	w89s3	w89s4	mle1	mle2	mle3
1	.3886396	.0364676	.1915881	.6113604	1	0	0	0
2	.3385664	.0448936	.2273969	.6614336	1	0	0	0
3	.2918648	.0551551	.2676823	.7081352	1	0	0	0
4	.2491783	.0675961	.3122205	.7508217	1	0	0	0
5	.2108758	.0825979	.3605211	.7891243	1	0	0	0
6	.1770724	.1005701	.4118196	.8229276	1	0	0	0
7	.1476736	.121933	.4651085	.8523263	1	0	0	0
8	.	.	.	.	.	0	0	0
9	.	.	.	.	.	0	0	0
10	.	.	.	.	.	0	0	0
11	.	.	.	.	.	0	0	0
12	.	.	.	.	.	0	0	0
13	.	.	.	.	.	0	0	0
14	.	.	.	.	.	0	0	0
15	.	.	.	.	.	0	0	0
16	.	.	.	.	.	0	0	0

图6-9 新增三个二元变量（虚拟变量mle1，mle2，mle3）

* STaTa 新命令为 logistic；旧命令为 logit
* 第一个虚拟变量 mlel 的 logit 回归
. logit mle1 yr89 male white age ed prst

Logistic regression

	Number of obs	=	2293
	LR chi2(6)	=	128.58
	Prob > chi2	=	0.0000
Log likelihood = -819.61992	Pseudo R2	=	0.0727

mle1	Coef.	Std. Err.	z	P>|z|	[95% Conf. Interval]
yr89	.9647422	.1542064	6.26	0.000	.6625033	1.266981
male	-.3053643	.1291546	-2.36	0.018	-.5585025	-.052226
white	-.5526576	.2305397	-2.40	0.017	-1.004507	-.1008082
age	-.0164704	.0040571	-4.06	0.000	-.0244221	-.0085187
ed	.1047962	.0253348	4.14	0.000	.0551409	.1544516
prst	-.0014112	.0056702	-0.25	0.803	-.0125246	.0097023
_cons	1.858405	.3958164	4.70	0.000	1.082619	2.63419

* 第二个虚拟变量 mle2 的 logit 回归
. logit mle2 yr89 male white age ed prst

Logistic regression

	Number of obs	=	2293
	LR chi2(6)	=	251.23
	Prob > chi2	=	0.0000
Log likelihood = -1449.7863	Pseudo R2	=	0.0797

mle2	Coef.	Std. Err.	z	P>|z|	[95% Conf. Interval]
yr89	.5654063	.0928433	6.09	0.000	.3834367	.7473758
male	-.6905423	.0898786	-7.68	0.000	-.8667012	-.5143834
white	-.3142708	.1405978	-2.24	0.025	-.5898374	-.0387042
age	-.0253345	.0028644	-8.84	0.000	-.0309486	-.0197203
ed	.0528527	.0184571	2.86	0.004	.0166774	.0890279
prst	.0095322	.0038184	2.50	0.013	.0020482	.0170162
_cons	.7303287	.269163	2.71	0.007	.2027789	1.257879

* 第三个虚拟变量 mle3 的 logit 回归

```
. logit  mle3  yr89 male white age ed prst

Logistic regression                              Number of obs   =      2293
                                                 LR chi2(6)      =    150.77
                                                 Prob > chi2     =    0.0000
Log likelihood = -1011.9542                      Pseudo R2       =    0.0693


------------------------------------------------------------------------------
       mle3 |      Coef.   Std. Err.      z    P>|z|     [95% Conf. Interval]
------------+-----------------------------------------------------------------
       yr89 |   .3190732   .1140756     2.80   0.005     .0954891    .5426572
       male |  -1.083789   .1220668    -8.88   0.000    -1.323035   -.8445422
      white |  -.3929984   .1577582    -2.49   0.013    -.7021989    -.083798
        age |  -.0185905   .0037659    -4.94   0.000    -.0259715   -.0112096
         ed |   .0575547   .0253812     2.27   0.023     .0078085    .1073008
       prst |   .0055304   .0048413     1.14   0.253    -.0039584    .0150193
      _cons |  -1.024517   .3463123    -2.96   0.003    -1.703276   -.3457571
------------------------------------------------------------------------------
```

在 warm 2 "warm>2" 时，职业声望（prst）会格外影响亲子关系密切程度。因此若响应变量为有序变量时，传统（SAS，SPSS 软件）逻辑回归，就要像本例这样"分层"，分三个组分别执行三次逻辑分析。但用有序逻辑回归分析一次就搞定，省时且有效率。

Step 8. 有序响应变量，各组之间的逻辑回归分析

```
. quietly ologit warm yr89 male white age ed prst

.* brant 检验：parallel regression 假定
. brant, detail

Estimated coefficients from j-1 binary regressions

              y>1          y>2          y>3
  yr89    .9647422    .56540626    .31907316
  male  -.30536425   -.69054232   -1.0837888
 white  -.55265759   -.31427081   -.39299842
```

```
   age    -.0164704   -.02533448   -.01859051
    ed    .10479624    .05285265    .05755466
  prst    -.00141118   .00953216    .00553043
 _cons    1.8584045    .73032873    -1.0245168
```

Brant Test of Parallel Regression Assumption

```
   Variable |    chi2   p>chi2    df
------------+-----------------------------
        All |   49.18   0.000     12
------------+-----------------------------
       yr89 |   13.01   0.001      2
       male |   22.24   0.000      2
      white |    1.27   0.531      2
        age |    7.38   0.025      2
         ed |    4.31   0.116      2
       prst |    4.33   0.115      2
------------------------------------------
```

A significant test statistic provides evidence that the parallel regression assumption has been violated.

（1）"Brant Test of Parallel Regression"检验结果拒绝 H_0: parallel regression，显示：整体而言（all），本例有序逻辑回归分析达到显著水平（$\chi^2_{(12)}$=49.18，p<0.05），彼此预测的回归线不平行，即组内回归系数是异质性的（p<0.05）。

（2）但分开来看预测变量，种族（white）、受教育程度（ed）、职业声望（prst）这三者在亲子关系密切程度的组内回归系数却是同质性的（p>0.05）。

6.3 有序逻辑回归分析：哥本哈根的住房条件（ologit、lrtest、graph bar、oprobit 命令）

范例：哥本哈根的住房条件：（低中高）住房条件满意度精准匹配组（ologit、lrtest、graph bar、oprobit 命令）

1）问题说明

为了解哥本哈根的住房条件的影响因素有哪些（分析单位：个人的住房），研究者收集数据并整理成下表，此"copen.dta"数据文件内容的变量如下：

变量名称	说明	编码 Codes / Values
结果变量/响应变量：satisfaction	住房条件满意度	1~3 分（程度）
解释变量/自变量：housing	房屋类型	1~4 分（程度）
解释变量/自变量：influence	感觉管理中的影响力	1~3 分（程度）
解释变量/自变量：contact	与邻居联系程度	0，1（二元数据）
加权：n	此类别的样本数	3~86

2）文件的内容

"copen.dta"数据文件内容如图6-10所示。

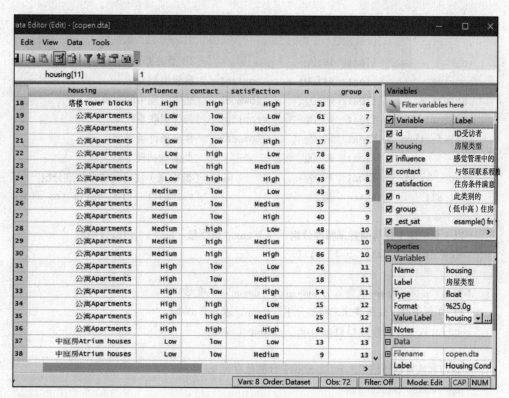

图6-10　"copen.dta"资料文件内容（N=72个样本，（低中高）
住房条件满意度精准匹配组 J=34）

观察数据的特征

```
. use copen.dta
(Housing Conditions in Copenhagen)


. des

Contains data from D:\08 mixed logit regression\CD\copen.dta
  obs:            72                          Housing Conditions in Copenhagen
  vars:            8                          12 Oct 2017 13:56
  size:         2,088                         (_dta has notes)
--------------------------------------------------------------------------------
                  storage   display      value
variable name     type      format       label       variable label
--------------------------------------------------------------------------------
id                float     %9.0g                     ID 受访者
housing           float     %15.0g       housing      房屋类型
influence         float     %9.0g        lowmedhi     感觉管理中的影响力
contact           float     %9.0g        contact      与邻居联系程度
satisfaction      float     %9.0g        lowmedhi     住房条件满意度
n                 float     %9.0g                     此类别的样本数
group             float     %9.0g                     （低中高）住房满意来精准分组
_est_sat          byte      %8.0g                     esample() from estimates store
```

*以（低中高）住房满意来精准分组，存至 group 新变量。Int（x）取整数函数
. gen group = int((_n-1)/3)+1

* 符号"i."宣告 group 变量为 Indication（dummies）变量
* 以"（低中高）住房满意来精准分组"group，求 null model
. quietly mlogit satisfaction i.group [fw=n]

* 储存和恢复估计结果。null model 预测值存至 sat 变量
. estimates store sat

* 列示 Log Likelihood
. di e(ll)
-1715.7108

* 求得 Log Likelihood 值为 -1715.7.

3）分析结果与讨论

Step 1. 比例优势模型（见图6-11）

* 打开文件

. use copen.dta

(Housing Conditions in Copenhagen)

* 变量转换。分类变量 housing 四个级别变成三个虚拟变量：apart、atrium、terrace

. gen apart   = housing == 2
. gen atrium = housing == 3
. gen terrace = housing == 4

* 巨集命令

. local housing apart atrium terrace

* 分类变量 influence 三个级别变成两个虚拟变量：influenceMed、influenceHi

. gen influenceMed = influence == 2
. gen influenceHi   = influence == 3
. local influence influenceMed influenceHi

* 分类变量两个级别变成一个虚拟变量 contactHi

. gen contactHi   = contact == 2

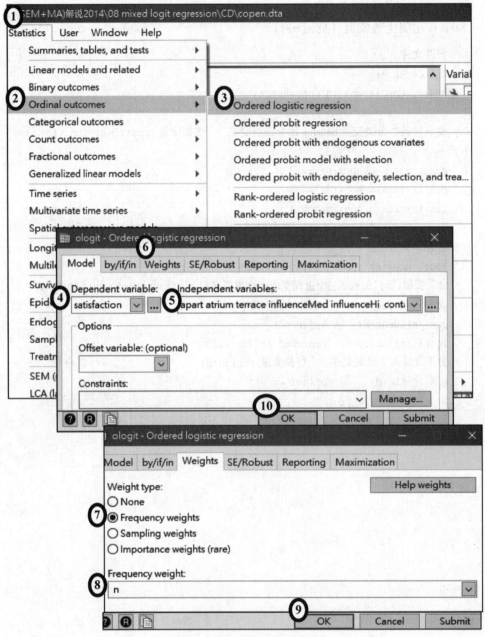

图 6-11　"ologit satis apart atrium terrace influenceMed influenceHi contactHi〔fw=n〕"页面

注：Statistics > Ordinal outcomes > Ordered logistic regression

```
* fit the additive ordered logit model
* 以"此类别的样本数" n 来加权，进行 ordered logit model
. ologit satis apart atrium terrace influenceMed influenceHi  contactHi [fw=n]

Ordered logistic regression                    Number of obs    =      1681
                                               LR chi2(6)       =    169.73
                                               Prob > chi2      =    0.0000
Log likelihood = -1739.5746                    Pseudo R2        =    0.0465


------------------------------------------------------------------------------
satisfaction |      Coef.   Std. Err.       z    P>|z|     [95% Conf. Interval]
-------------+----------------------------------------------------------------
       apart | -.5723499    .119238    -4.80   0.000    -.8060521   -.3386477
      atrium | -.3661863   .1551733    -2.36   0.018    -.6703205   -.0620522
     terrace | -1.091015    .151486    -7.20   0.000    -1.387922   -.7941074
influenceMed |  .5663937   .1046528     5.41   0.000      .361278    .7715093
 influenceHi |  1.288819   .1271561    10.14   0.000     1.039597    1.53804
    contactHi |   .360284   .0955358     3.77   0.000     .1730372    .5475307
-------------+----------------------------------------------------------------
       /cut1 |  -.496135   .1248472                      -.7408311   -.2514389
       /cut2 |  .6907081   .1254719                       .4447876    .9366286
------------------------------------------------------------------------------
. estimates store additive
```

* additive ordered logit model 与 null model 的似然比
* 选项 force: force testing even when apparently invalid。若缺项会列示：*test involves different estimators: mlogit vs. ologit*
. lrtest additive sat, force

```
Likelihood-ratio test                          LR chi2(40) =      47.73
(Assumption: additive nested in sat)           Prob > chi2 =     0.1874
```

（1）LR 卡方值=169.73（p<0.05），表示假定模型至少有一个解释变量的回归系数不为 0。

（2）在报表"z"栏中双边检验下，若 |z|>1.96，则表示该自变量对响应变量有显著影响。|z| 值越大，表示该自变量对响应变量的关联性（relevance）越高。

（3）Logit 系数"Coef."栏中是对数概率单位，故不能用 OLS 回归系数的概念来解释。

（4）用 ologit 估计 S 分数，它是各自变量 X's 的线性组合：

$S = \alpha + \beta_1 \times X_1 + \beta_2 \times X_2 + \beta_3 \times X_3 + \cdots + \beta_k \times X_k$

$S = -0.57apart - 0.37atrium - 1.09terrace + 0.57influenceMed + 1.29influenceHi + 0.36contactHi$

预测概率值为：

P（y=1）=P（S+u ≤ _cut1）=P（S+u ≤ -0.496）

P（y=2）=P（_cut1<S+u ≤ _cut2）=P（-0.496<S+u ≤ -0.691）

P（y=3）=P（_cut2<S+u）=P（0.691<S+u）

（5）在 ologit 命令之后，直接执行"predict level-1 level-2 level-3 …"事后命令，即可储存响应变量各级别的概率值（新增变量），如图 6-12 所示：

. predict disatisfy neutral satisfy

* 结果：在文件中，会新增 3 个变量「disatisfy、neutral、satisfy」

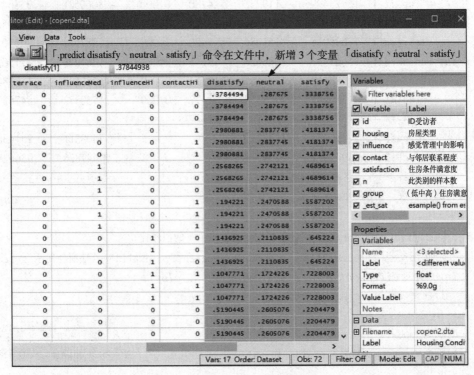

图 6-12 ". predict disatify neutral satify"命令会在文件中新增 3 个变量
"disatisfy、neutral、satisfy"

补充资料：

Q1. 分类数据回归分析，为什么用 LR（似然比）检验而不用 F 检验？

答：似然比统计量在大样本中接近卡方分布。

Q2. 分类数据回归分析，为什么参数估计用 MLE（最大似然法）而不用 LSE（最小二乘法)?

答：在正态线性模型中 LSE 就是 MLE。F 检验是在正态总体小样本之下做两个总体差异推断或多个总体平均数推断时，适当的统计量具有 F 分布。LSE 是在线性模型假设之下的一种方法。而在多数情况下，若问题适合（符合一些"正规条件"），则 MLE、似然比检验是适合的方法；而在适当条件下，MLE、似然比检验具有好的大样本性质。

Step 2.用 "#" 来定义双因素交互作用项

下面的例子命令旨在比较 "housing、influence、contact" 三类分类变量，两两配对的交互作用项，哪个好呢？

```
* null model(当作 LR 的比较基准点)
. quietly mlogit satisfaction i.group [fw=n]
. estimates store sat


*. Model A
. quietly ologit satis i.housing#i.influence i.contact [fw=n]
. estimates store A

. lrtest A sat, force stats
```

Likelihood-ratio test   LR chi2(34) =   25.22
(Assumption: A nested in sat)   Prob > chi2 =   0.8623

```
-------------------------------------------------------------------------
    Model |   Obs    ll(null)   ll(model)    df        AIC        BIC
----------+--------------------------------------------------------------
        A |  1681   -1824.439   -1728.32     14      3484.64    3560.62
      sat |  1681   -1824.439   -1715.711    48     3527.422   3787.925
-------------------------------------------------------------------------
```

Note: N=Obs used in calculating BIC; see [R] BIC note

```
*. Model B
. quietly ologit satis i.housing#i.contact i.influence [fw=n]
. estimates store B

. lrtest B sat, force stats
```

Likelihood-ratio test   LR chi2(37) =   39.06
(Assumption: B nested in sat)   Prob > chi2 =   0.3773

```
-----------------------------------------------------------------------------
      Model |    Obs    ll(null)   ll(model)    df       AIC        BIC
------------+----------------------------------------------------------------
          B |   1681   -1824.439   -1735.242    11    3492.483    3552.182
        sat |   1681   -1824.439   -1715.711    48    3527.422    3787.925
-----------------------------------------------------------------------------
```
Note: N=Obs used in calculating BIC; see [R] BIC note
```
*. Model C
. quietly ologit satis i.housing i.influence#i.contact [fw=n]
. estimates store C

. lrtest C sat, force stats
```

Likelihood-ratio test   LR chi2(38) =   47.52
(Assumption: C nested in sat)   Prob > chi2 =   0.1385

```
-----------------------------------------------------------------------------
      Model |    Obs    ll(null)   ll(model)    df       AIC        BIC
------------+----------------------------------------------------------------
          C |   1681   -1824.439    -1739.47    10     3498.94    3553.212
        sat |   1681   -1824.439   -1715.711    48    3527.422    3787.925
-----------------------------------------------------------------------------
```
Note: N=Obs used in calculating BIC; see [R] BIC note

（1）"lrtest A sat, force stats" "lrtest B sat, force stats" "lrtest C sat, force stats"
三个似然比，显著性水平均为 p>0.05，表示 Model A、Model B、Model C 三者拟合度
都比零模型好，故这三个模型都是适当的。

（2）从 AIC 越小模型越优来看，或从 LR 卡方值越小模型越优来看，拟合优度由

优至劣，依次为 Model A、Model B、Model C。故 Model A 最优，即"ologitsatis i. housing#i.influence i.contact［fw=n］"最优。

> 信息准则（information criterion）：亦可用来说明模型的解释能力（较常用来作
> 为模型选取的准则，而非单纯描述模型的解释能力）
>
> AIC（Akaike information criterion）
>
> $$AIC = \ln\left(\frac{ESS}{T}\right) + \frac{2k}{T}$$
>
> BIC（Bayes information criterion）或 SIC（Schwartz information criterion）或 SBC
>
> $$BIC = \ln\left(\frac{ESS}{T}\right) + \frac{k\ln(T)}{T}$$
>
> AIC 与 BIC 越小，代表模型的解释能力越好（用的变量越少，或者误差平方和
> 越小）。

（3）Model A 最优，故再执行自由度 6 的"housing×influence"交互作用项，如下命令。

Step 3. 分类变量"housing × influence"共有 3×2 个交互作用项，改用虚拟变量来重做

```
. gen apartXinfMed = apart * influenceMed
. gen apartXinfHi  = apart * influenceHi
. gen atriuXinfMed = atrium * influenceMed
. gen atriuXinfHi  = atrium * influenceHi
. gen terrXinfMed  = terrace * influenceMed
. gen terrXinfHi   = terrace * influenceHi


*.Model D
*再加 6 个交互作用项（粗斜字）
. ologit satisfaction apart atrium terrace influenceMed influenceHi apartXinfMed
  apartXinfHi atriuXinfMed atriuXinfHi terrXinfMed terrXinfHi contactHi [fw=n]

Ordered logistic regression                 Number of obs   =       1681
                                            LR chi2(12)     =     192.24
                                            Prob > chi2     =     0.0000
Log likelihood =   -1728.32                 Pseudo R2       =     0.0527

-----------------------------------------------------------------------
satisfaction |    Coef.    Std. Err.      z     P>|z|    [95% Conf. Interval]
-------------+---------------------------------------------------------------
```

```
     apart |   -1.188494    .1972418     -6.03   0.000    -1.575081    -.8019072
    atrium |   -.6067061    .2445664     -2.48   0.013    -1.086047    -.1273647
   terrace |   -1.606231    .2409971     -6.66   0.000    -2.078576    -1.133885
influenceMed |  -.1390175    .2125483     -0.65   0.513    -.5556044     .2775694
influenceHi |    .8688638    .2743369      3.17   0.002     .3311733     1.406554
apartXinfMed |   1.080868    .2658489      4.07   0.000     .5598135     1.601922
apartXinfHi |    .7197816    .3287309      2.19   0.029     .0754809     1.364082
atriuXinfMed |     .65111    .3450048      1.89   0.059    -.0250869     1.327307
atriuXinfHi |   -.1555515    .4104826     -0.38   0.705    -.9600826     .6489795
terrXinfMed |    .8210056    .3306666      2.48   0.013      .172911       1.4691
terrXinfHi |    .8446195    .4302698      1.96   0.050     .0013062     1.687933
   contactHi |    .372082    .0959868      3.88   0.000     .1839514     .5602126
-------------+----------------------------------------------------------------
      /cut1 |   -.8881686    .1671554                     -1.215787      -.56055
      /cut2 |    .3126319    .1656627                      -.012061     .6373249
-----------------------------------------------------------------------------
```

. estimates store D
. lrtest D sat, force stats

```
Likelihood-ratio test                           LR chi2(34) =       25.22
(Assumption: D nested in sat)                   Prob > chi2 =      0.8623
```

```
-------------------------------------------------------------------------------
     Model |    Obs     ll(null)   ll(model)     df       AIC         BIC
-----------+-------------------------------------------------------------------
         D |   1681    -1824.439   -1728.32      14     3484.64      3560.62
       sat |   1681    -1824.439   -1715.711     48     3527.422    3787.925
-------------------------------------------------------------------------------
```

（1）从 LR 卡方值越小模型越优来看，Model D 系纳入 6 个 "housing × influence" 交互作用项，LR 卡方值=25.22，它与 Model A LR 卡方值相同。但基于模型越简单越优的原则，若要纳入 6 个 "housing × influence" 交互作用项，您可选定 Model A 为最优模型。

（2）Model A 命令的执行结果如下：

*Model A 纳入 12 个 "housing × influence" 交互作用项

```
. ologit satis i.housing#i.influence i.contact [fw=n]

Ordered logistic regression                    Number of obs   =      1681
                                               LR chi2(12)     =    192.24
                                               Prob > chi2     =    0.0000
Log likelihood =   -1728.32                    Pseudo R2       =    0.0527
```

satisfaction	Coef.	Std. Err.	z	P>|z|	[95% Conf. Interval]	
housing#influence						
1 2	-.1390175	.2125483	-0.65	0.513	-.5556044	.2775694
1 3	.8688638	.2743369	3.17	0.002	.3311733	1.406554
2 1	-1.188494	.1972418	-6.03	0.000	-1.575081	-.8019072
2 2	-.2466437	.1913323	-1.29	0.197	-.621648	.1283607
2 3	.4001515	.2104573	1.90	0.057	-.0123373	.8126403
3 1	-.6067061	.2445664	-2.48	0.013	-1.086047	-.1273647
3 2	-.0946136	.2536286	-0.37	0.709	-.5917165	.4024894
3 3	.1066063	.2896558	0.37	0.713	-.4611086	.6743212
4 1	-1.606231	.2409971	-6.66	0.000	-2.078576	-1.133885
4 2	-.9242424	.2391896	-3.86	0.000	-1.393045	-.4554395
4 3	.1072528	.320668	0.33	0.738	-.5212449	.7357505
2.contact	.372082	.0959868	3.88	0.000	.1839514	.5602126
/cut1	-.8881686	.1671554			-1.215787	-.56055
/cut2	.3126319	.1656627			-.012061	.6373249

6.4 扩展有序概率选择模型的回归分析：内生协变量的两阶段概率选择回归（eoprobit 命令）

在回归模型假定中，若"自变量 x 与误差项 u"具有相关性，即 cov（x，u）≠0，则称为内生性（endogeneity）。

1）内生性问题对参数估计有何影响？

（1）在内生性下，OLS 估计式的参数不再具有无偏性。

（2）在内生性下，OLS 估计式的参数不再具有有效性。

（3）在内生性下，OLS 估计式的参数不再具有一致性。

2）为何产生内生性问题？

（1）回归模型中遗漏重要变量。

（2）回归模型中存在测量误差。

（3）忽略了联立方程式。

（4）忽略了动态回归。

6.4.1 内生协变量：对工具变量（IV）的重点整理

1）工具变量（IV）的示意图

当 Cov（x, u）≠0 时（解释变量 x 与残差 u 有相关），OLS 估计会产生偏误。此时，自变量 x 是内生的（endogenous），解决办法之一就是采用工具变量（instrumental variables，IV）。

工具变量可以处理：（1）遗漏变量产生偏差的问题。（2）应用于典型的变量中误差（errors-in-variables）的情况（eivreg 命令）。（3）估计联立方程式（simultaneous equation）参数（见图6-13）。STaTa 命令有以下三种：ivregress（Single-equation instrumental-variables regression），reg3（Three-stage estimation for systems of simultaneous equations）、xtivreg（Instr. var. & two-stage least squares for panel-data models）。

由图6-13可以看出：

（1）工具变量 Z 直接影响 x，但与 Y 无直接关系。

（2）工具变量 Z 与残差 u 无关系。

2）如何选择工具变量（IV）？

工具变量 Z 必须符合外生性（exogenous）与相关性（relevant），然而我们该如何寻找？

（1）IV 必须是外生的（可以检验）。

（2）IV 可能按照常识来判断。

（3）IV 可能来自经济理论。

（4）IV 可能来自随机的现象，此现象造成内生变量 X 的改变。

例如，log（wage）$=\beta_0+\beta_1$ educ+u，在这个"学历预测薪资"方程式中，请问：

（1）智力 IQ 是好的工具变量吗？

（2）父母受教育程度是好的工具变量吗？

（3）家庭中孩子数是好的工具变量吗？

（4）出生的季节是好的工具变量吗？

答：

我们需找一个工具变量"某变量 Z"，它需满足两个条件：

（1）具有相关性（relevant）：corr（工具变量 Z_i，内生解释变量 x）不等于0；

（2）具有外生性（exogenous）：corr（工具变量 Z_i，残差 u_i）不等于0。

又如，学生的"测验分数$=\beta_0+\beta_1$ 班级大小+u"，此方程式中工具变量（IV）是：与班级大小有关，但与 u 无关（包括父母态度、校外学习环境、学习设备、老师质量等）。

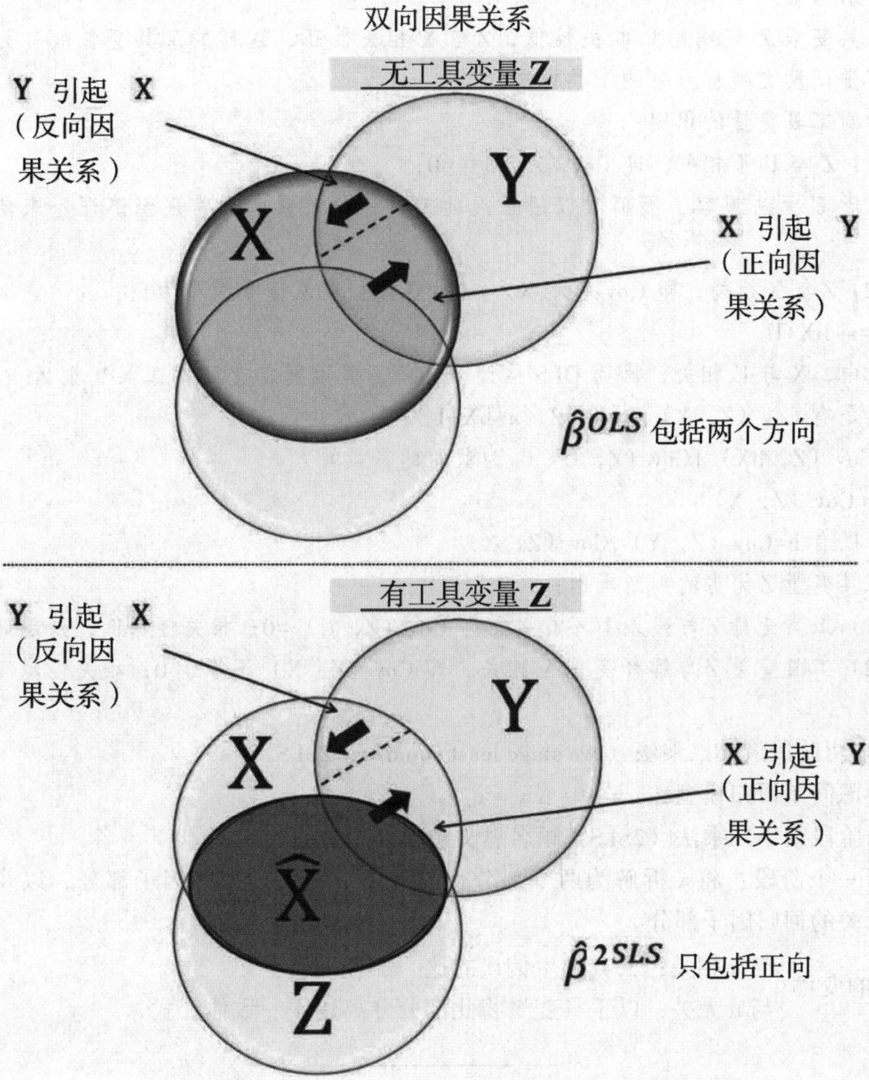
双向因果关系
无工具变量 Z
Y 引起 X
（反向因
果关系）
Y
X
X 引起 Y
（正向因
果关系）
$\hat{\beta}^{OLS}$ 包括两个方向
有工具变量 Z
Y 引起 X
（反向因
果关系）
Y
X
X 引起 Y
（正向因
果关系）
$\hat{X}$
Z
$\hat{\beta}^{2SLS}$ 只包括正向

$X_i = \pi_0 + \pi_1 Z_i + v_i$ …阶段（1）精简（reduced form）模型

$\hat{X}_i = \hat{\pi}_0 + \hat{\pi}_1 Z_i$

$Y_i = \beta_0 + \beta_1 \hat{X}_i + u_i$ …阶段（2）

. ivregress 2sls y (x=z), r ~

```
. reg x z, robust
. predict xhat
. reg y xhat, robust
```

图6-13　双向因果关系中，工具变量Z的示意图

小结

工具变量 Z 与残差 U 相关性低，Z 与 X 相关性高，这样的工具变量被称为好的工具变量，反之则称为差的工具变量。

好的工具变量的识别：

（1）Z 与 U 不相关，即 Cov（Z，U）=0；

由于 U 无法观察，因而难以用正规的工具进行测量，通常用经济理论来使人们相信。

（2）Z 与 X 相关，即 Cov（Z，X）≠ 0。举例：以双变量模型为例：

Y=a+bX+U

式中，X 与 U 相关，因而 OLS 估计会有偏，假设现在有 X 的工具变量 Z，

于是有 Cov（Z，Y）=Cov（Z，a+bX+U）

=Cov（Z，bX）+Cov（Z，U）（a 为截距的常数）

=b Cov（Z，X）

所以有 b=Cov（Z，Y）/Cov（Z，X）

工具变量 Z 优劣的判断准则：

（1）工具变量 Z 与残差 U 不相关，即 Cov（Z，U）=0；相关性越低，则越好。

（2）工具变量 Z 与解释变量 X 相关，即 Cov（Z，X）不等于 0；相关性越高，则越好。

3）两阶段最小二乘法（two stage least squares，2SLS）

考虑简单回归模型：$y_i = \beta_0 + \beta_1 x_i + u_i$

两阶段最小二乘法（2SLS）顾名思义包括两个阶段：

第一个阶段：将 x 拆解为两个部分，与残差 u 相关的回归因子部分，以及与残差 u 无关的回归因子部分。

$$\text{x 的变动} \begin{cases} \text{与 u 相关：丢弃产生偏误的这一部分} \\ \text{与 u 无关：以工具变量将此部分分离建立一致估计式} \end{cases}$$

$$\underbrace{x_i = \pi_0 + \pi_1 z_i}_{\text{与 u 无关}} + \overbrace{v_i}^{\text{与 u 有关}}$$

若系数 π_1 不显著，则表示 Cov（z，x）≠ 0 的条件可能不成立，应寻找其他工具变量。若 π_1 显著，则进行第二阶段回归。

第二个阶段：采用与残差 u 无关的部分估计参数，用以建立一致性的估计式。所得到的估计式称为 2SLS 估计式。

$y_i = \beta_0 + \beta_1 \hat{x}_1 + \varepsilon_i$

式中，$\hat{x}_1 = \hat{\pi}_0 + \hat{\pi}_1 \hat{z}_1$，表示 x 中与残差无关的部分。

在小样本下，2SLS 估计式确切的分布是非常复杂的；不过在大样本下，2SLS 估计式是一致的，且为正态分布。

假设 z 是一个工具变量（Ⅳ），则 z 应符合两项条件：

（1）z 必须是外生的：Cov（z，ε）=0，工具变量需与残差无关，工具变数亦为外生解释变量。

（2）z 必须与内生变量 x 相关：Cov（z，x）≠ 0，工具变量需与解释变量相关。

4）对两阶段最小二乘法（2SLS）的重点整理

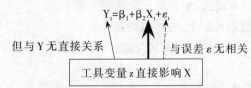

通常会根据常识、经济理论等来寻找合适的工具变量 z。其中，两阶段回归分析如下：

（1）以 Ⅳ 估计简单回归

第一阶段，假设简单回归：$y_i = \beta_0 + \beta_1 x_i + u_i$，令 z 表示符合条件的工具变量，则：

Cov（z，y）=β_1Cov（z，x）+Cov（z，u）

因此

$$\beta_1 = \frac{Cov(z, y)}{Cov(z, x)} - \frac{\cancel{COV(z, u)}}{Cov(z, x)}$$

β_1 的 Ⅳ 估计式为：

$$\hat{\beta}_1 = \frac{\sum(z_i - \bar{z})(y_i - \bar{y})}{\sum(z_i - \bar{z})(x_i - \bar{x})}$$

方差齐性假设：E（u^2|z）=σ^2=Var（u）

如同 OLS 的情况，渐近方差与其估计式可以证明如下：

$$Var(\hat{\beta}_1) = \frac{\sigma^2}{n\sigma_x^2 \rho_{x, z}^2}$$

其估计式为：

$$\frac{\hat{\sigma}^2}{SST_x R_{x, z}^2}$$

①第二阶段 OLS 回归所得到的标准差并不是 Ⅳ（工具变量）回归的标准差，此乃由于第二阶段 OLS 回归是采用第一阶段所得到的预测值，因此必须有所调整。

②计量经济统计软件（如 STaTa）会自动调整为 Ⅳ 回归的标准差。

③在小样本下，2SLS 估计式的分布是很复杂的；

④在大样本下，2SLS 估计式是一致的，且为正态分布：

$p\lim(\hat{\beta}_1) = \beta_1$

$\hat{\beta} \stackrel{a}{\sim} Normal[\beta_1, se(\hat{\beta}_1)]$

（2）Ⅳ 与 OLS 的差异比较

Ⅳ 与 OLS 估计式标准差的差别，在于执行 x 对 z 回归所得到的 R^2。

$$OLS: Var(\hat{\beta}_1) = \frac{\hat{\sigma}^2}{\sum(x_i - \bar{x})^2} = \frac{\hat{\sigma}^2}{SST_x}$$

$$IV: Var(\hat{\beta}) = \frac{\hat{\sigma}^2}{SST_x R_{x,z}^2}$$

①由于 $R_{x,z}^2 < 1$，Ⅳ 的标准差是比较大的。

②z 与 x 的相关性越高，Ⅳ 的标准差越小。

③当 Cov（x，u）≠ 0 时，OLS 估计式不是一致的，不过符合条件的 Ⅳ 估计式可以证明是一致的。

④Ⅳ 估计式并不是无偏的。

⑤由于存在许多的工具变量可供选择，因此 Ⅳ 估计式的标准差并非最小。

⑥即便 Ⅳ 估计式缺乏效率，但在众多偏误的估计式中是一致的。

（3）多个内生解释变量

假设我们有多个内生变量，则有三种情况：

①过度识别（over identified）：如果工具变量 Z 的个数大于内生变量 X 的个数。②识别不足（under identified）：如果工具变量 Z 的个数小于内生变量 X 的个数。③恰好识别（just identified）：如果工具变量 Z 的个数等于内生变量 X 的个数。

基本上，工具变量至少需要与内生自变量一样多。过度识别或恰好识别，进行 Ⅳ 回归才有解。在大样本的情况下，2SLS 可获得一致的估计式，且为正态分布，但标准差（standard error）较大。若想要降低标准差，可找寻与解释变量相关性较高的工具变量。值得注意的是，若所选择的工具变量与解释变量仅存在些许相关，甚至无关时，此法所得的估计式是不一致的。基本上，工具变量至少需要与内生的解释变量一样多。若工具变量个数大于内生变量个数，称为过度识别（有多组解）。若工具变量个数等于内生变量个数，称为恰好识别（恰好有一组解），若小于，称为识别不足（u无解）。当过度识别时，可进行过度识别限制检验，检验某些工具变量是否与误差项相关。

6.4.2 扩展有序概率回归

回归分析：影响健康状况的因素（eoprobit 命令）

eoprobit（extended ordered probit regression）的命令有五种，如图 6-14 所示。

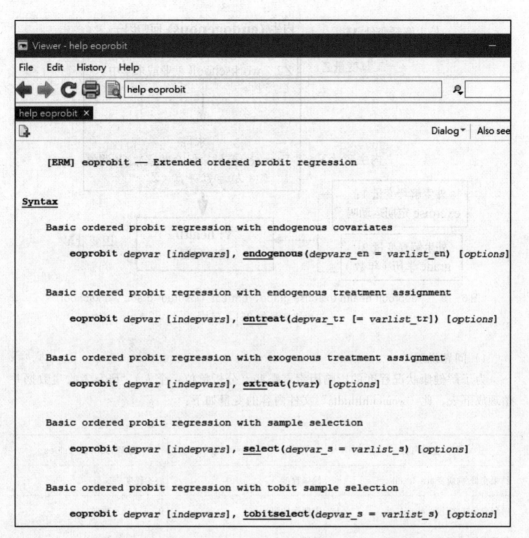

图 6-14　五种"eoprobit —Extended ordered probit regression"

范例：扩展有序概率回归

内生协变量的 2SLS 架构见图 6-15。

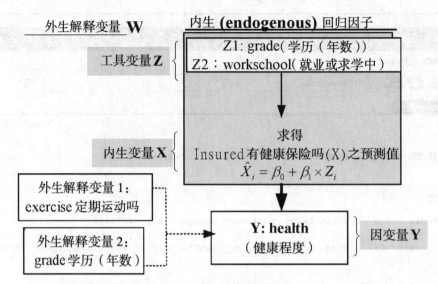

图 6-15 "eoprobit health exercise grade, entreat（insured=grade workschool）" 内生协变量的 2SLS 架构

1）问题说明

为了解健康状况程度的影响因素有哪些（分析单位：个人），研究者收集数据并整理成下表，此"womenhlth.dta"文件内容的变量如下：

变量名称	说明	编码 Codes / Values
结果变量/响应变量：health	健康程度	1~5 程度
解释变量/自变量：exercise	定期运动吗	0, 1（二元数据）
解释变量/自变量：grade	学历（年数）	0, 1（二元数据）
解释变量/自变量：insured	有健康保险吗	0, 1（二元数据）
解释变量/自变量：workschool	就业或求学中？	0, 1（二元数据）

2）文件的内容

"womenhlth.dta"文件内容如图 6-16 所示。

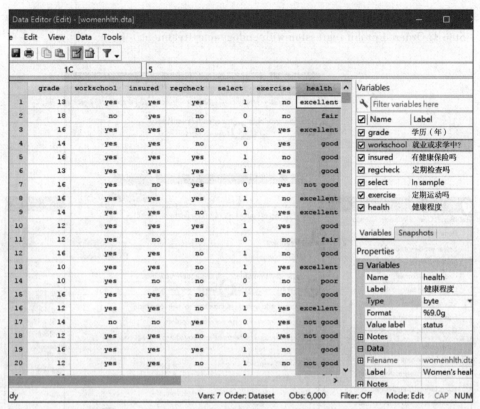

图6-16 "womenhlth.dta"文件内容（N=6 000 个人）

观察数据的特征

```
* 打开文件
. webuse womenhlth
(Women's health status)

. des health exercise grade insured workschool

              storage   display     value
variable name  type     format      label       variable label
----------------------------------------------------------------------
health         byte     %9.0g       status      健康程度
exercise       byte     %8.0g       yesno       定期运动吗
grade          byte     %8.0g                   学历（年）
insured        byte     %8.0g       yesno       有健康保险吗
workschool     byte     %8.0g       yesno       就业或求学中?
```

3）分析结果与讨论（见图6-17）

Step 1. Ordered probit regression with endogenous treatment

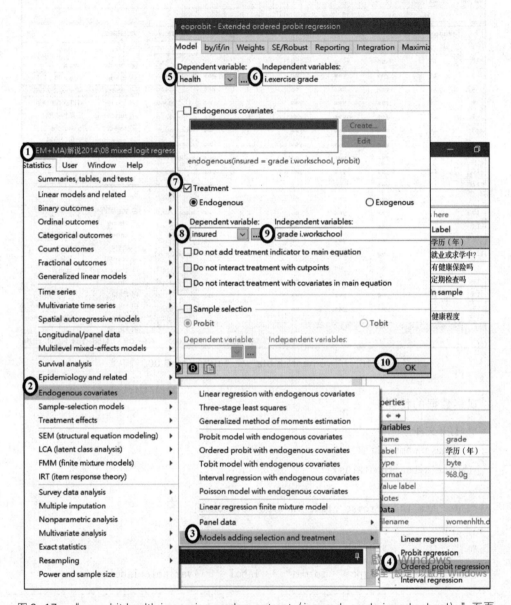

图6-17 "eoprobit health i.exercise grade，entreat（insured=grade i.workschool）"页面

注：Statistics > Endogenous covariates > Models adding selection and treatment > Ordered probit regression

```
* 打开文件
. webuse womenhlth

* Ordered probit regression with endogenous treatment
*符号 "i." 宣告 "exercise、workschool" 两个分类变量为 Indication(dummy).
. eoprobit health i.exercise grade, entreat(insured = grade i.workschool)
*由于 "exercise、workschool" 是虚拟变量，故前置词 "i." 可省略，故上述命令可简化为：
. eoprobit health exercise grade, entreat(insured = grade workschool)
```

Extended ordered probit regression

	Number of obs	=	6,000
	Wald chi2(4)	=	544.06
Log likelihood = -9105.4376	Prob > chi2	=	0.0000

	Coef.	Std. Err.	z	P>|z|	[95% Conf. Interval]	
health						
exercise# (2*2)交互作用项						
insured						
yes#no	.5296149	.0614054	8.62	0.000	.4092626	.6499672
yes#yes	.5190249	.033697	15.40	0.000	.45298	.5850697
insured#c.grade						
no	.1079014	.0254855	4.23	0.000	.0579507	.1578522
yes	.1296456	.0106352	12.19	0.000	.108801	.1504901
insured 两个工具变量(grade,workschool)对保险(insured)的预测值 $\hat{X}$						
grade	.3060024	.0101482	30.15	0.000	.2861122	.3258925
workschool						
yes	.5387767	.0448199	12.02	0.000	.4509313	.6266221
_cons	-3.592452	.1373294	-26.16	0.000	-3.861613	-3.323292
/health						
insured#c.cut1						
no	.6282326	.2465266			.1450493	1.111416
yes	-.7255086	.239525			-1.194969	-.2560482
insured#c.cut2						
no	1.594089	.2365528			1.130454	2.057724
yes	.4404531	.1956483			.0569894	.8239168
insured#c.cut3						
no	2.526424	.2308273			2.074011	2.978837
yes	1.332514	.1822525			.9753057	1.689722
insured#c.cut4						
no	3.41748	.2373824			2.952219	3.882741
yes	2.292828	.1734913			1.952792	2.632865
corr(e.insured, e.health)	.3414241	.0920708	3.71	0.000	.1502896	.5079557

（1）LR 卡方值=544.06（p<0.05），表示假定模型，至少有一个"外生、内生"解释变量的回归系数不为 0。

（2）报表"z"栏中，在双边检验下，若 |z|>1.96，则表示该自变量对响应变量有显著影响。|z| 值越大，表示该解释变量对响应变量的关联性（relevance）越高。

（3）Logit 系数"Coef."栏中是对数概率单位，故不能用 OLS 回归系数的概念来解释。

（4）用 ologit 估计 S 分数，它是各外生解释变量 W 及内生解释变量的线性组合：

$$S = \beta_1 \times W_1 + \beta_2 \times W_2 + (\hat{X} = \gamma_1 \times Z_1 + \gamma_2 \times Z_2)$$

$$S = 0.53(exercise = yes,\ insured = no) + 0.52(exercise = yes,\ insured = yes) +$$
$$0.11(insured = no) + 0.13(insured = yes)$$

预测概率值细分为两种状况：

①当 insured=no（无健康保险者），其健康程度的概率值为：

P（health=1，insured=no）=P（S+u ≤ _cut1）=P（S+u ≤ 0.628）

P（health=2，insured=no）=P（_cut1<S+u ≤ _cut2）=P（0.628<S+u ≤ 1.594）

P（health=3，insured=no）=P（_cut2<S+u ≤ _cut3）=P（1.594<S+u ≤ 2.526）

P（health=4，insured=no）=P（_cut3<S+u ≤ _cut4）=P（2.526<S+u ≤ 3.417）

P（health=5，insured=no）=P（_cut4<S+u）=P（3.417<S+u）

② 当 insured=yes（有健康保险者），其健康程度的概率值为：

P（health=1，insured=yes）=P（S+u ≤ _cut1）=P（S+u ≤ -0.725）

P（health=2，insured=yes）=P（_cut1<S+u ≤ _cut2）=P（-0.725<S+u ≤ 0.44）

P（health=3，insured=yes）=P（_cut2<S+u ≤ _cut3）=P（0.44<S+u ≤ 1.33）

P（health=4，insured=yes）=P（_cut3<S+u ≤ _cut4）=P（1.33<S+u ≤ 2.29）

P（health=5，insured=yes）=P（_cut4<S+u）=P（2.29<S+u）

Step 2. 具有稳健标准差的内生协变量分析

```
* 具有稳健标准差With robust standard errors
. eoprobit health i.exercise grade, entreat(insured = grade i.workschool) vce(robust)

Extended ordered probit regression          Number of obs   =      6,000
                                             Wald chi2(4)    =     516.93
Log pseudolikelihood = -9105.4376            Prob > chi2     =     0.0000

------------------------------------------------------------------------------
             |                 Robust
             |      Coef.    Std. Err.      z    P>|z|    [95% Conf. Interval]
```

```
-------------+---------------------------------------------------------------
health       |
    exercise#|
     insured |
      yes#no |   .5296149   .0619049     8.56   0.000    .4082835    .6509463
     yes#yes |   .5190249    .033872    15.32   0.000    .4526371    .5854127
             |
insured#c.grade |
          no |   .1079014   .0250326     4.31   0.000    .0588383    .1569645
         yes |   .1296456   .0107428    12.07   0.000      .10859    .1507012
-------------+---------------------------------------------------------------
insured      |
       grade |   .3060024   .0100506    30.45   0.000    .2863036    .3257012
             |
  workschool |
         yes |   .5387767   .0446794    12.06   0.000    .4512067    .6263466
       _cons |  -3.592452   .1348431   -26.64   0.000    -3.85674   -3.328165
-------------+---------------------------------------------------------------
/health      |
insured#c.cut1 |
          no |   .6282326   .2393499                     .1591154     1.09735
         yes |  -.7255086   .2470598                    -1.209737   -.2412803
insured#c.cut2 |
          no |   1.594089   .2300159                     1.143266    2.044912
         yes |   .4404531   .1986825                     .0510426    .8298636
insured#c.cut3 |
          no |   2.526424   .2241048                     2.087186    2.965661
         yes |   1.332514   .1845713                     .9707608    1.694267
insured#c.cut4 |
          no |    3.41748   .2356708                     2.955574    3.879386
         yes |   2.292828   .1760594                     1.947758    2.637899
-------------+---------------------------------------------------------------
corr(e.insured,|
   e.health)|   .3414241   .0940374     3.63   0.000    .1460223    .5111858
-------------+---------------------------------------------------------------
```

Step 3. 再考虑内生样本的选择

```
* As above, and account for endogenous sample selection
. eoprobit health i.exercise c.grade, entreat(insured = grade i.workschool)
  select(select = i.insured i.regcheck) vce(robust)

Extended ordered probit regression        Number of obs   =      6,000
                                           Selected        =      4,693
                                           Nonselected     =      1,307
```

	Coef.	Robust Std. Err.	z	P>|z|	[95% Conf. Interval]	
health						
exercise#insured						
yes#no	.4169984	.0851131	4.90	0.000	.2501798	.583817
yes#yes	.5399986	.037546	14.38	0.000	.4664098	.6135874
insured#c.grade						
no	.1317866	.0342405	3.85	0.000	.0646765	.1988967
yes	.1343324	.0129342	10.39	0.000	.1089818	.159683
select						
insured						
yes	1.01669	.092325	11.01	0.000	.8357364	1.197644
regcheck						
yes	.5374105	.0397297	13.53	0.000	.4595417	.6152793
_cons	-.1690644	.0743716	-2.27	0.023	-.3148301	-.0232987
insured						
grade	.3057852	.0100116	30.54	0.000	.2861628	.3254076
workschool						
yes	.5314797	.0452607	11.74	0.000	.4427703	.6201891
_cons	-3.584315	.1348183	-26.59	0.000	-3.848554	-3.320077
/health						
insured#c.cut1						
no	.7262958	.3313472			.0768673	1.375724
yes	-.5450451	.3181876			-1.168681	.0785912
insured#c.cut2						
no	1.719809	.3129056			1.106526	2.333093
yes	.5683456	.2464686			.085276	1.051415
insured#c.cut3						
no	2.620793	.3056038			2.021821	3.219766
yes	1.442022	.2227768			1.005387	1.878656
insured#c.cut4						
no	3.48945	.3158536			2.870389	4.108512
yes	2.391497	.2090187			1.981828	2.801166
corr(e.select, e.health)	.496699	.0990366	5.02	0.000	.2795869	.665485
corr(e.insured,						

```
----------------+------------------------------------------------------------
corr(e.select,|
      e.health)|   .496699   .0990366    5.02   0.000     .2795869    .665485
corr(e.insured,|
      e.health)|  .4032487    .121518    3.32   0.001     .1421331   .6118937
corr(e.insured,|
      e.select)|  .2661948   .0555596    4.79   0.000     .1543216   .3713287
----------------------------------------------------------------------------
```

6.5 多元混合效应有序逻辑回归：以社会课程的介入对学生了解健康概念程度的效果为例（meologit 命令）

有关多元模型的概念介绍，请见本书第 8 章 8.2 节 "多元逻辑回归"。

范例：多元混合效应有序逻辑回归（meologit 命令）

本例数据取自 "Television, School, and Family Smoking Prevention and Cessation Project（Flay 等，1988；Rabe-Hesketh and Skrondal 2012，chap. 11）"。其中，schools 是随机分配到由两个治疗变量所定义的四组之一。每个学校的学生都嵌套在 classes（classes 嵌套在 schools）中，故形成双层的模式。在这个例子中，我们忽略了学校内 classes 的变异性。

1) 问题说明

为了了解 "社会课程（cc）" 并辅以 "电视（tv）" 介入 "前、后" 学生对健康概念的了解程度（thk、prethk）（分析单位：学生个人），本例的教学实验 "前、后"，收集数据包括 "k=28 个学校，j=135 个班级，i=1 600 名学生"。

研究者收集数据并整理成下表，此 "tvsfpors.dta" 文件内容的变量如下（见图 6-18）：

变量名称	说明	编码 Codes / Values
结果变量/响应变量: thk	介入后，个人对香烟及健康知识的得分	1~4 分（程度题）
分层变量: school	学校 ID	1~28 个学校
分层变量: class	班级 ID	1~135 个班级
解释变量/自变量: prethk	介入前，个人对香烟及健康知识的得分	0~6（程度题）
解释变量/自变量: cc	社会课程，如果存在则 cc=1	0, 1（二元数据）
解释变量/自变量: tv	电视介入，如果存在则 tv=1	0, 1（二元数据）

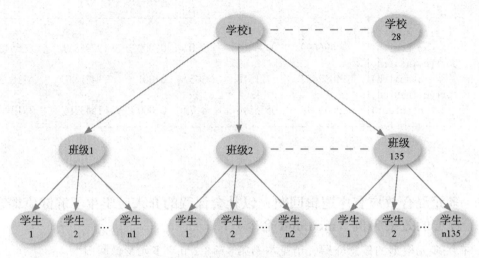

图6-18　非平衡的分层随机抽样设计

2）文件的内容

"tvsfpors.dta"文件内容如图6-19所示。

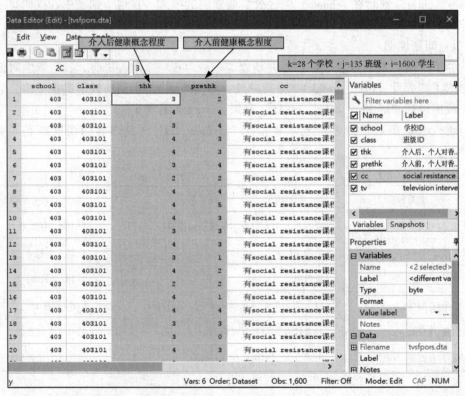

图6-19　"tvsfpors.dta"文件内容（k=28个学校，j=135个班级，i=1 600名学生）

观察数据的特征

```
. webuse tvsfpors

. des

Contains data from D:\08 mixed logit regression\CD\tvsfpors.dta
  obs:         1,600
  vars:            6                        13 Oct 2017 15:53
  size:       16,000
--------------------------------------------------------------------------------
              storage   display    value
variable name  type     format     label      variable label
--------------------------------------------------------------------------------
school         int      %9.0g                 学校 ID
class          float    %9.0g                 班别 ID
thk            byte     %15.0g     tv_fmt      介入后，个人对香烟及健康知识的得分
prethk         byte     %9.0g                 介入前，个从对香烟及健康知识的得分
cc             byte     %26.0g     cc_fmt      social resistance classroom
                                                 curriculum, =1 if present
tv             byte     %15.0g     tv_fmt      television intervention, =1 if
                                                 present
```

3）分析结果与讨论（见图6-20）

Step 1. 二层次有序逻辑回归

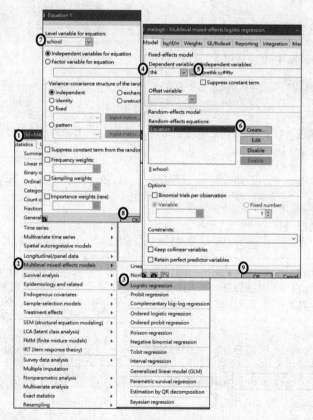

图6-20   "meologit thk prethk cc # # tv // school："页面

注：Statistics > Multilevel mixed-effects models > Ordered logistic regression

```
* 打开文件
. webuse tvsfpors

* Two-level mixed-effects ordered logit regression
*符号 "A##B" 界定为完全二因子，即 A, B,A*B 三个效果
. meologit thk prethk cc##tv || school:

Grid node 0:    log likelihood = -2136.2426

Fitting full model:

Mixed-effects ologit regression              Number of obs     =      1,600
Group variable:          school              Number of groups  =         28

                                             Obs per group:
                                                         min =         18
                                                         avg =       57.1
                                                         max =        137

Integration method: mvaghermite              Integration pts.  =          7

                                             Wald chi2(4)      =     128.06
Log likelihood = -2119.7428                  Prob > chi2       =     0.0000
```

thk	Coef.	Std. Err.	z	P>|z|	[95% Conf. Interval]	
prethk	.4032892	.03886	10.38	0.000	.327125	.4794534
cc						
有社会课程	.9237904	.204074	4.53	0.000	.5238127	1.323768
tv						
有电视介入	.2749937	.1977424	1.39	0.164	-.1125744	.6625618
cc#tv #						
有社会课程 有电视介入	-.4659256	.2845963	-1.64	0.102	-1.023724	.0918728
/cut1	-.0884493	.1641062			-.4100916	.233193
/cut2	1.153364	.165616			.8287625	1.477965
/cut3	2.33195	.1734199			1.992053	2.671846
school						
var(_cons)	.0735112	.0383106			.0264695	.2041551

```
LR test vs. ologit model: chibar2(01) = 10.72        Prob >= chibar2 = 0.0005
```

（1）LR 卡方值=128.06（p<0.05），表示假定模型至少有一个解释变量的回归系数不为 0。

（2）在报表"z"栏中双边检验下，若 |z|>1.96，则表示该自变量对响应变量有显著影响。|z| 值越大，表示该自变量对响应变量的关联性（relevance）越高。

（3）Logit 系数"Coef."栏中，是对数概率单位，因此不能用 OLS 回归系数的概念来解释。

（4）用 ologit 估计 S 分数，它是各自变量 X 的线性组合：

$$S = 0.40 \times prethk + 0.92 \times cc + 0.27 \times tv - 0.466(cc = 1) \times (tv = 1)$$

预测概率值为：

P（thk=1）P（S+u≤_cut1）=P（S+u≤-0.088）

P（thk=2）=P（_cut1<S+u≤_cut2）=P（-0.088<S+u≤1.153）

P（thk=3）=P（_cut2<S+u≤_cut3）=P（1.153<S+u≤2.332）

P（thk=4）=P（_cut3<S+u）=P（2.332<S+u）

（5）似然比检验"多元 meologit 对比单因素 ologit model"结果得 $\chi^2_{01} = 10.72$(p < 0.05)，表示多元有序逻辑模型比单因素有序逻辑模型更拟合本样本。

Step 2. 三元有序逻辑回归（见图6-21）

（1）LR 卡方值=124.39（p<0.05），表示假定模型至少有一个解释变量的回归系数不为 0。

（2）在报表"z"栏中双边检验下，若 |z|>1.96，则表示该自变量对响应变量有显著影响。|z| 值越大，表示该自变量对响应变量的关联性（relevance）越高。

（3）Logit 系数"Coef."栏中，是对数概率单位，故不能用 OLS 回归系数的概念来解释。

（4）用 ologit 估计 S 分数，它是各自变量 X 的线性组合：

$$S=0.40 \times prethk+0.92 \times cc+0.27 \times tv-0.466（cc=1）\times（tv=1）$$

预测概率值为：

P（thk=1）=P（S+u≤_cut1）=P（S+u≤-0.096）

P（thk=2）=P（_cut1<S+u≤_cut2）=P（-0.096<S+u≤1.177）

P（thk=3）=P（_cut2<S+u≤_cut3）=P（1.177<S+u≤2.384）

P（thk=4）=P（_cut3<S+u）=P（2.384<S+u）

（5）似然比检验"多元 meologit 对比单因素 ologit model"，结果得 $\bar{\chi}^2_{(01)}$=21.03（p< 0.05），表示多元有序逻辑模型比单因素有序逻辑模型更拟合本样本。

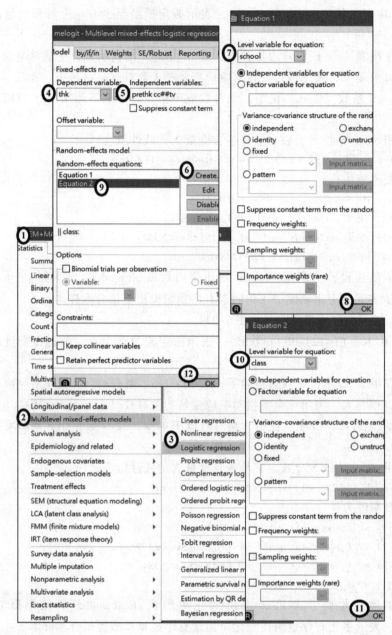

图6-21　"meologit thk prethk cc ＃ ＃ tv ∥ school：∥ class："页面

注：Statistics > Multilevel mixed-effects models > Ordered logistic regression

* Three-level mixed-effects ordered logit regression

*符号"A##B"界定为完全二因子，即A，B,A*B三个效果
. meologit thk prethk cc##tv || school: || class:

Mixed-effects ologit regression   Number of obs   =   1,600

```
-----------------------------------------------------------------
                |    No. of      Observations per Group
Group Variable  |    Groups    Minimum   Average   Maximum
----------------+------------------------------------------------
        school  |      28        18        57.1      137
         class  |     135         1        11.9       28
-----------------------------------------------------------------
```

Integration method: mvaghermite   Integration pts. =   7

                                               Wald chi2(4)   =   124.39
Log likelihood = -2114.5881   Prob > chi2   =   0.0000

```
-----------------------------------------------------------------------------
         thk |     Coef.   Std. Err.      z    P>|z|   [95% Conf. Interval]
-------------+---------------------------------------------------------------
      prethk |   .4085273    .039616   10.31   0.000    .3308814    .4861731
             |
          cc |
    有社会课程 |   .8844369   .2099124    4.21   0.000    .4730161    1.295858
             |
          tv |
    有电视介入 |    .236448   .2049065    1.15   0.249   -.1651614    .6380575
             |
       cc#tv |
  有社会课程  #|
   有电视介入 |  -.3717699   .2958887   -1.26   0.209    -.951701    .2081612
-------------+---------------------------------------------------------------
       /cut1 |  -.0959459   .1688988                    -.4269815    .2350896
       /cut2 |   1.177478   .1704946                     .8433151    1.511642
       /cut3 |   2.383672   .1786736                     2.033478    2.733865
-------------+---------------------------------------------------------------
school       |
   var(_cons)|   .0448735   .0425387                     .0069997    .2876749
-------------+---------------------------------------------------------------
school>class |
   var(_cons)|   .1482157   .0637521                      .063792    .3443674
-----------------------------------------------------------------------------
LR test vs. ologit model: chi2(2) = 21.03          Prob > chi2 = 0.0000
```

Note: LR test is conservative and provided only for reference.

Step 3. 双元模型与三元模型，哪个更好呢？

信息准则（information criterion）：亦可用来说明模型的解释能力（较常用来作为模型选取的准则，而非单纯描述模型的解释能力）

（1）AIC（Akaike information criterion）

$$AIC = \ln\left(\frac{ESS}{T}\right) + \frac{2k}{T}$$

（2）BIC（Bayes information criterion）或 SIC（Schwartz）或 SBC

$$BIC = \ln\left(\frac{ESS}{T}\right) + \frac{k\ln(T)}{T}$$

（3）AIC 与 BIC 越小，代表模型的解释能力越好（用的变量越少，或是误差平方和越小）。

一般而言，当模型复杂度提高（k 增大）时，密度函数 L 也会增大，从而使 AIC 变小。但是 k 过大时，密度函数增速减缓，导致 AIC 增大，模型过于复杂容易造成过度拟合现象。目标是选取 AIC 最小的模型，AIC 不仅要提高模型拟合优度（极大似然），而且引入了惩罚项，使模型参数尽可能少，有助于降低过度拟合的可能性。

* 双层模型拟合度

```
. quietly meologit thk prethk cc##tv || school:

. estat ic
```

Akaike's information criterion and Bayesian information criterion

```
-----------------------------------------------------------------------
       Model |        Obs   ll(null)  ll(model)       df        AIC        BIC
-------------+---------------------------------------------------------------
           . |       1,600          .  -2119.743        8   4255.486   4298.508
-----------------------------------------------------------------------
```

* 三层模型拟合度

```
. quietly meologit thk prethk cc##tv || school: || class:
. estat ic
```

Akaike's information criterion and Bayesian information criterion

```
-----------------------------------------------------------------------
       Model |        Obs   ll(null)  ll(model)       df        AIC        BIC
-------------+---------------------------------------------------------------
           . |       1,600          .  -2114.588        9   4247.176   4295.576
-----------------------------------------------------------------------
```

三层模型拟合优度 AIC=4247.176，小于双层模型拟合优度（AIC=4255.486），表示三层模型优于双层模型。

6.6　多元混合效应有序概率回归：以社会课程的介入对学生了解健康概念程度的效果为例（meoprobit 命令）

承 6.5 节范例，只是由"多元有序逻辑回归"改成"多元有序概率回归"，再重做一次统计分析。

范例：多元有序概率回归（meoprobit 命令）

本例数据取自"Television，School，and Family Smoking Prevention and Cessation Project（Flay 等，1988；Rabe-Hesketh and Skrondal 2012，chap. 11）"。其中，schools 是随机分配到由两个治疗变量所定义的四组之一。每个学校的学生都嵌套在 classes（classes 嵌套在 schools）中，故形成双层模式。在这个例子中，我们忽略了学校内 classes 的变异性。

1）问题说明

为了了解社会课程（cc）并辅以电视（tv）介入前、后学生对了解健康概念程度（thk、prethk）的教学效果（分析单位：学生个人），本例的教学实验前后，k=28 个学校，j=135 个班级，i=1 600 名学生。

研究者收集数据并整理成下表，此"tvsfpors.dta"文件内容的变量如下（见图6-22）：

变量名称	说明	编号
结果变量/响应变量：thk	介入后，个人对香烟及健康知识的得分	1~4 分（程度题）
分层变量：school	学校 ID	1~28 个学校
分层变量：class	班级 ID	1~135 个班级
解释变量/自变量：prethk	介入前，个人对香烟及健康知识的得分	0~6（程度题）
解释变量/自变量：cc	社会课程，若存在则 cc=1	0，1（二元数据）
解释变量/自变量：tv	电视介入，若存在则 tv=1	0，1（二元数据）

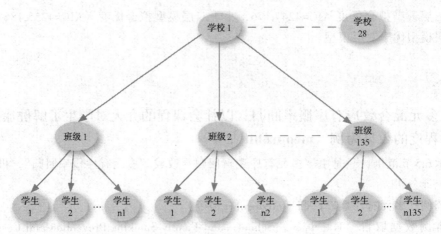

图6-22 非平衡的分层随机抽样设计

2) 文件的内容

"tvsfpors.dta" 文件内容如图6-23所示。

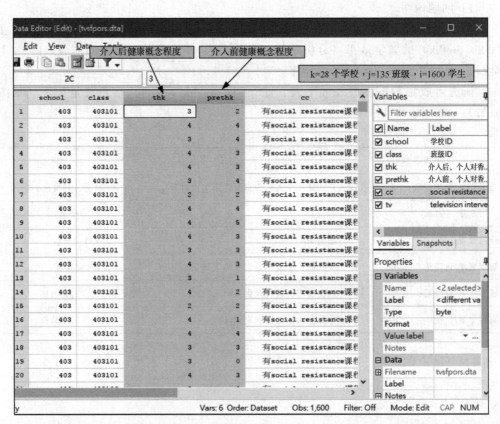

图6-23 "tvsfpors.dta" 资料文件内容（k=28 个学校，j=135 个班级，i=1 600名学生）

3）分析结果与讨论

Step 1. 双层模型有序概率回归分析（Two-level mixed-effects ordered probit regression）（见图6-24）

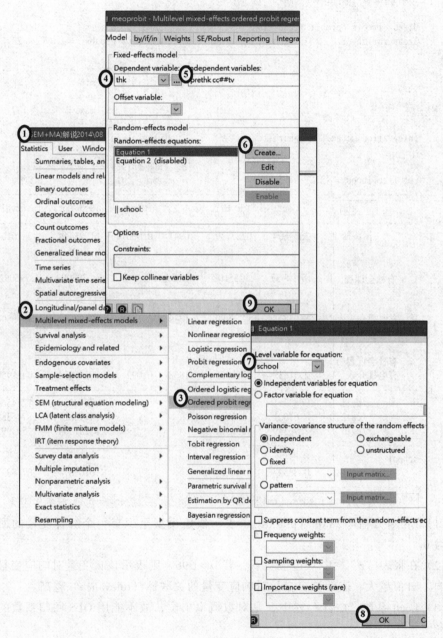

图6-24　"meoprobit thk prehthk cc # # tv ‖ school："页面

注：Statistics>Multilevel mixed-effects models>Ordered probit regression

```
* 打开文件
. webuse tvsfpors

*符号 "A##B" 界定为完全二因子，即 A，B，A*B 三个效果
*Two-level mixed-effects ordered probit regression
. meoprobit thk prethk cc##tv || school:

Mixed-effects oprobit regression          Number of obs     =      1,600
Group variable:          school           Number of groups  =         28

                                          Obs per group:
                                                         min =         18
                                                         avg =       57.1
                                                         max =        137

Integration method: mvaghermite          Integration pts.  =          7

                                          Wald chi2(4)      =     128.05
Log likelihood = -2121.7715               Prob > chi2       =     0.0000
```

thk	Coef.	Std. Err.	z	P>|z|	[95% Conf. Interval]
prethk	.2369804	.0227739	10.41	0.000	.1923444 .2816164
cc					
有社会课程	.5490957	.1255108	4.37	0.000	.303099 .7950923
tv					
有电视介入	.1695405	.1215889	1.39	0.163	-.0687693 .4078504
cc#tv					
有社会课程 #					
有电视介入	-.2951837	.1751969	-1.68	0.092	-.6385634 .0481959
/cut1	-.0682011	.1003374			-.2648587 .1284565
/cut2	.67681	.1008836			.4790817 .8745382
/cut3	1.390649	.1037494			1.187304 1.593995
school					
var(_cons)	.0288527	.0146201			.0106874 .0778937

```
LR test vs. oprobit model: chibar2(01) = 11.98      Prob >= chibar2 = 0.0003
```

（1）LR 卡方值=128.05（p<0.05），表示假定模型至少有一个解释变量的回归系数不为 0。

（2）在报表 "z" 栏中双边检验下，若 |z|>1.96，则表示该自变量对响应变量有显著影响。|z| 值越大，表示该自变量对响应变量的关联性（relevance）越高。

（3）Logit 系数 "Coef." 栏中，是对数概率单位，故不能用 OLS 回归系数的概念来解释。

（4）用 ologit 估计 S 分数，它是各自变量 X 的线性组合：

$$S=0.40×prethk+0.92×cc+0.27×tv-0.466（cc=1）×（tv=1）$$

预测概率值为：

P（thk=1）=P（S+u≤_cut1）=P（S+u≤-0.068）

P（thk=2）=P（_cut1<S+u≤_cut2）=P（-0.068<S+u≤0.677）

P（thk=3）=P（_cut2<S+u≤_cut3）=P（0.677<S+u≤1.390）

P（thk=4）=P（_cut3<S+u）=P（1.390<S+u）

（5）似然比检验"多元 meoprobit 对比单因素 oprobit model"，结果得 $\bar{\chi}^2_{(01)}=11.98$（p<0.05），表示多元有序概率模型比单因素有序概率模型更拟合本样本。

Step 2.三元有序逻辑回归（见图6-25）

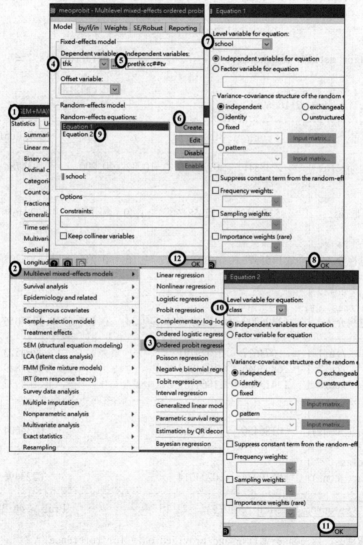

图6-25　"meoprobit thk prehthk cc # # tv ‖ school：‖ class："页面

注：Statistics>Multilevel mixed-effects models>Ordered probit regression

```
*
* Three-level mixed-effects ordered probit regression
*符号 "A##B" 界定为完全二因子，即 A，B，A*B 三个效果
. meoprobit thk prethk cc##tv || school: || class:

Mixed-effects oprobit regression              Number of obs      =      1,600

-----------------------------------------------------------------
             |     No. of      Observations per Group
Group Variable |     Groups   Minimum   Average   Maximum
---------------+-------------------------------------------------
      school |       28         18        57.1       137
       class |      135          1        11.9        28
-----------------------------------------------------------------

Integration method: mvaghermite              Integration pts.   =         7

                                             Wald chi2(4)       =     124.20
Log likelihood = -2116.6981                  Prob > chi2        =     0.0000
-----------------------------------------------------------------------------
         thk |      Coef.   Std. Err.      z    P>|z|     [95% Conf. Interval]
-------------+---------------------------------------------------------------
      prethk |   .238841   .0231446    10.32   0.000     .1934784    .2842036
             |
          cc |
有 social res..|   .5254813   .1285816     4.09   0.000     .2734659    .7774967
             |
          tv |
     有电视介入 |   .1455573   .1255827     1.16   0.246    -.1005803    .3916949
             |
       cc#tv |
有 social res.. #|
     有电视介入 |  -.2426203   .1811999    -1.34   0.181    -.5977656    .1125251
-------------+---------------------------------------------------------------
       /cut1 |  -.074617   .1029791                       -.2764523    .1272184
       /cut2 |  .6863046   .1034813                        .4834849    .8891242
       /cut3 |  1.413686   .1064889                        1.204972    1.622401
-------------+---------------------------------------------------------------
school       |
    var(_cons)|   .0186456   .0160226                       .0034604    .1004695
-------------+---------------------------------------------------------------
school>class |
    var(_cons)|   .0519974   .0224014                       .0223496    .1209745
-----------------------------------------------------------------------------
LR test vs. oprobit model: chi2(2) = 22.13          Prob > chi2 = 0.0000
```

Note: LR test is conservative and provided only for reference.

（1）LR 卡方值=124.20（p<0.05），表示假定模型至少有一个解释变量的回归系数不为 0。

（2）在报表"z"栏中双边检验下，若 |z|>1.96，则表示该自变量对响应变量有显著影响。|z| 值越大，表示该自变量对响应变量的关联性（relevance）越高。

（3）Logit 系数"Coef."栏中，是对数概率单位，故不能用 OLS 回归系数的概念来解释。

（4）用 ologit 估计 S 分数，它是各自变量 X 的线性组合：

$S=0.40×prethk+0.92×cc+0.27×tv-0.466（cc=1）×（tv=1）$

预测概率值为：

$P（thk=1）=P（S+u≤\_cut1）=P（S+u≤-0.075）$

$P（thk=2）=P（\_cut1<S+u≤\_cut2）=P（-0.075<S+u≤0.686）$

$P（thk=3）=P（\_cut2<S+u≤\_cut3）=P（0.686<S+u≤1.414）$

$P（thk=4）=P（\_cut3<S+u）=P（1.414<S+u）$

（5）似然比检验"多元 meoprobit 对比单因素 oprobit model"，结果得 $χ^2_{(2)}=22.13$（p<0.05），表示多元有序概率模型比单因素 有序概率模型更拟合本样本。

Step 3. 双元模型与三元模型，哪个更优呢？

信息准则：也可用来说明模型的解释能力（较常用来作为模型选取的准则，而非单纯描述模型的解释能力）。

（1）AIC

$$AIC = \ln\left(\frac{ESS}{T}\right) + \frac{2k}{T}$$

（2）BIC 或 SIC 或 SBC

$$BIC = \ln\left(\frac{ESS}{T}\right) + \frac{k\ln(T)}{T}$$

（3）AIC 与 BIC 越小，代表模型的解释能力越好（用的变量越少，或者误差平方和越小）

一般而言，当模型复杂度提高（k 增大）时，似然函数 L 也会增大，从而使 AIC 变小。但是 k 过大时，似然函数增速减缓，导致 AIC 增大，模型过于复杂容易造成过度拟合的现象。目标是选取 AIC 最小的模型，AIC 不仅要提高模型拟合度（极大似然），而且引入了惩罚项，使模型参数尽可能少，有助于降低过度拟合的可能性。

* 双层模型拟合度
```
. quietly meoprobit thk prethk cc##tv || school:

. estat ic
```

Akaike's information criterion and Bayesian information criterion

```
------------------------------------------------------------------------
      Model |        Obs   ll(null)  ll(model)      df        AIC        BIC
------------+-----------------------------------------------------------
          . |      1,600          .  -2121.772       8   4259.543   4302.565
------------------------------------------------------------------------
```

* 三层模型拟合度
```
. quietly meoprobit thk prethk cc##tv || school: || class:
. estat ic
```

Akaike's information criterion and Bayesian information criterion

```
------------------------------------------------------------------------
      Model |        Obs   ll(null)  ll(model)      df        AIC        BIC
------------+-----------------------------------------------------------
          . |      1,600          .  -2116.698       9   4251.396   4299.796
------------------------------------------------------------------------
```

三层模型拟合度 AIC=4251.396，小于双层模型拟合度（AIC=4259.543），表示三层模型优于双层模型。

6.7 面板数据随机效应有序逻辑模型：以社会课程的介入对学生了解健康概念程度的效果为例（xtologit 命令）

承 6.5 节范例，只是由"多元有序逻辑回归"改成"带有二元随机效果的有序逻辑回归"，再重做一次统计分析。

范例：带有二元随机效果的有序逻辑回归（xtologit 命令）

本例数据取自 "Television, School, and Family Smoking Prevention and Cessation Project（Flay 等，1988；Rabe-Hesketh and Skrondal 2012, chap. 11）"。其中，

schools 是随机分配到由两个治疗变量所定义的四组之一。每个学校的学生都嵌套在 classes（classes 嵌套在 schools）中，故形成二元模式。在这个例子中，我们忽略了学校内 classes 的变异性。

1）问题说明

为了了解社会课程（cc）并辅以电视（tv）介入前、后对学生了解健康概念程度（thk、prethk）的教学效果（分析单位：学生个人），本例的教学实验前后，k=28 个学校，j=135 个班级，i=1 600 名学生。研究者收集数据并整理成下表，此"tvsfpors.dta"文件内容的变量如下（见图 6-26）：

变量名称	说明	编码 Codes / Values
被解释变量/因变量：thk	介入后，个人对香烟及健康知识的得分	1~4 分（程度题）
分级变量：school	学校 ID	1~28 个学校
分级变量：class	班级 ID	1~135 个班级
解释变量/自变量：prethk	介入前，个人对香烟及健康知识的得分	0~6（程度题）
解释变量/自变量：cc	社会课程，若存在则 cc=1	0，1（二元数据）
解释变量/自变量：tv	电视介入，若存在则 tv=1	0，1（二元数据）

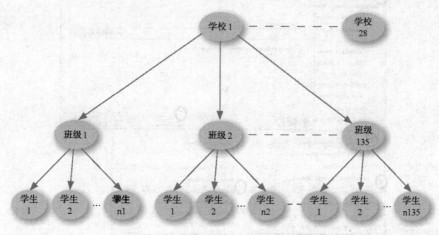

图 6-26　非平衡的分层随机抽样设计

2）文件的内容

"tvsfpors.dta"文件内容如图 6-27 所示。

3）分析结果与讨论

二元随机效果有序逻辑回归分析（见图 6-28）。

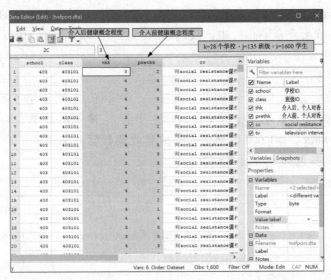

图 6-27 "tvsfpors.dta" 文件的内容（k=28 个学校，j=135 个班级，i=1 600 名学生）

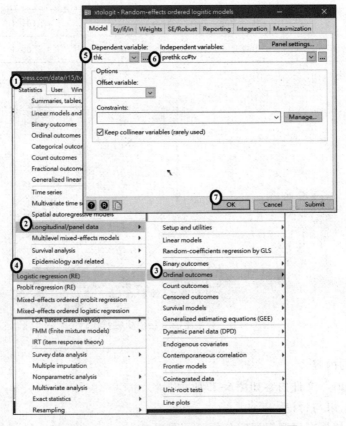

图 6-28 "xtologit thk prethk cc # # tv" 页面

注：Statistics > Longitudinal/panel data > Ordinal outcomes > Logistic regression(RE)

```
* 打开文件
. webuse tvsfpors

* 设定 school 为重复测量 /panel 变量
. xtset school
     panel variable:  school(unbalanced)

* Random-effects ordered logit regression
* 符号"A##B"界定为完全二因子, 即 A, B, A*B 三个效果
. xtologit thk prethk cc##tv
```

Random-effects ordered logistic regression	Number of obs	=	1,600
Group variable: school	Number of groups	=	28

Random effects u_i ~ Gaussian	Obs per group:		
	min	=	18
	avg	=	57.1
	max	=	137

Integration method: mvaghermite	Integration pts.	=	12

	Wald chi2(4)	=	128.06
Log likelihood = -2119.7428	Prob > chi2	=	0.0000

thk	Coef.	Std. Err.	z	P>|z|	[95% Conf. Interval]	
prethk	.4032892	.03886	10.38	0.000	.327125	.4794534
1.cc	.9237904	.204074	4.53	0.000	.5238127	1.323768
1.tv	.2749937	.1977424	1.39	0.164	-.1125744	.6625618
cc#tv						
1 1	-.4659256	.2845963	-1.64	0.102	-1.023724	.0918728
/cut1	-.0884493	.1641062			-.4100916	.233193
/cut2	1.153364	.165616			.8287625	1.477965
/cut3	2.33195	.1734199			1.992053	2.671846
/sigma2_u	.0735112	.0383106			.0264695	.2041551

LR test vs. ologit model: chibar2(01) = 10.72   Prob >= chibar2 = 0.0005

（1）LR 卡方值=128.06（p<0.05），表示假定模型至少有一个解释变量的回归系数不为 0。

（2）在报表"z"栏中双边检验下，若 |z|>1.96，则表示该自变量对因变量有显著影响。|z| 值越大，表示该自变量与因变量的相关性（relevance）越高。

（3）Logit 系数"Coef."栏中，是对数概率单位，故不能用 OLS 回归系数的概念来解释。

（4）用 ologit 估计 S 分数，它是各自变量 X 的线性组合：

S=0.40×prethk+0.92×cc+0.27×tv−0.466（cc=1）×（tv=1）

预测概率值为：

P（thk=1）=P（S+u ≤ _cut1）=P（S+u ≤−0.088）

P（thk=2）=P（_cut1<S+u ≤ _cut2）=P（−0.088<S+u ≤ 1.153）

P（thk=3）=P（_cut2<S+u ≤ _cut3）=P（1.153<S+u ≤ 2.332）

P（thk=4）=P（_cut3<S+u）=P（2.332 <S+u）

（5）似然函数检验"panel-data xtologit 对比 ologit model"，结果得 $\bar{\chi}^2_{(01)}$=10.72（p <0.05），表示面板数据有序逻辑模型比有序逻辑模型更拟合本样本。

6.8　等级–有序逻辑回归：四种方案偏好排名（rologit 命令）

英文 rank 的意思是，优先级的排名。例如，您以对汽车 5 个品牌的偏好来排名次，依次为：奔驰、宝马、保时捷、丰田、福特。

1）等级–有序逻辑回归的概念

若您的问卷调查受访者对"某替代方案的所有选择"，分别回答是排名等级（rank），对某项所有选择分"最爱、次爱、不爱"来排名，或用"最重视、次重视、不重视"来排名。例如，本例中，受访者就有 4 种选择（options）偏好的等级排名。由于 rologit 命令需要"long format"数据文件格式，故每一位受访者都有 4 条不同的记录（records）——观察值（observations）。

caseid	depvar	option	x1	x2	male
1	4	1	1	0	0
1	2	2	0	1	0
1	3	3	0	0	0
1	1	4	1	1	0
2	1	1	3	0	0
2	3	2	0	1	0
2	3	3	2	1	0
2	4	4	1	2	0
3	1	1	3	1	1
3	3	2	1	1	1
3	4	4	0	1	1
4	2	1	1	1	1
4	1	2	1	1	1
4	0	3	0	1	1
4	0	4	1	0	1

式中，"depvar=0"表示 subject 4 是界定其两个最偏好的替代方案（alternatives），以本例来说：

subject 1 对替代方案的排名（ranking）为：

option_1>option_3>option_2>option_4

subject 2 对替代方案的排名，有同分（ties）：

option_4>option_2==option_3>option_1

subject 3 对替代方案的排名，忽略了 option 3：

option_4>option_2>option_1

subject 4 对替代方案的排名不完整：

option_1>option_2 >（option_3，option_4）

2）wide 文件格式，转为 long 格式

假如您的问卷调查是"wide forma"，选项排名"ranking of options"分别记录在一个序列的变量中，如下：

caseid	opt1	opt2	opt3	opt4
1	4	2	3	1
2	1	3	3	4
3	1	3	.	4
4	2	1	0	0

那么，reshape 命令就可在"long""wide"格式之间做转换。wide 格式转为 long 格式的语法如下：

. reshape long opt, i(caseid) j(option)
* 删去 missing 值
. drop if missing(opt)

3）范例：等级定序逻辑回归（rologit 命令）

（1）问题说明

为了解 4 个替代方案偏好排名的影响因素有哪些（分析单位：个人），共询问 4 个受访者，询问每人对 4 个方案的偏好排名（ranking）。研究者收集数据并整理成下表，此"rologitxmpl2.dta"文件内容的变量如下：

变量名称	说明	编码 Codes / Values
被解释变量/因变量：depvar	因变量（ranking）	0~4（排名）
解释变量/自变量：x1	自变量 1	0~3
解释变量/自变量：x2	自变量 2	0~2
分组变量：caseid	受访者 ID	1~4 人

（2）文件的内容

"rologitxmpl2.dta"文件内容如图 6-29 所示。

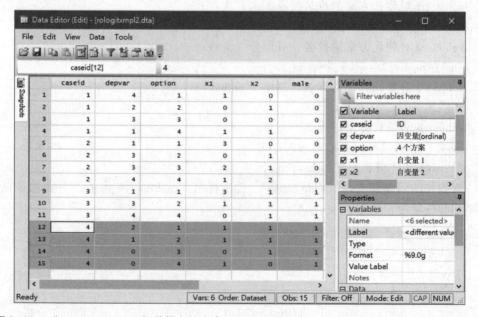

图 6-29 "rologitxmpl2.dta"数据文件内容（N=4 个受访者，4 个方案，询问 4 人其偏好排名）

观察数据的特征。

```
* 打开文件
. webuse rologitxmpl2

. des

Contains data from D:\08 mixed logit regression\CD\rologitxmpl2.dta
  obs:           15
  vars:           6                              14 Oct 2017 11:12
  size:          135
-------------------------------------------------------------------------
              storage   display    value
variable name  type     format     label        variable label
-------------------------------------------------------------------------
caseid         byte     %9.0g                    ID
depvar         byte     %9.0g                    因变量(ordinal)
option         byte     %9.0g                    4个方案
x1             byte     %9.0g                    自变量1
x2             byte     %9.0g                    自变量2
male           float    %9.0g                    男生吗
```

(3)分析结果与讨论

Step 1. 四个选择方案的等级—有序逻辑回归(见图6-30、图6-31)

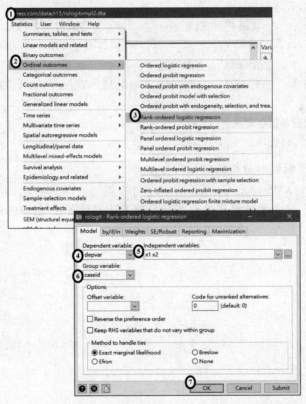

图6-30 "rologit depvar x1 x2,group(caseid)ties(exactm)"页面

注：Statistics>Ordinal outcomes>Rank-ordered logistic regression

```
. webuse rologitxmp12

* You can fit a rank-ordered logit model for the four alternatives as

* Model A
. rologit depvar x1 x2, group(caseid) ties(exactm)


Rank-ordered logistic regression              Number of obs     =        15
Group variable: caseid                        Number of groups  =         4

Ties handled via the exactm method            Obs per group: min =        3
                                                             avg =      3.75
                                                             max =         4

                                              LR chi2(2)        =      2.92
Log likelihood = -8.480076                    Prob > chi2       =    0.2323


------------------------------------------------------------------------------
      depvar |      Coef.   Std. Err.      z    P>|z|     [95% Conf. Interval]
-------------+----------------------------------------------------------------
          x1 |  -.6701888   .5296126    -1.27   0.206    -1.70821    .3678328
          x2 |   .3950902   .9111068     0.43   0.665    -1.390646   2.180827
------------------------------------------------------------------------------

* 最近一次回归参数存至 A
. estimates store A
```

等级—有序逻辑回归分析的估计值为：

value=−0.670×x1+0.395×x2

但"x1，x2"这两个解释变量的回归系数未达到显著性（p>0.05）。

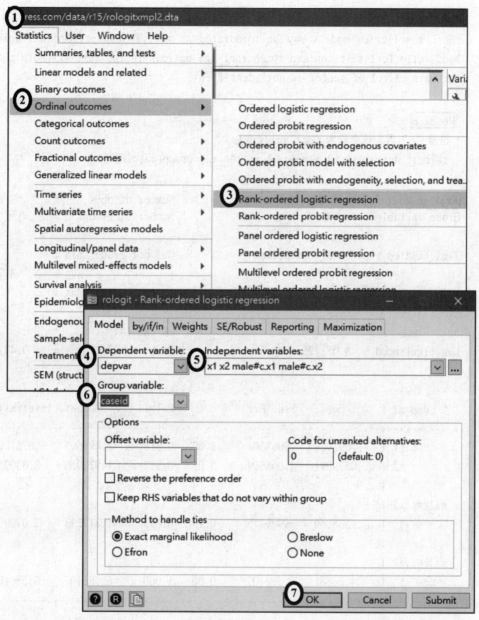

图6-31 "rologit depvar x1 x2 male#c.x1 male#c.x2，group（caseid）"页面

注：Statistics > Ordinal outcomes > Rank-ordered logistic regression

Step 2. Rank-ordered logistic regression 包含交互作用项

*More complicated models may be formulated as well.We can perform a likeli-hood-ratio test that men and women rank the options in the same way(note that the main effect of gender is not identified),

*Model B
* 符号 "c." 界定该变量为 Continuous 变量
. rologit depvar x1 x2 male#c.x1 male#c.x2, group(caseid)

```
Rank-ordered logistic regression          Number of obs     =       15
Group variable: caseid                     Number of groups  =        4

Ties handled via the exactm method         Obs per group: min =       3
                                                         avg =     3.75
                                                         max =        4

                                           LR chi2(4)        =     3.78
Log likelihood = -8.051726                 Prob > chi2       =   0.4372
```

depvar	Coef.	Std. Err.	z	P>|z|	[95% Conf. Interval]	
x1	-.7092929	.7068508	-1.00	0.316	-2.094695	.6761093
x2	.0539991	1.008669	0.05	0.957	-1.922956	2.030954
male#c.x1						
1	.1338869	.9929315	0.13	0.893	-1.812223	2.079997
male#c.x2						
1	34.26881	3.36e+07	0.00	1.000	-6.58e+07	6.58e+07

* 回归参数存至 B
. estimates store B

. lrtest A B, stat

```
Likelihood-ratio test                              LR chi2(2)   =      0.86
(Assumption: A nested in B)                         Prob > chi2  =    0.6516
```

Model	Obs	ll(null)	ll(model)	df	AIC	BIC
A	15	-9.939627	-8.480076	2	20.96015	22.37625
B	15	-9.939627	-8.051726	4	24.10345	26.93565

Model A 的拟合度（AIC=20.96），比 Model B（AIC=24.10）小。故 Model A 比 Model B 优。因此本例比等级—有序逻辑回归不包含交互作用项更好。

6.9 特定方案的等级定序概率回归：以四种工作特性偏好的影响因素为例（asroprobit 命令）

备选方案（alternative）是指二选一、多选一、更替、可采用方法、替代物。等级定序概率模型（rank-ordered probit model）的数学描述和数值计算与多项概率模型（multinomial probit model）相似。唯一的区别是，等级定序概率模型的因变量是有序的，是备选方案之间的偏好排名（preferences among alternatives）；而多项概率模型的二元因变量，是表示您"是否"选定某方案。本例将描述如何使用潜在变量框架来计算排名的可能性。但是对于这些模型的潜在变量参数化以及最大模拟似然法的详细信息，请参考 asmprobit 命令手册。

范例：备选特定方案的等级定序概率回归（alternative-specific rank-ordered probit regression，asroprobit 命令）

备选特定方案等级定序概率回归（rank-ordered logit model with alternativespecific variables）的样本取自 Long 和 Freese（2014，477）对威斯康星州的纵向研究。1957 年威斯康星州高中毕业生被以四个工作特性的相对偏好评价：（1）esteem：其他人高度重视的工作。（2）variety（多样化），一个不重复的工作，允许您做各种各样的事情。（3）autonomy（自主性）：您的主管不经常检查您的工作。（4）security（安全）：一个低风险被裁员的工作。

本例（case-specific）协变量（调节变量）有两个：（1）female（性别）。（2）score：以标准偏差度量的一般心理能力测试的得分。

1) 问题说明

为了解 4 种工作特性（jobchar）偏好排名（rank）的影响因素有哪些（分析单位：个人），研究者收集数据并整理成下表，此"wlsrank.dta"文件内容的变量如下。

因有 4 种工作特性（jobchar）可排名，故每个受访者有 4 次"重复测量数据"，即"wlsrank.dta"为 long 格式数据文件。

变量名称	说明	编码 Codes / Values
被解释变量/因变量：rank	偏好排名（1 是最喜欢，4 是最不喜欢）	1~4 分
分组变量：id	受访者 ID：每人有 4 个选择排名（4 笔）	1~4 682 人
解释变量/自变量：high	高自尊的工作吗	0，1（二元数据）
解释变量/自变量：low	低自尊的工作吗	0，1（二元数据）
alternatives 变量：jobchar	（供您挑选）有 4 种工作特性	1~4 个方案
过滤变量：noties	评级无同分的选择吗	0，1（二元数据）
调节变量：female	女性吗	0，1（二元数据）
调节变量：score	henmon-nelson 测试得分	−2.84291~2.941332 分

2）数据文件的内容

"wlsrank.dta" long 格式文件内容如图 6-32 所示。

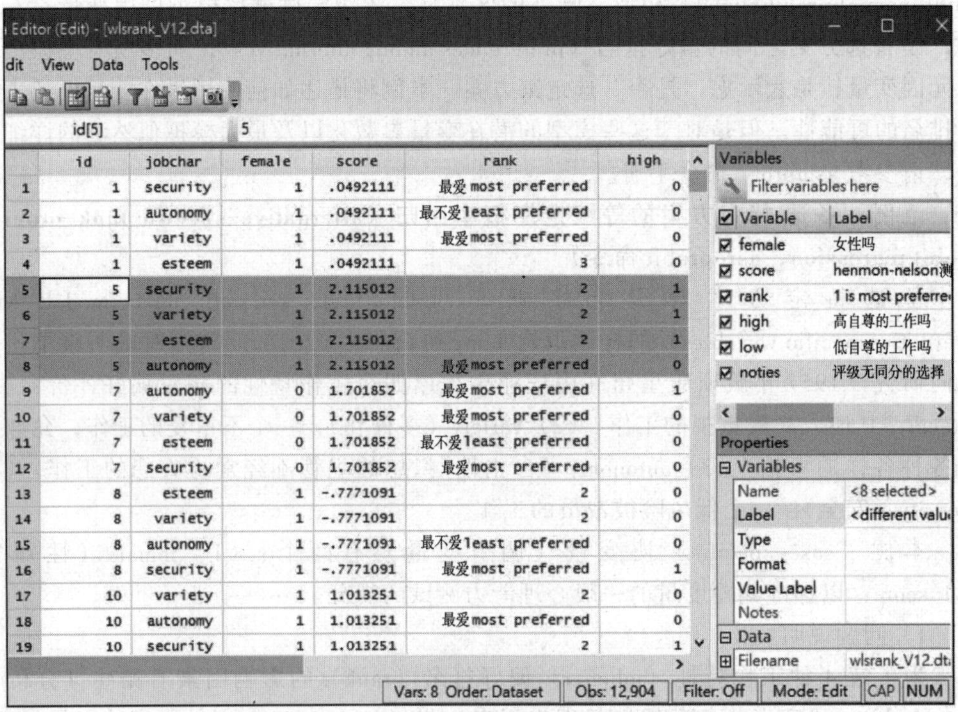

图 6-32 "wlsrank.dta"文件内容（N=4 682 个人，每个受访者有 4 次"重复测量数据"）

观察数据的特征。

* 打开文件
. webuse wlsrank, clear

. des

Contains data from D:\08 mixed logit regression\CD\wlsrank_V12.dta
```
      obs:         12,904                    1992 Wisconsin Longitudinal Study
                                             data on job
      vars:              8                    values
      size:         154,848                   14 Oct 2017 16:37
------------------------------------------------------------------------------
                 storage   display    value
variable name     type     format    label      variable label
------------------------------------------------------------------------------
id                int      %9.0g                 受访者 ID

jobchar           byte     %9.0g      character   工作特性
female            byte     %9.0g                 女性吗
score             float    %9.0g                 henmon-nelson 测验成绩
rank              byte     %21.0g     rank_fmt   1 is most preferred; 4 is least
                                                 preferred
high              byte     %9.0g                 高自尊的工作吗
low               byte     %9.0g                 低自尊的工作吗
noties            byte     %9.0g                 评等级无同分的选择吗-no tied ranks
```

. list id jobchar rank female score high low in 1/12, sepby(id)

```
     +-----------------------------------------------------------+
     | id    jobchar    rank   female     score   high   low |
     |-----------------------------------------------------------|
  1. | 1    security      1       1    .0492111     0     0 |
  2. | 1    autonomy      4       1    .0492111     0     0 |
  3. | 1    variety       1       1    .0492111     0     0 |
  4. | 1    esteem        3       1    .0492111     0     0 |
     |-----------------------------------------------------------|
  5. | 5    security      2       1    2.115012     1     0 |
  6. | 5    variety       2       1    2.115012     1     0 |
  7. | 5    esteem        2       1    2.115012     1     0 |
  8. | 5    autonomy      1       1    2.115012     0     0 |
     |-----------------------------------------------------------|
  9. | 7    autonomy      1       0    1.701852     1     0 |
 10. | 7    variety       1       0    1.701852     0     1 |
 11. | 7    esteem        4       0    1.701852     0     0 |
 12. | 7    security      1       0    1.701852     0     0 |
```

备选特定方案（alternative-specific）的特征变量有两个：high、low，表示受访者目前的工作在自尊、多样化、自主性或安全性方面的得分都很高或较低。该方法使用符号（high，low）将每个备选方案的工作特性分成三种状态：（1，0）、（0，1）和（0，0）。基于方案具有互斥性的原则，（1，1）被删除，因为被调查人目前的工作不能同时具有"高"工作特征和"低"工作特征。（0，0）分数表示受访者目前的工作在工作特征中排名不高或低（中性）。备选方案"ranked=1"是最优的方案，"ranked=4"是最差的备选方案。

　　3）分析结果与讨论

　　为了评估第一次数据"id=1"的 likelihood，asroprobit 必须计算：

　　Pr（esteem=3，variety=1，autonomy=4，security=2）+

　　Pr（esteem=3，variety=2，autonomy=4，security=1）

　　并且使用模拟估计这两个概率。事实上，完整的数据集包含 7 237 个等级定序（rank-ordered）数据，而 asroprobit 需要大量的时间来估计参数。对于博弈论，我们通过使用没有关系的情况来估计定序概率模型。这些情况被标记在变量中。就博弈论（exposition）而言，我们使用"无同分（without ties）"的情况来估计等级定序概率模型（见图6-33）。此工作偏好的模式如下：

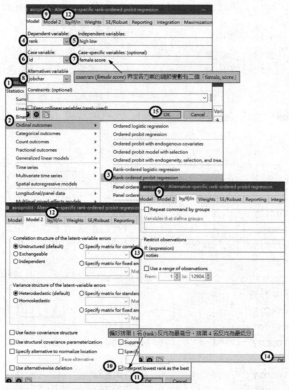

图6-33　"asroprobit rank high low if noties，case（id）alternatives（jobchar）casevars
（female score）reverse"页面

注：Statistics>Ordinal outcomes>Rank-ordered probit regression

$$\eta_{ij} = \beta_1 high_{ij} + \beta_2 low_{ij} + \alpha_{1j} female_i + \alpha_{2j} score_i + \alpha_{0j} + \xi_{ij}$$

令 j=1，2，3，4，令 "base alternative=esteem"，所以 $\alpha_{01}=\alpha_{11}=\alpha_{21}=0$。

Step 1. 备选特定方案等级定序概率回归（asroprobit 命令）

"asroprobit" 命令中，reverse 选项旨在反转 ranked 排名中最偏好的方案，第一名应计为最高分。如此，潜在变量的 Cholesky-factored "方差–协方差" 估计才会一起反转分数。

```
* 打开文件
. webuse wlsrank, clear


* Fit alternative-specific rank-ordered probit model , excluding cases with
tied ranks; specify that lowest rank is most preferred.
* casevars(female score) 界定 各方案 的调节变量有两个 "female, score"
* reverse：偏好排第 1 名 (rank) 反向为最高分 ，排第 4 名反向为最低分
. asroprobit rank high low if noties, case(id) alternatives(jobchar)
casevars(female score) reverse
```

Alternative-specific rank-ordered probit	Number of obs	=	1,660
Case variable: id	Number of cases	=	415
Alternative variable: jobchar	Alts per case: min =		4
	avg =		4.0
	max =		4

Integration sequence: Hammersley
Integration points: 200   Wald chi2(8)   =   34.01
Log simulated-likelihood = -1080.2206   Prob > chi2   =   0.0000

rank	Coef.	Std. Err.	z	P>|z|	[95% Conf. Interval]
jobchar					
high	.3741029	.0925685	4.04	0.000	.192672 .5555337
low	-.0697443	.1093317	-0.64	0.524	-.2840305 .1445419
esteem	(base alternative)（当作比较基准）				
variety					
female	.1351487	.1843088	0.73	0.463	-.2260899 .4963873
score	.1405482	.0977567	1.44	0.151	-.0510515 .3321479

```
      _cons |   1.735016    .1451343    11.95    0.000     1.450558    2.019474
------------+--------------------------------------------------------------------
autonomy    |
     female |   .2561828    .1679565     1.53    0.127    -.0730059    .5853715
      score |   .1898853    .0875668     2.17    0.030     .0182575     .361513
      _cons |   .7009797    .1227336     5.71    0.000     .4604262    .9415333
------------+--------------------------------------------------------------------
security    |
     female |    .232622    .2057547     1.13    0.258    -.1706497    .6358938
      score |  -.1780076    .1102115    -1.62    0.106    -.3940181     .038003
      _cons |   1.343766    .1600059     8.40    0.000     1.030161    1.657372
------------+--------------------------------------------------------------------
   /ln12_2  |   .1805151    .0757296     2.38    0.017     .0320878    .3289424
   /ln13_3  |   .4843091    .0793343     6.10    0.000     .3288168    .6398014
------------+--------------------------------------------------------------------
    /12_1   |   .6062037    .1169368     5.18    0.000     .3770117    .8353957
    /13_1   |   .4509217    .1431183     3.15    0.002     .1704151    .7314283
    /13_2   |   .2289447    .1226081     1.87    0.062    -.0113627    .4692521
------------------------------------------------------------------------------
```

(jobchar=esteem is the alternative normalizing location)
(jobchar=variety is the alternative normalizing scale)

（1）高自尊的工作（high=1）受访者，挑选工作很容易受"4 种工作特性"偏好排名（z=4.04，p<0.05）的影响；但低自尊的工作（low=1）受访者，则挑选工作不受"4 种工作特性"偏好排名（z=−0.64，p>0.05）的影响。

（2）上述 jobchar 自变量所建立的多项逻辑回归式如下：

$$\ln\left(\frac{P_2}{P_1}\right) = \beta_0 + \beta_1 X1_i + \beta_2 X2_i + \beta_3 X3_i + \beta_4 X4_i + \beta_5 X5_i + \cdots$$

$$\ln\left(\frac{P_{variety}}{P_{esteem}}\right) = 1.735 + 0.135 \times (female = 1) + 0.141 \times (score)$$

$$\ln\left(\frac{P_{autonomy}}{P_{esteem}}\right) = 0.7009 + 0.256 \times (female = 1) + 0.1899 \times (score)$$

$$\ln\left(\frac{P_{security}}{P_{esteem}}\right) = 1.344 + 0.2326 \times (female = 1) - 0.178 \times (score)$$

. estat correlation

```
+-----------------------------------------------+
|             | variety   autonomy   security |
|-------------+---------------------------------|
|    variety  |  1.0000                         |
|   autonomy  |  0.4516    1.0000               |
|   security  |  0.2652    0.2399    1.0000   |
+-----------------------------------------------+
```

Note: Correlations are for alternatives differenced with esteem.

. estat covariance

```
+-----------------------------------------------+
|             | variety   autonomy   security |
|-------------+---------------------------------|
|    variety  |       2                         |
|   autonomy  | .8573015   1.80229              |
|   security  | .6376996   .5475882   2.890048 |
+-----------------------------------------------+
```

Note: Covariances are for alternatives differenced with esteem.

mprobit 命令认为，如果潜在变量误差是独立的，那么各参数的相关性在0.5左右，方差应该在2.0左右，本例就符合这种情况。

Step 2. 界定潜在误差项为 xchangeable 的相关模型

* Specify exchangeable correlation model for latent-variable errors
* casevars(*female score*）界定 各方案 的调节变量有两个 "female, score"

* reverse：偏好排第1名（rank）反向为最高分，排第4名反向为最低分
. asroprobit rank high low if noties, case(id) alternatives(jobchar) casevars(female score) reverse correlation(exchangeable)

Alternative-specific rank-ordered probit   Number of obs   =   1,660

```
Case variable: id                           Number of cases    =        415

Alternative variable: jobchar                Alts per case: min =          4
                                                            avg =        4.0
                                                            max =          4

Integration sequence:       Hammersley
Integration points:            200           Wald chi2(8)     =      34.61
Log simulated-likelihood = -1080.9141        Prob > chi2      =     0.0000


------------------------------------------------------------------------------
      rank |    Coef.    Std. Err.     z     P>|z|    [95% Conf. Interval]
-----------+------------------------------------------------------------------
jobchar    |
     high  |  .3818107   .0944784    4.04   0.000    .1966365    .5669849
      low  | -.0734368   .1118343   -0.66   0.511   -.292628     .1457545
-----------+------------------------------------------------------------------
esteem     | (base alternative) 当作4种工作特性的比较基准
-----------+------------------------------------------------------------------
variety    |
   female  |   .139561   .1860201    0.75   0.453   -.2250317    .5041537
    score  |  .1440457   .0985973    1.46   0.144   -.0492015    .3372929
    _cons  |  1.766901   .1425974   12.39   0.000    1.487415    2.046387
-----------+------------------------------------------------------------------
autonomy   |
   female  |  .262867    .1666798    1.58   0.115   -.0638195    .5895535
    score  |  .1934586   .0883419    2.19   0.029    .0203117    .3666055
    _cons  |  .706617    .1199021    5.89   0.000    .4716132    .9416209
-----------+------------------------------------------------------------------
security   |
   female  |  .2373532   .2122964    1.12   0.264   -.1787401    .6534465
    score  | -.1796829   .1138263   -1.58   0.114   -.4027784    .0434126
    _cons  |  1.37279    .1619251    8.48   0.000    1.055423    1.690157
-----------+------------------------------------------------------------------
/lnsigmaP1 | -.0836054   .1244515   -0.67   0.502   -.3275258    .160315
/lnsigmaP2 |  .3748643   .0972891    3.85   0.000    .1841812    .5655475
-----------+------------------------------------------------------------------
/atanhrP1  | -.2463827   .1456752   -1.69   0.091   -.5319009    .0391354
-----------+------------------------------------------------------------------
   sigma1  |        1 (base alternative)
```

```
    sigma2 |            1 (scale alternative)
    sigma3 |   .9197942   .1144697                      .7207047   1.173881
    sigma4 |   1.454794   .1415356                      1.202234   1.760411
-----------+----------------------------------------------------------------
    rho3_2 |  -.2415154   .137178                      -.4868328   .0391155
    rho4_2 |  -.2415154   .137178                      -.4868328   .0391155
    rho4_3 |  -.2415154   .137178                      -.4868328   .0391155
----------------------------------------------------------------------------
```

(jobchar=esteem is the alternative normalizing location)
(jobchar=variety is the alternative normalizing scale)

（1）高自尊的工作（high=1）受访者，较易影响其选择"4种工作特性"偏好排名（z=4.04，p<0.05）；但属低自尊的工作（low=1）受访者，则不受"4种工作特性"偏好排名（z=-0.66，p>0.05）来挑选工作。

（2）上述 jobchar 自变量所建立的多项逻辑回归式如下：

$$\ln\left(\frac{P_2}{P_1}\right) = \beta_0 + \beta_1 X1_i + \beta_2 X2_i + \beta_3 X3_i + \beta_4 X4_i + \beta_5 X5_i + \ldots$$

$$\ln\left(\frac{P_{variety}}{P_{esteem}}\right) = 1.767 + 0.1396 \times (female = 1) + 0.144 \times (score)$$

$$\ln\left(\frac{P_{autonomy}}{P_{esteem}}\right) = 0.7066 + 0.263 \times (female = 1) + 0.193 \times (score)$$

$$\ln\left(\frac{P_{security}}{P_{esteem}}\right) = 1.373 + 0.237 \times (female = 1) - 0.1797 \times (score)$$

6.10 零膨胀泊松回归与零膨胀有序概率选择模型（zip、zioprobit 命令）

6.10.1 零膨胀（zero-inflated）泊松分布

1）零膨胀分布

在实际应用领域中计数类型数据常常有"零"值个案特别多的状况。例如，在车祸意外研究中，未曾发生车祸的个案约为47%，较其他值为多。

在流行病学研究中，在针对各国的癌症登记数据文件进行标准化死亡率（standard mortality ratio）分析时，最大的特色是许多地区完全没有恶性肿瘤的记录。以恶性肿瘤与白血病为例，分别约有61%与79%的地区呈现"零"个案的状况（Böhning，1998）。由于高比例的"零"值导致许多数据在使用泊松模型进行拟合分析时，呈现拟合不佳的情形，许多学者因此致力于此种数据模型拟合的研究，而零膨胀回归分布便应运而生（见图6-34）。图6-35对泊松分布及负二项分布在"有与无"

零膨胀的分布进行了比较。

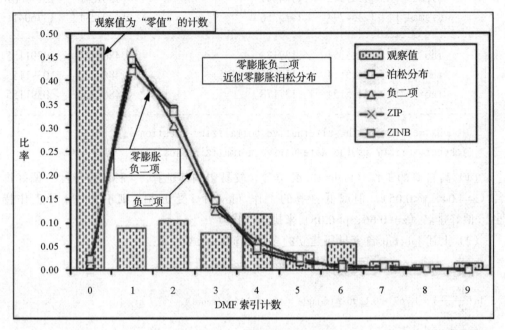

图6-34 零膨胀分布

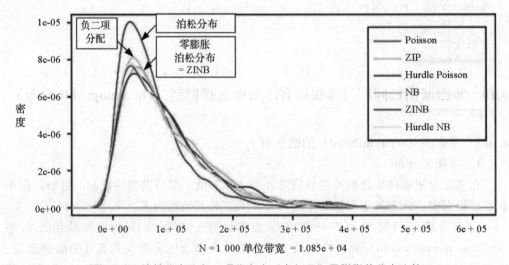

图6-35 泊松分布及负二项分布在"有与无"零膨胀的分布比较

为了处理"高比例零值"计数形态的数据，Mullahy 在1986年提出零膨胀分布（zero-inflated distribution）。

假设 Y 是一组服从零膨胀分布的随机变量，其值为非负整数，则其概率密度函数为：

$$g(Y = y) = \begin{cases} \omega + (1 - \omega)\mathrm{Pr}(Y = 0), & y = 0 \\ (1 - \omega)\mathrm{Pr}(Y = y), & y > 0 \end{cases}$$

式中，ω 是一个概率值，$\mathrm{Pr}(Y=y)$ 为计数形态分布的概率密度函数。

2）零膨胀泊松分布

Lambert 在 1992 年提出零膨胀泊松分布（zero-inflated Poisson distribution，ZIP），并且应用在质量管理上，随后便有许多学者纷纷引用此篇文章作为回归模型分析之用。

针对"高比例零值"的计数型数据，零膨胀泊松分布的想法是既然数据"零值"的比例较泊松分布为高，于是便利用泊松分布与"零"点的概率合成一个混合模型（mixture model）。因此零膨胀泊松随机变量是由两部分组成的，分别是泊松分布和"零值"发生概率为 ω 的伯努利分布（Bernoulli distribution）。

可知"零值"比例的来源，除了泊松分布为零的概率还多加了伯努利分布中"零值"的概率 ω。如此一来，"零值"比例也因为 ω 的加入而提高许多，解决泊松分布在拟合"零值"比例过高的资料时所出现的估计误差。所以当计数型数据存在过多"零值"时，一般倾向使用零膨胀泊松分布作为拟合。

令 Y 为单位时间内事件的发生次数，并假设 Y 是一组服从零膨胀泊松分布 ZIPoi (λ, ω) 的随机变量，其值为非负整数，则其概率密度函数为：

$$\mathrm{P}_r(Y = y) = \begin{cases} \omega + (1 - \omega)e^{-\lambda}, & y = 0 \\ (1 - \omega)\dfrac{\lambda^y e^{-\lambda}}{y!}, & y > 0 \end{cases}, \quad \lambda > 0$$

式中，λ 为单位时间内事件发生的平均次数，λ 越大，其概率密度函数图形也越平缓并且有众数往右移的情况，零值比例也越来越低。

ω 为零膨胀参数（zero-inflation parameter），可知 ω 越大，其零值比例也越来越高，相较之下，其他反应变量值的比例就越来越低。期望值及方差分别为：

E $(Y) = (1-\omega)\lambda$，Var $(Y) = (1-\omega)\lambda(1-\omega\lambda)$

当我们观测到的是 t 个单位时间内事件发生的次数 μ 时，令 Y 为 t 个单位时间内事件的发生次数，其概率密度函数为：

$$\mathrm{P}_r(Y = y) = \begin{cases} \omega + (1 - \omega)e^{-\mu}, & y = 0 \\ (1 - \omega)\dfrac{\mu^y e^{-\mu}}{y!}, & y > 0 \end{cases}, \quad \mu > 0$$

$$= \begin{cases} \omega + (1 - \omega)e^{-\lambda t}, & y = 0 \\ (1 - \omega)\dfrac{(\lambda t)^y e^{-\lambda t}}{y!}, & y > 0 \end{cases}, \quad \lambda > 0$$

就零膨胀分布最原始的想法来看，ZIPoi (λ, ω) 还必须服从以下假定（assumption）：

（1）因变量"零"值比例较基准分布来得高。

（2）因变量非"零"值的分布必须服从零截断泊松分布（zero-truncated Poisson distribution）。

6.10.2 计数型因变量：零膨胀泊松回归与负二项回归（zip、nbreg、prgen 命令）

计数型因变量一定是正整数或0。例如，家庭人数、新生儿人数、该医院当年死亡人数、议会通过法案数、公务员数量、非营利组织数量等。

针对计数型数据（count data）的建模，较常使用的回归模型之一是泊松回归模型（Poisson regression model，PR）。由于泊松分布的特性，此类模型仅适用于拟合数据呈现出"平均数等于方差"的情况。

然而就实际的计数型样本而言，由于样本可能由不同的子样本组成，因而造成总体异质性（population heterogeneity）的状况，使得数据呈现出过度分散的情况，也就是方差大于平均数的情况。此时，若仅仅使用泊松回归模型来进行拟合，常会低估所观察到的偏离程度。纵然这样的模型拟合对平均值的估计可能不会有太大的影响，但是却会低估标准差，使得原假设（null hypothesis）较容易得到拒绝的结果（Cox，1983），因而提高第一类错误的犯错概率。解决方法之一是改用可以处理过度分散情况的负二项回归模型（negative binomial regression model，NBR）或广义泊松回归模型（generalized Poisson regression model，GP）。

此处负二项回归模型的选用目的并非着眼于"直到第 k 次成功前，其失败次数"的配模，而是希望借由负二项回归模型来处理数据中可能存在的过度分散的情况，以便获取适当的标准差估计值。但是由于负二项回归模型只能处理过度分散的情况，而广义泊松回归模型除了可以处理过度分散的情况外，也可用在分散不足的状况，适用范围较广。

范例：零膨胀泊松回归

零膨胀回归，也是"分类和有限的因变量回归"。

1）问题说明

为了解博士研究生发表论文的原因有哪些？研究者已有的文献探讨并归纳出"博士研究生发表论文的原因"，整理成下表，此"couart2_regression.dta"文件的变量如下：

变量名称	博士研究生发表论文的原因	编码 Codes / Values
art	最近三年博士研究生发表论文数量	计数资料
fem	1. 性别	1=female 0=male
mar	2. 已婚吗	1=yes 0=no
kid5	3. 小孩数<6 吗？	1=yes 0=no
phd	4.博士学位的声望（名校的竞争力）	连续变量
ment	5. 指导教授最近三年的论文数量	连续变量

2）文件的内容

“couart2_regression.dta”文件的内容如图6-36所示。

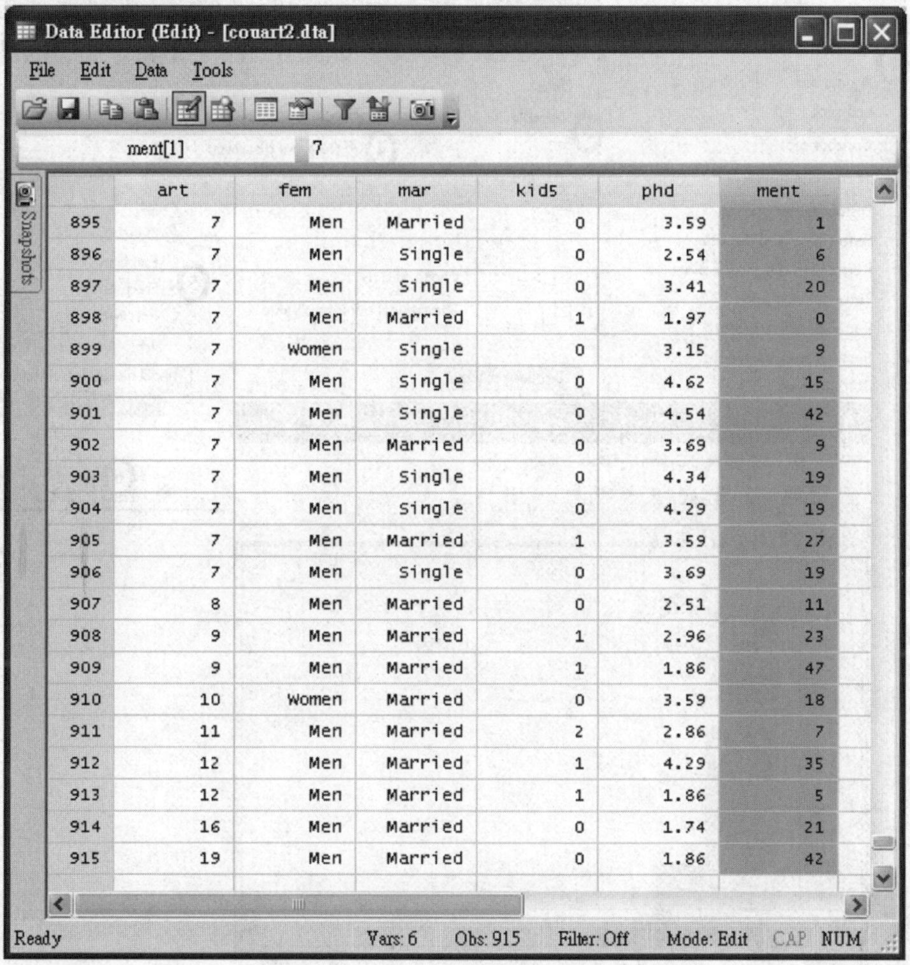
Data Editor (Edit) - [couart2.dta]

File Edit Data Tools

ment[1] 7

	art	fem	mar	kid5	phd	ment
895	7	Men	Married	0	3.59	1
896	7	Men	Single	0	2.54	6
897	7	Men	Single	0	3.41	20
898	7	Men	Married	1	1.97	0
899	7	Women	Single	0	3.15	9
900	7	Men	Single	0	4.62	15
901	7	Men	Single	0	4.54	42
902	7	Men	Married	0	3.69	9
903	7	Men	Single	0	4.34	19
904	7	Men	Single	0	4.29	19
905	7	Men	Married	1	3.59	27
906	7	Men	Single	0	3.69	19
907	8	Men	Married	0	2.51	11
908	9	Men	Married	1	2.96	23
909	9	Men	Married	1	1.86	47
910	10	Women	Married	0	3.59	18
911	11	Men	Married	2	2.86	7
912	12	Men	Married	1	4.29	35
913	12	Men	Married	1	1.86	5
914	16	Men	Married	0	1.74	21
915	19	Men	Married	0	1.86	42

Ready Vars: 6 Obs: 915 Filter: Off Mode: Edit CAP NUM

图6-36 “couart2_regression.dta”文件（N=915名博士研究生，6个变量）

先用histogram命令绘制直方图，若离散型因变量“art=0”占多数比例，就是典型的零膨胀回归（见图6-37）。

```
. use couart2_regression.dta
. histogram art, discrete freq
```

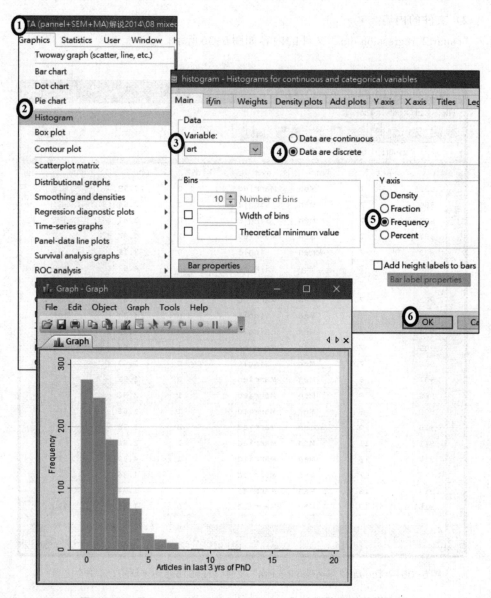

图6-37　"histogram art，discrete freq"绘制的直方图的结果

3）计数型回归的选择表操作

Statistics > Count outcomes > Poisson regression

nbreg

Statistics > Count outcomes > Negative binomial regression

gnbreg

Statistics > Count outcomes > Generalized negative binomial regression

4）分析结果与讨论

Step 1. 绘制泊松分布的概率图（见图6-38）

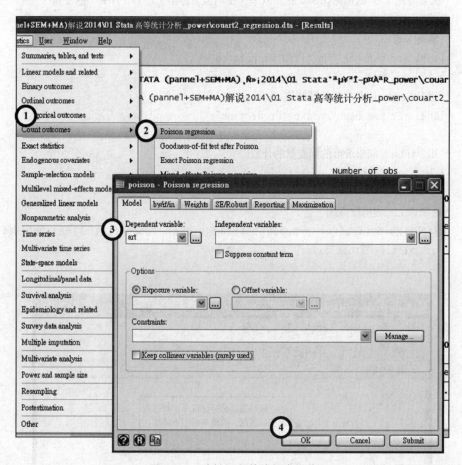

图6-38　泊松回归的选择表操作

经过泊松回归分析，得到标准化分数 Z=20.72，p<0.05，p值小于显著性水平，表明915名博士研究生发表论文"不同篇数 k"之间的概率是符合泊松分布的。接着用"prcounts"命令（它存在 spostado 档），来绘制泊松分布的概率图（如图6-39所示）。

* 最近一次 count 回归 (poisson, nbreg, zip, zinb. prcounts) 分析之后，用 prcounts 命令来求

* 从 k=0 到 k=9 的预测比率及胜算概率。预测值暂存至"以 psn 开头"的变量

. prcounts psn, plot max(9)

* 实际分布

```
label var psnobeq "Observed Proportion"
```

* 用 Poisson 回归求得的预测值

```
label var psnobeq "Poisson Prediction"
```

* 用 Poisson 回归求得的因变量的计数

```
label var psnval "# of articles"
```

*绘制以上三者的散点图

```
graph twoway(scatter psnobeq psnpreq psnval, connect(1 1) xlabel(0(1)9)
    ytitle("Proba bility"))
```

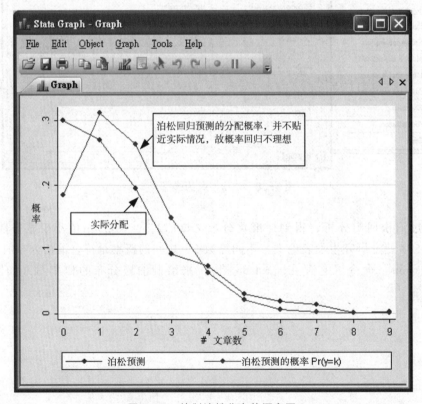

图6-39　绘制泊松分布的概率图

了解各变量的特性。

```
* 因为 art 变量是非正态分布，故取自然对数，产生新变量 lnart 就呈正态分布，再进行
* 线性回归
. gen lnart = ln(art + .5)
* 新变量的注解
. label var lnart "Log of(Art + .5)"

* 查询文件新增的变量
. describe
```

Contains data from J:\STATA(pannel+SEM+MA) 解说 2014\01 STaTa 高等统计分析 _
power\couart2_regression.dta

obs:	915		Academic Biochemists / S Long
vars:	34		20 Feb 2014 01:47
size:	114,375(98.9% of memory free)		(_dta has notes)

---

variable name	storage type	display format	value label	variable label
art	byte	%9.0g		最近 3 年博士研究生发表论文数
fem	byte	%9.0g	sexlbl	性别：1=female 0=male
mar	byte	%9.0g	marlbl	已婚吗：1=yes 0=no
kid5	byte	%9.0g		小孩数 < 6 吗
phd	float	%9.0g		博士学位的声望
ment	byte	%9.0g		指导教授最近 3 年的论文数
psnrate	float	%9.0g		Predicted rate from poisson
psnpr0	float	%9.0g		Pr(y=0) from poisson
psnpr1	float	%9.0g		Pr(y=1) from poisson
psnpr2	float	%9.0g		Pr(y=2) from poisson
psnpr3	float	%9.0g		Pr(y=3) from poisson
psnpr4	float	%9.0g		Pr(y=4) from poisson
psnpr5	float	%9.0g		Pr(y=5) from poisson
psnpr6	float	%9.0g		Pr(y=6) from poisson
psnpr7	float	%9.0g		Pr(y=7) from poisson
psnpr8	float	%9.0g		Pr(y=8) from poisson
psnpr9	float	%9.0g		Pr(y=9) from poisson
psncu0	float	%9.0g		Pr(y=0) from poisson
psncu1	float	%9.0g		Pr(y<=1) from poisson
psncu2	float	%9.0g		Pr(y<=2) from poisson
psncu3	float	%9.0g		Pr(y<=3) from poisson
psncu4	float	%9.0g		Pr(y<=4) from poisson
psncu5	float	%9.0g		Pr(y<=5) from poisson
psncu6	float	%9.0g		Pr(y<=6) from poisson
psncu7	float	%9.0g		Pr(y<=7) from poisson
psncu8	float	%9.0g		Pr(y<=8) from poisson

psncu9	float	%9.0g	Pr(y<=9) from poisson
psnprgt	float	%9.0g	Pr(y>9) from poisson
psnval	float	%9.0g	# of articles
psnobeq	float	%9.0g	Poisson Prediction
psnpreq	float	%9.0g	Predicted Pr(y=k) from poisson
psnoble	float	%9.0g	Observed Pr(y<=k) from poisson
psnprle	float	%9.0g	Predicted Pr(y<=k) from poisson
lnart	float	%9.0g	Log of(Art + .5)

Sorted by: art

    Note: dataset has changed since last saved

* 大致查看一下，各概率值的 Mean, Min ,Max

. summarize

Variable	Obs	Mean	Std. Dev.	Min	Max
art	915	1.692896	1.926069	0	19
fem	915	.4601093	.4986788	0	1
mar	915	.6622951	.473186	0	1
kid5	915	.495082	.76488	0	3
phd	915	3.103109	.9842491	.755	4.62
ment	915	8.767213	9.483916	0	77
psnrate	915	1.692896	0	1.692896	1.692896
psnpr0	915	.1839859	0	.1839859	.1839859
psnpr1	915	.311469	0	.311469	.311469
psnpr2	915	.2636423	0	.2636423	.2636423
psnpr3	915	.148773	0	.148773	.148773
psnpr4	915	.0629643	0	.0629643	.0629643
psnpr5	915	.0213184	0	.0213184	.0213184
psnpr6	915	.006015	0	.006015	.006015
psnpr7	915	.0014547	0	.0014547	.0014547
psnpr8	915	.0003078	0	.0003078	.0003078
psnpr9	915	.0000579	0	.0000579	.0000579

```
       psncu0 |      915    .1839859              0    .1839859    .1839859
       psncu1 |      915    .4954549              0    .4954549    .4954549
       psncu2 |      915    .7590972              0    .7590972    .7590972
-------------+--------------------------------------------------------------
       psncu3 |      915    .9078703              0    .9078703    .9078703
       psncu4 |      915    .9708346              0    .9708346    .9708346
       psncu5 |      915     .992153              0     .992153     .992153
       psncu6 |      915    .9981681              0    .9981681    .9981681
       psncu7 |      915    .9996227              0    .9996227    .9996227
-------------+--------------------------------------------------------------
       psncu8 |      915    .9999305              0    .9999305    .9999305
       psncu9 |      915    .9999884              0    .9999884    .9999884
      psnprgt |      915    .0000116              0    .0000116    .0000116
       psnval |       10         4.5        3.02765           0           9
      psnobeq |       10    .0993443      .1139905    .0010929    .3005464
-------------+--------------------------------------------------------------
      psnpreq |       10    .0999988      .1187734    .0000579     .311469
      psnoble |       10    .8328962      .2308122    .3005464    .9934426
      psnprle |       10    .8307106      .2791442    .1839859    .9999884
        lnart |      915    .4399161      .8566493   -.6931472    2.970414
```

注：Statistics>Summaries, tables, and tests>Summary and descriptive statistics>Summary statistics

Step 2. 先做线性概率回归（当作 count 回归的对照组）

* 线性概率回归的因变量 art，改用 Ln(art)
. quietly reg lnart fem mar kid5 phd ment

* 可用 "findit listcoef" 指令，来外挂此 ADO 命令文件之后，再执行 "列出各回归系数"
. listcoef

regress(N=915): Unstandardized and Standardized Estimates

 Observed SD: .8566493
 SD of Error: .81457396

*	未标准化回归系数		显著性	标准化回归系数			
lnart |	b	t	P>|t|	bStdX	bStdY	bStdXY	SDofX
fem |	-0.13457	-2.349	0.019	-0.0671	-0.1571	-0.0783	0.4987
mar |	0.13283	2.043	0.041	0.0629	0.1551	0.0734	0.4732
kid5 |	-0.13315	-3.275	0.001	-0.1018	-0.1554	-0.1189	0.7649
phd |	0.02550	0.896	0.371	0.0251	0.0298	0.0293	0.9842
ment |	0.02542	8.607	0.000	0.2411	0.0297	0.2814	9.4839

影响博士研究生论文发表篇数的预测变量，除了"就读博士学位的学校声望（phd）"不显著外，性别（fem）、婚否（mar）、生的小孩数<6（5）及指导教授等4个变量，都可显著预测出"博士研究生论文的发表篇数概率"。

Step3. 再做泊松回归、负二项回归的预测度比较

Step3-1. 求泊松回归、负二项回归的回归系数显著性检验（见图6-40、图6-41）

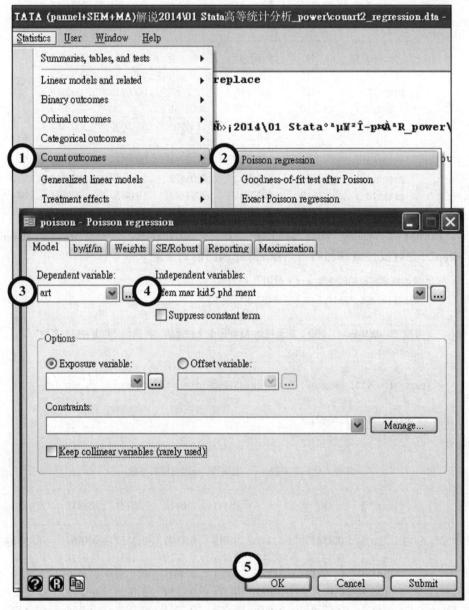

图6-40　泊松回归的选择表操作

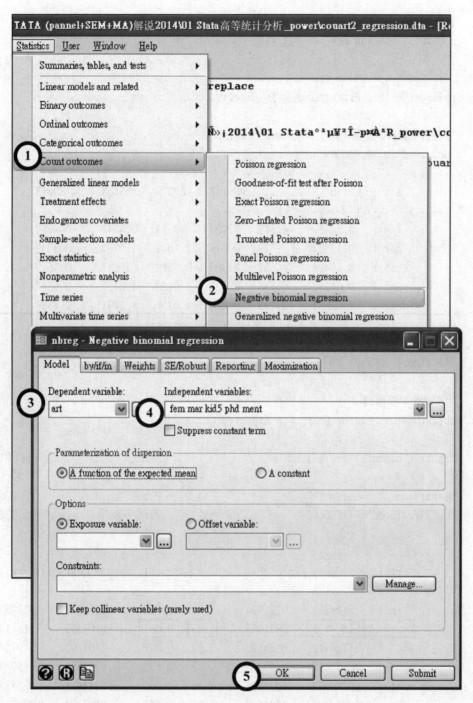

图 6-41　负二项回归的选择表操作

* 先做 poisson 回归，其因变量可直接用"未经 ln（）变量转换的 art"
. quietly poisson art fem mar kid5 phd ment

. listcoef
poisson(N=915): Factor Change in Expected Count

* 各自变量对因变量（art）预测 count 的变化
 Observed SD: 1.926069

```
------------------------------------------------------------------
      art |       b        z     P>|z|      e^b    e^bStdX    SDofX
----------+-------------------------------------------------------
      fem | -0.22459   -4.112    0.000    0.7988    0.8940   0.4987
      mar |  0.15524    2.529    0.011    1.1679    1.0762   0.4732
     kid5 | -0.18488   -4.607    0.000    0.8312    0.8681   0.7649
      phd |  0.01282    0.486    0.627    1.0129    1.0127   0.9842
     ment |  0.02554   12.733    0.000    1.0259    1.2741   9.4839
------------------------------------------------------------------
```

nbreg art fem mar kid5 phd ment, dispersion(constant)
. quietly nbreg art fem mar kid5 phd ment, dispersion(mean)
. listcoef

* 再做负二项回归
nbreg(N=915): Factor Change in Expected Count

```
Negative binomial regression                Number of obs   =      915
                                             LR chi2(5)      =    97.96
Dispersion     = mean                        Prob > chi2     =   0.0000
Log likelihood = -1560.9583                  Pseudo R2       =   0.0304


------------------------------------------------------------------------------
      art |     Coef.    Std. Err.      z     P>|z|    [95% Conf. Interval]
----------+-------------------------------------------------------------------
      fem |  -.2164184   .0726724    -2.98    0.003    -.3588537    -.0739832
      mar |   .1504895   .0821063     1.83    0.067    -.0104359     .3114148
     kid5 |  -.1764152   .0530598    -3.32    0.001    -.2804105     -.07242
      phd |   .0152712   .0360396     0.42    0.672    -.0553652     .0859075
     ment |   .0290823   .0034701     8.38    0.000     .0222811     .0358836
    _cons |    .256144   .1385604     1.85    0.065    -.0154294     .5277174
----------+-------------------------------------------------------------------
 /lnalpha |  -.8173044   .1199372                      -1.052377    -.5822318
```

```
-----------+------------------------------------------------------------
   alpha |  .4416205   .0529667                         .3491069   .5586502
-----------------------------------------------------------------------
```

Likelihood-ratio test of alpha=0:   chibar2(01) =   180.20 Prob>=chibar2 = 0.000

（1）泊松回归分析结果与线性概率回归相同，但线性概率回归的因变量 art 需要事先用 ln（）变量进行转换，但泊松回归则不需要。

（2）负二项回归分析结果与线性概率回归及泊松回归分析不同，负二项回归将预测变量"婚否（mar）"剔除在模型之外（z=1.833，p>0.05）。故需再进一步比较：泊松回归与负二项回归，哪个更好？

Step 3-2. 绘制泊松回归、负二项回归的预测分布图，看这两个回归谁较贴近事实？

* 先求得 poisson 回归的 9 个胜算概率
. quietly poisson art fem mar kid5 phd ment
* 用"findit prcounts"来外挂此 ado 文件，download 内定存在"C：\ado\plus\p"文件，
* 再将它手动 copy 到你的工作目录之后，即可执行它并产生 k=1 to 9 的胜算概率等变量
* 预测胜算概率等变量：以 psm 开头来命名，连号共 9 个变量。
. prcounts psm, plot max(9)
. label var psmpreq "PRM"
. label var psmobeq "Observed"
. label var psmval "# of articles"

* 再求得负二项回归的 9 个胜算概率
. quietly nbreg art fem mar kid5 phd ment
. prcounts nbm, plot max(9)
. label var nbmpreq "NBM"

* 绘制 poisson 回归与负二项回归的胜算概率的分布图（见图 6-42、图 6-43）
. graph twoway(scatter psmobeq psmpreq nbmpreq psmval, connect(l l l) xla-
bel(0(1)9) ytitle("Probability"))

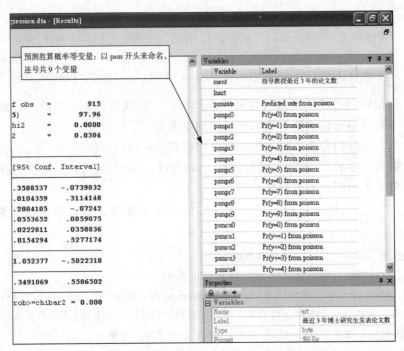

图 6-42　泊松回归用 prcounts 产生的连续 9 个变量

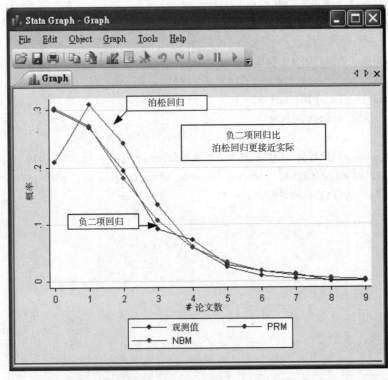

图 6-43　泊松回归与负二项回归的预测精准度比较

Step 3-3. 以 phd 当 x 轴刻度，求泊松回归、负二项回归的胜算概率

由于本例自变量中，只有 phd 及 ment 这两个是连续变量，但唯有 ment 在泊松及负二项回归中都有显著预测效果，故单独求"ment 对 art"胜算概率，分别进行一次泊松回归、负二项回归。

```
* 先进行泊松回归
. quietly poisson art fem mar kid5 phd ment
* 先用 "findit prgen" 命令来外挂 prgen.ado 软件包。
* 单独求 "ment 对 art" 胜算概率的变量（命名以 pm 开头，连号共 11 个）
. prgen ment, from(0) to(50) rest(mean) gen(pm) n(11)


poisson: Predicted values as ment varies from 0 to 50.


          fem         mar        kid5        phd        ment
x=  .46010929  .66229508  .49508197  3.1031093  8.7672131
. label var pmp0 "PRM"
```

```
* 再做负二项回归
. quietly nbreg art fem mar kid5 phd ment


. * 单独求 "ment 对 art" 胜算概率的变量（命名以 nb 开头，连号共 11 个），
. prgen ment, from(0) to(50) rest(mean) gen(nb) n(11)


nbreg: Predicted values as ment varies from 0 to 50.


          fem         mar        kid5        phd        ment
x=  .46010929  .66229508  .49508197  3.1031093  8.7672131


. label var pmp0 "PRM"
```

```
* 比较上述两个回归所求 "ment 对 art" 胜算概率，绘制散点图
. graph twoway(scatter pmp0 nbp0 nbx, c(1 1 1) xtitle("Mentor's Articles")
ytitle("Pr(Zero Articles)") msymbol(Sh Oh))
```

* 比较上述两个回归所求的"ment 对 art"胜算概率，绘制散点图（见图 6-44）

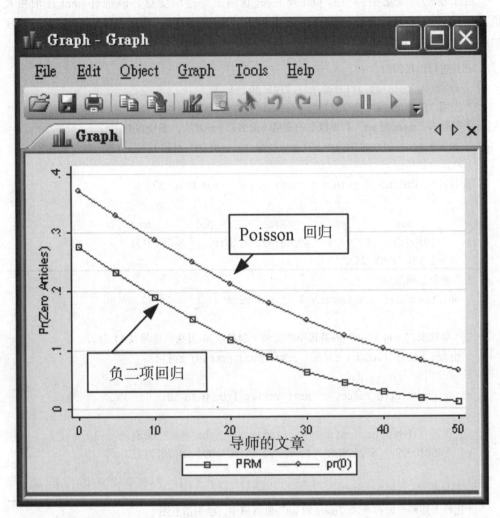

图 6-44   比较两个回归所求的"ment 对 art"预测概率所绘制的散点图

Step 4. 零膨胀泊松回归（见图 6-45）

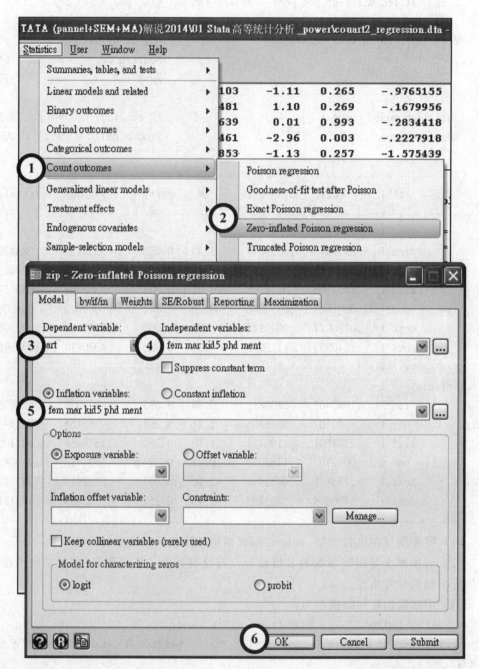

图 6-45　"zip art fem mar kid5 phd ment, inflate（fem mar kid5 phd ment）nolog" 页面

* 先进行Zero-inflated poisson(zip)回归
. zip art fem mar kid5 phd ment, inflate(fem mar kid5 phd ment) nolog

```
Zero-inflated Poisson regression              Number of obs   =       915
                                              Nonzero obs     =       640
                                              Zero obs        =       275

Inflation model = logit                       LR chi2(5)      =     78.56
Log likelihood = -1604.773                    Prob > chi2     =    0.0000
```

art	Coef.	Std. Err.	z	P>|z|	[95% Conf. Interval]	
art						
fem	-.2091446	.0634047	-3.30	0.001	-.3334155	-.0848737
mar	.103751	.071111	1.46	0.145	-.035624	.243126
kid5	-.1433196	.0474293	-3.02	0.003	-.2362793	-.0503599
phd	-.0061662	.0310086	-0.20	0.842	-.066942	.0546096
ment	.0180977	.0022948	7.89	0.000	.0135999	.0225955
_cons	.640839	.1213072	5.28	0.000	.4030814	.8785967
inflate						
fem	.1097465	.2800813	0.39	0.695	-.4392028	.6586958
mar	-.3540107	.3176103	-1.11	0.265	-.9765155	.2684941
kid5	.2171001	.196481	1.10	0.269	-.1679956	.6021958
phd	.0012702	.1452639	0.01	0.993	-.2834418	.2859821
ment	-.134111	.0452461	-2.96	0.003	-.2227918	-.0454302
_cons	-.5770618	.5093853	-1.13	0.257	-1.575439	.421315

（1）零膨胀旨在将自变量 count=0 的观察值排除在回归模型的分析中。

（2）就预测变量回归系数的 p 值而言，有没有排除"零膨胀"，前后两次泊松回归的分析结果非常相近。

（3）零膨胀泊松回归模型为：

Pr（art）=F（-0.209（fem）- 0.143（kid5）+0.018（ment））

Pr（博士研究生论文数）=F（-0.209（女性）- 0.143（小孩数<6 吗）+0.018（指导教授近 3 年论文数））

注：Pr（）为预测概率。F（·）为标准正态分布的累积分布函数

（4）回归系数为"+"就是正相关（ment 与 art 正相关）；为"一"就是负相关

（fem、kid5这两者与 art 负相关）。

Step 5. 零膨胀负二项回归（见图6-46）

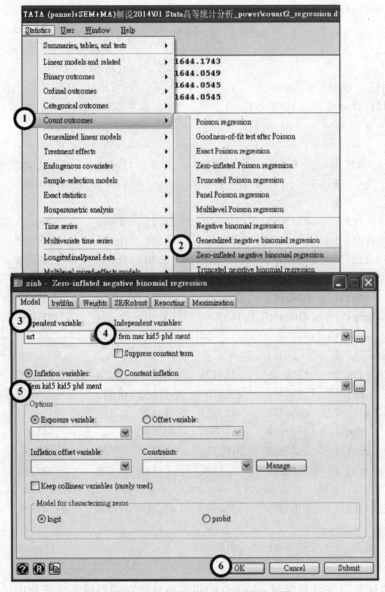

图6-46　零膨胀泊松回归的操作页面

* 再进行 Zero-inflated negative binomial(zinb) 回归
. zinb art fem mar kid5 phd ment, inflate(fem mar kid5 phd ment) nolog

Zero-inflated negative binomial regression
```
Zero-inflated negative binomial regression        Number of obs    =      915
                                                  Nonzero obs      =      640
                                                  Zero obs         =      275

Inflation model = logit                           LR chi2(5)       =    67.97
Log likelihood  = -1549.991                       Prob > chi2      =   0.0000
```

art	Coef.	Std. Err.	z	P>|z|	[95% Conf. Interval]	
art						
fem	-.1955068	.0755926	-2.59	0.010	-.3436655	-.0473481
mar	.0975826	.084452	1.16	0.248	-.0679402	.2631054
kid5	-.1517325	.054206	-2.80	0.005	-.2579744	-.0454906
phd	-.0007001	.0362696	-0.02	0.985	-.0717872	.0703869
ment	.0247862	.0034924	7.10	0.000	.0179412	.0316312
_cons	.4167466	.1435962	2.90	0.004	.1353032	.69819
inflate						
fem	.6359328	.8489175	0.75	0.454	-1.027915	2.299781
mar	-1.499469	.9386701	-1.60	0.110	-3.339228	.3402909
kid5	.6284274	.4427825	1.42	0.156	-.2394105	1.496265
phd	-.0377153	.3080086	-0.12	0.903	-.641401	.5659705
ment	-.8822932	.3162276	-2.79	0.005	-1.502088	-.2624984
_cons	-.1916865	1.322821	-0.14	0.885	-2.784368	2.400995
/lnalpha	-.9763565	.1354679	-7.21	0.000	-1.241869	-.7108443
alpha	.3766811	.0510282			.288844	.4912293

（1）零膨胀旨在将自变量 count=0 的观察值排除在回归模型的分析中。

（2）就预测变量回归系数的 p 值而言，有没有排除"零膨胀"，前后两次负二项回归的分析结果也非常相近。

（3）零膨胀负二项回归模型为：

Pr（art）=F（-0.195（fem）-0.151（kid5）+0.0247（ment））

Pr（博士研究生论文数）=F（-0.195（女性）- 0.151（小孩数<6吗）+.0247（指导教授近3年论文数））

注：Pr（）为预测概率。F（·）为标准正态分布的累积分布函数。

（4）回归系数为"+"就是正相关（ment 与 art 正相关）；为"-"就是负相关（fem、kid5这两者与 art 负相关）。

6.10.3 零膨胀有序概率选择模型练习：钓鱼（zip 命令）

计数型自变量一定是正整数或 0。例如，家庭人数、新生儿人数、该医院当年死亡人数、议会通过法案数、公务员数量、非营利组织数量等。

钓鱼的零膨胀泊松回归存在 "Zero-inflated Poisson Regression.do" 文件中。读者可自行练习（见图6-47）。

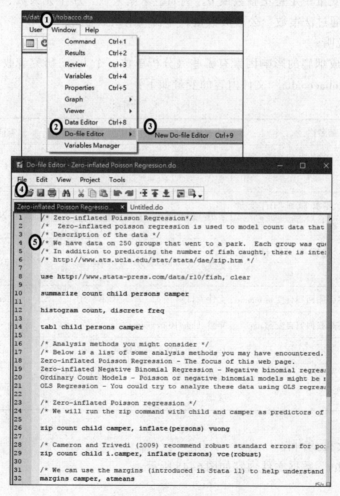

图6-47　零膨胀回归练习：钓鱼

6.10.4 零膨胀有序概率回归分析：造成烟瘾的影响因素（zioprobit 命令）

零膨胀模型是指人们在社会科学、自然中对计数样本的实际研究、观察事件发生数中出现的大量的零值。例如，保险索赔次数为 0 的概率很高，否则保险公司就面临破产风险。这种数据样本中的零值过多，超出了泊松分布等一般离散分布的预测能力。零膨胀这个概念首先是由 Lambert 在 1992 年的论文"零膨胀泊松回归及其在制造缺陷中的应用"（*Zero-Inflated Poisson Regression*，*with an Application to Defects in Manufacturing*）中提出的。

1994 年，Greene 根据 Lambert 的方法提出了零膨胀负二项模型（ZINB）。

2000 年，Daniel 根据 Lambert 的方法提出了零膨胀二项模型（ZIB）。

范例：计数型因变量：零膨胀有序概率回归分析（zioprobit命令）

计数型自变量一定是正整数或 0。例如，家庭人数、新生儿人数、该医院当年死亡人数、议会通过法案数、公务员数量、非营利组织数量等。

1）问题说明

为了解造成烟瘾的影响因素有哪些（分析单位：个人），研究者收集数据并整理成下表，此"tobacco.dta"文件内容的变量如下：

变量名称	说明	编码 Codes / Values
第二阶段变量：零膨胀回归因变量 tobacco	有序型变量：tobacco usage	0~3
第二阶段变量：零膨胀回归自变量 education	学历（接受正规教育年限）	0~28
第二阶段变量：零膨胀回归自变量 income	年收入（10 000 美元）	0~21
第二阶段变量：零膨胀回归自变量 female	女性人口吗	1=female，0=male
第二阶段变量：零膨胀回归自变量 age	年龄（age/10 in years）	1.4 ~ 8.4
膨胀变量：parent	1=父母中的任何一方吸烟	0=no，1=yes
膨胀变量：religion	信仰的宗教禁烟吗（1=所信仰的宗教禁止吸烟）	0=no，1=yes

2）数据文件的内容

"tobacco.dta"数据文件内容如图 6-48 所示。

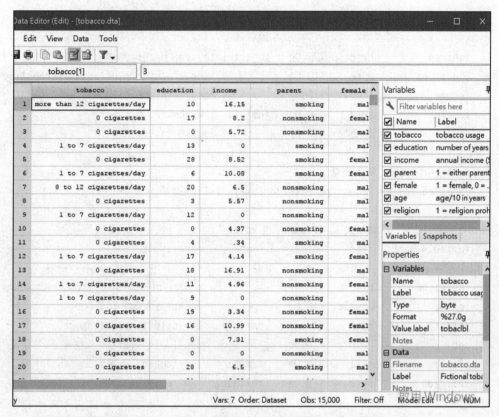

图6-48 "tobacco.dta"文件内容（N=15 000个人）

观察数据的特征。

```
* 打开文件
. webuse tobacco
```

```
* 第二阶段变量：零膨胀的主回归式
. des tobacco education income female age
```

```
         storage   display   value
```

```
variable name    type    format    label    variable label
----------------------------------------------------------------------
tobacco          byte    %27.0g    tobaclbl tobacco usage
education         byte    %10.0g             number of years of formal schooling
income           double  %10.0g             annual income ($10000)
female           byte    %10.0g    femlbl   1 = female, 0 = male
age              double  %10.0g             age/10 in years
```

* 第一阶段变量：膨胀变量
. des education income parent age female religion

```
                 storage  display   value
variable name    type     format    label    variable label
----------------------------------------------------------------------
education         byte    %10.0g             number of years of formal schooling
income           double  %10.0g             annual income ($10000)
parent           byte    %17.0g    parlbl   1 = either parent smoked
age              double  %10.0g             age/10 in years
female           byte    %10.0g    femlbl   1 = female, 0 = male
religion         byte    %19.0g    religlbl 1 = religion prohibits smoking
```

*histogram 命令绘直方图，若因变量 "tobacco=0" 占多数比例，就是典型膨胀回归。
. histogram tobacco, discrete frequency

观察数据的特征。

* 打开文件
. webuse tobacco

*用 histogram 命令绘制直方图，若自变量 "tobacco =0" 占多数比例，就是典型零膨胀回归（见图 6-49）。
. histogram tobacco, discrete frequency

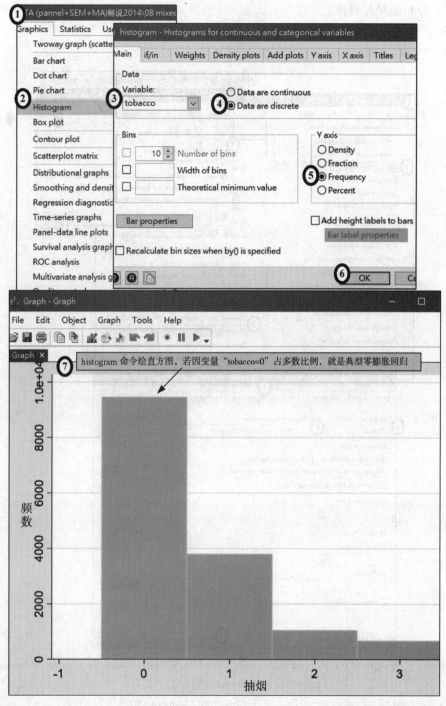

图 6-49 "histogram tobacco，discrete frequency" 绘制直方图

3）分析结果与讨论

Step 1. 零膨胀有序概率回归分析（见图6-50）

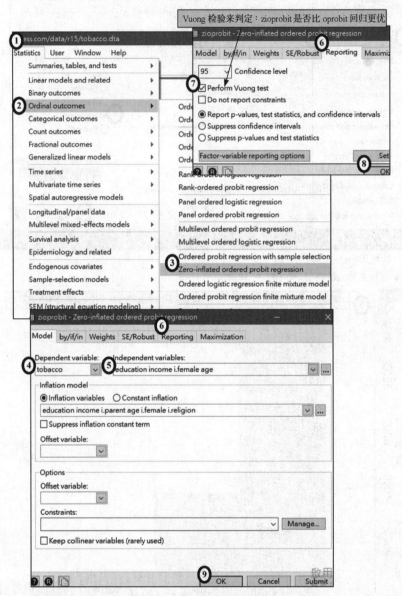

图6-50　"zioprobit tobacco education income i.female age，inflate（education income i.
parent age i.female i.religion）"页面

注：Statistics>Ordinal outcomes>Zero-inflated ordered probit regression

```
* 打开文件
. webuse tobacco

* Zero-inflated ordered probit regression
. zioprobit tobacco education income i.female age, inflate(education income i.parent
  age i.female i.religion)
```

```
Zero-inflated ordered probit regression        Number of obs   =     15,000
                                                Wald chi2(4)    =    2574.27
Log likelihood = -7640.4738                     Prob > chi2     =     0.0000
```

tobacco	Coef.	Std. Err.	z	P>|z|	[95% Conf. Interval]	
tobacco						
education	.5112664	.0102407	49.92	0.000	.491195	.5313378
income	.712975	.0144803	49.24	0.000	.6845942	.7413559
female						
female	-.3975341	.0416675	-9.54	0.000	-.4792009	-.3158674
age	-.7709896	.0182554	-42.23	0.000	-.8067695	-.7352097
inflate						
education	-.0966613	.0026422	-36.58	0.000	-.1018398	-.0914827
income	-.1157545	.0043787	-26.44	0.000	-.1243365	-.1071725
parent						
smoking	.7655798	.0307553	24.89	0.000	.7053006	.825859
age	.1873904	.0088643	21.14	0.000	.1700168	.204764
female						
female	-.2639665	.0307184	-8.59	0.000	-.3241735	-.2037595
religion						
discourages ..	-.3223335	.0496827	-6.49	0.000	-.4197098	-.2249572
_cons	1.27051	.0584794	21.73	0.000	1.155892	1.385127
/cut1	2.959808	.0753035			2.812216	3.1074
/cut2	8.111228	.1648965			7.788037	8.43442
/cut3	11.20791	.2247711			10.76736	11.64845

（1）Wald 卡方检验值=2 574.27（p<0.05），表示自变量至少有一个回归系数不为 0。

（2）在报表 "z" 栏中双边检验下，若 |z|>1.96，则表示该自变量对因变量有显著影响。|z| 值越大，表示该自变量对因变量的相关性（relevance）越高。

（3）Logit 系数 "Coef." 栏中，是对数概率单位，故不能用 OLS 回归系数的概念来解释。

（4）逻辑回归式为：

$$\ln\left(\frac{P(Y=1|X=x)}{P(Y=0|X=x)}\right) = \alpha + \beta_1 x_1 + ... + \beta_k x_k$$

上述这些自变量所建立的零膨胀有序概率选择回归式如下：

$$\alpha + \beta_1 \times X_1 + \beta_2 \times X_2 + \beta_3 \times X_3 + ... + \beta_k \times X_k$$

S=0.511×education+0.712×income−0.397×（female=1）−0.771×age

预测概率值为：

P（tobacco=0）=P（S+u ⩽ _cut1）=P（S+u ⩽ 2.959）

P（tobacco=1）=P（_cut1<S+u ⩽ _cut2）=P（2.959<S+u ⩽ 8.111）

P（tobacco=2）=P（_cut2<S+u ⩽ _cut3）=P（8.111<S+u ⩽ 11.208）

P（tobacco=3）=P（_cut3<S+u）=P（11.208<S+u）

Step 2. 用 Vuong 检验来判定：zioprobit 是否比 oprobit 回归更优？

```
* Same as above, but test whether the ZIOP model is preferred to the ordered probit
  model
. zioprobit tobacco education income i.female age, inflate(education income i.parent
  age i.female i.religion) vuong
```

Zero-inflated ordered probit regression			Number of obs	=	15,000
			Wald chi2(4)	=	2574.27
Log likelihood = -7640.4738			Prob > chi2	=	0.0000

tobacco	Coef.	Std. Err.	z	P>|z|	[95% Conf. Interval]
tobacco					
education	.5112664	.0102407	49.92	0.000	.491195 .5313378
income	.712975	.0144803	49.24	0.000	.6845942 .7413559
female					
female	-.3975341	.0416675	-9.54	0.000	-.4792009 -.3158674
age	-.7709896	.0182554	-42.23	0.000	-.8067695 -.7352097
inflate					
education	-.0966613	.0026422	-36.58	0.000	-.1018398 -.0914827
income	-.1157545	.0043787	-26.44	0.000	-.1243365 -.1071725
parent					
smoking	.7655798	.0307553	24.89	0.000	.7053006 .825859
age	.1873904	.0088643	21.14	0.000	.1700168 .204764

```
     female |
     female |   -.2639665    .0307184     -8.59   0.000     -.3241735    -.2037595
            |
   religion |
discourages .. |  -.3223335    .0496827     -6.49   0.000     -.4197098    -.2249572
      _cons |    1.27051    .0584794     21.73   0.000      1.155892     1.385127
------------+-------------------------------------------------------------------
      /cut1 |   2.959808    .0753035                         2.812216       3.1074
      /cut2 |   8.111228    .1648965                         7.788037      8.43442
      /cut3 |   11.20791    .2247711                         10.76736     11.64845
---------------------------------------------------------------------------------
Vuong test of zioprobit vs. oprobit: z = 76.28              Pr > z = 0.0000
```

由 Vuong 检验来判定：zioprobit 是否比 oprobit 回归更优。结果（z=76.28，p<0.05）显示 zioprobit 确实比 oprobit 回归更优。

第7章　配对数据的条件逻辑回归（clogit、asclogit、bayes：clogit命令）

1）逻辑回归的重点整理（见图7-1、图7-2）

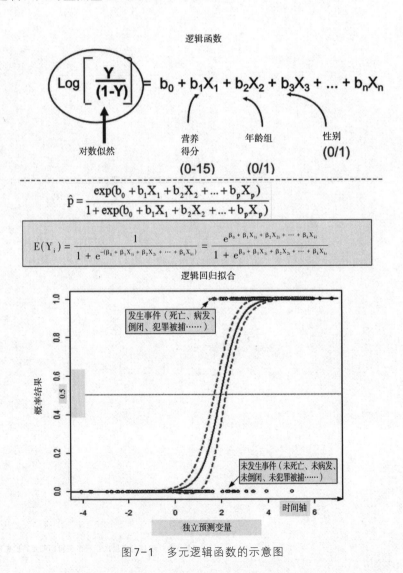

图7-1　多元逻辑函数的示意图

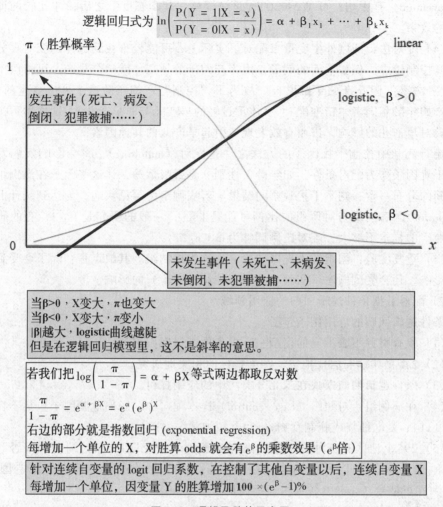

逻辑回归式为 $\ln\left(\dfrac{P(Y=1|X=x)}{P(Y=0|X=x)}\right) = \alpha + \beta_1 x_1 + \cdots + \beta_k x_k$

π（胜算概率）

1

linear

发生事件（死亡、病发、倒闭、犯罪被捕……）

logistic, $\beta > 0$

logistic, $\beta < 0$

0

x

未发生事件（未死亡、未病发、未倒闭、未犯罪被捕……）

当$\beta>0$，X变大，π也变大
当$\beta<0$，X变大，π变小
$|\beta|$越大，logistic曲线越陡
但是在逻辑回归模型里，这不是斜率的意思。

若我们把 $\log\left(\dfrac{\pi}{1-\pi}\right) = \alpha + \beta X$ 等式两边都取反对数

$\dfrac{\pi}{1-\pi} = e^{\alpha+\beta X} = e^{\alpha}(e^{\beta})^X$

右边的部分就是指数回归 (exponential regression)

每增加一个单位的 X，对胜算 odds 就会有 e^{β} 的乘数效果（e^{β}倍）

针对连续自变量的 logit 回归系数，在控制了其他自变量以后，连续自变量 X 每增加一个单位，因变量 Y 的胜算增加 $100 \times (e^{\beta}-1)\%$

图 7-2　逻辑函数的示意图

若想提高研究设计的外部效度，概括来说，可用下列方法来"控制"外生 (extraneous) 变量：

（1）排除法：选择相同的外生变量。例如，害怕"年龄"这个外生变量会影响自变量，所以随机找同年龄（如 18 岁）的人当样本。此种做法虽提升了内部效度，但却损害了外部效度。

（2）随机法：采用控制组（对照组）及实验组，将样本随机分成两组，以抵消外生变量的影响。

（3）协方差分析法（analysis of covariance，ANCOVA）：一起考虑外生变量，将它纳入研究设计中，用协方差来分析。例如，教师想了解在排除学生"学习态度（attitude）"的影响之后，不同的教学方法（一般与特殊）是否对学生的学习成绩

（achievement）有影响？可见 ANCOVA 是在调整"基本态度"之后，才比较两种教学方法的效果。

（4）配对法：即以外生变量来配对。实际上，可能较难找到这样的配对再分到实验组和控制组中。例如下面的例子，因为产妇年龄越高，就越会早产。可惜医生无法"开个处方药"阻止产妇年龄增长。故为了"控制"产妇年龄这个外生变量的干扰，可找产妇年龄相同者"精准配对"（体重过轻的早产儿与非早产儿），这样即可排除产妇年龄对早产儿的影响，进而有效发现"引起早产儿的其他因素"。

流行病学中控制干扰因子的方法之一是配对（matching），将会影响疾病发生与否的干扰因子作为配对条件，如年龄、性别、是否吸烟等，让这些因子在病例组与对照组间的分布一致，则不干扰观察的结果。若病例组为罕见疾病，为达到统计上的功效（power），病例组与对照组的比例可能是 1 : n，一般的研究是 1 : 3；有的研究由于对照组的样本不够大，配对比例调整为 m : n。

（5）重复实验：同组的人先做实验，也称为控制组。其缺点是：除了会受到预测试的影响，还会受到顺序（实验—控制、控制—实验）的影响。

2）配对数据条件逻辑回归的应用领域

条件逻辑回归的应用例子包括：

（1）检查财务报表不当的模型——以条件逻辑回归来评估。

（2）2 型糖尿病与居住地空气污染指标的相关性研究。

（3）条件逻辑回归模式在二元分类法中的应用探讨。

（4）在病例组—对照组（case-control）样本配对中，肠癌危险因子包括不良生活习惯（x1）、爱吃油炸或腌制食物（x2）、精神状况（x3）。

（5）295 个地区有三种汽车制造国/地区配对（id 变量），探讨消费者是否购买中意车种（choice）的因素，例如"性别（sex）、收入（income）、汽车制造国/地区（car）、汽车型号（size）、各地区经销商员工数（dealer）"（见本章范例）。

3）条件逻辑回归的概念

一般逻辑回归模型主要是针对二元因变量的独立分类变量。当数据为配对数据（病例组—对照组）或前测与后测的成对数据，数据有时会有较高的相关性，此时需要使用条件逻辑回归来分析二元因变量，利用条件极大似然估计法来估计模型的参数。

条件逻辑回归（conditional logistic regression）是逻辑回归的扩展，它考虑分层或匹配（stratification or matching）。其主要应用领域是观察性研究，特别是流行病学，在 1978 年由诺曼·布雷斯洛（Norman Breslow）、尼古拉斯·戴（Nicholas Day）、K.T. 哈尔沃森（Halvorsen）、罗斯·L. 普伦蒂斯（Ross L. Prentice）和 C. 萨拜（Sabai）提出。观察研究表明使用层次（strata）或匹配可作为控制混淆的一种方式。在匹配数据的条件逻辑回归之前，也提出过很多方法，但它们不适合任意层次大小的连续预测变量（continuous predictors with arbitrary strata size），且这些传统程序也缺乏条件逻辑回归的灵活性，特别是在控制协变量方面。

逻辑回归可针对每层不同的常数项进行分层。我们用 $Y_{il} \in \{0, 1\}$ 表示第 i 层次的第 l 观察值，且 $Y_{il} \in R^p$ 是相应预测变量的值。那么，一次观察的可以是：

$$P(Y_{il} = 1|X_{il}) = \frac{\exp(\alpha_i + \beta^T X_{il})}{1 + \exp(\alpha_i + \beta^T X_{il})}$$

式中，截距 α_i 是第 i 层的常数项。虽然公式对所有有限的层次都成立，但当层次数量较小时，效果不好。

条件似然（conditional likelihood）

条件似然法可处理每个层次的案例（cases）数量以解决上述层次数量较少的问题，因此不需要估计层次参数（strata parameters）。在层次配对的情况下，第一观测值为病例（case）组，第二观测值为对照（control）组，如此排列数据，即为 case-control（病例组–对照组）研究设计，如下所示：

$$P(Y_{i1} = 1, Y_{i2} = 0|X_{i1}, X_{i2}, Y_{i1} + Y_{i2} = 1) = \frac{P(Y_{i1} = 1|X_{i1})P(Y_{i2} = 0|X_{i2})}{P(Y_{i1} = 1|X_{i1})P(Y_{i2} = 0|X_{i2}) + P(Y_{i1} = 0|X_{i1})P(Y_{i2} = 1|X_{i2})}$$

$$= \frac{\dfrac{\exp(\alpha_i + \beta^T X_{i1})}{1 + \exp(\alpha_i + \beta^T X_{i1})} \times \dfrac{1}{1 + \exp(\alpha_i + \beta^T X_{i2})}}{\dfrac{\exp(\alpha_i + \beta^T X_{i1})}{1 + \exp(\alpha_i + \beta^T X_{i1})} \times \dfrac{1}{1 + \exp(\alpha_i + \beta^T X_{i2})} + \dfrac{1}{1 + \exp(\alpha_i + \beta^T X_{i1})} \times \dfrac{\exp(\alpha_i + \beta^T X_{i2})}{1 + \exp(\alpha_i + \beta^T X_{i1})}}$$

$$= \frac{\exp(\beta^T X_{i1})}{\exp(\beta^T X_{i1}) + \exp(\beta^T X_{i2})}$$

通过类似的计算层次量为 m 的条件似然，把 k 个第一次观察值（k first observations）当作病例组，则：

$$P(Y_{ij} = 1, j \leq k, Y_{ij} = 0, k < j \leq m|X_{i1}, \dots, X_{im}, \sum_{j=1}^{m} Y_{ij} = k) = \frac{\exp(\sum_{j=1}^{k} \beta^T X_{ij})}{\sum_{J \in C_k^m} \sum_{j \in J} \exp(\beta^T X_{ij})}$$

式中，C_k^m 是所有大小的子集 k 的集合 $\{1, 2, \cdots, m\}$。

4）逻辑回归分析的STaTa报表解说

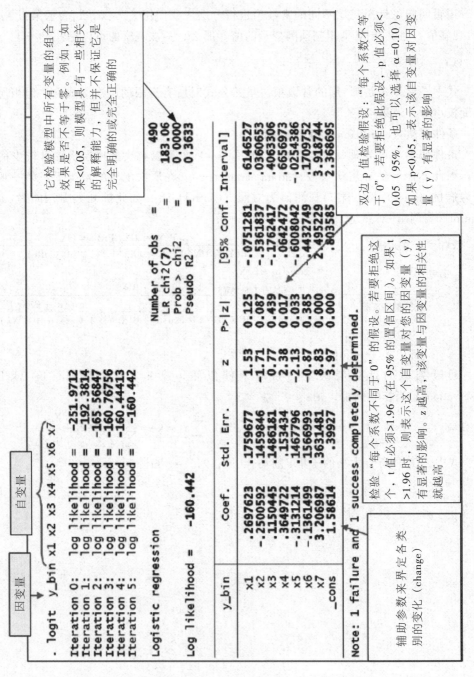

它检验模型中所有变量的组合效果是否不等于零。例如，一些相关效果是否不等于零，则模型具有一些相关的解释能力，但并不保证它是完全明确的或完全正确的

双边 p 值检验假设："每个系数不等于 0"。若要拒绝此假设，p 值必须＜0.05（95%，也可以选择 α=0.10）。如果 p<0.05，表示该自变量对因变量（y）有显著的影响

检验"每个系数不同于 0"的假设。若要拒绝这个，t 值必须>1.96（在 95% 的置信区间）。如果 t >1.96 时，则表示这个自变量对您的因变量（y）有显著的影响。z 越高，该变量与因变量的相关性就越高

辅助参数来界定各类别的变化（change）

```
. logit y_bin x1 x2 x3 x4 x5 x6 x7

Iteration 0:    log likelihood = -251.9712
Iteration 1:    log likelihood = -192.3814
Iteration 2:    log likelihood = -165.56847
Iteration 3:    log likelihood = -160.76756
Iteration 4:    log likelihood = -160.44413
Iteration 5:    log likelihood = -160.442

Logistic regression                         Number of obs   =       490
                                            LR chi2(7)      =    183.06
                                            Prob > chi2     =    0.0000
Log likelihood = -160.442                   Pseudo R2       =    0.3633

-----------------------------------------------------------------------------
  y_bin  |    Coef.    Std. Err.     z     P>|z|    [95% Conf. Interval]
---------+-------------------------------------------------------------------
   x1    |  .2697623   .1759677     1.53   0.125   -.0751281    .6146527
   x2    | -.2500592   .1459846    -1.71   0.087   -.5361837    .0360653
   x3    | -.1150445   .1486181     0.77   0.439   -.1762417    .4063306
   x4    |  .3649722   .153434      2.38   0.017   -.0642472    .6656973
   x5    | -.3131214   .1467796    -2.13   0.033   -.6008042   -.0254386
   x6    | -.1361499   .1566993    -0.87   0.385   -.4432749    .1709752
   x7    |  3.206987   .3631481     8.83   0.000    2.495229    3.918744
  _cons  |  1.58614    .39927       3.97   0.000    .803585     2.368695
-----------------------------------------------------------------------------
Note: 1 failure and 1 success completely determined.
```

因变量 自变量

7.1 配对数据的条件逻辑回归：病例组-对照组研究（clogit命令）

7.1.1 配对的条件逻辑回归（McFadden's choice模型）概念

1）病例组-对照组研究的基本概念

在管理工作中，我们也经常要开展对照调查。例如，为什么有的人患了肠癌，有的人却没有患肠癌？如果在同一居住地选取同性别、年龄相差仅2岁的健康组作对照进行调查，调查他们与患肠癌有关的各种影响因素，这就是医学上很常用的所谓"1：1病例组-对照组研究"。生物医学的病例组－对照组研究，和社会科学的实验法"实验组-对照组"类似。

病例组-对照组研究数据常用条件逻辑回归模型（conditional logistic regression model，CLRM）来分析。

2）条件逻辑回归模型的实例

某地在肿瘤防治健康教育、小区干部培训工作中做了一项调查，内容是三种生活因素与肠癌发病的关系。调查的三种生活因素取值见表7-1、表7-2。

请建立条件逻辑回归模型，说明肠癌发病的主要危险因素。

表7-1　　　　　　　　　　三种生活因素与肠癌发病关系的取值

变量名称	变量值范围
x1（不良生活习惯）	0，1，2，3，4表示程度（0表示无，4表示很多）
x2（爱吃油炸或腌制食物）	0，1，2，3，4表示程度（0表示不吃，4表示喜欢吃很多）
x3（精神状况）	0表示差，1表示好

表7-2　　　50对肠癌病例组（G=1）与对照组（G=0）三种生活习惯调查结果

No	病例组（case）				对照组（control）				
	pair	x1	x2	x3	No.	pair	x1	x2	x3
1	1	2	4	0	1	0	3	1	0
2	1	3	2	1	2	0	0	1	0
3	1	3	0	0	3	0	2	0	1
4	1	3	0	0	4	0	2	0	1

No	病例组（case）				No.	对照组（control）			
	pair	x1	x2	x3		pair	x1	x2	x3
5	1	3	0	1	5	0	0	0	0
6	1	2	2	0	6	0	0	1	0
7	1	3	1	0	7	0	2	1	0
8	1	3	0	0	8	0	2	0	0
9	1	2	2	0	9	0	1	0	1
10	1	1	0	0	10	0	2	0	0
11	1	3	0	0	11	0	0	1	1
12	1	3	4	0	12	0	3	2	0
13	1	1	1	1	13	0	2	0	0
14	1	2	2	1	14	0	0	2	1
15	1	2	3	0	15	0	2	0	0
16	1	2	4	1	16	0	0	0	1
17	1	1	1	0	17	0	0	1	1
18	1	1	3	1	18	0	0	0	1
19	1	3	4	1	19	0	2	0	0
20	1	0	2	0	20	0	0	0	0
21	1	3	2	1	21	0	3	1	0
22	1	1	0	0	22	0	2	0	1
23	1	3	0	0	23	0	2	2	0
24	1	1	1	1	24	0	0	1	1
25	1	1	2	0	25	0	2	0	0
26	1	2	2	0	26	0	1	1	0
27	1	2	0	1	27	0	0	2	1
28	1	1	1	1	28	0	3	0	1
29	1	2	0	1	29	0	4	0	0

No	病例组（case）				No.	对照组（control）			
	pair	x1	x2	x3		pair	x1	x2	x3
30	1	3	1	0	30	0	0	2	1
31	1	1	0	1	31	0	0	0	0
32	1	4	2	1	32	0	1	0	1
33	1	4	0	1	33	0	2	0	1
34	1	2	0	1	34	0	0	0	1
35	1	1	2	0	35	0	2	0	1
36	1	2	0	0	36	0	2	0	1
37	1	0	1	1	37	0	1	1	0
38	1	0	0	1	38	0	4	0	0
39	1	3	0	1	39	0	0	1	0
40	1	2	0	1	40	0	3	0	1
41	1	2	0	0	41	0	1	0	0
42	1	3	0	1	42	0	0	0	1
43	1	2	1	1	43	0	0	0	0
44	1	2	0	1	44	0	1	0	0
45	1	1	1	1	45	0	0	0	1
46	1	0	1	1	46	0	0	0	0
47	1	2	1	0	47	0	0	0	0
48	1	2	0	1	48	0	1	1	0
49	1	1	2	1	49	0	0	0	1
50	1	2	0	1	50	0	0	3	1

范例：案例——控制研究（clogit命令）

（1）新建数据

Step1. 根据以下操作程序，先用Excel建立数据"matched case_control logit 2.xls"，再点击"File→import"至Stata，再点击"File→Saveas"将文件存为"matched case_control logit.dta"。

Step2.变量批注的命令如下：

```
. label variable pair "配对组"

. label variable case_control "case 有肠癌 vs.control 无肠癌"
. label define case_control_fmt 1 "case- 有肠癌" 2 "control- 无肠癌"
. label values case_control case_control_fmt

. label variable x1 "不良生活习惯"

. label variable x2 "爱吃油炸或腌制食物"

. label variable x3 "精神状况"

* 同一 case-control 配对组，排在一块
. sort pair
* 存档至 matched case_control logit_v15.dta
. save "D:\08 mixed logit regression\CD\matched case_control logit_v15.dta",
replace
```

"matched case_control logit.dta" 文件内容如图7-3所示。

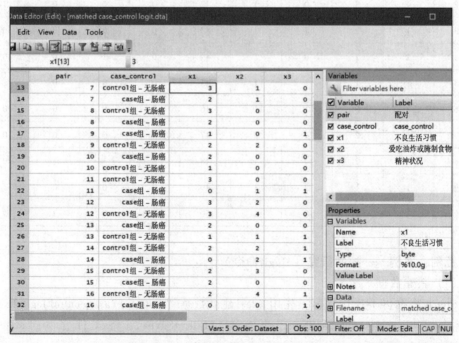

图7-3 "matched case_control logit.dta" 文件内容（共50配对）

观察数据的特征。

```
. use matched case_control logit.dta
. des
```

```
Contains data from D:\mixed logit regression\CD\matched case_control logit.
dta
  obs:           100
  vars:            5                               6 Oct 2017 18:00
  size:          500
--------------------------------------------------------------------------
                storage  display    value
variable name   type     format     label     variable label
--------------------------------------------------------------------------
pair            byte     %16.0g                配对组
case_control    byte     %16.0g     case_control_fmt

                                              病例组有肠癌与对照组无肠癌
x1              byte     %10.0g                不良生活习惯
x2              byte     %10.0g                爱吃油炸或腌制食物
x3              byte     %10.0g                精神状况
```

（2）条件逻辑回归的选择表操作（见图7-4）

Statistics > Categorical outcomes > Conditional logistic regression

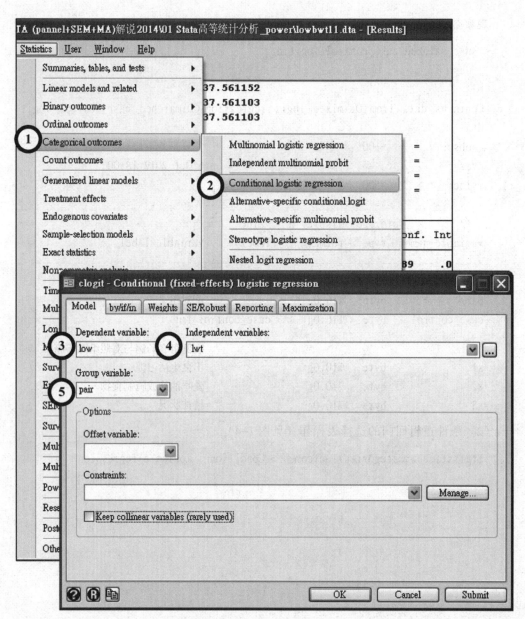

图 7-4　条件逻辑回归的选择表

（3）分析结果与讨论

```
* 打开文件
. use matched case_control logit.dta
. clogit case_control x1 x2 x3, group(pair)

Conditional(fixed-effects) logistic regression
```

Number of obs	= 100
LR chi2(3)	= 22.96
Prob > chi2	= 0.0000
Pseudo R2	= 0.3313

Log likelihood = -23.176996

case_control	Coef.	Std. Err.	z	P>|z|	[95% Conf. Interval]	
x1	.823553	.2670084	3.08	0.002	.3002263	1.34688
x2	.8256541	.3114162	2.65	0.008	.2152897	1.436019
x3	.4989285	.517453	0.96	0.335	-.5152607	1.513118

```
* 改求 odds ratio(OR) 值
. clogit case_control x1 x2 x3, group(pair) or

Conditional(fixed-effects) logistic regression
```

Number of obs	= 100
LR chi2(3)	= 22.96
Prob > chi2	= 0.0000
Pseudo R2	= 0.3313

Log likelihood = -23.176996

case_control	Odds Ratio	Std. Err.	z	P>|z|	[95% Conf. Interval]	
x1	2.278581	.6084003	3.08	0.002	1.350164	3.845408
x2	2.283374	.7110795	2.65	0.008	1.240221	4.203925
x3	1.646956	.852222	0.96	0.335	.5973449	4.540865

（1）与肠癌有关的显著危险因素为：x1（不良生活习惯）、x2（爱吃油炸或腌制食物）；而x3（精神状况）虽有正面影响，但没有显著影响。

（2）逻辑回归式为：

$$\ln\left(\frac{P(Y = 1|X = x)}{P(Y = 0|X = x)}\right) = \alpha + \beta_1 x_1 + \cdots + \beta_k x_k$$

=0.82（x1）+0.83（x2）+0.499（x3）

=0.82（不良生活习惯）+0.83（爱吃油炸或腌制食物）+0.499（精神状况）

（3）胜算比（odds ratio，OR）

上述回归方程式可解释为在控制 x2（爱吃油炸或腌制食物）及 x3（精神状况）的影响后，x1（不良生活习惯=1）的胜算比为 x1（不良生活习惯=2）的 2.279（=$\exp^{0.8236}$）倍，即不良生活习惯每增加 1 个单位，患肠癌风险比提高 2.279 倍，且有统计上显著的差异（p=0.002）。

在控制 x1（不良生活习惯）及 x3（精神状况）的影响后，x2（爱吃油炸或腌制食物=1）的胜算比为 x2（爱吃油炸或腌制食物=2）的 2.283（=$\exp^{0.8256}$）倍，即爱吃油炸或腌制食物每增加 1 个单位，患肠癌风险比提高 2.283 倍，且有统计上显著的差异（p=0.008）。

在控制 x1（不良生活习惯）及 x2（爱吃油炸或腌制食物）的影响后，x3（精神状况=1）的胜算比为 x3（精神状况=2）的 1.647（=$\exp^{0.499}$）倍，即精神状况每增加 1 个单位，患肠癌风险比提高 1.647 倍，但没有达到统计上的显著差异（p=0.335）。

（4）逻辑回归式为：$E(Y_i) = \dfrac{1}{1 + e^{-(\beta_0 + \beta_1 X_{1i} + \beta_2 X_{2i} + \cdots + \beta_k X_{ki})}} = \dfrac{e^{\beta_0 + \beta_1 X_{1i} + \beta_2 X_{2i} + \cdots + \beta_k X_{ki}}}{1 + e^{\beta_0 + \beta_1 X_{1i} + \beta_2 X_{2i} + \cdots + \beta_k X_{ki}}}$

7.2 配对的条件逻辑回归分析：McFadden 的选择模型（clogit 命令）

当因变量为二元分类变量时，此时不能再使用一般的线性回归，而应该改用二元逻辑回归分析。

二元逻辑回归式如下：

$$\log it\,[\,\pi(x)\,] = \log\left(\frac{\pi(x)}{1 - \pi(x)}\right) = \log\left(\frac{P(x = 1)}{1 - P(x = 1)}\right) = \log\left(\frac{P(x = 1)}{P(x = 0)}\right) = \alpha + \beta x$$

公式经转换变为

$$\frac{P(x = 1)}{P(x = 0)} = e^{\alpha + \beta x}$$

（1）逻辑方程式和一般回归线性模式很像，其不同点在于因变量变为事件发生概率的胜算比。

（2）因此现在的 β 需解释为：当 x 每增加一单位时，事件发生的概率是不发生的 exp（β）倍。

（3）为了方便结果的解释与理解，一般来说我们会将因变量为 0 设为参照组（event free）。

范例：配对法的逻辑回归，采用条件逻辑回归

（1）问题说明

为了解产妇年龄对早产儿的影响，故以"样本设计"：产妇年龄相同者"精准配对"（体重过轻的早产儿与非早产儿），进而有效发现"导致早产儿的其他因素"有哪些？

产妇年龄由14~34岁，本例共找到56个配对生产（早产儿与非早产儿）的产妇。而影响早产的原因，归纳成下表，即"lowbwt11.dta"文件的变量如下：

变量名称	早产的原因	编码 Codes / Values
pair	以产妇年龄来1：1配对（过轻与正常重量婴儿）	1~56个配对（过轻与正常重量婴儿）
low	早产儿与非早产儿	1为BWT≤2500g，0为BWT>2500g
age	产妇年龄	Years
lwt	1.最近一次月经时产妇体重（Pounds）	Pounds
race	2.种族	1=White，2=Blac，3=Other
smoke	3.怀孕时抽烟否	0=No，1=Yes
ptd	4.早产家族史	0=None，1=Yes
ht	5.高血压家族史	0=No，1=Yes
ui	6.子宫过敏（Uterine Irritability）	0=No，1=Yes

（2）文件的内容

"lowbwt11.dta"文件内容如图7-5所示。

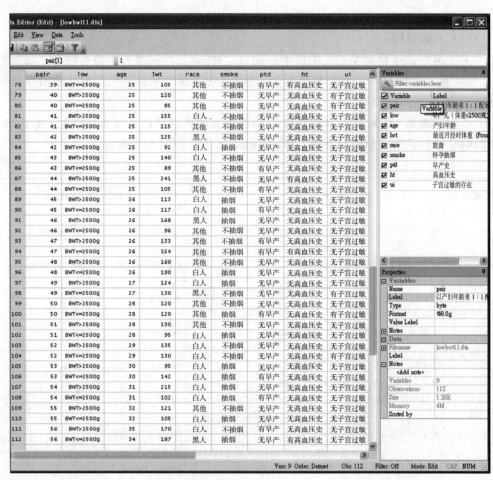

图7-5 "lowbwt11.dta" 文件（N=112个产妇，9个变量）

（3）条件逻辑回归的选择表操作（见图7-6）

Statistics > Categorical outcomes > Conditional logistic regression

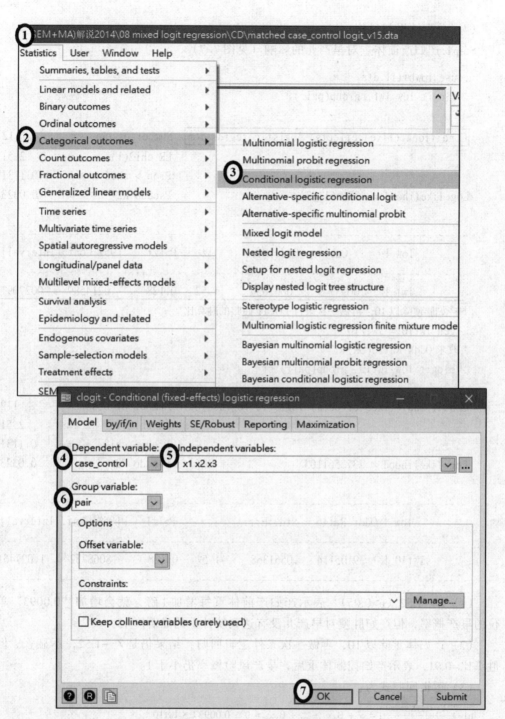

图7-6 条件逻辑回归的选择表操作

（4）分析结果与讨论

Step1.产妇产前体重对早产儿的影响（见图7-7）

```
. use lowbwt11.dta
. clogit low lwt, group(pair)
```

Conditional(fixed-effects) logistic regression

					Number of obs	=	112
					LR chi2(1)	=	2.51
					Prob > chi2	=	0.1131
Log likelihood = -37.561103					Pseudo R2	=	0.0323

low	Coef.	Std. Err.	z	P>|z|	[95% Conf. Interval]	
lwt	-.0093749	.0061654	-1.52	0.128	-.0214589	.0027091

```
* 产妇胖瘦除以10，再做一次条件LOGIT回归的胜算比
. gen lwt10 = lwt/10
* 改求 Odds Ratio(OR)
. clogit low lwt10, group(pair) or
```

Conditional(fixed-effects) logistic regression

					Number of obs	=	112
					LR chi2(1)	=	2.51
					Prob > chi2	=	0.1131
Log likelihood = -37.561103					Pseudo R2	=	0.0323

low	Odds Ratio	Std. Err.	z	P>|z|	[95% Conf. Interval]	
lwt10	.9105114	.0561368	-1.52	0.128	.8068732	1.027461

（1）Z=-1.52（p>0.05），表示产妇产前体重每增加1磅，就会增加"0.0093"单位的早产概率，但产妇胖瘦对早产儿没有达到统计上的显著影响。

（2）产妇体重除以10，再做一次条件逻辑回归，结果仍是Z=-1.52，不显著。但胜算比=0.91，表示产妇控制体重后，早产风险概率仍小于1。

（3）逻辑回归式为：

$$\ln\left(\frac{P(Y=1|X=x)}{P(Y=0|X=x)}\right) = \alpha + \beta_1 x_1 + ... + \beta_k x_k = 0 - 0.00937 \times lwt10$$

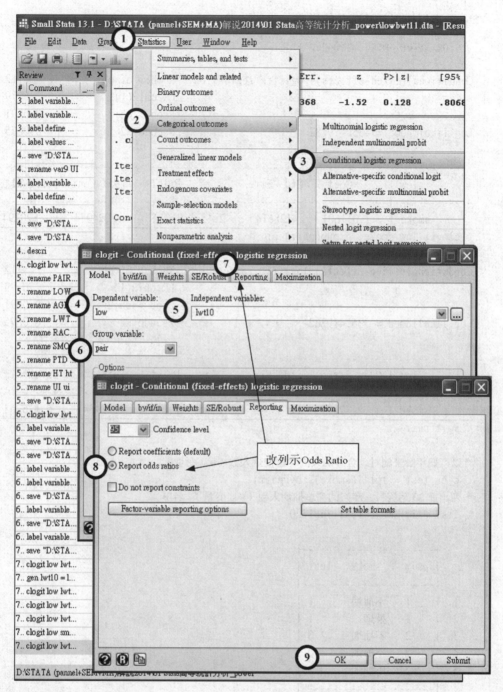

图 7-7　条件逻辑回归的胜算比选择表操作

Step2. 产妇抽烟对早产儿的影响

```
. clogit low smoke, group(pair)
```

```
Conditional(fixed-effects) logistic regression    Number of obs    =        112
                                                  LR chi2(1)       =       6.79
                                                  Prob > chi2      =     0.0091
Log likelihood = -35.419282                       Pseudo R2        =     0.0875
```

```
------------------------------------------------------------------------------
      low |      Coef.   Std. Err.      z    P>|z|     [95% Conf. Interval]
----------+-------------------------------------------------------------------
    smoke |   1.011601   .4128614     2.45   0.014     .2024074    1.820794
```

```
. clogit low smoke, group(pair) or
```

```
Conditional(fixed-effects) logistic regression    Number of obs    =        112
                                                  LR chi2(1)       =       6.79
                                                  Prob > chi2      =     0.0091
Log likelihood = -35.419282                       Pseudo R2        =     0.0875
```

```
------------------------------------------------------------------------------
      low | Odds Ratio  Std. Err.      z    P>|z|     [95% Conf. Interval]
----------+-------------------------------------------------------------------
    smoke |       2.75   1.135369     2.45   0.014     1.224347    6.176763
```

```
. sort pair
```

* 以产妇年龄来配对，合其两人的"总抽烟人数（test 变量）"
```
. egen test = total(smoke), by(pair)
```
* 列出前 20 笔资料，产妇的"总抽烟人数（test 变量）"名单
```
. list pair smoke test in 1/20
```

```
    +----------------------+
    | pair    smoke   test |
    |----------------------|
 1. |   1     不抽烟      1 |
 2. |   1     抽烟        1 |
 3. |   2     不抽烟      0 |
 4. |   2     不抽烟      0 |
 5. |   3     不抽烟      0 |
    |----------------------|
 6. |   3     不抽烟      0 |
 7. |   4     不抽烟      1 |
 8. |   4     抽烟        1 |
```

```
 9. |     5      抽烟       2 |
10. |     5      抽烟       2 |
    |------------------------|
11. |     6      不抽烟      1 |
12. |     6      抽烟       1 |
13. |     7      不抽烟      0 |
14. |     7      不抽烟      0 |
15. |     8      不抽烟      0 |
    |------------------------|
16. |     8      不抽烟      0 |
17. |     9      抽烟       1 |
18. |     9      不抽烟      1 |
19. |    10      抽烟       2 |
20. |    10      抽烟       2 |
    +------------------------+
```

* 配对产妇中有一人抽烟, 其产妇抽烟是否有早产儿的交叉表

. tab low smoke if test == 1

早产儿 (体重		怀孕抽烟		
≤2500 克)		不抽烟	抽烟		总计
BWT>2500g		22	8		30
BWT≤2500g		8	22		30
总计		30	30		60

(1) 产妇抽烟 (smoke) 会显著影响早产儿 (Z=2.45, p<0.05)。胜算比=2.75, 表示, 产妇抽烟相比不抽烟者的, 早产概率比为 2.75。

(2) 由于在配对产妇中, 有的抽烟, 有的不抽烟。故我们只选"配对产妇中有一人抽烟"(30 名) 当中, 抽烟产妇, 其早产率为 (22/30), 是不抽烟产妇的"2.75"倍 ($\frac{22/30}{8/30}$)。不抽烟的产妇, 其早产率为 (8/30)。以上表明, 抽烟对早产率有很大的影响。

(3) 逻辑回归式为:

$$\ln\left(\frac{P(Y = 1|X = x)}{P(Y = 0|X = x)}\right) = \alpha + \beta_1 x_1 + ... + \beta_k x_k = 0 + 1.0116 \times smoke$$

Step3. 族裔对产妇早产的影响

逻辑回归, 针对分类型 (非连续型) 的预测变量, 您可用下列命令直接分析, 或改用 STaTa 外挂的 xi3 package 命令。您可用 "findit xi3" 命令来安装 xi3 软件包, 再执行此命令 (见图 7-8)。

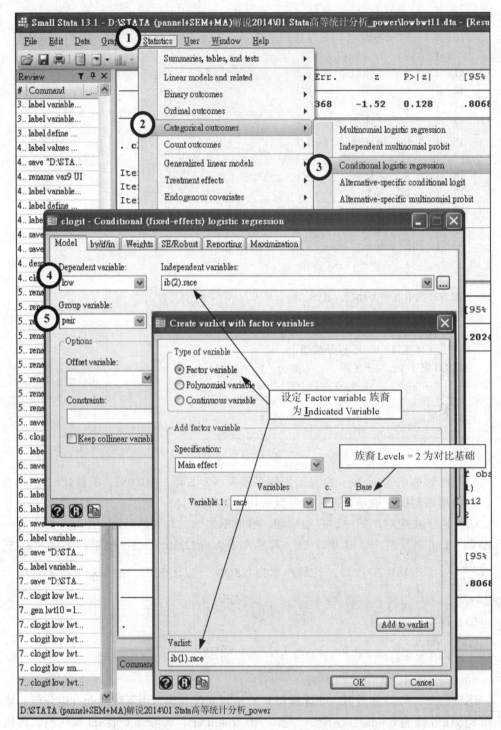

图7-8 族裔影响产妇早产的条件逻辑回归的选择表

```
. tabulate race low, chi2
```

| 早产儿（体重≤2500 克） | | |
族裔	BWT>2500g	BWT≤ 2500	Total
白人	22	22	44
黑人	10	11	21
其他	24	23	47
Total	56	56	112

Pearson chi2(2) =   0.0689   Pr = 0.966

```
* race 变量为指示变量，race 变量间的比较基准
. clogit low ib(2).race, group(pair)
```

Conditional(fixed-effects) logistic regression

	Number of obs	=	112
	LR chi2(2)	=	0.06
	Prob > chi2	=	0.9714
Log likelihood = -38.787243	Pseudo R2	=	0.0007

low	Coef.	Std. Err.	z	P>|z|	[95% Conf. Interval]
race					
白人	-.0870496	.5233129	-0.17	0.868	-1.112724 .9386249
其他	-.1160498	.4822154	-0.24	0.810	-1.061175 .8290749

```
* 算 Odds Ratio
. clogit low ib(2).race, group(pair) or
```

Conditional(fixed-effects) logistic regression

	Number of obs	=	112
	LR chi2(2)	=	0.06
	Prob > chi2	=	0.9714
Log likelihood = -38.787243	Pseudo R2	=	0.0007

low	Odds Ratio	Std. Err.	z	P>|z|	[95% Conf. Interval]

race						
白人	.9166316	.4796852	-0.17	0.868	.3286624	2.556464
其他	.8904308	.4293794	-0.24	0.810	.3460491	2.291198

（1）由"tabulate race low，chi2"命令产生的交叉表显示：白人早产率居中=（22/44）=0.5；黑人早产率最低=（10/21）=0.476；其他族裔早产率最高=（24/47）=0.51。

（2）"clogit low ib（2）.race，group（pair）"的"Coef.栏"，因比较基准点设为Race=Level 2黑人。结果显示："黑人与白人"早产率比值为-0.087（负向表示"由白人转成黑人"早产比值变小）。"黑人与其他族裔"早产率比值为-0.116。故黑人发生早产的概率是最低的。

（3）由odds ratio胜算比来看，"黑人与白人"早产胜算比为0.916<1，表示"黑人比白人"早产概率低。"黑人与其他族裔"早产胜算比0.89<1，表示"黑人比其他族裔"早产概率低。

（4）逻辑回归式为：

$$\ln\left(\frac{P(Y=1|X=x)}{P(Y=0|X=x)}\right) = \alpha + \beta_1 x_1 + \dots + \beta_k x_k$$

$$= 0 - 0.087 \times (race=2) - 0.116 \times (race=3)$$

$$= 0 - 0.087 \times (race=白人) - 0.116 \times (race=其他种族)$$

Step4.早产家族病史对产妇早产的影响

因为产妇的早产家族病史（ptd）是二元变量，只有两个水平，故可直接看成"连续型预测变量"（见图7-9）。

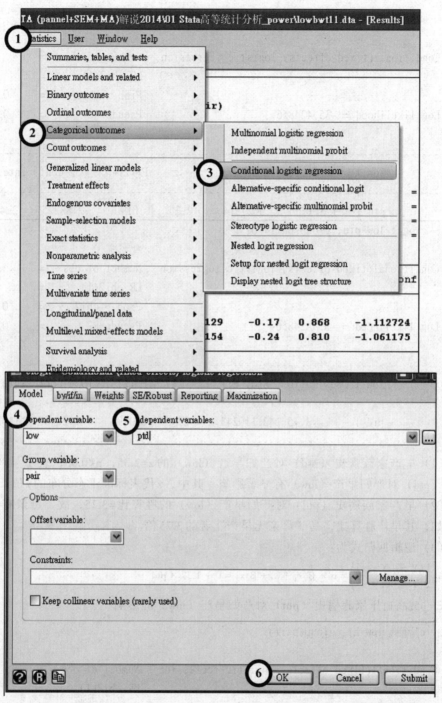

图 7-9 早产家族病史（ptd）对产妇早产（low）的条件逻辑回归的选择表

```
. clogit low ptd, group(pair)

Conditional(fixed-effects) logistic regression      Number of obs   =       112
                                                    LR chi2(1)      =      6.78
                                                    Prob > chi2     =    0.0092
Log likelihood = -35.424856                         Pseudo R2       =    0.0874

------------------------------------------------------------------------------
      low |      Coef.   Std. Err.       z     P>|z|    [95% Conf. Interval]
----------+-------------------------------------------------------------------
      ptd |   1.321756   .5627314     2.35    0.019     .2188225    2.424689
------------------------------------------------------------------------------
. clogit low ptd, group(pair) or

Conditional(fixed-effects) logistic regression      Number of obs   =       112
                                                    LR chi2(1)      =      6.78
                                                    Prob > chi2     =    0.0092
Log likelihood = -35.424856                         Pseudo R2       =    0.0874

------------------------------------------------------------------------------
      low | Odds Ratio   Std. Err.       z     P>|z|    [95% Conf. Interval]
----------+-------------------------------------------------------------------
      ptd |       3.75   2.110243     2.35    0.019      1.24461    11.29872
------------------------------------------------------------------------------
```

（1）早产家族病史（ptd）对产妇早产（low）的 z=2.35，p<0.05，表示早产家族病史（ptd）对产妇早产（low）有显著影响。其中，z 代表标准正态分布的 z 值。

（2）早产家族病史（ptd）对产妇早产（low）的胜算比=3.75，故"母亲有早产"的产妇，其早产胜算比，是"母亲无早产"者的3.75倍。

（3）逻辑回归式为：

$$\ln\left(\frac{P(Y=1|X=x)}{P(Y=0|X=x)}\right) = \alpha + \beta_1 x_1 + \ldots + \beta_k x_k = 0 + 1.32 \times ptd$$

Step5.高血压家族病史（pht）对产妇早产（low）的影响

```
. clogit low ht, group(pair)

Conditional(fixed-effects) logistic regression      Number of obs   =       112
                                                    LR chi2(1)      =      1.65
                                                    Prob > chi2     =    0.1996
```

```
Log likelihood = -37.993413                    Pseudo R2      =    0.0212

--------------------------------------------------------------------------
        low |    Coef.   Std. Err.      z    P>|z|    [95% Conf. Interval]
------------+-------------------------------------------------------------
         ht |  .8472975  .6900655     1.23   0.220    -.505206    2.199801
--------------------------------------------------------------------------
```

. clogit low ht, group(pair) or

```
Conditional(fixed-effects) logistic regression   Number of obs   =      112
                                                 LR chi2(1)      =     1.65
                                                 Prob > chi2     =   0.1996
Log likelihood = -37.993413                      Pseudo R2       =   0.0212

--------------------------------------------------------------------------
        low | Odds Ratio  Std. Err.      z    P>|z|    [95% Conf. Interval]
------------+-------------------------------------------------------------
         ht |  2.333333   1.610152     1.23   0.220    .6033812    9.023218
--------------------------------------------------------------------------
```

（1）高血压家族病史（ht）对产妇早产（low）的 z=1.23，p>0.05，表示高血压家族病史对产妇早产无明显影响。

（2）高血压家族病史（ht）对产妇早产（low）的胜算比=2.33，故"父母有高血压"的产妇，其早产胜算比，是"父母无高血压"者的2.33倍。

（3）逻辑回归式为：

$$\ln\left(\frac{P(Y=1|X=x)}{P(Y=0|X=x)}\right) = \alpha + \beta_1 x_1 + ... + \beta_k x_k = 0 + 2.33 \times ht$$

Step6. 子宫过敏（ui）对早产的影响

. clogit low ui, group(pair)

```
Conditional(fixed-effects) logistic regression   Number of obs   =      112
                                                 LR chi2(1)      =     4.19
                                                 Prob > chi2     =   0.0408
Log likelihood = -36.72325                       Pseudo R2       =   0.0539
```

```
--------------------------------------------------------------------------
     low |    Coef.     Std. Err.      z      P>|z|    [95% Conf. Interval]
-------------+------------------------------------------------------------
      ui |  1.098612    .5773502     1.90    0.057    -.0329738    2.230197
--------------------------------------------------------------------------
```

. clogit low ui, group(pair) or

```
Conditional(fixed-effects) logistic regression     Number of obs   =      112
                                                   LR chi2(1)      =     4.19
                                                   Prob > chi2     =   0.0408
Log likelihood = -36.72325                         Pseudo R2       =   0.0539


--------------------------------------------------------------------------
     low | Odds Ratio   Std. Err.      z      P>|z|    [95% Conf. Interval]
-------------+------------------------------------------------------------
      ui |  2.999999     1.73205     1.90    0.057    .9675639    9.301702
--------------------------------------------------------------------------
```

（1）子宫过敏（ui）对产妇早产（low）的 z 值=2.23，p=0.057，大于 0.05，表示子宫过敏与产妇早产发生概率呈正相关（z=+1.9，p=0.057），且接近 p<0.05，表明有显著影响。

（2）子宫过敏（ui）对产妇早产（low）的胜算比=2.99，故"子宫过敏"的产妇，其早产胜算比是"无子宫过敏"者的 2.99 倍。

（3）逻辑回归式为：

$$\ln\left(\frac{P(Y = 1|X = x)}{P(Y = 0|X = x)}\right) = \alpha + \beta_1 x_1 + \ldots + \beta_k x_k = 0 + 1.098 \times (ui)$$

小结

影响早产的预测变量	胜算比（OR）	医生是否可诊疗其处方（treated）
1.最近一次月经时产妇体重（p>0.05）	0.91	不可
2.种族（p>0.05）	"黑人与白人"=0.916 "黑人与其他族裔"=0.89	因天生的，故无处方
3.怀孕时抽烟否（p<0.05）	2.75*	可事前倡导，故可控制
4.早产家族病史（p<0.05）	3.75*	因天生的，故无处方
5.高血压家族病史（p<0.05）	2.33	因天生的，故无处方
6.子宫过敏（Uterine Irritability）（p>0.05）	2.99，"接近"显著	医生唯一可处理的因素

*p<0.05

7.3 备择常数条件逻辑模型（McFadden 选择）：汽车销售调查法（asclogit命令）

备选方案是指二选一、多选一，如果您不想使用某一种计划或方法，则可以使用另一种计划或方法。

备择常数条件逻辑回归是指某特定备选方案，经样本配对后的逻辑回归模型。

范例：特定汽车方案（car变量）

特定案例（性别、收入变量）的条件（id变量）逻辑回归分析。以各地区经销商员工数（dealer）作自变量，以ID买了中意车型（choice）作因变量，以295个地区三个汽车制造国/地区来配对（id变量），探讨影响消费者购买中意车型（choice）的因素，包括"sex（性别）、income（收入）、car（汽车制造国/地区）、size（汽车型号）、dealer（各地区经销商员工数）"（见图7-10）。

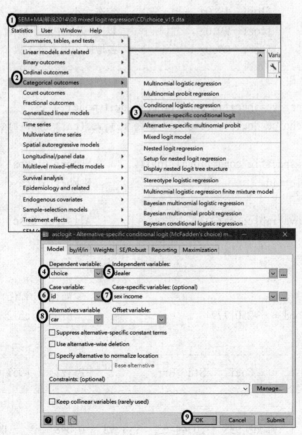

图7-10   "asclogit choice dealer，case（id）alternatives（car）casevars（sex income）"页面

注：Statistics>Categorical outcomes>Alternative-specifific conditional logit

```
*Setup
. webuse choice
. des
```

Contains data from D:\ 08 mixed logit regression\CD\choice.dta
```
  obs:          885
 vars:            7                          7 Oct 2017 09:37
 size:       24,780
```

```
              storage   display    value
variable name   type    format     label     variable label
```

```
id              float   %9.0g                以 295 个地区三个汽车制造国 / 地区来配对
sex             float   %9.0g      sex       性别（0= 女，1= 男）
income          float   %9.0g                收入
car             float   %9.0g      nation    汽车制造国 / 地区
size            float   %9.0g                汽车大小
choice          float   %9.0g                以 ID 买了中意车型吗
dealer          float   %9.0g                各地区经销商员工数
```

```
* Fit alternative-specific conditional logit model
. asclogit choice dealer, case(id) alternatives(car) casevars(sex income)
```

```
Alternative-specific conditional logit     Number of obs    =       885
Case variable: id                          Number of cases  =       295

Alternative variable: car                  Alts per case: min =       3
                                                          avg =     3.0
                                                          max =       3

                                           Wald chi2(5)     =     15.86
Log likelihood = -250.7794                 Prob > chi2      =    0.0072
```

```
      choice |   Coef.    Std. Err.      z     P>|z|    [95% Conf. Interval]
-------------+-----------------------------------------------------------------
car          |
      dealer |  .0680938   .0344465    1.98    0.048    .00058    .1356076
```

```
-----------+---------------------------------------------------------------
American   | (base alternative) 当作三种替代汽车的比较基准
-----------+---------------------------------------------------------------
Japan      |
      sex |  -.5346039   .3141564    -1.70   0.089    -1.150339    .0811314
   income |   .0325318    .012824     2.54   0.011     .0073973    .0576663
     _cons |  -1.352189   .6911829    -1.96   0.050    -2.706882    .0025049
-----------+---------------------------------------------------------------
Europe     |
      sex |   .5704109   .4540247     1.26   0.209    -.3194612    1.460283
   income |    .032042   .0138676     2.31   0.021      .004862    .0592219
     _cons |  -2.355249   .8526681    -2.76   0.006    -4.026448    -.6840501
-----------+---------------------------------------------------------------
```

* Replay results, displaying odds ratios and suppressing the header on the coefficient table

. asclogit, or noheader

```
-----------+---------------------------------------------------------------
    choice | Odds Ratio  Std. Err.      z    P>|z|    [95% Conf. Interval]
-----------+---------------------------------------------------------------
car        |
    dealer |   1.070466   .0368737     1.98   0.048      1.00058    1.145232
-----------+---------------------------------------------------------------
American   | (base alternative) 当作三种替代汽车的比较基准
-----------+---------------------------------------------------------------
Japan      | 日本汽车对美国汽车的胜算比
      sex |   .5859013   .1840647    -1.70   0.089     .3165294    1.084513
   income |   1.033067    .013248     2.54   0.011     1.007425    1.059361
     _cons |   .2586735   .1787907    -1.96   0.050     .0667446    1.002508
-----------+---------------------------------------------------------------
Europe     | 欧洲汽车对美国汽车的胜算比
      sex |   1.768994   .8031669     1.26   0.209     .7265404    4.307178
   income |   1.032561   .0143191     2.31   0.021     1.004874    1.061011
     _cons |   .0948699   .0808925    -2.76   0.006     .0178376    .5045693
-----------+---------------------------------------------------------------
```

（1）逻辑回归式为：

$$\ln\left(\frac{P(Y=1|X=x)}{P(Y=0|X=x)}\right) = \alpha + \beta_1 x_1 + \dots + \beta_k x_k$$

$$\ln\left(\frac{P_{买车}}{1 - P_{买车}}\right) = -2.36 + 0.07 + [(car = 2) \times (-1.35 - 0.53 \times (sex = 1) + 0.03 \times income)] +$$

$$[(car = 3) \times (-2.36 + 0.57 \times (sex = 1) + 0.03 \times income)]$$

式中，（car=1）表示若括号内的判别式成立，则代入1，若不成立则代入0，其余（sex=1）依此规则代入0或1。

上述回归方程式可解释为在精准配对car（三个汽车制造国/地区），并在控制sex（性别）及income（收入）的影响后，dealer（各地区经销商员工数）每增加1个单位（员工），客人买车的胜算比为1.07（=exp$^{0.068}$）倍。故汽车经销商员工人数决定了其销售成功率。

（2）在美国地区（id以295个地区三个汽车制造国/地区来配对），"买日本汽车者"：男性买车的胜算比为女性的0.58（=exp$^{-0.534}$）倍，但没有统计上显著的差异（p=0.089）。在控制了性别之后，income（收入）每增加1个单位，买车的胜算比为1.033（=exp$^{0.032}$）倍，而且具有统计上的显著差异（p=0.011）。

（3）"买美国汽车者"：男性买车的胜算比为女性的1.769（=exp$^{0.570}$）倍，但没有统计上显著的差异（p=0.209）。在控制了性别之后，income（收入）每增加一个单位买车的胜算比为1.033（=exp$^{0.032}$）倍，而且具有统计上的显著差异（p=0.021）。故消费者的收入决定了他会不会买车。

（4）Car=1"买日本汽车者"：sex（性别）的胜算比为0.585，小于1，表示美国女性比男性更爱买日本车。

Car=2"买欧洲汽车者（相对买美国汽车者）"：sex的胜算比为1.769，大于1，表示美国男性比女性更爱买欧洲车。

7.4 备择常数条件逻辑模型：选择四种钓鱼模式（asclogit命令）

替代方案（alternative）是指二选一、多选一。如果您不想使用某一种计划或方法，则可以使用另一种计划或方法。

范例：备择常数条件逻辑回归分析

（1）文件的内容

"Alternative_Specific_Logit.dta"文件内容如图7-11所示。

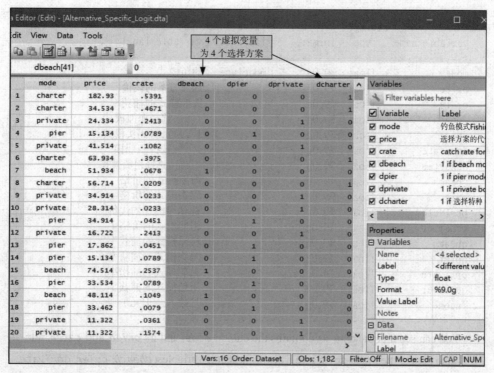

图 7-11　"Alternative_Specific_Logit.dta" 文件内容（N=1 182个人）

观察数据的特征。

```
*存至 "Alternative_pecific_logit.do" 命令文件
* There are 1182 observations and there is one observation for each individual. The
  choice being made is the mode of fishing; one can fish from the beach, a pier, private
  boat, or charter boat. There are choice specific variables included as well: the
  catch rate for each choice and the price for each choice. Income of each individual
  is also included.

. use Alternative_Specific_Logit.dta
* 或 . use mus15data.dta

. des

Contains data from D:\08 mixed logit regression\CD\Alternative_Specific_Logit.dta
  obs:          1,182
  vars:            16                          8 Oct 2017 09:29
  size:        75,648
```

```
------------------------------------------------------------------------
                storage   display    value
variable name   type      format     label      variable label
------------------------------------------------------------------------
mode            float     %9.0g      modetype   钓鱼模式
price           float     %9.0g                 选择方案的代价
crate           float     %9.0g                 选船模式的捕获率
dbeach          float     %9.0g                 1 if 选择海滩模式
dpier           float     %9.0g                 1 if 选择码头模式
dprivate        float     %9.0g                 1 if 选择租船模式
dcharter        float     %9.0g                 1 if  选择租船模式
pbeach          float     %9.0g                 海滩模式的价格
ppier           float     %9.0g                 码头模式的价格
pprivate        float     %9.0g                 选私船模式的代价
pcharter        float     %9.0g                 租船模式的价格
qbeach          float     %9.0g                 海滩模式的捕获率
qpier           float     %9.0g                 码头模式的捕获率
qprivate        float     %9.0g                 私船模式的捕捞率
qcharter        float     %9.0g                 租船模式的捕获率
income          float     %9.0g                 月收入（千元）
------------------------------------------------------------------------
```

*You can see that the data set contains the choice(*mode*) and its *price* and *catch* rate. It also breaks the mode down into a set of indicator variables(*dbeach*, *dpier*, *dprivate*, *dcharter*). It includes the prices for each of the other alternatives and their respective catch rates. Finally is the individual specific variable, *income*.

. list mode price crate pbeach ppier pprivate pcharter in 1/5, clean

```
        mode     price    crate    pbeach     ppier    pprivate   pcharter
  1.  charter    182.93    .5391    157.93    157.93    157.93     182.93
  2.  charter    34.534    .4671    15.114    15.114    10.534     34.534
  3.  private    24.334    .2413    161.874   161.874   24.334     59.334
  4.    pier     15.134    .0789    15.134    15.134    55.93      84.93
  5.  private    41.514    .1082    106.93    106.93    41.514     71.014
```

. tabulate mode

```
钓鱼模式 Fis |
hing mode   |      Freq.      Percent        Cum.
------------+-----------------------------------------
     beach  |       134        11.34         11.34
      pier  |       178        15.06         26.40
   private  |       418        35.36         61.76
   charter  |       452        38.24        100.00
------------+-----------------------------------------
     Total  |      1,182       100.00
```

* Most folks fish by charter(38%) or private boat(35%).

```
. table mode, contents(N income mean income sd income)

  ------------------------------------------------------
  Fishing  |
  mode     |    N(income)   mean(income)     sd(income)
  ---------+--------------------------------------------
     beach |         134       4.051617        2.50542
      pier |         178       3.387172       2.340324
   private |         418       4.654107       2.777898
   charter |         452       3.880899       2.050029
  ------------------------------------------------------
```

* You can also use table to summarize the alternative specific variables:
. table mode, contents(mean pbeach mean ppier mean pprivate mean pcharter)
format(%6.0f)

```
  -----------------------------------------------------------------------
  Fishing  |
  mode     |   mean(pbeach)    mean(ppier)   mean(pprivate)   mean(pcharter)
  ---------+-------------------------------------------------------------
     beach |            36             36               98              125
      pier |            31             31               82              110
   private |           138            138               42               71
   charter |           121            121               45               75
  -----------------------------------------------------------------------
```

* It is fairly clear that the beach and pier carry the same price. Also, it looks like
people are fairly price sensitive. Private boaters and charters avoid the beach and
pier when they are expensive. Beach and pier fishermen face higher prices for boat
fishing.
. table mode, contents(mean qbeach mean qpier mean qprivate mean qcharter)
format(%6.4f)

```
  -----------------------------------------------------------------------
  Fishing  |
  mode     |   mean(qbeach)    mean(qpier)   mean(qprivate)   mean(qcharter)
  ---------+-------------------------------------------------------------
     beach |        0.2792         0.2190           0.1594           0.5176
      pier |        0.2614         0.2025           0.1501           0.4981
   private |        0.2083         0.1298           0.1775           0.6539
   charter |        0.2519         0.1595           0.1772           0.6915
  -----------------------------------------------------------------------
```

（2）分析结果与讨论

以下分析步骤全部存在"Alternative_pecific_logit.do"文件（见图7-12）。

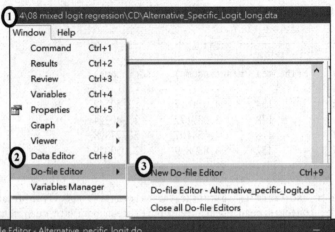

图 7-12 "Alternative_pecific_logit.do"命令的内容

Step 1. 多元逻辑（见图 7-13）

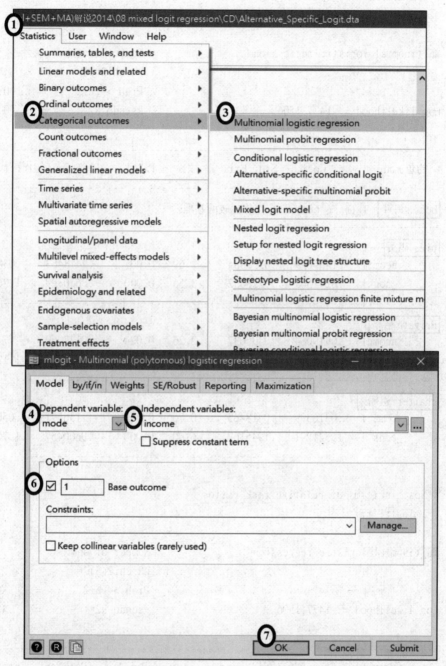

图 7-13 "mlogit mode income，baseoutcome（1）"页面

```
* 打开文件
. use Alternative_Specific_Logit.dta
. mlogit mode income, baseoutcome(1)


Multinomial logistic regression              Number of obs   =       1182
                                             LR chi2(3)      =      41.14
                                             Prob > chi2     =     0.0000
Log likelihood = -1477.1506                  Pseudo R2       =     0.0137


--------------------------------------------------------------------------------
 钓鱼 mode |     Coef.   Std. Err.      z    P>|z|    [95% Conf. Interval]
----------+---------------------------------------------------------------------
beach 海滩 |  (base outcome) 当作比较的基准
----------+---------------------------------------------------------------------
pier 码头 |
   income | -.1434029   .0532884    -2.69   0.007    -.2478463   -.0389595
    _cons |  .8141503   .228632      3.56   0.000     .3660399    1.262261
----------+---------------------------------------------------------------------
Private 私船 |
   income |  .0919064   .0406637     2.26   0.024     .0122069    .1716058
    _cons |  .7389208   .1967309     3.76   0.000     .3533352    1.124506
----------+---------------------------------------------------------------------
charter 租船 |
   income | -.0316399   .0418463    -0.76   0.450    -.1136571    .0503774
    _cons |  1.341291   .1945167     6.90   0.000     .9600457    1.722537
--------------------------------------------------------------------------------


* Now, in terms of relative risk ratios
. mlogit, rrr


Multinomial logistic regression              Number of obs   =      1,182
                                             LR chi2(3)      =      41.14
                                             Prob > chi2     =     0.0000
Log likelihood = -1477.1506                  Pseudo R2       =     0.0137


--------------------------------------------------------------------------------
 钓鱼 mode |      RRR    Std. Err.      z    P>|z|    [95% Conf. Interval]
----------+---------------------------------------------------------------------
```

beach 海滩	(base outcome) 当作比较的基准

```
-----------+-------------------------------------------------------------
pier 码头   |
     income |  .8664049    .0461693    -2.69   0.007    .7804799    .9617896
      _cons |  2.257257    .516081      3.56   0.000    1.442013    3.5334
-----------+-------------------------------------------------------------
Private 私船|
     income |  1.096262    .0445781     2.26   0.024    1.012282    1.18721
      _cons |  2.093675    .4118906     3.76   0.000    1.423808    3.078697
-----------+-------------------------------------------------------------
charter 租船|
     income |  .9688554    .040543     -0.76   0.450    .8925639    1.051668
      _cons |  3.823979    .7438278     6.90   0.000    2.611816    5.598715
-----------+-------------------------------------------------------------
```

Note: _cons estimates baseline relative risk for each outcome.

四种钓鱼模式，pier（码头）与 charter（租船）收入的风险率比（beach）海滩低，但 private（私船）收入的风险率比 beach（海滩）高。

Step2. 边际效应（marginal effects）

. margins, dydx(income) predict(outcome(*charter*))

```
Average marginal effects                    Number of obs    =    1,182
Model VCE   : OIM

Expression  : Pr(mode==charter), predict(outcome(charter))
dy/dx w.r.t. : income


           |             Delta-method
           |     dy/dx    Std. Err.       z     P>|z|   [95% Conf. Interval]
-----------+-------------------------------------------------------------
    income | -.0111519    .0059441    -1.88   0.061   -.022802    .0004983
-----------+-------------------------------------------------------------
```

* 如预期的那样，它是负值，尽管 0 在 95% 置信区间内。

边际效应的公式为：

$$\frac{\partial P(y=1|x)}{\partial x_c} = \frac{\exp(x\beta)}{[1+\exp(x\beta)]^2} = \Lambda(x\beta)(1-\Lambda(x\beta))\beta_c \, (x_c的边际效应)$$

$$\frac{\Delta P(y=1|x)}{\Delta x_b} = P(y=1|x_{-b},\ x_b=1) - P(y=1|x_{-b},\ x_b=0) \, (x_b离散变化)$$

Step3-1.条件逻辑：数据 wide 格式转为 long 格式（见图7-14）

* This model is probably better described as McFadden's alternative specific conditional **logit**. It is a special case of **conditional logit** where there are no characteristics(individual specific variables) and only attributes(choice specific variables). The more general conditional logit combines the two. The STaTa command used to estimate this model is **asclogit(**although you can use **clogit** if you create interactions with the indicators).

* you have to get the data into **long-form**. In this form, each observation contains the data for each alternative. With 4 choices, there will be 4 observations for each individual. The first thing to do is to create an *id* number for each individual. Then use the **reshape long** command as shown below.

```
. generate id = _n

. reshape long d p q, i(id) j(fishmode beach pier private charter) string

Data                          wide  ->  long
-----------------------------------------------------------------------
Number of obs.                1182  ->  4728
Number of variables             17  ->     9
j variable(4 values)                ->  fishmode
xij variables:
         dbeach dpier ... dcharter  ->  d
         pbeach ppier ... pcharter  ->  p
         qbeach qpier ... qcharter  ->  q
-----------------------------------------------------------------------

. list in 1/4

   +------------------------------------------------------------------+
   | id  fishmode     mode   price   crate   d        p       q    income |
   |------------------------------------------------------------------|
 1.|  1     beach  charter  182.93  .5391   0   157.93   .0678   7.083332 |
 2.|  1   charter  charter  182.93  .5391   1   182.93   .5391   7.083332 |
 3.|  1      pier  charter  182.93  .5391   0   157.93   .0503   7.083332 |
 4.|  1   private  charter  182.93  .5391   0   157.93   .2601   7.083332 |
   +------------------------------------------------------------------+
```

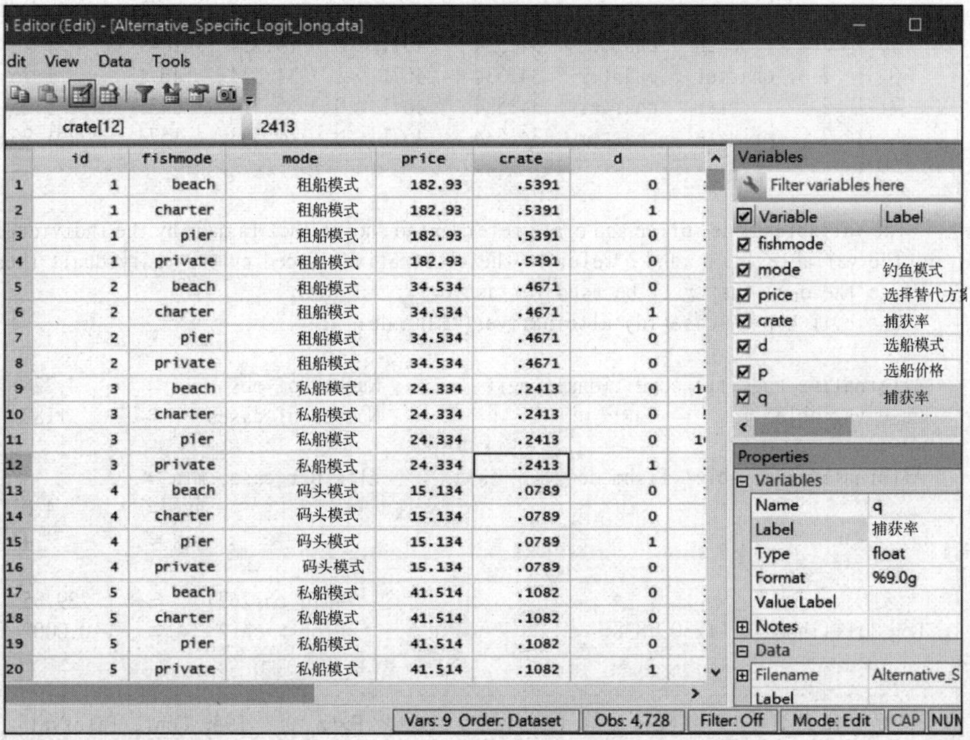

图7-14　"reshape long d p q，i（id）j（fishmode beach pier private charter）string"结果
（另存在"Alternative_Specific_Logit_long.dta"文件中）

Step3-2.带有特定替代变量的条件逻辑

* we have generated the id variable that is to be used as what STaTa refers to as the "logical" observation, which is identified by the 'option' *i(id)*. The subovservations consist of the indicator, *price*, and catch-rate data that are prefixed by and renamed to *d*, *p*, and *q*. The *j()* command includes the variable names, or in this case, the fragment of the name, for the variables to create. The ***string*** option is given because the ***fishmode*** variable is a string. Here is what the reshaping does to the data:
. list in 1/8, table sepby(id)

```
     +--------------------------------------------------------------------------------+
     | id   fishmode     mode     price    crate   d        p        q      income |
     |--------------------------------------------------------------------------------|
  1. | 1      beach    charter   182.93    .5391   0    157.93    .0678   7.083332 |
  2. | 1    charter    charter   182.93    .5391   1    182.93    .5391   7.083332 |
  3. | 1       pier    charter   182.93    .5391   0    157.93    .0503   7.083332 |
  4. | 1    private    charter   182.93    .5391   0    157.93    .2601   7.083332 |
```

```
|----------------------------------------------------------------------------|
5. |  2     beach   charter   34.534   .4671   0   15.114   .1049      1.25  |
6. |  2   charter   charter   34.534   .4671   1   34.534   .4671      1.25  |
7. |  2      pier   charter   34.534   .4671   0   15.114   .0451      1.25  |
8. |  2   private   charter   34.534   .4671   0   10.534   .1574      1.25  |
+----------------------------------------------------------------------------+
```

* The variables mode, price and crate refer to the choice that is made by the individual.
  The variables d, p, and q refer to the alternatives faced by the individual; these
  are the ones that will be used for asclogit.
. asclogit d p q, case(id) alternatives(fishmode)

```
Alternative-specific conditional logit     Number of obs    =     4,728
Case variable: id                          Number of cases  =      1182

Alternative variable: fishmode             Alts per case: min =        4
                                                          avg =      4.0
                                                          max =        4

                                           Wald chi2(2)     =    229.35
Log likelihood = -1230.7838                Prob > chi2      =    0.0000
```

```
---------------------------------------------------------------------------
  钓鱼模式d |    Coef.    Std. Err.     z    P>|z|   [95% Conf. Interval]
-------------+-------------------------------------------------------------
fishmode     |
  船价格 p |  -.0247896   .0017044  -14.54   0.000   -.0281301   -.021449
  捕获率 q |   .3771689   .1099707    3.43   0.001    .1616303   .5927074
-------------+-------------------------------------------------------------
beach 海滩   | (base alternative) 当作比较基准点
-------------+-------------------------------------------------------------
charter 租船 |
       _cons |  1.498888   .1329328   11.28   0.000    1.238345   1.759432
-------------+-------------------------------------------------------------
pier 码头    |
       _cons |   .3070552   .1145738    2.68   0.007    .0824947   .5316158
-------------+-------------------------------------------------------------
Private 私船 |
       _cons |   .8713749   .1140428    7.64   0.000    .6478551   1.094895
---------------------------------------------------------------------------
```

* Notice that the 'slopes' are common to price(p) and catch-rate(q). Each choice
has a separate constant. The conditional logit model does not use the margins command,
instead it has its own postestimation command *estat mfx*. Here is the marginal effect
of an increase in price evaluated at the mean prices.
. estat mfx, varlist(p)

Pr(choice = beach|1 selected) =   .0546071

```
-----------------------------------------------------------------------
variable    |   dp/dx   Std. Err.    z     P>|z|  [    95% C.I.    ]       X
------------+----------------------------------------------------------
船价格 p     |
     beach  |  -.00128    .00012   -10.66   0.000   -.001515   -.001044   103.42
   charter  |  .000614    .00006    10.25   0.000    .000497    .000732   84.379
      pier  |  .000098   .000017     5.88   0.000    .000065     .00013   103.42
   private  |  .000568   .000056    10.16   0.000    .000458    .000677   55.257
-----------------------------------------------------------------------

Pr(choice = charter|1 selected) = .45376978
-----------------------------------------------------------------------
variable    |   dp/dx   Std. Err.    z     P>|z|  [    95% C.I.    ]       X
------------+----------------------------------------------------------
船价格 p     |
     beach  |  .000614    .00006    10.25   0.000    .000497    .000732   103.42
   charter  | -.006144   .000435   -14.12   0.000   -.006997   -.005291   84.379
      pier  |  .000811   .000071    11.42   0.000    .000671     .00095   103.42
   private  |   .00472   .000437    10.80   0.000    .003863    .005576   55.257
-----------------------------------------------------------------------

Pr(choice = pier|1 selected) = .07206028
-----------------------------------------------------------------------
variable    |   dp/dx   Std. Err.    z     P>|z|  [    95% C.I.    ]       X
------------+----------------------------------------------------------
船价格 p     |
     beach  |  .000098   .000017     5.88   0.000    .000065     .00013   103.42
   charter  |  .000811   .000071    11.42   0.000    .000671     .00095   84.379
      pier  | -.001658   .000137   -12.07   0.000   -.001927   -.001389   103.42
   private  |  .000749   .000066    11.30   0.000    .000619    .000879   55.257
-----------------------------------------------------------------------

Pr(choice = private|1 selected) = .41956284
-----------------------------------------------------------------------
variable    |   dp/dx   Std. Err.    z     P>|z|  [    95% C.I.    ]       X
------------+----------------------------------------------------------
船价格 p     |
     beach  |  .000568   .000056    10.16   0.000    .000458    .000677   103.42
   charter  |   .00472   .000437    10.80   0.000    .003863    .005576   84.379
      pier  |  .000749   .000066    11.30   0.000    .000619    .000879   103.42
   private  | -.006037   .000437   -13.82   0.000   -.006893   -.005181   55.257
-----------------------------------------------------------------------
```

* Notice that for those that choose beach, and increase in the beach price reduces the probability of choosing beach and this is distributed across the other choices.

Step4. Adding characteristics（case specific variables）添加特征（个案特定变量）

* The conditional logit can also be estimated with individual specific variables like income. STaTa calls the characteristics *"cases,"* and to use them they need to be included in the *casevars( )* option.

`. asclogit d p q, case(id) alternatives(fishmode) casevars(income)`

Alternative-specific conditional logit	Number of obs	=	4,728
Case variable: id	Number of cases	=	1182

Alternative variable: fishmode	Alts per case: min =	4
	avg =	4.0
	max =	4

	Wald chi2(5)	=	252.98
Log likelihood = -1215.1376	Prob > chi2	=	0.0000

钓鱼模式 d	Coef.	Std. Err.	z	P>|z|	[95% Conf. Interval]	
fishmode						
船价格 p	-.0251166	.0017317	-14.50	0.000	-.0285106	-.0217225
捕获率 q	.357782	.1097733	3.26	0.001	.1426302	.5729337
beach 海滩	(base alternative) 当作比较基准					
charter 租船						
income	-.0332917	.0503409	-0.66	0.508	-.131958	.0653745
_cons	1.694366	.2240506	7.56	0.000	1.255235	2.133497
pier 码头						
income	-.1275771	.0506395	-2.52	0.012	-.2268288	-.0283255
_cons	.7779593	.2204939	3.53	0.000	.3457992	1.210119
Private 私船						
income	.0894398	.0500671	1.79	0.074	-.0086898	.1875694
_cons	.5272788	.2227927	2.37	0.018	.0906132	.9639444

Step5.边际效应

* Income and constant have separate coefficients for each choice while the attributes have common slopes. Below I've computed marginal effects(again, at the means) for the *income* variable:

. estat mfx, varlist(*income*)

Pr(choice = beach|1 selected) = .05248806

variable	dp/dx	Std. Err.	z	P>|z|	[95% C.I.]		X
casevars							
income	-.000721	.002319	-0.31	0.756	-.005266	.003823	4.0993

Pr(choice = charter|1 selected) = .46206853

variable	dp/dx	Std. Err.	z	P>|z|	[95% C.I.]		X
casevars							
income	-.021734	.00666	-3.26	0.001	-.034787	-.00868	4.0993

Pr(choice = pier|1 selected) = .06584968

variable	dp/dx	Std. Err.	z	P>|z|	[95% C.I.]		X
casevars							
income	-.009306	.002719	-3.42	0.001	-.014635	-.003977	4.0993

Pr(choice = private|1 selected) = .41959373

variable	dp/dx	Std. Err.	z	P>|z|	[95% C.I.]		X
casevars							
income	.031761	.006554	4.85	0.000	.018915	.044608	4.0993

* In this example, only the probability of fishing from a private boat increases with *income*.

Step 6.NNL是没有特定替代回归的CL（见图7-15）

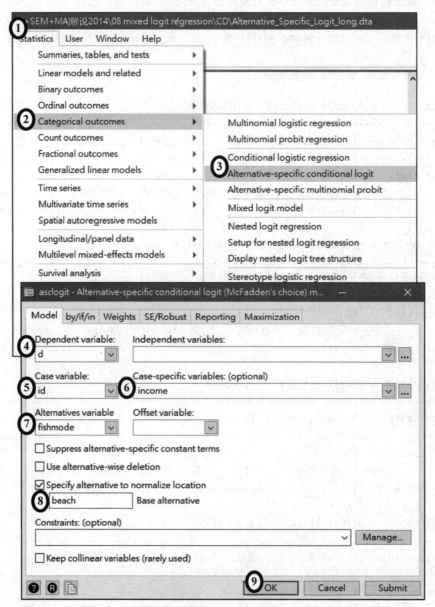

图7-15　"asclogit d，case（id）alternatives（fishmode）casevars（income）basealternative（beach）"页面

注：Statistics>Categorical outcomes>Alternative-specific conditional logit

* Finally, you can also use asclogit to estimate multinomial logit. This is
handy if the variables are in long-form and you don't want to reshape them.
* MNL is CL with no alternative specific regressors

. asclogit d, case(id) alternatives(fishmode) casevars(income)
basealternative(beach)

Alternative-specific conditional logit   Number of obs   =   4,728
Case variable: id   Number of cases =   1182

Alternative variable: fishmode   Alts per case: min =   4
                                                           avg =   4.0
                                                           max =   4

                                            Wald chi2(3)   =   37.70
Log likelihood = -1477.1506   Prob > chi2   =   0.0000

   钓鱼模式 d | Coef.   Std. Err.   z   P>|z| [95% Conf. Interval]
-------------+--
beach 海滩 | (base alternative) 当作比较基准点
-------------+--
charter 租船 |
      income | -.03164   .0418463   -0.76   0.450   -.1136572   .0503773
       _cons | 1.341292   .1945167   6.90   0.000   .9600459   1.722537
-------------+--
pier 码头 |
      income | -.1434028   .0532884   -2.69   0.007   -.2478462   -.0389595
       _cons | .81415   .2286319   3.56   0.000   .3660396   1.26226
-------------+--
private 私船 |
      income | .0919063   .0406637   2.26   0.024   .0122068   .1716057
       _cons | .738921   .1967309   3.76   0.000   .3533355   1.124507
----

* These results match those from MNL.

* 改求胜算比

```
. asclogit, or noheader
```

钓鱼模式 d	Odds Ratio	Std. Err.	z	P>|z|	[95% Conf. Interval]
beach 海滩	(base alternative)					
charter 租船						
income	.9688554	.040543	-0.76	0.450	.8925639	1.051668
_cons	3.823979	.7438279	6.90	0.000	2.611816	5.598716
pier 码头						
income	.866405	.0461693	-2.69	0.007	.78048	.9617897
_cons	2.257256	.5160809	3.56	0.000	1.442012	3.533399
private 私船						
income	1.096262	.0445781	2.26	0.024	1.012282	1.18721
_cons	2.093675	.4118906	3.76	0.000	1.423809	3.078697

（1）自变量 incomes 在 beach 三个类别中，对因变量 d 的预测强度是不同的。

（2）自变量 incomes 在（beach=1）时，对因变量 d 的回归系数是 -0.03，未达到显著水平。

（3）自变量 incomes 在（beach=2）时，对因变量 d 的回归系数是 -0.143，达到显著水平。

（4）自变量 incomes 在（beach=3）时，对因变量 d 的回归系数是 0.092，达到显著水平。

（5）四种钓鱼模式（d），charter 与 pier 收入的胜算比比 beach 低，但 private 收入的胜算比比 beach 高

Step7. 根据模型拟合优度 IC 比较多项逻辑回归和备择常数条件逻辑模型的效果

```
*设定路径
. cd "D:\08 mixed logit regression\CD"
*同一批样本，打开 wide 格式文件
. use Alternative_Specific_Logit.dta
. quietly mlogit mode income, baseoutcome(1)
. estat ic
```

```
--------------------------------------------------------------------------
        Model |    Obs     ll(null)    ll(model)      df         AIC          BIC
--------------+-----------------------------------------------------------------
            . |   1182    -1497.723    -1477.151       6      2966.301     2996.751
--------------------------------------------------------------------------
```

* 同一批样本，打开 long 格式文件
. use Alternative_Specific_Logit_long.dta
. quietly asclogit d, case(id) alternatives(fishmode) casevars(income) basealternative(beach)
. estat ic

```
--------------------------------------------------------------------------
        Model |    Obs     ll(null)    ll(model)      df         AIC          BIC
--------------+-----------------------------------------------------------------
            . |   4728       .        -1477.151       6      2966.301     3005.069
--------------------------------------------------------------------------
```

（1）AIC（Akaike，1974）、BIC（Schwarz，1978）公式：

信息准则：也可用来说明模型的解释能力（较常用来作为模型选取的准则，而非单纯描述模型的解释能力）

①AIC

$$AIC = \ln\left(\frac{ESS}{T}\right) + \frac{2k}{T}$$

②BIC 或 SIC 或 SBC

$$BIC = \ln\left(\frac{ESS}{T}\right) + \frac{k\ln(T)}{T}$$

③AIC 与 BIC 越小，代表模型的解释能力越好（用的变量越少，或者误差平方和越小）。

一般而言，当模型复杂度提高（k 增大）时，似然函数 L 也会增大，从而使 AIC 变小。但是 k 过大时，似然函数增速减缓，导致 AIC 增大，模型过于复杂，容易造成过度拟合的现象。目标是选取 AIC 最小的模型，AIC 不仅要提高模型拟合优度（极大似然），而且引入了惩罚项，使模型参数尽可能少，有助于降低过度拟合的可能性。

（2）本例中，多项逻辑回归（AIC=2 966.301）与备择常数条件逻辑模型（AIC= 2 966.301），两者 AIC 值一样，表示两者一样好。

7.5 备择常数条件逻辑模型练习题：避孕的三种选择（asclogit命令）

备选方案是指二选一、多选一。如果您不想使用某一种计划或方法，则可以使用另一种计划或方法。

练习题：年龄层（ageg）选择三种避孕法（cuse）的概率，以cases来加权（见图7-16、图7-17）。

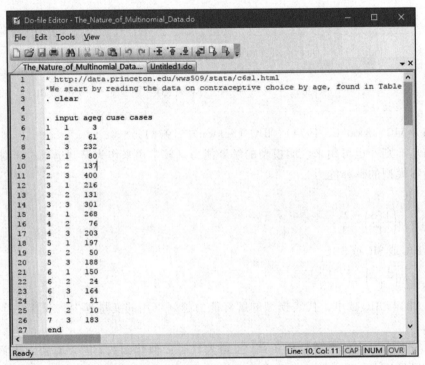

图7-16 "The_Nature_of_Multinomial_Data.do" 文件的内容

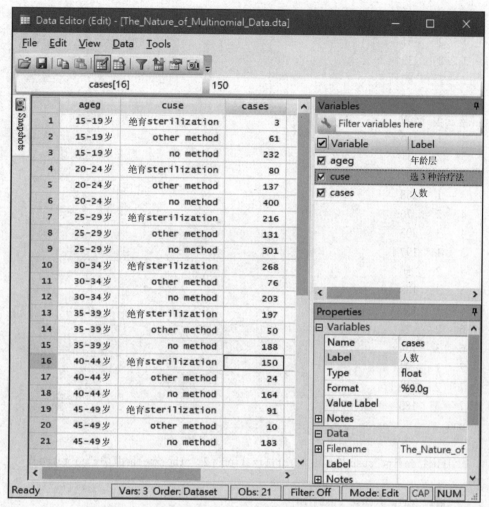

图7-17　"The_Nature_of_Multinomial_Data.dta"文件的内容

* http://data.princeton.edu/wws509/stata/c6s1.html
*We start by reading the data on contraceptive choice by age, found in Table 6.1 of the lecture notes. We will read the 7 by 3 table as 21 observations and treat the counts as frequency weights:
. clear

. input ageg cuse cases

```
1    1       3
1    2      61
1    3     232
2    1      80
2    2     137
2    3     400
3    1     216
3    2     131
3    3     301
4    1     268
4    2      76
4    3     203
5    1     197
5    2      50
5    3     188
6    1     150
6    2      24
6    3     164
7    1      91
7    2      10
7    3     183
end

. label define cuse_fmt 1 "sterilization" 2 "other method" 3 "no method"

. label values cuse cuse_fmt

. label define ageg_fmt 1 "15-19 岁" 2 "20-24 岁" 3 "25-29 岁" 4 "30-34 岁" 5
"35-39 岁" 6 "40-44 岁" 7 "45-49 岁"

. label values ageg ageg_fmt

. save "D:\08 mixed logit regression\CD\The_Nature_of_Multinomial_Data.dta",
replace
*--------------------
* Age as a Factor
```

*Obviously the model that treats age as a factor with 7 levels is saturated for this data. We can easily obtain the log-likelihood, and predicted values if we needed them, using factor variables

```
. quietly mlogit cuse i.ageg [fw=cases]
```
* 线性 age 的多项 logit 回归，参数结果存到 A
```
. estimates store A
. scalar ll_sat = e(ll)
```

* Step 1 . Linear and Quadratic Effects

* Following the notes we will consider a model with linear and quadratic effects of age. To this end we define the midpoints of age and its square. For consistency with the notes we will not center age before computing the square, although I generally recommend that. We use the baseoutcome() option to define 'no method' as the baseline or reference outcome:

```
. gen age = 12.5 + 5*ageg
. gen agesq = age^2
```

* 第 3 组当作比较基准
```
. mlogit cuse age agesq [fw=cases], baseoutcome(3)
```

```
Multinomial logistic regression          Number of obs   =       3165
                                          LR chi2(4)      =     500.63
                                          Prob > chi2     =     0.0000
Log likelihood = -2883.1364               Pseudo R2       =     0.0799
```

-

cuse	Coef.	Std. Err.	z	P>|z|	[95% Conf. Interval]
绝育 sterilization					
age	.7097186	.0455074	15.60	0.000	.6205258 .7989114
agesq	-.0097327	.0006588	-14.77	0.000	-.011024 -.0084415
_cons	-12.61816	.7574065	-16.66	0.000	-14.10265 -11.13367
other_method					
age	.2640719	.0470719	5.61	0.000	.1718127 .3563311

```
        agesq |   -.004758    .0007596    -6.26   0.000    -.0062469   -.0032692
        _cons |  -4.549798    .6938498    -6.56   0.000    -5.909718   -3.189877
--------------------+----------------------------------------------------------------
```
no_method | (base outcome) 当作比较基准
```
--------------------------------------------------------------------------------
```

*列示"选 绝育 sterilization "age 对 agesq 的系数比值
. di -0.5*_b[sterilization:age]/_b[sterilization:agesq]
36.46038

*列示"选取 other_method " age 对 agesq 的系数比值
. di -0.5*_b[other_method:age] /_b[other_method:agesq]
27.750071

* As usual with quadratics it is easier to plot the results, which we do
below. The log-odds of using sterilization rather than no method increase
rapidly with age to reach a maximum at 36.5. The log-odds of using a method
other than sterilization rather than no method increase slightly to reach a
maximum at age 28.5 and then decline.(The turning points were calculated by
setting the derivatives to zero.)

* The model chi-square, which as usual compares the current and null models,
indicates that the hypothesis of no age differences in contraceptive choice
is soundly rejected with a chi-squared of 500.6 on 4 d.f. To see where the d.f.
come from, note that the current model has six parameters(two quadratics with
three parameters each) and the null model of course has only two(the two con-
stants).

* We don't get a deviance, but STaTa does print the log-likelihood. For indi-
vidual data the deviance is -2logL, and for the grouped data in the original
table the deviance is twice the differences in log-likelihoods between the
saturated and this model.

*最近一次回归（线性 age+ 二次方 age）与 A（纯线性 age）做似然比检验，结果是前者较优
. lrtest . A

```
Likelihood-ratio test                               LR chi2(8)  =     20.47
(Assumption: . nested in sat)                       Prob > chi2 =     0.0087
```

*The deviance of 20.47 on 8 d.f. is significant at the 1% level, so we have evidence that this model does not fit the data. We explore the lack of fit using a graph.

*--------------------
* Step 2 . Plotting Observed and Fitted Logits

*Let us, compare observed and fitted logits. We start with the predict post-estimation command, which can evaluate logits, with the xb option, or probabilities, with the pr option, the default.

*If you are predicting probabilities you usually specify one output variable for each possible outcome. If you specify just one variable STaTa predicts the first outcome, unless you use the outcome() option to specify which outcome you want to predict.
*If you are predicting logits you must do them one at a time, so you will usually specify the outcome you want. Here we compute the logits for steril-ization vs no method and for other method vs no method:

*（线性 a g e + 二次方 a g e）预测值存至新变量：f i t l（c u s e = 绝育 sterilization),fit2(cuse=other_method)
. predict fit1, outcome(1) xb
. predict fit2, outcome(2) xb

* For the observed values we could restore the saturated model and follow the same procedure, but we can also do the calculation 'by hand' taking advantage of the fact that the data are ordered by contraceptive use within each age group:
* 因选择方法有三种，都以 "level=3" 为控制组，故比较系统变量 "_n/_n+2"、"_n/_n+1"
. gen obs1 = log(cases[_n]/cases[_n+2]) if cuse==1
(14 missing values generated)

. gen obs2 = log(cases[_n]/cases[_n+1]) if cuse==2
(14 missing values generated)

* Finally we plot observed versus fitted logits, using markers for the ob-served values and smooth curves for the quadratics.

. graph twoway(scatter obs1 age, mc(green))(scatter obs2 age, mc(red) ms(t))
(mspline fit1 age, bands(7) lc(green) lw(medthick))(mspline fit2 age,
bands(7) lc(red) lw(medthick)) , ytitle("log-odds(no method as base)")
title("Contraceptive Use by Age") legend(order(1 " 绝育 sterilization" 2
"Other method") ring(0) pos(5))

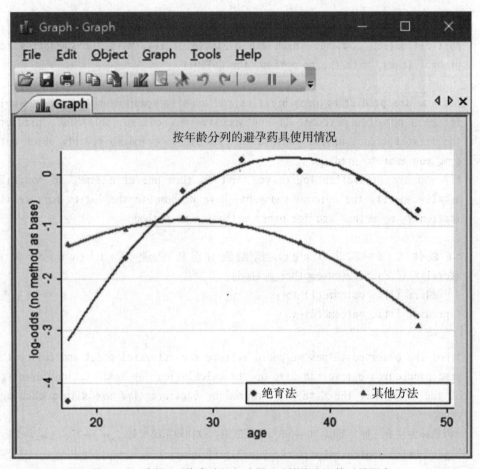

图 7-18　选择 1（绝育法）与选择 2（其他法）的对数概率

* 存 "图 7-18.png" 前，先设定档案路径为：
. cd "D:\08 mixed logit regression\CD"
. graph export 图 7-18.png, width(500) replace
(file 图 7-18.png written in PNG format)

```
*---------------------
* Step 3 . 再加虚拟数 age1519
```

* The graph suggests that most of the lack of fit comes from overestimation of the relative odds of being sterilized compared to using no method at ages 15-19. Adding a dummy for this age group confirms the result:

```
* 新变量 age1519 为 dummy variable.
. gen  age1519  = ageg==1
```

*最近 1 次回归（lage+ 二次方 age+age1519）与 A（纯线性 age）做似然比检验，结果是
　前者无显著较优，故可舍弃 age1519 变量

```
. quietly mlogit cuse age agesq age1519 [fw=cases]

. lrtest . A
```

```
Likelihood-ratio test                      LR chi2(6)  =     12.10
(Assumption: . nested in sat)              Prob > chi2 =    0.0599
```

*The deviance is now only 12.10 on 6 d.f., so we pass the goodness of fit test.(We really didn't need the dummy in the equation for other methods, so the gain comes from just one d.f.)

*An important caveat with multinomial logit models is that we are modeling odds or relative probabilities, and it is always possible for the odds of one category to increase while the probability of that category declines, simply because the odds of another category increase more. To examine this possibility one can always compute predicted probabilities.
* http://data.princeton.edu/wws509/stata/c6s2.html

step4.条件逻辑模型的格式转换（见图7-19）

*STaTa 可适配 McFadden 条件逻辑模型，即随机效果模型。其中，选择的预期效果可能取决于替代方案的特性，做出选择的人的特征，以及变量系特定于人与替代方案的组合。例如上面范例，所有预测因子都是个体特征的多项逻辑模型。

*STaTa 提供 asclogit 命令（alternative specific conditional logit），大大简化了该适配性。clogit 命令是为匹配的病例 – 控制或固定效果的 logit 模型而设计的，并且是早期版本中唯一的选择。之后，STaTa 提供更通用的 McFadden 条件 logit 模型，即随机效用模型，其中选择的预期效果可能取决于替代方案的特性，做出选择的人的特征，以及变量系特定于人与替代方案的组合。所有预测因子都是个体特征的特殊情况，如上例的多项逻辑模型。

* 我们提供选用 3 种避孕药数据的简要说明。
. quietly quietly mlogit cuse age agesq age1519 [fw=cases]
* 先暂存参数，要用时再 restore
. preserve

. gen id = _n

*将文件 wide 格式转成 long 格式
*「expand 3」再 Duplicate observations：Replace each observation with 3 copies of the observation(original observation is retained and 2 new observation is created)
. expand 3
(42 observations created)

. sort id

* 依配对（id）来产生新变量
. by id: gen chosen = cuse == _n

. by id: replace cuse = _n
(42 real changes made)

. save "D:\08 mixed logit regression\CD\The_Nature_of_Multinomial_Data3.dta"

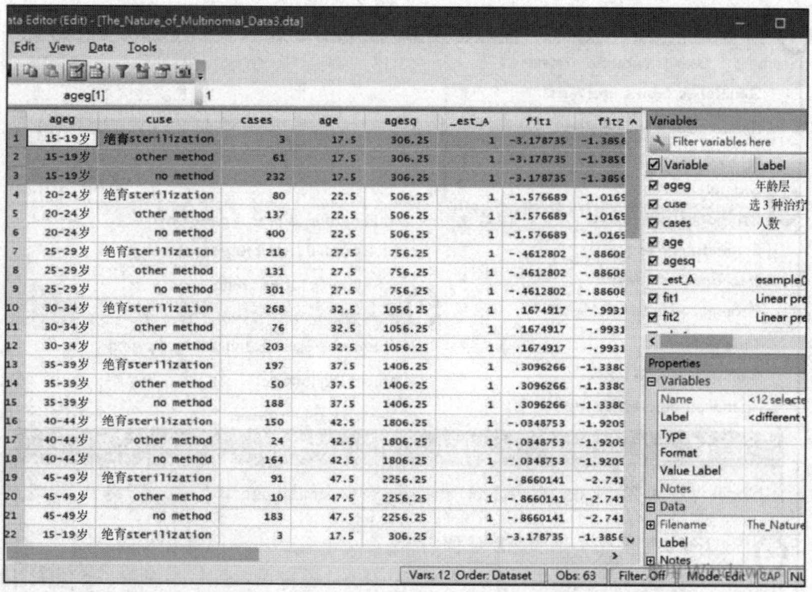

	ageg	cuse	cases	age	agesq	_est_A	fit1	fit2
1	15-19岁	绝育sterilization	3	17.5	306.25	1	-3.178735	-1.3856
2	15-19岁	other method	61	17.5	306.25	1	-3.178735	-1.3856
3	15-19岁	no method	232	17.5	306.25	1	-3.178735	-1.3856
4	20-24岁	绝育sterilization	80	22.5	506.25	1	-1.576689	-1.0169
5	20-24岁	other method	137	22.5	506.25	1	-1.576689	-1.0169
6	20-24岁	no method	400	22.5	506.25	1	-1.576689	-1.0169
7	25-29岁	绝育sterilization	216	27.5	756.25	1	-.4612802	-.88608
8	25-29岁	other method	131	27.5	756.25	1	-.4612802	-.88608
9	25-29岁	no method	301	27.5	756.25	1	-.4612802	-.88608
10	30-34岁	绝育sterilization	268	32.5	1056.25	1	.1674917	-.9931
11	30-34岁	other method	76	32.5	1056.25	1	.1674917	-.9931
12	30-34岁	no method	203	32.5	1056.25	1	.1674917	-.9931
13	35-39岁	绝育sterilization	197	37.5	1406.25	1	.3096266	-1.3380
14	35-39岁	other method	50	37.5	1406.25	1	.3096266	-1.3380
15	35-39岁	no method	188	37.5	1406.25	1	.3096266	-1.3380
16	40-44岁	绝育sterilization	150	42.5	1806.25	1	-.0348753	-1.9205
17	40-44岁	other method	24	42.5	1806.25	1	-.0348753	-1.9205
18	40-44岁	no method	164	42.5	1806.25	1	-.0348753	-1.9205
19	45-49岁	绝育sterilization	91	47.5	2256.25	1	-.8660141	-2.741
20	45-49岁	other method	10	47.5	2256.25	1	-.8660141	-2.741
21	45-49岁	no method	183	47.5	2256.25	1	-.8660141	-2.741
22	15-19岁	绝育sterilization	3	17.5	306.25	1	-3.178735	-1.3856

图 7-19 "The_Nature_of_Multinomial_Data3.dta" 文件内容

Step5. 条件逻辑模型（见图 7-20、图 7-21）

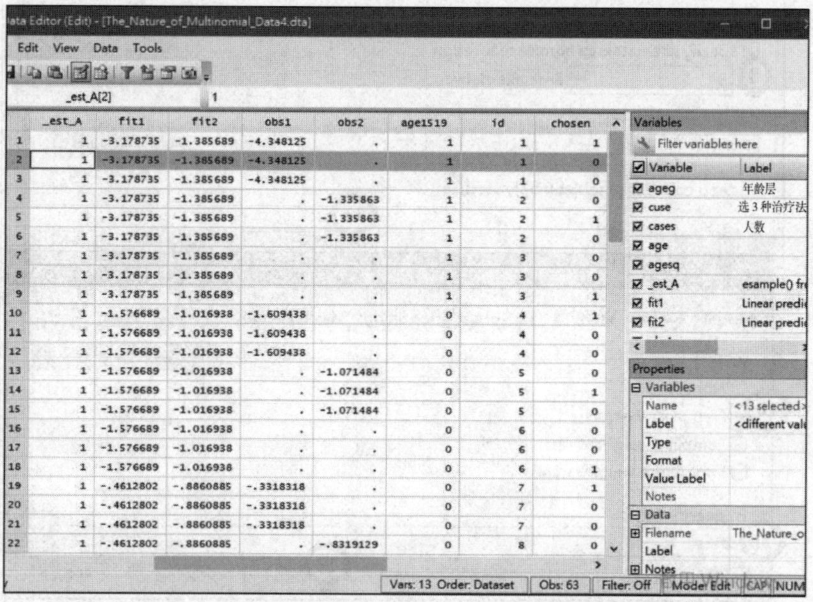

	_est_A	fit1	fit2	obs1	obs2	age1519	id	chosen
1	1	-3.178735	-1.385689	-4.348125	.	1	1	1
2	1	-3.178735	-1.385689	-4.348125	.	1	1	0
3	1	-3.178735	-1.385689	-4.348125	.	1	1	0
4	1	-3.178735	-1.385689	.	-1.335863	1	2	0
5	1	-3.178735	-1.385689	.	-1.335863	1	2	1
6	1	-3.178735	-1.385689	.	-1.335863	1	2	0
7	1	-3.178735	-1.385689	.	.	1	3	0
8	1	-3.178735	-1.385689	.	.	1	3	0
9	1	-3.178735	-1.385689	.	.	1	3	1
10	1	-1.576689	-1.016938	-1.609438	.	0	4	1
11	1	-1.576689	-1.016938	-1.609438	.	0	4	0
12	1	-1.576689	-1.016938	-1.609438	.	0	4	0
13	1	-1.576689	-1.016938	.	-1.071484	0	5	0
14	1	-1.576689	-1.016938	.	-1.071484	0	5	1
15	1	-1.576689	-1.016938	.	-1.071484	0	5	0
16	1	-1.576689	-1.016938	.	.	0	6	0
17	1	-1.576689	-1.016938	.	.	0	6	0
18	1	-1.576689	-1.016938	.	.	0	6	1
19	1	-.4612802	-.8860885	-.3318318	.	0	7	1
20	1	-.4612802	-.8860885	-.3318318	.	0	7	0
21	1	-.4612802	-.8860885	-.3318318	.	0	7	0
22	1	-.4612802	-.8860885	.	-.8319129	0	8	0

图 7-20 "The_Nature_of_Multinomial_Data4.dta" 文件内容

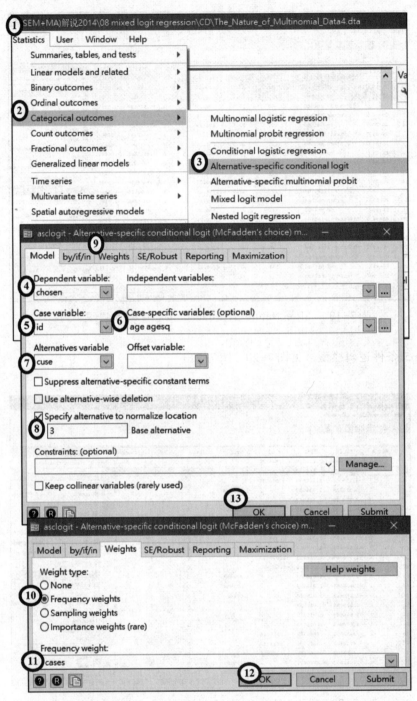

图 7-21 asclogit chosen "fw=cases", case (id) casevars (age agesq) alternatives (cuse) basealternative (3) 页面

```
. sort id
. by id: gen chosen = cuse == _n
. by id: replace cuse = _n
(42 real changes made)
. save "D:\08 mixed logit regression\CD\The_Nature_of_Multinomial_Data4.dta"

. asclogit chosen [fw=cases], case(id) casevars(age agesq) alternatives(cuse)
  basealternative(3)
```

```
Alternative-specific conditional logit      Number of obs     =       9495
Case variable: id                           Number of cases   =       3165

Alternative variable: cuse                  Alts per case: min =          3
                                                           avg =        3.0
                                                           max =          3

                                            Wald chi2(4)       =      351.79
Log likelihood = -2883.1364                 Prob > chi2        =      0.0000
```

chosen	Coef.	Std. Err.	z	P>|z|	[95% Conf. Interval]
绝育sterilization					
age	.7097186	.0455074	15.60	0.000	.6205258 .7989114
agesq	-.0097327	.0006588	-14.77	0.000	-.011024 -.0084415
_cons	-12.61816	.7574065	-16.66	0.000	-14.10265 -11.13367
other_method					
age	.2640719	.0470719	5.61	0.000	.1718127 .3563311
agesq	-.004758	.0007596	-6.26	0.000	-.0062469 -.0032692
_cons	-4.549798	.6938498	-6.56	0.000	-5.909718 -3.189877
no_method	(base alternative)				

```
*改求胜算比OR
. asclogit, or
```

```
Alternative-specific conditional logit      Number of obs     =       9495
Case variable: id                           Number of cases   =       3165

Alternative variable: cuse                  Alts per case: min =          3
                                                           avg =        3.0
                                                           max =          3

                                            Wald chi2(4)       =      351.79
Log likelihood = -2883.1364                 Prob > chi2        =      0.0000
```

```
----------------------------------------------------------------------------
      chosen | Odds Ratio   Std. Err.      z    P>|z|     [95% Conf. Interval]
-------------+--------------------------------------------------------------
绝育sterilization |
         age |   2.033419    .0925355    15.60   0.000     1.859906     2.22312
       agesq |   .9903145    .0006524   -14.77   0.000     .9890366     .991594
       _cons |   3.31e-06    2.51e-06   -16.66   0.000     7.50e-07    .0000146
-------------+--------------------------------------------------------------
other_method |
         age |   1.302222     .061298     5.61   0.000     1.187455     1.42808
       agesq |   .9952533     .000756    -6.26   0.000     .9937726    .9967362
       _cons |   .0105693    .0073335    -6.56   0.000      .002713    .0411769
-------------+--------------------------------------------------------------
   no_method |  (base alternative)
----------------------------------------------------------------------------
```

避孕的三种选择（chosen），以 level=3no_method 作为比较基准点，age 作为自变量的逻辑回归分析为：

绝育 sterilization 对 no_method 的胜算比为 2.033。

other_method 对 no_method 的胜算比为 1.302。

第8章　多元逻辑回归（xtmelogit、asmixlogit、bayes：meologit命令）

　　逻辑回归分析适用于响应变量为二元分类数据的情形，若自变量只有一个，则称为单变量逻辑回归（univariate logistic regression）分析，若自变量超过一个以上，则称为多元逻辑回归（multivariate logistic regression）分析，又可称为复逻辑回归分析（见图8-1）。

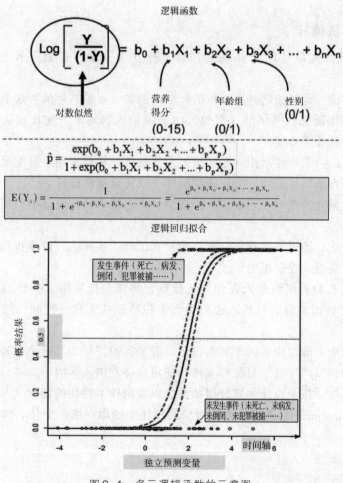

图8-1　多元逻辑函数的示意图

当响应变量为二元分类变量时，若想做回归分析，此时不能再使用一般的线性回归，而应该改用二元逻辑回归分析。

二元逻辑回归式如下：

$$\log it\,[\,\pi(x)\,] = \log\left(\frac{\pi(x)}{1-\pi(x)}\right) = \log\left(\frac{P(x=1)}{1-P(x=1)}\right) = \log\left(\frac{P(x=1)}{P(x=0)}\right) = \alpha + \beta x$$

公式经转换变为

$$\frac{P(x=1)}{P(x=0)} = e^{\alpha+\beta x}$$

（1）逻辑方程式很像原本的一般回归线性模式，不同点在于现在的响应变量变为事件发生概率的胜算比。

（2）因此现在的β需解释为，当x每增加一单位时，事件发生的概率是不发生的 exp（β）倍。

（3）为了方便结果的解释与理解，一般来说我们会将响应变量为0设为参照事件（event free）。

8.1　分层随机抽样

要想提高研究设计的外部效度，有7种方法用于"控制"外生（extraneous）变量：

（1）排除法：选择相同外生变量的标准。例如，害怕"年龄"这个额外变量会影响自变量，所以以随机找同年龄（例如，18岁）的人当样本。此种做法虽提升了内部效度，但却损及外部效度。

（2）随机法：采用控制组（对照组）及实验组，将样本随机分配至两组，以抵消外生变量。调查法则可采用"分层随机抽样"或完全随机抽样。

（3）协变量分析法：一起记录额外变量，将它纳入研究设计中，用协变量分析法来分析。

（4）配对法：即以外生变量（如年龄）来配对。实际上，较难找到这样的精准配对，再分到实验组及控制组中。

（5）重复实验：同组的人先作为实验群，再作为控制组。一群当二群用，其缺点：除了会受到预实验影响外，也会受到实施顺序（实验—控制、控制—实验）的影响。

（6）纳入法：即改用多因子实验设计。假如害怕"年龄"这个额外变量会影响自变量，除了随机以"年龄"分配样本外，还可以将它纳入多因子方差分析中。

（7）分层法：按单位比例来分层抽样，以控制样本特征的差异。

抽样（sampling）调查是从调查对象的总体中抽取一部分个体，加以观察，然后再推算总体。概率抽样是指抽取的样本按照样本的概率随机抽出。分层随机抽样也是概率抽样的一种，它将总体按照某些特性，分成多个不重叠的组群，这些组群即称为层，再从各层分别抽取样本。

抽样的基本原则：

①代表性：所抽样本能代表总体。

②精确性：以样本信息估计总体的特性，要尽可能精确并且可测其置信度。

③成本低：抽样成本要尽量低。

④可行性：根据不同的总体状况及条件限制，采取适宜方法（即考虑实际问题），即如何达到快速、准确，既有代表性又符合实际。

分层随机抽样（stratified random sampling）

抽样是推断统计的必要步骤，而推断统计的目的在于根据样本的性质来推估总体的性质。因为我们不知道总体的性质，所以要抽取样本来估计它。可见，推断统计的工作乃是由已知推未知，由特殊而了解普遍的一种科学步骤。样本既然是要用来代表总体的，则样本必须具有代表性（representativeness），否则这种样本便无价值可言。抽样（sampling）的方式有很多种，较常用的抽样方法有简单随机抽样（simple random sampling）、系统抽样（systematic sampling）、分层随机抽样（stratified sampling）及整群抽样（cluster sampling）。

简单随机抽样的抽样方法在直观上是非常公平的，而且不会遭受扭曲，因为在整个总体中的每一个成员，都有同样的可能性出现在样本中。但其缺点是无法利用我们对总体先有的一些信息，或对总体特性的一些判断。例如，某一城市贫富分布并非任意分布，而是贫民都居住在北区，富人居住在南区，那么我们可利用此项信息，使用分层随机抽样，抽样结果更符合我们的需求。

按照某种原因或其他一定的标准，将所含抽样单位个数分别定为 N_1，N_2，…，N_h，…，N_L，且 $\sum_{h=1}^{L} N_h = N$；这些分类的总体简称为层（stratum）。再以简单随机抽样法，分别从各层独立地抽出 n_1，n_2，…，n_h，…，n_L 个单位组成一个含有 $\sum_{h=1}^{L} n_h = n$ 个单位的样本，根据此样本中各单位的平均 $\bar{x}_h$ 与总体各层单位的个数 N_h 去推估总体平均，即 $\hat{\mu}_h = \sum_{h=1}^{L} \frac{N_h}{N} \bar{x}_h$。式中，N 为总体中单位总数，h 为层号。

在调查对象的总体中，每个抽样单位附随的某种特性的变量间具有很大的差异性，即离散度很大，或具有偏度很大的分布。此时倘若置之不理，而采用简单随机抽样法从整个总体中抽出样本，则分布在两端的样本可能没有被抽中的机会，或者抽出太多极端的样本，因而总体失去代表性，以致估计的准确度不高。反之，假如按照总体分布的状态，将其抽样单位分为大、小两层或细分为更多的层，使各层内的样本间的差异程度较低，而各层间的差异程度较高。根据方差分析原理，层间差异越大，则层内差异越小，因此各层样本的代表性将会提高，将其数据混合以估计整个总体或平均值，必能获得准确度很高的估计结果。

分层随机抽样在实际应用中是最常用的一种抽样方法。通常想要调查的总体内各个抽样单位，当其层间差异很大，即离散度大或具有偏度时，若采用简单随机抽样，则可能造成分散在两端的样本不被抽中或抽中太多。如此抽出的样本不具高度代表性，反而使估计误差过大，因此有使用分层随机抽样的必要。举例来说，想要估计超级市场的平均营业额，即要对超级市场按大小分层后再抽样。

（1）分层随机抽样的特点

分层随机抽样的特点是：通过划类分层，增大了各类型中单位间的共同性，容易抽出具有代表性的调查样本。该方法适用于总体复杂、各单位之间差异较大、单位较多的情况。

（2）分层随机抽样的优缺点

分层随机抽样法的优点是：

①可增加样本的代表性。

②可提高估计的准确度。

③可分别获得各层的信息，并进行各层间的比较分析。

④可在各层设立行政单位，以便于执行。

⑤可视各层情形，采取不同的抽样方法。

分层随机抽样法的缺点是：

①分层变量的选取（要与所想要估计的特征值具有高度相关性）。

②层数的设定（要适当并配合总体的分布状况）。

③分层标准的决定（各层不能有重叠现象）。

④各层样本的配置方法。

⑤分层后，样本数据的整理及估计较复杂。因此，使用分层随机抽样法的最佳情况，便是当总体内样本单位的差异较大时，而分层后能达到层间差异大、层内差异小。原则上要使层内差异小，而层间差异大；各层不能有重叠现象。

（3）分层随机抽样的步骤

分层随机抽样时，首先我们必须把总体分成具有较高同质性的次总体或阶层，然后再从各次总体或阶层分别抽出样本，这种抽样方法可以使所抽到的样本更能代表总体的特性。一般而言，分层随机抽样的方法包括三个步骤：

①将总体分成几个阶层；

②对每个阶层实施随机抽样；

③估计总体的均值。

分层随机抽样，也叫类型抽样。就是将总体单位按其属性特征分成若干类型或层，然后在类型或层中随机抽取样本单位。

（4）确定各层样本数的三种方法

①比例分配法：即各层样本数与该层总体数的优势相等。例如，样本大小 n=50，总体 N=500，则 n/N=0.1 即为样本比例，每层均按这个比例确定该层样本数。

②尼曼分配法：即各层应抽样本数与该层总体数及其标准差的积成正比。

③非比例分配法：当某个层次包含的个案数在总体中所占比例太小时，为使该层的特征在样本中得到足够的反映，可人为地适当增加该层样本数在总体样本中的比例，但这样做会增加推论的复杂性。

（5）分层随机抽样的应用

总体中赖以进行分层的变量为分层变量，理想的分层变量是调查中要加以测量的变量或与其高度相关的变量。分层的原则是增加层内的同质性和层间的差异性。常见的分层变量有性别、年龄、教育、职业等。分层随机抽样费用少，效度高。

8.2 多元逻辑回归（xtmelogit 命令）

8.2.1 二元混合逻辑回归（xtmelogit 命令）

试问影响妇女避孕的因素是否为：城乡文化、年龄、生 1 个小孩、生 2 个小孩、生 3 个小孩。为了"控制"61 个乡镇差距的干扰因素，本例拟以各乡镇（district）当作分层随机抽样的层，每个乡镇各抽 30 名左右的妇女（见图 8-2）。

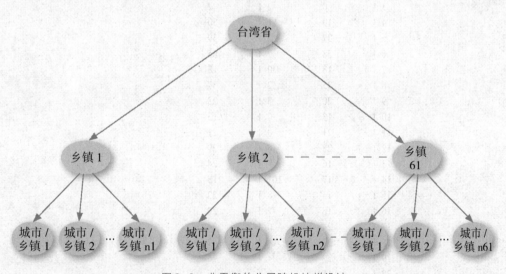

图 8-2　非平衡的分层随机抽样设计

1）样本数据的特征（见图 8-3）

```
 use bangladesh, clear
* 或从网上摘取文件 bangladesh.dta
. use http://www.stata-press.com/data/r10/bangladesh.dta
(Bangladesh Fertility Survey, 1989)


. describe c_use urban age child1 child2 child3

              storage  display     value
variable name  type    format      label      variable label
-------------------------------------------------------------------
_use           byte    %9.0g       yesno      避孕吗? (Use contraception)
urban          byte    %9.0g       urban      住城市 / 乡镇 (Urban or rural)
age            float   %6.2f                  年龄，平均为中心 (Age, mean centered)
child1         byte    %9.0g                  1 child
child2         byte    %9.0g                  2 children
child3         byte    %9.0g                  3 or more children


* 查看本例非平衡的分层样本设计
. tabulate district urban


            |     城市 / 乡镇 (Urban or
            |          rural)
   District |    rural      urban |    Total
-----------+----------------------+----------
          1 |       54         63 |      117
          2 |       20          0 |       20
          3 |        0          2 |        2
          4 |       19         11 |       30
          5 |       37          2 |       39
          6 |       58          7 |       65
          7 |       18          0 |       18
          8 |       35          2 |       37
          9 |       20          3 |       23
         10 |       13          0 |       13
         11 |       21          0 |       21
         12 |       23          6 |       29
         13 |       16          8 |       24
         14 |       17        101 |      118
         15 |       14          8 |       22
         16 |       18          2 |       20
         17 |       24          0 |       24
         18 |       33         14 |       47
         19 |       22          4 |       26
         20 |       15          0 |       15
         21 |       10          8 |       18
         22 |       20          0 |       20
         23 |       15          0 |       15
```

```
         24 |      14        0 |      14
         25 |      49       18 |      67
         26 |      13        0 |      13
         27 |      39        5 |      44
         28 |      45        4 |      49
         29 |      25        7 |      32
         30 |      45       16 |      61
         31 |      27        6 |      33
         32 |      24        0 |      24
         33 |       7        7 |      14
         34 |      26        9 |      35
         35 |      28       20 |      48
         36 |      14        3 |      17
         37 |      13        0 |      13
         38 |       7        7 |      14
         39 |      24        2 |      26
         40 |      12       29 |      41
         41 |      23        3 |      26
         42 |       6        5 |      11
         43 |      28       17 |      45
         44 |      27        0 |      27
         45 |      34        5 |      39
         46 |      74       12 |      86
         47 |       9        6 |      15
         48 |      26       16 |      42
         49 |       4        0 |       4
         50 |      15        4 |      19
         51 |      20       17 |      37
         52 |      42       19 |      61
         53 |       0       19 |      19
         55 |       0        6 |       6
         56 |      24       21 |      45
         57 |      23        4 |      27
         58 |      20       13 |      33
         59 |      10        0 |      10
         60 |      22       10 |      32
         61 |      31       11 |      42
------------+----------------------+----------
      Total |   1,372      562 |   1,934
```

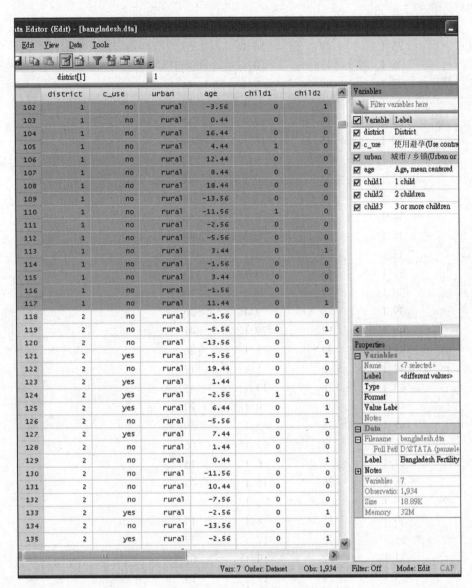

图 8-3 "bangladesh.dta" 文件的内容（61 个）

2）多元逻辑回归分析（见图8-4）

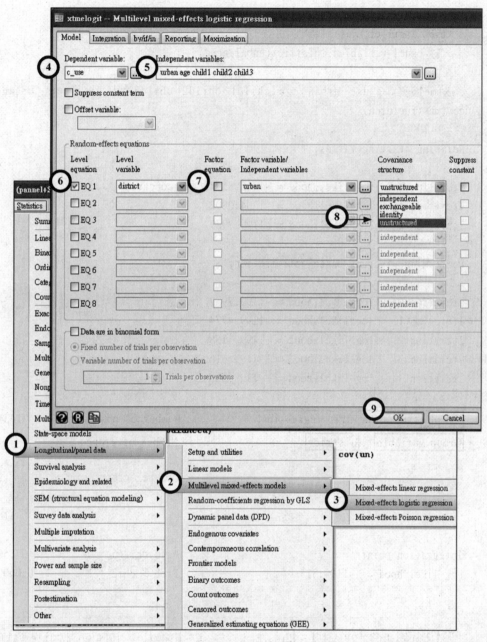

图8-4　"xtmelogit c_use urban age child1 child2 child3 // district：.urban，cov（un）"页面

```
        use bangladesh, clear

* 声明 panel 文件，没有时间 t，只有个体 district
. xtset district
        panel variable:  district(unbalanced)


. xtmelogit c_use urban age child1 child2 child3 || district: urban,
cov(unstructured)

Refining starting values:

Iteration 0:   log likelihood = -1215.8594 (not concave)
Iteration 1:   log likelihood = -1204.0802
Iteration 2:   log likelihood = -1199.7987


Performing gradient-based optimization:

Iteration 0:   log likelihood = -1199.7987
Iteration 1:   log likelihood = -1199.4774
Iteration 2:   log likelihood = -1199.3158
Iteration 3:   log likelihood =  -1199.315
Iteration 4:   log likelihood =  -1199.315
```

| Mixed-effects logistic regression | | Number of obs | = | 1934 |
| Group variable : district | | Number of groups | = | 60 |

```
                                    Obs per group: min =        2
                                                   avg =     32.2
                                                   max =      118

Integration points =   7            Wald chi2(5)     =    97.50
Log likelihood =  -1199.315         Prob > chi2      =   0.0000
```

c_use	Coef.	Std. Err.	z	P>|z|	[95% Conf. Interval]
urban	.8157872	.1715519	4.76	0.000	.4795516	1.152023
age	-.026415	.008023	-3.29	0.001	-.0421398	-.0106902

```
       child1 |   1.13252    .1603285     7.06    0.000      .818282     1.446758
       child2 |  1.357739    .1770522     7.67    0.000     1.010724     1.704755
       child3 |  1.353827    .1828801     7.40    0.000     .9953881     1.712265
        _cons |  -1.71165    .1605617   -10.66    0.000    -2.026345    -1.396954
-----------------------------------------------------------------------------


-----------------------------------------------------------------------------
  Random-effects Parameters |   Estimate    Std. Err.    [95% Conf. Interval]
-----------------------------+-----------------------------------------------
district: Unstructured       |
                  sd(urban) |  .8162856    .1975237     .5080068     1.31164
                  sd(_cons) |  .6242943    .1035135      .451079     .8640247
            corr(urban,_cons)|  -.7964729    .1151556    -.9361775    -.4394904
-----------------------------------------------------------------------------
LR test vs. logistic regression:   chi2(3) =    58.42    Prob > chi2 = 0.0000
```

Note: LR test is conservative(保守的) and provided only for reference.

（1）二元逻辑模型为：

c_use=-1.7+0.82urban－0.03age+1.13child1+1.36child2+1.35child3

避孕吗=-1.7+0.82 住城市/乡镇－0.03 年龄+1.13 生一子+1.36 生二子+1.35 生三子以上

（2）似然比（LR）检验结果，$\chi^2_{(2)}$=58.42，p<0.05，故多元逻辑模型显著比单因素逻辑模型好。

（3）随机截距模型，您可用单因素 xtlogit 命令或多元 xtmelogit 命令，但二者是不相同的，因为 xtlogit 命令的积分点（integration points）是 12；多元 xtmelogi 命令的积分点是 7。

8.2.2 三元逻辑回归（xtmelogit 命令）

xtmelogit 命令多元混合效应逻辑回归（multilevel mixed-effects logistic regression）可执行二元（binary/binomial）响应变量。混合效应是固定效应及随机效应的混合，混合效应是模拟（analogous）标准回归来估计系数。

虽然事后可求得随机效应，但是无法直接估计，只能根据其方差及协变量来整合（summarized）。随机截距及随机系数都是随机效应的形式之一。样本的分组结构（grouping structure）便形成多元嵌套组（multiple levels of nested groups）。

随机效应分布是假定为高斯（Gaussian）正态分布的分布。随机效应的响应变量的条件分布假定为伯努利分布，并将逻辑累积分布（CDF）当作响应变量的成功概率。由于对数似然（log likelihood）无法求得模型近似解，故 xtmelogit 命令采用自适应高斯法（adaptive Gaussian quadrature）来求解。

1）样本数据的特征（见图8-5、图8-6）

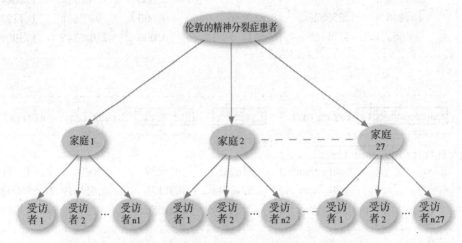

图8-5 三元逻辑模型：堆栈27个家庭有精神分裂症患者

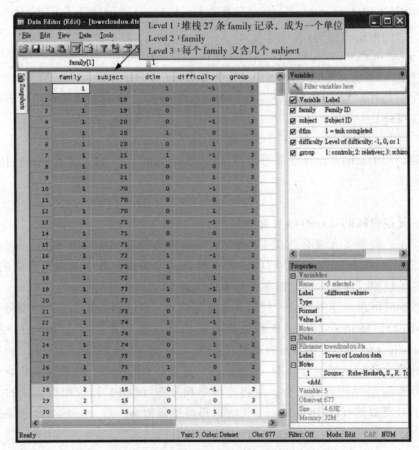

图8-6 "towerlondon.dta"文件的内容

```
* Setup
. webuse towerlondon
(Tower of London data)

. note

_dta:
   1.  Source: Rabe-Hesketh, S., R. Touloupulou, and R. M. Murray.  2001.
Multilevel modeling of cognitive function in schizophrenics and their first
degree relatives.  Multivariate Behavioral Research 36:  279-298.

* 资料的特征
. describe

Contains data from http://www.stata-press.com/data/r12/towerlondon.dta
  obs:           677                      Tower of London data
  vars:            5                      31 May 2011 10:41
  size:         4,739                     (_dta has notes)
-------------------------------------------
              storage  display   value
variable name  type    format    label      variable label
-------------------------------------------------------------------------
family         int     %8.0g                 Family ID
subject        int     %9.0g      Subject ID
dtlm           byte    %9.0g      1 = 任务完成 (task completed)
difficulty     byte    %9.0g      Level of difficulty: -1, 0, or 1
group          byte    %8.0g      1: controls; 2: relatives; 3: 精神分裂症
(schizophrenics)
-------------------------------------------------------------------------
Sorted by:  family  subject
```

2）三元逻辑回归分析（见图8-7）

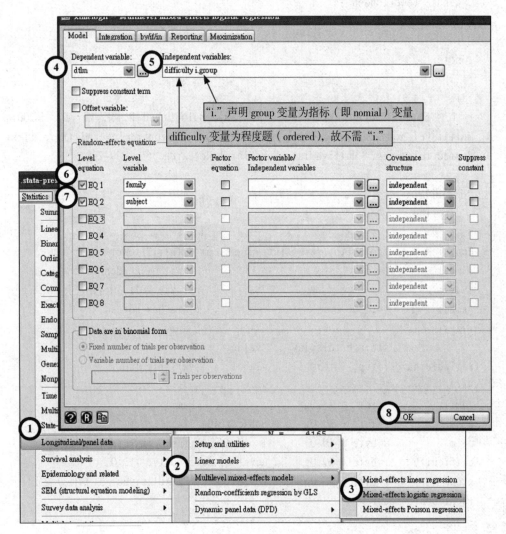

图8-7 "xtmelogit 命令……"三元模型图

Step 1. 三元逻辑模型分析

* Setup
. webuse towerlondon

*计算 dtlm 在 group 各组的平均数
. oneway dtlm group, tabulate noanova

```
          1: |
  controls; |
          2: |
  relatives; |
          3: |
schizophren |     Summary of 1 = task completed
        ics |        Mean     Std. Dev.       Freq.
------------+------------------------------------
          1 |   .28350515    .45186554         194
          2 |   .26190476    .44042073         294
          3 |   .16402116     .3712783         189
------------+------------------------------------
      Total |   .24076809     .4278659         677
```

* Three-level nested model, subject nested within family
*因为 group 为类别变量，以 "Indicator 变量" 代入回归时，并以 group 1 为对照组
. xtmelogit dtlm difficulty i.group || family: || subject:

Refining starting values:

Iteration 0:   log likelihood = -310.28433
Iteration 1:   log likelihood = -306.42785 (not concave)
Iteration 2:   log likelihood = -305.26012

Performing gradient-based optimization:

Iteration 0:   log likelihood = -305.26012
Iteration 1:   log likelihood = -305.12093
Iteration 2:   log likelihood = -305.12043

Iteration 3:   log likelihood = -305.12043

Mixed-effects logistic regression   Number of obs   =   677

```
                     |  No. of      Observations per Group    Integration
Group Variable       |  Groups   Minimum   Average   Maximum     Points
---------------------+------------------------------------------------------
              family |    118        2        5.7       27          7
             subject |    226        2        3.0        3          7
```

                                                Wald chi2(3)   =   74.89
Log likelihood = -305.12043   Prob > chi2   =   0.0000

```
        dtlm |     Coef.   Std. Err.      z    P>|z|     [95% Conf. Interval]
-------------+----------------------------------------------------------------
  difficulty | -1.648506   .1932139   -8.53   0.000    -2.027198   -1.269814
             |
       group |
           2 |   -.24868   .3544065   -0.70   0.483     -.943304    .445944
           3 |   -1.0523   .3999896   -2.63   0.009    -1.836265   -.2683348
             |
       _cons | -1.485861   .2848469   -5.22   0.000     -2.04415   -.9275709
```

```
Random-effects Parameters  |   Estimate   Std. Err.    [95% Conf. Interval]
---------------------------+--------------------------------------------------
family: Identity           |
              sd(_cons)    |   .7544416   .3457248     .3072984   1.852213
---------------------------+--------------------------------------------------
subject: Identity          |
              sd(_cons)    |   1.066739   .3214235     .5909883   1.925472
```

LR test vs. logistic regression: chi2(2) =   17.54   Prob > chi2 = 0.0002

Note: LR test is conservative and provided only for reference.

（1）"group 2 与 group 1"的系数为-0.24（p>0.05），表示2组完成任务（dtlm）并未显著低于1组。而从方差（ANOVA）表也可看出，1组的任务完成率为0.2835，略高于2组的任务完成率0.2619。

（2）似然比（LR）检验结果 $\chi^2_{(2)}$=17.54，p<0.05，故多元混合逻辑回归明显比单因素逻辑回归好。

Step 2. 胜算比（odds ratios）分析

```
* Setup
. webuse towerlondon
```

*计算 dtlm 在 group 各组的平均数
```
. oneway dtlm group, tabulate noanova
```

```
         1: |
 controls; |
         2: |
relatives; |
         3: |
schizophren |    Summary of 1 = task completed
       ics |     Mean    Std. Dev.      Freq.
------------+------------------------------------
         1 |  .28350515   .45186554       194
         2 |  .26190476   .44042073       294
         3 |  .16402116   .3712783        189
------------+------------------------------------
     Total |  .24076809   .4278659        677
```

* Replaying fixed effects as odds ratios(胜算比)
```
. xtmelogit, or
```

```
Mixed-effects logistic regression          Number of obs    =       677
```

```
----------------------------------------------------------------------
               | No. of    Observations per Group      Integration
Group Variable | Groups  Minimum   Average   Maximum     Points
---------------+------------------------------------------------------
        family |   118       2        5.7        27          4
```

```
           subject |        226          2         3.0          3          5
-----------------------------------------------------------------------------------
                                               Wald chi2(3)      =       74.96
Log likelihood = -305.12348                    Prob > chi2       =      0.0000

-----------------------------------------------------------------------------------
       dtlm | Odds Ratio    Std. Err.        z      P>|z|      [95% Conf. Interval]
------------+----------------------------------------------------------------------
difficulty |   .1924004     .0371522     -8.54      0.000      .1317773     .2809127
           |
     group |
         2 |   .7797992     .2762588     -0.70      0.483      .389429     1.561483
         3 |   .3492078     .1396245     -2.63      0.009      .1594947     .7645776
           |
     _cons |   .2263964     .064446      -5.22      0.000      .1295885     .3955237
-----------------------------------------------------------------------------------


-----------------------------------------------------------------------------------
Random-effects Parameters    |    Estimate    Std. Err.     [95% Conf. Interval]
-----------------------------+-----------------------------------------------------
family: Identity             |
                 sd(_cons)   |    .754869     .3447301       .3084245     1.847542
-----------------------------+-----------------------------------------------------
subject: Identity            |
                 sd(_cons)   |   1.065219     .3199697       .5912288     1.919209
-----------------------------------------------------------------------------------
LR test vs. logistic regression:     chi2(2) =    17.53    Prob > chi2 = 0.0002
```

Note: LR test is conservative and provided only for reference.

（1）"group 2 与 group 1"的胜算比为 0.779（小于 1），表示 2 组完成任务（dtlm）并未显著低于 1 组。从方差（ANOVA）表也可看出，1 组的任务完成率为 0.2835，略高于 2 组的任务完成率 0.2619。

（2）"group 3 与 group 1"的胜算比为 0.349（小于 1），表示 3 组完成任务（dtlm）并未显著低于 1 组。而从方差（ANOVA）表也可看出，1 组的任务完成率为 0.2835，略高于 3 组的任务完成率 0.164。

（3）似然比（LR）检验结果，$\chi^2_{(2)}$=17.53，p<0.05，故多元混合逻辑回归显著比单因素逻辑回归好。

8.2.3 混合效应逻辑回归（xtmelogit 命令）

额外补充教学，请参考下列网址：

mixed effects logistic regression

https://stats.idre.ucla.edu/stata/dae/mixed-effects-logistic-regression/

https://www.stata.com/manuals13/rnlogit.pdf

8.2.4 特定方案混合逻辑回归（asmixlogit 命令）

```
* Setup
. webuse inschoice

* Mixed logit model with a fixed coefficient for premium and random coeffi-
cients for deductible
. asmixlogit choice premium, case(id) alternatives(insurance)
random(deductible)

* Mixed logit model with correlated random coefficients for premium and de-
ductible
. asmixlogit choice, case(id) alternatives(insurance) random(deductible pre-
mium, correlated)
```

8.3 多元混合效应有序逻辑回归：社会课程的介入对学生了解健康概念程度的影响（meologit 命令）

有关多元模型的概念介绍，请见本书"8.1 分层随机抽样"。

范例：多元混合效应有序逻辑回归（meologit 命令）

本例数据取自"Television，School，and Family Smoking Prevention and Cessation Project（Flay 等，1988；Rabe-Hesketh and Skrondal 2012，chap. 11）"。其中，学校是随机分配到由两个治疗变量所定义的四组之一。每个学校的学生都包含在班级（班级包含在学校）中，故形成两层的模式。在这个例子中，我们忽略了学校内班级的差异性。

1）问题说明

为了解"社会课程（cc）"和"电视（tv）介入前、后"对学生了解健康概念程度（thk、prethk）的教学效果（分析单位：学生个人），本例的教学实验前后共有"k=28 个学校，j=135 个班级，i=1 600 名学生"（见图 8-8）。

　　研究者收集数据并整理成下表，此"tvsfpors.dta"文件内容的变量如下：

变量名称	说明	编码 Codes / Values
结果变量/响应变量：thk	介入后，个人对香烟及健康知识的得分	1~4 分（程度题）
分层变量：school	学校 ID	1~28 个学校
分层变量：class	班级 ID	1~135 个班级
解释变量/自变量：prethk	介入前，个人对香烟及健康知识的了解的得分	0~6（程度题）
解释变量/自变量：cc	如果有社会课程，=1	0，1（二元数据）
解释变量/自变量：tv	有电视介入，=1	0，1（二元数据）

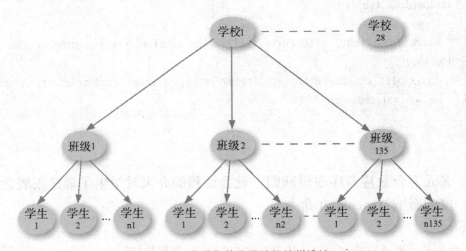

图 8-8　非平衡的分层随机抽样设计

2）文件的内容

"tvsfpors.dta"文件内容如图 8-9 所示。

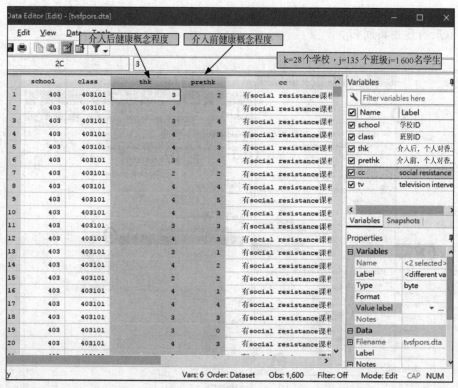

图 8-9　"tvsfpors.dta" 文件内容（k=28 个学校，j=135 个班级，i=1 600名学生）

观察数据的特征。

```
. webuse tvsfpors

. des

Contains data from D:\08 mixed logit regression\CD\tvsfpors.dta
  obs:        1,600
  vars:           6                          13 Oct 2017 15:53
  size:      16,000
-------------------------------------------------------------------------
              storage   display    value
variable name   type    format     label      variable label
-------------------------------------------------------------------------
school         int      %9.0g                 学校 ID
class          float    %9.0g                 班别 ID
thk            byte     %15.0g     tv_fmt      介入后，个人对香烟及健康知识的得分
prethk         byte     %9.0g                 介入前，个人对香烟及健康知识的得分
cc             byte     %26.0g     cc_fmt      社会课程
                                              课程，=1 如果现在介入
tv             byte     %15.0g     tv_fmt      电视介入，=1 如果现在介入
```

3）分析结果与讨论（见图8-10）

双层有序逻辑回归

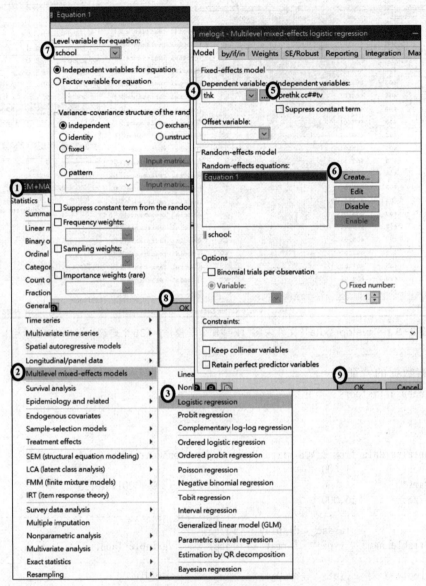

图8-10　"meologit thk prethk cc ＃ ＃ tv ∥ school："页面

注：Statistics>Multilevel mixed-effects models> Ordered logistic regression

```
* 打开文件
. webuse tvsfpors

* Two-level mixed-effects ordered logit regression
*符号 "A##B" 界定为完全二因子, 即 A, B, A*B 三个效果
. meologit thk prethk cc##tv || school:

Grid node 0:    log likelihood = -2136.2426

Fitting full model:

Mixed-effects ologit regression          Number of obs      =      1,600
Group variable:           school          Number of groups   =         28

                                          Obs per group:
                                                        min =         18
                                                        avg =       57.1
                                                        max =        137

Integration method: mvaghermite          Integration pts.   =          7

                                          Wald chi2(4)       =     128.06
Log likelihood = -2119.7428              Prob > chi2        =     0.0000
----------------------------------------------------------------------------
        thk |     Coef.   Std. Err.      z    P>|z|     [95% Conf. Interval]
------------+---------------------------------------------------------------
     prethk |  .4032892     .03886    10.38   0.000     .327125    .4794534
            |
         cc |
   有社会课程 |  .9237904    .204074     4.53   0.000    .5238127   1.323768
            |
         tv |
   有电视介入 |  .2749937   .1977424     1.39   0.164   -.1125744   .6625618
            |
      cc#tv |
 有社会课程 #|
   有电视介入 | -.4659256   .2845963    -1.64   0.102   -1.023724   .0918728
------------+---------------------------------------------------------------
      /cut1 | -.0884493   .1641062                     -.4100916    .233193
      /cut2 |  1.153364    .165616                      .8287625   1.477965
      /cut3 |   2.33195   .1734199                      1.992053   2.671846
------------+---------------------------------------------------------------
   school   |
  var(_cons)|  .0735112   .0383106                      .0264695   .2041551
----------------------------------------------------------------------------
LR test vs. ologit model: chibar2(01) = 10.72        Prob >= chibar2 = 0.0005
```

（1）LR 卡方值=128.06（p<0.05），表示假设的模型中至少有一个解释变量的回归系数不为0。

（2）在报表"z"栏中双边检验下，若 |z|>1.96，则表示该自变量对响应变量有显著影响。|z| 值越大，表示该自变量和响应变量的相关性（relevance）越高。

（3）逻辑系数"Coef."栏中，是对数概率单位，故不能用 OLS 回归系数的概念来解释。

（4）用 ologit 估计 S 分数，它是各自变量 X 的线性组合：

S=0.40×prethk+0.92×cc+0.27×tv−0.466（cc×tv）

预测概率值为：

P（thk=1）=P（S+u ≤ _cut1）=P（S+u ≤ −0.088）

P（thk=2）=P（_cut1<S+u ≤ _cut2）=P（−0.088<S+u ≤ 1.153）

P（thk=3）=P（_cut2<S+u ≤ _cut3）=P（1.153<S+u ≤ 2.332）

P（thk=4）=P（_cut3<S+u）=P（2.332<S+u）

（5）似然比检验"多元 meologit 对比单因素 ologit model"，结果得 $\bar{\chi}^2_{(01)}$=10.72（p<0.05），表示多元有序逻辑模型比单因素有序逻辑模型拟合效果好。

Step 2. 三元有序逻辑回归（见图 8–11）

（1）LR 卡方值=124.39（p<0.05），表示假设的模型中，至少有一个解释变量的回归系数不为0。

（2）在报表"z"栏中双边检验下，若 |z|>1.96，则表示该自变量对响应变量有显著影响。|z|值越大，表示该自变量对响应变量的相关性（relevance）越高。

（3）逻辑系数"Coef."栏中，是对数概率单位，故不能用最小二乘回归系数的概念来解释。

（4）用 ologit 估计 S 分数，它是各自变量 X 的线性组合：

S=0.41×prethk+0.88×cc+0.238×tv−0.3722（cc×tv）

预测概率值为：

P（thk=1）=P（S+u ≤ _cut1）=P（S+u ≤ −0.096）

P（thk=2）=P（_cut1<S+u ≤ _cut2）=P（−0.096<S+u ≤ 1.177）

P（thk=3）=P（_cut2<S+u ≤ _cut3）=P（1.177<S+u ≤ 2.384）

P（thk=4）=P（_cut3<S+u）=P（2.384<S+u）

（5）似然比检验"多元 meologit 对比单因素 ologit model"，结果得 $\bar{\chi}^2_{(01)}$=21.03（p<0.05），表示多元有序逻辑模型比单因素有序逻辑模型拟合效果更好。

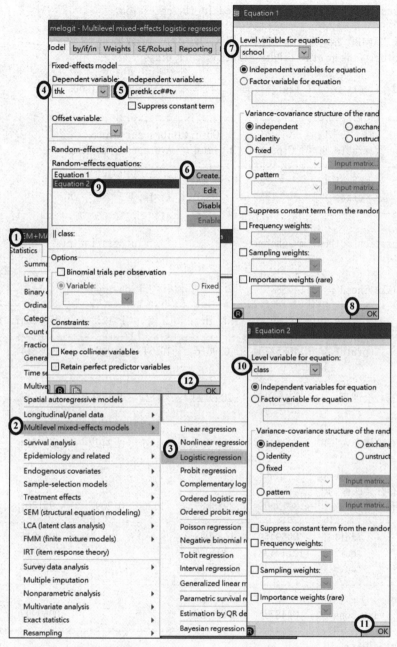

图8-11 "meologit thk prethk cc ＃ ＃ tv // school： // class：" 页面

注：Statistics>Multilevel mixed-effects models>Ordered logistic regression

* Three-level mixed-effects ordered logit regression

*符号"A##B"界定为完全二因子，即 A, B, A*B 三个效果
. meologit thk prethk cc##tv || school: || class:

Mixed-effects ologit regression   Number of obs   =   1,600

              | No. of   Observations per Group
Group Variable | Groups   Minimum   Average   Maximum
--------------+---
       school | 28   18   57.1   137
        class | 135   1   11.9   28

Integration method: mvaghermite   Integration pts. =   7

                                        Wald chi2(4)   =   124.39
Log likelihood = -2114.5881   Prob > chi2   =   0.0000
----
          thk | Coef.   Std. Err.   z   P>|z| [95% Conf. Interval]
--------------+---
       prethk | .4085273   .039616   10.31   0.000   .3308814   .4861731
              |
           cc |
      有社会课程 | .8844369   .2099124   4.21   0.000   .4730161   1.295858
              |
           tv |
      有电视介入 | .236448   .2049065   1.15   0.249   -.1651614   .6380575
              |
        cc#tv |
   有社会课程 #|
    有电视介入 | -.3717699   .2958887   -1.26   0.209   -.951701   .2081612
--------------+---
        /cut1 | -.0959459   .1688988   -.4269815   .2350896
        /cut2 | 1.177478   .1704946   .8433151   1.511642
        /cut3 | 2.383672   .1786736   2.033478   2.733865
--------------+---
school |
     var(_cons)| .0448735   .0425387   .0069997   .2876749
--------------+---
school>class |
     var(_cons)| .1482157   .0637521   .063792   .3443674

LR test vs. ologit model: chi2(2) = 21.03   Prob > chi2 = 0.0000

Note: LR test is conservative and provided only for reference.

Step 3. 二元模型与三元模型，哪个效果更好呢？

信息准则：也可用来说明模型的解释能力（较常用来作为模型选取的准则，而非单纯描述模型的解释能力）

（1）AIC

$$AIC = \ln\left(\frac{ESS}{T}\right) + \frac{2k}{T}$$

（2）BIC、SIC 或 SBC

$$BIC = \ln\left(\frac{ESS}{T}\right) + \frac{k \ln(T)}{T}$$

（3）AIC 与 BIC 越小，代表模型的解释能力越好（用的变量越少或者误差平方和越小）。

一般而言，当模型复杂度提高（k 增大）时，似然函数 L 也会增大，从而使 AIC 变小。但是 k 过大时，似然函数增速减缓，导致 AIC 增大，模型过于复杂，容易造成过度拟合现象。目标是选取 AIC 最小的模型，AIC 不仅要提高模型的拟合度（极大似然），而且引入了惩罚项，使模型参数尽可能少，有助于降低过度拟合的可能性。

* 双层模型拟合度
. quietly meologit thk prethk cc##tv || school:

. estat ic

Akaike's information criterion and Bayesian information criterion

```
-----------------------------------------------------------------
     Model |      Obs  ll(null)  ll(model)      df       AIC       BIC
-----------+-----------------------------------------------------
         . |     1,600         .  -2119.743       8  4255.486  4298.508
-----------------------------------------------------------------
```

* 三层模型拟合度
. quietly meologit thk prethk cc##tv || school: || class:
. estat ic

Akaike's information criterion and Bayesian information criterion

```
-----------------------------------------------------------------
     Model |      Obs  ll(null)  ll(model)      df       AIC       BIC
-----------+-----------------------------------------------------
         . |     1,600         .  -2114.588       9  4247.176  4295.576
-----------------------------------------------------------------
```

三层模型 AIC=4247.176，小于双层模型 （AIC=4255.486），表示在本例子中三层模型优于双层模型。

8.4 双层嵌套模型：嵌套结构的餐厅选择（nestreg 命令）

嵌套 logit 模型的应用例子

中国台湾枫林面积较大的赏枫地点大多位于山区，早期这些枫林多为培育香菇而种植，近年才转型为休闲产业的游憩资源。现在普遍实施双休日，休闲旅游的需求大量增加，但是赏枫地点过度规划与开发，可能对环境造成破坏，因此环境的开发与保护工作必须适当地进行平衡。

因为至今仍缺少完善的评估方法来估计游憩资源所提供的效益，本例针对中国台湾赏枫景点集中的中北部山区进行抽样，并以问卷调查游客赏枫的体验及评价，再利用嵌套逻辑模型考察多个地点，并假设决策过程有先后次序的概念，来架构赏枫活动的游憩效益模型。研究结果显示：

（1）嵌套逻辑模型的嵌套参数在 0 到 1 之间，显示本研究对于赏枫地点的嵌套分类方式恰当。由于嵌套参数非常接近 0，显示同一个赏枫地区的景点替代性很高。

（2）3 个赏枫景点信息来源满意度提高 10%、20%、30%。所衍生的平均游憩效益，其中 3 个景点的人均效益增加 6 4.26 元、143.61 元、245.38 元。3 个赏枫景点枫树数量满意度提高 10%、20%、30%，3 个景点的人均效益增加 50.63 元、110.00 元、182.26 元。3 个枫景点连接外部交通满意度提高 10%、20%、30%，3 个景点的效益每人平均增加 15.65 元、32.04 元、49.21 元。各赏枫景点设施满意度提高 10%、20%、30%，3 个景点的人均效益增加 78.62 元、181.28 元、316.95 元。各赏枫景点游憩景观满意度提高 10%、20%、30%，3 个景点人均效益增加 78.81 元、181.78 元、317.89 元。

（3）如果关闭各景点，平均一年损失的游憩效益：石鹿古道约 3.43 万元；秀峦公路约 0.25 万元；东势林场约 2 372.51 万元；枫林农场约 4.38 万元；奥万大约 1 107.27 万元；红香部落约 22.38 万元。

范例：双层嵌套模型：嵌套结构的餐厅选择（nestreg 命令）

本例与 "3.1.2 离散选择模型（DCM）的数学式：以住宅选择为例" 非常相似，都属于嵌套逻辑回归模型。

nlogit 命令的数据架构必须符合：每一个观察点，其每个选择的记录都对应到树的终端节点，即数据结构的树状看起来如下图所示：

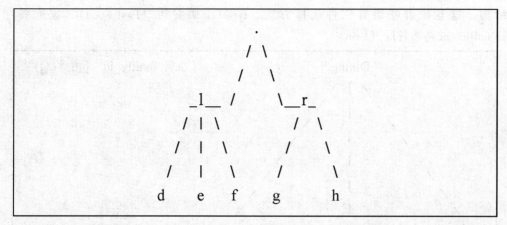

假设 id 为分组变量，Y 为响应变量。可用 nlogitgen 命令新建 mid 变量来表示此树的中间层节点：

```
. nlogitgen mid = leaf(l:d|e|f, r:g|h)
```

因此，数据的前两条观察值可能看起来像这样：

rec	id	mid	leaf1	y	x1	x2	x3
1	1	l	d	0	1	2.3	-1.0
2	1	l	e	0	1	3.3	-1.1
3	1	l	f	1	0	4.5	.
4	1	r	g	0	0	1.3	-2.3
5	1	r	h	0	0	5.5	-1.7
6	2	l	d	0	0	1.2	-2.0
7	2	l	e	0	1	4.0	-0.7
8	2	l	f	0	1	2.0	-1.0
9	2	r	g	1	.	5.1	-0.9
10	2	r	h	0	0	6.1	-0.8

其中，每个观察值占 5 个记录，因为有 5 个节点。

若有 3 个协变量 "x1–x3"，最后，nlogit 命令如下：

```
. nlogit y (leaf = x1 x2) (mid = x3), group(id)
```

通常，STaTa 出现"非平衡数据错误（unbalanced–data error）"，因为协变量含有缺失值（missing values），如上面的数据列表所示。其中，变量 x1 的第 3 条、变量 x3 的第 9 条都是缺失值。nlogit 从分析中删除这些记录，进而使数据出现不完整的情况。

1）问题说明

以下示例使用 STaTaCorp 网站的数据文件 "restaurant.dta"，本例是指下面的树结构，这意味着吃饭有三种选择方案（type）：快餐店（Fast Food）、家庭餐厅（Family）或高档餐厅（Fancy）。

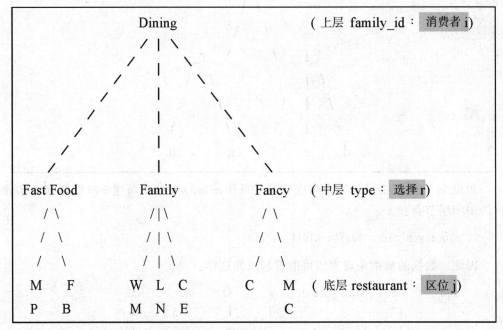

产生中间变量和一组解释变量，然后嵌套进逻辑模型来估计。

为了解（N=300个家庭，每个家庭对当地7家餐厅）选择的因素有哪些（分析单位：家庭），研究者收集数据并整理成下表，此"restaurant.dta"文件内容的变量如下：

变量名称	说明	编码 Code / Value
结果变量/响应变量：chosen	在餐厅消费了吗	0，1（二元数据）
解释变量/自变量：cost	人均消费	4.1586~32.70356
解释变量/自变量：distance	家庭和餐厅之间的距离	−0.97635~12.668
解释变量/自变量：rating	在当地餐厅指南中的评级	0~5
受访家户别：family_id	家庭 ID（上层）	1~300
7种方案选择变量：restaurant	餐厅选哪家？（底层）	1~7种方案可选择
type 的自变量：income	家庭收入	10~126
type 的自变量：kids	家中的孩子数	0~7
7家餐厅人工分 3 种 type	人工划分餐厅种类（中层）	1~3

2）文件的内容

"restaurant.dta"文件内容如图8-12所示。

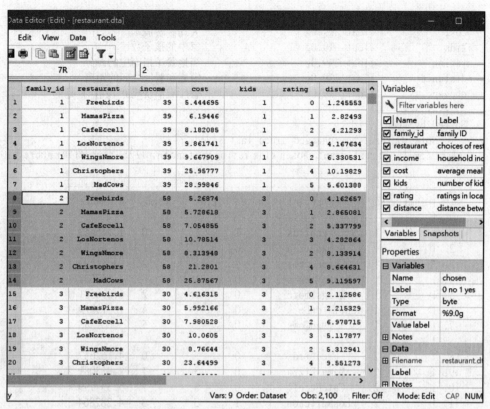

图 8-12　"restaurant.dta" 数据文件内容（N=300 个家庭，每个家庭有 7 条记录）

观察数据的特征。

* 打开文件
. webuse restaurant

. des

Contains data from http://www.stata-press.com/data/r15/restaurant.dta
  obs: 2,100
  vars: 9   2 Dec 2016 15:07
  size: 37,800
----
              storage   display   value
variable name   type   format   label   variable label
----
family_id   float   %9.0g   family ID(上层)
restaurant   float   %12.0g   names   餐厅选哪家（底层）

income	float	%9.0g		家庭收入
cost	float	%9.0g		人均餐费成本
kids	float	%9.0g		家中的孩子数
rating	float	%9.0g		当地餐馆指南中的评分
distance	float	%9.0g		家庭和餐厅之间的距离
chosen	float	%9.0g		餐厅有消费吗 0 没有 1 是的

```
----------------------------------------------------------------------
Sorted by: family_id
    Note: Dataset has changed since last saved.
. list family_id restaurant chosen kids rating distance in 1/21, sepby(fam) abbrev(10)

     +------------------------------------------------------------+
     | family_id   restaurant   chosen   kids   rating   distance |
     |------------------------------------------------------------|
  1. |         1     Freebirds        1      1        0   1.245553 |
  2. |         1    MamasPizza        0      1        1    2.82493 |
  3. |         1    CafeEccell        0      1        2    4.21293 |
  4. |         1    LosNortenos        0      1        3   4.167634 |
  5. |         1    WingsNmore        0      1        2   6.330531 |
  6. |         1   Christophers        0      1        4   10.19829 |
  7. |         1       MadCows        0      1        5   5.601388 |
     |------------------------------------------------------------|
  8. |         2     Freebirds        0      3        0   4.162657 |
  9. |         2    MamasPizza        0      3        1   2.865081 |
 10. |         2    CafeEccell        0      3        2   5.337799 |
 11. |         2    LosNortenos        1      3        3   4.282864 |
 12. |         2    WingsNmore        0      3        2   8.133914 |
 13. |         2   Christophers        0      3        4   8.664631 |
 14. |         2       MadCows        0      3        5   9.119597 |
     |------------------------------------------------------------|
 15. |         3     Freebirds        1      3        0   2.112586 |
 16. |         3    MamasPizza        0      3        1   2.215329 |
 17. |         3    CafeEccell        0      3        2   6.978715 |
 18. |         3    LosNortenos        0      3        3   5.117877 |
 19. |         3    WingsNmore        0      3        2   5.312941 |
 20. |         3   Christophers        0      3        4   9.551273 |
 21. |         3       MadCows        0      3        5   5.539806 |
     +------------------------------------------------------------+
```

因为每个家庭有 7 家餐馆可选择"消费否",故每个家庭的问卷调查都有 7 个观察结果(互斥性)。chosen 变量编号为 0/1,其中 1 表示选定此餐厅,否则为 0。

本例也可用条件逻辑回归(conditional logistic regression)来拟合我们的数据。因为每个家庭中的个人收入(income)和孩子数(kids)是不变的。但我们使用 asclogit 命令(alternative-specific conditional logit(McFadden's choice)model)会比 clogit 命令恰当。条件逻辑可能不合适,因为该模型假设随机误差(shocks,误差项)是独立的,所以它假定任何两种替代方案的胜算比与其他替代品是不相关的,称为 IIA 假定。

IIA 假定（assumption）

IIA 假定影响决策者对一种替代方案的态度的不可观察冲击（shocks，误差项），对选择其他替代方案的态度并没有影响，表面上看起来是合理的，但这种假定往往限制性太强。例如，某个家庭决定去哪个餐厅时，因为饭后他们计划看电影而有时间限制。这种不可观察的冲击（匆忙）会提高该家庭去快餐店消费的可能性。同理，若另一个家庭考虑到一家餐厅庆祝生日，可能会倾向于去一家高档餐厅。

嵌套（nested）逻辑模型放宽上述 IIA 假定：独立性假设，允许组合不可观察冲击可能伴随的影响的替代方案。

在这里，您可将餐厅按型（快餐店、家庭型、高档型）来分组。本例，一个家庭吃饭的决策树可能看起来如图8-13所示。

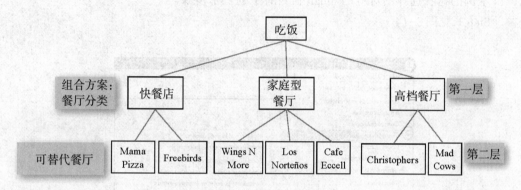

图8-13　吃饭的决策树

在树的底层是餐馆，因为有一些随机冲击（random shocks，如时间压力）影响了家庭独立地决定在哪家餐厅吃饭。餐厅上方有三种类型（types）的餐厅，它承认：其他随机冲击（other random shocks，如生日宴）会影响所选餐厅的类型。按照惯例在绘制决策树时，顶层是一个箱子，代表"家庭做出决定"。

接下来讲嵌套逻辑模型。

（1）层（level，decision level）

层是做出决定的层级或层次。上面的例子只有两个层次。在第一层，选择一种类型（type）的餐厅（fast food，family，or fancy）；在第二层，选择一个特定的餐厅。

（2）底层（bottom level）

底层是最终决定的层次。在我们的例子中，是选择的特定餐厅（specific restaurant）。

（3）替代方案集合（alternative set）

它是在任何给定决策层面的所有可能的替代方案的集合。

（4）底层替代方案集合（bottom alternative set）

它是底层所有可能的替代方案的集合。这个概念通常被称为经济学选择文献中的选择。在我们的例子中，底层七个特定餐厅都是替代选择。

（5）替代方案（alternative）

它是替代集合中的具体替代方案。本例子的第一层，"快餐"是另一种选择。在第二层，"MadCows"是另一种选择。在一个替代方案中，并不是所有替代方案都可以在特定阶段供进行选择的人员使用，也可以供嵌套在所有更高级别决策中的人员使用。

（6）可替代性选择（chosen alternative）

它是消费者选定的方案。在我们的例子中，我们不假设家庭首先选择是否参加"快餐、家庭或高档的餐厅"，然后选择特定餐厅，我们只假设：他们选择了七个餐厅之一。

3）分析结果与讨论

本例的树状选择图对应的 nlogit 命令有下列三个步骤。

Step 1. 见图 8-14

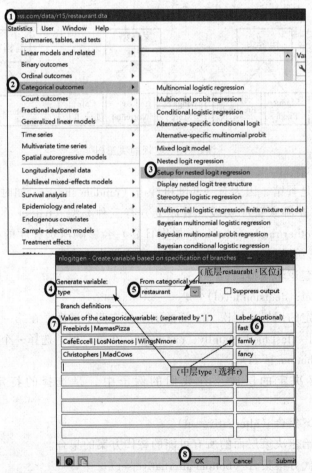

图 8-14　"nlogitgen type=restaurant（fast：Freebirds | MamasPizza，family：CafeEccell | LosNortenos | WingsNmore，fancy：Christophers | MadCows）"页面

```
* 打开文件
. webuse restaurant

* Generate a new categorical variable named type that identifies the first-
level set
* of alternatives based on the variable named restaurant
. nlogitgen type = restaurant( fast : Freebirds | MamasPizza, family :
CafeEccell | LosNortenos | WingsNmore, fancy : Christophers | MadCows)

new variable type is generated with 3 groups
label list lb_type
lb_type:
          1 fast
          2 family
          3 fancy
```

Step 2.见图 8-15

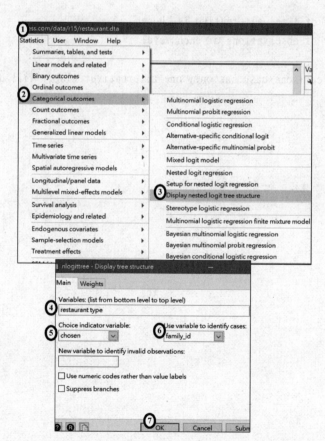

图 8-15 "nlogittree restaurant type，choice（chosen）case（family_id）"页面

```
*  Examine the tree structure
. nlogittree restaurant type, choice(chosen) case(family_id)
tree structure specified for the nested logit model

    type   N      restaurant    N    k
    -------------------------------------
    fast   600 --- Freebirds    300  12
               +- MamasPizza    300  15
    family 900 --- CafeEccell    300  78
               |- LosNortenos   300  75
               +- WingsNmore    300  69
    fancy  600 --- Christophers 300  27
               +- MadCows       300  24
    -------------------------------------
                   total     2100 300
```

k = number of times alternative is chosen
N = number of observations at each level

Note: At least one case has only one alternative; nlogit will drop these cases.

Step 3. 二元嵌套回归分析（见图 8-16）

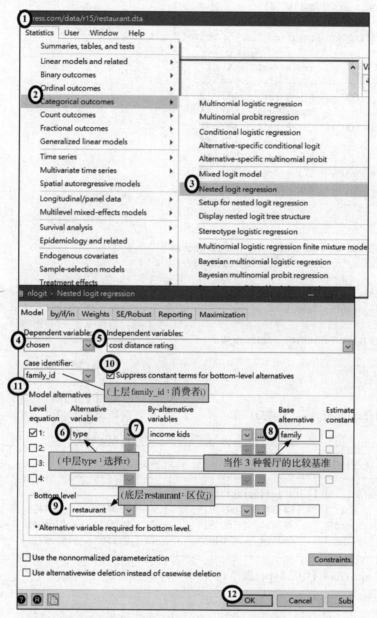

图 8-16 "nlogit chosen cost distance rating// type：income kids，base（family）// restaurant：noconst case（family_id）" 页面

注：nlogit 在：Statistics>Categorical outcomes>Nested logit regression

```
* Perform nested logit regression
. nlogit chosen cost distance rating || type: income kids, base(family) || restaurant:,
  noconst case(family_id)

tree structure specified for the nested logit model

type    N     restaurant    N    k
-------------------------------------------
fast   600 --- Freebirds    300  12
           +- MamasPizza    300  15
family 900 --- CafeEccell   300  78
           |- LosNortenos   300  75
           +- WingsNmore    300  69
fancy  600 --- Christophers 300  27
           +- MadCows       300  24
-------------------------------------------
                  total    2100 300

k = number of times alternative is chosen
N = number of observations at each level
```

```
RUM-consistent nested logit regression     Number of obs    =      2,100
Case variable: family_id                    Number of cases  =        300

Alternative variable: restaurant            Alts per case: min =         7
                                                           avg =       7.0
                                                           max =         7

                                            Wald chi2(7)     =      46.71
Log likelihood = -485.47331                 Prob > chi2      =     0.0000
```

chosen	Coef.	Std. Err.	z	P>|z|	[95% Conf. Interval]
restaurant	(底层 restaurant:区位 j)				
cost	-.1843847	.0933975	-1.97	0.048	-.3674404 -.0013289
distance	-.3797474	.1003828	-3.78	0.000	-.5764941 -.1830007
rating	.463694	.3264935	1.42	0.156	-.1762215 1.10361

type equations (中层 type:选择 r)

fast					
income	-.0266038	.0117306	-2.27	0.023	-.0495952 -.0036123
kids	-.0872584	.1385026	-0.63	0.529	-.3587184 .1842016
family	当作比较基准				
income	0	(base)			
kids	0	(base)			

```
--------------+--------------------------------------------------------------------
fancy         |
      income  |   .0461827    .0090936    5.08   0.000     .0283595    .0640059
        kids  |  -.3959413    .1220356   -3.24   0.001    -.6351267   -.1567559
--------------+--------------------------------------------------------------------
dissimilarity parameters
--------------+--------------------------------------------------------------------
type          |
   /fast_tau  |   1.712878    1.48685                     -1.201295    4.627051
 /family_tau  |   2.505113    .9646351                      .614463    4.395763
  /fancy_tau  |   4.099844    2.810123                    -1.407896    9.607583
--------------+--------------------------------------------------------------------
LR test for IIA (tau=1): chi2(3) = 6.87              Prob > chi2 = 0.0762
```

（1）LR 卡方值=46.71（p<0.05），表示假定的模型至少有一个解释变量的回归系数不为0。

（2）在报表 "z" 栏中双边检验下，若 |z|>1.96，则表示该自变量对响应变量有显著影响。|z|值越大，表示该自变量对响应变量的相关性（relevance）越高。

（3）第一阶段：餐厅细分为三种类型，响应变量（中层 type：选择 r）的方程式若以家庭（family）餐厅当作比较基准，并以 "income、kids" 为自变量，所建立的多元逻辑回归式如下：

$$\ln\left(\frac{P_2}{P_1}\right) = \beta_0 + \beta_1 X1_i + \beta_2 X2_i + \beta_3 X3_i + \beta_4 X4_i + \beta_5 X5_i + \cdots$$

$$\ln\left(\frac{P_{fast}}{P_{family}}\right) = -0.0266 \times income - 0.0872 \times kids$$

$$\ln\left(\frac{P_{fancy}}{P_{family}}\right) = -0.0462 \times income - 0.396 \times kids$$

（4）第二阶段：从最底层来看（底层 restaurant：区位 j），民众对当地7家餐厅的消费与否（chosen），受到 cost、distance 这两者显著的影响，但 rating 未达到显著的影响力。

（5）LR test for IIA（选择方案彼此独立），求得 $\chi^2_{(3)} = 6.87(p > 0.05)$，表示本例符合 "双层选择方案彼此独立" 的假定，故可进行双层模型分析。

第9章 面板数据逻辑回归（xtgee、xtlogit 命令）

多元逻辑函数的分布图见图9-1。

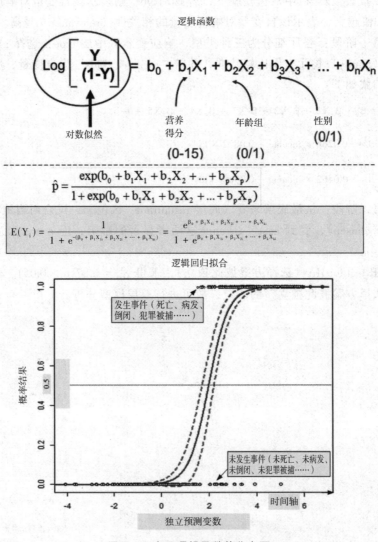

图9-1　多元逻辑函数的分布图

9.1 面板数据回归（xtgee、xtlogit 命令）

回归分析与相关分析较为关注两个或者多个变量之间的线性关系，一般来说在这两种分析模型中我们通常会利用自变量 x 来预测响应变量 y。而在时间序列分析中通常会把时间当作自变量来分析响应变量，即探讨响应变量 y 在不同时间点的变化，并且利用过去依时间排列的数据来预测未来的信息。此类数据即为一个时间序列，时间序列的分析注重于研究数据序列的相互依赖关系。时间序列的数据在经过分析之后，根据其相互关系来发展出适合的预测模型。

面板数据（panel-data）（广义的纵向数据），又译为纵横数据、追踪数据或时空数据，是一种结合横截面与时间序列的数据类型。面板分析又分为静态与动态两种。其中，动态研究又分为变迁研究及发展研究两种。

有鉴于近些年来，面板数据在理论性和应用性方面的研究已经成为计量经济学的热门主题，至今，其他研究领域也相继地改以面板数据作为样本来设计。

1）面板数据的缘起

一般而言，当研究数据属于时间序列数据和横截面数据的结合时，如果直接以混合数据 OLS 估计将容易产生有偏的估计量（Kalton，Kasprzyk，McMillen，1998；Greene，2000）。因为利用普通最小二乘估计时，横截面的个体观测值假定为序列不相关，且在不同的横截面以及不同的时间内，误差项为同质的（homoskedastic）。也就是说，横截面的个体数据间不容许有差异，因此只能单独考量横截面或时序的数据，若遇到混合数据，则忽略横截面或时间序列数据之间的差异。实际上，以横截面数据进行分析时常会遇到被解释变量存在异方差，而时间序列出现残差项自相关（autocorrelation）的问题，这会导致普通最小二乘估计产生无效率估计结果。为了解决估计有偏的问题，蒙德拉克（Mundlak，1961）、巴莱斯特拉与尼洛夫（Balestra 和 Nerlove，1966）等后来的学者开始尝试将横截面与时间序列数据可能反映的一些特性引入计量模型的设定中。而后，有关面板数据的模型设定及分析方法以及相关的研究文章广泛出现在各领域的研究中。

一般认为，面板数据分析具有一些相较横截面数据直接以 OLS 估计所没有的优点（Hsiao，1995）。其可以同时考量横截面数据与时间序列数据的特性，以得到较具效率性的估计结果，也能增加估计样本的自由度，而结合横截面与时序变量的信息也可以降低遗漏变量（omitted variable）所可能带来的模型识别问题（Greene，2000）。

贝克（Beck）及卡茨（Katz，1995）认为，一般人对有时间序列的横截面特性的数据（time-series cross-section data，TSCS）所用的计量技巧，常常会产生错误的实证结果。因为早期计量技巧尚未在 TSCS 类型的资料有突破性发展，有部分面板数据形态的只使用由帕克斯（Parks）（1967）提出的广义最小二乘法。通常研究者分析面板数据时，若只采用GLS方法，极可能会使标准差有很大的误差。STaTa提供几种误差的估计法，只要您适当地认定（indentify）面板模型，便可以较简单的方式来产生较精准的标准差。

时间序列与横截面特性的数据具有在固定个体（individual）上重复抽样的特性，如针对特定州或国家的调查。这些个体分析的数量一般标准范围为10到100个样本不等，而每一个个体的观察时间需超过一定的时间长度（通常为20~50年）。TSCS在时间上与空间上的性质会使得最小二乘法的应用出现问题。特别是时间上与空间上出现的异方差（heteroskedasticity）问题。帕克斯基于GLS提出一个方法来处理这些模型的缺陷。在一般的研究状况下这个方法的应用会严重低估参数的变异。

为什么帕克斯的方法会有这么严重的问题？是著名的广义最小二乘法（GLS）有问题吗？问题在于GLS对TSCS类型数据进行分析时，其背后假设：误差项过程（error process）是已知的，但实际上并非如此。所以进行这样的分析，早期只能改用"可行的广义最小二乘法（feasible generalized least squares，FGLS）"而非GLS法，迄今STaTa"xtreg、xtgls、xtdpd、xtivreg、xtgee、xtmixed等命令"已能完全解决此问题。所谓"可行"，是因为它使用了一种估计误差项的过程，避开GLS，一开始就假设"误差过程为已知"的状态。事实上，通常在计量应用中，由于误差项过程中并不会有很多的待估参数，所以GLS的应用不会导致严重问题。可是在TSCS的资料里，估计误差项的过程有太多的待估参数，会造成GLS方法在应用中有偏误，估计参数的标准差被低估。

过去的研究多考察横截面的样本或时间面的样本，聚焦于单维度数据，并未考察样本与样本间同时期与跨时期的影响效果。面板数据（纵横数据）分析法同时考虑横截面（不同个体）与纵截面（时间面）数据，再根据数据特点选择拟合模型、估计方法与检验方法进行分析，以确保找到真正的影响因素。

希尔（Hill）、加伊（Guay）与利姆（Lim，2008）认为面板数据有它的优点，既可解决长期的时间序列动态分析问题，又可在处理大量数据的同时保留原有的特质，不容易产生异方差。

使用面板数据分析有下列优点，分别如下：

（1）可以控制个体差异性，反映横截面的个体特性差异。

（2）追踪数据的样本数较多，故可以通过增加自由度来缓解变量间的共线性问题，能提升估计值的效果。

（3）能同时具有横截面所代表的个体差异与时间序列面所代表的动态性的两项功能，故能更有效地反映动态调节过程，诸如经济政策变化量（Δx_i）对股市变化量（Δx_y）的影响等问题。

（4）可以控制横截面、时间序列模型观察不到的因子，减少估计偏差。

（5）相对于横截面和时间序列，面板可以建构和检验更复杂的模型和假设（hypothesis）。

（6）以计量模型误差项的可能来源区分，如特定个体的误差（individual-specific error term）、特定时间的误差项（time-specific error term）与随机误差项（random error term），可减少估计偏误，提升结果的准确性。

（7）纵横数据回归模型是结合时间序列与横截面这两者进行分析的组合模型，因此在数据类型上除具有丰富性和多变性的特性外，还有自由度高、效率高的优点，还可缓解横截面数据上的异方差与时间序列上的自相关问题。另外，对于一些较复杂或属于个体层次的数据，可利用组合模型来构建样本资料，并进行动态调整分析，以获取最好的研究结果。

换句话说，面板数据分析的优点为：

（1）控制个体行为的差异：面板数据数据库显示个体（包括个人、企业、组织、地区或国家）之间存在的差异，而单独的时间序列和横截面并不能有效反映这种差异，此时如果只是简单使用时间序列和横截面分析结果，就可能会有偏差。此外，面板数据分析能够控制在时间序列和横截面研究中所不能控制的涉及地区和时间为常数的情形。也就是说，当个体在时间或地区分布中存在着非时变的变量（例如受教育程度、电视广告等）时，如果在模型中不考虑这些变量，有可能会得到有偏结果。面板数据分析能够控制时间或地区分布中的恒变量，而普通时间序列和横截面研究则无法做到。

（2）面板数据能够提供更多信息、更多变化性、更少共线性、更多自由度和更高效率。反观时间序列经常会有多重共线性的困扰。

（3）面板数据能够更好地研究动态调节，从横截面分布来看虽然相对稳定但却隐藏了许多变化，面板数据由于包含较长时间，能够弄清如经济政策变化对失业状况的影响等问题。

（4）面板数据能更好地识别和度量纯时间序列和纯横截面资料数据所不能发现的影响因素。

（5）相比纯横截面和纯时间序列数据，面板数据能够构造和检验更复杂的行为模型。

（6）通常，面板数据可以收集到更准确的微观单位（个人、企业、家庭）的情况，由此得到消除测量误差影响的总体数据。

2）财务与经济计量方法

财务与经济计量主要是运用统计学的方法来探讨财务或经济变量的关系，通常是借助"回归模型"的架构来探讨某一个变量的变动对另一个变量的影响关系，在分析的过程中对于模型的估计（estimate）、检验（test）与预测（forecast）均是方法论上的研读重点（见图9-2）。

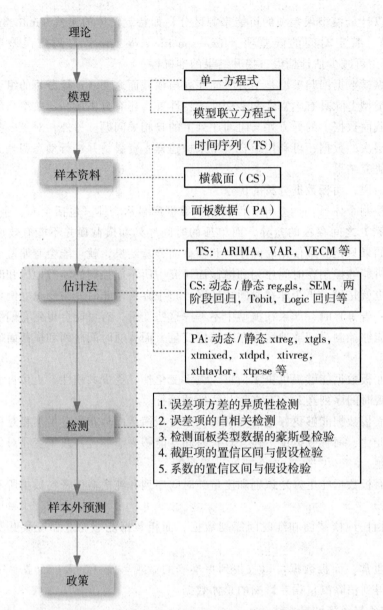

图9-2 财务与经济计量方法应用的研究流程

　　面板数据（纵横数据）是一个同时包含横截面（cross-section）与时间序列（time series）数据的组合方法。处理追踪数据（panel-data）时，需将每个横截面单位（unit）按照时间序列数据方式排列后，再堆积（stack）每个横截面样本。由于有些经济效果同时包含混合时间序列与横截面而无法单独分开测试，此时若单独使用横截面或时间序列计量方法必然无法正确估计经济效果的影响。而面板数据可使研究者对同时掺杂横截面与时间序列的经济现象做一个有效的估计。

面板数据是针对相同个体（如个人、家庭、部门、厂商、产业或国家），连续调查多年所收集的数据。数据收集的频率多为一年一次，少数情形有季或月等较高频率。也就是说，其能同时包括横截面和时间序列两种特性，在每一个年度中，可观察到许多个人、家庭、部门、厂商、产业或国家的横截面数据，或者对同一对象连续观察多年而得到横截面数据，这意味着较单纯的横截面数据和时间序列数据，其蕴含着更加丰富的信息，不但具有时间序列的动态性质，又能兼顾横截面资料数据的个体差异的特性。

9.2 面板数据分析的 STaTa 相关命令

1）STaTa 面板数据的预备命令

（1）通常财经的原始数据（original data）是 wide 格式（form），即一个观察值代表一个个体（individual）会出现在每一时段（all time periods）。

（2）但 xt 开头的命令，往往要用 long 格式（form），即一个观察值代表一对 "individual-time" 配对。

（3）故需用 "reshape long" 命令，将 wide 文件排列格式转成 long 格式。

（4）描述面板数据 xtset 命令，常被用来定义 "个体 i 及期数 t"。例如，"xtset id t"，允许您使用 panel 列命令及时间序列运算因子（operators）。

（5）panel 文件，若用 "describe、summarize、tabulate" 命令，则会混淆横截面和时间序列变化。故您应改用面板 "Setup & utilities" 前奏命令（见图9-3），包括：

① xtdescribe：某种程度上面板是否平稳（extent to which panel is unbalanced）。

② xtsum：分别计算组内（within, over time）及组间（between, over individuals）的方差。

③ xttab：离散数据的组内（within）及组间（between）的表格化，如二元变量（binary）的表格化。

④ xttrans：离散数据的转换频率（transition frequencies）。

⑤ xtline：每一个个体绘制一个时间序列折线图。

⑥ xtdata：组内（over time）及组间（over individuals）方差的散点图。

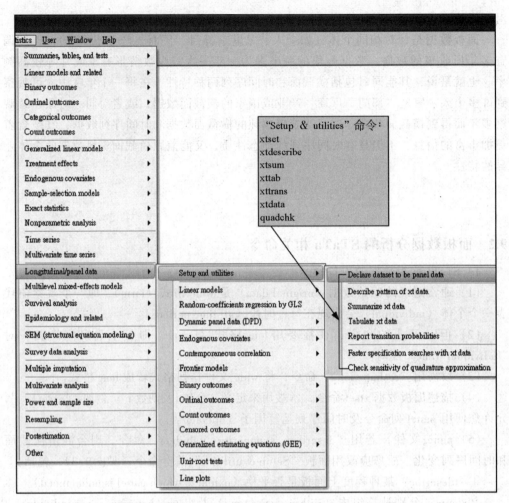

图 9-3　面板 "Setup & utilities" 专用命令的对应页面

说明	命令
面板汇总	xtset；xtdescribe；xtsum；xtdata； xtline；xttab；xttran
混合数据（Pooled）OLS	regress
可实现的广义最小二乘法（GLS）	xtgee，family（gaussian）xtgls；xtpcse
随机效应（Random effects）	xtreg，re；xtregar，re
固定效应（Fixed effects）	xtreg，fe；xtregar，fe
随机斜率（Random slopes）	xtmixed；quadchk；xtrc
一阶差分（First differences）	regress（with differenced data）
Static IV（静态工具变量）	xtivreg；xthtaylor；ivprobit；ivregress；ivtobit；reg3
Dynamic IV（动态工具变量）	gmm 命令：广义矩估计

2）STaTa 面板命令的功能

STaTa 命令	说明
（1）数据管理及探索工具	
xtset	定义文件为面板数据
xtdescribe	描述 xt 数据的模式
xtsum	分别计算组内及组间的方差
xttab	xt 数据的表格
xtdata	xt 数据的快速界定搜寻
xtline	绘制 xt 数据的折线图
（2）线性面板回归估计	
xtreg	固定效应、组间、随机效应、样本平均线性模型
xtregar	误差带 AR（1）的固定效应、随机效应模型
xtmixed	多元混合效应线性模型
xtgls	使用广义最小二乘法的面板数据模型
xtpcse	带面板校正标准误的线性回归
xthtaylor	误差成分模型的 Hausman-Taylor 估计
xtfrontier	面板数据的随机边界模型： 随机分析是概率论的一个分支。主要内容有伊藤积分、随机微分方程、随机偏微积分、逆向随机微分方程等。近来大量应用于金融数学。随机性模型是指含有随机成分的模型。它与确定性模型的不同之处在于它仍可解释以下例子：在赌场里赌大小，如果有人认为三次连开大第四次必然开小，那么此人所用的即是确定性模型。但是常识告诉我们，第四次的结果并不一定与之前的结果相关。在 19 世纪，科学界深深地被黑天鹅效应和卡尔·波普尔的批判理性主义所影响。现代自然科学都以统计与归纳法作为理论基础。大体来说统计学是用于确定性模型与随机性模型作比较的一门学科
xtrc	随机系数回归
xtivreg 命令	适用于面板数据模型的工具变量、两阶段最小二乘方法
（3）单根检验	
xtunitroot	面板数据的单根检验（unit-root tests）

STaTa 命令	说明
（4）动态面板估计法（estimators）	
xtabond	线性动态面板数据的 Arellano-Bond 估计
xtdpd	线性动态面板数据的估计
xtdpdsys	线性动态面板数据的 Arellano-Bover/Blundell-Bond 估计
xtabond	Arellano-Bond 的线性动态面板数据估计 *STaTa 例子：二阶滞后（two lags）的响应变量 . webuse abdata * w 及 k 为事先指定参数。w，L.w，k，L.k 及 L2.k 等滞后项都是附加的解释变量 . xtabond n l（0/1）.w l（0/2）.（k ys）yr1980-yr1984，lags（2）vce（robust）
（5）结果截取估计法	
. xttobit	随机效应 tobit 模型
. xtintreg	随机效应区间数据回归模型
（6）非线性：二元响应变量估计法	
xtlogit	固定效应、随机效应、样本平均 logit 模型
. xtmelogit	多元混合效应逻辑回归
xtprobit	随机效应及样本平均 probit 模型
xtcloglog	随机效应及样本平均 cloglog 模型
（7）非线性：有序响应变量估计法	
xtologit	随机效应有序逻辑模型
xtmepoisson	多元混合效应 Poisson 回归
xtoprobit	随机效应有序概率模型
（8）非线性：计数响应变量估计法	
xtpoisson	固定效应、随机效应、样本平均 Poisson 模型
xtnbreg	固定效应、随机效应、样本平均负二项模型
（9）广义方程式估计法	
xtgee	使用 GEE 求出样本平均面板数据模型

STaTa 命令	说明
（10）公用程序	
quadchk	检测数值积分法的敏感度
（11）多元混合效应估计法	
. xtmelogit	多元混合效应逻辑回归
xtmepoisson	多元混合效应 Poisson 回归
. xtmixed	多元混合效应线性回归
（12）广义估计方程式（GEE）估计法	
. xtgee	使用 GEE 分析总体平均面板数据模型

更简单地说，STaTa 线性面板的常用命令如下表所示：

功能	STaTa 命令
面板摘要	xtset；xtdescribe； xtsum（最小值，最大值等）；xtdata；xtline（折线图）；xttab（次数分布）；xttran（不同时段的迁移）
混合数据（pooled）OLS	regress
随机效应	"xtreg…，re"；"xtregar…，re"
固定效应	"xtreg…，fe"；"xtregar…，fe"
随机斜率	quadchk；xtmixed；xtrc
弹性广义最小二乘法回归	"xtgee，family（gaussian）" xtgls；xtpcse 命令
一阶差分：有单根情况，才使用 "D." 运算子	单根动态回归（使用差分数据）。范例如下： . use invent.dta . tsset year . reg D.lgdp year L.lgdp L.D.lgdp . display "rho=" 1+_b [L.lgdp] . reg D.lgdp L.lgdp L.D.lgdp . display "rho=" 1+_b [L.lgdp]
静态工具变量：内生共线性	xtivreg；xthtaylor
动态工具变量	gmm
随机模型（例如，随机生产前沿或成本前沿模型）	xtfrontier

（1）regress 命令：线性回归（用途包括 OLS，logit，probit 回归）。

（2）"xtreg…，（FE，RE，PA，BE）"命令：固定效应、随机效应、样本平均、组间效应的线性模型。

（3）一阶差分回归：reg 命令搭配"D."运算子，专门处理有单根的变量的回归。

（4）xtgls 命令：使用 GLS 来求面板数据线性模型，它可同时解决误差的自相关及异方差的问题。

（5）xtdpd 命令：带面板校正标准误的线性回归。

（6）"xtregar…，（FE，RE）"命令：误差带 AR（1）的固定效应、随机效应模型。

（7）quadchk 命令：检查数值积分的敏感度。

（8）xtfrontier 命令：xtfrontier 以面板数据拟合随机生产或成本前沿模型。也就是说，xtfrontier 用于估计线性模型的参数，其中扰动项由特定的混合分布生成。

（9）xtivreg 命令：适用于面板数据模型的工具变量、两阶段最小二乘方法。

（10）xthtaylor 命令：误差成分模型的 Hausman-Taylor 估计。

虽然 xthtaylor 及 xtivreg 都是使用工具变量来做估计，但两者的事前假定（assumption）是不同的：

①xtivreg 假定：模型中，解释变量的某部分变量与特异性误差（idiosyncratic error）e_{it} 是相关的。

②xthtaylor 命令的 Hausman-Taylor 及 Amemiya-MaCurdy 估计法假定：某些解释变量与个体层次（individual-level）随机效应 u_i 是相关的，但有某些解释变量却与特异性误差 e_{it} 是无关的。

（11）xtabond 命令：Arellano-Bond 线性动态面板数据的估计（linear dynamic panel-data estimation）。

（12）xtdpdsys 命令：Arellano-Bover/Blundell-Bond 线性动态面板数据的估计。

（13）xtdpd 命令：线性动态面板数据的估计。

3）STaTa 面板对应的选择表的命令（见图9-4）

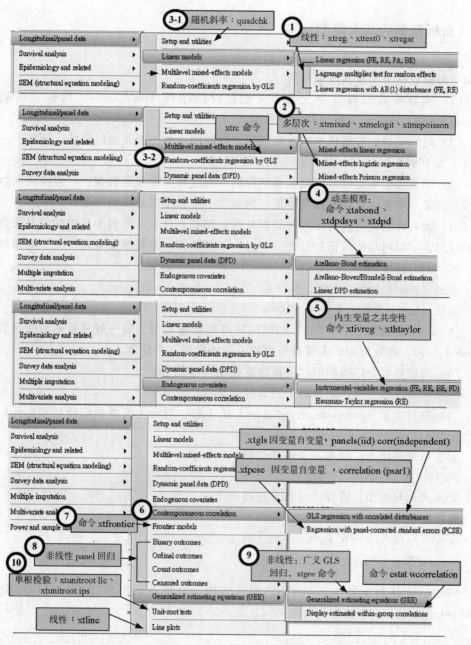

图9-4　STaTa 面板对应命令

9.3 面板数据的基本模型

9.3.1 面板数据类型及其模型分类

（1）实证中数据可分为三类，分别是时间序列（time series）数据、横截面（cross section）数据和面板（panel）数据。

（2）时间序列的数据样本的观察期间是以时间点的不同来做区隔的。例如，一段期间（如 1990—2000 年）的大盘指数日数据。

（3）如果数据不是以时间点来做区隔的，则可称为横截面数据。一般横截面数据比较是指某一固定时点的不同观察值。例如，上个月不同县市的失业率。

（4）面板数据同时包含了两种数据特性。例如，过去一年每个县市的每月失业率都同时包含了时间与横截面的特性。不过，一般而言，面板数据是指"大"的横截面与"短"的时间序列。

①短（short）面板：$T<\infty$，$N \to \infty$。

②长（long）面板：$T \to \infty$，$N<\infty$。

（5）"小"的横截面与"长"的时间序列的数据类型，则一般只是称为混合数据（pooled data）。在分析中，主要以所谓的"系统模型"来处理。

（6）面板数据会以所谓的"面板数据模型"来分析。

按不同属性来分类，面板有下列五种分类法：

（1）按自变量（independent variables）的个数，可分为简单回归模型和多元回归模型

①简单回归模型：只有一个解释变量。例如：

$y_t = \beta_1 + \beta_2 x_t + \varepsilon_t$

②多元回归模型：解释变量数目超过一个。

面板数据的基本模型为：

$Y_{it} = \alpha_i + \beta_1 X_{1it} + \beta_2 X_{2it} + \cdots + \beta_k X_{kit} + \varepsilon_{it}$

$$Y_{it} = \alpha + \sum_{k=1}^{K} \beta_k X_{kit} + \varepsilon_{it}$$

式中，个体数 i=1，2，…，N，它代表同一时期不同个体（individual/ entity）。时间 t=1，2，…，T，被称为研究期间。

$$Y_{T \times 1} = \begin{bmatrix} y_{i1} \\ y_{i2} \\ \vdots \\ y_{iT} \end{bmatrix}, \quad \varepsilon_{T \times 1} = \begin{bmatrix} e_{i1} \\ e_{i2} \\ \vdots \\ e_{iT} \end{bmatrix}, \quad X_{T \times K} = \begin{bmatrix} x'_{i1} \\ x'_{i2} \\ \vdots \\ x'_{iT} \end{bmatrix}$$

式中，

a.响应变量矩阵 Y_{it}：第 i 个个体在时间点 t 的反应变量。

b.向量 α_i：截距项，为固定常数。

c.（K×1）向量 $\beta = (\beta_1, \beta_2, \cdots, \beta_K)'$：所有解释变量的参数为固定系数向量。

d.解释变量（regressors）矩阵 X_{it}：第 i 个个体在时间点 t 的解释变量。k=1，2，$\cdots$，K，表示有 K 个解释变量。

e.向量 ε_{it}：第 i 个个体在时间点 t 的随机误差项。

f.X_{kit}：为第 i 个个体于第 t 期第 k 个解释变量的值。

g.ε_{it}：为残差项，$E(\varepsilon_{it}) = 0$，$E(\varepsilon_{it}, \varepsilon_{it}) = \sigma$，$\varepsilon_{it}$ 符合 $\overset{iid}{\sim} N(0, \sigma)^2$ 分布。

响应变量	解释变量	随机误差
$y_{1,1}$	$X_{1,1}$	$e_{1,1}$
$\vdots$	$\vdots$	$\vdots$
$y_{1,T}$	$X_{1,T}$	$e_{1,T}$
$y_{2,1}$	$X_{2,1}$	$e2,1$
$\vdots$	$\vdots$	$\vdots$
$y_{2,T}$	$X_{2,T}$	$e_{2,T}$
$y_{N,1}$	$X_{N,1}$	$e_{N,1}$
$\vdots$	$\vdots$	$\vdots$
$y_{N,T}$	$X_{N,T}$	$e_{N,T}$

上式中，假设我们"将每个个体堆叠成一个文件"，它也可用矩阵形式来表示：

$$y_{NT \times 1} = \begin{bmatrix} y_1 \\ y_2 \\ \vdots \\ y_N \end{bmatrix}, \varepsilon_{NT \times 1} = \begin{bmatrix} e_1 \\ e_2 \\ \vdots \\ e_N \end{bmatrix}, X_{NT \times K} = \begin{bmatrix} X_1 \\ X_2 \\ \vdots \\ X_N \end{bmatrix}, 并定义 \alpha_{N \times 1} = \begin{bmatrix} \alpha_1 \\ \alpha_2 \\ \vdots \\ \alpha_N \end{bmatrix}$$

方程式也可改写成矩阵形式：

$y = X\beta + D\alpha + \varepsilon$

式中，$\underset{NT \times N}{D} = I_N \otimes V_T$。

在 panel 模型中，个体截距项 α_i 代表"所有未可观测的解释变量的效果"，简称"特定个体"效果。

（2）按是否为线性模型分为一般线性模型和非线性模型

①一般线性模型：上面的简单回归及多元回归都是线性模型，但是下面这个模型是线性模型吗？

$$y_t = \alpha + \beta x_t^2 + \varepsilon_t$$

答：也是线性模型。因为令 $z_t = x_t^2$，则上式可改为：$y_t = \alpha + \beta z_t + \varepsilon_t$。显然是线性模型。

②非线性模型：当解释变量无法转换成为线性时，即为非线性模型。如下例：

$$y_t = \alpha + \beta x_t^{\gamma} + \varepsilon_t$$

非线性模型的估计与分析较线性模型复杂。基本上，仍是通过适当的"线性化（linearize）"来处理。

（3）按"方程式"的数目分为单一方程式模型和多方程式组

①单一方程式（univariate equation）模型。

$$y_t = \alpha + \beta_1 x_t + \beta_2 x_{2t} + \cdots + \beta_k x_{kt} + \varepsilon_t$$

②多方程式组（sets of models）又大致可分 4 类。

a. 联立方程式模型（simultaneous models）：联立方程式模型中，一个方程式的被解释变量（即所谓的内生变量）可能成为其他方程式的解释变量。例如：

$$\begin{cases} y_t = \beta_0 + \beta_1 x_1 + \beta_2 z_t + \varepsilon_t \\ z_t = \alpha_0 + \alpha_1 x_1 + \alpha_2 x_2 + e_t \end{cases}$$

在联立方程式中，zt 既是解释变量，也是被解释变量。

STaTa 提供联立方程式的回归命令，如下表所示。

联立方程式命令	说明
. gmm 命令	广义矩估计
. ivregress 命令	两阶段回归：单一方程式工具变量的回归
. qreg 命令	分位数（quantile）回归
. reg3 命令	三阶段回归的联立方程式
. treatreg 命令	处理效应（treatment-effects）模型
. svy estimation 命令	调查样本的估计命令
.mgarch 命令	多变量 GARCH 模型
. mgarch ccc 命令	固定型条件式相关多变量 GARCH 模型
. mgarch dcc 命令	动态条件式相关多变量 GARCH 模型
. mgarch dvech 命令	对角型 dvech 多变量 GARCH 模型
. mgarch vcc 命令	非固定型条件式相关多变量 GARCH 模型
. sspace 命令	状态—空间模型
. var/svar 命令 （时间序列的动态模型）	向量误差修正模型
. vec 命令 （时间序列的动态模型）	向量自回归模型
. xtivreg panel 命令	工具变量和两阶段最小二乘的追踪模型
. xthtaylor panel 命令	误差成分模型的 Hausman-Taylor 估计

b.似不相关回归模型（seemingly unrelated regression，SUR）：各方程式的解释变量都不包括其他方程式的内生变量，亦即这些解释变量都是外生的，"即所谓的外生变量"；SUR可视为联立方程式的特例。

$$\begin{cases} y_{1t} = \alpha_0 + \alpha_1 z_{1t} + \alpha_2 z_{2t} + \cdots + \varepsilon_{1t} \\ y_{2t} = \beta_0 + \beta_1 x_{1t} + \beta_2 x_{2t} + \cdots + \varepsilon_{2t} \\ y_{3t} = \gamma_0 + \gamma_1 x_{1t} + \gamma_2 x_{2t} + \cdots + \varepsilon_{3t} \\ \vdots \quad \vdots \qquad\qquad \vdots \\ y_{nt} = \delta_0 + \delta_1 x_{1t} + \delta_2 x_{2t} + \cdots + \varepsilon_{nt} \end{cases}$$

STaTa 提供的 SUR 命令如下表所示：

SUR 命令	说明
. biprobit	二元概率回归
. nlsur	非线性系统的方程式估计
. reg3	联立方程式的三阶段回归
. sureg	Zellner的似无相关回归
. suest	似无相关估计

总的来说，多元回归模型（multivariate model）也是 SUR 模型的一个特例。

c. sqreg 命令：联立方程式（simultaneous-quantile regression）。

d. sem 命令：结构方程模型的似不相关。请见作者《STaTa广义结构模型》一书。

（4）按被解释变量是否为连续性随机变量分为三类

①若是连续函数，如正态分布函数（高斯分布），即为传统的正态线性回归模型（normal linear regression model），人们最常用最小二乘法（OLS）。

②若是离散的（discrete），例如 y=0 或 1，即为二元选择模型（binary choice model），常见的有概率模型与逻辑模型。STaTa 提供的非线性面板命令包括：

a.二元型响应变量（binary outcome），又分下列命令：

xtprobit 命令	随机效应、样本平均概率模型
xtlogit 命令	固定效应、随机效应、样本平均逻辑模型

b.有序型响应变量（ordinal outcome），又分下列命令：

. asmprobit 命令	备择常数多项概率回归
. heckoprobit 命令	带有样本选取的有序概率模型（ordered probit model with sample selection）
. ologit 命令	有序逻辑模型回归
. oprobit 命令	有序概率模型
. rologit 命令	等级定序逻辑模型回归
. slogit 命令	Stereotype 逻辑回归
. meologit 命令	多元混合效应有序逻辑模型
. meoprobit 命令	多元混合效应有序概率模型

c.计数型响应变量（count outcome）：又分下列命令：

. poisson 命令	泊松分布回归
. expoisson 命令	精确泊松回归
. glm 命令	广义线性模型
. nbreg 命令	负二项回归
. tnbreg 命令	断尾负二项回归
. tpoisson 命令	截断泊松回归
. zinb 命令	零膨胀负二项回归
. zip 命令	零膨胀泊松回归
. menbreg 命令	多元混合效应负二项回归

d.截取型响应变量（censored outcome）：又分下列面板命令：

. xtintreg 命令	随机效应区间数据回归模型
. xttobit 命令	随机效应 tobit 模型

③若被解释变量的范围受到截断，或有所限制，如 tobit 模型或截断回归模型。以上多元模型、离散分布型响应变量的回归，请见作者《STaTa 高级统计分析》一书。

（5）"静态与动态"模型

STaTa动态面板模型的回归命令为：

动态回归命令	说明
. xtabond 命令	Arellano-Bond 线性动态面板数据估计法
. xtdpdsys 命令（比 xtabond 更有效率）	Arellano-Bover/Blundell-Bond 线性动态（面板数据）估计法
. xtdpd 命令（最复杂）	线性动态面板数据估计法
xtreg 命令搭配差分 "D." 及滞后 "L." 运算子	面板协整
xtgls 命令搭配差分 "D." 及滞后 "L." 运算子	面板协整

STaTa 动态模型的时间序列命令有：

动态回归命令	说明
. arima 命令	ARIMA、ARMAX 及其他动态回归模型
. dfactor 命令	动态因素模型
. irf 命令	冲击反应函数（create & analyze IRFs）、动态乘数函数（dynamic-multiplier functions）、预测误差方差分解法（FEVDs）
. mgarch dcc 命令	动态条件相关的多变量GARCH模型
. vec 命令	向量误差修正模型
reg 命令搭配差分 "D." 及滞后 "L." 运算子	1. 时间序列的协整 2. 广义 OLS 回归

注：上表的 Stata 范例，请见作者《STaTa 在财务金融与经济分析中的应用》一书

9.3.2 面板数据四模型：线性与非线性模型

面板数据的内容十分丰富，这里以马提亚（Matyas）和塞维斯特（Sevestre，1996）再版的书为框架，主要从研究这种时空数据的模型角度，简单回顾一下面板数据研究方法的发展。

1）线性模型

基本线性面板模型

•混合数据（或总体平均）模型

混合数据(总体平均)模型$y_{it} = \alpha + x'_{it}\beta + u_{it}$ (9-1)

• 双向效应模型（允许截距在 i 和 t 之间变化）

双向效应模型$y_{it} = \alpha_i + \gamma t + x'_{it}\beta + \varepsilon_{it}$ (9-2)

• 个体效应模型

个体效应模型$y_{it} = \alpha_i + x'_{it}\beta + \varepsilon_{it}$ (9-3)

式中，α_i 可能是固定效应或者随机效应。

• 混合模型或随机系数模型：允许斜率随 i 变化

混合/随机系数模型$y_{it} = \alpha_i + x'_{it}\beta_i + \varepsilon_{it}$ (9-4)

（1）单变量模型

①固定效应和固定系数模型

固定效应：$y_{it} = \underbrace{\alpha_i}_{\text{它与解释变量相关}} + \underbrace{X'_{it}\beta}_{\text{它也可为内生解释变量}} + \underbrace{\varepsilon_{it}}_{\text{残差项} \sim N(0,\ \sigma^2)}$

STaTa 以 F 检验来判断采用混合数据 OLS 或 "xtreg…，fe" 固定效应来估计。

固定效应包括时间效应以及 "时间和个体的二因子" 效应。倘若您进一步放宽 panel 条件，在允许异方差、自相关性等情况下，则可改用 "xtgls…，panels（iid）corr（independent）" 来估计。

②随机效应，又称误差成分模型

随机效应：$y_{it} = \underbrace{\alpha}_{\substack{\text{纯随机} \sim N(0,\ \sigma_\alpha^2),\ \text{它与解释变量} x_{it} \text{不相关}}} + \underbrace{X'_{it}\beta}_{\text{外生解释变量}} + \underbrace{u_{it}}_{\text{个体间误差}} + \underbrace{\varepsilon_{it}}_{\text{个体内误差}}$

除 OLS 回归、GLS 回归模型外，STaTa 也针对不同样本特征分别提供：组内估计（within estimator）或 "xtreg…，re" 随机效应等估计法，甚至您如果考虑误差成分中的个体效应，或个体和时间效应，也可用 "xtgls…，panels（hetero）corr（ar1）" 命令，将误差自相关和异质变异一并纳入回归分析。

例如，STaTa 以 "xtreg…，re" 命令先执行随机效应，再以 xttest0 事后命令的 Lagrange 乘数检验来检测 "随机效应与 OLS" 模型，哪个更适合？

③随机系数模型

$y_{it} = \alpha_i + X'_{it}\underbrace{\beta_i}_{\text{每一个个体} i \text{的斜率都不相同}} + \underbrace{u_{it}}_{\text{残差项} \sim N(0,\ \sigma^2)}$

《Panel-data 回归模型》一书第 5 至 7 章 xtrc 命令系随机效应模型。

若模型解释变量的系数包含时间效应或个体效应，再加上一个随机数，系数通常用抽样方法或者贝叶斯方法来估计。

④带有随机解释变量（with random regressors）的线性模型

请见《Panel-data 回归模型》一书第 6 章的 xtivreg（工具变量两阶段最小二乘法面板模型）及 ivregress（单一方程式工具变量回归）、外挂命令 xtcsd（追踪数据模型的横截面相依性）、第 8.5.2 节 xtmixed（多元混合的线性回归）、xtrc（随机系数模型）等命令。有关 xtrc 命令的范例，请见第 5、8 章的介绍。

⑤动态线性模型

请见《Panel-data 回归模型》一书第 9 章，用 xtdpd、xtdpdsys 命令来执行动态面板模型。

该模型同样又包含固定效应自回归模型（通常用 LSDV 估计、Within 估计、Ⅳ估计法估计参数）、动态误差成分模型（λ 类估计、Ⅳ估计、GMM 估计和最大似然估计等方法估计参数）以及带有异方差的动态线性模型（联立估计、组均值估计和横截面估计等方法估计参数，并检验异质性），这些模型成为近来追踪数据（panel-data）单位根（unit root）和协整（cointegration）理论发展的基础。

（2）联立方程模型

STaTa 命令"xtivreg…（内生解释变量=工具变量），re"的 GLS 随机效应，本身就分 G2SLS 估计法与 EC2SLS 估计法。详情请见第 6 章实例解说。

联立方程模型又分为特定误差成分和联立方程（用 GLS、最大似然估计、G2SLS、EC2SLS、G3SLS、EC3SLS 以及 FIML 等方法估计参数），以及带自相关特定效果或者带随机效应的联立方程模型。

（3）带测量误差模型

详情请见作者《STaTa 广义结构方程》一书及《STaTa 高等统计分析》，以 eivreg 命令来执行 errors-in-variables 回归的实例解说，包括基本回归模型、带一个误差成分结构的测量误差模型，参数估计方法包括基本估计、集合估计、差分估计，还包括具有测量误差和异方差的模型（GLS 估计），以及具有自相关性测量误差的模型。

（4）伪面板数据

伪面板数据是指从一个由横截面所构成的数据集重复抽取数据，对伪面板资料研究包括伪面板数据的识别和估计。

除此之外，还有一些特殊问题，如误差成分模型形式选择，用豪斯曼（Hausman）检验可判断您该采用固定模型还是随机模型处理异方差等问题（见第 4 章解说）。

2）非线性模型

（1）逻辑和概率模型

STaTa 的命令包括：

logit 命令执行时间序列的逻辑回归。

probit 命令执行时间序列的概率回归。

xtprobit 命令执行面板随机效应及总体平均概率模型。xtlogit 命令执行面板固定效应、随机效应或总体平均（population-averaged）逻辑模型。

固定效应模型（ML 估计、CMLE 估计和半参数估计方法估计模型参数）和随机效应模型（MLE 估计用两阶段方法来检验模型是否存在异方差）。

（2）非线性潜在变量模型

详情请见作者《STaTa 广义结构方程》一书。包括变量是线性的但模型是非线性的形式和变量非线性模型（估计方法包括非一致的工具变量估计、最大似然估计、最小距离 MDE 估计、两阶段估计、近似 MLE 估计、估计偏差调整）以及作为变量非线性模型中的一种特殊情况：二元选择情形，估计方法用重复 ML 估计或者条件 ML 估计。

（3）生存模型

主要的时间序列包括对 Cox 模型、加速生存模型、竞争风险模型的研究。

（4）点过程（point process）

STaTa 外挂命令见下表。

STaTa 外挂命令	功能说明
. amcmc	提供自适应马尔科夫链蒙特卡洛取样的 Mata 函数及结构
. bayesmixedlogit	混合逻辑模型的贝叶斯估计
. bayesmlogit	混合逻辑模型的贝叶斯估计
. markov	产生马尔科夫概率
. mcmccqreg	使用自适应马尔科夫链蒙特卡洛（MCMC）的截取分量回归
. mcmclinear	为线性模型的 MCMC 取样
. mcmcstats	计算 MCMC 的收敛值
. smwoodbury	计算 Sherman-Morrison-Woodbury k 秩逆矩阵

点过程主要包括：马尔科夫过程、半马尔科夫过程，以及用广义半参方法处理的点过程。除此之外还包括：

（5）处理面板数据不完整而带来的选择偏差问题

通常不完整的面板数据按照对研究结果的影响分为可忽略选择规则（机制）和不可忽略选择规则（机制）。可忽略选择规则（机制）模型参数通常用 ML 估计和 EM 算法，而不可忽略选择规则（机制）模型参数通常用两阶段估计，是否（含义不清）不可忽略选择规则（机制）？通常您可采用拉格朗日乘数（multiplier）检验、Hausman 检验、变量可加性检验来检测。

（6）GMM 估计方法的使用和对非线性模型进行特殊检验

包括使用 GMM 方法估计泊松模型、非平稳面板数据，并对面板概率利用 Ward、LM、Hausman 方法进行检验。

（7）借助 Gibbs 抽样

利用 MCMC 方法对面板数据模型进行推断，主要是针对带随机效应高斯模型和带随机效应的面板概率模型。

9.3.3 面板数据模型识别与假设

面板数据模型的设定有许多不同的形式，在最基本的面板数据模型设定中，假设参数不会随着时间与横截面的样本单位不同而改变，且假设横截面样本的残差方差为同质、纵截面的样本残差项彼此不相关。此模型单纯地将时序和横截面的数据并在一起，并利用 OLS 估计。大部分时候，这样的设定方式与实际分析问题的数据性质并不相符，因此需做适当的修正。其中，最需要考量的是参数（截距）不固定及各种假设不符合所可能导致的估计偏差。以下由基本模型开始，介绍各种延伸模型的设定方式，之后介绍估计的方法，以及对一些特殊情况的考量及处理方式。

1）基本模型

面板数据的基本模型为：

$$Y_{it} = \alpha_i + \beta_1 X_{1it} + \beta_2 X_{2it} + \cdots + \beta_k X_{kit} + \varepsilon_{it}$$

$$Y_{it} = \alpha + \sum_{k=1}^{K} \beta_k X_{kit} + \varepsilon_{it}$$

式中，个体数 i=1，2，…，N，它用 individual（个体）（或 entity（实体））表示。t=1，2，…，T，它代表研究期间。

$$Y_{T \times 1} = \begin{bmatrix} y_{i1} \\ y_{i2} \\ \vdots \\ y_{iT} \end{bmatrix}, \quad \varepsilon_{T \times 1} = \begin{bmatrix} e_{i1} \\ e_{i2} \\ \vdots \\ e_{iT} \end{bmatrix}, \quad X_{T \times K} = \begin{bmatrix} x'_{i1} \\ x'_{i2} \\ \vdots \\ x'_{iT} \end{bmatrix}$$

- 响应变量矩阵 Y_{it}：第 i 个个体在时点 t 的反应变量。
- 向量 α_i：截距项，为固定常数。
- （K×1）向量 $\beta = (\beta_1, \beta_2, \cdots, \beta_K)'$：所有解释变量的参数，为固定系数向量。
- 解释变量矩阵 X_{it}：第 i 个个体在时点 t 的解释变量。k=1，2，…，K 表示有 K 个解释变量。
- 向量 ε_{it}：第 i 个个体在时点 t 的随机误差项。
- X_{kit}：第 i 个个体于第 t 期第 k 个解释变量的值。
- ε_{it}：残差项，E (ε_{it}) =0，E $(\varepsilon_{it}, \varepsilon_{it})$ =σ^2，$\varepsilon_{it} \overset{iid}{\sim} N (0, \sigma^2)$ 分布。

（1）OLS 回归

最小二乘法（ordinary least square，OLS）的回归式可表示为：

$$Y_{it} = \alpha + \sum_{k=1}^{K} \beta_k X_{kit} + \varepsilon_{it}$$

OLS 模型视不同个体间具有相同的截距项，但它也表示模型假定个体不存在差异性。倘若个体间具有差异性，则利用 OLS 模型会使得估计有偏误，故面板数据模型确实可捕捉到数据的形态而借此修正传统 OLS 在估计方面的不足。

（2）OLS 回归与面板回归的比较

在原始面板数据的回归过程中，回归参数不随时间与横截面样本单位不同而改变，且假设横截面样本函数的残差方差是同质的、横截面样本函数的残差项在时间上假设彼此不相关。由于面板数据在处理方式上必须符合许多假定的前提条件要求，但与现实环境可能有所出入，因此可放宽上述假定，允许模型中的常数项或斜率随时间与样本不同而改变，允许横截面的截距项随着不同横截面单位不同而有所差异。将面板数据回归拓展成拥有虚拟变量的固定效应模型或随机效应模型，二者也是面板数据最常采用的模型。若样本来自"特定"的总体，且个体特性不随时间不同而改变时，使用固定效应模型可强调个体差异性；若样本是从总体中"随机"抽样，则使用随机效应模型较好。

基本回归模型：$Y_{it} = \alpha_{it} + \beta_1 X_{1it} + \beta_2 X_{2it} + \cdots + \beta_k X_{kit} + \varepsilon_{it}$,

它又分为
$$\begin{cases} \text{OLS回归，当} \alpha_{it} = \alpha \text{(所有样本截距项都相同)时} \\ \text{固定效果，当} \alpha_{it} = \alpha_i \text{(每一个个体截距项都相同)时} \\ \text{随机效果，当} \alpha_{it} = \underbrace{\mu}_{\text{对y平均的影响}} + \underbrace{\gamma_i}_{\text{随机误差}} = \alpha + \underbrace{u_{it}}_{\text{个体间误差}} + \underbrace{\varepsilon_{it}}_{\text{个体内误差}} \end{cases}$$

面板数据模型和最小二乘法最大差异在于截距项假设的不同，分述如下（因此在进行估计之前，须先检验截距项的形态）：

①最小二乘法：假定所有样本都有相同的截距项，即 $\alpha_{it}=\alpha$。

②固定效应模型：假定横截面样本有不同的截距项，即 $\alpha_{it}=\alpha_i$。

③随机效应模型：假定样本的截距项为随机变量，即 $\alpha_{it}=\mu+\gamma_i$。

式中，μ：一个固定未知参数，表示各个个体对响应变量影响的平均数。γ_i：独立且具有相同概率分布的随机误差。

2）特定个体效应模型

个体效应又细分为固定效应（fixed effects，FE）模型及随机效应（random effects，RE）模型，两者都是追踪/纵横数据最常被采用的模式。若样本来自"特定"母体，且个体特性不随时间不同而改变时，使用固定效应模型可强调个体差异性；若样本是"随机"抽样自总体，则使用随机效应模型较好。

$$Y_{it} = \underbrace{\alpha_i}_{\text{可以是固定效果或随机效果}} + \underbrace{X'_{it} \quad \beta}_{\text{固定效果或随机效果的估计值相近}} + \underbrace{\varepsilon_{it}}_{\text{残差项}\sim N(0, \sigma^2)}$$

又分为：

$$\begin{cases} \text{固定效应模型：} Y_{it} = \underbrace{\alpha_i}_{\text{它与解释变量}x_a\text{相关}} + \underbrace{X'_{it}}_{\text{它也可为内生解释变量}} \beta + \underbrace{\varepsilon_{it}}_{\text{残差项}\sim N(0, \sigma^2)} \\ \text{随机效应模型：} Y_{it} = \underbrace{\alpha_i}_{\text{纯随机}\sim N(0, \sigma^2)\text{，它与解释变量}x_a\text{不相关}} + \underbrace{X'_{it}}_{\text{外生解释变量}} \beta + \underbrace{u_{it}}_{\text{个体间误差}} + \underbrace{\varepsilon_{it}}_{\text{个体内误差}} \end{cases}$$

固定效应模型也可表示为：

$$Y_{it} = \alpha_i + \beta \sum_{i=1}^{k} X_{kit} + \varepsilon_{it},\ i = 1, 2, ..., N；t = 1, 2, ..., T$$

式中，

Y_{it}：为第 i 个个体在 t 时点的响应变量数值。

α_i：为截距项系数，i=1，2，…，N，并假设每个影响因素皆是不同的，且在一段期间内是固定不变的。

β'：为各解释变量的回归系数，且 $\beta' = [\beta_1，\beta_2，…，\beta_k]$，并假设在一定期间内为固定常数。

X_{ikt}：为个体 i 在 t 时点的解释变量数值。

ε_{it}：为随机误差。

3）混合数据 OLS 模型或样本平均模型

$$Y_{it} = \alpha + X'_{it}\beta + \underbrace{u_{it}}_{\text{残差项}\sim N(0,\ \sigma^2)}$$

混合数据回归模型是将所有数据合并在一起，利用 OLS 估计出一个代表性的回归式。这个代表性回归式的截距项与斜率都是固定的，不随观察个体或时间而有差异，亦即 $\alpha_i = \alpha$，$\beta_k = \beta$。混合数据回归可以增加样本数，但却忽略了个体间或不同期间的差异，因此若个体间或不同期间具有差异性，则使用传统的 OLS 进行分析时会产生估计有偏的结果。

4）固定效应模型

带虚拟变量的 OLS 线性回归如图 9-5 所示。

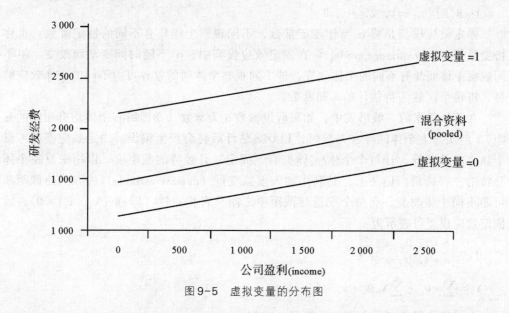

图 9-5　虚拟变量的分布图

假设 α_i 固定不变，且加入虚拟变量以衡量未被观察到的变量，控制它对模型的影响，借此可以了解个体间的差异并缩小模型的协方差，因此固定效应模型又称为最小二乘虚拟变量模型（least square dummy variable model，LSDV）。其将个体的差异反映在截距项，并且此差异不会随时间而改变。故固定效应模型中的截距项皆不相同，以表现个体间的独特性。它以虚拟变量的方式把各个个体间的差异反映在截距项上，因此固定效应模型也用增加虚拟变量 D_j 来表示：

$$Y_{it} = \alpha_0 + \sum_{j=1}^{J} \alpha_j D_j + \sum_{k=1}^{K} \beta_k X_{kit} + \varepsilon_{it}$$

式中，

Y_{it}：第 i 个个体于时点 t 的响应变量。

α_0：基准个体的截距项。

α_j：虚拟变量的参数，会随不同研究样本而改变，但在一段时间内固定不变，称为"个体效应"。

D_j：虚拟变量，当 i=j 时，D_j=1。当 i ≠ j 时，D_j=0。

β_k：第 k 个解释变量的参数。

X_{kit}：第 i 个个体在时点 t 的第 k 个解释变量。

ε_{it}：随机误差项，且 $\varepsilon_{it} \overset{iid}{\sim} (0, \sigma_\varepsilon^2)$。

i：第 i 个个体，i=1，2，…，N。

j：第 j 个虚拟变量，j=1，2，…，J。

k：第 k 个解释变量，k=1，2，…，K。

t：时间点，t=1，2，…，T。

固定效应模型是将 α_i 当作特定常数，不同观察个体具有不同的特定常数，也称协变量模型（covariance model）。在固定效应模型中，α_i 不随时间变动而改变，但不同观察个体间却有不同的个体效应，即不同观察个体间的差异可由不同的个体效应解释，将每个 α_i 视为待估计的未知常数。

在面板数据的一般形式中，如果假设参数 α_i 为常数（亦即所有个体均有相同的截距），但实际上个体间存在差异时，以 OLS 估计后将会产生偏误。固定效应模型考量个体之间的差异，让每个个体/实体拥有"固定"且独特的截距项，以用来反映个体独特的一些特质。做法上，其利用加入虚拟变量（dummy variable）的方式使截距项可随不同个体改变，而每个变量与截距项之间具有相关性（即 $cov(X_{it}, \alpha_i) \neq 0$）。故固定效应模型可表示为：

$$D_{nt} = \begin{cases} n = 1, \ D_{at} \Rightarrow 1 \\ n \neq 1, \ D_{at} \Rightarrow 0 \end{cases}$$

$$Y_{it} = \sum_{n=1}^{N} \alpha_i D_{nt} + \sum_{k=1}^{K} X_{ikt} \beta_k + \varepsilon_{it}$$

上式称作最小二乘虚拟变量模型（LSDV）。

式中，

α_i：随着横截面资料数据的不同而变化，但不随着时间而改变的个体效果 i=1，

2，…，N。

D_{nt}：为固定截距项，以虚拟变量表示每个横截面有不同的结构。

β_k：指回归系数，k=1，2，3，…，K。

X_{kit}：第 i 个个体于第 t 期第 k 个解释变量值。k=1，2，3，…，K，表示有 K 个解释变量。t=1，2，3，…，T 为时间序列的期数。

ε_{it}：为随机误差项，且 $\varepsilon_{it} \overset{iid}{\sim} (0,\sigma_\varepsilon^2)$。

$$\hat{\beta}_{FE} = \frac{\sum_{i=1}^{N}\sum_{t=1}^{T}(X_{it} - \bar{X})(Y_{it} - \bar{Y}_i)}{\sum_{i=1}^{N}\sum_{t=1}^{T}(X_{it} - \bar{X}_i)}$$

$$\hat{\alpha}_i = \bar{Y}_i - \bar{X}_i\beta_{FE} \quad i = 1,2,\cdots,N$$

由于检验每个观察个体的截距项是否均不同，因此 F 检验的假设为：

$$\begin{cases} H_0: \alpha_1 = \alpha_2 = \cdots = \alpha_i \\ H_1: H_0 \text{为伪} \end{cases}$$

检验结果若不拒绝原假设，则只需估计单一截距项，意味着此纵横数据（面板数据）的 N 个观察个体，T 期观察时间的数据，可被称作 N×T 个观察值的横截面或时间序列样本，因而丧失纵横数据的特性，成为混合数据回归模型。反之，若拒绝原假设，则各观察个体的截距不完全相同，采用固定效应模型分析较为合适。

其检验统计量为 F 分布：

$$F_{(N-1, NT-N-K)} = \frac{(SSE_{Pooled} - SSE_{LSDV})/(n-1)}{SSE_{LSDV}/(NT-N-K)}$$

式中，SSE_{Pooled} 来自混合数据回归模型的残差平方和，即假设上式中 $\alpha_i=\alpha$ 后，估计该式所得到的残差平方和；SSE_{LSDV} 来自固定效应模型的残差平方和，即直接估计上式所得到的残差平方和；（N-1）代表原假设里限制条件的个数；（NT-N-K）是固定效应模型的自由度。

（1）固定效应的回归参数估计

固定效应模型是考虑在面板数据中，只有截距项变量产生改变，而反应参数不变。其原始模型为：

$$y_{it} = \beta_{it} + \sum_{k=2}^{K}\beta_k x_{kit} + e_{it} \tag{9-5}$$

也可表示为：

$$y_{it} = \sum_{j=1}^{N}\beta_{ij}D_{it} + \sum_{k=2}^{K}\beta_k x_{kit} + e_{it} \tag{9-6}$$

如果 j = i，则 $D_{jt} = 1$；如果 $j \neq i$，则 $D_{jt} = 0$

固定效应的回归式，我们也可用矩阵形式来表示：

$$y_i = \beta_{1i}j_i + X_{st}\beta_S + e_i \tag{9-7}$$

即

$$y_i = \begin{Bmatrix} y_{i1} \\ y_{i2} \\ \cdots \\ y_{iT} \end{Bmatrix}, \quad X_{st} = \begin{bmatrix} X_{2i1} & X_{3i1} & \cdots & X_{Ki1} \\ X_{2i2} & X_{3i2} & \cdots & X_{Ki2} \\ \cdots & \cdots & \cdots & \vdots \\ X_{2iT} & X_{3iT} & \cdots & X_{KiT} \end{bmatrix}, \quad e_i = \begin{bmatrix} \varepsilon_{i1} \\ \varepsilon_{i2} \\ \vdots \\ \varepsilon_{iT} \end{bmatrix} \tag{9-8}$$

上式中，我们主要针对 β_1 和 β_s 做估计，向量 β_1 为截距项的向量，β_s 为斜率系数的向量，而且假设所有的横截面的斜率系数皆相同。此外，干扰向量 e 具有平均数为 0 和协方差矩阵 $\delta_e^2 I_{NT}$。我们利用 Gauss-Markov 定理和最小二乘估计法来估计 β_1 和 β_s 的估计值 b_1 和 b_s：

$$\begin{bmatrix} b_1 \\ b_s \end{bmatrix} = \begin{bmatrix} TI_N & (I_N \otimes j_T)'X_s \\ X_s'(I_N \otimes j_T) & X_s'X_z \end{bmatrix}^{-1} \begin{bmatrix} (I_N \otimes j_T)y \\ X_s'y \end{bmatrix} \tag{9-9}$$

$$b_s = (X_s'(X_s' \otimes D_T)X_s)^{-1}X_s'(I_N \otimes D_T)y \tag{9-10}$$

$$= \left(\sum_{i=1}^{N} X_{st}'D_T X_{st} \right)^{-1} \sum_{i=1}^{N} X_{st}'D_T y_t \tag{9-11}$$

而且

$$b_{1i} = \bar{y} - \bar{x}b_s, \quad i = 1, 2, \dots, N \tag{9-12}$$

（9-11）式中的

$$D_T = I_T - \frac{j_T j_T}{T}$$

$$\bar{y}_i = \frac{1}{T}\sum_{t=1}^{T} y_{it} \quad \bar{x}_i' = (\bar{x}_{2i} \quad \bar{x}_{3i} \quad \Lambda \bar{x}_{ki})$$

$$\bar{x}_{ki} = \frac{1}{T}\sum_{t=1}^{T} x_{kit} \tag{9-13}$$

我们由（9-11）式可证明 D_T 是等幂的（idempotent），隐含 $I_N \otimes D_T$ 也可能是等幂的，（9-11）式改写如下：

$$b_s = X_s'(I_N \otimes D_T)'(I_N \otimes D_T)X_s^{-1}X_s'(I_N \otimes D_T)'(I_N \otimes D_T)y = (z'z)^{-1}z'w \tag{9-14}$$

再分别转换解释变量的观察值和独立变量的观察值，如下所示：

$$Z = \begin{bmatrix} D_T X_{S1} \\ D_T X_{S2} \\ \cdots \\ D_T X_{SN} \end{bmatrix}, \quad w = \begin{bmatrix} D_T y_1 \\ D_T y_2 \\ \cdots \\ D_T y_N \end{bmatrix} \tag{9-15}$$

式中，

$$D_T X_{St} = \begin{bmatrix} x_{2i1} - \bar{x}_{2i} & \cdots & \cdots & x_{2i1} - \bar{x}_{Ki} \\ x_{2i2} - \bar{x}_{2i} & \cdots & \cdots & x_{2i2} - \bar{x}_{Ki} \\ \cdots & \cdots & \cdots & \cdots \\ x_{2iT} - \bar{x}_{2i} & \cdots & \cdots & x_{KiT} - \bar{x}_{Ki} \end{bmatrix} \tag{9-16}$$

$$D_i y_i = \begin{bmatrix} y_{i1} - \bar{y}_i \\ y_{i2} - \bar{y}_i \\ \cdots \\ y_{iT} - \bar{y}_i \end{bmatrix} \tag{9-17}$$

结论分析如下：在固定效应模型下，如果变量个数是小数，估计 β_1 和 β_s 可利用

（9-9）式中的方程式设立变量，再应用最小二乘法。如果变量是大数，我们可以利用两个步骤：第一步利用（9-16）式和（9-17）式来设定斜率系数向量 β_s，再应用最小二乘法；第二步利用（9-18）式来估计截距向量 β_1。

（2）固定效应的方差估计

方差的估计要先估计残差：

$$\hat{e} = y - [I_N \otimes j_T X_s] \begin{bmatrix} b_1 \\ b_2 \end{bmatrix} = (I_N \otimes D_T)y - (I_N \otimes D_T)X_s b_s \tag{9-18}$$

然后得到方差的无偏估计式：

$$\hat{\delta}_e^2 = \frac{\hat{e}'\hat{e}}{NT - (N + K')} \tag{9-19}$$

5）随机效应模型

由于面板数据形态为纵横面数据，因此，在计量模型上应采用固定效应模型或者随机效应模型来捕捉无法观测到的异质性效应。固定效应模型的优点是无须假设随机干扰项与解释变量无关；随机效应模型的优点则是避免固定效应模型中损失自由度的问题，但必须事先假定随机干扰项与个体解释变量无关，即 $E(\mu_i X_{kit}) = 0$，参数估计结果才能满足无偏性。

随机效应模型与固定效应模型非常类似，都是假设所有个体斜率是一样的，但不同的个体其截距不一样，即对于截距的解释二者却完全不一样。在固定效应模型下，假设 α_i 为常数；而在随机效应模型下则假设 α_i 是随机变量。在随机效应模型下的误差项有两个，故随机效应模型又称作误差成分模型。与固定效应模型相似之处在于，它也可同时考虑纵截面与横截面并存的数据。然而不同的是，随机效应模型以随机变量形态的截距项代表每个横截面之间不同的结构，这意味着无法观测到的异质性效应仅是随机产生的。

随机效应是假设截距项是随机产生的且非时变的，而各单位结构或时间变动所造成的差异是随机产生的，表现形式在于残差项。

换句话说，随机效应模型比较侧重总体的整体关系，而非个体之间的差异性，但其仍容许个体间存在不同的差异性，并主张个体之间的差异性（也表现在各个回归式的截距项）乃是随机产生的，且不会随时间而改变。

当各个体间确实存在差异时，设定成固定效应模型虽是较具效率的估计方式，但其固定效应未考量到不同时间将存在不同差异的问题。因此随机效应模型将跨个体间的异质性设定为随机，而假定 X_{it} 与 α_i 之间不相关（即 $cov(X_{it}, \alpha_i) = 0$）；也就是各个个体结构或时间变动所造成的差异是"随机"产生的，并将该表现形式置入残差项，因此又称为误差成分模型（error component model），原因是截距项与解释变量不相关。该模型令 α_i 为随机的，且由两部分组成：

$\alpha_i = \mu_i + \gamma_i$

式中，

μ_i：一个固定未知参数，表示各个个体对响应变量影响的平均数。

γ_i：独立且具有相同概率分布的随机误差项。

因此模型可写为：

$$
\begin{aligned}
Y_{it} &= \alpha_i + \sum_{k=1}^{K} X_{ikt}\beta_k + \varepsilon_{it} \\
&= (\mu_i + \gamma_i) + \sum_{k=1}^{K} X_{ikt}\beta_k + \varepsilon_{it} \\
&= \mu_i + \sum_{k=1}^{K} X_{ikt}\beta_k + (\varepsilon_{it} + \gamma_i) \\
&= \mu_i + \sum_{k=1}^{K} X_{ikt}\beta_k + \nu_{it}
\end{aligned}
$$

式中，

α_i：为截距项，表示在不同时间段数据发生的无规则变化，因此以随机方式呈现，即为 $\alpha_i = (\mu_i + \gamma_i)$，i=1，2，3，…，N。

μ_i：为代表随机产生的截距项。

γ_i：为个体无法观测到的随机误差，因此 γ_i 形成一个概率分布，E（γ_i）=0，Var（γ_i）=σ_γ^2，Cov（γ_i，γ_i）=0，不随着时间而改变。

X_{ikt}：个体单位 i 于第 t 期第 k 个解释变量的值，k=1，2，3，…，K，t=1，2，3，…，T。

β_i：各解释变量的回归系数，k=1，2，3，…，K。

ε_{it}：为随机误差项，$\varepsilon_{it} \overset{iid}{\sim} (0, \sigma_\varepsilon^2)$。

ν_{ii}：$\nu_{ii} = \varepsilon_{it} + \gamma_{ii}$，且 E（$\nu_{ii}$）=0，且具同质方差 Var（$\nu_{ii}$）=$\sigma_\varepsilon^2 + \sigma_\gamma^2$，假设同一个个体的误差项与序列相关，不同个体的误差不相关。

在随机效应模型中，虽然以 OLS 估计可以得到无偏的估计量，但却不具有效率性，因此使用 OLS 估计出的估计量将不是最佳线性无偏估计量。基于此，随机效应模型的估计也可采用广义最小二乘法（Hsiao 1986），该估计量如下：

$$
\hat{\beta}_{RE} = \frac{\sum_{i=1}^{N}\sum_{t=1}^{T}(X_{it} - \bar{X}_i)(Y_{it} - \bar{Y}_i) + \psi T(\bar{X}_i - \bar{X})(\bar{Y}_i - \bar{Y})}{\sum_{i=1}^{N}\sum_{t=1}^{T}(X_{it} - \bar{X}_i)^2 + \psi T \sum_{i=1}^{N}(\bar{X}_i - \bar{X})^2}
$$

式中，

$$
\hat{\mu} = \bar{Y} - \bar{X}\hat{\beta}_{RE}
$$

$$
\psi = \frac{\sigma_\varepsilon^2}{\sigma_\varepsilon^2 + T\sigma_\gamma^2}
$$

使用广义最小二乘法（GLS）估计时，残差协方差矩阵如下：

$$
E[\varepsilon_i \varepsilon_i'] = \sigma_u^2 I_T + \sigma_\alpha^2 ii' = \begin{bmatrix} \sigma_u^2 + \sigma_\alpha^2 & \sigma_\alpha^2 & \cdots & \sigma_\alpha^2 \\ \sigma_\alpha^2 & \sigma_u^2 + \sigma_\alpha^2 & \cdots & \sigma_\alpha^2 \\ \vdots & \vdots & \ddots & \vdots \\ \sigma_\alpha^2 & \sigma_\alpha^2 & \cdots & \sigma_u^2 + \sigma_\alpha^2 \end{bmatrix}
$$

令 $\Omega = E(\varepsilon_i\varepsilon_i')$ 为一个 T×T 的矩阵，且 i 和 t 彼此独立，则 N×T 的干扰协方差成对角矩阵表示为：

$$V = I_N \otimes \Omega \begin{bmatrix} \Omega & 0 & \cdots & 0 \\ 0 & \Omega & \cdots & 0 \\ \vdots & \vdots & \Omega & \vdots \\ 0 & 0 & 0 & \Omega \end{bmatrix}$$

以 GLS 估计出 $V^{-1/2} = I_N \otimes \Omega^{-1/2}$，因此需对 $\Omega^{-1/2}$ 求解如下：

$$\Omega^{-1/2} = \frac{1}{\sigma_u}\left[1 - \left(\frac{1-\theta}{T}ii'\right)\right]$$

$$\theta = \sqrt{\frac{\sigma_u^2}{T\sigma_\alpha^2 + \sigma_u^2}}$$

但其中 θ 为一未知数，因此在用 GLS 估计 RE 时需先解出 θ 中的 σ_u^2 及 σ_α^2，再求算 $\Omega^{-1/2}$，因此这种求解方法，称为可行的 GLS（Feasible GLS），简称 FGLS。

以下介绍随机效应模型，随机效应又分为两种基本模型。

1）单因子随机效应模型（one-way random effects model）

面板数据模型亦可分为 one-way（单因子）模型和 two-way（双向）模型。

（1）单因子模型只考量横截面效果，横截面效果分成固定效应（reg、xtreg 命令）和随机效应（icc 命令）。

（2）单因子模型除考量横截面效果外，若加入期间效应，期间效应可分成固定效应和随机效应。

$$Y_{it} = \alpha_i + \sum_{k=1}^{K}\beta_k X_{ikt} + \varepsilon_{it} = \bar{\alpha} + \mu_i + \sum_{k=1}^{K}\beta_k X_{ikt} + \varepsilon_{it}$$

截距项中 $\bar{\alpha}$ 表示总体平均截距的固定未知参数，μ_i 代表无法观测到的个体间随机差异。

2）双向随机效应模型（two-way random effects model）

$$Y_{it} = \alpha_i + \sum_{k=1}^{K}\beta_k X_{ikt} + \gamma_t + \varepsilon_{it} = \bar{\alpha} + \mu_i + \sum_{k=1}^{K}\beta_k X_{ikt} + \varepsilon_{it}$$

同时观察特定个体效应和时间效应的模型。

小结

固定效应模型与随机效应模型的比较。

面板数据常见的模型有固定效应模型与随机效应模型。如何判断固定效应模型及随机效应模型哪个更恰当，可以用豪斯曼（Hausman）检验来作为评判标准（见表9-1）。

表 9-1 　　　　　　　　　　　　　固定效应模型与随机效应模型的比较表

估计方式	固定效应模型	随机效应模型
意义	将不同观察单位的影响因素用截距项表示，且每个观察单位拥有特定的截距项，因此其估计出的结果只能推广至使用样本中的观察单位	不同观察单位的影响以随机变量表示，其结果可扩大到非样本中的观察单位
假设	假设截距项 α_i 为特定常数	假设截距项 α_i 为随机变量
优点	不用假设个别效应 α_i 为哪种分布，也无须假设它与随机干扰项 ε_{it} 独立以及和自变量间不相关	不用虚拟变量进行估计。消耗的自由度较少，并提供残差项分析
缺点	需要使用虚拟变量进行估计，易造成自由度大幅减少	需要假设个别效应 α_i 为哪种分布，也需要假设它与随机干扰项 ε_{it} 独立以及和自变量间不相关
使用时机	当残差项与解释变量之间具有相关性时，则随机效应模型所估计出的结果会有偏误，此时宜采用固定效应模型	若采用抽样方法选取样本，则采用随机效果模型更好；而若非通过抽样方法来选取样本或样本本身即为总体的情况下，则采用固定效应模型更好

9.4　面板数据逻辑回归分析（xtgee、xtlogit 命令）

1）线性模型，使用 xtgee 命令

我们将在线性 GEE 分析法中采用 xtgee 命令，进行重复性数据比较分析（comparisons of repeated measures），检验 0~4 岁的婴幼儿饮食营养与生长发育趋势是怎样的（p for trend）？将幼儿出生至 3 岁的体重、身高分别与 4 岁做比较，结果如下表所示，显示幼儿出生至 3 岁的体型均与 4 岁有显著差异（p<0.01），且男女幼儿于各阶段的体重测量值线性趋势检验的 P 值皆显著（p for trend<0.01）。

男女幼儿 0~4 岁体重分布情形[1]

年龄	男生 mean±SD（n）	女生 mean±SD（n）	t值[2]	总平均值 mean±SD（n）
出生	3.36±0.49（137）	3.09±0.44（148）	4.96**	3.22±0.49（285）
1 岁	10.11±1.05（108）	9.28±1.10（118）	5.82**	9.65±1.15（226）
2 岁	12.72±1.36（90）	12.00±1.53（110）	3.46**	12.32±1.50（200）
3 岁	15.24±1.88（87）	14.48±1.80（99）	2.81**	14.83±1.87（186）
4 岁	17.74±2.61（76）	16.39±2.57（88）	3.34**	17.02±2.67（164）

[1]单位：千克；[2]*表示 p<0.05，**表示 p<0.01

2）非线性：逻辑回归的假定

逻辑回归的基本假定（assumption）与其他多元分析的假设不同，因为它不需要假定分布类型。在逻辑分布中，自变量对于响应变量的影响方式是以指数的方式变动的。这意味着逻辑回归无须具有符合正态分布的假设，但是如果预测变量是正态分布的话，结果会比较可靠。在逻辑回归分析中，自变量可以是分类变量（category variable），也可以是连续变量。

3）逻辑回归模型

如果响应变量的编码是二进制，如违约：Y=1，不违约：Y=0，我们想知道的是预测违约的可能性，这就是典型的逻辑回归，于是它创造了一个潜在变量（latent variable）Y*，令解释变量只有一个 X，则二元数据的分析模型如下：

$$y_j^* = \beta_0 + \sum_{i=1}^{N} \beta_i x_{i,j} + \varepsilon_j$$

$$\begin{cases} y_j = 1 & \text{如果 } y_j^* \geq \theta \\ y_j = 0 & \text{如果 } y_j^* < \theta \end{cases}$$

式中，θ 为临界值。

逻辑函数转换

将原始分数代入：

$$P = \frac{1}{1 + e^{-y}}$$

所得概率如下。

原始分数 y*	概率（违约，%）
−8	0.03
−7	0.09
−6	0.25
−5	0.67
−4	1.80
−3	4.74
−2	11.92
−1	26.89
0	50.00
1	73.11
2	88.08
3	95.26

逻辑回归就是利用逻辑函数来建立模型，如：

$$E(y_i) = \frac{1}{1 + e^{-(\beta_0 + \beta_1 X_{1i} + \beta_2 X_{2i} + \cdots + \beta_k X_{ki})}} = \frac{e^{\beta_0 + \beta_1 X_{1i} + \beta_2 X_{2i} + \cdots + \beta_k X_{ki}}}{1 + e^{\beta_0 + \beta_1 X_{1i} + \beta_2 X_{2i} + \cdots + \beta_k X_{ki}}}$$

其对应的函数图形如图9-6所示，形状类似S形，E（Y_i）的值介于0与1之间，为推估Y_i的概率值。由上式可以解决一般线性模型其Y值代表概率时，Y值超过0或1的窘境，使逻辑模型非常适用于因变量为分类变量的情形。

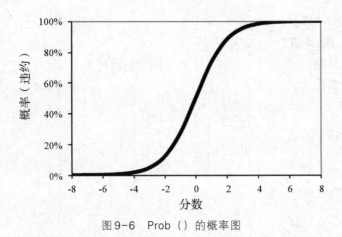

图9-6　Prob（）的概率图

逻辑函数的示意图请见图9-7。

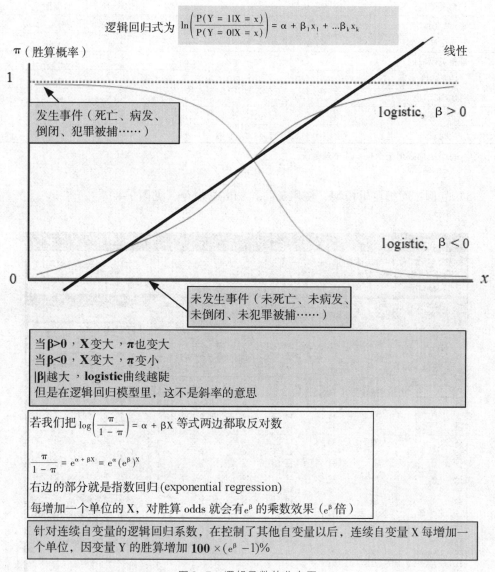

逻辑回归式为 $\ln\left(\dfrac{P(Y=1|X=x)}{P(Y=0|X=x)}\right) = \alpha + \beta_1 x_1 + \ldots \beta_k x_k$

π（胜算概率）   线性

1

发生事件（死亡、病发、
倒闭、犯罪被捕……）

logistic，β > 0

logistic，β < 0

0   x

未发生事件（未死亡、未病发、
未倒闭、未犯罪被捕……）

当β>0，X变大，π也变大
当β<0，X变大，π变小
|β|越大，logistic曲线越陡
但是在逻辑回归模型里，这不是斜率的意思

若我们把 $\log\left(\dfrac{\pi}{1-\pi}\right) = \alpha + \beta X$ 等式两边都取反对数

$\dfrac{\pi}{1-\pi} = e^{\alpha+\beta X} = e^{\alpha}(e^{\beta})^{X}$

右边的部分就是指数回归 (exponential regression)

每增加一个单位的 X，对胜算 odds 就会有 e^{β} 的乘数效果（e^{β} 倍）

针对连续自变量的逻辑回归系数，在控制了其他自变量以后，连续自变量 X 每增加一个单位，因变量 Y 的胜算增加 $100 \times (e^{\beta}-1)\%$

图9-7　逻辑函数的分布图

4）xtgee 命令 corr 选项

xtgee命令可被用于"通过使用GEE进行样本平均面板数据模型的拟合工作"。其中，"xtgee"命令可以与"corr"选项结合使用，该选项涉及相关结构以及面板内观察值的可允许间距。

相关矩阵	可允许间距		
	不平等（unequal）		
	非平稳型	空间型	间隙型
独立性	yes	yes	yes
可交换性	yes	yes	yes
自相关（ar k）	yes（*）	no	no
k 阶平稳	yes（*）	no	no
k 阶非平稳	yes（*）	no	no
非结构化	yes	yes	yes
固定	yes	yes	yes

（*）每个组内必须至少有 k+1 个观察值。

5）范例：面板逻辑模型，使用 xtgee、xtlogit 命令（见图 9-8）

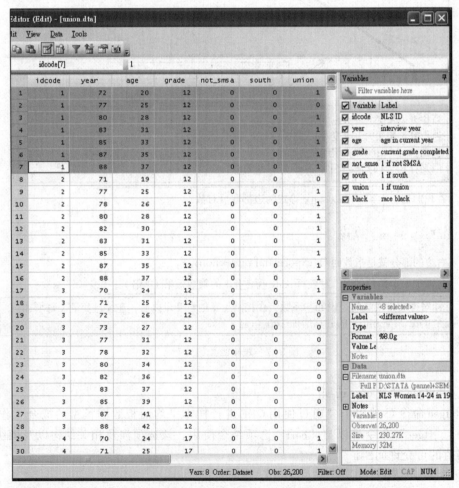

图 9-8　"union.dta" 文件内容

方法1：使用xtlogit命令的随机效应模型拟合（作为对照组）（见图9-9）

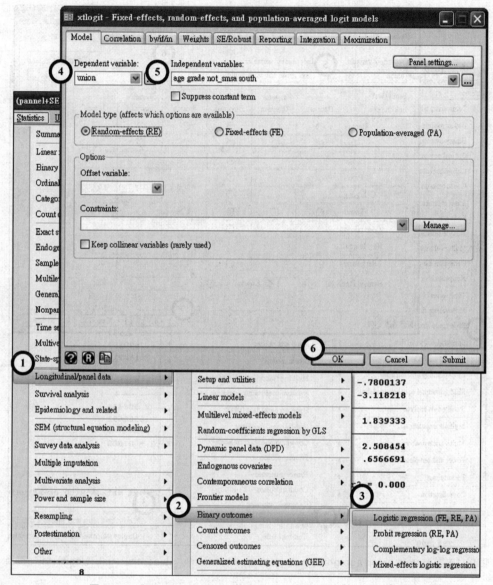

图9-9　"xtlogit union age grade not_smsa south，re"页面

方法2：使用GMM基础GEE的面板逻辑模型（见图9-10）

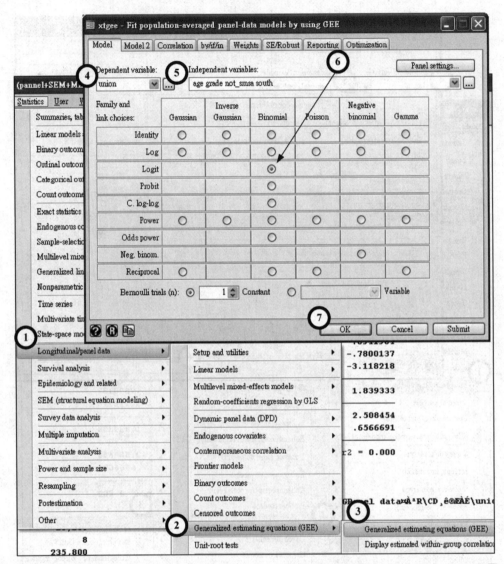

图9-10 "xtgee union age grade not_smsa south，family（binomial）link（logit））"页面

由于响应变量 union（参加工会否？）为二元变量，故属于"family（binomial）搭配 link（logit）型"。

xtgee命令 corr选项：相关结构与可被允许的观察值间距（spacing of observations within panel）。

相关矩阵	可允许间距		
		不平等	
	非平稳型	空间型	间隙型
独立性	yes	yes	yes
可交换性	yes	yes	yes
自相关（ar k）	yes（*）	no	no
k 阶平稳	yes（*）	no	no
k 阶非平稳	yes（*）	no	no
非结构化	yes	yes	yes
固定	yes	yes	yes

注：（*）所有组间必须至少有 k+1 个观测值

```
. webuse union
. xtset id year
* Fit a logit model
```

* 方法 1 ：使用 xtlogit 随机效应模型拟合（当作对照组）

```
. xtlogit union age grade not_smsa south, re
Random-effects logistic regression          Number of obs     =      26200
Group variable: idcode                       Number of groups  =       4434

Random effects u_i ~ Gaussian                Obs per group: min =          1
                                                            avg =        5.9
                                                            max =         12

                                             Wald chi2(4)      =     221.29
Log likelihood = -10544.769                  Prob > chi2       =     0.0000

------------------------------------------------------------------------------
      union |      Coef.   Std. Err.      z    P>|z|     [95% Conf. Interval]
-------------+----------------------------------------------------------------
        age |   .0169145    .003667     4.61   0.000     .0097274    .0241016
```

```
     grade |   .0880223    .0176218     5.00    0.000     .0534843    .1225603
  not_smsa | −.2553606     .0822272    −3.11    0.002    −.4165229   −.0941984
     south | −.9376588     .0804326   −11.66    0.000    −1.095304   −.7800137
     _cons | −3.600577     .2461061   −14.63    0.000    −4.082936   −3.118218
-----------+----------------------------------------------------------------
  /lnsig2u |  1.747216     .0469996                       1.655098    1.839333
-----------+----------------------------------------------------------------
   sigma_u |  2.395538     .0562946                       2.287705    2.508454
       rho |  .6356118     .0108855                       .6140221    .6566691
----------------------------------------------------------------------------
Likelihood-ratio test of rho=0: chibar2(01) =  6003.65 Prob >= chibar2 = 0.000
```

* 方法2 : 使用 GMM 基础 GEE
. xtgee union age grade not_smsa south, family(binomial 1) link(log)
corr(exchangeable)

```
GEE population-averaged model          Number of obs      =      26200
Group variable:                idcode  Number of groups   =       4434
Link:                             log  Obs per group: min =          1
Family:                      binomial                 avg =        5.9
Correlation:             exchangeable                 max =         12
                                       Wald chi2(4)       =     230.97
Scale parameter:                    1  Prob > chi2        =     0.0000


----------------------------------------------------------------------------
     union |    Coef.    Std. Err.      z     P>|z|    [95% Conf. Interval]
-----------+----------------------------------------------------------------
       age |   .0072704    .0016183     4.49    0.000     .0040986    .0104422
     grade |    .050291    .0082536     6.09    0.000     .0341142    .0664678
  not_smsa | −.0915269     .0381284    −2.40    0.016    −.1662572   −.0167966
     south | −.4552249     .0395922   −11.50    0.000    −.5328242   −.3776256
     _cons | −2.249332     .1147505   −19.60    0.000    −2.474239   −2.024425
----------------------------------------------------------------------------
```

* 误差相关矩阵为 AR(1)，故改用 Fit a probit model with AR(1) correlation
. xtgee union age grade not_smsa south, family(binomial) link(probit)
corr(ar1)
*(略)

（1）方法 1：使用 xtlogit 随机效应命令，求得逻辑面板模型：

$$\Pr(union_{it}) = F(-3.6 + 0.02age_{it} + 0.09grade_{it} - 0.26not\_smsa_{it} - 0.94south_{it} + u_{it})$$

F（·）为标准正态分布的累积分布函数

在 5% 水平下，劳工年龄（age）、受教育水平（grade）、非 SMSA（not_smsa）、南方人吗（south），都与员工是否参加工会（union）的概率呈显著正/负相关。

（2）方法 2：GMM 基础 GEE 回归分析，求得动态面板模型：

$$\Pr(union_{it}) = F(-2.25 + 0.007age_{it} + 0.05grade_{it} - 0.09not\_smsa_{it} - 0.46south_{it} + u_{it})$$

（3）xtdpdsys 动态命令和 GMM 回归，两者在系数、标准误、显著性方面 p 值都相近。故两种估计法有着异曲同工之妙。

9.5 面板数据随机效应有序逻辑模型（xtologit 命令）

范例：面板数据随机效应有序逻辑模型：社会课程的介入对学生了解健康概念程度的效果（xtologit 命令）

承"5-5"节范例，只是由"多元有序逻辑模型"改成"面板数据随机效应有序逻辑模型"，再重做一次统计分析。

1）问题说明

为了了解"社会课程（cc）"在"电视（tv）"介入"前、后"对学生了解健康概念程度（thk、prethk）的教学效果（分析单位：学生个人），本例的教学实验"前、后"共有"k=28 个学校，j=135 个班级，i=1 600 名学生"参与调查。研究者收集数据并整理成下表，此"tvsfpors.dta"文件内容的变量如下（见图9-11）：

变量名称	说明	编码 Codes / Values
被解释变量/因变量：thk	介入后，个人对香烟及健康知识的得分	1~4 分（程度题）
分层变量：school	学校 ID	1~28 个学校
分层变量：class	班级 ID	1~135 个班级
解释变量/自变量：prethk	介入前，个人对香烟及健康知识的得分	0~6（程度题）
解释变量/自变量：cc	社会课程，=1 如果存在社会课程介入	0，1（二元数据）
解释变量/自变量：tv	电视介入，=1 如果存在电视介入	0，1（二元数据）

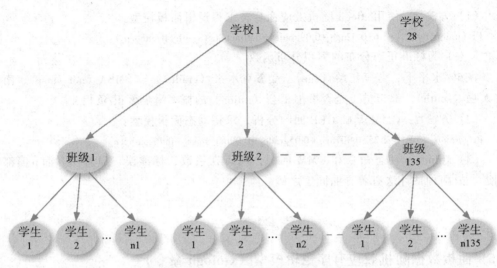

图9-11 非平稳的分层随机抽样设计

2）文件的内容

"tvsfpors.dta"文件内容如图9-12所示。

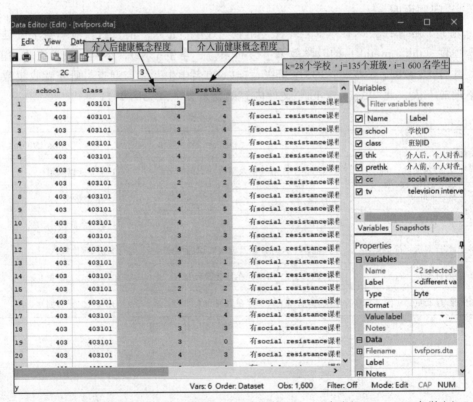

图9-12 "tvsfpors.dta"文件内容（k=28个学校，j=135个班级，i=1 600名学生）

3）分析结果与讨论（见图9-13）

随机效应有序逻辑回归

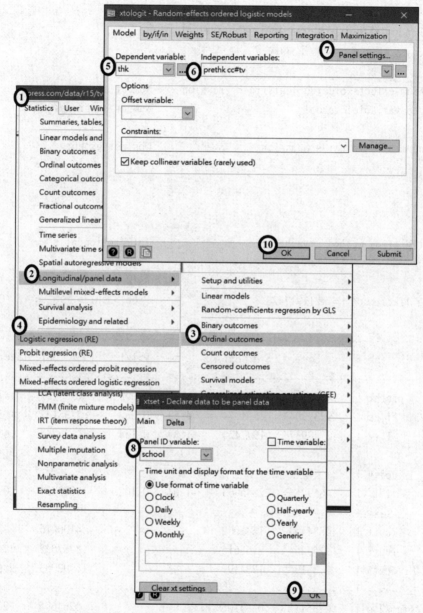

图9-13　"xtologit thk prethk cc ＃ ＃ tv" 页面

注：Statistics > Longitudinal/panel data > Ordinal outcomes > Logistic regression (RE)

```
* 打开文件
. webuse tvsfpors
. xtset school


* Random-effects ordered logit regression
. xtologit thk prethk cc##tv


Random-effects ordered logistic regression      Number of obs    =      1,600
Group variable: school                           Number of groups =         28

Random effects u_i ~ Gaussian                    Obs per group:
                                                              min =         18
                                                              avg =       57.1
                                                              max =        137

Integration method: mvaghermite                  Integration pts. =         12

                                                 Wald chi2(4)     =     128.06
Log likelihood = -2119.7428                      Prob > chi2      =     0.0000

--------------------------------------------------------------------------------
         thk |      Coef.   Std. Err.      z    P>|z|     [95% Conf. Interval]
-------------+------------------------------------------------------------------
      prethk |   .4032892     .03886    10.38   0.000      .327125    .4794534
        1.cc |   .9237904    .204074     4.53   0.000     .5238127    1.323768
        1.tv |   .2749937   .1977424     1.39   0.164    -.1125744    .6625618
             |
       cc#tv |
         1 1 |  -.4659256   .2845963    -1.64   0.102    -1.023724    .0918728
-------------+------------------------------------------------------------------
       /cut1 |  -.0884493   .1641062                     -.4100916     .233193
       /cut2 |   1.153364    .165616                      .8287625    1.477965
       /cut3 |    2.33195   .1734199                      1.992053    2.671846
-------------+------------------------------------------------------------------
    /sigma2_u |   .0735112   .0383106                      .0264695    .2041551
--------------------------------------------------------------------------------
LR test vs. ologit model: chibar2(01) = 10.72        Prob >= chibar2 = 0.0005
```

（1）LR 卡方值=128.06（p<0.05），表示界定模型至少有一个解释变量的回归系数不为 0。

（2）在报表"z"栏中双边检验下，若 |z|>1.96，则表示该自变量对响应变量有显著影响。|z| 值越大，表示该自变量与响应变量的相关性越高。

（3）Logit 系数"Coef."栏中是对数概率单位，故不能用 OLS 回归系数的概念来解释。

（4）用 ologit 估计 S 分数，它是各自变量 X 的线性组合：

$S=0.40×prethk+0.92×（cc=1）+0.27×（tv=1）-0.466（cc×tv）$

预测概率值为：

$P（thk=1）=P（S+u ⩽ \_cut1）=P（S+u ⩽ -0.088）$

$P（thk=2）=P（\_cut1<S+u ⩽ \_cut2）=P（-0.088<S+u ⩽ 1.153）$

$P（thk=3）=P（\_cut2<S+u ⩽ \_cut3）=P（1.153<S+u ⩽ 2.332）$

$P（thk=4）=P（\_cut3<S+u）=P（2.332<S+u）$

9.6 随机效应有序概率模型：社会课程的介入对学生了解健康概念程度的影响（xtoprobit 命令）

范例：随机效应有序概率模型：社会课程的介入对学生了解健康概念程度的效果（xtoprobit 命令）

承"5.5"节范例，只是由"多元有序逻辑模型"改成"随机效应有序概率模型"，再重做一次统计分析。

1）问题说明

为了了解"社会课程（cc）"在"电视（tv）"介入"前、后"对学生了解健康概念程度（thk、prethk）的教学效果（分析单位：学生个人），本例的教学实验"前、后"共有"k=28 个学校，j=135 班级，i=1600 学生"参与调查。

研究者收集数据并整理成下表，此"tvsfpors.dta"文件内容的变量如下（见图9-14）：

变量名称	说明	编码 Codes / Values
被解释变量/因变量：thk	介入后，个人对香烟及健康知识的得分	1~4 分（程度题）
分层变量：school	学校 ID	1~28 个学校
分层变量：class	班级 ID	1~135 个班级
解释变量/自变量：prethk	介入前，个人对香烟及健康知识的得分	0~6（程度题）
解释变量/自变量：cc	社会课程，=1 如果现在介入	0, 1（二元数据）
解释变量/自变量：tv	电视介入，=1 如果现在介入	0, 1（二元数据）

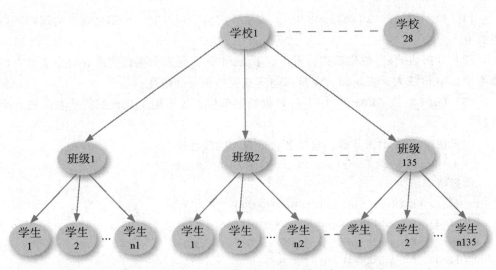

图 9-14　非平稳的分层抽样设计

2）文件的内容

"tvsfpors.dta"文件内容如图 9-15 所示。

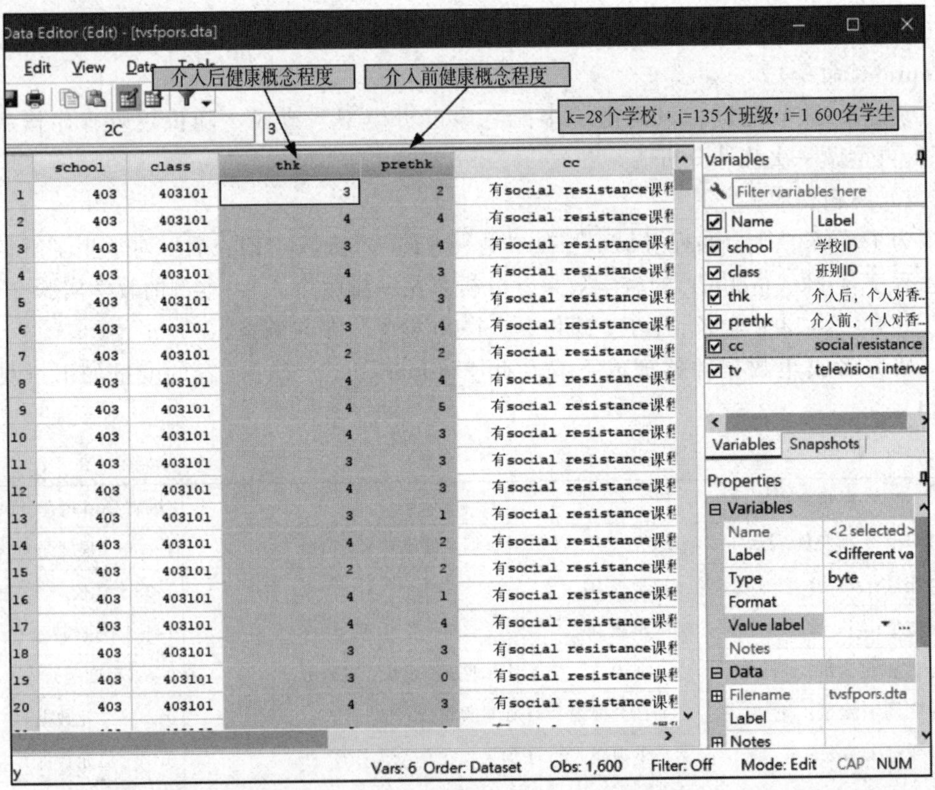

图 9-15　"tvsfpors.dta"文件内容（k=28 个学校，j=135 个班级，i=1 600 名学生）

3）分析结果与讨论（见图9-16）

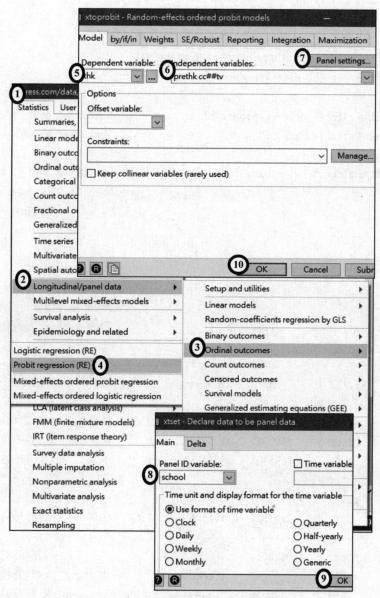

图9-16　"xtoprobit thk prethk cc ＃ ＃ tv"页面

注：Statistics>Longitudinal/panel data>Ordinal outcomes>Probit regression（RE）

```
* 打开文件
. webuse tvsfpors
. xtset school

* Random-effects ordered probit regression
. xtoprobit thk prethk cc##tv

Random-effects ordered probit regression          Number of obs     =      1,600
Group variable: school                             Number of groups  =         28

Random effects u_i ~ Gaussian                      Obs per group:
                                                                min =         18
                                                                avg =       57.1
                                                                max =        137

Integration method: mvaghermite                    Integration pts.  =         12

                                                   Wald chi2(4)      =     128.05
Log likelihood  = -2121.7715                       Prob > chi2       =     0.0000

------------------------------------------------------------------------------
        thk |      Coef.   Std. Err.      z    P>|z|     [95% Conf. Interval]
------------+-----------------------------------------------------------------
     prethk |   .2369804   .0227739    10.41   0.000     .1923444    .2816164
       1.cc |   .5490957   .1255108     4.37   0.000      .303099    .7950923
       1.tv |   .1695405   .1215889     1.39   0.163    -.0687693    .4078504
            |
      cc#tv |
        1 1 |  -.2951837   .1751969    -1.68   0.092    -.6385634    .0481959
------------+-----------------------------------------------------------------
      /cut1 |  -.0682011   .1003374                     -.2648587    .1284565
      /cut2 |     .67681   .1008836                      .4790817    .8745382
      /cut3 |   1.390649   .1037494                      1.187304    1.593995
------------+-----------------------------------------------------------------
   /sigma2_u |   .0288527   .0146201                     .0106874    .0778937
------------------------------------------------------------------------------
LR test vs. oprobit model: chibar2(01) = 11.98        Prob >= chibar2 = 0.0003
```

（1）LR 卡方值=128.05（p<0.05），表示界定模型至少有一个解释变量的回归系数不为 0。

（2）在报表"z"栏中双边检验下，若 |z|>1.96，则表示该自变量对响应变量有显著影响。|z| 值越大，表示该自变量与响应变量的相关性越高。

（3）逻辑系数"Coef."栏中是对数概率单位，故不能用 OLS 回归系数的概念来解释。

（4）用随机效应有序概率回归估计 S 分数，它是各自变量 X 的线性组合：

S=0.237×prethk+0.549×（cc=1）+0.169×（tv=1）－0.295（cc×tv）

预测概率值为：

P（thk=1）=P（S+u ≤ _cut1）=P（S+u ≤ −0.068）

P（thk=2）=P（_cut1<S+u ≤ _cut2）=P（−0.068<S+u ≤ 0.677）

P（thk=3）=P（_cut2<S+u ≤ _cut3）=P（0.677<S+u ≤ 1.391）

P（thk=4）=P（_cut3<S+u）=P（1.391<S+u）

9.7 互补 log-log 回归（随机效应与群体平均 cloglog 模型）：加入工会了吗（xtcloglog 命令）

9.7.1 对数逻辑分布：偏态分布

逻辑回归（logistic 命令）旨在估计胜算比（odds ratio）；生存回归（stcox、svy: stcox 命令）及参数生存模型（streg、svy: streg、stcrreg、xtstreg、mestreg 命令）旨在估计风险比率（hazard ratio）（见图 9-17、图 9-18）。

1）逻辑回归的期望值 π

因为误差项的分布与反应变量的伯努利分布有关，所以用以下的方式表达简单逻辑回归模型会更好些。

Y_i 为服从伯努利分布的独立随机变量（即生存时间 T），且具有期望值 $E\{Y\}=\pi$，其中，

$$E\{Y_i\} = \pi_i = \frac{\exp(\beta_0 + \beta_1 X_i)}{1 + \exp(\beta_0 + \beta_1 X_i)}$$

2）逻辑回归的原理：胜算比或称为相对风险

"受访者是否（0，1）发生某事件"（死亡、病发、倒闭、犯罪被捕……）的类型，即二元响应变量的类型。逻辑回归假设解释变量（x）与受试者是否发生某事件（y）之间的关系必须符合下列逻辑函数：

$$P(y|x) = \frac{1}{1 + e^{-\sum b_i \times x_i}}$$

对数–逻辑分布

$$S(t) = \frac{1}{1 + \lambda \times t^{\gamma}} \quad h(t) = \frac{\lambda \times \gamma \times t^{\gamma-1}}{(1 + \lambda \times t^{\gamma})^2}$$

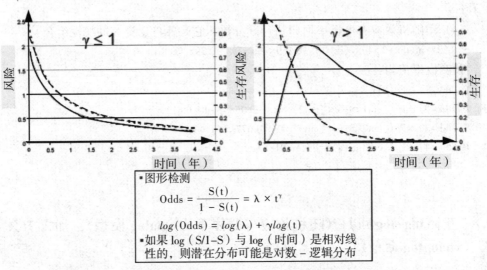

▪图形检测

$$Odds = \frac{S(t)}{1 - S(t)} = \lambda \times t^{\gamma}$$

$$log(Odds) = log(\lambda) + \gamma log(t)$$

▪如果 log（S/1–S）与 log（时间）是相对线性的，则潜在分布可能是对数–逻辑分布

图9-17 对数–逻辑分布的生存函数 S（t）与风险函数 h（t）的关系

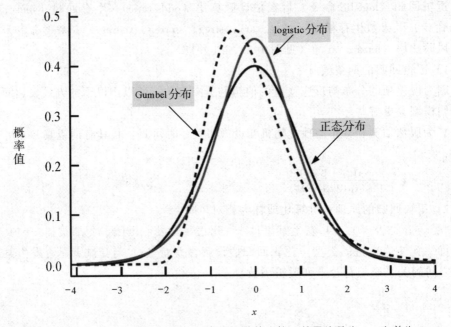

图9-18 Gumbel、正态、logistic密度函数的比较，其平均数为 1，方差为 1

式中，b_i代表对应解释变量的系数，y属于二元变量，若y=1表示受访者发生某事件（死亡、病发、倒闭、犯罪被捕……）；反之，若y=0则表示该受访者未发生某事件。因此P（y=1|x）表示当自变量x已知时，该受访者发生某事件的概率；P（y=0|x）表示当自变量x已知时，该乘客受访者未发生某事件的概率。

逻辑函数的分子分母同时乘以$e^{\sum b_i x_i}$后，上式变为：

$$P(y|x) = \frac{1}{1 + e^{-\sum b_i x_i}} = \frac{e^{\sum b_i x_i}}{1 + e^{\sum b_i x_i}}$$

将上式的左右两侧均用1去减，可以得到：

$$1 - P(y|x) == \frac{1}{1 + e^{\sum b_i x_i}}$$

再将上面二式相除，则可以得到：

$$\frac{P(y|x)}{1 - P(y|x)} == e^{\sum b_i x_i}$$

针对上式两边同时取自然对数，可以得到：

$$\ln\left(\frac{P(y|x)}{1 - P(y|x)}\right) == \ln\left(e^{\sum b_i x_i}\right) = \sum b_i x_i$$

经由上述公式推导可将原自变量非线性关系转换成线性关系。其中，$\dfrac{P(y|x)}{1 - P(y|x)}$可代表受访者发生某事件（如死亡、病发、倒闭、犯罪被捕……）的胜算比或称为相对风险。

3）对数逻辑分布

若将随机变量X取自然对数函数之后，其概率分布（如ln（Y）=X）如果具有逻辑分布的特性，则称为对数逻辑分布。对数逻辑分布很像对数正态分布，但它却是厚尾分布。它也不像对数正态分布，其累积分布函数可以写成封闭形式。

在概率和统计领域中，对数逻辑分布（在经济学中称为Fisk分布）是一个非负数随机变量的连续概率分布。它很适合于参数生存模型，尤其对于事件初始速度增加很快但快结束时速度放缓的事件，如癌症诊断或癌症治疗后的死亡率。对数逻辑分布亦常应用在水文的水流模型和沉淀模型中。在经济学亦可当作财富分配和收入模型。

（1）对数逻辑的PDF（probability density function，概率密度函数）

$$F(x \; ; \; \alpha, \beta) = \frac{(\beta/\alpha)(x/\alpha)^{\beta-1}}{(1 + (x/\alpha)^{\beta})^2}$$

式中，生存时间x>0，位置参数α>0，形状参数β>0。在PDF散点图中，β值越大，概率曲线越像正态分布；β值越小则越像标准指数分布（见图9-19）。

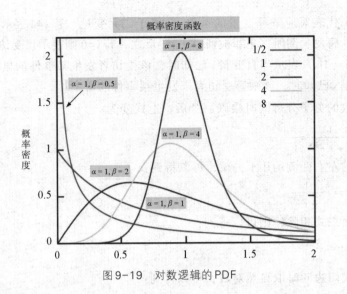

图 9-19　对数逻辑的 PDF

（2）对数逻辑的 CDF（cumulative distribution function，累积分布函数）

$$F(x ; \alpha, \beta) = \frac{1}{1 + (x/\alpha)^{-\beta}}$$

$$= \frac{(x/\alpha)^{\beta}}{1 + (x/\alpha)^{\beta}}$$

$$= \frac{x^{\beta}}{1 + \alpha^{\beta} + x^{\beta}}$$

式中，生存时间 x>0，位置参数 α>0，形状参数 β>0。当 β>1 时，此分布是单峰的（见图 9-20），在 CDF 散点图中，β 值越大，概率曲线越陡。

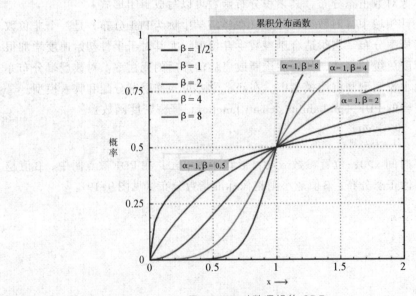

图 9-20　对数逻辑的 CDF

（3）对数逻辑的生存函数（见图9-21）

$$S(t) = 1 - F(t) = [1 + (t/\alpha)^\beta]^{-1}$$

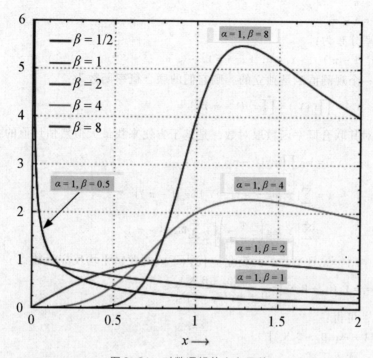

图9-21　对数逻辑的生存函数

（4）对数逻辑的风险函数

$$h(t) = \frac{f(t)}{S(t)} = \frac{(\beta/\alpha)(t/\alpha)^{\beta-1}}{1 + (t/\alpha)^\beta}$$

（5）对数逻辑常见的统计量

Parameters（参数）	$\alpha > 0$ scale $\\ \beta > 0$ scale
Support	$x \in [0, \infty)$
PDF	$\dfrac{(\beta/\alpha)(x/\alpha)^{\beta-1}}{(1 + (t/\alpha)^\beta)^2}$
CDF	$\dfrac{1}{1 + (x/\alpha)^{-\beta}}$
Mean（平均数）	$\dfrac{\alpha\pi/\beta}{\sin(\pi/\beta)}$ if $\beta > 1$，其他未定义
Median（中位数）	α
Mode（众数）	$\alpha\left(\dfrac{\beta-1}{\beta+1}\right)^{1/\beta}$ 如果 $\beta > 1$，否则为 0

4）似然函数

假设每一个 Y_i 都是服从伯努利分布的随机变量，其中：

$P(Y_i = 1) = \pi_i$

$P(Y_i = 0) = 1 - \pi_i$

则其概率分布为：

$f_i(Y_i) = \pi_i^{Y_i}(1 - \pi_i)^{1-Y_i}$ $Y_i = 0, 1$; $i = 1, \cdots, n$

假设每一个观测值 Y_i 是独立的，则它们的联合概率函数为：

$$g(Y_1, \cdots, Y_n) = \prod_{i=1}^{n} f_i(Y_i) = \prod_{i=1}^{n} \pi_i^{Y_i}(1 - \pi_i)^{1-Y_i}$$

另外，对其联合概率函数取对数，是基于方便来找最大似然估计值的：

$$\log_e g(Y_1, \cdots, Y_n) = \log_e \prod_{i=1}^{n} \pi_i^{Y_i}(1 - \pi_i)^{1-Y_i}$$

$$= \sum_{i=1}^{n} [Y_i \log_e \pi_i + (1 - Y_i)\log_e(1 - \pi_i)]$$

$$= \sum_{i=1}^{n} \left[Y_i \log_e\left(\frac{\pi_i}{1 - \pi_i}\right) \right] + \sum_{i=1}^{n} \log_e(1 - \pi_i)$$

因为 $E\{Y_i\} = \pi_i$ 且 Y_i 为二元变量。代入下式的逻辑平均反应函数：

$$E\{Y_i\} = \pi_i = F_L(\beta_0 + \beta_1 X_i) = \frac{\exp(\beta_0 + \beta_1 X_i)}{1 + \exp(\beta_0 + \beta_1 X_i)}$$

由上式，可得：

$1 - \pi_i = [1 + \exp(\beta_0 + \beta_1 X_i)]^{-1}$

进一步，代入下式：

$$F_L^{-1}(\pi_i) = \log_e\left(\frac{\pi_i}{1 - \pi_i}\right)$$

可得

$$\log_e\left(\frac{\pi_i}{1 - \pi_i}\right) = \beta_0 + \beta_1 X_i$$

9.7.2 随机效应互补 log–log 模型：加入工会吗（xtcloglog 命令）

对数–逻辑分布

在概率及统计学中，对数–逻辑分布（经济学的风险分布）是一个连续概率分布且是一个非负随机变量。它用于生存分析，作为速度初始增大并随后降低的事件的参数模型，如诊断或治疗后的癌症死亡率。它也被用于水文，模拟流量和降水，在经济学中作为一个简单的模型分配财富或收入，以及在网络情景中用来模拟网络和软件的数据传输时间。

对数–逻辑分布是一个随机变量的概率分布，即 log（逻辑分布）。它的形状与对数正态分布相似，但尾部较厚。但其与对数正态不同，累积分布函数可以是封闭形式。

范例：随机效应与群体平均cloglog模型：（xtcloglog命令）

1）问题说明

为了解员工"加入工会否"的影响因素有哪些（分析单位：个人），研究者收集数据并整理成下表，此"union.dta"文件内容的变量如下（见图9-22）：

变量名称	说明	编码 Codes / Values
被解释变量/因变量：union	加入工会了吗	0，1（二元数据）
解释变量/自变量：age	面谈时年龄——重复测量	16~46岁
解释变量/自变量：grade	面谈时学历——重复测量	就读0~18年
解释变量/自变量：south	南方人吗	0，1（二元数据）
解释变量/自变量：year	哪年面谈——重复测量	1981—1999年

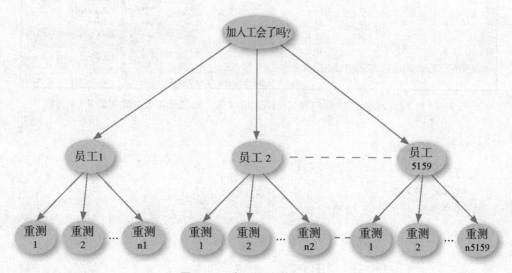

图9-22　加入工会的研究架构

2）文件的内容

"union.dta"文件内容如图9-23所示。

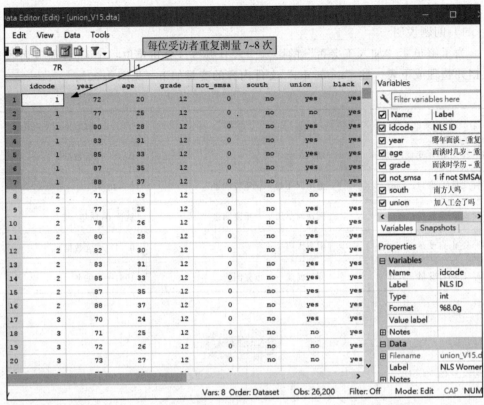

图9-23 "union.dta"文件内容（N=5 159个人，每位受访者重复测量 7~8 次）

观察数据的特征。

* 打开文件
. webuse union
(NLS Women 14-24 in 1968)

. des union age grade south year

variable name	storage type	display format	value label	variable label
union	byte	%8.0g	yes_fmt	加入工会了吗
age	byte	%8.0g		面谈时几岁——重复测量
grade	byte	%8.0g		面谈时学历——重复测量
south	byte	%8.0g	yes_fmt	南方人吗
year	byte	%8.0g		哪年面谈——重复测量

3）分析结果与讨论

Step 1. 随机效应模型（见图9-24）

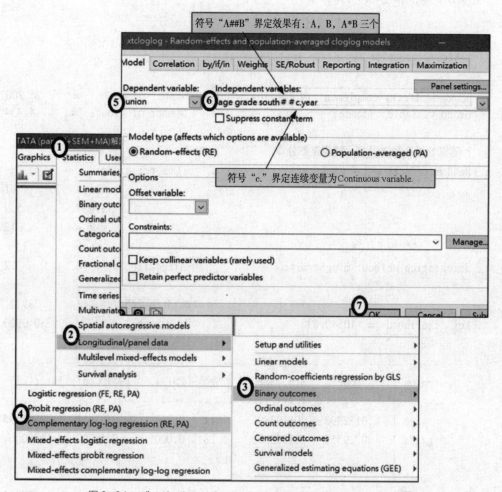

图9-24 "xtcloglog union age grade south ＃ ＃ c.year" 页面

注：Statistics>Longitudinal/panel data>Binary outcomes>Complementary log-log regression（RE，PA）

* 打开文件
. webuse union
(NLS Women 14-24 in 1968)

* Random-effects model
. xtcloglog union age grade south##c.year

Random-effects complementary log-log model   Number of obs   =   26,200
Group variable: idcode   Number of groups =   4,434

* 随机效果系假定误差 u 符合正态分布
Random effects u_i ~ Gaussian   Obs per group:
                                                         min =   1
                                                         avg =   5.9
                                                         max =   12

Integration method: mvaghermite   ntegration pts. =   12

                                              Wald chi2(5)   =   239.21
Log likelihood = -10540.632   Prob > chi2   =   0.0000

----
       union | Coef.   Std. Err.   z   P>|z| [95% Conf. Interval]
-------------+--
         age | .0132392   .0119289   1.11   0.267   -.0101411   .0366195
       grade | .0729355   .0138088   5.28   0.000   .0458707   .1000004
             |
       south |
         yes | -2.095491   .4886806   -4.29   0.000   -3.053288   -1.137695
        year | -.0013264   .0123837   -0.11   0.915   -.0255979   .0229452
             |
 south#c.year|
         yes | .0167809   .006063   2.77   0.006   .0048976   .0286642
             |
       _cons | -3.313987   .6602931   -5.02   0.000   -4.608138   -2.019836
-------------+--
    /lnsig2u | 1.248245   .0461494   1.157794   1.338696
-------------+--

```
     sigma_u |   1.866608    .0430714                        1.78407    1.952964
         rho |   .6792974    .0100537                       .6592815     .698675
-----------------------------------------------------------------------------------
LR test of rho=0: chibar2(01) = 6036.29              Prob >= chibar2 = 0.000
```

* 加 report 选项 "eform"，改求 odds ratio
. xtcloglog union age grade south##c.year, re eform

```
Random-effects complementary log-log model      Number of obs    =     26200
Group variable: idcode                          Number of groups =      4434

Random effects u_i ~ Gaussian                   Obs per group: min =         1
                                                               avg =       5.9
                                                               max =        12

                                                Wald chi2(5)     =    239.21
Log likelihood = -10540.632                     Prob > chi2      =    0.0000

-----------------------------------------------------------------------------------
       union |    exp(b)    Std. Err.      z     P>|z|     [95% Conf. Interval]
-------------+---------------------------------------------------------------------
         age |   1.013327   .0120879     1.11    0.267     .9899102    1.037298
       grade |   1.075661   .0148536     5.28    0.000     1.046939    1.105171
     1.south |   .1230098   .0601125    -4.29    0.000     .0472035    .3205572
        year |   .9986745   .0123673    -0.11    0.915     .9747269     1.02321
             |
  south#c.year|
           1 |   1.016922   .0061656     2.77    0.006      1.00491    1.029079
             |
       _cons |   .0363709   .0240154    -5.02    0.000     .0099704    .1326772
-------------+---------------------------------------------------------------------
    /lnsig2u |   1.248245   .0461494                       1.157794    1.338696
-------------+---------------------------------------------------------------------
     sigma_u |   1.866608   .0430714                        1.78407    1.952964
         rho |   .6792974   .0100537                       .6592815     .698675
-----------------------------------------------------------------------------------
Likelihood-ratio test of rho=0: chibar2(01) =  6036.29 Prob >= chibar2 = 0.000
```

（1）LR 卡方值=239.21（p<0.05），表示界定模型中至少有一个解释变量的回归系数不为 0。

（2）在报表"z"栏中双边检验下，若 |z|>1.96，则表示该自变量对响应变量有显著影响。|z| 值越大，表示该自变量与响应变量的相关性越高。

（3）Logit 系数"Coef."栏中是 对数概率单位，故不能用 OLS 回归系数的概念来解释。

（4）逻辑回归式为：

$$\ln\left(\frac{P(Y = 1|X = x)}{P(Y = 0|X = x)}\right) = \alpha + \beta_1 x_1 + ... + \beta_k x_k$$

$$\ln\left(\frac{P_{加入工会}}{1 - P_{加入工会}}\right) = 0.04 + 1.01age + 10.8grade + 0.12(south = 1) + 0.99year + 1.02\left[(south = 1)*year\right]$$

（5）上述回归方程式可解释为，在控制 grade、south 及 year 程度的影响后，age（年龄）每长 1 岁，员工加入工会的概率为 1.013（=$\exp^{0.015}$），但并未达到统计上的显著性差异（p=0.267）。

在控制 age、south 及 year 程度的影响后，grade（学历）每增加 1 年，员工加入工会的概率为 1.076（=$\exp^{0.057}$），且达到统计上的显著性差异（p=0.000）。在控制 age、grade 及 year 程度的影响后，南方员工（south=1）相比北方员工加入工会的概率为 0.123（=$\exp^{-1.739}$），且达到统计上的显著性差异（p=0.000）。

Step 2. 当对照组：改用样本平均模型

```
* Population-averaged model
* 符号"c."界定连续变量为 Continuous variable
* 符号"A##B"界定效果有：A，B，A*B 三个
. xtcloglog union age grade south##c.year, pa
```

```
GEE population-averaged model          Number of obs     =      26,200
Group variable:              idcode    Number of groups  =       4,434
Link:                       cloglog    Obs per group:
Family:                    binomial                 min  =           1
Correlation:           exchangeable                 avg  =         5.9
                                                    max  =          12
                                       Wald chi2(5)      =      229.55
```

```
Scale parameter:                    1    Prob > chi2      =     0.0000
----------------------------------------------------------------------
     union |    Coef.    Std. Err.     z    P>|z|    [95% Conf. Interval]
-----------+----------------------------------------------------------
       age |  .0153643   .0081158    1.89   0.058   -.0005423    .0312709
     grade |  .0566971   .0094878    5.98   0.000    .0381014    .0752928
           |
     south |
       yes |-1.738564   .3380293   -5.14   0.000    -2.40109   -1.076039
      year |-.0117788   .0084115   -1.40   0.161   -.0282651    .0047076
           |
south#c.year|
       yes |  .0151222   .0041636    3.63   0.000    .0069618    .0232826
           |
     _cons |-1.517684   .4467901   -3.40   0.001   -2.393376   -.6419912
----------------------------------------------------------------------
```

Step 3. 改用具有强健误差的样本平均模型（population-averaged model with robust variance）

```
* Population-averaged model with robust variance
. xtcloglog union age grade south##c.year, pa vce(robust)

GEE population-averaged model            Number of obs      =      26,200
Group variable:                 idcode   Number of groups   =       4,434
Link:                          cloglog   Obs per group:
Family:                       binomial                min =           1
Correlation:              exchangeable                avg =         5.9
                                                      max =          12
                                         Wald chi2(5)       =      154.34
Scale parameter:                    1    Prob > chi2        =      0.0000

                        (Std. Err. adjusted for clustering on idcode)
----------------------------------------------------------------------
           |            Semirobust
     union |    Coef.    Std. Err.     z    P>|z|    [95% Conf. Interval]
```

```
------------+-------------------------------------------------------------------
        age|  .0153643    .0079458     1.93   0.053    -.0002091     .0309377
      grade|  .0566971    .0117019     4.85   0.000     .0337618     .0796325
           |
      south|
        yes| -1.738564    .485842     -3.58   0.000    -2.690797    -.7863315
        yea| -.0117788    .0085718    -1.37   0.169    -.0285791     .0050216
           |
south#c.year|
        yes|  .0151222    .0060421     2.50   0.012      .00328      .0269644
           |
      _cons| -1.517684    .4921287    -3.08   0.002    -2.482238    -.5531293
------------+-------------------------------------------------------------------
```

* 加 report 选项 "eform", 改求 odds ratio
. xtcloglog union age grade south##c.year, pa vce(robust) eform

```
GEE population-averaged model          Number of obs      =      26200
Group variable:                idcode  Number of groups   =       4434
Link:                         cloglog  Obs per group: min =          1
Family:                      binomial                 avg =        5.9
Correlation:              exchangeable                 max =         12
                                       Wald chi2(5)       =     154.34
Scale parameter:                    1  Prob > chi2        =     0.0000
```

                                   (Std. Err. adjusted for clustering on idcode)

```
             |            Semirobust
       union |    exp(b)   Std. Err.     z    P>|z|     [95% Conf. Interval]
-------------+-------------------------------------------------------------------
         age |  1.015483   .0080688     1.93   0.053    .9997909     1.031421
       grade |  1.058335   .0123846     4.85   0.000    1.034338     1.082889
     1.south |  .1757726   .0853977    -3.58   0.000    .0678268     .4555128
        year |  .9882903   .0084714    -1.37   0.169    .9718254     1.005034
             |
south#c.year |
          1  |  1.015237   .0061341     2.50   0.012    1.003285     1.027331
             |
       _cons |  .2192191   .107884     -3.08   0.002    .083556      .5751472
-------------+-------------------------------------------------------------------
```

（1）LR 卡方值=154.34（p<0.05），表示界定模型至少有一个解释变量的回归系数不为 0。

（2）在报表"z"栏中双边检验下，若 |z|>1.96，则表示该自变量对响应变量有显著影响。|z| 值越大，表示该自变量与响应变量的相关性越高。

（3）Logit 系数"Coef."栏中是对数概率单位，故不能用 OLS 回归系数的概念来解释。

（4）逻辑回归公式为：

$$\ln\left(\frac{P(Y=1|X=x)}{P(Y=0|X=x)}\right) = \alpha + \beta_1 x_1 + ... + \beta_k x_k$$

$$\ln\left(\frac{P_{加入工会}}{1-P_{加入工会}}\right) = -1.52 + 0.015\,age + 0.06\,grade - 1.74(south=1) - 0.01\,year + 0.015[(south=1)*year]$$

（5）上述回归方程式可解释为，在控制 grade、south 及 year 程度的影响后，年龄（age）每长 1 岁，员工加入工会的概率为 1.015（=$\exp^{0.015}$）倍，但并未达到统计上的显著性差异（p=0.053）。

在控制 age、south 及 year 程度的影响后，学历（grade）每增加 1 年，员工加入工会的概率为 1.058（=$\exp^{0.057}$），且达到统计上的显著性差异（p=0.000）。在控制 age、grade 及 year 程度的影响后，南方员工（south=1）对北方员工加入工会的胜算为 0.175（=$\exp^{-1.739}$）倍，且达到统计上的显著性差异（p=0.000）。

参考文献

Agresti, Alan, (1990). Categorical Data Analysis. New York: Wiley.

Amemiya, T., (1985). Advanced Econometrics, Harvard University Press.

Amemiya, Takeshi (1981). Qualitative Response Models: A Survey. Journal of Economic Literature (19, December), 1483-1536.

Andersen, E. B. (1970). Asymptotic properties of conditional maximum likelihood estimators. Journal of the Royal Statistical Society, Series B 32: 283-301.

Archer, K. J., and S. Lemeshow. (2006). Goodness-of-fit test for a logistic regression model fitted using survey sample data. Stata Journal 6: 97-105.

Beggs, S., S. Cardell, and J. A. Hausman. (1981). Assessing the potential demand for electric cars. Journal of Econometrics 17: 1-19.

Ben-Akiva, Moshe, and Steven R. Lerman (1985). Discrete Choice Analysis: Theory and Application to Travel Demand. Cambridge, Mass.: MIT Press.

Berry, W. D., and Feldman, S. (1985). Multiple Regression in Practice. Sage University Paper Series on Quantitative Applications in the Social Sciences, 07-050. Beverly Hill, CA: Sage.

Blevins, J. R., and S. Khan. (2013). Distribution-free estimation of heteroskedastic binary response models in Stata. Stata Journal 13: 588-602.

Brady, A. R. (1998). Adjusted population attributable fractions from logistic regression. Stata Technical Bulletin 42: 8-12. Reprinted in Stata Technical Bulletin Reprints, vol. 7, pp. 137-143. College Station, TX: Stata Press.

Breslow N.E., Day NE, Halvorsen K.T., et al. (1978). Estimation of multiple relative risk functions in matched case-control studies.. Am J Epidemiol. 108 (4): 299-307.

Breslow, N.E.; Day, N.E. (1980). Statistical Methods in Cancer Research. Volume 1-The Analysis of Case-Control Studies. Lyon, France: IARC. pp. 249-251.

Buis, M. L. (2010a). Direct and indirect effects in a logit model. Stata Journal 10: 11-29.

Buis, M. L. （2010b）. Stata tip 87: Interpretation of interactions in nonlinear models. Stata Journal 10: 305-308.

Bulletin Reprints, vol. 6, pp. 152-158. College Station, TX: Stata Press.

Cameron, A. C., and P. K. Trivedi. （2010）. Microeconometrics Using Stata. Rev. ed. College Station, TX: Stata Press.

Chamberlain, G. （1980）. Analysis of covariance with qualitative data. Review of Economic Studies 47: 225-238.

Cleves, M. A., and A. Tosetto. （2000）. sg139: Logistic regression when binary outcome is measured with uncertainty. Stata Technical Bulletin 55: （20-23）. Reprinted in Stata Technical Bulletin Reprints, vol. 10, pp. 152-156. College Station, TX: Stata Press.

Collett, D. （2003）. Modelling Survival Data in Medical Research. 2nd ed. London: Chapman & Hall/CRC. de Irala-Est evez, J., and M. A. Mart ınez. （2000）. sg125: Automatic estimation of interaction effects and their confidence intervals. Stata Technical Bulletin 53: 29-31. Reprinted in Stata Technical Bulletin Reprints, vol. 9, pp. 270-273. College Station, TX: Stata Press.

Daniel, B. Hall. （2000）. Zero-Inflated Poisson and Binomial Regression with Random Effects: A Case Study. Biometrics. 56 （4）: 1030-1039.

Day, N. E., Byar, D. P. （1979）. Testing hypotheses in case-control studies-equivalence of Mantel-Haenszel statistics and logit score tests. Biometrics. 35 （3）: 623-630.

De Luca, G. 2008. SNP and SML estimation of univariate and bivariate binarychoice models. Stata Journal 8: 190-220.

Dupont, W. D. （2009）. Statistical Modeling for Biomedical Researchers: A Simple Introduction to the Analysis of Complex Data. 2nd ed. Cambridge: Cambridge University Press.

Flay, B. R., B. R. Brannon, C. A. Johnson, et al. 1988. The television, school, and family smoking cessation and prevention project: I. Theoretical basis and program development. Preventive Medicine 17: 585-607.

Freese, J. （2002）. Least likely observations in regression models for categorical out comes. Stata Journal 2: 296-300.

Garrett, J. M. （1997）. sbe14: Odds ratios and confidence intervals for logistic regression models with effect modification. Stata Technical Bulletin 36: 15-22.

Reprinted in Stata Technical Bulletin Reprints, vol. 6, pp. 104-114. College Station, TX: Stata Press.

Gould, W. W. （2000）. sg124: Interpreting logistic regression in all its forms. Stata

Technical Bulletin 53: (19-29. Reprinted in Stata Technical Bulletin Reprints, vol. 9, pp. 257-270. College Station, TX: Stata Press.

Greene, W. H. 2012. Econometric Analysis. 7th ed. Upper Saddle River, NJ: Prentice Hall.

Greene, William H. (1994). Some Accounting for Excess Zeros and Sample Selection in Poisson and Negative Binomial Regression Models. Working Paper EC-94-10: Department of Economics, New York University.

Greene, William H. (2012). Econometric Analysis (Seventh ed.). Boston: Pearson Education. pp. 824-827. ISBN 978-0-273-75356-8.

Hair, J. F., Jr., W. C. Black, and B. J. Babin, and R. E. Anderson. (2010). Multivariate Data Analysis. 7th ed. Upper Saddle River, NJ: Pearson.

Hamerle, A., and G. Ronning. (1995). Panel analysis for qualitative variables. In Handbook of Statistical Modeling for the Social and Behavioral Sciences, ed. G. Arminger, C. C. Clogg, and M. E. Sobel, 401-451. New York: Plenum. Hardin, J. W. 1996. sg61: Bivariate probit models. Stata Technical Bulletin 33: 15-20. Reprinted in Stata Technical.

Harvey, A. C. (1976). Estimating regression models with multiplicative heteroscedasticity. Econometrica 44: 461-465.

Heckman, J. 1979. Sample selection bias as a specification error. Econometrica 47: 153-161.

Hilbe, J. M. (1997). sg63: Logistic regression: Standardized coefficients and partial correlations. Stata Technical Bulletin 5: 21-22. Reprinted in Stata Technical Bulletin Reprints, vol. 6, pp. 162-163. College Station, TX: Stata Press.

Hilbe, J. M. (2009). Logistic Regression Models. Boca Raton, FL: Chapman & Hill/CRC.

Hole, A. R. (2007). Fitting mixed logit models by using maximum simulated likelihood. Stata Journal 7: 388-401.

Hosmer, D. W., Lemeshow, S. (2000). Applied logistic regression. New York; Chichester, Wiley.

Kleinbaum, D. G., and M. Klein. (2010). Logistic Regression: A Self-Learning Text. 3rd ed. New York: Springer.

Lambert, Diane, (1992). Zero-Inflated Poisson Regression, with an Application to Defects in Manufacturing. Technometrics. 34 (1): 1-14.

Lemeshow, S., and D. W. Hosmer, Jr. (2005). Logistic regression. In Vol. 2 of Encyclopedia of Biostatistics, ed. P. Armitage and T. Colton, 2870-2880. Chichester, UK: Wiley.

Lemeshow, S., and J.-R. L. Gall. (1994). Modeling the severity of illness of ICU patients: A systems update. Journal of the American Medical Association 272: 1049-1055.

Lokshin, M., and Z. Sajaia. 2011. Impact of interventions on discrete outcomes: Maximum likelihood estimation of the binary choice models with binary endogenous regressors. Stata Journal 11: 368-385.

Long and Freese, Regression Models for Categorical Dependent Variables Using Stata, 2nd Edition.

Long, J. S., and J. Freese. (2006). Regression Models for Categorical Dependent Variables Using Stata. 2nd ed. College Station, TX: Stata Press.

Long, J. S., and J. Freese. (2006). Regression Models for Categorical Dependent Variables Using Stata. 2nd ed. College Station, TX: Stata Press.

Marden, J. I. (1995). Analyzing and Modeling Rank Data. London: Chapman & Hall.

McCullagh, Peter (1980). Regression Models for Ordinal Data. Journal of the Royal Statistical Society. Series B (Methodological). 42 (2): 109-142.

McFadden, D. L. (1974). Conditional logit analysis of qualitative choice behavior. In Frontiers in Econometrics, ed. P. Zarembka, 105-142. New York: Academic Press.

McFadden, D. L. (1974). Conditional logit analysis of qualitative choice behavior. In Frontiers in Econometrics, ed. P. Zarembka, 105-142. New York: Academic Press.

Menard, S. (1995) Applied Logistic Regression Analysis. Sage University Paper Series on Quantitative Applications in the Social Sciences, 07-106. Thousand Oaks, CA: Sage.

Miranda, A., and S. Rabe-Hesketh. (2006). Maximum likelihood estimation of endogenous switching and sample selection models for binary, ordinal, and count variables. Stata Journal 6: 285-308.

Mitchell, M. N., and X. Chen. (2005). Visualizing main effects and interactions for binary logit models. Stata Journal 5: 64-82.

Pagano, M., and K. Gauvreau. (2000). Principles of Biostatistics. 2nd ed. Belmont, CA: Duxbury. Pampel, F. C. (2000). Logistic Regression: A Primer. Thousand Oaks, CA: Sage.

Paul, C. (1998). sg92: Logistic regression for data including multiple imputations. Stata Technical Bulletin 45: 28-30. Reprinted in Stata Technical Bulletin Reprints, vol. 8, pp. 180-183. College Station, TX: Stata Press.

Pearce, M. S. (2000). sg148: Profile likelihood confidence intervals for explanatory variables in logistic regression. Stata Technical Bulletin 56: 45-47. Reprinted in Stata Technical Bulletin Reprints, vol. 10, pp. 211-214. College Station, TX: Stata Press.

Pindyck, R. S., and D. L. Rubinfeld. 1998. Econometric Models and Economic

Forecasts. 4th ed. New York: McGraw-Hill.

Poirier, D. J. 1980. Partial observability in bivariate probit models. Journal of Econometrics 12: 209-217.

Pregibon, D. (1981). Logistic Regression Diagnostics, Annals of Statistics, Vol. 9, 705-724.

Pregibon, D. (1981). Logistic regression diagnostics. Annals of Statistics Vol. 9: 705-724.

Punj, G. N., and R. Staelin. (1978). The choice process for graduate business schools. Journal of Marketing Research 15: 588-598.

Rabe-Hesketh, S., and A. Skrondal. 2012. Multilevel and Longitudinal Modeling Using Stata. 3rd ed. College Station, TX: Stata Press.

Reilly, M., and A. Salim. (2000). sg156: Mean score method for missing covariate data in logistic regression models.

Schonlau, M. (2005). Boosted regression (boosting): An introductory tutorial and a Stata plugin. Stata Journal 5: 330-354.

Van de Ven, W. P. M. M., and B. M. S. Van Pragg. 1981. The demand for deductibles in private health insurance: A probit model with sample selection. Journal of Econometrics 17: 229-252.

Vittinghoff, E., D. V. Glidden, S. C. Shiboski, and C. E. McCulloch. (2005). Regression Methods in Biostatistics: Linear, Logistic, Survival, and Repeated Measures Models. New York: Springer.

Xu, J., and J. S. Long. (2005). Confidence intervals for predicted outcomes in regression models for categorical outcomes. Stata Journal 5: 537-559.